小浪底水利枢纽运行管理

·发电卷·

总 主 编　殷保合
副总主编　张善臣

黄河水利出版社
·郑州·

内 容 简 介

小浪底水利枢纽建设管理局水力发电厂在十余年的枢纽运行管理工作中，借鉴国内外水电企业设备运行维护先进技术和经验，不断探索和创新，逐步形成了与小浪底水利枢纽设备运行维护相适应的技术体系。本书从设备系统的结构特点、运行维护作业、重大缺陷处理、技术更新改造等方面介绍了小浪底电站输变电设备及主辅设备的运行及维护情况。全书分为5篇共19章，内容包括水轮发电机、水轮机、主变压器、220 kV 开关站设备、监控系统、励磁及电制动系统、调速及筒形阀控制系统、远动系统、安全稳定控制装置、发变组保护、220 kV 母线保护、220 kV 线路保护、厂用电系统、技术供水系统、渗漏检修排水系统、压缩空气系统、厂房通风空调自动控制系统、直流系统、通信系统等。

图书在版编目(CIP)数据

小浪底水利枢纽运行管理. 发电卷/殷保合主编；张利新分册主编. —郑州：黄河水利出版社，2011. 12
ISBN 978 - 7 - 5509 - 0148 - 3

Ⅰ. ①小…　Ⅱ. ①殷…②张…　Ⅲ. ①黄河 - 水利枢纽 - 运行 - 管理 - 洛阳市　Ⅳ. ①TV632. 613

中国版本图书馆 CIP 数据核字(2011)第 249439 号

组稿编辑：王琦　电话：0371 - 66023343　E-mail：wq3563@163. com

出 版 社：黄河水利出版社
地址：河南省郑州市顺河路黄委会综合楼 14 层　邮政编码：450003
发行单位：黄河水利出版社
发行部电话：0371 - 66026940、66020550、66028024、66022620(传真)
E-mail：hhslcbs@126. com
承印单位：河南省瑞光印务股份有限公司
开本：787 mm×1 092 mm　1/16
印张：25. 25
字数：583 千字　印数：1—1 000
版次：2011 年 12 月第 1 版　印次：2011 年 12 月第 1 次印刷

定价：90. 00 元

《小浪底水利枢纽运行管理》丛书
编委会

《小浪底水利枢纽运行管理·发电卷》
编委会

《小浪底水利枢纽运行管理·发电卷》编写人员名单

章节	主要编写人
第一篇　水力机械	
第一章　水轮发电机	罗　斌　陈　伟　王　贵
第二章　水轮机	詹奇峰　方建熙
第二篇　输变电设备	
第三章　主变压器	李宪栋　沙　林　任高峰
第四章　220 kV 开关站设备	唐新文　刘春奇　刘　耀
第三篇　自动控制设备	
第五章　监控系统	张海蛟　王鹏飞　崔旭东
第六章　励磁及电制动系统	张　鹏　肖　明　鲁　峰
第七章　调速及筒形阀控制系统	蔡　路　杜惠彬　邓自辉
第八章　远动系统	王忠强　赵　伟
第九章　安全稳定控制装置	马应成　赵志民
第四篇　继电保护设备	
第十章　发变组保护	王国清　宋健壮　崔培磊
第十一章　220 kV 母线保护	刘宇明　席　兵
第十二章　220 kV 线路保护	宋健壮　卢建勇　张丙月
第五篇　辅助设备	
第十三章　厂用电系统	陈　伟　张　阳　陈　磊
第十四章　技术供水系统	于　跃　李玉明　聂元辉
第十五章　渗漏检修排水系统	万永发　陈　伟　廖昕宇
第十六章　压缩空气系统	李国怀　李　鹏
第十七章　厂房通风空调自动控制系统	刘娟苗　马应成　李银铛
第十八章　直流系统	张宏磊　肖　明　郑　炜
第十九章　通信系统	张松宝　李玉明　成　超

前　言

中央水利工作会议是新中国成立以来第一次以中央名义召开的水利工作会议，是继2011年中央1号文件后党中央、国务院再次对水利工作作出动员部署的重要会议，必将成为新中国水利事业继往开来的里程碑，开启我国水利事业跨越式发展的新征程。

黄河小浪底水利枢纽工程是国家“八五”重点建设项目，是黄河治理开发的关键控制性工程。在“八五”期间开工兴建，工程总工期11年，2001年底主体工程全部完工，2009年4月7日顺利通过国家竣工验收。小浪底水利枢纽工程开创了世界多沙河流上建设高坝大库的成功先例，工程建设水平步入了世界先进行列，为我国大型水利水电工程积累了现代建设管理与国际合作经验，成为世界了解中国水利水电建设与发展的重要窗口。小浪底水利枢纽工程先后荣获国际堆石坝里程碑工程奖、新中国成立60周年“百项经典暨精品工程”称号、中国土木工程詹天佑奖、中国水利工程优质（大禹）奖、中国建设工程鲁班奖（国家优质工程）等奖项。

小浪底水利枢纽工程投入运行以来，持续安全稳定运行，发挥了巨大的综合效益；有效缓解了黄河下游洪水威胁，基本解除了黄河下游凌汛威胁，黄河下游连续12年安全度汛；成功进行了13次调水调沙运用，减少了下游河道泥沙淤积，大大增加了下游主河道的过流能力；实现了黄河连续12年不断流，并多次进行跨流域调水运用；黄河生态系统得到修复和改善；充分发挥了清洁能源、可再生能源的优势，为地区经济社会发展作出了积极的贡献。

运行实践证明，小浪底水利枢纽工程对维持黄河健康生命，保障黄河下游防洪及供水安全，保护中下游生态环境，促进黄河下游两岸经济社会可持续发展具有不可替代的战略作用，是重要的民生工程，做好枢纽运行管理工作具有十分重要的意义。多年以来，小浪底水利枢纽建设管理局始终高度重视安全生产工作，牢固树立民生工程理念，坚持水资源统一调度、公益性效益优先、电调服从水调的原则，在枢纽安全管理、调度运用和运行管理等方面，做了很多卓有成效的工作。

本丛书分管理、发电、水工三卷，翔实记录了小浪底水利枢纽投入运行以来各个方面的运行管理工作，并对运行管理工作的经验和体会进行了全面系统总结，旨在为进一步提高枢纽运行管理水平提供借鉴。

本书成稿之际，正值全国上下认真贯彻落实中央水利工作会议精神的关键时期。小浪底水利枢纽建设管理局将以科学发展观为指导，深入贯彻落实中央水利工作会议精神，积极实践可持续发展治水思路，按照水利部党组“争当水利行业排头兵”和“六个一流”的要求，抓住机遇、迎接挑战，开拓进取、真抓实干，管好民生工程，谋求多元发展，努力推动水利建设实现跨越式发展，为实现全面建设小康社会宏伟目标提供更为有力的水利保障。

编　者

2011 年 11 月

目 录

第四篇 继电保护设备

第五篇　辅助设备

第一篇　水力机械

第一章　水轮发电机

小浪底水利枢纽地下厂房内布置了6台水轮发电机，型号为SF300－56/13600。1号、3号、5号水轮发电机由东方电机厂生产，2号、4号、6号水轮发电机由哈尔滨电机厂生产。首台机6号机组于2000年1月9日正式投产发电，所有机组于2001年底全部安装完毕并投产发电。

第一节　概　况

一、型式

水轮发电机是将水轮机提供的旋转动能转换成电能的机电装置。小浪底水轮发电机为立式三相同步发电机，俯视顺时针方向旋转。发电机为半伞式结构，推力轴承设置在转子下方，上导轴承布置在转子上方的上机架中心体内，下导轴承布置在转子下方的下机架中心体内。具有静态励磁系统和全封闭双路径向旋转挡风板，无扇端部回风循环的空气冷却系统，发电机中性点经消弧线圈接地。

二、额定参数

小浪底水轮发电机额定容量333.3 MVA，额定功率300 MW，额定功率因数0.9(滞后)，额定线电压18 kV，相数为3相，额定频率50 Hz，额定转速107.1 r/min，飞逸转速204 r/min，飞轮力矩99 000 t·m^2，推力负荷3 447 t。

水轮发电机设计适应环境温度0～38 ℃，冷却水最高温度28 ℃。发电机在额定运行工况下，推力轴承最高温度不超过70 ℃，导轴承最高温度不超过65 ℃。

水轮发电机定子绕组、转子绕组和定子铁芯均采用F级绝缘。水轮发电机在额定条件下，可持续发出额定容量333.3 MVA，额定温升限值如表1-1所示。

表 1-1 额定温升限值

项目	测量方法	温升(K)
定子绕组	检测计法	80
转子绕组	电阻法	90
定子铁芯	检测计法	80
滑环	温度计法	80

三、电气性能

在额定电压、额定转速、额定功率因数、额定温升条件下，水轮发电机额定容量 333.3 MVA，额定功率 300 MW，水轮发电机充电容量不小于 233 Mvar，水轮发电机调相容量不小于 200 Mvar。水轮发电机在欠励、有功出力 0～300 MW 的范围内，额定功率、额定电压在不超过额定温升的情况下，能吸收不少于 145.3 Mvar 的无功。水轮发电机在额定容量、额定功率、额定电压和额定温升的条件下，能在功率因数 0.9～1.0 范围内持续运行。短路比 $S_{cr}=1.11$，纵轴同步电抗 X_d（不饱和值）为 1，纵轴瞬变电抗 X_d'（饱和值）为 0.327 41，纵轴超瞬变电抗 X_d''（饱和值）为 0.212 4，横、纵轴超瞬变电抗之比值 $X_q''/X_d''\approx1$，线电压波形正弦性畸变率 <5%，线电压的电话谐波因数（THF）<1.5%。

四、机械特性

水轮发电机飞轮力矩 GD^2 不小于 99 000 t·m²，发电机在盖板上方 1 m 处测量的噪声不大于 80 dB。发电机在最大飞逸转速下历时 5 min 不产生有害变形，此时转子磁轭的计算拉应力不超过屈服点的 2/3。发电机机械结构强度能承受在额定负荷及端电压为 105% 额定电压下，定子出口突然发生对称或不对称短路历时 3 s 不产生有害变形。在正常运行工况下，发电机上、下机架在水平方向的允许双幅振动量不超过 0.12 mm。发电机与水轮机组装后转动部分的临界转速不小于飞逸转速的 125%。

五、发电机效率

水轮发电机能适应每年开停机次数平均为 1 000 次的要求。发电机在额定容量、额定电压、额定转速、额定功率因数时，效率保证值不低于 98.3%。发电机在额定容量、额定电压、额定转速、功率因数为 1 时，效率保证值不低于 98.5%。发电机加权平均效率保证值不低于 98.2%。

六、结构型式

小浪底水轮发电机为立轴半伞式密闭自循环空气冷却，三相凸极同步发电机（见图 1-1）。发电机包括：顶轴（图 1-1 中 1）、发电机轴（图 1-1 中 2）、转子（图 1-1 中 3）、定子（图 1-1 中 4）、上导轴承（图 1-1 中 5）、下导轴承（图 1-1 中 6）、推力轴承（图 1-1 中 7）、上机架（图 1-1 中 8）、下机架（图 1-1 中 9）、滑环与电刷（图 1-1 中 10、11）、引出线（图 1-1

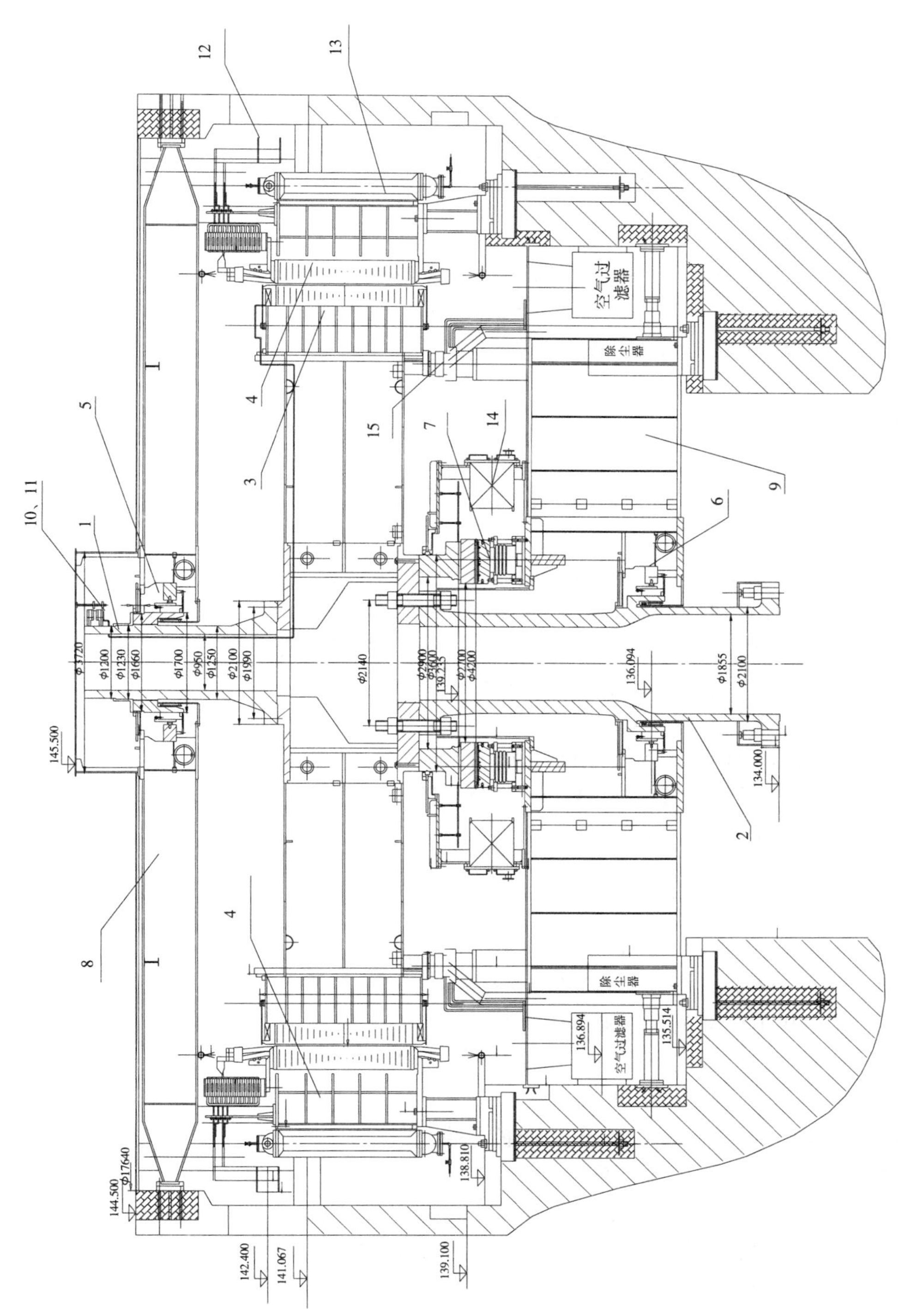

图1-1　小浪底水轮发电机结构图　（单位：mm）

中12)、空气冷却器(图1-1中13)、润滑油冷却系统(图1-1中14)、制动系统(图1-1中15)、水灭火系统、辅助部件(管路、电缆等必要的零件)。

(一)顶轴

顶轴位于转子上部,顶轴直径为1 250 mm,顶轴轴领直径为1 700 mm,顶轴高度3 150 mm,质量21.98 t。顶轴采用20SiMn锻钢制成,下端与发电机转子中心体连接。顶轴靠下端热套上导轴承轴领,并在两者之间设置轴绝缘,以防轴电流火花损伤上导轴领及轴瓦。

(二)发电机轴

发电机轴位于转子下部,轴身采用变径20SiMn整锻结构,上端φ1 700(外径)/φ1 250(内径),下端φ2 100(外径)/φ1 855(内径)。发电机轴上端法兰与发电机转子中心体下圆盘采用12个材质为35CrMo的M170螺栓连接,以十字键传递扭矩。发电机轴下法兰直径为2 930 mm,与水轮机轴相一致。下端法兰与水轮机轴法兰通过24个M160螺栓连接,以摩擦传递扭矩。

(三)转子

转子由磁极、磁轭和支架等部件组成,外径12 736 mm。转子为无轴结构,转子支架为圆盘式焊接结构。

磁极采用薄钢板1.5 mm厚Q235冲片,并用磁极压板及螺杆紧固成一体,通过冲片上的T形尾挂装在磁轭相对应的键槽上。可在不吊出转子情况下拆卸和更换磁极。转子外圈悬挂56个磁极,每个磁极绕组采用七边形铜排扁绕而成,每极22匝,匝间采用F级绝缘。磁极线圈的上、下端采用F级的整体绝缘托板,它们与线圈热压成一体,以提高磁极的机械性能和电气整体性能。转子磁轭采用2.2 mm厚的高强度合金钢板NKHA590冲制扇形片,采用层间相错1.5极距叠片和正反向叠片的方法在工地叠压成整体。磁轭与转子支架采用切、径向复合键连接结构,其分离转速为额定转速的1.15倍。

转子支架采用通风损耗小、整体刚度大的圆盘式焊接结构。在转子磁轭的上、下两端设置旋转挡风板,材质为3 mm厚的1Cr8Ni9Ti不锈钢板。

(四)定子

定子主要由基座、支墩、铁芯、线棒、汇流排等部件组成。基座无顶环与底环,高2 455 mm,定子外径15 500 mm,定子内径12 790 mm。转子与定子之间空气间隙27 mm,可满足整体吊出发电机下机架及水轮机顶盖的要求。可在不吊出转子、不拆除上机架的条件下拆卸和挂装磁极并检查定子线圈端部或更换定子线棒。发电机定子基础板埋入机坑混凝土内,并可用楔子板调整高度,以确保定子具有正确的垂直和水平位置。

为保证装压质量,减小波浪度,定子铁芯下端采用大齿压板结构,上、下端压指均采用无磁性材料40Mn18Cr_3热轧加工而成,以减小端部漏磁场产生的附加损耗,减小端部发热。定子铁芯采用DW270－50低损耗、高导磁、不老化的优质冷轧无取向硅钢片冲程的扇形片叠成,并在机坑叠装成整圆。冲片去毛刺后,其两面涂厚度为0.02 mm的F级9163二甲苯树脂改性硅钢片漆,以减小涡流损耗。

为保证铁芯质量,叠片时应分段压紧,叠片槽部公差不大于0.3 mm。为使铁芯确实压紧,采取冷压后再热压的特殊工艺措施。冲片与定子基座采用进口材质st52－34的双鸽尾筋固定,定位筋与铁芯及托块间有一定的间隙,足以防止由于铁芯热膨胀而产生的挤压应力。两端用定子齿压板及拉紧螺杆、穿心螺杆将铁芯牢固地夹紧,铁芯长度2 300 mm,分成64段设置63个宽度为6 mm的通风沟。通风沟槽采用无磁性材料1Cr18Ni9Ti热轧而成,横截面为工字形,具有减小铁损耗和提高机械性能的双重作用。

定子绕组采用双层条式波绕组,3相4支路并联Y形接法,F极绝缘,采用全模压一次成型工艺。定子线圈包绕的外层保护带采用玻璃丝带,槽内部分采用良好的半导体混合物作电晕保护层并一次成型,在1.5倍额定线电压下,定子线棒不产生电晕。为减小定子条形波绕组由于端部漏磁场而引起的附加损耗,采用360°加320 mm空换位结构。定子绕组接线采用交换等值相带两边导体(借槽)接线法,计算结果表明借槽接线与主波相邻的2、5、8、11次谐波对应的定子铁芯固有振动频率与总径向振动幅值(双幅值)均在允许的范围内。

定子线棒采用连接板银铜焊连接,绝缘盒采用4330－1酚醛玻璃纤维压塑料模压成型。所有绕组的连接,包括铜环引线、极间连接线均采用银铜焊工艺。定子绕组上、下两端各设置两道端箍,当发电机出线端短路时,端箍承受绕组端部的径向作用力,以防止绕组端部变形与破坏。端箍采用玻璃纤维缠绕热固化成型。每道端箍由12段组成,采用连接板、销钉及螺栓连接。端箍及连接件足以承受三相短路冲击电流引起的最大作用力,并有足够的安全系数。

(五)轴承

上导轴承位于发电机转子上顶中部,主要由上导瓦、瓦支架、冷却器、油槽组成。上导瓦为12块扇形巴氏合金瓦、自调式结构,在不干扰转子、推力轴承和集电环的情况下,可装卸、更换、调整和检查导轴承。采用楔形支撑结构,可使轴瓦间隙保持不变。导轴承为油浸式自循环结构,润滑油由装在油槽内的12个螺旋形冷却器冷却,油槽正常油位时油量3.5 m^3。为防止轴电流通过发电机轴到底板形成环流,在上导轴承轴领与顶轴之间设有轴电流保护层结构,能有效地预防轴电流。

下导轴承位于下机架中心体内,主要由下导瓦、瓦支架、冷却器、油槽组成。其结构与上导轴承相同,油槽正常油位时油量4.5 m^3。下导瓦可在不吊出转子的条件下拆装。

推力轴承由推力弹性油箱、托瓦、推力瓦、镜板、推力头、推力油槽、油槽抽屉式冷却器组成。推力轴承总负荷为3 447 t。推力轴承采用油浸式,内部循环冷却弹性油箱自调式支撑双层分块瓦结构。推力瓦表面为金属基的聚四氟乙烯塑料,瓦数为20块,弹性金属塑料瓦从俄罗斯进口。推力瓦及托瓦可在不吊出转子的条件下拆装。镜板外径4 200 mm,内径2 700 mm,质量13.92 t。推力头外径4 660 mm,内径2 700 mm,质量25.34 t,推力油槽正常油位时油量22 m^3。

(六)上机架

上机架由中心体和支臂组成,中心体兼作上导轴承油槽。上机架总质量59.166 t,高度940 mm,外径17 640 mm。上机架中心体为井字形钢板焊接结构,支臂截面为工字形。支臂外端由4个90°对称分布的支脚与基础板通过切向键连接。支脚与基础板之间具有一定的径向间隙。在水轮发电机正常运行时允许上机架径向自由膨胀,避免机坑壁承受热应力。上导轴承任何方向的径向力传递到基础上均变为切向力,机坑混凝土基础承载状况得到极大改善。上机架的上面设置密封盖板,盖板下面敷设耐火隔音材料,它具有吸收不同频率声音的功能,以确保发电机层距地面 1 m 处噪声不大于 80 dB。在盖板上设有进人孔。

(七)下机架

下机架由中心体和 12 个支臂焊接组成,中心体为整圆结构,直径 5 000 mm。下机架总质量 158.150 t,高 2 600 mm,外径 14 100 mm。

下机架支臂与基础之间设置 12 个千斤顶装置,装置设有碟形弹簧和剪断销。碟形弹簧在下机架径向热膨胀时被压缩,避免因下机架热膨胀产生对基础的挤压力。剪断销的剪断力为 50 t,半数磁极短路产生的径向力不会对基础造成破坏。剪断销内孔装设剪断报警装置。在转子下方,下机架支臂之间设置有平台,可供装配与检查推力轴承时使用,还便于检查制动系统、磁极绕组和定子绕组的下端部,平台可与下机架一起吊出。

(八)滑环与电刷

滑环与电刷是发电机励磁回路静止部分与旋转部分连接的重要结构部件,设置在发电机层的集电环罩内。水轮发电机集电环最大外径 1 750 mm,集电环厚度 50 mm,沟槽螺距 8 mm,沟槽宽度 2 mm,沟槽深度 3 mm。集电环外侧均布正负极碳刷,单极碳刷 47 个圆周方向均布,规格为 25 mm × 32 mm × 60 mm(宽 × 高 × 长)。转子额定励磁电流 1 904 A,电压 400 V,集电环电流密度为 0.304 A/mm^2。小浪底发电机可不拆罩直接观察碳刷及集电环运行情况。全部绝缘为不吸潮耐油材料,引线镀银。

(九)引出线

小浪底发电机全部引出线均为线电压级绝缘结构,高程为 142.4 m。主、中引出线各为 6 个出头,直接引到机坑壁内侧。在机坑内部分设可拆卸的接头,接头全部镀银,接头采用螺栓连接。

(十)空气冷却系统

空气冷却器是发电机定子冷却散热、实现热量交换、排出定子热量的重要部件。小浪底水轮发电机冷却采用转子磁轭供风、密闭自循环、双路径向、旋转挡风板、无风扇端部回风通风方式。该通风系统损耗小,风量分配均匀,上、下风路对称,无风扇,机组运行安全可靠。

发电机内的空气由转子支架、磁轭和磁极旋转而形成压力,使气流经过气隙、铁芯、基座进入空气冷却器,由空气冷却器冷却后的气流又经上、下风道流回转子。为避免定子、转子上下两端气隙处漏风,采用了旋转挡风板的结构。

在发电机定子基座外壁对称布置 12 个空气冷却器,空气冷却器冷却水流量 15 000 L/min。在一台空气冷却器退出运行的情况下,发电机具有额定负荷连续运行的能力。为防止沉淀物堆积和便于冲洗,空气冷却器可以正、反向供水。

(十一)润滑油冷却系统

上、下导轴承润滑冷却采用布置在油槽内的螺旋形冷却器实现。推力油槽内布置 20 个抽屉式油冷却器,冷却器便于拆装、清洗,而且可在不干扰转子及定子的条件下维修、检查推力瓦。油冷却器工作压力为 0.2 ~ 0.6 MPa,试验压力为 1.2 MPa,60 min 无渗漏,工作可靠。

（十二）制动装置

小浪底水轮发电机制动装置（见图1-2）位于转子下部磁极挂架内侧，主要由制动器、制动环及配套油气管路组成。制动环位于转子圆盘支架主立筋下方，整圆由56个扇形板组成，材质为16Mn厚钢板，采用224个M36的螺栓与转子支架的托板固紧。

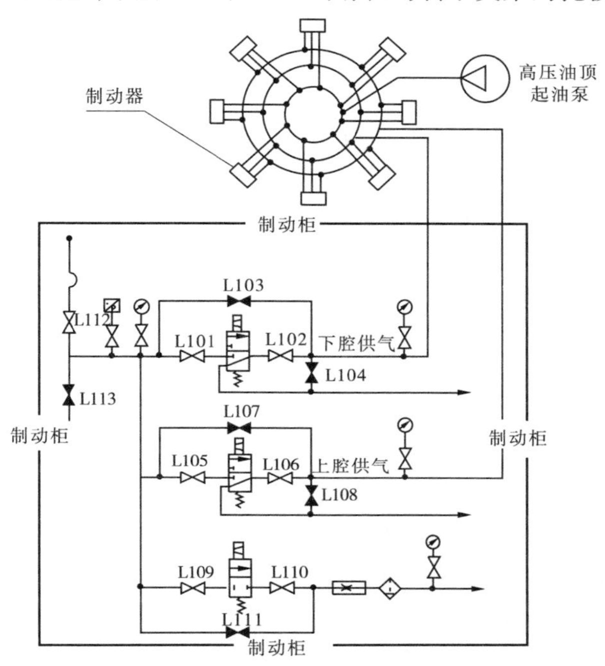

图1-2　小浪底水轮发电机制动装置

制动器包括制动闸板、顶起装置、制动气管路、顶起油管路、电动油泵、阀门和机电元件（设置在制动柜内）等。制动器安设在下机架支墩上，共计24个，活塞直径为280 mm，采用气压复位结构，为使油气分开，采用双层活塞结构，活塞能灵活自由起落。制动器制动时采用气压操作，气压为0.7 MPa，制动器制动耗气量为20 L/s，可满足在规定的水轮机导叶漏水量情况下，水轮发电机转动部分从20%额定转速投入机械制动后120 s内停机。

制动器还可兼作千斤顶用。顶转子时采用油压操作，操作油压约为11 MPa，足以顶起水轮发电机组的整个转动部件，以便检查、拆除和调整推力轴承。在顶起位置，将制动器的锁定装置投入，此时可将油压撤除，转子被锁定在既定位置。

制动块采用铜基粉末材料制造，基体含有金属丝的黏结板或不含石棉的复合材料压制件，耐磨，粉尘少，它牢固地装在制动板上，便于更换。

（十三）水灭火系统

发电机采用水喷雾灭火方式，灭火水压为0.3～0.6 MPa，喷头共100个，分别均布在定子绕组的上、下两端的上、下方（见图1-3）。在发电机机坑四周设有报警用的感烟或感温探测器，以满足报警灭火的要求。灭火水管为不锈钢管，可避免喷嘴因锈蚀而堵塞。发电机水灭火系统启动由母线层外的雨淋阀系统控制，当发电机发生火灾时，控制系统启动雨淋阀,消防水通过雨淋阀进入定子上、下喷淋管路,喷淋灭火。

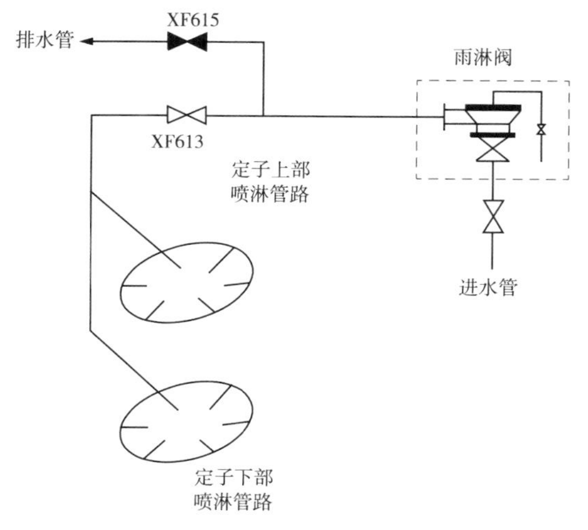

图 1-3　小浪底水轮发电机水灭火系统图

(十四)辅助部件

在发电机机坑内配置加热器 24 个,以防发电机停机时绝缘受潮结露,并可维持机坑内温度不低于 10 ℃,以利于轴承随时启动。其主要技术参数为:型号 JRF－B_1 型;功率 2 kW;电源 380 V,50 Hz;温度调整范围 5～100 ℃。为了保证发电机安全运行,在定子铁芯、绕组、推力瓦、上导瓦、下导瓦、油槽及空气冷却器等部位设置测温元件,对其温度进行监测。

七、发电机基础负荷

水轮发电机每块定子基础板的垂直负荷 P_1 =409 kN,突然短路时每块定子基础板的切向负荷 T_1 =1 057 kN,每块下机架基础板的垂直负荷 P_2 =3 060 kN,上机架作用到风罩上的总切向力 T_s =1 400 kN,顶起转子时每个制动器支墩的垂直负荷 P_3 =638 kN,制动时每个制动器的切向负荷 T_2 =12 kN,下机架每个千斤顶底座的最大径向负荷 P_4 =490 kN。

第二节　运行及维护

一、运行

(一)基本要求

(1)备用中的水轮发电机及辅助设备处于完好状态,保证能随时启动投入运行。备用水轮发电机应和运行水轮发电机同等对待,需进行维护和运行检查。水轮发电机禁止在无主保护的情况下运行。

(2)水轮发电机在设备规范的参数和出力限制线的范围内可以长期连续运行,避免在振动区运行。水轮发电机开、停机操作及负荷调整大于 300 MW 超出力运行时,注意监视电压、电流、各部温度、摆度在规定的范围内,最大出力不得超过 324 MW。

(3)水轮发电机定子线圈每相的绝缘电阻值,不低于上一次同温度下测量结果的1/3,绝缘电阻(在40 ℃以下)吸收比 $R60/R15>1.6$,极化指数>2.0。

(4)水轮发电机转子线圈的绝缘电阻值不得小于0.5 MΩ,若所测数据不合乎要求,应查明原因,并消除缺陷。

(5)水轮发电机启动及停止,禁止在中控室操作员工作站、现地LCU及现地手动同时操作。现地手动控制仅作为计算机控制方式的备用,非特殊情况不得采用。水轮发电机以自动开机为基本启动方式,以自动准同期为基本并列方式,事故及特殊情况下可采用手动准同期方式。

(6)水轮发电机运行及备用,其消弧线圈及中性点刀闸应投入。在额定运行工况下,定子线圈最高温度不得超130 ℃,定子铁芯最高温度不得超过120 ℃。推力轴承最高瓦温不超过65 ℃,导轴承最高瓦温不超过65 ℃。当轴承油槽内润滑油温度低于10 ℃时,不允许开机运行。水轮发电机的热风温度最高不得超过80 ℃;冷风温度不得超过50 ℃,也不得低于10 ℃,以防止空气冷却器结露。冷却器进出口气体温差在正常运行时不超过30 ℃,若冷热风温差比以前显著增大,必须查明原因并设法消除缺陷。

(7)当水轮发电机电压变化范围在额定电压的±5%以内运行,且功率因数为额定值时,其额定容量不变。正常运行时,其电压不得低于17.1 kV,此时定子电流不得超过10 692 A。水轮发电机最高允许运行电压不得高于18.9 kV,此时转子电流不得超过额定值。频率的变动范围不得超过±0.5 Hz,此时水轮发电机可按额定容量运行。当水轮发电机频率高于或低于额定频率时,应注意水轮发电机励磁电压、电流、定子电流及有功负荷、无功负荷的变化。

(8)当水轮发电机不对称运行时,定子三相电流不平衡最大不得超过15%额定电流,且其中任何一相电流不得超过额定值,此时应注意水轮发电机的振动及转子的温升情况。水轮发电机功率因数应根据母线电压范围运行,一般在迟相0.9~1.0范围内运行。

(9)当水轮发电机需要进相运行时,须满足励磁方式应在自动调节状态,且低励限制单元运行良好。进相运行中不得进行励磁装置手/自动倒换操作。水轮发电机有功功率不超过300 MW。进相运行时,注意监视定子端部线圈温度,加强对定子铁芯、线圈温度和系统电压及水轮发电机电压的监视。

(10)运行中须做运行记录。在事故情况下水轮发电机过负荷时,应密切监视各部温度不得超过允许值,登记过负荷电流的大小和时间,设法调整有功负荷、无功负荷,尽快恢复正常。

(11)水轮发电机停机时,先将其从AGC、AVC运行方式退出。水轮发电机正常停机时采用可控硅逆变灭磁,事故停机采用跳磁场断路器利用非线性电阻灭磁。

(12)水轮发电机一次和二次设备均由河南省电网调度统一管理,凡一次和二次设备退出、投入运行及设备更改均应提出申请并得到批准。水轮发电机不做调相运行,但参与系统调频、调峰、调压。

(13)水轮发电机备用状态条件。

为保证水轮发电机具备随时启动功能,水轮发电机设计有备用状态。为保证水轮发电机备用状态,须满足的条件有:①快速闸门、尾水闸门、防淤闸均全开。②水轮发电机各交、直流电源投入工作正常。③调速筒阀液压系统油压、油位正常,控制方式在自动。④各轴承油槽内油位、油色正常。⑤机械制动、电制动系统正常,风闸全部落下。⑥检修用气气压正常。⑦冷却水系统处于正常备用状态。⑧水轮发电机主轴密封装置良好,水压正常;主轴接地碳刷良好。⑨水轮发电机自动控制及保护装置已投入,无事故、故障报警信号。⑩中控室和机旁开机准备条件显示灯亮。⑪备用水轮发电机及辅助设备应和正常运行水轮发电机同样进行巡视及维护。⑫保持备用水轮发电机在随时可以启动的状态。⑬备用水轮发电机上的任何检修作业必须经值长许可。⑭水轮发电机停机超过20天(包括20天)或推力油槽排油检修,开机前应顶起转子一次,顶起高度为6~8 mm。

(二)巡回检查

为确保水轮发电机各系统部件的正常运行,在日常设备检查工作中主要对水轮发电机的集电滑环部分、发电机盖板及上下导轴承部分、现地自动控制保护、风洞部位、水轮发电机各部冷却水部位进行巡视检查。应随时随地清扫和清除配电屏以及电气设备积灰、油污,保持设备的清洁。各部位检查具体要求如下。

1. 滑环部分要求

转速测量装置和励磁引线完好。滑环碳刷接触良好,应无跳动及卡涩,刷瓣无变色氧化现象,碳刷最小长度应不小于新碳刷的1/3。水轮发电机运行时无闪烙现象。摆度、振动在正常范围内。

2. 水轮发电机盖板及导轴承部分要求

水轮发电机盖板保持良好的密封。导轴承油色、油位正常。油槽无渗油、漏油现象。水轮发电机轴振摆传感器各部连接良好。各部螺丝紧固。盖板等无裂纹及开焊现象。冷却水流量、压力正常。

3. 现地自动控制、保护装置要求

各保护整定值正确,各保护压板工作位置正确,各继电器完好,位置正常。测温系统完好,各温度值在正常范围内。制动装置各阀门开、关位置正确,各部无漏气现象,气压正常。电气、机械制动设备工作正常。各指示灯指示正确。

4. 风洞部位要求

风洞内无异味、异物和异音。各部无松动、裂纹、开焊及异常振动。推力油位、油色正常,冷却系统完好,油压、水压、流量正常。各管路无漏油、水、气现象,管路及冷却器无出汗现象。空气冷却器无漏水、渗水现象,各空冷器间及单个空气冷却器温度均匀,无结露现象。各电气引线及装置完好,无过热、冒火花、变色、氧化现象。下机架千斤顶剪断销无剪断信号。

二、检修维护

水轮发电机作为水电站的主设备,运行比较可靠,一般不需要日常维护。小浪底水轮发电机的检修维护主要随机组C级、A级检修进行。

(一)C级检修主要项目

1. 预防性试验

C级检修做的主要预防性试验有:定子绕组绝缘电阻吸收比、极化指数测量,定子绕组直流耐压及泄露电流测量,转子绕组绝缘电阻吸收比测量。

定子、转子近十年的预防性试验,出现了一次问题,2006 年 2 号机组进行 C 级检修,做定子直流耐压试验时定子线棒绝缘被击穿。

(1)问题的发现。

水轮发电机定子额定电压为 18 kV,共有 576 槽,每槽内放有上、下两层线棒。2006 年 4 月,在对 2 号机组进行直流耐压试验的过程中,极化指数正常,A 相加压到 18 kV 时,听到放电声,仪器电压降为 0,再次升压到 5 kV 就击穿,之后升到 3 kV 击穿,最后只能加至 200 ~ 300 V。

(2)使用其他仪器测量的过程。

首先采用 5 kV 摇表对 B 相充电,2 min 后用 B 相对 A 相进行放电,无故障现象,无法查明故障点。接着用行灯变对定子 A 相加电流,无故障现象,无法查明故障点,用标准变压器也无法查明故障点。

(3)使用电缆故障测试仪查找故障点。

在对 2 号机组定子用电缆故障测试仪进行加压过程中,加至 3 kV 时,有轻微的响声,加至 10 kV 时,有放电声发出,从故障测试仪上已经显出其位置,试验人员已经能够清楚地看到其放电位置。

(4)故障点查找过程的分析。

绝缘层击穿由三个因素决定:故障点的性质,电缆的电容和浪涌发生器的容值。如果浪涌发生器的容值与被测电缆的容值近似,故障点不可能次次被击穿。这是因为电缆容值与脉冲发生器容值之间的容性分压阻止有效电压施加到电缆上。

可以把定子的单相线圈看成一根电缆,那么它产生的故障点便与电缆产生的故障一样了,故障点通常被施加高于击穿电压的电压值,用来满足耐压试验或过程烧断。输出电压慢慢升高到试验水平,用电缆故障测试仪产生的高电压大电流将故障点彻底击穿,从而找到故障点。

电缆故障测试仪通过浪涌在电缆中的传播,遇到故障点产生声波脉冲,反馈到脉冲接收仪上,从而得到电缆的故障点位置。对不易查找或难以接触到的设备故障,电缆故障测试仪发生高压高流脉冲的这一性质便发挥了很重要的作用,为定子的绝缘处理问题提供了新的处理方法和依据。

2. 推力轴承、上下导轴承

清除推力轴承及导轴承外部积油及油污,按规定及运行经验补充和调整油位。油槽及油冷却器渗油处理,根据密封实际情况,更换止油密封以达到消除渗油的目的。取油样及油化验,油样应从污染最严重底部取出,必要时抽查上部油样,油质化验应合格。检查上、下导轴承轴瓦及轴领,检查导轴瓦是否发生研瓦或其他情况,轴领是否损伤,必要时应处理。

3. 定子

检查定子铁芯压紧螺杆及齿压板有无发生异常现象。检查定子地脚螺栓是否松动。检查空气冷却器进出水管法兰有无发生渗漏,上部排气管是否发生异常,彻底清理风洞。水轮发电机定子线圈上、下端部检查,清扫掉上、下端部灰尘,检查绝缘及槽楔,绝缘盒有无损坏部。检查汇流排及引线绝缘是否完好,清除灰尘。出口、中性点检查,伸缩节应无断裂、损伤,螺栓、平垫、弹簧垫应齐全无损坏。定子的上、下挡风条应不与转子旋转挡风板相刮。发电机中性点消弧线圈检查、试验。

4. 转子

检查转子穿芯螺杆是否发生异常,检查磁轭大键、磁极键是否发生位移,转子上、下旋转挡风板紧固螺栓是否松动,风闸闸板是否发生异常。水轮发电机转子引线线卡子无松动,外部绝缘层无损坏,对引线部位的灰尘进行清扫。磁极线圈及接头阻尼环检查,必要时检查线圈是否发生异常现象,阻尼环连接螺栓是否松动或脱落。发电机集电环及碳刷架清扫、检查,必要时更换碳刷。

5. 上、下机架

检查上机架地脚螺栓不应松动,机架切向键不应松动。检查消防环管活接头是否发生松动,管卡子是否脱落。检查机械制动管路不应有漏气,顶起部分不应有漏油现象,风闸升降灵活,不应有发卡现象。检查下机架地脚螺栓是否发生松动,径向千斤顶是否发生变化,下机架踏板是否发生位移,下机架、油槽顶部卫生清扫,清除油污。

对油、水、风系统管路阀门及表计检查,阀门进行全关、全开试验,检查是否开、关到位,系统表计应定期进行校验,消除系统及表计接头渗漏。

(二)A 级检修项目

1. 定子

水轮发电机轴线的测定。定子各部螺栓紧固件检查。各部焊缝、衬条、定位筋的检查。定子铁芯、定子线棒、汇流排表面及定子通风槽内的油污清洗。定子绕组端部绝缘盒检查。定子汇流排及引出线检查。定子喷漆,磁极编号。

2. 转子

水轮发电机转子的空气间隙测量,转子圆度测量,磁极标高测量,各组合缝焊接、压紧螺栓、键等检查,旋转挡风板检查,制动环检查。清洗转子磁极、转子引线及通风沟内的油污。转子钢结构及磁极喷漆,磁极编号。转子回装时制动风闸已顶起比转子运行位置高 10 mm,风闸水平高差小于 ±0.5 mm/m。转子螺栓孔与发电机轴螺栓孔同心。

3. 推力头、镜板

推力头、镜板摩擦面清洗检查,如有必要,对镜板摩擦面进行研磨。推力头各连接法兰面检查清扫,螺栓孔丝扣检查,如有必要进行处理。

4. 推力轴承、下导轴承、下机架

推力瓦和托瓦检查。下导瓦的检查。推力冷却器和下导冷却器检查,并进行耐压试验。推力油槽和下导油槽挡油管检查更换密封圈。推力油槽、下导油槽除锈,刷耐酸磁漆。推力油槽和下导油槽组合缝渗漏试验。下机架回装时中心调整,以水轮发电机轴法兰与推力油槽挡油圈的间隙值为依据进行调整,中心偏差不大于 0.5 mm。下机架高程以水轮机中心高程为基准调整,高程偏差不超过 ±1 mm,镜板水平小于 0.02 mm/m。发电机轴与转子连接螺栓拉伸量为 0.76～0.86 mm。

5. 制动器检修

外观检查风闸闸板磨损情况,如磨损严重,应更换新闸板。制动器解体检查活塞,更换密封圈。制动器耐压试验,试验压力为 11 MPa 的 1.25 倍。

6. 油、水、气管路及阀门

管路和法兰渗漏检查。清扫各管路。阀门分解检查,如必要,更换阀门。管路检修后均应试压,试验压力为额定工作压力的 1.25 倍,部分管路需做煤油渗漏试验。检修后需对各管路进行刷漆,供油管路为红色,回油管路为黄色,供水管路为天蓝色,排水管路为绿色,消防管路为橙黄色,气管路为白色,污水管路为黑色。

7. 上导轴承、上机架

上导油槽盖板结合面密封更换耐油橡皮条。各电气引线密封检查。上导瓦的检查。上导油冷却器的检查试压。油槽清扫刷漆。上机架各组合面和缝焊接检查,如有裂纹,要进行补焊。上机架整体喷漆。上机架回装高程、中心偏差不大于 ±1.0 mm,中心体水平偏差不大于 0.10 mm/m。挡油圈回装中心偏差不大于 ±1.0 mm。

8. 水轮发电机出口引线、中性点引线断接引

断引后检查各引线接头无过热,各连接铜片无断裂。检查各接触面平整无凹凸现象。接引前将连接接触面清扫干净,并均匀涂导电膏。引线恢复后,检查连接正确,接触面接触良好,连接螺丝紧固。

9. 励磁引线断接引、转子滑环与碳刷

检查滑环表面光滑、清洁、无烧伤痕迹。碳刷与滑环接触良好,刷架牢固,滑环及绝缘支柱无松动,绝缘无损伤,励磁引线固定牢固。励磁引线各接头无过热、开焊现象,绝缘无损坏,如有损坏,需更换部件。各连接接触面接触良好,布线整齐,固定牢固。

10. 水轮发电机中性点接地消弧线圈

接地消弧线圈表面清扫。检查各部引线接头无过热,绝缘良好,设定挡位正确。端子排紧固,螺丝无松动,接地良好。检查刀闸动、静触头接触良好,经手动分合正常。

11. 预防性试验

定子绕组绝缘电阻吸收比、极化指数测量,上下分支直流电阻测量,直流耐压及泄漏电流测量。由于交流耐压试验是破坏性试验,在检测其他数据正常时,一般不做交流耐压试验。

转子绝缘电阻吸收比测量,直流电阻测量,交流耐压试验,交流阻抗测量,功率损耗测量,单个磁极阻抗测量,磁极之间接触电阻测量。

第三节　转子动不平衡处理

一、动不平衡的提出

小浪底电站 5 号水轮发电机组(即机组)自投运以来,一直存在上机架、上导摆度振动大的问题,空载额定转速时上机架振动幅值高达 0.32 mm,设计要求为 0.12 mm;空载额定转速时上导摆度达到 0.40 mm,而上导瓦双侧总间隙为 0.36 mm,机组振动明显。

二、原因分析

利用 5 号机组检修机会,应用自动盘车装置,采用刚性盘车方法进行盘车,从盘车数

据分析，机组轴系良好。后又在不加励磁空转、加励磁空转、并网变负荷等各种工况下，以及多次调整下导和水导瓦间隙，测量上导摆度值和上机架振动值，发现测得的值无明显变化。结合顶盖水平振动比较小，且其振动和摆度不随机组运行工况的改变而发生变化这一现象分析，说明5号机组振动和摆度过大的主要原因不是水力不平衡和磁力矩不平衡引起的。

通过对以上试验测得的数据分析，初步判断5号机组可能存在较大的动不平衡。为了进一步确定问题所在，对5号机组进行了现场振动测试。机组从50%额定转速开始升速，每增加10%转速进行一次测量，记录振动幅值和频率。从变速测量的数据分析，发现上机架振动幅值与机组转速的平方值成线性关系，呈现出典型的动不平衡特征。由此可以看出，5号机组存在转子动不平衡问题。

三、转子动不平衡原理

转子可以看成上、下两个部分，假设上部分重心在左边，下部分重心在右边，静止时力偶平衡，不产生不平衡力矩。当转子以角速度旋转时，会产生一不平衡力偶，该力偶就是引起机组上机架水平振动的力偶，并作用于导轴承。机组转子动不平衡对振动的影响原理分析基于这一种理论：受力使物体产生变形，持续的变形—恢复—变形—恢复过程中就产生了振动。根据弹性力学原理，变形量大小与受力成正比，于是振动量也与受力成正比，受力值也可以通过振动值来量化。

四、问题的处理

（一）测试转子动不平衡的方法

通过动不平衡试验，确定不平衡力的大小和方位（即它的坐标），然后在对称位置加配重块来消除动不平衡现象。过去通常采用三点试加重法，这种方法解决动不平衡问题比较有效，但现场试验操作起来比较烦琐。随着测试技术的发展，目前多采用专用仪器（如DVF－Ⅱ型数字向量滤波器）来完成动不平衡试验工作。

小浪底5号机组测量动不平衡是在机组达到额定转速时，用DVF－Ⅱ型数字向量滤波器跟踪滤波后的上机架振动幅值、上导摆度及其相位角。由上机架的振动幅值和相位角可判断出上机架振动高点位置及应加配重块的位置。

估算出的试重块，按其方位固定在转子支臂或磁轭上，再启动机组到空载额定转速，测量上机架的振动幅值和相位角，同时测量出上导摆度及其相位角。由上机架振动幅值的削减程度，确定需再加配重试块的重量，其方位由相位角确定。如果试验结果不理想，根据振动幅值的大小和方位，逐次加配重，直到问题解决。

（二）现场测试方法

打开停机位置转子引线正上方的上机架盖板，以转子引线中间的焊缝为准（也可任意选择某一径向方位作为测试坐标基准），在此径向方位对应的上导轴领处做锁相测量标记，并固定锁相测量传感器。利用桥机吊钩在同一方位固定振动测量传感器，使振动测量传感器测头与锁相测量传感器方位一致，并使振动传感器测头与上机架的横梁垂直，以保证测试精度。将振动测量传感器测量信号经模数转换处理后，与锁相传感器信号同时输入测量仪器。在额定转速下,测得上机架最大振动值为0.316 mm,最大振动方位为锁相标记(转子引线方向)逆时针33°。根据转子结构,可以确定配重方位为锁相标记逆时针213°。

(三)试重块选取

常用的配重公式为

$$P = \frac{(0.5 \sim 2.5)Gg}{Rn^2} \tag{1-1}$$

式中:P为试重块的质量,kg;G为转子质量,kg;g为重力加速度,9.81 m/s^2;R为试重块半径,m;n为机组额定转速,r/min。

为使水轮发电机组振动在加试重后有一定的反应,又不致于使振动增加过大危及机组安全,则低转速机组取小值,高转速机组取大值。小浪底水电厂机组为中低转速,转子质量较大,为安全考虑,按系数0.5考虑,试重块加在转子支臂立筋靠近磁轭处,半径为4 400 mm左右处,故5号机组试重块质量选取81 kg。

(四)削减转子动不平衡离心力

由于确定的安装位置刚好在转子两支臂中间,故实际安装时在这两转子支臂上分别安装质量为40.5 kg的试重块,方位为锁相标记逆时针202°和224°,如图1-4所示。考虑转子引线在转子上端面,配重块尽量加在靠近转子上部。将配重块牢固焊接在确定的位置,开机至额定转速,所测振幅为0.270 mm,产生振幅方位为锁相标记逆时针31°,振幅有明显降低,方位基本无变化,说明配重方位正确,但振幅与规范要求的0.120 mm相差仍较大。

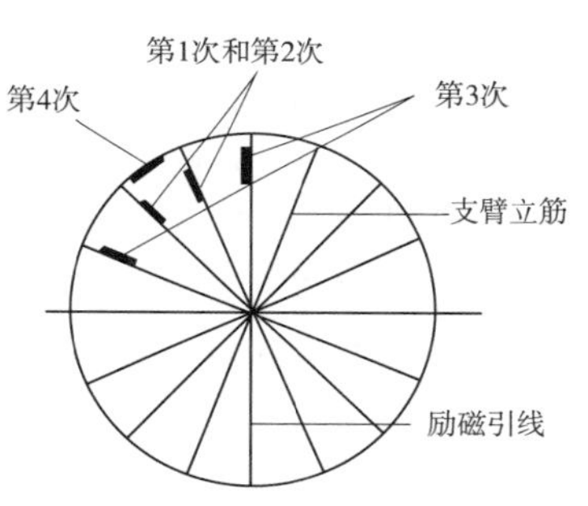

图1-4　4次所加配重块位置

为进一步减小振幅,需要在同一方位继续加大第2次配重,选取配重质量90 kg,在第1次所加试重块相同的方位分别加两个45 kg的试重块。测量振幅为0.179 mm,振幅方位仍然为锁相标记逆时针31°。

根据第2次试验结果,确定第3次加装两块37.5 kg试重块,考虑到原先的两个转子支臂已各安装了85.5 kg的配重块。出于安全考虑,第3次加装的两个试重块分别安装在与原先的两个转子支臂相邻的两个转子支臂上,方位为锁相标记逆时针202°和224°,实加配重为75 kg。配重后测量,振幅降低至0.157 mm,振幅方位为锁相标记逆时针29°。

由于振幅已比较接近要求的数值,第4次配重选取需慎重,第4次把配重直接加在锁相标记逆时针213°方向的转子磁轭内壁上(转子支臂内尽量靠近转子上部),此处半径为5 100 mm,配重约为50 kg。配重后测量振幅为0.122 mm,振幅方位为锁相标记逆时针20°,上导摆度与上次比较也略有减小。后又让转子加上100%励磁电压的情况下空载以及负荷80 MW、100 MW、140 MW情况下测得的振动和摆度基本不变,说明5号机组发电机动不平衡中电磁不平衡和水力不平衡很小,基本没有影响。具体见表1-2。

表 1-2　4 次加装配重块的测量结果

加配重次序	上机架振动幅值(mm)	振动高点相位	上导轴承摆度(mm)	水导轴承摆度(mm)	顶盖垂直振动(mm)
第 1 次	0.270	31°	0.364	0.17	0.03
第 2 次	0.179	31°	0.293	0.13	0.03
第 3 次	0.157	29°	0.254	0.12	0.03
第 4 次	0.122	20°	0.240	未测	0.03

4 次实际累加配重为 296 kg，全部配重应在 0.01% ~0.05% 的转子质量之间，对小浪底水电厂机组即在 90 ~450 kg 之间。所加全部配重产生的有效离心力矢量和的幅值为转子质量的 1.7%(<2.5%)，上机架振幅大小已满足要求，机组空载运行比较平稳，原来存在的上机架晃动现象消除，转子动不平衡问题基本得到解决。

五、结语

从机组振动问题的解决方法来看，对发电机转子进行配重的确是一重要手段。但各个电站的情况不同，还要具体问题具体分析。在排除电磁因素和水力因素引起的机组振动后，应该要考虑做配重试验。在选取试重块时，既要考虑试加配重块产生的离心力为发电机转子质量的 0.5% ~2.5% 的原则，也要充分考虑不平衡离心力产生的振动幅值与要求达到的振动幅值之差的大小。小浪底水电厂 5 号机组通过 4 次逐渐增加配重，有效解决了转子动不平衡问题，各部振动、摆度均满足相关规范和设计要求，机组运行稳定。

第四节　油槽渗油和油雾治理

一、设备概况

上导轴承布置在上机架中心体内，下导轴承布置在下机架中心体内，推力轴承放置在转子下方的下机架中心体上。

二、油槽渗漏治理

(一)上导轴承油槽漏油治理

小浪底机组发电机上导轴承油槽在机组安装投运不久，即出现普遍的渗油现象。分析原因，是上导轴承油槽组合面所用密封尺寸偏小，且耐油性能太差，运行不久即出现油槽渗油现象。在机组 A 级检修中更换了加大截面直径的新型耐油密封条后，渗油现象得到了彻底解决。

(二)下导轴承油槽漏油、甩油治理

下导轴承的结构与上导轴承一样，但是下导轴承的甩油现象极为严重，甩出的油滴在水车室内飞溅，对水车室的环境造成严重影响。

分析原因如下：

(1)由于下导轴承油槽各组合面采用的密封条截面直径小且不耐油，密封条收缩变

硬，无弹性，导致各组合面出现间隙，产生漏油现象。

(2)下导轴承油槽内挡油圈分瓣法兰面(见图1-5中2)的径向密封条与其外侧的环缝密封条垂直交接处密封因耐油性差而收缩变形，导致两道密封条之间出现间隙，产生漏油现象。

(3)下导轴承挡油圈为分瓣结构，其分瓣法兰径向宽100 mm，法兰在油槽内侧，且挡油圈内侧没有防止油流向上爬升的阻油环。在机组运行时，油槽内沿切向循环流动的油流在挡油圈径向分瓣法兰处受到猛烈冲击，沿分瓣法兰面(见图1-5中2)向上爬升，从挡油圈顶部甩出，造成大量甩油。

处理方法：

(1)将下导油槽各组合面所用密封条全部更换为耐油橡胶密封条，同时在密封条外侧法兰面上涂抹平面密封胶。

(2)下导轴承挡油圈分瓣法兰面的径向密封条与其外侧的环缝密封条垂直交接处密封条保留足够的压缩余量，且在此处涂抹平面密封胶。

(3)在下导轴承挡油圈分瓣法兰上开设导流槽(见图1-6中2)，并安装第4道阻油环板(见图1-6中4)。分瓣法兰上的导流槽，使沿切向循环的油流在分瓣法兰处冲击减小，通流顺畅。第4道阻油环板能有效地防止油流沿挡油圈的爬升，消除下导油槽甩油现象。采用以上处理方法后，6台机组下导轴承的甩油现象得到了大幅改善。

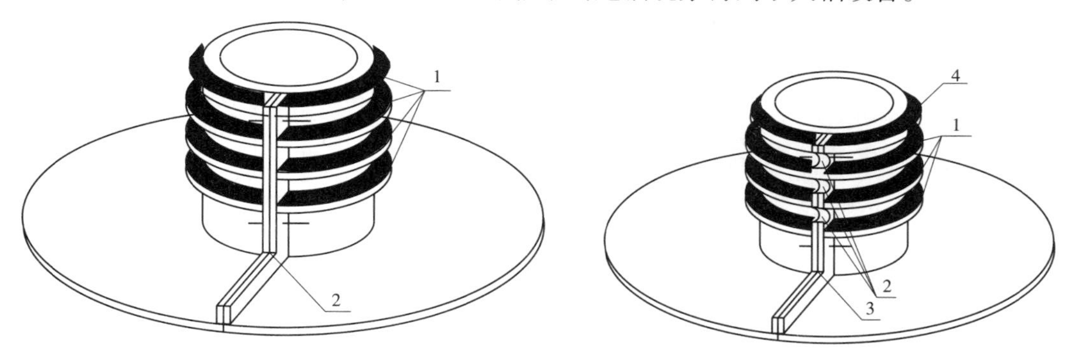

图1-5　原设计下导轴承油槽底盘和内挡油管结构　**图1-6　改造后下导轴承油槽底盘和内挡油管结构**

(三)推力轴承油槽漏油、甩油治理

1. 油槽结构

小浪底机组推力轴承油槽底板由内、外两块直径不同的环板采用螺栓把合而成，内侧底板(见图1-7中3)直接加工在下机架中心体上，外侧底板(见图1-7中5)通过螺栓与内侧底板和推力油槽把合在一起。在下机架支臂上表面与油槽外侧底板之间垫上矩形垫板(见图1-7中7)。

小浪底机组推力轴承油槽底板采用内环形底板(见图1-7中3)与外环形底板(见图1-7中5)法兰连接结构，所以两环形法兰组合缝处出现渗漏(见图1-7中4.1和4.2)。在推力轴承油槽的外挡油圈与外底板连接法兰处(见图1-7中7)出现渗漏。推力轴承内挡油管(见图1-7中2)上沿(见图1-7中1)出现甩油现象。另外，在推力冷却器法兰(见图1-7中9)也出现部分法兰渗漏。由于在推力轴承油槽外挡油管采用分瓣组合结构，在

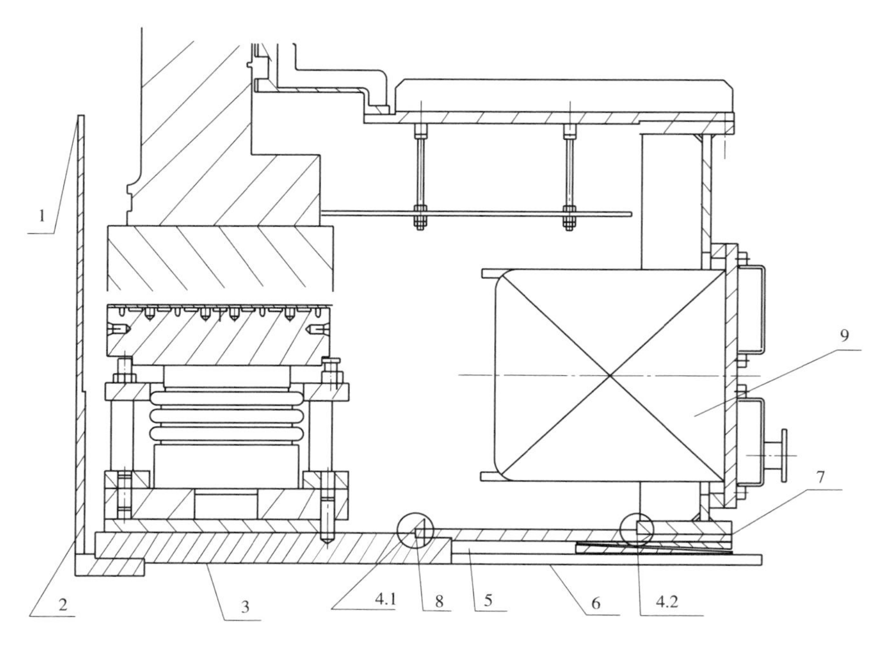

图 1-7　原设计推力轴承结构

分瓣组合法兰组合缝处出现渗漏(见图 1-8)。

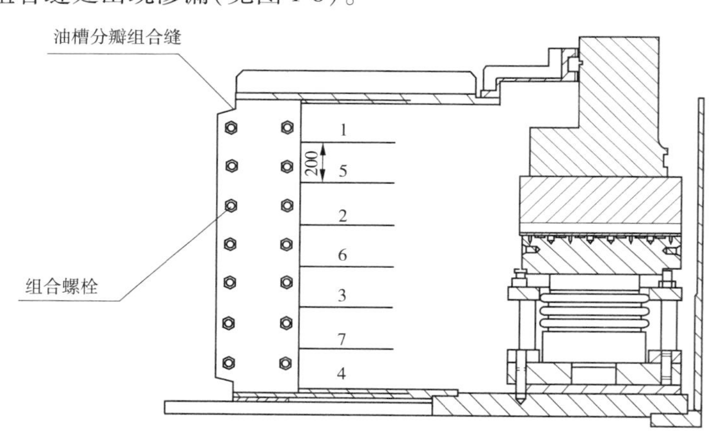

图 1-8　推力轴承油槽外挡油管分瓣组合法兰　(单位:mm)

2. 原因分析

由于外侧底板尺寸较大,刚性较小,安装后的机组外侧底板水平度较差,径向内高外低,圆周方向波浪度较大,与推力轴承油槽组合面之间有较大间隙,最大的有 0.5 mm,造成图 1-7 中的 4.1 和 4.2 部位漏油。推力轴承油槽外侧底板与安放在 12 个下机架支腿上的 12 块矩形垫板(见图 1-7 中 7)之间存在较大间隙,最大的间隙有 4 mm。安装工艺是产生这一问题的直接原因。由于推力轴承油槽外侧底板在安装中调平不理想,油槽挡油圈与外侧底板组合面间极易产生间隙。油槽安装时组合面螺栓将倾斜的外侧油槽底板提起,从而导致油槽外侧底板与矩形垫板之间间隙变大,由于矩形垫板在推力轴承油槽安装之前已配装好，所以无法补偿新增间隙，导致推力轴承油槽外侧底板出现悬空的现象。推力底板要承受22 m^3 透平油、20个推力冷却器、油槽自身重量，以及机组在运行中产生的振动，导致推力轴承油槽外侧底板与推力轴承油槽组合面之间间隙不断增大，这是造成推力轴承油槽渗油的主要原因。

另外，采用的密封条不耐油，且尺寸偏小，收缩后变硬，使组合面产生间隙而出现漏油现象，见图1-7中4.1和4.2部位。推力轴承油槽分瓣法兰面的立缝密封条与推力油槽外侧底板的环缝密封条垂直交接处密封因耐油性差而收缩变形，导致两道密封条之间出现间隙，产生漏油现象。推力轴承油槽在油流循环中从内挡油管(见图1-7中2)挡油圈甩出，是由于推力挡油圈高度不足导致的。

3. 处理

1)采用密封和结构改造治理

首先对推力轴承油槽各组合面所用盘根更换为耐油密封条，并将密封条尺寸由ϕ8增大为ϕ8.5。同时在橡胶密封条外侧法兰面上涂抹平面密封胶。对推力轴承油槽分瓣法兰面的立缝密封条与推力轴承油槽外侧底板的环缝密封条垂直交接处密封条保留足够的压缩余量，且在此处涂抹平面密封胶。同时，推力轴承油槽底板径向和周向绝对调平，在外侧底板下面的矩形垫板全部更换为矩形楔子板(见图1-9中7)，每个下机架支腿上安放2对，共计24对，楔子板的尺寸由施工人员根据实际情况确定，用楔子板将推力轴承油槽外侧底板调平，打紧楔子板，以消除推力轴承油槽安装中可能产生的间隙，并将楔子板点焊固定，以防松动。另外，对推力轴承油槽内挡油管加高200 mm(见图1-9中1)。

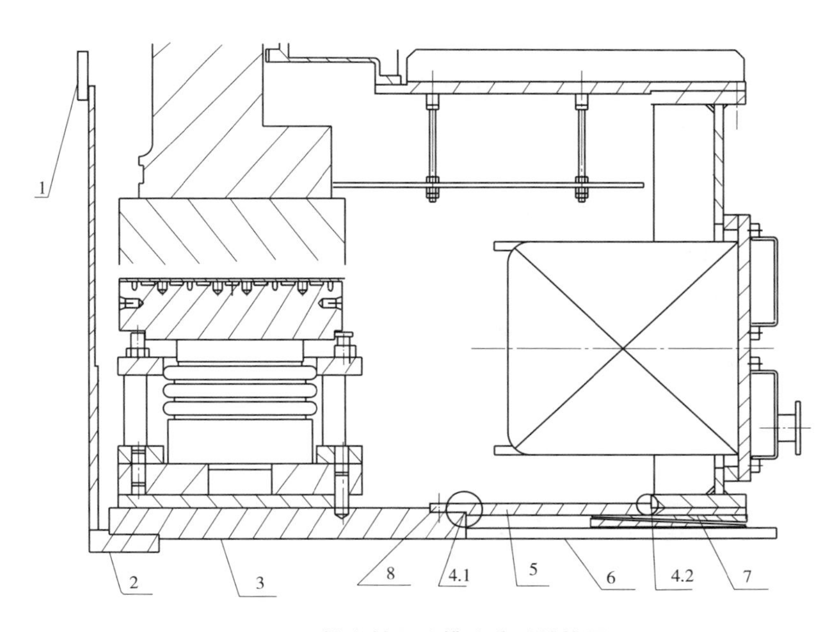

图1-9　推力轴承油槽改造后结构图

2)焊接治理

为保证解决推力轴承油槽漏油部位，根据已有经验结合小浪底机组推力轴承油槽结构特点进行了推力轴承油槽内底板与外底板环形组合缝、推力轴承油槽分瓣组合面及组合螺栓、推力轴承油槽和油槽外底板实施封焊办法进行治漏。

（1）清洗分瓣组合螺栓后最终打紧，焊接螺杆与法兰、螺杆与螺帽之间的环缝，按推力轴承油槽分瓣组合立缝焊接顺序对称跳跃焊，温度达120 ℃停弧，待温度降至80 ℃时继续施焊。机组推力轴承油槽分瓣组合缝油槽内侧立面施焊，焊缝1.44 m×2（见图1-8）。推力轴承油槽分瓣组合缝焊高8 mm。分两遍先焊油槽分瓣组合缝内法兰（见图1-8），对称分段焊之前用绳状加热器预热，点温计测温，80 ℃时开始施焊，达到120 ℃时及时停弧。焊丝直径2.5 mm，电流110~150 A，直至焊角尺寸8 mm。

（2）推力轴承油槽内底板与推力轴承油槽外底板、推力轴承油槽外底板与推力轴承油槽两道环缝可靠点焊各12点以上按焊接顺序图施焊。焊接时，焊接层与层间焊接错开30~50 mm，每250 mm焊段以顺时针方向进行，换焊缝焊接以图中编号顺序进行层间焊接，推力轴承油槽外的底板与内底板、外底板与两道环缝，焊角尺寸5 mm，分3次焊接，焊丝直径1.6 mm，焊接电流110~140 A。

（3）推力轴承油槽与油槽外底板底环缝施焊，焊缝长度19.53 m，推力轴承油槽底板环焊缝焊高5 mm，见图1-9中4.2部位。焊前将6片履带式加热片平放在环板上，点温计测温达到80 ℃时开始施焊，120 ℃停弧，待自然冷却至80 ℃时再次施焊，直至完成。焊接时前架4块百分表监视焊接变形量，属于能够恢复焊前状态的变形量可不停弧，变形量可先预估为0.6 mm，变形量超过0.6 mm停弧。待变形恢复后继续施焊。推力轴承油槽外底板与内底板一周连接螺栓打紧，焊缝长度15 m，推力轴承油槽底板环焊缝焊高5 mm，见图1-9中4.1部位。焊前将6片履带式加热片平放在环板上，点温计测温达到80 ℃时开始施焊，120 ℃停弧，自然冷却至80 ℃时再次施焊，直至完成。焊接时，架4块百分表监视焊接变形量，属于能够恢复焊前状态的变形量可不停弧，变形量可先预估为0.6 mm，变形量超过0.6 mm停弧。

3）推力轴承油槽加固

为提高推力轴承油槽的整体刚度，减小推力轴承油槽外底板与连接处因水轮发电机组运行振动引起的结构变形，对该部位采取加固的办法以提高支撑强度。用12块钢板在机组发电机下机架12个支臂之间加装支撑板（见图1-10中3）。支撑板采用Q235钢板940 mm×120 mm×30 mm（长×宽×厚）的加强板共计10块。Q235钢板加工940 mm×240 mm×30 mm（长×宽×厚）的加强板共计2块，中间开槽130 mm×120 mm（长×宽），焊接在12个下机架支臂之间（见图1-10中1、2）。

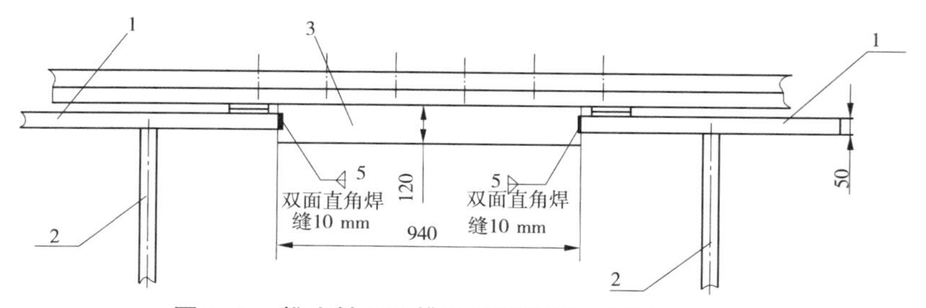

图1-10　推力轴承油槽加固板安装　（单位：mm）

推力轴承油槽采用焊接方法实现了渗漏治理,但给水轮发电机下机架的起吊带来不便,为克服下机架起吊问题,改变了原起吊下机架方法,将用单钩起吊方式改为双钩起吊方式,并在下机架支臂上采用另一套起吊孔。为便于起吊钢丝绳穿过起吊孔钢丝绳及以后吊装,将水轮发电机下机架上下游起吊支臂外侧4个吊装孔向下进行扩充,将原直径200 mm的起吊孔改成U形孔(见图1-11),并对孔周围采用20 mm厚Q235钢板补强加固,确保下机架强度。

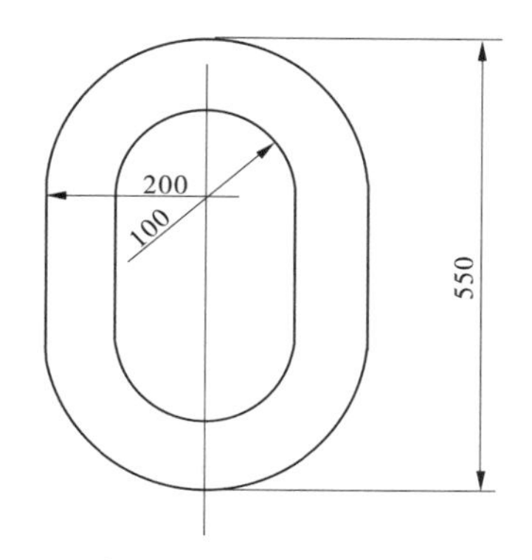

图1-11　起吊孔扩孔后形状　(单位:mm)

三、轴承油槽油雾治理

(一)概况

原设计为轴承油槽密封盖本体与推力头(或轴领)之间单边理论上有2 mm的间隙,密封盖的密封槽内填充细毛毡,并使细毛毡填充密封盖与推力头(或轴领)之间的间隙,防止油雾从这些间隙中溢出。由于在机组安装时该间隙不一定均匀,细毛毡在机组长期运行后会被油污污染并硬化、磨损,不能保证完全填充推力头(或轴领)与密封盖间的间隙,则使油槽内产生的油雾容易溢出。

原有的轴承油雾收集装置是在轴承油槽密封盖上设压缩空气进气孔,向密封盖的两道密封间通入压缩空气,形成气密封,防止油槽内的油雾从密封盖与推力头(或轴领)之间的间隙溢出。同时油槽盖上对称设有油雾回收管路,希望油槽内产生的油雾沿回收管路汇集到集油槽内并冷凝成润滑油回收。

原设计由于不能保证压缩空气均匀填充到密封盖的两道密封之间,因此防油雾溢出作用不明显。由于油槽内含油雾的空气是自然流动到油雾回收管路内的,所以油雾回收效果不明显。同时由于挡油管下面没有密封结构,推力头(或轴领)侧面正常油位上面设有通气孔,用于平衡油槽和挡油管与推力头(或轴领)形成的腔内的气压。但这些通气孔也容易使油雾进入挡油管与推力头(或轴领)形成的腔,并最终从挡油管下面溢出。

(二)油雾原因分析

针对发电机轴承油雾问题,电厂维护人员对各台发电机轴承油雾问题进行了详细的统计,并认真查阅了各台发电机轴承的安装、检修、改造记录及效果,结合机组运行情况和轴承结构进行了认真分析,同时咨询了设备制造厂家,并了解了其他电厂轴承运行情况,分析得出轴承油雾产生和溢出的原因主要有以下几个方面。

1. 轴承油位过高造成内甩油

机组在安装投运后下导轴承和推力轴承曾普遍出现过轴承内甩油问题,后制造厂和安装单位进行了积极的治理,下导挡油管焊接阻油环,推力挡油管加高200 mm。同时,加油时将轴承油位降低,比设计油位低1~2 cm,运行中由于油温升高后油的膨胀,轴承油位普遍比设计正常油位高1~2 cm。从多年来的运行情况看,各部轴承不存在明显的内甩油问题。所以,油位问题不是轴承油雾产生的主要原因。

2. 轴承油温偏高、油雾蒸发量大

机组在运行过程中,由于轴承转动部分的高速旋转,轴承动、静部件在工作中产生摩擦热导致油温升高,促使油雾的形成和扩散。透平油受热膨胀后不但油位相应增高(从观察的情况来看,一般为 2 ~ 3 cm),油槽内也会有少许正压。冷态透平油既可吸收一定量的水分,同时可溶解一定量的空气,随着机组的运转,油温的升高,势必使冷态时溶入油中的水分及空气汽化,并且汽化的同时会有一定量的油被带出,形成油雾。

对 2005 年以来各台机组发电机各部轴承在各种运行工况下的油温和瓦温的变化范围进行了统计,具体数据见表 1-3。

表 1-3　机组发电机轴承温度统计　　(单位:℃)

瓦温	1 号机组	2 号机组	3 号机组	4 号机组	5 号机组	6 号机组
上导瓦温	37.5 ~ 47.7	37.7 ~ 45.5	39.3 ~ 46.8	41.8 ~ 47.9	39.6 ~ 49.1	34.6 ~ 43.9
上导油温	30.1 ~ 40	27.7 ~ 38.4	30.5 ~ 40.1	31.3 ~ 39.8	30.5 ~ 40.1	29.1 ~ 41.7
推力瓦温	31.1 ~ 41.5	31.6 ~ 42.1	31.4 ~ 41.2	33.6 ~ 43.4	31.7 ~ 42.1	30.1 ~ 42.2
推力油温	25.1 ~ 36.5	26.3 ~ 37.7	26.3 ~ 37.2	26.5 ~ 37.2	25.1 ~ 36.7	27.1 ~ 37.8
下导瓦温	45.3 ~ 52.9	46.3 ~ 53.9	42.5 ~ 48.3	42.2 ~ 48.4	42.9 ~ 49.7	37.5 ~ 50.1
下导油温	30 ~ 40.2	34 ~ 44.1	33.3 ~ 41.4	29.3 ~ 38.2	33.8 ~ 42.1	27.9 ~ 41.4

从表 1-3 中的统计数据来看,发电机轴承油温不超过 45 ℃,瓦温不超过 53 ℃,其中温度高值出现在调水调沙及其以后库水位偏低的 2 ~ 3 个月内,因为此时取自库水的冷却水温增幅 10 ℃左右。从规程规范的要求来看,这样的温度对轴承的运行是比较理想的,符合相关要求。油温高是导致油雾产生的一个主要原因,但小浪底机组轴承油温下调的空间很有限,由此产生的油雾可以采用密封和收集的方式解决。

3. 轴承油槽油流循环问题

当机组运行时,由于轴承转动部件在油槽内高速转动,不断搅动油槽内的透平油,极易形成油雾。油槽内的透平油随着大轴的高速旋转而呈现离心状波动,透平油的流动及透平油与轴承动、静件的碰撞会使透平油出现较大波动,形成波峰、波谷并产生大量的泡沫,加大了透平油与空气的接触面积,使透平油自身的汽化加剧,加快了透平油雾化的程度。小浪底水轮发电机额定转速为 107.1 r/min,发电机转动部件各部位线速度见表 1-4。各部轴承油槽在运行中油流循环方面存在的问题如下。

1)推力轴承油槽

(1)推力轴承油槽挡油管在机组安装投运后发现高度偏低,导致推力轴承油槽内甩油。为了解决这一问题,将推力内挡油管加高 200 mm,这样虽解决了甩油问题,但油流的撞击飞溅依然存在,促使油雾的产生。

(2)推力轴承油槽内挡油管虽为整圆结构,但其圆度偏差达到 20 ~ 30 mm。推力轴承内挡油管的不圆度及机组的摆度(见表 1-5)导致其圆心和推力头及镜板的圆心存在一定的偏差,机组运行时易使内挡油管产生偏心泵的作用,并且内挡油管离推力头和镜板较近(见表 1-6),偏心泵的作用较强,导致油流的波动和紊乱,易使油从内挡油管内侧被挤出,造成内甩油。但推力轴承内挡油管由于空间和尺寸限制,未焊接阻油环,无法阻止向上爬升油流的外溢。

表1-4　发电机转动部件线速度统计

序号	部位	回转半径(mm)	线速度(m/s)
1	镜板外圆	4 200	7.49
2	推力头外圆	4 100	7.32
3	镜板内圆	2 700	4.82
4	推力头内圆	2 900	5.18
5	下导轴领内圆	2 308	4.12
6	下导轴领外圆	2 500	4.46

表1-5　检修前空载时各部摆度值

部位	检修前摆度	设计瓦间隙(mm)	说明
上导轴承	0.08	0.18	空载测量工况
下导轴承	0.28	0.20	
水导轴承	0.19	0.22	

表1-6　推力挡油管间距

序号	部位	间距(mm)
1	镜板与内挡油管间距	64
2	推力头与内挡油管间距	164

(3)推力头和镜板上的起吊孔未进行封堵。其中镜板沿其外侧圆周径向均布4个M90径向螺孔作为起吊孔,推力头沿其外侧圆周径向均布4个M110螺孔作为起吊孔。这些螺孔尺寸较大,当机组运行时,推力头与镜板在油槽中高速旋转,裸露的螺孔对循环油流产生较强的搅动作用,使油面产生强烈的波动,加剧油雾的产生。

2)下导轴承

由于下导轴承油槽内挡油管为分瓣法兰连接结构,法兰在挡油管内侧。6号机组下导轴承油槽在以往解决甩油问题时,对挡油管进行了改造,在挡油管内侧上部焊接了三道阻油环。阻油环为分瓣焊接结构,其宽度比挡油管分瓣法兰宽20 mm左右。为了便于检修时分瓣法兰的拆卸,同时消除20 mm的宽度差,采用过渡板将分瓣法兰与阻油环焊接在一起,形成封闭的整圆结构。但挡油管依然存在以下问题:

(1)阻油环与分瓣法兰之间(特别是与分瓣法兰连接螺栓之间)存在较大的空缺和间隙,最宽约10 mm,并未形成封闭的整圆结构,导致循环油流在此形成上爬通道,削弱了阻油作用。

(2)分瓣法兰上开设有通流槽,但通流槽受结构限制,无法开到与阻油环相同尺寸,导致循环油流在此处依然有少量润滑油产生撞击、飞溅、上爬,且部分过渡板厚度较阻油环薄,且形状不规则,对循环油流造成一定影响。

由于以上两方面问题的存在,导致循环油流沿阻油环流动时撞击到分瓣法兰上,产生撞击、飞溅,形成强烈紊流,产生大量油雾。同时,撞击的油流沿阻油环与分瓣法兰之间存在的较大空缺和间隙上爬，所以阻油环并未起到应有的作用，效果并不好。

3）轴承油槽内外存在压差

机组运行过程中，轴承油槽内透平油油温升高后，透平油受热膨胀，油位相应增高，且随着油雾的不断形成，油槽内含油雾的空气气压也高于正常气压，油槽内外的气压差使油槽内的油雾更容易溢出。

（三）治理油雾问题的技术措施

（1）减小推力内挡油管不圆度，调整优化机组轴线。水轮发电机 A 级检修时，将推力内挡油管拆除后，采用加热挤压校正的方法，减小其不圆度。同时，对机组轴线进行测量调整，尽可能地减小各部摆度。通过这两个措施，削弱推力内挡油管的偏心泵作用，避免推力内甩油。

（2）分别将镜板外侧 4 个 M90 的起吊孔和推力头外侧 4 个 M110 的起吊孔采用相同尺寸的丝堵进行封堵，丝堵外部形状应保证其安装后部件表面平滑过渡，避免油流在此处产生扰动和冲击。

（3）在推力油槽盖上增设四套除油、水效果较好的油雾过滤呼吸器（见图 1-12），平衡油槽内外的压差，改善轴承内部油流循环状况，同时可滤除空气中的油雾和水分。

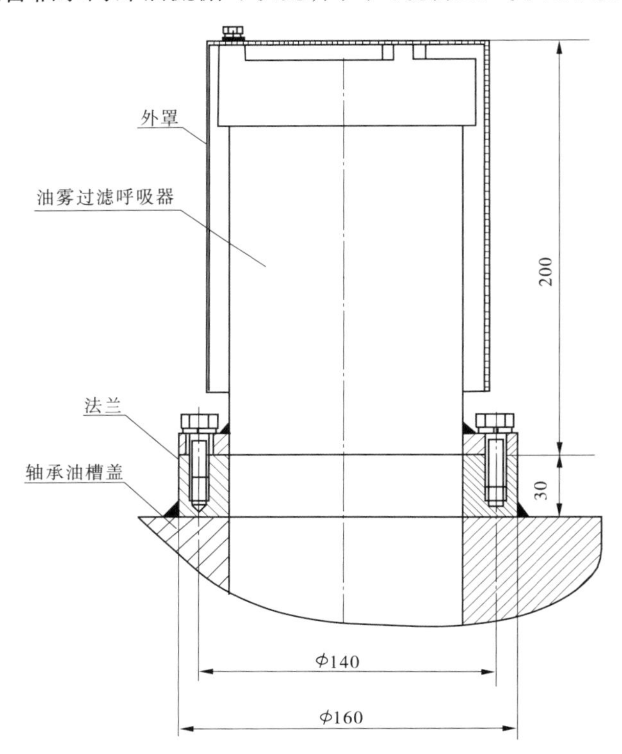

图 1-12　油雾过滤呼吸器安装示意　（单位：mm）

（4）研究和增设推力轴承下接触式密封装置，密封和收集因油温高等因素造成的无法彻底消除的油雾。设计、制造一套推力轴承下接触式密封装置，安装于机组推力轴承挡油管与发电机轴之间，实现推力内挡油管与发电机轴这两个动、静部件之间的油雾密封和收集。

①密封装置应具备的功能。从对推力轴承油雾检查情况来看,油雾从推力内挡油管与发电机大轴之间溢出,由此确定了油雾密封装置的安装位置。油雾密封装置必须具备两个功能:一是实现推力内挡油管与发电机轴这两个动、静部件之间的油雾密封;二是实现溢出油雾的收集工作。

②实现功能的途径。针对第一个功能,解决问题的关键在于寻找动密封材料,该密封材料必须保证能与大轴随时保持紧密接触,并具有径向自补偿功能,以避免大轴摆度对密封效果的影响。同时,由于密封材料与大轴在运行中持续产生摩擦,所以需要考虑密封材料对大轴的磨损问题,该材料的硬度不能太高,且应具有自润滑功能,以避免对大轴的磨损破坏。同时,该材料必须具有良好的耐磨性,以保证能长时间连续运行。针对第二个功能,要求密封装置底部设置一个具备一定容积的密封盖,以保证油雾凝结后收集在密封盖内,密封盖上设置排油管和阀门,定期进行排油。

③推力轴承下接触式油雾密封装置的结构及工作原理。

推力轴承下接触式油雾密封装置,安装在机组推力轴承挡油管与发电机轴之间,主要由接触式密封盖、甩油环、过渡板、接触齿、排油阀和观察窗等部件组成(见图1-13)。甩油环利用螺栓直接把合固定在发电机轴上,与发电机轴同步旋转,使发电机轴上流淌下来的油改变流动方向,并在甩油环离心力的作用下,流入接触式密封盖内腔底面,避免油沿着发电机轴向下流淌。接触齿在弹簧片的径向作用下,连续不断地与发电机轴紧密接触,保证与发电机轴在任意情况下都处于无间隙运行状态,防止油和油雾从下接触式密封装置与发电机轴之间溢出。相邻接触齿之间、接触齿与接触式密封盖之间采用管状橡胶密封条密封。由于推力轴承挡油管底部存在分瓣法兰,与接触式密封盖无法直接联接,所以采用过渡板安装在推力轴承挡油管与接触式密封盖之间,便于二者的连接。

在发电机运行过程中,推力轴承中的油雾从挡油管顶部溢出后,油雾沿挡油管与发电机轴之间的间隙向下走的过程中,形成油滴往下滴,落入接触式密封盖内,固定在发电机轴上的甩油环将发电机轴上凝结的油流挡住,使其沿甩油环斜面流下,进入接触式密封盖。接触式密封盖具有足够的容量,起到暂时存油的作用,定期打开密封盖上的2个排油阀将积油排走。同时,接触式密封盖侧面加装观察窗,便于观察密封盖内的存油情况。在接触式密封盖侧面另外开一圆孔,以做消除密封腔内的压力用,此孔在密封腔内无真空的情况下,可用丝堵堵上。若密封腔内有真空,则接上通管并加装小型油雾过滤呼吸器(开口向上),使密封腔内的真空得到消除。

(四)治理效果

小浪底水轮发电机轴承油槽防油雾首台改造工作于2007年11月19日完成,从改造完成后近一年的现场运行检验情况来看,效果良好,大幅削减了水轮发电机轴承油槽油雾。改造前后效果对比如下:

(1)改造前,水轮发电机推力轴承密封盖及内挡油管油雾溢出现象严重,风洞内定、转子表面、推力轴承表面、下导轴承及下机架中心体表面油雾凝结严重,布满了油污。

改造后,未发现明显油雾溢出现象,风洞内定、转子表面、推力轴承表面、下导轴承及下机架中心体表面干净整洁,且推力轴承下接触式油雾密封盖收集的凝结油油量很少。

(2)改造前,在推力轴承渗油、推力轴承及下导轴承油雾的共同作用下,渗漏和凝结的油流沿下机架隔音板滴入水车室,沿机坑里衬流入水车室,下机架下表面、水车室设备

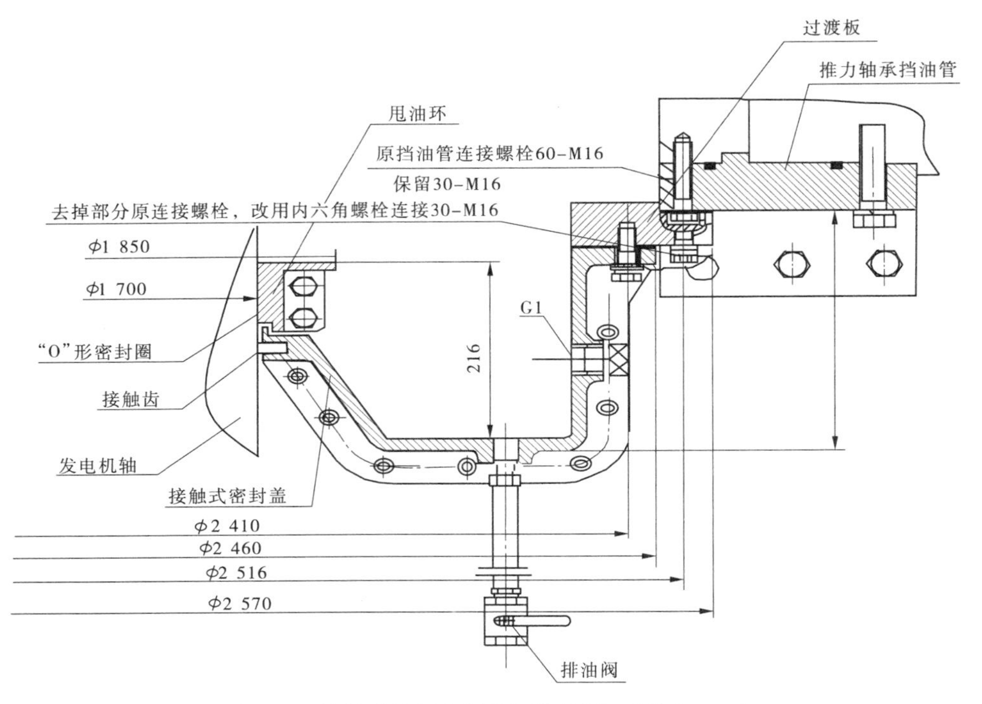

图 1-13　接触式油雾密封装置结构图　（单位:mm）

表面、机坑里衬表面布满油污，严重影响工作人员安全及电厂形象。

改造后，除 7～9 月夏季高温时下导轴承内挡油管外壁上有少量油雾凝结现象外，其他大多数时间以上设备表面清洁，无油污存在。

(3)按 6 号机组发电机轴承油槽防油雾改造方法，陆续对 2、3、4 号机组进行了改造，改造后，3 台机组上导轴承、下导轴承、推力轴承油槽油雾得到了大幅改善。

(五)解决油雾问题的进一步措施

为进一步改善小浪底机组上导轴承、下导轴承、推力轴承油槽油雾问题，随后又对机组各部轴承油槽油位进行了调整，以达到进一步改善油雾问题的目的。

1. 第一次油位调整

小浪底机组上导轴承、下导轴承、推力轴承报警瓦温为 60 ℃。对 1～6 号机组进行了第一次油位调整，表 1-7 中数据以油标尺原设计油位基准线计算，调整后各轴承油槽油位情况见表 1-7。

表 1-7　1～6 号机组第一次油位调整数据　（单位:mm）

机组	部位		
	上导轴承油槽	推力轴承油槽	下导轴承油槽
1 号机组	0	-32	-25
2 号机组	5	-28	-8
3 号机组	-5	-37	-20
4 号机组	-5	-30	-25
5 号机组	0	-6	-25
6 号机组	-17	-35	-40

降油位前、后1～6号机组各部油槽最高瓦温数据对比见表1-8。

表1-8　各部油槽最高瓦温数据对比　（单位:℃）

机组	上导瓦温		推力瓦温		下导瓦温	
	降油位前	降油位后	降油位前	降油位后	降油位前	降油位后
1号机组	37.4	40.4	28.6	30.4	44.2	45.2
2号机组	33.8	36.3	27.9	30.3	43.3	46.2
3号机组	35.4	36.7	28.5	30.1	42.4	45.8
4号机组	44.3	45.4	31.3	34.4	42.2	43.5
5号机组	43.1	45	29.3	32	43.8	45.6
6号机组	37.3	39	29.8	33.4	47.9	50.1

从表1-8中数据可以看出,降油位后各部瓦温上升3 ℃左右,温度变化在机组轴承运行要求之内,且有较大余量,而调整油位后机组各部轴承油槽油雾进一步减小。后经2011年调水调沙期间机组连续运行20天的考验,各部轴承温度上升10 ℃左右,都在60 ℃报警温度以下,根据此次调整油位后油雾改善情况和温度情况,下降发电机各部轴承油槽油位,在保证轴承正常运行的情况下,对油雾治理起到良好的效果。

2. 第二次油位调整

根据第一次油位调整经验,以及各部轴承油槽瓦温上升情况,有进一步调整油位的空间,随后,以4号水轮发电机为试验机组,进行了油位的第二次下降调整,下降油位情况见表1-9,下降油位以原设计油位为基准计算。

表1-9　4号水轮发电机第二次油位调整　（单位:mm）

机组	上导油位下降	推力油位下降	下导油位下降
4号机组	-15	-40	-35

4号水轮发电机油位下降后,经运行考验显示,上导轴承最高瓦温53 ℃,下导轴承最高瓦温53 ℃,推力轴承最高瓦温50 ℃,温度低于水轮发电机轴承瓦温报警温度。由于在4号机组各部轴承油位下降调整油位后,水轮发电机轴承油雾得到了进一步改善,所以将在小浪底水利枢纽其他5台机组上继续推广,以达到对机组油雾治理的目的。

第五节　转子磁极处理

一、概述

水轮发电机转子的磁极线圈若存在匝间短路,会造成整个发电机转子磁力的不平衡,使水轮发电机运行时振动增大,甚至可能造成转子过电流及降低无功出力。因此,必须对匝间短路的磁极进行有效的处理。小浪底水轮发电机出口电压为18 kV,单机容量为300 MW,转子磁极为显极式(28对),额定电压为400 V,额定电流为1 904 A,2006年5号机组进行 A 级检修期间发现转子磁极出现短路。

二、线圈匝间短路判断及处理

按照正常的检修步骤,在转子吊出后,对其进行交流阻抗和功率损耗等电气预防性试验,其单个磁极的交流阻抗试验数据见表 1-10。

表 1-10　转子磁极的交流阻抗试验数据

(处理前)转子单个磁极交流阻抗							
编号	电流(A)	电压(V)	阻抗(Ω)	编号	电流(A)	电压(V)	阻抗(Ω)
1	3	3.1	1.033	29	3	3.2	1.066
2	3	3.2	1.066	30	3	3.2	1.066
3	3	3.2	1.066	31	3	3.2	1.066
4	3	3.3	1.1	32	3	3.2	1.066
5	3	3.4	1.133	33	3	3.15	1.05
6	3	3.3	1.1	34	3	2.5	0.833
7	3	3.2	1.066	35	3	1	0.333
8	3	3.2	1.066	36	3	2.55	0.85
9	3	3.15	1.05	37	3	3.25	1.083
10	3	3.2	1.066	38	3	3.2	1.066
11	3	3.2	1.066	39	3	3.15	1.05
12	3	3.2	1.066	40	3	3.15	1.05
13	3	3.2	1.066	41	3	3.1	1.033
14	3	2.7	0.9	42	3	3.15	1.05
15	3	1.8	0.6	43	3	3.15	1.05
16	3	2.75	0.916	44	3	3.15	1.05
17	3	3.25	1.083	45	3	3.15	1.05
18	3	3.25	1.083	46	3	3.2	1.066
19	3	3.2	1.066	47	3	3.2	1.066
20	3	3.2	1.066	48	3	3.2	1.066
21	3	3.2	1.066	49	3	3.2	1.066
22	3	3.25	1.083	50	3	3.2	1.066
23	3	3.25	1.083	51	3	3.15	1.05
24	3	3.2	1.066	52	3	3.2	1.066
25	3	3.2	1.066	53	3	3.18	1.06
26	3	3.2	1.066	54	3	3.18	1.06
27	3	3.15	1.05	55	3	3.18	1.06
28	3	3.2	1.066	56	3	3.2	1.066

注:试验时间:2006-11-15,温度:19 ℃,湿度:28%。

磁极线圈的交流阻抗一般无规定标准,而是互相间进行比较。如果某磁极的交流阻抗值偏小很多,就说明该磁极线圈有匝间短路的可能。短路匝的去磁作用往往会引起相邻磁极交流阻抗值下降,引起错误的判断。根据已往经验,在同样的测试条件与环境下,当某一个磁极线圈交流阻抗值较其他大多数正常磁极线圈的平均阻抗值减小40%以上时,就说明此磁极线圈有匝间短路的可能,而相邻磁极的阻抗值下降一般不会超过25%。如有必要,可测量磁极线圈匝间交流电压分布曲线,当发现匝间电压有明显降低点时,即为短路匝的所在处。

从表1-10可以看出,15号磁极和35号磁极存在上述情况,可以判定其存在匝间短路现象。以下以35号磁极线圈为例,说明处理方法(15号磁极处理方法相同)。

三、匝间短路磁极处理

对于存在匝间短路的磁极,需要先确定其短路点的所在。为此,试验人员进行了磁极线圈的层间直流电阻和层间压降的试验。试验数据见表1-11。

由表1-11可以看出,在35号磁极层间直流电阻的测试中,其17—18、18—19层电阻值较其他层低近15%。而从层间压降所反映出的数据也可看出其17—18层间为压降值最低点,需先对这一层进行绝缘修复。

表1-11　磁极线圈的层间直流电阻和层间压降试验数据

35号磁极层间直流电阻					
编号	直流电流	电阻(μΩ)	编号	直流电流	电阻(μΩ)
1—2	100 A	113	12—13	100 A	112
2—3		114	13—14		113
3—4		115	14—15		115
4—5		113	15—16		113
5—6		119	16—17		116
6—7		114	17—18		98
7—8		117	18—19		98
8—9		111	19—20		117
9—10		117	20—21		117
10—11		115	21—22		114
11—12		113	22—23		114

续表 1-11

35 号磁极层间压降(电压:1.4 V,电流:4 A)			
编号	层间压降(mV)	编号	层间压降(mV)
1—2	88	12—13	72
2—3	92	13—14	62
3—4	93	14—15	57
4—5	95	15—16	45
5—6	94	16—17	41
6—7	94	17—18	23
7—8	91	18—19	28
8—9	90	19—20	28
9—10	85	20—21	35
10—11	83	21—22	31
11—12	75	22—23	37

四、需准备的工具和设备

(1)DT－830B 型数字万用表:1 台。

(2)绝缘纸:型号为 DMD。

(3)环氧树脂胶。

①名称:室温固化涂刷胶(产地哈尔滨)。

型号:HEC－56102A(树脂胶)。

使用说明:将 B 组分倒入 A 组分中混合均匀即可,混合后使用(25 ℃)30 min。

重量比: A∶B＝4∶1。

②名称;室温固化涂刷胶(产地哈尔滨)。

型号:HEC－56102B(固化剂)。

净重:130 g(保存期 6 个月)。

五、处理方法

在 17—18 层线圈处,用楔子将线圈撬起。在线圈层间用酒精清洗,将事先准备好的 DMD 绝缘纸按照磁极形状裁剪。将调好的环氧树脂胶涂于 17—18 线圈层间和绝缘纸上,用重物压到线圈上,使其在固化后能够有足够的干燥时间,一般静置 24 h。

处理后,对其继续进行层间直流电阻和压降试验,各层之间数据均衡,由此判定其短路点就在 17—18 层间,且相邻层受其影响各项试验数据也偏低,此现象在消除短路点后恢复正常。

15 号磁极按照以上方法处理后,对其进行回装。回装后,在相同条件下再进行转子各磁极的交流阻抗试验,试验数据见表 1-12。从表 1-12 中数据可知,磁极绝缘良好,磁极内部未出现短路现象。

表 1-12　转子单个磁极交流阻抗数据

(处理后)转子单个磁极交流阻抗							
编号	电流(A)	电压(V)	阻抗(Ω)	编号	电流(A)	电压(V)	阻抗(Ω)
1	3	3.1	1.033	29	3	3.2	1.066
2	3	3.2	1.066	30	3	3.2	1.066
3	3	3.2	1.066	31	3	3.2	1.066
4	3	3.3	1.1	32	3	3.2	1.066
5	3	3.4	1.133	33	3	3.2	1.066
6	3	3.3	1.1	34	3	3.2	1.066
7	3	3.2	1.066	35	3	3.2	1.066
8	3	3.2	1.066	36	3	3.2	1.066
9	3	3.15	1.05	37	3	3.25	1.083
10	3	3.2	1.066	38	3	3.2	1.066
11	3	3.2	1.066	39	3	3.15	1.05
12	3	3.2	1.066	40	3	3.15	1.05
13	3	3.2	1.066	41	3	3.1	1.033
14	3	3.2	1.066	42	3	3.15	1.05
15	3	3.3	1.1	43	3	3.15	1.05
16	3	3.2	1.066	44	3	3.15	1.05
17	3	3.25	1.083	45	3	3.15	1.05
18	3	3.25	1.083	46	3	3.2	1.066
19	3	3.2	1.066	47	3	3.2	1.066
20	3	3.2	1.066	48	3	3.2	1.066
21	3	3.2	1.066	49	3	3.2	1.066
22	3	3.25	1.083	50	3	3.2	1.066
23	3	3.25	1.083	51	3	3.15	1.05
24	3	3.2	1.066	52	3	3.2	1.066
25	3	3.2	1.066	53	3	3.18	1.06
26	3	3.2	1.066	54	3	3.18	1.06
27	3	3.15	1.05	55	3	3.18	1.06
28	3	3.2	1.066	56	3	3.2	1.066

注:试验时间:2006-11-15,温度:19℃,湿度:28%。

第二章　水轮机

小浪底水力发电厂水轮机为立轴金属蜗壳混流式水轮机，设有筒形阀。水轮机由美国伏伊特公司设计制造，首台6号机组于2000年1月9日正式投产发电，所有6台机组于2001年底全部安装完毕并投产发电。

第一节　概　况

水轮机主要包括转轮、主轴、顶盖、筒形阀、导轴承和导水机构等部件，转轮为焊接结构，上冠、下环、转轮叶片现场组焊加工，俯视为顺时针旋转。水轮机各部件能承受在保证水头和出力范围内连续运行所产生的静、动负荷而没有过量挠曲或振动，没有塑性变形或疲劳破坏，主要部件和分件起吊的过重部件，均设置有吊环螺栓、吊耳或便于装卸的起吊装置。针对小浪底流道泥沙含量大会使水轮机过流部件和转轮产生严重的磨蚀破坏，加上水头变化范围大的特点，通过采取合理选择水轮机的参数和几何尺寸、优化叶型设计、减小过流部件的表面粗糙度等多种措施，以减轻水轮机过流部件的破坏。

一、设计条件

（一）水库运用方式

小浪底水利枢纽的运用方式首先满足防洪、防凌、减淤的要求，相应进行供水、灌溉、发电。为了发挥小浪底水库初期拦沙减淤的作用，采取在汛期逐步抬高水位的运用方式，使之多拦粗沙，提高对下游的减淤效果。在后期，为了保持长期有效库容，并使下游减淤，在汛期7~9月，降低水位泄洪排沙，并调水调沙；10月~翌年6月，沙量少，进行蓄水，调节径流。机组在河南电网承担调峰、辅助调频及负荷备用任务。水库运用方式分为初期和正常运用期两个阶段。

初期蓄水拦沙阶段，历时约3年，汛期运用最低水位205 m。

逐步抬高汛期运用水位拦沙阶段，历时约11年。

形成高滩深槽阶段，历时约14年。

正常运用期，蓄清排浑运用，冲淤相对平衡。

（二）机组运行净水头

水库设计各运用阶段水轮机净水头如表2-1所示。

（三）水库泥沙条件

每年的10月~翌年6月电站过机水流基本上为清水，7~9月为汛期，估算的各时段过机水流含沙量平均值如表2-2所示。

（1）沙粒直径及级配。汛期（7~9月）不同运用时段过机含沙量级配（%）及平均粒径情况大致如表2-3所示。

表 2-1 水库运用规划

水库运用期		初期				正常运用期
年序		第 1～3 年	第 4～10 年	第 11～14 年	第 15～28 年	第 28 年以后
加权平均水头（m）	7～9 月	74.17	91.73	107.22	109.22	107.22
	10 月～翌年 6 月	98.49	111.47	123.38	124.06	125.84
水头范围（m）	最大	131.67	131.67	141.67	141.67	141.67
	最小	67.91	72.91	92.91	92.91	92.91

表 2-2 设计汛期过机含沙量平均值

时段（年）	1～3	4～10	11～14
过机含沙量（kg/m^3）	7.4	21.5	35.3

表 2-3 过机含沙量平均粒径和级配

时段（年）	粒径（mm）						
	<0.005	<0.01	<0.025	<0.05	<0.1	<0.25	$<d_{50}$
1～3	36	55	82	97	99.5	100	0.008 4
4～10	30	48	75	92	98	100	0.011
11～14	27	44	70	90	97	100	0.013

（2）矿物成分。过机泥沙中所含各种矿物成分大致如下：石英约 90%，长石约 5%，其他（莫氏硬度 <5）约 5%。

二、引水发电系统的布置

小浪底为引水式电站、地下式厂房，引水发电系统采用单元式典型三洞室布置方案，单机单洞最大过流量 300 m^3/s。6 条发电洞分别与 3 个进水塔相连，库水经发电洞引水至地下厂房。2 台机组的尾水合成一条尾水洞，经出口防淤闸将发电尾水排水至下游。电站引水发电系统纵剖面见图 2-1。

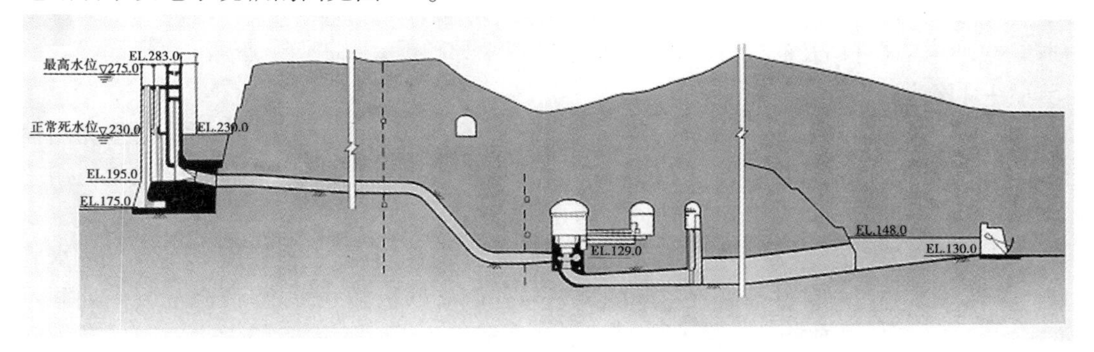

图 2-1 电站引水发电系统纵剖面

三、参数

水轮机参数主要包括流道参数、水力参数和结构参数。

压力钢管主要参数见表2-4。

表2-4　压力钢管主要参数

机组号	1	2	3	4	5	6
长度(m)	421.6	405.29	382.72	366.79	338.68	322.69
直径(m)	7.8					
衬砌型式	前段为钢筋混凝土,后段约220 m为钢板衬砌					

水轮机主要参数见表2-5。

表2-5　水轮机主要参数

生产厂商	VOITH	生产厂商	VOITH
水轮机型号	HL160－LJ－635	额定转速	107.14 r/min
设计水头	112 m	飞逸转速	204 r/min
最高水头	141.67 m	比转速	162.67 r/min
最低水头	67.91 m	最大轴向水推力	2 303.658 t
设计流量	296 m^3/s	水轮机安装高程	129.5 m
设计出力	306 MW	最高尾水位	140.60 m
最大出力	331 MW	最低尾水位	133.64 m
计算最优效率	96.02%	吸出高度	－6.49 m
实测最优效率	95.66%	转轮质量	127 t

四、结构

水轮机部件分为埋入部件和可拆卸部件。埋入部件主要包括尾水管及尾水锥管、基础环、座环、蜗壳、机坑里衬以及相关的给水排水和水力测量管路。可拆卸部件主要包括顶盖、底环、导水机构及活动导叶、水轮机主轴及水导轴承、主轴密封、转轮、筒形阀等。

(一)尾水管

尾水管为无中间支墩的弯肘形尾水管。尾水管肘管及水平扩散段由混凝土浇制而成。导叶中心至尾水管底板高度20.4 m。尾水管肘管出口处扩散管宽度10 m,从机组中心线到尾水管扩散管出口的尾水管长度约88.5 m。

尾水锥管里衬由上部的不锈钢板与其余的碳素钢板制成,里衬厚度25 mm。尾水管里衬是在工地分段组装并焊接在一起的。里衬外侧有筋板加强,以保证浇混凝土期间不变形和保持轴线。钢板里衬、进人门能承受最高尾水位140.6 m时的内水压力以及承受任何可能产生的正、负压力。尾水管上部设置进人孔口的净尺寸为宽700 mm、高900

mm,位于上游廊道通向转轮下方的高程上,进人孔下侧布置有检修平台安装孔。进人门为有门框型式,通过支铰向外开启,主要零件包括带有手柄的门、不锈钢铰销和抗腐蚀钢螺栓、开门顶丝、垫圈和密封垫片。进人门的内表面与尾水管内表面形状一致。

(二)基础环

基础环作为座环的基础,位于座环下部,起到支撑座环的作用,采用焊接不锈钢板结构。根据加工和运输的需要,基础环分为4瓣。基础环设计为永久地固定在二期混凝土中。基础环设有转轮支撑面,在机组安装检修时,用于水轮机轴尚未和发电机连接时支撑转轮和水轮机轴重量。该支撑面与转轮的设计高程之间设计有足够的空隙允许转轮的轴向移动。基础环向下有500 mm的流道表面不锈钢补偿段,用于连接尾水锥管里衬。

(三)座环

小浪底水轮机座环为无蝶形边、平板式焊接结构,由上下两层环板和20个固定导叶(其中10个偶数固定导叶上铺焊有筒阀阀体运动导轨)组成,分4瓣运输,在工地现场组装焊接成整体。座环最大外径9 953 mm,最小内径7 820 mm,高4 156 mm,环板厚170 mm,材质为A516－70钢板,总重45 t。20个固定导叶以一定的角度均匀分布,以引导水流流向活动导水叶,并形成水流环量。座环的上平面内圈加工有顶盖支持环,顶盖吊装就位后,顶盖本体外圈与座环(固定导叶)之间形成一环形空腔,筒形阀在全开位置时放置在此空腔内。座环通过69根M56的地脚螺栓与混凝土基础相连接,地脚螺栓的预紧力按能承受作用在座环上的重叠轴向荷载设计,这些荷载包括发电机的重量、水轮机上部和筒形阀重量、空蜗壳重量在内的机械荷重和土建结构荷重。为消除因运输、焊接产生的变形和施工中形成的误差,在蜗壳挂装完成且蜗壳混凝土浇筑完成后,对座环上下环板内镗口、顶盖支持环上平面以及筒阀导轨面等10个工作面进行现场车削加工,镗口预留的加工余量为5～10 mm。座环固定导叶的形状使其对水流的阻碍和水头损失达到最小。固定导叶的尾部成型考虑了减少尾涡,并保证卡门涡的强迫频率与固定导叶的水下自然频率不重合。

(四)蜗壳

小浪底水轮机蜗壳为高强钢焊接结构,最大宽度20 760 mm,分25节,每节由3～4块瓦片组成,总质量203 t。材质为进口VY－2000低碳高强度钢板,焊后不需进行热处理。钢板厚度19～44 mm,其屈服强度σ_s为550 MPa,抗拉强度σ_b为620～760 MPa,用E10018焊条焊接。蜗壳焊接工艺要求严格,焊缝均通过100% RT(射线探伤)检查,焊接质量要求远高于国内同类型机组。第1台和第2台机蜗壳靠近鼻端1/4部分(包括鼻端)在工厂预装配好。

蜗壳进口内径为7 000 mm,其位置在距机组中心线上游侧7 795 mm处。蜗壳进口端面在一个垂直平面内,其中心线与凑合节轴线和压力钢管轴线相重合。蜗壳与压力钢管相连的一节为凑合节,长度为1 500 mm,凑合节上游端直径与压力钢管直径相适应,其内径为7 800 mm,厚度为34 mm,材质与蜗壳相同,其下游端头直径与水轮机蜗壳进口直径相同。凑合节与压力钢管相连的环缝在混凝土回填前施焊,焊接产生的残余应力通过松开座环与基础间的地脚螺栓予以部分释放。

蜗壳结构上能承受最大的静水压力,包括最大水头下产生的水锤,也能承受安装时可能产生的全部应力。蜗壳是按ASME锅炉和压力容器规程进行设计和制作的。蜗壳钢板厚度上还额外留有3 mm的抗腐蚀余量。在蜗壳钢板厚度发生变化的部位,均在蜗壳外表面进行过渡处理,蜗壳内侧的焊缝表面被打磨光滑。

(五)机坑里衬

机坑里衬为钢板焊接结构,分瓣组焊后安装焊接于座环上。机坑里衬包括位于第一、二象限的两个接力器基础里衬、位于 $-X$ 和 $-Y$ 方向的两个水车室进人门里衬。机坑里衬内还安装有水车室环形铝合金结构走台。两个水车室进人门的非常规设置,大大方便了安装、检修及维护工作。

(六)顶盖

顶盖采用钢板焊接结构。为方便运输及安装,分两瓣制造,螺栓组合,组合时螺栓采用加热测伸长的方法控制预紧力。顶盖外径9.015 m,高度1.851 m,顶盖设有外圈法兰面,用螺栓与座环上法兰连接,并用来支撑水轮机导轴承、主轴密封、筒形阀和筒形阀操作机构,还包括支撑导叶上轴套、中轴套和导叶操作机构。顶盖组装后质量116 t,可利用主厂房起重机整件吊入或吊出水轮机坑。顶盖与座环间有一径向间隙,用以精确地找正中心。顶盖的外圆面作为在筒形阀全开位置时放置筒形阀的阀室的内壁。顶盖外圈下法兰面还安装有筒形阀密封,在筒形阀全关时密封装置与筒形阀上平面内圈法兰面紧密结合,起到切断水流的作用。

顶盖的设计方便检查和拆卸维修水轮机部件。为了便于更换水轮机易损部件,在不移动接力器及机坑内主要管道和不干扰发电机转子或推力轴承的情况下,在机坑内顶盖能利用筒形阀阀体和5个筒阀接力器将自身提升一定高度。顶盖上设有止漏环、抗磨板、导叶密封。顶盖上均布20个活动导叶上套筒。活动导叶上轴套轴承腔和底环里的下轴套轴承腔采用同轴绞孔、钻模钻孔,以确保精确对中。

顶盖下平面设计安装有可更换式抗磨板,抗磨板上安装有导叶上端面"O"形橡胶密封条,在导叶全关时以减小通过导叶顶端间隙的渗漏,该橡胶密封条可以保证与导叶端部的紧密接触,密封位置延伸至导叶轴,完全密封住与导叶端部之间的间隙。

在机组运行时,来自活动导叶上端轴密封处、水轮机主轴密封和其他漏水源的漏水等通过顶盖排水系统排出。机坑内的预埋管道穿过机坑里衬,与机坑外的管道相连接,将顶盖排水引至机组本身的尾水管。顶盖排水采用水位自动控制排水系统,使用两台免维护潜水泵,正常运行时一台工作一台备用。两台潜水泵共用四个浮子式水位计,其他接触器、控制箱等为独立设计。

(七)底环

底环作为活动导叶的支撑环,为钢板焊接结构,安装在座环内圈,可以从座环和基础环上拆下,以便于检修。底环上平面设计安装有可更换式12 mm厚的不锈钢抗磨板,并在抗磨板上安装有导叶下端面"O"形橡胶密封条,以减小通过导叶下端间隙的渗漏。该橡胶密封条可以保证与导叶端部的接触。密封延伸至导叶轴,完全密封住与导叶端部之间的间隙。底环下均布20个活动导叶下端轴支撑套筒。底环底部设有维护廊道,检修人员可以从尾水锥管进人门处沿着锥管外侧进入维护廊道,可在不吊出底环的情况下对活动导叶下端轴套筒进行检修。

（八）导水机构及活动导叶

1. 导水机构的组成

导水机构由2个导叶接力器、20个活动导叶及拐臂、连板、控制环、推拉板组成。活动导叶分布圆直径7.24 m。

2. 导叶开启、关闭时间

水轮机导叶开启时间和关闭时间分别被定义为，在机组以额定转速和额定水头运行条件下，导叶从25%开度开启到75%开度或者导叶从75%开度关闭到25%开度所需时间的两倍。导叶开启时间和关闭时间的测定要在初始压力油箱的油压为6.4 MPa运行压力情况下进行。在主配压阀上可以调节导叶全开行程和全闭行程所需的开启时间和关闭时间，调整范围在最小值6 s到最大值25 s之间。

3. 活动导叶结构

水轮机设计20片活动导叶，为不锈钢铸造结构，活动导叶和转轮叶片之间数量关系的选择，能避免周期性的压力脉动或振动。活动导叶的水力矩特性是：即使在接力器失压情况下，活动导叶仍具有从其当前开度向关闭方向自关闭的倾向，关到全开度的20%时，活动导叶达到水力平衡。20个活动导叶前后立面搭接实现对水流的立面密封，立面密封为钢性密封，密封效果靠机械加工精度保证。

活动导叶为对称叶型，叶片高度1 498 mm，叶片弦线宽度1 243.09 mm，上端轴长2 251.1 mm、轴径300 mm，下端轴长245.4 mm、轴径320 mm。活动导叶进口边以及导叶正、背面离四周边缘150 mm处为易磨损区域，采用高温喷涂工艺形成碳化钨钴合金保护层，以增强活动导叶的抗磨蚀性能。

4. 导叶拐臂和连板

20个活动导叶通过各自的拐臂和连板单独与控制环连接，实现20个活动导叶动作同步，控制环与连板的连接销是偏心销连接，以便在安装时，导叶关闭位置及立面间隙可通过转动偏心销进行精确二次调整。导叶上端轴为三支点结构，在导叶上端轴套筒内相应装有三部青铜基石墨自润滑材料轴套。

每个活动导叶的操作连杆上设有可更换的剪断销。剪断销的强度按承受最大规定操作力设计，当一个或多个活动导叶被阻塞时，在开、关方向的操作力作用下剪断销会被顺利剪断而不是蠕变，以保护导叶操作机构免遭损坏。当剪断销破断时，拐臂和连杆与导叶控制环仍将保持销连接。一个剪断销的破断不会引起其他剪断销的连续破断。导叶剪断销配有剪断销破断信号接点，当剪断销破断时，发出指示和报警电气信号。

顶盖上设置有活动导叶机械限位块，通过限制导叶拐臂的行程从而限制活动导叶的最大开度。每个导叶的导叶机械限位块，还可以防止导叶在剪断销破断后的反复摆动。如果在任何一对导叶之间有障碍物，则该装置不会妨碍控制环向开或关方向运动。当剪断销断裂时，限位块还可以防止失去约束的活动导叶干扰转轮及其他导叶的运动或筒形阀的运动。限位块是在最不利的工作条件下，根据可能施加到限位块上的最大水力矩和冲击力而设计的。

活动导叶与拐臂之间的连接，采用两个互成120°布置锥套与销钉组合结构连接，代替普遍采用的分瓣键打紧结构，使得拆装时更容易，见图2-2。

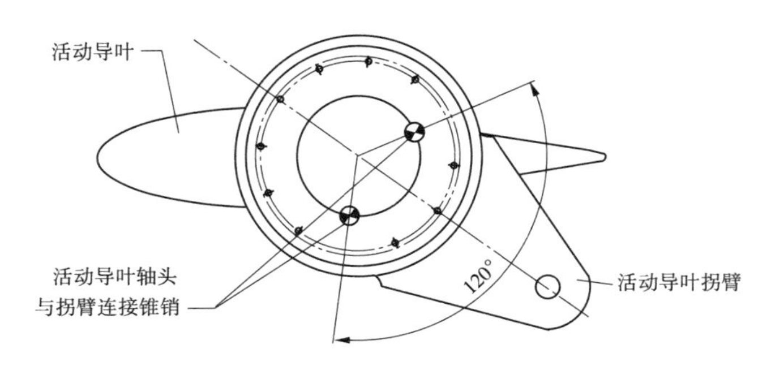

图 2-2　拐臂与导叶的连接

拐臂与连板连接采用螺栓预紧铜轴套摩擦装置连接，预紧伸长 0.56 ~ 0.6 mm。拐臂装配见图 2-3。

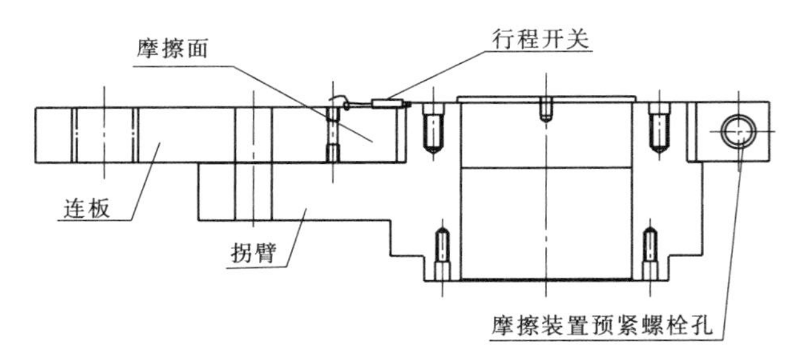

图 2-3　拐臂装配

活动导叶连板与控制环连接，采用双连板偏心销连接。如图 2-4 所示，上连板 1 和下连板 2 通过螺栓 3 连接，连板 8 与连板 1、2 通过同心销 4 连接，控制环上小 R 形连板 5 与连板 1、2 通过偏心销/套 6 连接。旋转偏心销/套 6 实现对活动导叶间隙的调整，调整到位后用 4 个螺栓 7 进行锁定，最大调整量 6 mm。

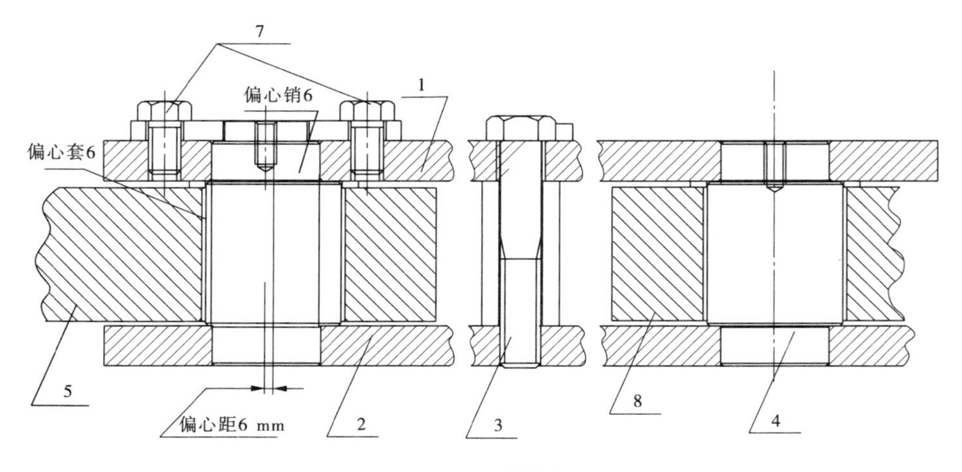

图 2-4　连板装配

5. 导叶控制环

导叶控制环为碳钢制造、筒式结构，布置于顶盖上活动导叶轴分布圆与水导轴承油箱之间，控制环转动靠滑轨及径向导向轴承定位，滑轨及径向导向轴承安装在顶盖上，滑轨为碳钢板结构，导向轴承为青铜抗磨衬板可更换的自润滑轴承。导叶控制环下环面将20个活动导叶通过导叶拐臂和连板，以机械结构连接成一套同步联动机构，上环面通过推拉板与2个导叶接力器活塞杆对称连接，从而将2个导叶接力器的操作力矩同时分配给20个活动导叶。控制环有足够的刚度和强度，当一个接力器闭锁、控制环受到单个接力器的不平衡推力时，结构部件不会产生过分挠曲变形。

6. 控制环锁定

停机时，为防止控制环误动，在控制环内侧 $+X$ 和 $-X$ 方向各布置一套液压锁定装置，装置包括1个小型液压缸和1个限位挡块。在导叶全关时，可通过液压缸推动限位挡块到达限制控制环运动的位置，从而锁定活动导叶的动作。机组停机过程中，当调速器全关导叶后，停机流程启动锁定控制电磁阀，锁定立即动作；开机时，开机流程启动锁定电磁阀，完成锁定的自动解除。LCU后备操作盘柜上装有独立的手动投退控制环按钮及指示灯。

7. 推拉板

推拉板用于传递导叶接力器操作力矩，小浪底水轮机有两台导叶接力器，所以配套两套导叶接力器推拉板，推拉板通过圆柱销分别与接力器活塞杆和控制环连接，圆柱销孔处装有自润滑材料瓦块。

8. 导叶接力器

小浪底导叶接力器为对称布置固定安装的推拉式接力器，两个导叶接力器以 $+Y$ 轴为对称轴布置在水车室上游侧第一、二象限内。接力器装在水车室预留的基础上，基础板与机坑衬形成整体，基础板通过足够的钢筋连接锚固定在混凝土中，可以防止在运行中导叶接力器的滑动和振动，能承受双向的最大反作用力。两台油压操作、双作用、液压活塞式接力器分别以推拉实现对控制环的操作。导叶接力器具有足够的容量，可以满足在带最大负荷时操作导叶的需要。

接力器操作压力油由受调速器控制的调速器压力油装置供给。在调速器压油槽内最低工作油压减去管路损失所形成的接力器缸内最低油压情况下，水轮机接力器具有的总容量仍能充分地在任何水头、出力和暂态条件下操作和控制导叶的运行速率并通过接力器精确地控制、操作导叶的全开行程或全关行程。

接力器缸体采用碳钢制造，活塞采用铸钢，配有三个铸铁活塞环和一个形状合适的刮油圈使油缸壁的压力均匀并防止油沿着活塞杆渗漏。为了从接力器的每一端排油和排除进入的空气，两端设有排油阀和管道。在每个接力器油缸的两端装有带表阀的压力表。在每个接力器缸体端部配有一个带节流孔的旁通连接管，用于调整活动导叶的关闭速率。旁通连接管配有止回阀，防止从全关位置开启导叶时不灵敏。在接力器上还设置有活塞杆行程标尺，固定在接力器缸体上，以毫米和导叶行程百分率标示刻度。

为了维修期间的安全可靠，在导叶接力器活塞杆端部设有手动机械式锁定块，锁定块套在活塞杆上，阻止活塞杆运动。当导叶全开、全关位置和部分导叶开度时，均可投入手动锁定块，操作可由一人完成。

(九)水轮机主轴、水导轴承和水轮机主轴密封

1.水轮机主轴

水轮机主轴为锻钢件焊接结构。主轴具有足够的强度和刚度,以保证最大飞逸转速范围内都能安全运转而无有害振动或变形,并能适应在水轮机最大出力时的扭矩传递要求。水轮机主轴与转轮之间、水轮机主轴与发电机主轴之间用预紧连接螺栓连接,螺栓预紧力产生足够的摩擦力来传递扭矩。在安装时,须在结合面均匀涂刷增大摩擦系数的碳化硅粉末材料。大轴全部经机械加工,两端有连轴法兰用以与转轮和发电机轴法兰相连接。大轴为锻件,中心空腔,以减轻大轴的整体重量。整个轴进行了超声波探伤检查以及时效去应力处理。水轮机大轴的主要参数为:高度 4 050 mm,轴径 2 100 mm,轴颈直径 2 485 mm,最大内径 2 240 mm,上下法兰外径 2 930 mm,法兰厚度 356 mm,大轴质量 43.428 t。

2.水导轴承

小浪底水轮机导轴承为分块瓦结构,瓦块基体部分为普通钢母材,滑触面为浇铸后加工的巴氏合金里衬,稀油润滑的自润滑轴承。瓦块通过瓦背面中部的止推块和楔块支撑在轴承箱上,这样瓦块各方向都得到了固定,通过升降楔块可调整轴瓦与轴领之间的间隙,楔块用支撑点和固定板固定。设计轴瓦单边间隙为 0.2 mm,一周均布 10 块轴瓦。水导瓦外圈为轴承基座,能刚性地支撑分块瓦,并把机组转动部分的最大侧向推力传递到顶盖。轴承基座作为水导轴承的一部分用螺栓连接到顶盖上。轴承基座上部装配水导油槽盖板,水导油槽盖板配有一个玻璃观察孔,用于观察油槽内油流和油位情况。

水导轴承利用大轴旋转产生的径向泵效应,在水导轴瓦与大轴轴领间形成动压润滑,泵效应产生的油流通过油槽内的设计通路形成一个完整独立的回路系统, 油能在油槽内进行自循环。油槽为上、下两层结构,油槽盖上设计有稳油板,这些设计措施起到了消除甩油和消除油雾的作用,在水导轴承油槽下层底部布置带翅片的管道式油冷却器。

3.水轮机主轴密封

小浪底水轮机主轴密封为水平轴向密封结构(见图 2-5),主要由三大部件构成,即滑环、限制环和密封环。滑环安装在转轮顶部随转轮同步旋转;限制环安装在顶盖上,固定不动,起结构支撑作用;密封环为上下浮动结构。在停机状态时,密封环靠弹簧作用下紧贴滑环起到密封转轮室水流上溢。密封环上按 60°间距均布 6 根轴向压力水管,在开机时,经过过滤并经主轴密封泵加压后的压力水流进入密封环与滑环接触面,水压力克服弹簧力作用,将密封环抬起 0.03~0.05 mm,并形成压力水膜,阻止转轮中心及转轮上止漏环处的含沙水流进入密封面。密封环是普通钢结构,底面镶嵌有可以更换的特殊复合材料,旋转滑环是不锈钢材质,具有很高的表面光洁度,这种结构,即使在异常情况下,主轴密封水压力消失时,密封环下落,复合材料先与滑环接触,不会出现钢性碰撞和摩擦。此外,在密封环上还安装有密封环磨损测量装置,通过测量复合材料的磨损情况来判断是否需要检修密封环。

为在停机时防止漏水,方便检修人员作业,在紧邻工作密封限制环下方设有主轴检修密封。检修密封采用压缩空气充气橡胶密封(空气围带)型式。检修密封由电站低压压缩空气系统供气工作,压力为 0.7 MPa。

水轮机在运行过程中,主轴密封润滑水流量较大,为及时排出顶盖内因主轴密封润滑水,

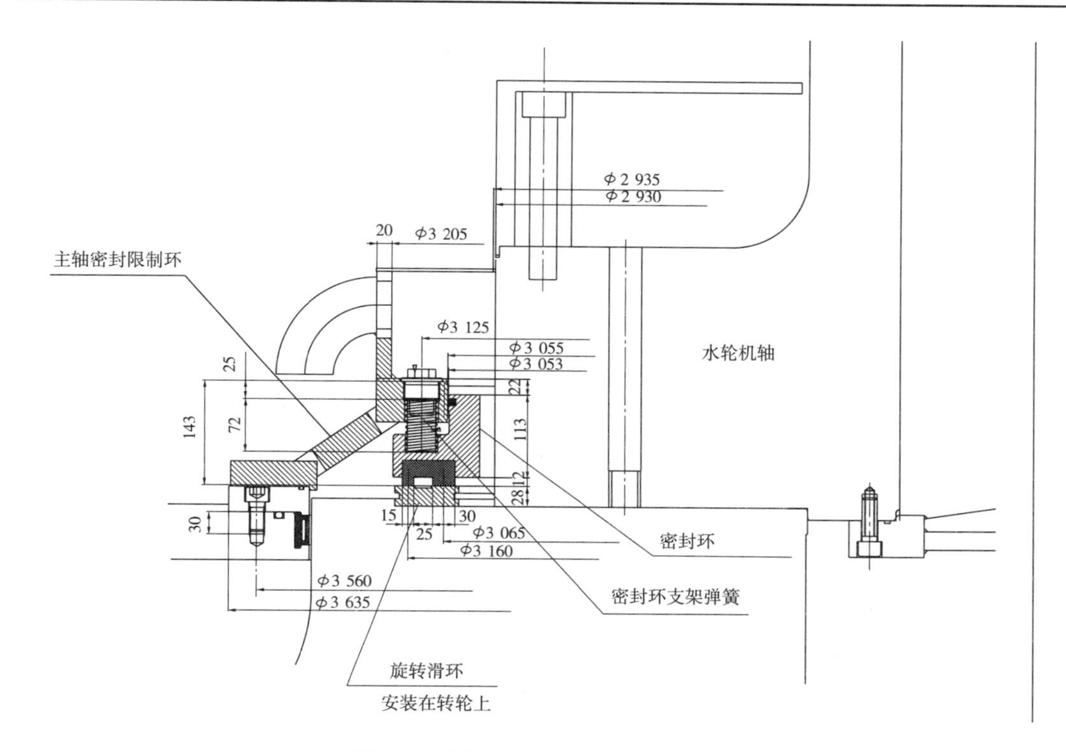

图 2-5　主轴密封剖面　（单位：mm）

在顶盖内设有两台排水泵用于将主轴密封处的漏水排到机组尾水管，以阻止在顶盖间积水。

主轴密封相关性能参数为：特征为轴向自补偿结构，限制环底座外径 3 635 mm，主轴密封水压力 0.6 ~ 1.0 MPa，注水流量 350 L/min，水质过滤精度 30 μm，空气围带压力 0.7 MPa，漏水量 200 L/min。

（十）转轮

水轮机转轮叶型采用三维流体设计，较复杂的空间曲面形状，由于考虑到泥沙磨蚀的因素，叶片较长，以达到有效减小叶片单位面积负荷从而减小相对流速的效果。

水轮机转轮由马氏体不锈钢 0Cr13Ni5Mo 制造而成，叶片、上冠、下环及泄水锥在国外分件加工生产后运到工地现场，在现场转轮加工车间内组装焊接成整体，焊材使用奥氏体不锈钢焊丝。上冠和下环为铸件，为保证叶型准确，有利于抗磨蚀，叶片采用热压成型工艺。在转轮上冠和下环上部装设有止漏环，泄水锥附于上冠下部用来引导水流，转轮上冠有与水轮机主轴螺栓连接的法兰。在转轮过流面空蚀和磨损易发生区域，采用高速火焰热喷涂耐磨的碳化钨/碳化钴作为抗磨涂层材料进行防护，以减小泥沙对转轮过流面的磨损。

转轮主要技术参数为：转轮直径 6 356 mm，上止漏环直径 5 890 mm，下止漏环直径 6 570 mm，最大外径 6 570 mm，高度 3 450 mm，下环出口直径 5 600 mm，叶片个数 13 个，转轮质量 127 t。

按常规设计，为减小轴向水推力，混流式水轮机常在转轮上冠上开设减压孔或另设均压管路系统。在小浪底则未采取这一常规做法，取消推力释放装置是小浪底水轮机采取的一项重要技术措施，不开设上冠减压孔，减少了转轮上冠与顶盖的空腔的泥沙循环运动,有效地防止了泥沙对顶盖和转轮上冠的磨损,同时避免了常规机组中对推力释放系统的检修维护工作。由于不存在通过转轮上冠的漏水,在一定程度上也减小了水轮机的容积损失。虽然取消减压孔使水推力有所增大,但推力负荷并未超出设计值。

(十一)筒形阀

1. 筒形阀的功能

小浪底水轮机固定导叶和活动导叶之间设置了筒形阀作为主阀,其作用是切断导水机构内的水流和紧急关机。筒形阀为垂直运动方式,机组正常运行时,5 个均布的直缸接力器将筒形阀提起,置于水轮机座环和顶盖间的腔室内。机组停机时,接力器与阀体自重联合作用将筒形阀放下,置于水轮机的固定导叶和活动导叶间,筒形阀处于全关位置,截断水流。筒形阀的全开时间和全关时间约为 90 s。在正常和事故情况下,操作机构均能可靠地关闭筒形阀,以保证压力钢管内的压力不超过设计压力。筒形阀关闭时,在接力器驱动和阀体自重作用下下落至全关位置。由于考虑到泥沙密封的破坏作用,活动导叶立面密封采用钢对钢密封,未安装橡胶止水,在机组停机期间,导叶可能存在立面间隙漏水,关闭筒形阀就能有效防止导叶漏水,从而避免导叶漏水形成的狭缝射流对导叶的破坏。

在事故情况下水轮机调速系统失灵时,筒形阀能靠自重下落、安全关闭,防止机组飞逸,保证机组和厂房的安全。通过筒形阀阀体与 5 个接力器之间的配合,还可用来提升顶盖,包括导叶及其操作机构、水导轴承支架和顶盖上的其他设备,为导水机构内部和转轮表面的检修和维护提供方便通道。

2. 主体参数结构

筒形阀包括阀体、上下密封、5 台接力器以及辅助的筒形阀导轨、行程开关等部件。阀体采用碳素钢板制造,其上、下部的密封处采用抗空蚀、抗磨损性能良好的不锈钢材料。筒形阀外径 8.39 m,内径 8.1 m,高 1.69 m,质量 51 t,分两瓣运输,在工地现场拼装焊接成整圆。由于阀体为薄壁筒形结构,任何的变形都会导致卡阻,因此阀体的强度设计时充分考虑了外部压力条件。

3. 筒形阀密封结构

筒形阀有两套橡胶密封圈,一套在顶盖与阀体上端之间,位于筒形阀的下游侧,以便增强在关闭行程终点的密封作用;另一套在座环下环板与筒形阀底面之间,此密封位于阀体底面的正下方。这两套密封圈硬度适中,又有足够的柔韧性,以保证在阀门和水轮机的部件间有正常偏差时仍能严密地密封,保证在筒形阀压下后不会漏水。这两套密封圈可在不拆筒形阀和水轮机的情况下进行更换。筒形阀的下部密封设置在底环上,用来安装可更换的筒形阀密封的紧固件为不锈钢材料。用于固定密封圈的金属环和紧固件均为不锈钢材料。为保证筒形阀垂直方向的运动轨迹,在座环的奇数号固定导叶出水边铺焊有运动导轨共计 10 套,同时阀体外壁相应位置安装 10 套青铜材质导轨,在不拆卸筒形阀和水轮机的情况下可以进行检查、更换或修复。蜗壳焊接和安装完毕以后,固定导叶安装筒阀导轨的立面部位在现场被调校、车削和研磨。

4. 筒形阀的操作方式

筒形阀的动作由 5 个直线式液压油缸接力器同时伸缩来实现,油缸等分围绕布置在顶盖上,如果运行工况需要油缸的能量,油压即进入油缸操作筒形阀。筒形阀接力器活塞直径 320 mm，行程 1 518 mm，同步系统采用计算机控制，每个液压油缸的精确直线位置连续测量，并与其他 4 个油缸中的每个进行比较，以控制 5 个筒形阀接力器工作同步，保证筒形阀的起落平稳。筒形阀操作压力油与水轮机调速器共用一套油压系统。筒形阀配有必要的保护装置，在筒形阀发生阻塞或卡死的情况下，保护筒形阀及其操作控制系统。操作机构和控制系统设计上能安全地承受筒形阀形成中的阻塞现象。操作机构具有人工锁定装置，可将筒形阀固定在全开或全关位置，且能承受作用在阀体上的水压力和作用在接力器上的最大压力。

（十二）机组水轮机附件部分设计

（1）机组技术供水取水管直径为 400 mm，取水口段为ϕ600 扩散管，固定在蜗壳进口延伸段上，并且引到水轮机层与技术供水蜗壳取水干管相连。取水口配置由不锈钢制成的可移出的拦污栅，栅条与蜗壳进口水流方向相平行。

（2）蜗壳排水口，为便于排出压力钢管和蜗壳积水，在蜗壳进口段最低处，设有一个ϕ600排水管与蜗壳排水盘形阀相连接。

（3）人孔门，蜗壳设有一个直径 800 mm 的进人门，其位置在蜗壳中段的腰线部位。进人门设有向外开的门铰链，铰链牢固地装在外侧，铰链销子材料为不锈钢，在门框上设有“O”形橡胶密封环，门的内表面与蜗壳的内表面齐平。进人门下装有检查蜗壳进人门内有无压力水或积水的截止阀。

（4）测压，在蜗壳进口段设有一组 4 个不锈钢测压管接头，连接到水轮机机坑外侧的蜗壳压力表上；蜗壳中段、尾端各设有一套不锈钢测压管接头，在最有利于精确测流的位置上，连接到位于水轮机机坑外侧的压力传感器上。

（5）盘形阀，水轮机蜗壳和尾水管排水盘形阀主要用于检修时排空机组流道内积水。每台水轮机蜗壳有 1 台直径为 600 mm 的盘形阀。盘形阀安装在蜗壳底部并且与蜗壳排水管连接。蜗壳盘形阀操作接力器位于蜗壳下方、上游操作廊道（121. 4 m 处高程）。蜗壳盘形阀的开启方式为从下向上推开阀盘。

每台机组的尾水管有 2 个直径为 600 mm 的盘形排水阀。排水阀阀体安装在尾水管肘管两侧壁底部，并且将水排到位于尾水管下方排水廊道（104 m 高程）内的排水总管。阀门操作接力器安装在尾水管上方、下游操作廊道（120. 2 m 高程）处。尾水盘形阀的开启方式为从上方提起阀盘。

（十三）大轴补气

大轴补气系统采用在主轴内安装从转轮泄水锥上部至发电机顶罩的补气管（固定在主轴内部），通过外部大气进行自然补气。大轴补气装置呼吸器采用厂内布置，呼吸器布置在发电机层上游侧夹墙内，采用蜂窝对称进气消声结构，使进气口噪声大大降低。相比于厂外布置大轴补气进气口，就近布置的大轴补气装置进气通道缩短，减小了补气管内部压力损失，增大了补气量，提高了补气效率。补气管进口设有两道阀门，一是气动操作蝶阀，蝶阀的操作由调速器根据导叶开度自动控制；二是单向止回阀，止回阀在转轮内部真空度达到一定程度时被大气压强制顶开，实现对转轮真空的补气。

五、水轮机性能

水轮机的水力性能主要通过转轮模型验收试验的结果来判断，在机组正式投运后，还对真机运行情况进行了现场原型相对效率试验，进一步验证了水力性能。

（一）转轮模型验收试验

1. 试验依据

小浪底水轮机转轮模型验收试验的依据是国际电工委员会规程 IEC NOS. 193(1972)和 193 Amendment No. 1 进行的。

2. 试验范围

小浪底水轮机转轮模型验收试验主要进行了以下项目：效率试验，空化试验，压差测流试验，压力脉动试验，大轴补气试验，轴向水推力试验，导叶力矩试验，飞逸转速试验，筒形阀水力矩试验。

3. 计算公式

单位转速：
$$n'_1 = \frac{nD_1}{\sqrt{H}} \tag{2-1}$$

单位流量：
$$Q'_1 = \frac{Q}{D_1^2\sqrt{H}} \tag{2-2}$$

4. 主要试验工况

主要试验工况见表 2-6。

表 2-6　相对效率试验工况点

真机水头(m)	68.0	91.0	107.0	112.0	117.0	124.0	130.0	135.0	141.0
单位转速(r/min)	80.38	69.49	64.08	62.63	61.28	59.53	58.14	57.05	55.82

5. 模型验收试验结论

(1)效率。最高模型效率为 94.42%，最优水头为 110 m。水头在额定水头 112 m 时，加权平均原型效率为 95.16%，高于设计保证值 94.58%。

(2)空化试验。吸出高度满足设计要求，在不同水头下，80% ~100% 负荷区间未观察到气泡，在额定水头下临界空化系数小于 0.085，初生空化系数小于 0.131，满足设计保证值。

(3)飞逸转速。在最高水头 141.67 m，最大导叶开度 280°时，最大飞逸转速为 204 r/min，小于设计保证值 244 r/min，这一变化对发电机的强度设计是有利的。

(4)尾水管压力脉动。压力脉动试验在电站最低水位工况下进行，试验结果表明在大多数情况下压力脉动值满足设计值(4%)，但在低水头的部分负荷区域压力脉动值最高达到 5%，在中高水头的小负荷区域压力脉动值最高达到 7%，未满足设计要求。

(5)水轮机转轮模型综合特性曲线见图 2-6。

（二）相对效率试验

相对效率试验的目的主要是验证水轮机出力达到设计值，及转轮特性曲线与模型试验结果的一致性。通过 2002 年 8 月对 4 号机组的试验及计算，表明曲线的一致性良好。

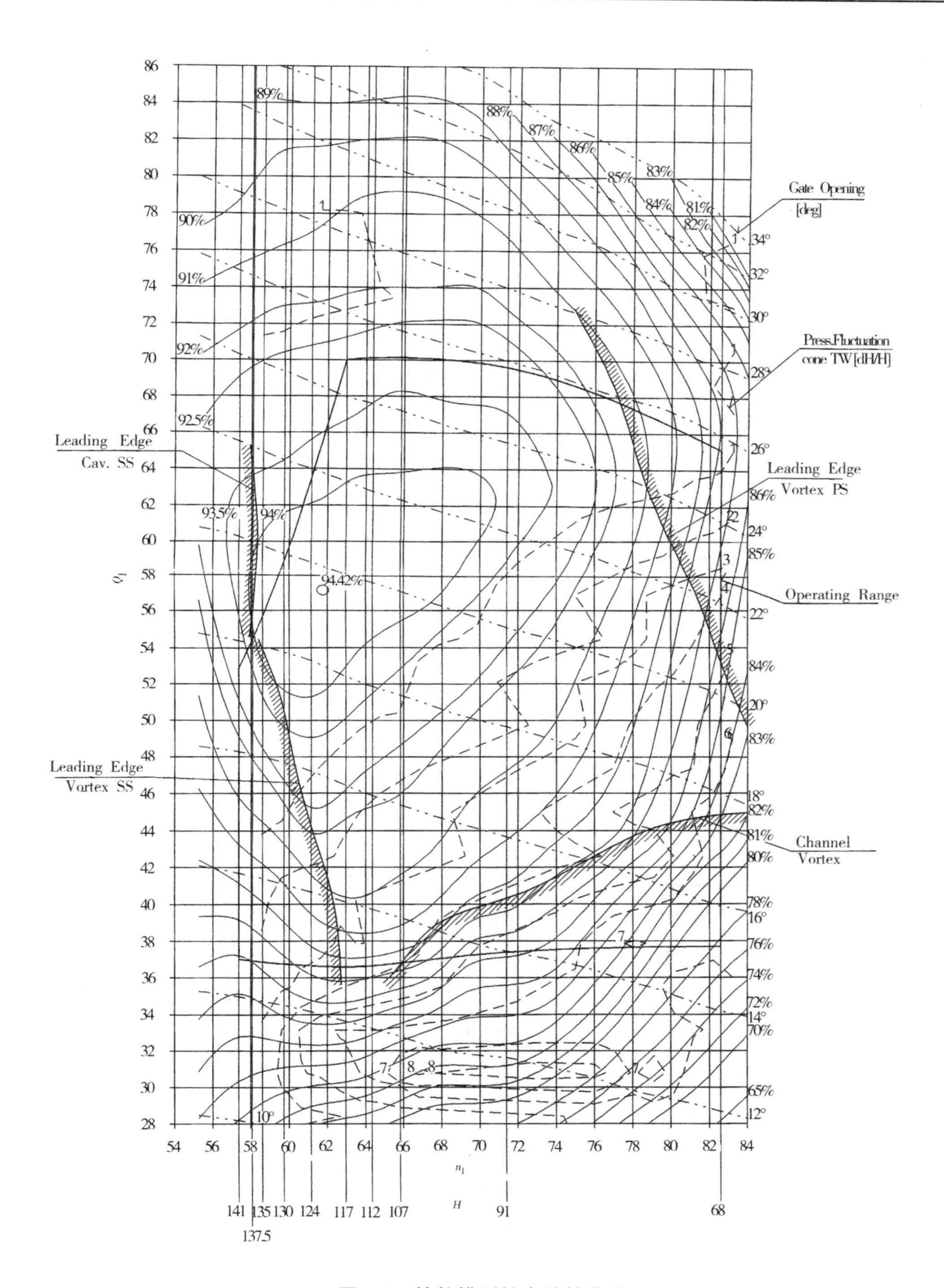

图 2-6　转轮模型综合特性曲线

相对出力情况见表 2-7，相对效率情况见表 2-8，相对效率试验验证模型特性曲线情况如图 2-7 所示。

表 2-7　相对效率试验出力指标

序号	水头(m)	流量(m^3/s)	出力(MW)	导叶开度(°)
1	95.128	245.42	218.24	23.1
2	95.141	245.57	218.16	23.0
3	95.080	245.42	218.59	23.1
4	95.097	250.58	222.71	23.5
5	95.032	250.30	222.17	23.5
6	95.003	250.32	222.29	23.5
7	94.865	264.56	233.04	25.1
8	94.846	264.78	233.21	25.1
9	94.753	264.41	232.64	25.1
10	94.593	277.75	242.23	26.7
11	94.450	277.10	241.71	26.7
12	94.415	277.89	241.35	26.8
13	94.313	290.78	249.04	28.4
14	94.374	289.90	249.36	28.4
15	94.407	289.97	249.50	28.5
16	94.393	299.86	254.77	29.9
17	94.395	299.03	255.28	29.8
18	94.401	299.64	255.16	29.9
19	96.542	106.81	46.07	7.9
20	96.520	118.51	46.46	7.9
21	96.213	109.03	45.66	7.8
22	96.287	108.25	45.63	7.8
23	96.148	116.30	78.54	11.0
24	96.081	119.63	78.25	11.0
25	96.268	118.78	78.89	11.0
26	96.220	147.82	117.24	14.1
27	95.994	149.47	116.40	14.1
28	95.930	148.71	116.99	14.1
29	95.805	182.97	157.67	17.2
30	95.769	182.82	157.95	17.2
31	95.690	182.73	157.24	17.2
32	95.577	201.43	176.69	18.8
33	95.578	201.44	176.85	18.8

续表 2-7

序号	水头(m)	流量(m^3/s)	出力(MW)	导叶开度(°)
34	95.530	201.42	176.51	18.8
35	94.445	219.07	193.56	20.3
36	95.357	219.15	193.49	20.3
37	95.404	219.21	193.92	20.3
38	95.224	235.70	209.50	21.9
39	95.195	235.75	209.14	21.9
40	95.320	235.95	209.95	21.9

表 2-8　相对效率试验效率指标

序号	流量(m^3/s)	出力(MW)	效率(%)
1	245.255	217.803	95.45
2	245.390	217.674	95.34
3	245.314	218.318	95.65
4	250.450	222.365	95.42
5	250.261	222.061	95.37
6	250.318	222.283	95.44
7	264.751	233.534	94.80
8	264.993	233.774	94.81
9	264.759	233.551	94.81
10	278.344	243.800	94.14
11	277.904	243.827	94.30
12	278.747	243.600	93.92
13	291.833	251.770	92.72
14	290.862	251.841	93.06
15	290.879	251.856	93.06
16	300.822	257.226	91.90
17	299.986	257.734	92.34
18	300.592	257.593	92.10
19	105.952	44.973	45.62
20	117.569	45.372	41.48
21	108.342	44.799	44.44
22	107.527	44.722	44.70
23	115.603	77.138	71.72
24	118.952	76.929	69.51
25	117.995	77.335	70.44
26	146.883	115.016	84.16

续表 2-8

序号	流量(m^3/s)	出力(MW)	效率(%)
27	148.694	114.600	82.83
28	147.991	115.297	83.73
29	182.200	155.692	91.84
30	182.087	156.048	92.11
31	182.065	155.547	91.82
32	200.818	175.095	93.71
33	200.834	175.243	93.78
34	200.860	175.040	93.66
35	218.561	192.206	94.52
36	218.734	192.409	94.54
37	218.746	192.693	94.68
38	235.425	208.765	95.31
39	235.505	208.502	95.15
40	235.552	208.898	95.32

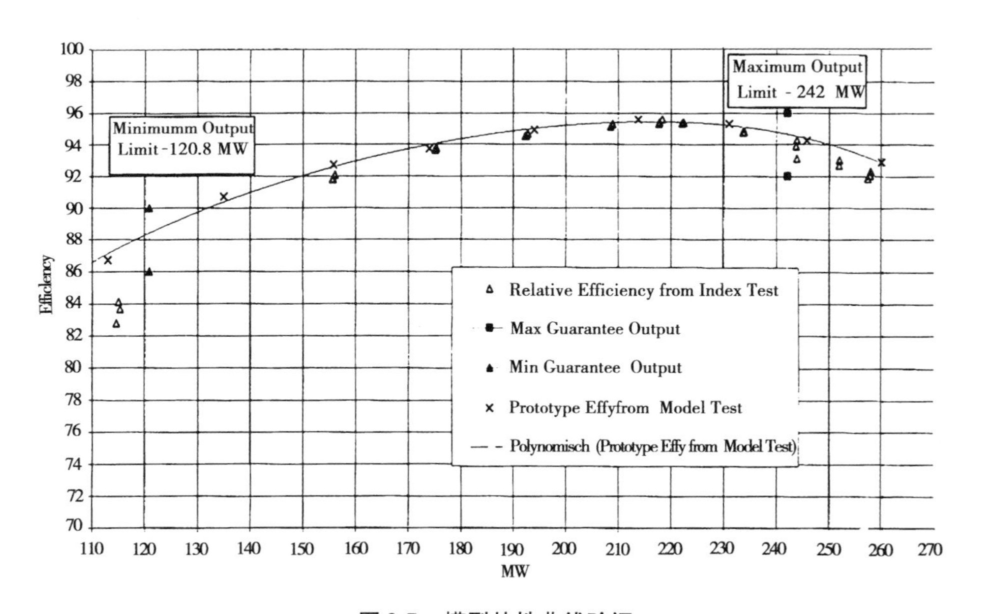

图 2-7　模型特性曲线验证

六、水轮机抗磨蚀技术

(一)水工建筑物布置方面采取的措施

进水塔位置与水库来水主流方向错开布置,防止水库来水中大量泥沙沿发电洞进入机组。同时,在每两条发电洞的下方布置一条排沙洞,减少泥沙进入发电洞,尤其是粗颗粒泥沙,以减轻泥沙对水轮机的磨蚀。在排沙洞开启时,排沙洞与发电洞水流含沙量之比为1:(0.6~0.7)。

(二)水力设计方面采取的措施

(1)水轮机最优效率点所对应的水头约为110 m,相当于汛期的平均水头,使水轮机在高含沙水流的汛期,能处于最优工况区域运行,减少磨损。

(2)优化水轮机流道布置,减小相对流速,避免形成涡流和空蚀。增加导叶分布圆直径和导叶高度,选取较低的机组转速,同时在保证良好水力性能的情况下,尽量减小转轮出口直径,由此尽可能地减小相对流速和磨损。

(3)对转轮叶片进行三维流态模拟分析,优化叶型设计,使水轮机在整个运行水头范围内,空载或在50%~110%预想出力下,最大限度地减小叶片空蚀、叶片进口边脱流及叶道内的二次流,保证机组能稳定运行。

(三)机械结构设计方面采取的措施

(1)在活动导叶与固定导叶之间设置筒形阀,以消除在停机状态下由于活动导叶漏水而产生的间隙空蚀和磨损。

(2)取消转轮上冠减压孔,减少转轮上冠与顶盖之间空腔内的泥沙循环运动,显著减少对顶盖和转轮上冠的磨损,同时也避免了因水轮机上止漏环漏水而引起的效率降低。

(3)为了减少对转轮下环和下止漏环的磨损,下密封环采用平直无齿密封,减少进入密封间隙中的水流振动,进一步减小磨损。

(四)过流部件表面防护措施

过流部件除采用具有抗空蚀性能的不锈钢材料外,部件表面还采用抗磨涂层进行防护。在活动导叶、转轮、顶盖和底环的上、下抗磨板等流速较高的部件表面喷涂碳化钨硬涂层。在固定导叶和尾水锥管进口等低流速区喷涂聚胺酯软涂层。防护涂层分布见图2-8、表2-9和表2-10。

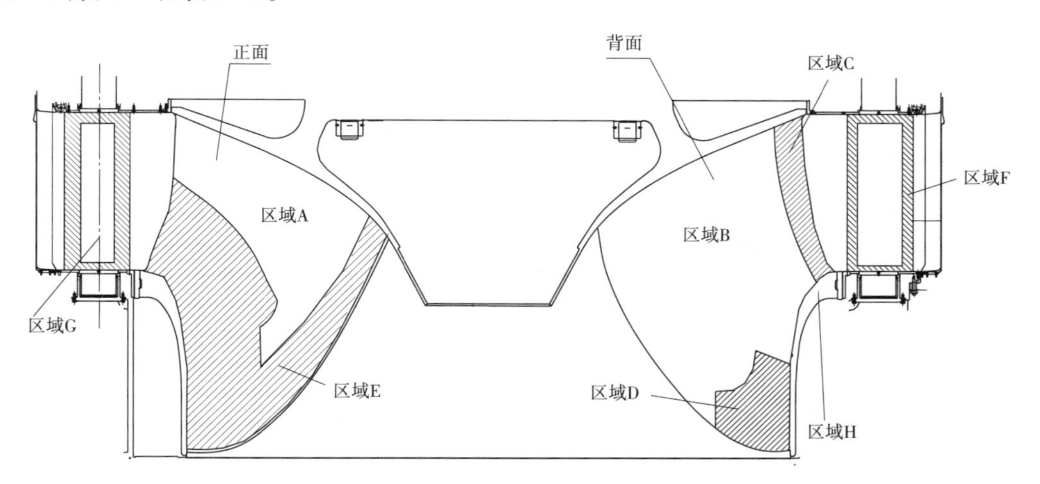

图2-8　水轮机过流部件防护区域分布

表 2-9　碳化钨涂层的具体防护部件、区域和面积情况　　（单位：m^2）

部件		防护区域	防护面积
转轮	叶片	正面约 48.90（区域 E）、背面约 17.77（区域 C + 区域 D）	99.16
	下环	过水流道表面约 30.62（区域 H）	
	上冠	过水流道表面约 1.87	
导叶		内外表面约 28.37	34.71
		顶面 2.38，底面 2.38	
		轴领 1.58	
抗磨板		顶盖抗磨板 17.66	30.67
		底环抗磨板 13.01	
止漏环		下环止漏环 12.4 上冠止漏环 0.9 顶盖止漏环 3.65	16.95
总计			181.49

表 2-10　聚氨酯涂层的具体防护部件、区域和防护面积

防护部件、区域	防护面积（m^2）
尾水锥管进口	13.46
固定导叶	65.88
总计	79.34

两种涂层防护材料的性能差别较大，性能对比情况见表 2-11。

表 2-11　两种抗磨涂层性能参数

涂层名称	碳化钨涂层	聚氨酯涂层
黏结强度	约 80 N/mm^2，实际仅达到 70 N/mm^2	25 ~ 29 N/mm^2
硬度	为 72 ~ 75 HRC	约为 90 肖氏硬度
表面光洁度	介于 Ra3.2 到 Ra6.4 之间	Ra3.2 或更好
厚度	基本防护区为（0.4 ± 0.1）mm， 涂层过渡区为 0 ~ 0.5 mm	基本防护区为（1.5 ± 0.5）mm， 涂层过渡区为 0 ~ 1.5 mm
表面裂纹	涂层表面无可见裂纹	涂层表面无可见裂纹

第二节　运行及维护

小浪底水轮机严格按照水轮机设计条件运行，考虑到水轮机的空蚀、泥沙磨蚀、尾水管压力脉动等多方面的因素，运行范围界定在运行综合特性曲线允许运行范围之内。水轮机的维护参照行业技术标准，结合多泥沙电站的特点及水轮机设备结构特点开展。运行维护工作主要包括运行方式控制、运行参数检查、异常情况处理、定期的检修等工作内容。

一、水轮机运行综合特性曲线及运行范围

小浪底水轮机根据转轮模型验收试验得出运行综合特性曲线，在综合特性曲线上，根据发电机的出力限制、转轮叶道涡、转轮叶片正压面进口边涡带、转轮叶片负压面进口边涡带、最高水头等限制条件确定出具体的运行范围，具体见图 2-9。

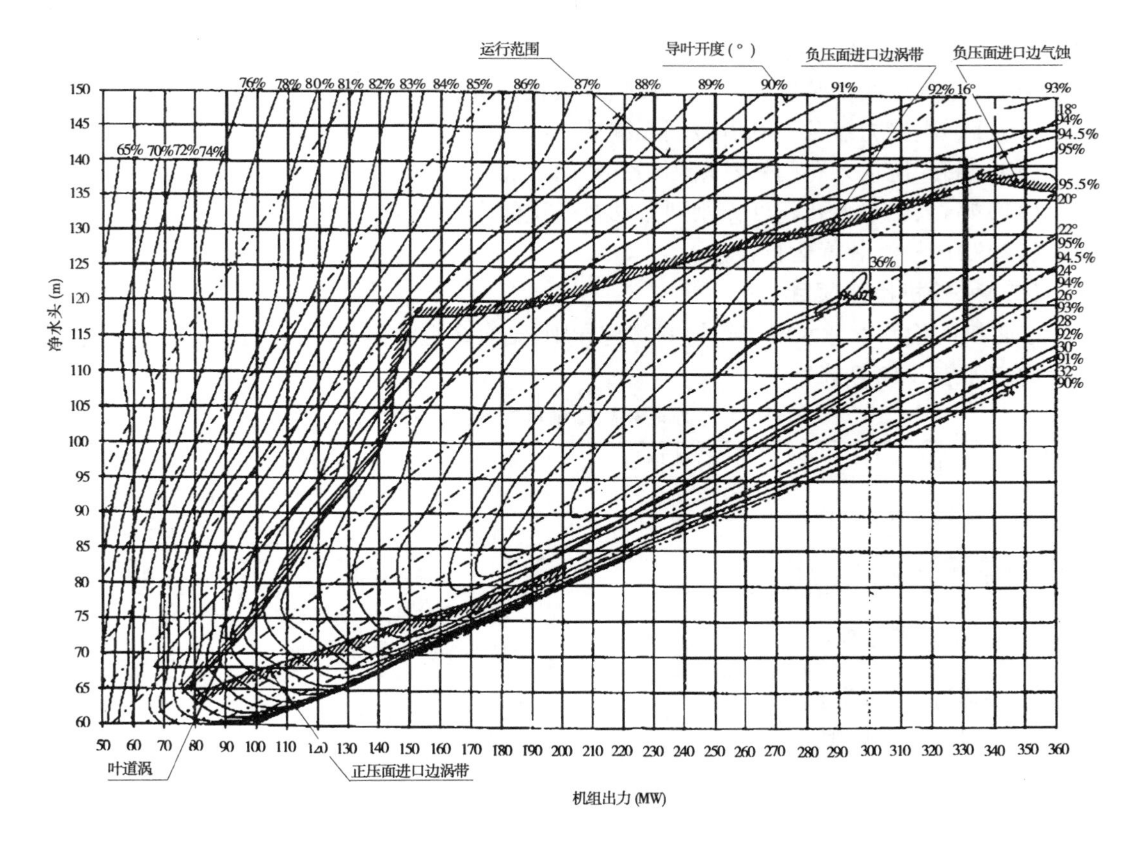

图 2-9　转轮原型综合特性曲线

实际的运行观察表明，在不同水头下，30～130 MW 负荷之间为机组的振动区，运行中应避开该区域。

二、水轮机主要运行维护工作

2000 年 1 月首台机组投运，前两年水轮机基本上在低水头运行。2002 年运行水头最高仅达到了 106.5 m，2003 年 8 月初库水位逐步抬高后开始在高水头区域运行，汛期(7～9 月)运行水头在 83～110 m 之间，汛后运行水头在 110～130 m 之间。机组尾水位基本上在 133.5～136.2 m 之间，相应的吸出高度为 -4.5～ -7.62 m。

(一)水轮机的主要运行检查项目

(1)机组运行时接力器无抽动现象。

(2)水车室内各部件无松动、裂纹、开焊，导叶剪断销无剪断。

(3)机组运转声音、摆度、振动无异常情况。

(4)压力钢管、尾水管、进出口压力正常，无较大的摆动幅度。

(5)各管路及阀门无漏水、漏油、漏气现象，各阀门的位置正确。

(6)水导轴承油色、油位正常。

(7)水轮机主轴密封无大量刺水，顶盖上无严重积水，导叶轴套无刺水现象，顶盖排水泵、主轴密封加压泵、冲洗水泵工作正常。

(8)各电气引线及装置完好，无过热、冒火花、变色、氧化现象。

(9)筒形阀接力器及控制电磁阀无漏油。

(10)蜗壳、尾水人孔门螺丝紧固、齐全，门无裂纹。

(11)蜗壳、尾水人孔门处无剧烈振动及严重的水击现象。

(12)噪声检测装置运行正常。

(二)水轮机检修项目

水轮机的检修参考水电机组检修管理导则，结合多泥沙电站的特点进行，检修的主要项目内容如表 2-12 所示。

表 2-12　水轮机检修项目内容及技术要求

序号	标准项目	特殊项目	工作要求
1	机组主轴补气系统检查	—	检查逆止阀及气动阀是否动作灵活，接头是否有渗漏情况发生，系统管路及卡子是否松动
2	排水、开启蜗壳人孔门	—	确认蜗壳内部水排空后，打开蜗壳进人门
3	导水部件检查	—	检查固定导叶、活动导叶，检查导叶上、下密封是否完好，必要时更换
4	筒形阀全开后和座环相对水平检查	—	检查判定同步情况
5	筒形阀上、下密封检查	—	检查上、下密封是否发生脱落损坏现象，必要时进行更换
6	蜗壳检查	—	目测蜗壳焊缝是否开裂或发生变化
7	蜗壳取水口拦污栅及测压头检查、清理	—	(1)检查取水口拦污栅是否发生变化及是否有杂物，必要时对栅条紧固或清除杂物； (2)必要时吹扫测压管

续表 2-12

序号	标准项目	特殊项目	工作要求
8	—	过流部件磨蚀及涂层脱落情况检查处理	对过流部件的磨蚀及涂层脱落情况进行检查，并做相应记录。根据发生空蚀情况进行修补，修补材料应符合要求
9	转轮检查	—	(1)检查叶片是否发生裂纹； (2)检查记录叶片抗磨层脱落情况和空蚀情况
10	—	搭设尾水平台	必要时检查转轮下部或底部补气管环板螺栓紧固情况
11	蜗壳排水阀检查、清理	—	(1)检查排水阀座与蜗壳焊缝是否开裂，止水面是否划伤； (2)清理周围杂物
12	水导轴承外部清扫、检查	—	清扫外部油污，检查有无异常，消除缺陷
13	取油样化验油及油位调整	—	(1)按取油样要求取样，化验油质应合格； (2)油位按运行经验调整
14	水导油槽及水管路等接头渗漏处理	—	按要求消除渗漏点
15	—	水导轴承轴领及水导瓦检查	必要时检查水导瓦磨、烧损情况及轴领表面情况，并做相应处理
16	主轴工作密封磨损检查	—	检查记录密封磨损情况，是否在允许范围内
17	—	更换主轴工作密封	因磨损严重，达到不能使用程度时应及时更换新工作密封
18	主轴密封水泵检查、清扫、修理	—	(1)清除泵体上杂物、铁锈等； (2)必要时更换轴承，调整密封及联轴节
19	—	顶盖排水泵检查、修理	必要时对顶盖排水泵进行修理
20	—	水导轴承滤油	油化验后判定为不合格应立即进行滤油，直至合格
21	筒形阀接力器及液压控制系统检查、渗漏处理	—	检查筒形阀接力器及其液压控制系统管路和阀组有无螺栓松动、渗油及其他异常现象，并做相应处理
22	调速器液压控制系统检查清扫	—	检查调速器液压控制系统管路、阀组接力器等液压元件有无异常，并做相应处理，对动圈阀进行解体清理，对系统外部进行认真清扫
23	油压装置检查清扫	—	对油压装置各部位进行认真清扫检查，对存在的问题做相应处理，必要时排油。对油泵联轴节和过滤器滤芯进行检查，必要时更换。对电机轴承加注润滑脂

续表 2-12

序号	标准项目	特殊项目	工作要求
24	—	压油装置滤油	油化验后判定为不合格应立即进行滤油，直至合格
25	水轮机顶盖、控制环地面走台等全面检查、清扫	—	检修完成后对水轮机室内卫生进行全面清扫，达到无油污，无杂物
26	水车室内导水机构检查、清扫	—	检查导水机构有无异常，各部螺栓有无松动或断裂，对导水机构进行全面清扫
27	技术供水滤水器内部检查、清理	—	检查滤水器内部管件是否脱落，清除内部杂物
28	—	技术供水滤水器旋转传动轴更换	必要时更换传动轴
29	主轴密封滤水器清扫、检查	—	(1)清除滤水器内部杂物及铁锈； (2)检查滤网是否发生损坏
30	—	主轴密封旋流器检查清理	根据运行情况，清理旋流器内部杂物

(三)实际运行中过机含沙量情况

小浪底机组过机含沙量的设计条件为：多年平均过机含沙量 37.5 kg/m^3，泥沙中值粒径 d_{50}为 0.023 mm，正常运用期汛期过机含沙量为 68.6 kg/m^3，泥沙中值粒径 d_{50}为 0.021 mm。根据目前的小浪底水库运用情况，水轮机的过机含沙量情况较设计情况要好，机组投运以来，每年汛期都经历了短时间的浑水运行期，但经历的时间都不长，泥沙粒径也较小，汛期含沙量以 2010 年的情况最为严重，表 2-13 为 2008 ~ 2010 年汛期过机含沙量监测情况。

表 2-13　2008 ~ 2010 年汛期过机含沙量监测情况

年份	平均过机含沙量(kg/m^3)	浑水运行时间(月-日)	最大过机含沙量(kg/m^3)	泥沙中值粒径平均值(mm)	最大过机含沙量时的水沙情况			
					时间(月-日 T 时:分)	上游水位(m)	下游水位(m)	排沙洞含沙量(kg/m^3)
2008	1.247	06-29 ~ 07-03	7.73(6 号机组)	0.005 ~ 0.007	06-30T09:00	227.02	135.92	358
2009	0.093	06-30 ~ 07-06	0.574(6 号机组)	0.006 ~ 0.007	07-02T10:30	223.01	135.96	24.4
2010	3.44	07-05 ~ 07-14； 07-27 ~ 09-04	24.2(5 号机组)	0.003 ~ 0.008	08-26T15:40	225.97	134.10	未开

(四)碳化钨涂层脱落情况

根据机组的实际运行情况,运行维护人员每年汛期前后都要结合机组的大、小修对水轮机过流部件的磨蚀情况进行停机排水检查,情况如下:小浪底6号机组于1999年12月投运,与其他机组相比,6号机组运行时间最长,水轮机流道累计过流时间最长,其转轮碳化钨涂层脱落相对较多。

1.6号水轮机转轮碳化钨涂层脱落情况

2011年在6号机组C级检修时,对转轮C、D、E、H各区域(参考图2-8水轮机过流部件防护区域分布)碳化钨涂层脱落情况进行了测量,详见表2-14。

表2-14　6号机组转轮碳化钨涂层脱落检查情况　(单位:cm^2)

叶片编号	C区域	D区域	E区域	H区域	合计
1号	268.9	2 068.7	720.6	1 024.5	4 082.7
2号	227.8	2 138.8	2 235.3	1 254.3	5 856.2
3号	190.2	1 219.2	2 853.6	589.3	4 852.3
4号	281	1 188.6	1 852.3	954.5	4 276.4
5号	146.6	1 532.9	1 123.6	1 423.6	4 226.7
6号	144.9	1 061.6	1 056.9	754.2	3 017.6
7号	180.6	1 163.8	1 568.5	698.3	3 611.2
8号	279.8	2 359.6	1 254.6	1 454.3	5 348.3
9号	148.6	1 127.5	985.3	1 496.5	3 757.9
10号	196.9	1 602.2	1 426.6	1 785.3	5 011
11号	318.9	1 090.4	3 120	1 792.6	6 321.9
12号	126.8	1 307.8	2 145.6	2 010.3	5 590.5
13号	83.3	1 335.5	2 158.3	1 248.9	4 826
合计	2 594.3	19 196.6	22 501.2	16 486.6	60 778.7

转轮碳化钨喷涂总面积为99.16 m^2,6号机组碳化钨涂层脱落总面积为6.077 87 m^2,脱落面积占总喷涂面积的6.13%,总体来说,6号机组转轮经过12年的运行,碳化钨喷涂质量良好,涂层脱落面积不大。

2.3号、4号和6号机组转轮碳化钨涂层脱落情况对比

2010~2011年,电厂结合机组检修情况,分别对3号和4号机组转轮C、D、E、H区域(参考图2-8水轮机过流部件防护区域分布)碳化钨涂层脱落情况进行了详细测量,测量统计值与6号机组转轮碳化钨涂层脱落情况对比,如表2-15所示。

表2-15　3号、4号和6号机组转轮碳化钨涂层脱落情况

区域	3号机组		4号机组		6号机组	
	脱落面积(cm^2)	占涂层面积百分比(%)	脱落面积(cm^2)	占涂层面积百分比(%)	脱落面积(cm^2)	占涂层面积百分比(%)
C	1 543.6	1.9	1 298.5	1.7	2 594.3	3
D	8 641.9	9	13 548.6	14	19 196.6	20
E	20 148.6	4	19 548.4	4	22 501.2	4.6
H	9 846.7	3	8 542.4	2.8	16 486.6	5.6

从表 2-15 中看出，转轮叶片负压侧出水边（D 区域）碳化钨涂层脱落面积相对其他部位要严重。

图 2-10 为 6 号机组转轮 2 号叶片 D 区域碳化钨涂层脱落照片。

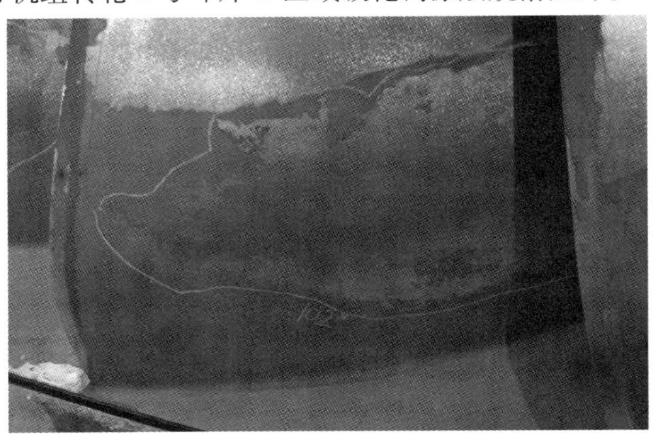

图 2-10　6 号机组转轮 2 号叶片 D 区域碳化钨涂层脱落照片

从以上的统计和分析情况可以看出，碳化钨涂层抗磨性能较好，脱落面积较小，但随着时间的推移和机组运行小时数的增加，转轮碳化钨涂层脱落面积将不断增大。局部出现脱落情况主要原因为物体撞击和空蚀，集中以下 8 个部位：转轮叶片负压面出口边、下环进口边和叶片正负压面进口边交界处、下环表面与叶片正负压面出水边根部相邻区域、叶片进口边负压面与上冠交界处、转轮下动静迷宫环进口边、活动导叶正压面进口边中下部、活动导叶上下轴颈与其正压面过渡圆弧边沿、上下抗磨板局部。其中叶片负压面出口边是涂层脱落的主要区域。

（五）聚氨酯涂层脱落情况

从机组聚氨酯涂层检查情况看，由于应用区域流态较好，所以涂层情况基本完好，固定导叶和尾水锥管存在硬物撞击脱落情况，尾水锥管进口处涂层产生局部层间剥离情况，分析原因认为除硬物撞击外由于喷涂时未掌握好喷涂工艺，或者喷涂表面未按要求认真处理，造成涂层黏结强度降低，导致涂层脱落。

（六）转轮磨蚀情况

小浪底水轮发电机组经过近 11 年的运行，机组过机含沙量最大值为 24.2 kg/m^3，泥沙中值粒径 d_{50} 为 0.003 ~ 0.008 mm，多年检查分析表明，目前转轮出现的磨损、空蚀情况属正常现象，详细情况如下。

1. 转轮喷涂碳化钨涂层区域磨损、空蚀情况

碳化钨涂层没有脱落的部位，没有发生磨损和空蚀情况；部分碳化钨涂层脱落的区域，存在轻微磨损和空蚀现象，且空蚀坑均分在涂层脱落区域。区域 E 空蚀成花纹状为空蚀典型特征，其他区域为空蚀坑亮色，坑浅，平均坑深 0.1 cm，见图 2-11。

2. 转轮无碳化钨涂层转轮区域磨损、空蚀情况

转轮没有喷涂碳化钨涂层区域，磨损和空蚀现象相对较重。以空蚀坑统计计算，转轮的 A 区域全部存在磨损和空蚀现象，转轮 B 区域约有 50% 的部位存在磨损和空蚀现象。详细情况见表 2-16 和表 2-17，部分磨损和空蚀现场照片见图 2-12 ~ 图 2-15。

图 2-11　2 号机组涂层脱落区域空蚀情况

表 2-16　转轮磨损和空蚀面积统计

区域	3 号机组		4 号机组		6 号机组	
	空蚀、磨损面积(m^2)	占区域面积百分比(%)	空蚀、磨损面积(m^2)	占区域面积百分比(%)	空蚀、磨损面积(m^2)	占区域面积百分比(%)
A	1	2.5	4	10	8	20
B	0.5	1	2	3	3	5

表 2-17　转轮空蚀坑深及密度统计

区域	3 号机组		4 号机组		6 号机组	
	平均坑深(mm)	密度(个/cm^2)	平均坑深(mm)	密度(个/cm^2)	平均坑深(mm)	密度(个/cm^2)
A	1	0.4	2	10	2	10
B	1	1	1	8	1	5

图 2-12　6 号机组 A 区域密密麻麻的空蚀坑

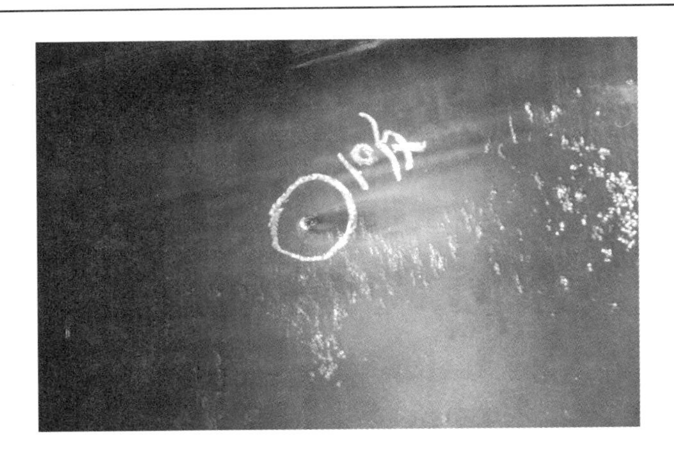

图 2-13　3 号机组 B 区域有明显空蚀现象
(伴随发热产生的花纹)的深坑及周围局部空蚀现象

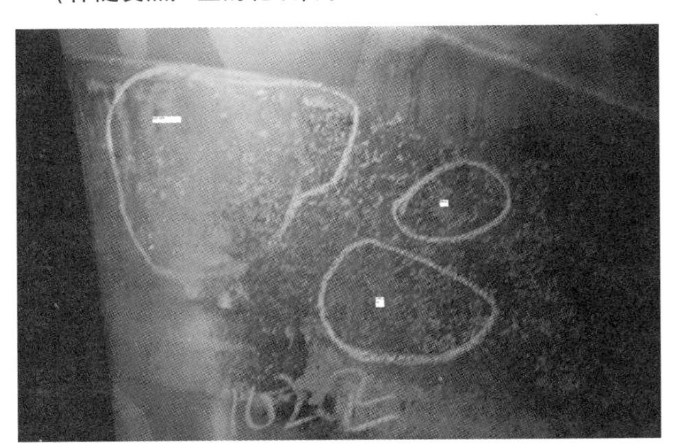

图 2-14　4 号机组 A 区域空蚀现象

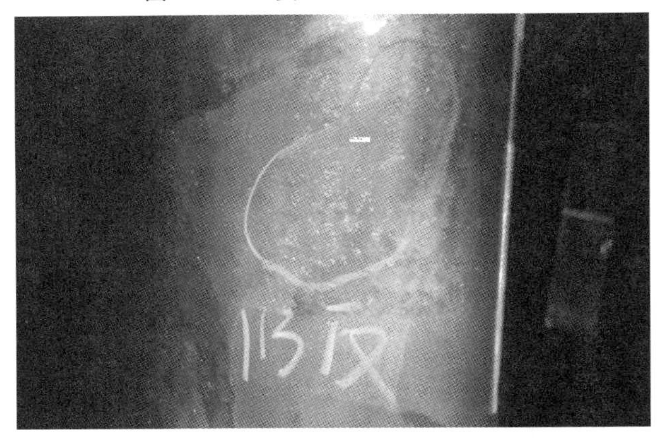

图 2-15　4 号机组 B 区域空蚀现象

以上数据和记录分析表明,碳化钨涂层对母材的保护作用是显著的,但涂层本身也存在脱落和破坏问题,因此须考虑必要的修补措施。

第三节　重要缺陷处理

小浪底水轮机自 2000 年 1 月首台机组投运以来,在运行过程中先后出现了一些设备缺陷,影响到机组安全稳定运行,此外针对泥沙磨蚀的防护也是一个长期关注的问题,针对这些情况,相应进行了一些处理工作。

一、水轮机转轮大轴补气管改造

2006 年,5 号机组曾出现转轮上腔的水流通过大轴补气管爬升至发电机顶罩内,通过大轴补气管和支架的间隙进入机组齿盘测速部位,导致齿盘测速传感器失效,影响机组运行。究其原因是转轮上腔在运行时压力波动,水雾或水流通过大轴补气管直接上到发电机顶罩内。为了消除这一隐患,技术人员对大轴补气管顶部进行了如下结构改造:将所有机组发电机顶罩内大轴补气管上端加导水帽,使水流绕过大轴补气管和支架的间隙,并在大轴补气进气罩底板原有的对称 180°两方向的漏水孔上接引 1 英寸(约 2.54 cm)左右的不锈钢引水管将水引至发电机顶罩排水管。详见图 2-16。

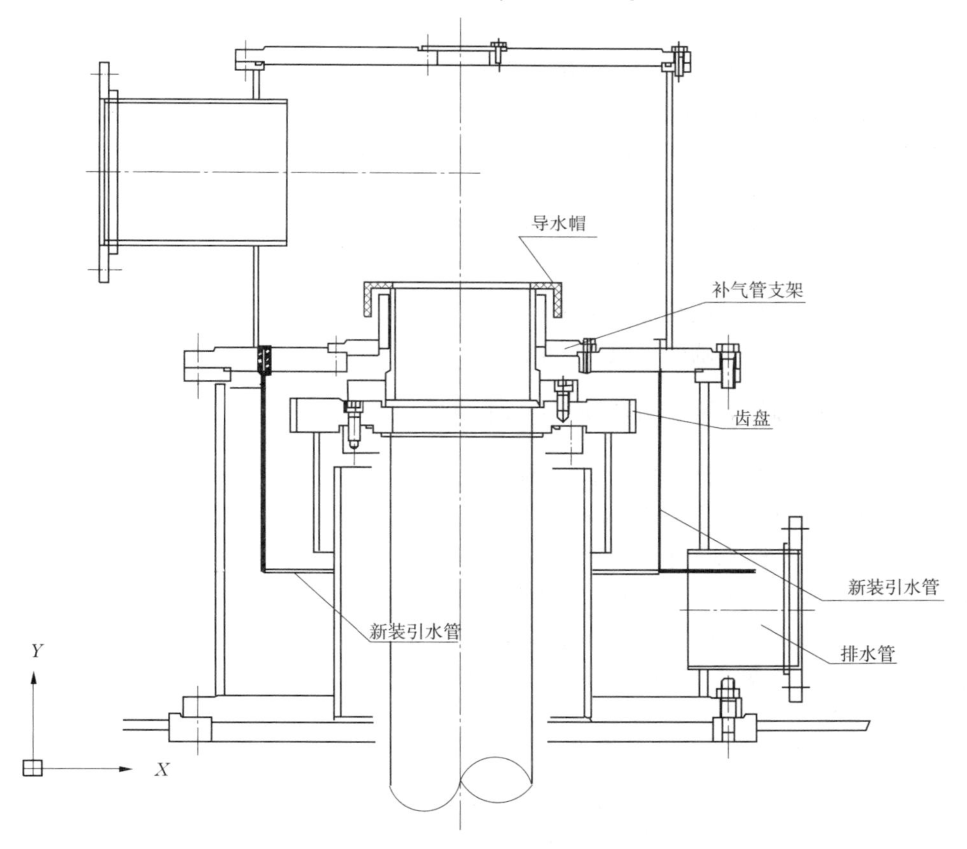

图 2-16　大轴补气进口部分改造

二、水轮机主轴密封修复

水轮机主轴密封结构如图 2-5 所示。

机组在开机时,主轴密封润滑水通往主轴密封环上均布的 6 个通孔(与弹簧间隔布置)进入密封面,并将密封环顶起,使得密封环与转轮上的固定滑环脱离,脱离后形成的间隙由主轴密封水建立水压,阻止转轮内的水由此进入带来泥沙磨损问题。密封环的外侧面与限制环的内侧面形成密封面,在密封环外侧开有一圈矩形槽,放置有聚四氟乙烯材料的矩形密封条,当密封环上下浮动时起到密封作用,以防止主轴密封水大量由此溢出进入顶盖,水量过大有可能淹到水导轴承油箱,因此这道矩形密封条的作用很关键。由于主轴密封环靠水压抬升,水压的波动造成密封环的上下浮动,导致密封条与外圈限制环上青铜面长期摩擦,当青铜面磨损到一定程度,密封环与限制环之间的立面间隙过大后,矩形密封条便无法定位,很容易脱槽后被挤压破坏,密封结构失效,造成顶盖大量积水,威胁机组安全稳定运行。2009 年上半年,多台机组先后出现这个问题,经测量检查间隙,都存在青铜面磨损过大的现象。为了确保机组安全稳定运行,必须对青铜面进行修复。2009 年上半年,技术人员采用青铜焊条手工氩弧焊的办法对缺陷进行现场修复,效果良好,焊接过程简要叙述如下:

(1)焊接前对密封环表面用气焊烘烤去除油渍。

(2)烘烤结束后使用砂轮机进行表面打磨。

(3)焊前表面再进行一次表面加温预热(根据焊接现场环境温度)。

(4)使用氩弧焊接,焊接材料使用锡青铜焊丝。

(5)焊接过程中分段施焊,防止限制环变形。

(6)焊接电流不可过大,应在 160 ~ 210 A 之间。

(7)焊接过程中及时地锤击焊道来消除应力。

(8)焊后打磨至与基础面平整,不可有高点。

三、活动导叶喷涂聚氨酯进行表面防护

水轮机的 20 片活动导叶的本体上原设计制造时进行了碳化钨硬涂层喷涂防护,但是没有进行全范围防护,只是在导叶四周的边缘一定宽度范围之内、高流速区内进行了喷涂防护,在中间的长方形区域内未做防护,经过一段时间的运行,发现未防护区域内出现磨损以及硬质物件撞击的痕迹,为了有效地保护主设备的完好,技术人员利用大修时导叶吊出机坑的时机,采用聚氨酯材料在导叶本体未防护区进行喷刷,形成厚度 1 mm 左右的软涂层,经过试运行,效果良好,寿命可达 3 ~ 5 年,有效地保护了导叶本体,聚氨酯喷涂的主要工艺过程如下。

(一)实施方案

(1)喷刷工作在厂外专门区域进行,要求环境清洁。

(2)活动导叶正反面均喷涂,一台机组 20 片活动导叶喷刷面积共约 30 m^2。

(二)技术要求

(1)活动导叶的金属碳化钨防护区域,对防护脱落区域用手工打磨、电动工具打磨及

化学处理等方法进行表面处理后，在规定的时间内完成聚氨酯喷刷修复。涂层厚度要求与金属碳化钨涂层厚度保持一致，约为(0.4 ±0.1)mm。

(2)活动导叶原无防护区域，在做好四周金属碳化钨涂层保护（要求用多层胶带防护）后，进行手工打磨、电动工具打磨、化学处理及喷砂处理等工作，表面处理达到要求后，在规定的时间内完成聚氨酯喷刷。涂层厚度要求达到(1.5 ±0.5)mm，在边缘与金属碳化钨涂层过渡区域喷刷厚度为0～1.5 mm。

(3)性能保证。

黏结强度：大于25 N/mm^2。

硬度：大于肖氏硬度90。

表面光洁度：涂层喷刷后，表面光洁度约为3.2 μm或更好。

金属母材变形：母材不因喷涂而产生机械变形。

相似性：喷刷完成后，喷刷区域的几何形状应与合同规定的模型形状相似。

在喷刷过程中应无涂层的滑挂和流散现象发生。

（三）聚氨酯涂层喷刷的基本工艺过程

1. 喷砂

利用专业的喷砂设备进行喷砂。喷砂时应注意做好对未脱落碳化钨涂层的防护工作，以免破坏碳化钨涂层而导致涂层的进一步脱落。喷砂后表面清洁度等级达到SA－3或SSPC—SP#5，表面粗糙度达到Rt40或更大。

2. 清洗

喷砂后采用IRASOLVE EC19专用清洗剂或丙酮将表面灰尘清理干净。清洗后的表面做好污染防护，不得接触油污，不得用手触摸。

3. 涂刷

(1)涂刷底层涂层Irabond 9924，采用普通毛刷涂刷。

Irabond 9924分为Irabond 9924A（较干）和Irabond 9924B（较稀）两种组分。

涂刷时间：在母材表面喷砂处理后4 h内进行。

A、B组分配比：1∶1（体积比）。实际操作中，配的B组分较少，只要能将A组分稀释的如油漆状能涂刷即可。

先单独搅拌A组分5 min，然后将B组分加入后充分搅拌均匀。

搅拌后等待15 min（初步反应时间），然后在母材表面涂刷薄薄的一层（透明）等待时间1 h以上，20 ℃时最长28天。温度越高，等待时间越短。

(2)涂刷中间涂层Irabond UU55/52A（胶），采用普通毛刷涂刷。

涂刷后等待时间：最短30 min，最长12 h。如果超过这个时间范围，须重新再刷一遍。但是如果重新涂刷后再次等待超时，母材表面必须重新喷砂。

注意：打开后的包装必须在6 h内用完，超过6 h需在氮气中保存。

(3)涂刷表面涂层Irathane 155 P＋C。

采用Irathane C155和Irathane P155两种组分混合。

配比：1∶1（体积比）。

猛烈摇动组分C，倒入搅拌容器内，然后加入组分P，充分搅拌约3 min。将黏在容器壁上的组分刮离器壁后再次搅拌。

如果采用添加剂 Tixothrope Additive(TX5),在第一次搅拌后加入容器内,1 杯/kg Irathane 155。

适用期:在 25 ℃下 2 h。

注意:如果采用了添加剂,适用期将缩短约 50%。

(四)喷涂的效果

5 号机组水轮机活动导叶于 2004 年进行聚氨酯涂层喷涂,2010 年 5 号机组 C 级检修时,现场技术人员对蜗壳流道进行了排水检查,检查发现涂层保存比较完好,保存率在 80%以上。由此可以说明,此种喷涂材料的黏结强度能够满足导叶在大多数工况下的应用,由于目前只经历了最高 130 m 水头的运行范围,更大范围的运行效果还有待进一步考验。现场检查情况见图 2-17。

图 2-17　2010 年 5 号机组活动导叶聚氨酯情况

第四节　转轮裂纹处理

2000 年 5 月开始,小浪底水轮机开始陆续发现转轮叶片裂纹,裂纹规律基本一致。国内不少大型水轮机运行后,转轮也出现裂纹,如五强溪、岩滩、李家峡、二滩等水电厂水轮机转轮。这些转轮裂纹产生的原因可以归纳为焊接工艺、运行工况、压力脉动、转轮材质和设计应力等因素,转轮裂纹部位和形状并不相同,规律性不强,而且经过补焊处理过几次以后,大都能逐步减少或得到解决。但小浪底转轮这样快速、重复出现规律性的裂纹,令人十分意外。2000 年 6 月 ~2001 年 1 月进行了专题研究处理工作,运行管理单位的工程技术人员、国内相关领域专家、设备制造厂的设计人员全程参与了处理过程。

一、水轮机基本情况

(一)主要性能

1. 水力参数

型式:混流式,金属蜗壳,带弯肘形尾水管。

运行水头:$H_{max}=141$ m,$H_{min}=68$ m,$H_r=112$ m。

额定出力:$P_r=306$ MW,$P_{max}=331$ MW($H=117$ m及以上)。

转速:$n_r=107.1$ r/min,$n_f=204$ r/min。

额定流量:$Q_r=294.5$ m^3/s。

2. 结构参数

转轮直径:$D_1=6\ 356$ mm,$D_2=5\ 600$ mm。

轮叶数:$Z_1=13$。

导叶数:活动导叶和固定导叶均为20。

导叶高度:1 500 mm,导叶分布圆直径为7 239 mm。

蜗壳包角:345°。

尾水管:导叶中心至底板高度20 400 mm,扩散段水平宽度10 000 mm,机组中心至扩散段出口长度88 500 mm(6号机组)。

(二)转轮的加工制造情况

转轮叶片采用不锈钢板材分两块模压焊接而成,数控加工技术分片制造;上冠为不锈钢铸造,整体车削成型;下环的上段为不锈钢铸造,下段为不锈钢板卷制,对焊以后整体加工。

上述三种部件分别经海、陆运输到现场转轮加工厂,再焊接成整体转轮,经过机械加工后出厂。

转轮采用的材料如表2-18所示。

表2-18　转轮材料(美国ASTM标准)

转轮部件	叶片	上冠	下环(上/下)	焊材
材质牌号	EC125 S41500	CA6NM	CA6NM /S41500	309L
金相结构	马氏体	马氏体	马氏体	奥氏体

二、转轮叶片裂纹

小浪底第一台机组(6号机)于1999年12月充水调试,年底试运行结束,2000年1月8日并网开始商业运行,至2000年5月底停机检查,发现13个叶片全部出现裂纹,而且形状和部位都相似。图2-18～图2-20表示了小浪底水轮机剖面、裂纹及典型裂纹照片。

2000年8月末,6号机组转轮经补焊修复后投入运行。经半年运行后,2001年1月检查,又发现6个叶片有裂纹。

2000年9月,5号机组充水试运行,在调试中间停机检查(尚未带负荷),发现有6个

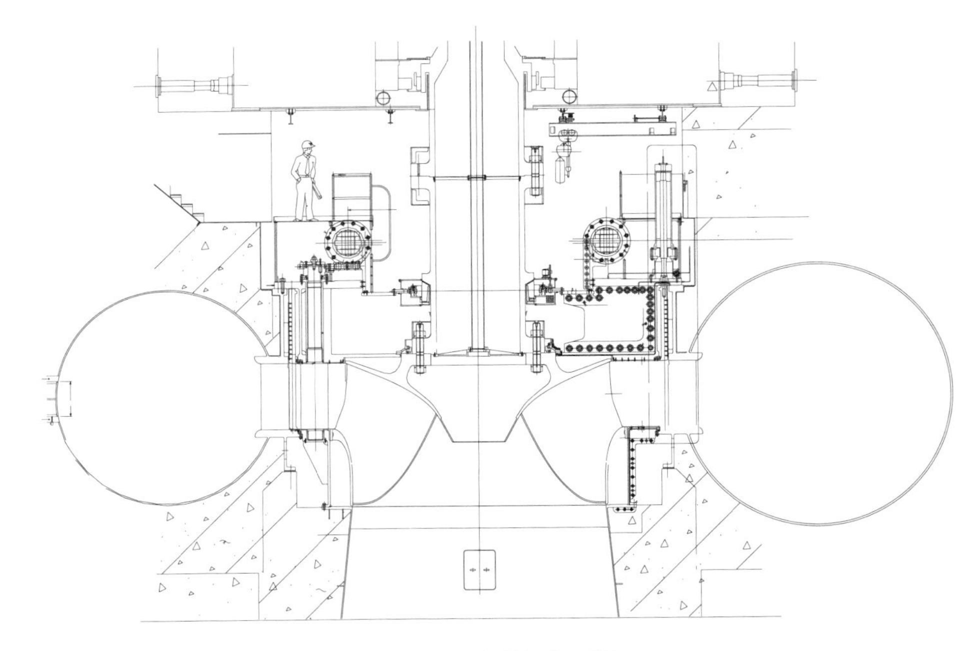

图 2-18　水轮机剖面图

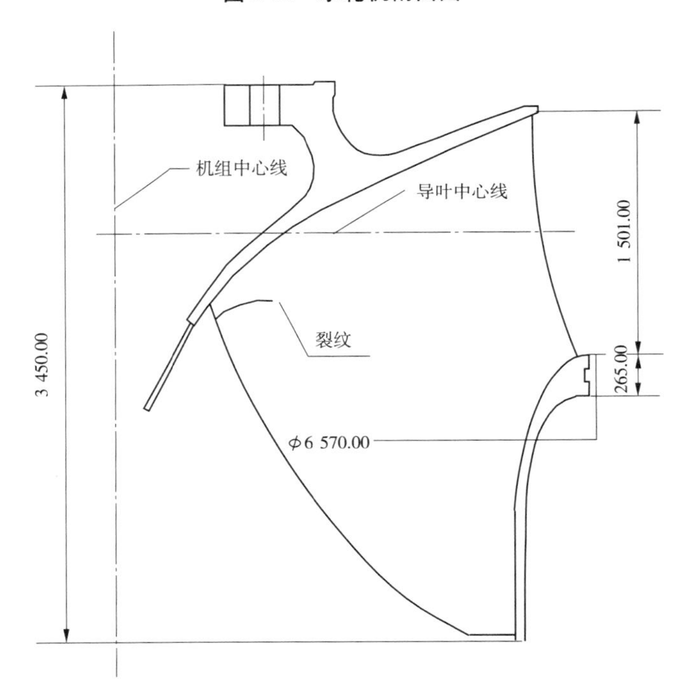

图 2-19　叶片裂纹示意图　（单位:mm）

叶片产生裂纹。

2000 年 12 月,4 号机组经 72 h 试运行后,有 6 个叶片出现裂纹。

2001 年 4 月,3 号机组试运行后,也有 3 个叶片出现裂纹。

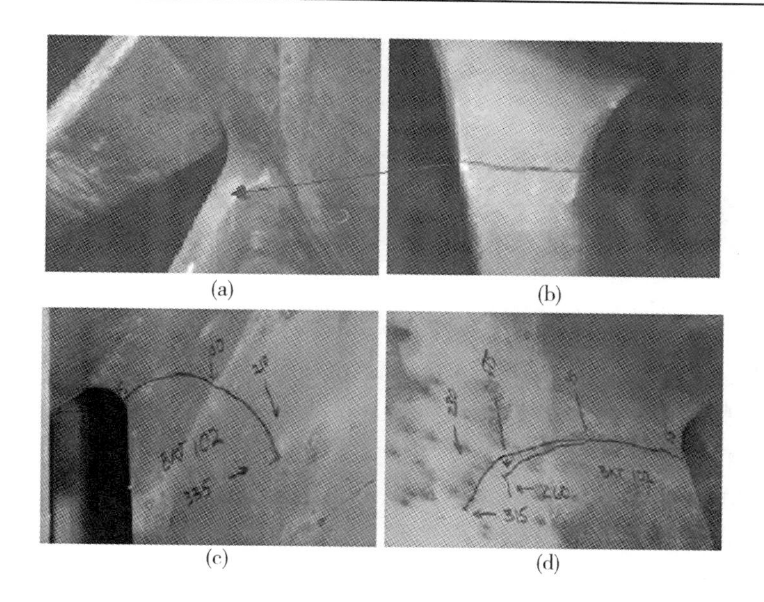

图 2-20　典型裂纹照片

所有这些裂纹的位置和形状都相似。它们从叶片出水边背面距上冠约 50 mm 处初生,逐步呈抛物线状向叶片中心延伸,最长约 450 mm,部分裂纹在扩展过程中出现分叉。

三、对裂纹的分析研究

从 2000 年 6 月～2001 年 9 月,先后在 6、5、4、3 号机组上进行了 7 次现场实测和一些局部观测,分析了可能引起裂纹的各种因素,最后找到了处理的有效工程措施。

(一)对可能引发裂纹因素的分析试验

1. 关于转轮材质

从裂纹处取样进行的金相分析表明叶片材质化学成分及金相组织等符合美国 S41500 牌号钢的标准。设计叶片为 S41500 马氏体不锈钢板材,主要化学成分如表 2-19 所示。

表 2-19　转轮材质化学成分　(%)

类别	C	Mn	P	S	Si	Ni	Cr	Mo
ASTM S41500	≤0.05	0.5～1.0	≤0.03	≤0.03	≤0.6	3.5～5.5	11.5～14	0.5～1
EC125 板	0.022	0.824	0.033	0.006	0.50	4.41	12.90	0.588
E309 焊材	0.027	1.38	0.02	0.008	0.978	12.71	24.68	0.088
叶片取样	0.024	0.77	0.019	0.005	0.39	4.52	11.96	0.62

此外,对叶片原材料经加热模压可能造成性能变化这一担心进行了讨论,要求制造厂提供模压后的材料试验结果。由于小浪底转轮叶片材料仅有进厂时的力学试验资料,作为对比参考,制造厂提供了相同材料的另一个转轮(Norris Dam)叶片在模压加工过程中取样试验的结果,见表 2-20。

表 2-20　Norris Dam 轮叶材料机械性能

机械性能	屈服强度(MPa)	抗拉强度(MPa)	延伸率(%)	断面收缩率(%)	冲击功(J)
取样	823	881	19	71.5	195～219
ASTM 标准	630	805	15	35	—

取样结果高于 ASTM 标准,说明加热模压对材料机械性能无大影响。

2. 关于焊接工艺

从国内某些转轮出现的裂纹来看,焊接工艺/焊接缺陷往往是裂纹的诱发因素。但分析小浪底的具体情况后认为,裂纹是发生在焊接热影响区的母材上,而且每个叶片均在同一部位,形状相似,而焊接缺陷不会是如此一致的,这与国内其他电站的无规则裂纹有明显区别,所以焊接因素至少不是裂纹的主要原因。

制造厂提供的转轮焊接区取样的力学试验结果见表 2-21。

表 2-21　焊缝材料力学试验结果

取样部位		屈服强度(MPa)	抗拉强度(MPa)	延伸率(%)	断面收缩率(%)	冲击功(J)
焊缝区	表面	523	659	27	41.5	64
	1/4 厚度	527	662	30	53.7	64
热影响区	表面	536	675	17	54.9	100
	1/4 厚度	610	733	11.5	47	107

3. 关于焊后热处理

转轮上冠、下环与叶片均为马氏体不锈钢材料,焊条则是奥氏体不锈钢材料。国内有一些专家认为,这是异种钢焊接,焊后应热处理消除应力,而小浪底转轮是在工地组焊加工的,没有进行焊后热处理。制造厂认为这种制造工艺是该厂多年来的成熟经验,不会出现问题。而且理论上认为,焊接局部应力将会随着运行时间的增加而逐步得到匀化和消除。

为了弄清焊接应力的大小,2000 年 10 月在刚焊接完工的一台转轮上冠焊缝处,用盲孔法测量,测到最大的焊接残余应力为 301 MPa(平均 273 MPa)。

目前,电站尚在低水头区运行,焊接应力虽然有一定数值,但尚不致造成如此快速裂纹损坏,而且修复后的转轮又重新出现相同形式的裂纹,也说明不完全是应力释放问题。

另据了解,五强溪水电厂的几个转轮,有焊后经过热处理的,也有不经过热处理的,但都产生了裂纹。

4. 关于大轴补气与运行稳定性

混流式水轮机存在某些脉动运行区,也有因此造成叶片裂纹的先例。小浪底转轮在初期低水头小负荷区运行,自然也会有水力脉动,因而怀疑其大轴中心补气量小,不能消除尾水管中的压力脉动。制造厂进行分析计算后认为,现有的脉动力不足以形成叶片的裂纹。现场观察也认为在各种负荷下运行时,压力脉动和机械振动值并不大,也许将来高水头运行时会出现一些问题,但在当前不会是产生裂纹的原因。

5. 关于设计应力

水轮机在最高水头(141 m)最大出力(331 MW)的运行条件下,上冠叶片出口边的设计最大应力为 270 MPa,已超出国内相关标准不超过 1/3 屈服强度的要求,认为设计应力偏高可能是早期裂纹的一个潜在因素。为此要求制造厂采取降低最高应力的措施。

修复第一台转轮时,在上冠出口边焊角处进行了打磨修型(加大局部过渡圆弧),应力计算值稍有降低(视水头不同,减少 7% ~19%),但仍没有满足要求,须进一步考虑采取措施降低最大设计应力。

除上述各种因素外,还分析研究了运行负荷限制区域,喷涂防护层的影响,固定导叶出口边和转轮叶片出口边卡门涡以及引水系统水锤振动可能形成的共振等问题。

6. 裂纹取样

裂纹取样采取手工取样的方法,样本如图 2-21所示。通过对样本的失效分析证明,裂纹是属疲劳破坏。一定存在尚不可知的某种超常的交变动应力,而且可能存在共振现象。因此,机组开机时的“大轴抖动”、停机过程中异常噪声引起了关注。同时还注意到,机组负荷接近最大时,也出现较大噪声。这些现象是进一步研究查找出现裂纹原因的新的思路。

图 2-21　样品照片

(二)现场专项试验

根据对可能造成转轮裂纹的各个因素进行初步分析、检验和排除后,寻找裂纹主要原因的主要方向逐渐明确到与机组启动时的异常“抖动”现象等问题上来。针对机组启动时不正常的“抖动”问题进行专门的测试分析。

(1)2000 年 8 月在首台机组(6 号机)的两个叶片发生裂纹的部位上贴应变片,实测其应变和应力,由于装置本身被水冲坏,仅取得一组数据(动应力 290 MPa,频率 12. 8 Hz),无法进一步分析,但证明了确实存在异常动应力。

(2) 2000 年 11 月在第 2 台机组(5 号机)上,进行了较全面的启动过程测试,主要是研究改变导叶开启规律、改变导叶启动开度与改善机组启动过程的关系。

导叶开启速率(0 ~100%)由 60 s 缩短至 10 ~15 s,启动开度加大至 30% ~40%。

在大轴外表贴交叉应变片,记录启动过程。实测表明,缩短导叶开启时间后,相应地加快了启动过程(大轴抖动时间减少),但对振幅影响不大,振动频率约 13 Hz,同时实测了转轮自振频率(空气中 70 Hz,水中约 55 Hz),结果表明两者不会形成共振。制造厂计算分析的结果是当推力轴承固定时,机组旋转轴系的扭振频率为 13 ~14 Hz,正好与测得的扭振频率相同,因此制造厂认定,是推力轴承摩擦阻力过大引起启动过程中的抖动。

(3)在分析研究制造厂提出的测试、计算结果后,发现启动过程中推力轴承摩擦系数高达0.2 ~0.4，这是难以想象的。因此，认为一定是测试或计算中存在错误。此时，发电机制造厂提供了塑料推力轴承瓦的启动摩擦系数值为0.05 ~0.1。

(4)为了否定制造厂的错误结论，2001 年 1 月在 6 号机组上进行了手动机械盘车试验。顶转子后，分别间隔 1 h，2 h，4 h，8 h，…，72 h 后进行手动盘车，测得推力轴承摩擦系数为0.015 ~0.038(当长期停机、瓦面缺油时，可达0.06)。由此证明，推力轴承不是产生扭振的起因。

(三)全面综合测试

经过一年来的分析、研究、现场实测和多次国内外专家的研究讨论，排除了某些常见的或次要的因素，明确了解决问题的方向，为最终解决裂纹问题创造了条件。经过一系列准备后，于 2001 年 5 月进行了全面测试。

测试工作是在新安装试运行结束、已出现裂纹经修补以后的 3 号机组上进行的，测试了机组在启动过程、大负荷运行和停机过程中转轮叶片的应变、大轴扭转应变、蜗壳及尾水管等各部位压力、顶盖振动、下机架变形振动、导叶开启规律、机组出力等，并进行了开、停机过程中的强迫补气试验。

1. 启动过程

(1)进行了 4 组不补气开机(3028、3029、3032、3037)和 5 组补压缩空气开机(3059、3060、3062、3076、3080)试验，试验时导叶开启规律均为 15 s，补气位置在顶盖或底环(3060、3080)。

(2)进行了 2 组导叶慢开不补气启动(3057、3058)和 2 组补气(3078、3082)启动试验。

以大轴扭振值(μm/m)作对比的启动试验结果如图 2-22 所示。

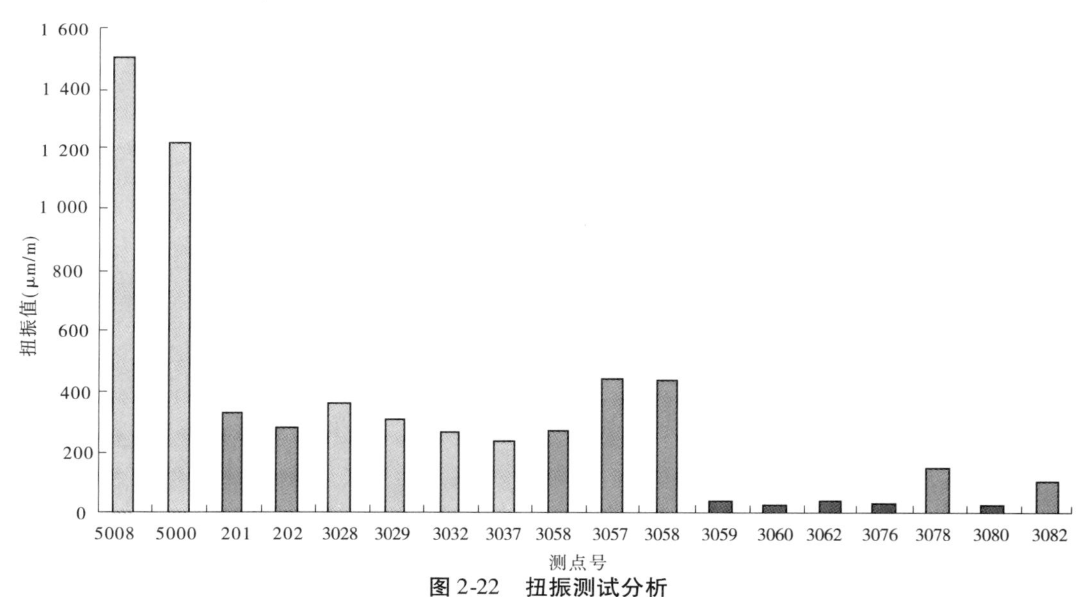

图 2-22　扭振测试分析

注：5008 是最早 6 号机组的测试结果，导叶开启时间 60 s。

5000 是原 5 号机组的启动测试结果。

201 和 202 为 5 号机组加速开启速度的启动结果。

2. 停机过程

早期在5号机组停机时降速过程中有异常噪声，在3号机组的综合测试中，发现叶片上有很高的交变应力，示波图如图2-23所示。

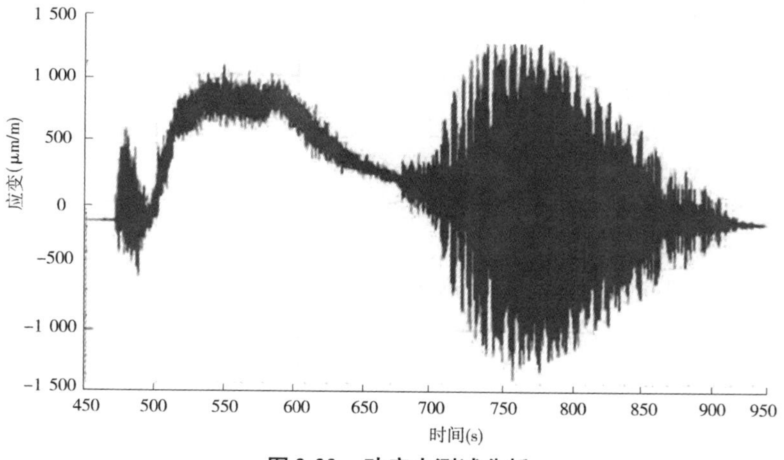

图2-23　动应力测试分析

从频谱分析结果看，在导叶关闭后，机组减速由60%下降至20%的过程中，振动频率由87 Hz过渡到55 Hz。

这种比启动过程更高和持续时间更长的交变负荷现象，是没有预料到的。

与此同时，还进行了补压缩空气试验，补气与不补气的振动对比如图2-24所示。

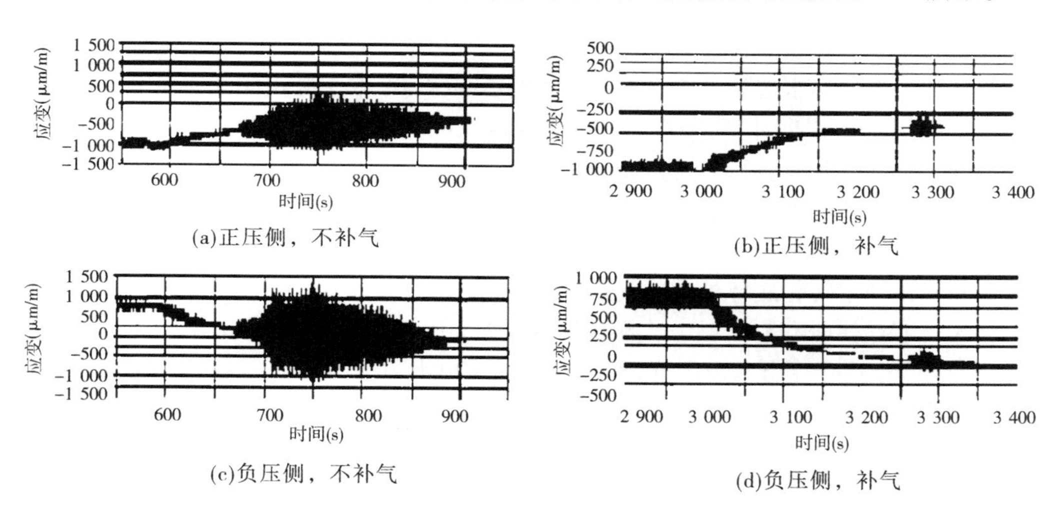

图2-24　补气试验分析

3. 带负荷过程

机组带负荷后，逐步增加负荷至接近最大值，发现当出力加大到一定值后，顶盖的振动值突然增大，主频约210 Hz。

这种现象，以前在5号机组测试时曾经发现，当时认为是固定导叶出口边的卡门涡形成的，因而对5号机组的固定导叶进行过修型，但未见效果。

(四)裂纹原因总结

通过上述一系列试验及分析,产生转轮裂纹的原因已经基本明确:

(1)测试结果分析表明:启动过程中的抖动现象是由于启动时,水流作用在转轮进口的水力弹性脉动与旋转轴系的固有频率(轴向和扭转)共振所形成的。此时的超常动应力是裂纹形成的原因。

(2)通过停机过程的测试分析认为:停机过程中,叶片出口边(厚 38 ~ 40 mm)与尾水中的反向流作用形成的 87 Hz 和 55 Hz 卡门涡带,与转轮自然频率(一阶弯振 55 Hz,二阶弯振 83 Hz,三阶弯振 98 Hz)产生共振,从而产生交变应力,这也是裂纹形成的原因。

(3)大负荷运行过程中的测试分析表明:在大流量(流量超过 230 m^3/s)时,叶片出口边卡门涡频率与转轮高阶自振频率形成共振,从而产生交变应力,虽然应力值不足以形成初始裂纹,但会促进裂纹的快速发展,降低材料的耐久极限。

(4)转轮叶片设计应力过高也是一个需要解决的问题。

四、处理措施的实施与效果

根据测试结果分析的结论,针对产生转轮裂纹的三条主要原因,制定了相应的处理措施,处理后进行了试验和分析。

(一)处理措施

(1)修复裂纹,满足转轮出厂验收的要求。

采用的补焊工艺与转轮组焊时相同。先将裂纹全部清除(经 PT/UT 探伤确认),做好坡口后施焊,焊后打磨平整并经无损探伤检查。

(2)补焊三角体,降低该点的设计应力。

在叶片靠上冠出水边处加焊 300 mm × 300 mm 与叶片母材相同的不锈钢三角块体(叶片局部延长)。根据计算,可将该处的最大设计应力由 270 MPa 降至 167.5 MPa(降低 38%,满足了合同中不超过 1/3 材料屈服应力的要求)。

(3)增加补气装置,在开机过程中对转轮内部补入压缩空气,改变水力振动的频率,消除开机过程中由水力弹性脉动与机组旋转轴系固有频率的共振。

在原来预埋于转轮底环处的补气引出管上,安装电磁阀,接入开机程序中,在机组启动前补入压缩空气(历时 90 s)。气源由厂内 0.8 MPa 工业用气系统引出。

(4)修整转轮叶片出水边厚度,大幅提高叶片出水边卡门涡的频率,消除由卡门涡引起的叶片共振。

先用碳弧气刨切割,然后手工打磨至要求形状(局部缺损点补焊填充)。具体修整部位和尺寸如图 2-25 所示。

(二)处理效果

1.4 号机组处理效果

4 号机组按预定方案补焊、修型完成后,于 2001 年 9 月 26 ~ 27 日进行了验证试验。

(1)启动过程。补气 90 s(估计自由空气量 20 m^3)后启动,启动时的振动已消除,示波图对比如图 2-26 所示。

(2)停机过程。修边以后,已消除了停机过程的振动,对比测试结果如图 2-27 所示。

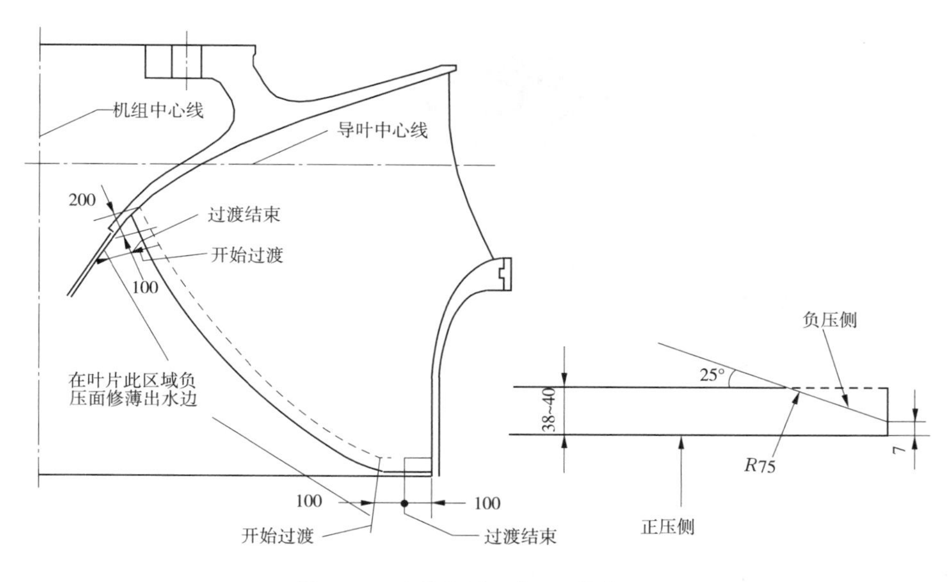

图 2-25　叶片修型示意　（单位：mm）

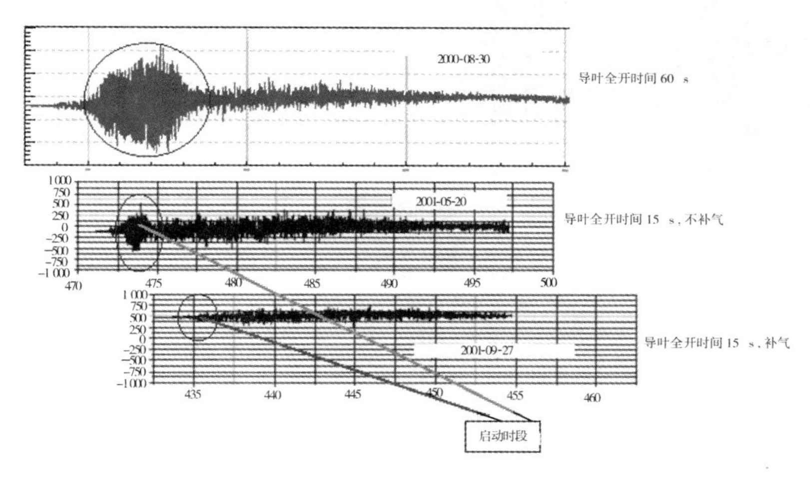

图 2-26　补气验证试验

(3)大流量时的动应力见图 2-28。

经测试，造成裂纹的三个主要原因均已消除。

4 号机组于 2001 年 9 月 26 日投入系统，进行调峰运行，至 11 月 1 日停机，共计开机和停机各 31 次，发电 480 h。11 月 6 日对转轮进行了全面检查，未发现任何裂纹（超声波探伤发现补强三角体正面焊缝有两处小气孔，补焊处理）。

2.2 号、1 号机组现状

第 5 台机组（2 号机）于 2001 年 9 月 27 日开始充水调试至 72 h 试运行结束，于 2001 年 10 月 19 日停机检查，未发现裂纹；最后一台机组（1 号机）于 2001 年 12 月 14 日开始充水调试和 72 h 试运行，12 月 28 日停机检查，未发现裂纹，运行至 2002 年 4 月检查，也未发现异常。

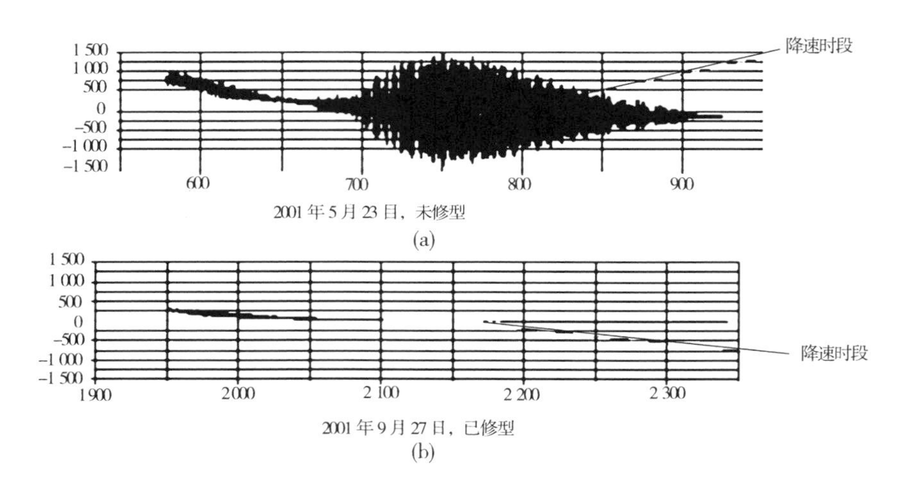

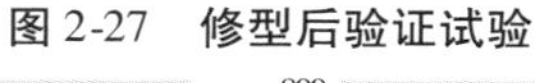
图 2-27　修型后验证试验

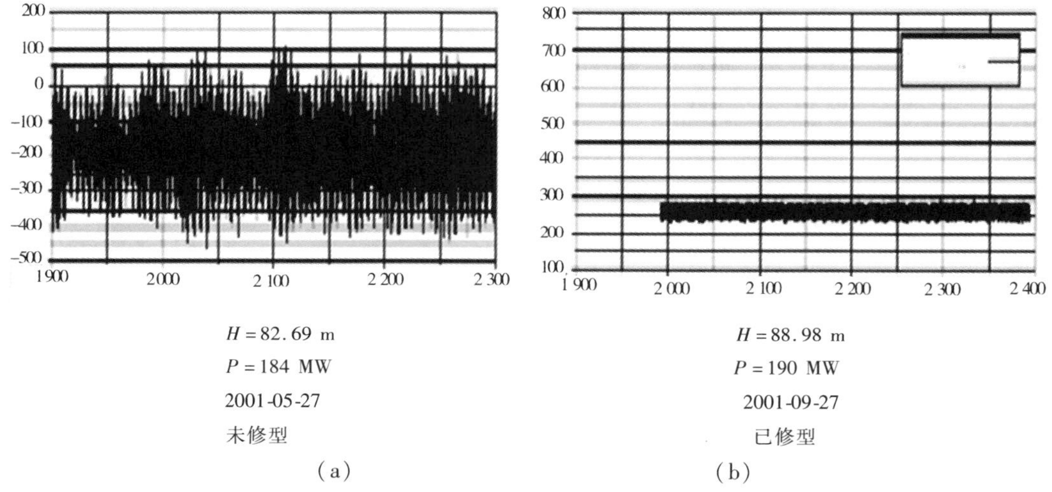

H = 82.69 m
P = 184 MW
2001-05-27
未修型
(a)

H = 88.98 m
P = 190 MW
2001-09-27
已修型
(b)

图 2-28　大流量时的动应力分析

3.3 号机组处理效果

经过裂纹修复和处理的 3 号机组 2001 年 11 月 19 日投运至 2002 年 3 月 21 日停机检查，共计开机和停机各 96 次，运行 1 055 h，未发现裂纹。

4.6 号、5 号机组现状

6 号机组和 5 号机组再处理情况与其他机组相同，处理完成后未再发生裂纹情况。

（三）其他问题

1. 对水轮机性能的影响

计算分析表明，加三角体对水轮机效率有负面影响，而修削出水边则对效率有正面影响。如只计负面影响，估算水轮机的加权平均效率可能降低 0.03%，实际效率仍将超出保证值 0.55%。叶片出口加三角体后，对某些工况的空蚀有负面影响，对某些工况则稍有改善，空蚀余度总体满足要求。计算表明修型后对转轮流道内水流流态的影响也很微小。

总的来看，转轮叶片处理后的影响将在测量的误差范围内。

2. 高水头运行的稳定性

小浪底水力发电厂水轮机的运行水头范围很大，最高水头与最低水头之比在 2 倍以上。目前，机组在低水头工况下运行平稳，将来在高水头区是否会存在振动和不稳定问题，应进行长期关注。

(四)处理情况总结

从处理后的几台机组实际运行和测试情况来看，可以认为：

(1)造成现阶段转轮裂纹的主要原因已找到。

(2)所采取的措施在工程上易实施，其作用是明显和有效的。

(3)补强三角体可以降低工作应力，提高应力安全系数，增加原裂纹部位的抗裂强度。

(4)对压缩空气补气的方式、数量，还可以通过实践进一步优化，以取得更好的效果。

第五节　机组经济稳定运行研究

为了进一步掌握水轮机的特性，以便更好地指导今后的水轮机运行，确定合理的运行范围和参数，小浪底水力发电厂与有关科研单位进行了机组经济运行的联合研究工作。研究工作主要包括水轮机的现场原型效率试验、机组稳定运行试验、机组安全经济运行区域划分等内容。通过相应的试验及理论分析，工程技术人员进一步掌握了小浪底水力发电厂水轮机的相关性能。

一、绝对效率试验

(一)试验目的

根据国家水力机械验收规范要求，电站投入运行后，需对机组性能进行现场验收性试验，其主要目的如下：

(1)考核机组运行指标是否达到合同保证值要求，为工程验收提供可靠、准确的试验分析结果。

(2)对机组设计、制造、安装、运行质量进行准确的评判。

(3)指导电站的安全、经济运行工作。

(4)获得最宝贵的、机组初期运行资料，指导今后的运行、检修工作。

由于小浪底水力发电厂的特殊性，这一试验意义尤为重要。

(二)试验方法

水轮机效率试验采用了蜗壳压差法来测量水轮机流量，并采用压力－时间法对机组蜗壳压差流量系数进行了率定，得到了水轮机每个工况下的绝对流量，从而得到了水轮机的绝对效率。

(三)试验过程

1. 试验参数测量设备

绝对效率试验测量设备如表 2-22 所示。

表 2-22　绝对效率试验测量设备

序号	测量项目	测量设备名称	型号	精度(%)
1	发电机有功功率	功率变送器	S3 - WRD - 3	0.2
2	接力器行程	位移传感器	NS - WY - 06	0.1
3	蜗壳进口压力	位移传感器	NS - WY - 06	0.1
4	尾水管出口压力	压力变送器	2020TG	0.1
5	蜗壳压差	差压变送器	2010TD	0.1

2. 试验参数测量方法

(1)发电机输出功率。采用 S3 - WRD - 3 型功率变送器来测量发电机的输出功率,功率变送器连接在互感器上。电压互感器变比为 $K_v = 100/18\ 000$,电流互感器变比 $K_i = 1/15\ 000$,则发电机输出功率:

$$N = K_v \times K_i \times W \tag{2-3}$$

式中:W 为仪表读数。

(2)接力器行程测量。采用 NS - WY - 06 型拉线式位移传感器测量接力器行程。传感器装在水车室内,在停机状态下将传感器固定在主接力器上,拉线头与接力器缸体相连。

(3)水轮机工作水头测量。水轮机工作水头是指蜗壳进口断面和尾水管出口断面的单位能量差,计算式为:

$$H = (Z_1 + \frac{p_1}{\gamma} + \frac{\alpha v_1^2}{2g}) - (Z_2 + \frac{p_2}{\gamma} + \frac{\alpha v_2^2}{2g}) \tag{2-4}$$

式中:Z_1、Z_2 分别为蜗壳进口压力传感器和尾水管出口压力传感器的中心高程,m;p_1、p_2 分别为蜗壳进口压力传感器和尾水管出口压力传感器的读数;v_1、v_2 分别为蜗壳进口断面与尾水管出口断面的平均流速,可按式 $v = Q/F$ 计算,Q 为实测水轮机流量,m^3/s,F 为过流断面面积,m^2。

(4)流量测量。试验中流量的测量采用蜗壳压差法进行,用 2010TD 差压变送器测量蜗壳压差值。蜗壳压差流量系数的率定采用压力 - 时间法进行,采用单断面法测量,测量断面位置在蜗壳进口处。用 2020TG 型压力变送器测量蜗壳进口压力,用 2010TD 型差压变送器测量蜗壳压差值。在 121.5 m 水头下对 60 MW、225 MW、300 MW 三个工况做甩负荷试验,分别记录每个工况下的压力 - 时间线和蜗壳压差值。

3. 计算机软硬件测量系统

计算机测量系统包括硬件系统和软件系统两部分。硬件系统主要由测量参数传感器、数据采集器和计算机组成,数据采集采用 WS - 5921 系列 USB 采集仪,A/D 转换精度为 16 Bit,最大采样速率为 200 kHz/s,它通过计算机 USB 接口提供电源,具有抗干扰性强、可靠性高等优点。软件系统分为数据采集模块、数据分析处理模块和曲线绘制模块,实现了数据采集分析的自动化,可以对机组效率进行实时测量,试验中被测量参数传感器输出 4 ~ 20 mA DC,通过信号调理器转换为 1 ~ 5 V DC,接入 USB 采集器进行 A/D 转换,然后输入计算机。计算机数据采集与处理软件系统按照指定的采样频率和时间采集数据，并将采集到的电压信号按照各传感器的标定系数换算成被测参数实际值,然后求出平均值，数据结果以 ASCII 形式存储在计算机上,以供试验结束后进行数据整理和曲线绘制。

4. 效率试验和机组稳定性试验

效率试验和机组稳定性试验同时进行,其测点布置位置如图 2-29 所示。图中点 24、25、26、27 为效率试验传感器布置位置。

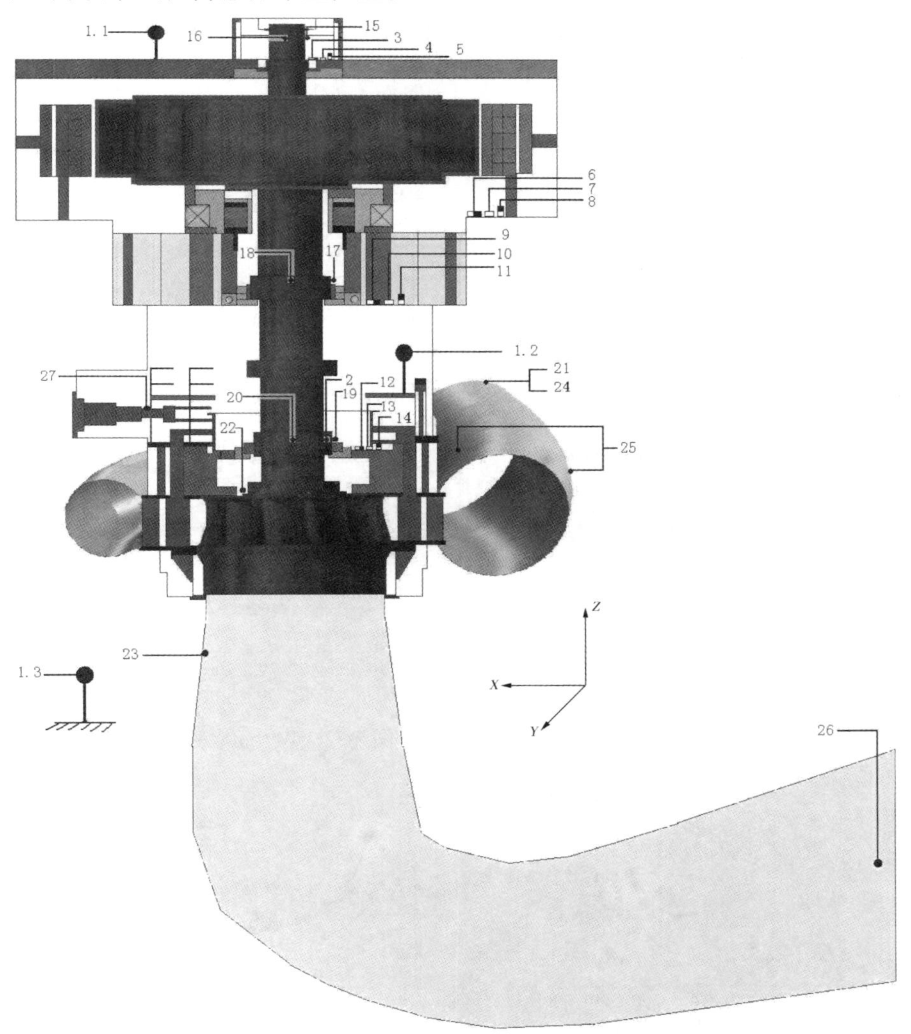

1.1—发电机噪声;1.2—顶盖噪声;1.3—尾水管噪声;2—转速(鉴相点);3—上机架水平振动 X;4—上机架水平振动 Y;5—上机架垂直振动 Z;6—定子基座水平振动 X;7—定子基座水平振动 Y;8—定子基座垂直振动 Z;9—下机架水平振动 X;10—下机架水平振动 Y;11—下机架垂直振动 Z;12—顶盖水平振动 X;13—顶盖水平振动 Y;14—顶盖垂直振动 Z;15—上导摆度 X;16—上导摆度 Y;17—下导摆度 X;18—下导摆度 Y;19—水导摆度 X;20—水导摆度 Y;21—蜗壳进口压力脉动;22—顶盖压力脉动;23—尾水管压力脉动;24—蜗壳进口压力;25—蜗壳压差;26—尾水管出口压力;27—接力器行程

图 2-29 试验测点布置图

5. 试验结果整理

小浪底水力发电厂 1 号机组目前已完成 4 个水头(87 m、99 m、109 m、121 m)的效率试验,并对 99 m 水头试验进行了复核测试。在 121 m 水头下,用压力－时间法对蜗壳压差流量系数 K 进行了率定,率定结果为 $K=145.44$。按照上面所述的计算方法对 4 个水头的试验数据进行了分析处理,并将实测结果跟水轮机制造厂提供的运转特性曲线进行了对比。试验结果见图 2-30 ~ 图 2-34。从试验结果看,4 个水头的实测效率曲线跟水轮机制造厂提供的运转特性曲线均不完全相符,在每个水头较高负荷区域,二者一致性较好;在每个水头较低负荷区域,实测效率值略低于制造厂的提供值。

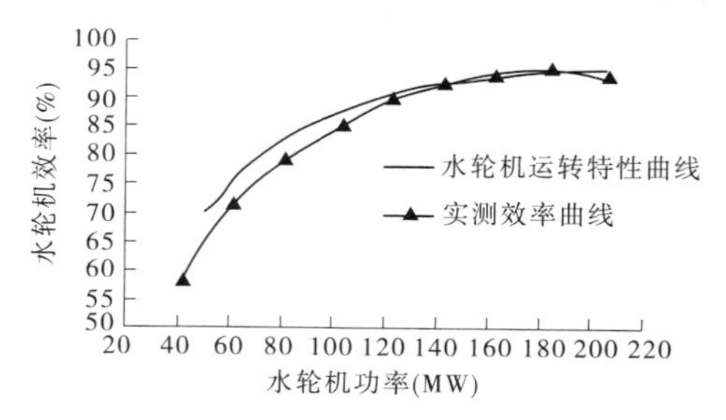

图 2-30　87 m 水头效率试验曲线

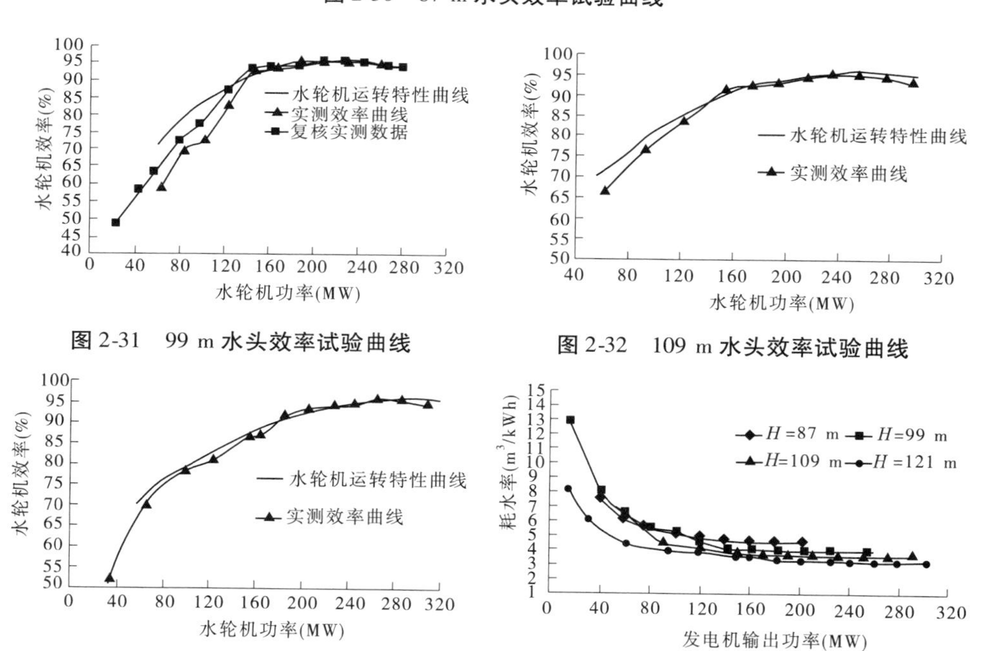

图 2-31　99 m 水头效率试验曲线

图 2-32　109 m 水头效率试验曲线

图 2-33　121 m 水头效率试验曲线

图 2-34　4 个水头机组耗水率特性曲线

二、机组稳定性试验

稳定性试验测量了不同水头及不同工况下机组的机架振动、大轴摆度、压力脉动和噪声等大量试验数据,得到了机组在整个测量水头范围内的运行稳定性特征,为下一步开展机组经济安全运行区的划分工作提供了依据。

(一)振动试验

1. 测量方法

振动测点分别位于上机架、定子基座、下机架、顶盖处,采用 12 支(4 支垂直振动,8 支水平振动)891 -2 型振动传感器,分别测量各部位空间三个方向(X 方向、Y 方向、Z 方向)的振动指标。振动传感器为速度型,通频带为 0.5 ~100 Hz,配接 INV -9 积分放大器后测量范围为 0.1 μm ~70 mm。

2. 测量结果

(1)水平 X 向振动。上机架 X 向振动在全部负荷范围内振动值均大于 0.09 mm;定子基座 X 向振动在全部负荷范围内振动值均小于 0.03 mm,满足规范要求;下机架 X 向振动在 99 m 水头,负荷为 80 ~130 MW 范围内振动值大于 0.09 mm,其余水头和负荷振动值均小于 0.09 mm。顶盖 X 向振动,在 87m 水头、负荷为 70 ~120 MW 范围,在 99 m 水头、负荷为 0 ~120 MW 范围,在 121 m 水头、负荷为 0 ~180 MW 范围,振动值均大于 0.07 mm,其余水头和负荷,振动值均小于 0.07 mm。

(2)水平 Y 向振动。上机架 Y 向振动在全部负荷范围内振动值均大于 0.09 mm;定子基座 Y 向振动,在 87 m 水头、负荷为 0 ~120 MW 范围,在 99 m 水头、负荷为 100 MW,在 109 m 水头、负荷为 150 ~190 MW 范围,在 121 m 水头、负荷为 60 ~150 MW,振动值均大于 0.03 mm;在其余水头和负荷范围内,振动值均小于 0.03 mm。下机架 Y 向振动,在 87 m 水头、负荷为 100 MW 时,振动值大于 0.09 mm;在其余水头和负荷,振动值均小于 0.09 mm。顶盖 Y 向振动,在 87 m 水头、负荷为 0 ~100 MW 范围,在 99 m 水头、全部负荷范围内,在 109 m 水头、负荷为 0 ~120 MW 范围,在 121m 水头、负荷为 0 ~180 MW 范围,振动值均大于 0.07 mm;在其余水头和负荷范围内,振动值均小于 0.07 mm。

(3)垂直 Z 向振动。上机架 Z 向振动,在全部水头、全部负荷范围内,振动值均小于 0.07 mm。

定子基座 Z 向振动,在全部水头、全部负荷范围内,振动值均小于 0.07 mm。下机架 Z 向振动,在全部水头、全部负荷范围内,振动值均小于 0.07 mm。顶盖 Z 向振动,在 87 m 水头、负荷为 0 ~100 MW 范围,在 99 m 水头、负荷为 0 ~120 MW 范围,在 109 m 水头、负荷为 0 ~130 MW 范围,振动值均大于 0.09 mm;在其余水头、负荷,振动值均小于 0.09 mm。

(二)摆度试验

1. 测量方法

用 HZ -8500 型电涡流位移传感器,量程为 4 mm,分辨率为 3 μm,主轴摆度试验测点分别位于上导轴承、下导轴承和水导轴承处,在每个测量轴断面互相垂直的两个位置分别安放传感器,通过两个传感器信号进行矢量合成,给出该部位 X 方向、Y 方向轴摆动混频幅值及最大矢量值。

2. 测量结果

(1)87 m 水头。

上导处 X 方向轴摆度值在 0.211 5 ~0.234 4 mm 之间,Y 方向轴摆度值在 0.242 8 ~0.276 2 mm 之间,最大矢量值在 0.144 3 ~0.191 7 mm 之间。上导轴心轨迹在 140 MW

以上的出力范围内比较清晰，但图形不规则；在其余出力范围内，轴心轨迹不清晰，图形也不规则。

下导处 X 方向轴摆度值在 0.440 9 ~ 0.475 7 mm 之间，Y 方向轴摆度值在 0.332 9 ~ 0.370 2 mm 之间，最大矢量值在 0.233 0 ~ 0.300 6 mm 之间。下导轴心轨迹在 140 MW 以上的出力范围内清晰，基本呈较为规则的圆形；在其余出力范围内，轴心轨迹不清晰，图形也不规则。

水导处 X 方向轴摆度值在 0.068 5 ~ 0.225 8 mm 之间，Y 方向轴摆度值在 0.074 5 ~ 0.277 8 mm 之间，最大矢量值在 0.061 6 ~ 0.456 0 mm 之间，但水导轴心轨迹在全部出力范围内很混乱。

(2)99 m 水头。

上导处 X 方向轴摆度值在 0.468 7 ~ 0.536 7 mm 之间，Y 方向轴摆度值在 0.386 4 ~ 0.475 2 mm 之间，最大矢量值在 0.246 3 ~ 0.344 1 mm 之间。

下导轴心轨迹在 140 MW 以上的出力范围内清晰，基本呈较为规则的圆形；在其余出力范围内，轴心轨迹较清晰，图形规则性稍差。

水导处 X 方向轴摆度值在 60 ~ 140MW 负荷范围内，Y 方向轴摆度值在 80 ~ 140 MW 负荷范围内，最大矢量值在 60 ~ 120 MW 负荷范围内 > 0.31 mm。水导轴心轨迹在全部出力范围内均很混乱。

(3)109 m 水头。

上导处 X 方向轴摆度值在 0.235 5 ~ 0.281 1 mm 之间，Y 方向轴摆度值在 0.157 1 ~ 0.275 0 mm 之间，最大矢量值在 0.147 3 ~ 0.279 7 mm 之间。上导轴心轨迹在全部出力范围内比较清晰，但图形不规则。

下导处 X 方向轴摆度值在 0.409 5 ~ 0.433 4 mm 之间，Y 方向轴摆度值在 0.248 4 ~ 0.287 5 mm 之间，最大矢量值在 0.216 5 ~ 0.264 7 mm 之间。下导轴心轨迹在 120 MW 以上的出力范围内清晰，基本呈较为规则的圆形；在其余出力范围内，轴心轨迹较清晰，图形规则性稍差。

水导处 X 方向轴摆度值在 0.075 6 ~ 0.256 5 mm 之间，Y 方向轴摆度值在 0.082 6 ~ 0.323 5 mm 之间，最大矢量值在 0.055 8 ~ 0.252 7 mm 之间。水导轴心轨迹在全部出力范围内很混乱。

(4)121 m 水头。

上导处 X 方向轴摆度值在 0.114 4 ~ 0.209 8 mm 之间，Y 方向轴摆度值在 0.121 0 ~ 0.244 6 mm 之间，最大矢量值在 0.084 1 ~ 0.183 4 mm 之间。上导轴心轨迹在全部出力范围内比较清晰，但图形不规则。

下导处 X 方向轴摆度值在 0.341 4 ~ 0.384 3 mm 之间，Y 方向轴摆度值在 0.322 4 ~ 0.373 4 mm 之间，最大矢量值在 0.186 9 ~ 0.254 7 mm 之间。下导轴心轨迹在 180 MW 以上的出力范围内清晰，基本呈较为规则的圆形；在其余出力范围内，轴心轨迹较清晰，图形规则性稍差。

水导处 X 方向轴摆度值在 0.072 0 ~ 0.266 9 mm 之间，Y 方向轴摆度值在 0.091 4 ~ 0.302 5 mm 之间，最大矢量值在 0.063 8 ~ 0.269 4 mm 之间。水导轴心轨迹在全部出力范围内很混乱。

(三)压力脉动试验

1. 试验方法

试验水压脉动传感器采用航天部701研究所生产的AK－1型应变式水压脉动传感器，动态范围0～1 000 Hz，使用二等标准压力计现场静态原位率定，传感器精度±0.2% FS。尾水管压力脉动传感器安放在尾水管进人门处，量程为－10～50 m，率定系数为98.087 mV/MPa。顶盖压力脉动传感器安放在水机室仪表盘处，量程为0～200 m，率定系数为29.684 mV/MPa。蜗壳进口压力脉动传感器安放在水车外室仪表盘处，量程为0～200 m，率定系数为29.895 mV/MPa。

2. 试验结果

(1)87 m水头。

在负荷为40 MW时，三个部位均达到最大值：蜗壳进口14.373 2 m，水轮机顶盖15.462 9 m，尾水管15.332 4 m；相对值分别为16.52%、17.77%、17.62%。

蜗壳进口：在40～100 MW(20%～50%)出力范围内，水压脉动值>2 m(相对值>4.5%)；在其余出力范围内，水压脉动值<2 m(相对值<3%)。

水轮机顶盖：在40～100 MW(20%～50%)出力范围内，水压脉动值>4 m(相对值>6.5%)；在其余出力范围内，水压脉动值<4 m(相对值<3.2%)。

尾水管：在0～100 MW(0～50%)出力范围内，水压脉动值>3.5 m(相对值>7.0%)；在其余出力范围内，水压脉动值<3.5 m(相对值<4.0%)。

(2)99 m水头。

三个部位的最大值均发生在100 MW或120 MW负荷处：蜗壳进口7.505 5 m，水轮机顶盖11.256 m，尾水管17.773 2 m；相对值分别为7.58%、11.37%、17.95%。

蜗壳进口：在40～120 MW(16%～48%)出力范围内，水压脉动值>2 m(相对值>2.02%)；在其余出力范围内，水压脉动值<2 m。

水轮机顶盖：在40～120 MW(16%～48%)出力范围内，水压脉动值>3 m(相对值>3.03%)；在其余出力范围内，水压脉动值<3 m。

尾水管：在1.5～140 MW(0.6%～56%)出力范围内，水压脉动值>4 m(相对值>4.04%)；在其余出力范围内，水压脉动值<4 m。

(3)109 m水头。

三个部位的最大值：蜗壳进口7.508 5 m(60 MW)，水轮机顶盖7.653 3 m(60 MW)，尾水管10.565 m(120 MW)；相对值分别为6.85%、6.99%、9.65%。

蜗壳进口：在60～120 MW(20.7%～41.4%)出力范围内，水压脉动值>6 m(相对值>5.48%)；在其余出力范围内，水压脉动值<2 m(相对值<1.83%)。

水轮机顶盖：在60～120 MW(20.7%～41.4%)出力范围内，水压脉动值>5 m(相对值>4.57%)；在其余出力范围内，水压脉动值<2 m(相对值<1.83%)。

尾水管：在0～120 MW(0～41.4%)出力范围内，水压脉动值>7 m(相对值>6.39%)；在其余出力范围内，水压脉动值<3 m(相对值<2.74%)。

(4)121 m 水头。

三个部位的最大值均发生在 150 MW 负荷处:蜗壳进口 4.405 4 m,水轮机顶盖 4.929 6 m,尾水管 13.280 3 m;相对值分别为 3.64%、4.07%、10.98%。

蜗壳进口:在 60 ~ 160 MW(20% ~ 53%)出力范围内,水压脉动值 >2 m(相对值 >1.65%);在其余出力范围内,水压脉动值 <2 m。

水轮机顶盖:在 120 ~ 180 MW(40% ~ 60%)出力范围内,水压脉动值 >2 m(相对值 >1.65%);其余出力范围内,水压脉动值 <2 m。

尾水管:在 1.5 ~ 180 MW(0.5% ~ 60%)出力范围内,水压脉动值 >6 m(相对值 >4.95%);在其余出力范围内,水压脉动值 <4 m(相对值 <3.31%)。

(四)噪声试验

1. 试验方法

噪声测点分别位于发电机、顶盖、尾水管进人门处,采用三支 INV5633A 型声级计同步对机组各部位的噪声进行测试,传感器与 DASP 数据大容量自动采集与信号处理系统的噪声测量、分析功能一起构成试验噪声测量系统,可获得噪声指标和噪声谱。本次试验传感器设置量程为 80 ~ 130 dB,采用 A 集权。系统使用标准声校准器原位校准,声校准器型号为 HS6020,频率为 1 kHz,声级为 94.0 dB。

2. 试验结果

(1)87 m 水头。在负荷为 140 ~ 180 MW 范围内,噪声值 <95 dB;其余出力范围,噪声值均 >95 dB,最大值为 105.05 dB(100MW,负荷由大到小)和 103.28 dB(100 MW,负荷由小到大)。

(2)99 m 水头。在负荷为 40 ~ 120 MW 范围内,噪声值 >93 dB,最大值为 103.72 dB(100 MW);其余出力范围,噪声值均 <93 dB。

(3)109 m 水头。在负荷为 150 ~ 210 MW 范围内,噪声值 <95 dB;其余出力范围,噪声值均 >95 dB,最大值为 106.41 dB(120 MW,负荷由小到大)和 103.08 dB(80 MW,负荷由大到小)。

(4)121 m 水头。在负荷为 180 ~ 300 MW 范围内,噪声值 <95 dB,其余出力范围,噪声值均 >95 dB,最大值为 100 dB(150 MW)。

三、机组安全经济运行区划分研究

(一)混流式水轮机运行区划分原则

运行区域的划分不仅要综合考虑水压力脉动性能、关键位置噪声、关键位置振动摆度、叶片疲劳破坏、泥沙磨损、空蚀、效率等方面,还要考虑到电站的实际运行情况、调节的便利性及电网的具体要求等综合因素。

(二)小浪底水电站混流式水轮机运行区划分

1. 划分标准

通过分析 4 个水头的实测数据,发现机组尾水管进人门处的压力脉动与机组垂直方向的振动随负荷的变化趋势基本一致,而且压力脉动最大值和垂直振动最大值都出现在相同测试负荷,其振动主频和压力脉动主频也都呈现一一对应关系。通过分析蜗壳进口压力脉动、顶盖压力脉动和尾水管压力脉动的关系，也发现了类似规律。这说明压力脉动是振动的主要来源，因此小浪底水轮发电机组运行区域划分以压力脉动的实测数据为主要参考因素进行，同时考虑尾水管进人门 1 m 处的噪声实测数据、水导摆度、顶盖水平和垂直振动等因素的综合影响。具体划分标准见表 2-23。

表 2-23　机组运行区域划分标准

测点位置	安全运行区	过渡运行区	禁止运行区
蜗壳进口压力脉动(双幅值 m)	<2	2~6	>6
尾水管进人门压力脉动(双幅值 m)	<6	6~8	>8
顶盖垂直振动(双幅值 mm)	<0.09	0.09~0.2	>0.2
顶盖水平振动(双幅值 mm)	<0.07	0.07~0.2	>0.2
尾水管进人门处噪声(dB)	<95	95~100	>100
顶盖压力脉动(双幅值 m)	<2	2~6	>6
水导摆度(双幅值 mm)	<0.2	0.2~0.35	>0.35

2. 运行区域及说明。

(1)运行区域见图 2-35。

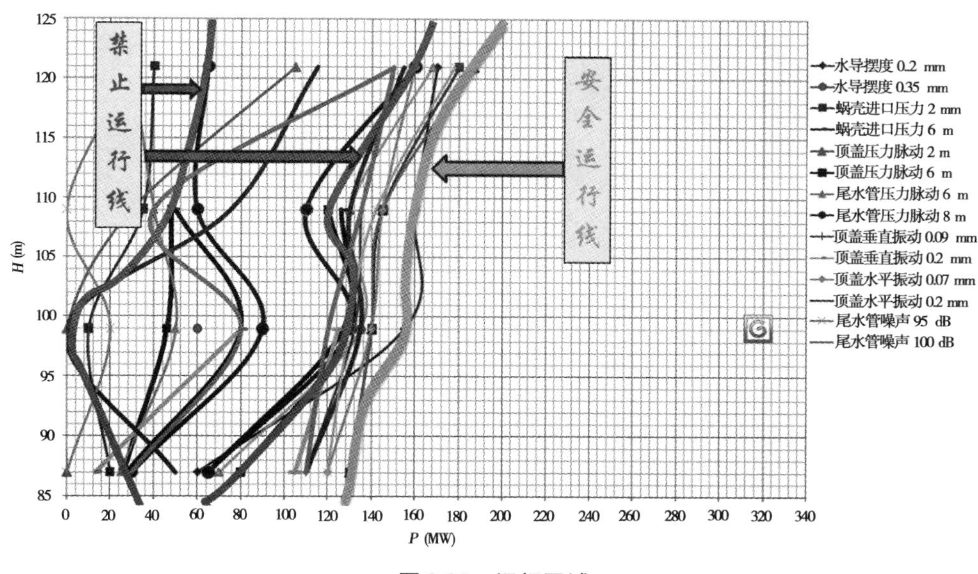

图 2-35　运行区域

(2)边界说明。

图 2-36 中三条运行区边界线说明：

第一条线：根据试验结果，当水头为 99 m 时，机组顶盖水平振动和水导摆度均比较大，因此按照如下方式划分边界：当水头高于 105 m 时，以尾水管压力脉动 8 m 等值线、蜗壳进口压力脉动 6 m 等值线、顶盖压力脉动 6 m 等值线的包络轮廓线为边界；当水头低于

105 m 时，以顶盖水平振动 0.2 mm 等值线为边界，将两段等值线连接作为过渡运行区和禁止运行区的第一条边界。

第二条线：以尾水管压力脉动 8 m 等值线、蜗壳进口压力脉动 6 m 等值线、顶盖压力脉动 6 m 等值线的包络轮廓线为边界，作为过渡运行区和禁止运行区的第二条边界。

第三条线：以蜗壳进口压力脉动 2 m 等值线、顶盖压力脉动 2 m 等值线、尾水管进人门 6 m 压力脉动等值线、顶盖垂直振动 0.09 mm 等值线、顶盖水平振动 0.07 mm 等值线、尾水管进人门噪声 95 dB 等值线、水导摆度 0.2 mm 等值线的包络轮廓线作为过渡运行区和安全运行区的边界。

第二篇　输变电设备

第三章　主变压器

第一节　概　况

一、基本情况

小浪底水力发电厂采用一机一变的单元接线方式，主变压器高压侧由管道母线与220 kV 高压电缆相连，低压侧通过离相封闭母线与发电机出口断路器相连。高压侧管道母线采用 SF_6 气体绝缘介质，内部导体连接主变高压套管。低压侧离相封闭母线采用空气绝缘介质。

小浪底主变压器共有 6 台，布置于地下厂房主变洞内，由沈阳变压器有限责任公司生产，型号为 SSP10－36000/220，额定电压为(242 ±2 ×2.5％)/18 kV，额定容量为 360 000 kVA，无励磁调压，强油导向水冷，连接组别为 Y_N/d_{11}，短路阻抗为 13.81％，每台主变绝缘油质量为 38.6 t。

二、结构

小浪底主变压器(简称主变)主要由芯体、油箱、冷却装置、绝缘套管及一些安全保护装置组成。

(一)芯体

芯体包括铁芯、绕组、绝缘、引线、分接开关等部件。

主变铁芯为三相五柱式铁芯，铁芯夹件采用无螺栓夹紧结构。绕组采用由高压绕组和低压绕组组成的双绕组结构；高压绕组有 5 个分接挡位。为适应电网电压变化，主变采用无励磁调压方式，分接头切换开关装设在主变主油箱顶部。

主变绝缘系统包括主绝缘、匝间绝缘和相间绝缘。主绝缘是主变绝缘系统的中心部分，包括同相高、低压绕组之间和绕组对地的绝缘。匝间绝缘为同一绕组中相邻匝间和不同绕组段之间的绝缘。相间绝缘指不同相绕组之间的绝缘。

主变采用 25 号绝缘油，主要完成绝缘、散热冷却、灭弧功能。另外，绝缘油填充在绝缘材料的空隙中,起到保护铁芯和线圈的作用,同时可将易于氧化的纤维素和其他材料所吸收的氧含量减少到最低限度。

主变固体绝缘为油浸纸纤维,浸渍的目的是使纤维保持润湿,以保持其较好的绝缘和化学稳定性,密封纤维材料,防止其吸收水分,并用以填充纤维的孔隙,以避免导致绝缘击穿的气泡产生;同时阻止纤维材料与氧接触,以提高化学稳定性。

(二)油箱

油箱采用钟罩式油箱,主要由箱盖、箱壁、底座和附件构成。附件包括充放油阀、连接口和滚轮等。主油箱上方带有一个辅助的膨胀油箱(即全密封胶囊式储油柜,也称油枕),容量为主油箱的10%,绝缘油充满主油箱及油枕的下部。油枕和主油箱之间通过带有积气盒、气体继电器、蝶阀的联管连通。积气盒的设置可阻止主变运行过程中产生的气体进入储油柜内,气体量的多少可以通过观察窗来反映,并利用放气管将积气盒内的气体排出,还可以利用积气盒上引下的管路向储油柜内补油。

主变油箱采用胶囊式全密封油枕。胶囊式全密封油枕利用胶囊将绝缘油与空气隔离开,胶囊内是空气,通过呼吸器与大气连通。在油枕下部装有1只小胶囊,与管式油表中的油单独连通,与油枕中的绝缘油隔离,这样可有效地防止主变绝缘油的老化并保证绝缘油的绝缘强度。油箱油位是采用管式油位指示器来显示的,红色浮子直观地反映油位的高、低变化,而且当油位达到最高或最低位置时,油位指示器能及时准确地报警。

(三)冷却装置

主变采用强油水冷却方式。冷却装置设有3台DWE-473-V-M型冷却器,冷却容量为472.5 kW,循环油量为2 000 L/min,循环水量为1 100 L/min。为保障冷却水的质量,冷却水进入冷却器前加装有排沙箱,对冷却水进行过滤。

3台冷却器分为主用、备用、辅助三种工作模式,每台冷却器工作模式定期轮换。主用冷却器在变压器运行时自动投入运行,辅助冷却器根据主变的油温和负荷控制,备用冷却器在主用冷却器故障时投入运行。系统设有油流和水流监视,并设有漏油保护。

(四)绝缘套管

主变的绕组导线须经过绝缘套管引出油箱,使引线与接地的变压器油箱绝缘。套管具备良好的密封性能,不漏气、水和油。小浪底主变低压侧和中性点套管为充油瓷套管,高压侧为油气套管。

(五)安全保护装置

变压器在运行过程中,有时会遇到突然短路、空载合闸、过负荷、线圈匝间层间短路等不良现象,为了有效防止这些突发故障,主变安装了一些保护装置,如气体继电器、压力释放阀等。

气体继电器可以检测主变内部发生故障时产生的大量气体,并作用于保护装置将主变停运。

压力释放阀用于主变内部故障压力急剧上升时的保护,当主变内部压力达到整定值时,压力释放阀动作,释放部分压力。

为了防止空气中的水分进入油枕的气囊内,油枕经过一个呼吸器与外界空气相连通,呼吸器内装有变色硅胶用来吸收潮气,干燥状态下变色硅胶呈蓝色,吸收潮气后逐渐变为淡红色。

第二节 运行及维护

一、主变的运行

(一)运行的基本要求

运行中的主变按《电力变压器运行规程》(DL/T 572—1995)及小浪底水力发电厂相关企业标准规定装设保护和测量装置。主变有铭牌,并标注运行编号和相位。主变各冷却器的潜油泵出口装设逆止阀,能按温度和负载控制冷却器的投切。设备在运行情况下,能安全地查看储油柜和套管油位、顶层油温、气体继电器,以及能安全取气样等。

每台主变都建立了运行技术档案,具体包括下述内容:变压器履历卡片,安装竣工后所移交的全部文件,检修后移交的文件,预防性试验记录,变压器保护和测量装置的校验记录,油处理及加油记录,其他试验记录及检查记录,变压器事故及异常运行(如超温、气体继电器动作、出口短路、严重过电流等)记录。

主变投入运行前,已进行全面检查,包括必要的电气试验。主变长期停运后送电前应测量其绝缘电阻,并满足《电气设备交接试验标准》(GB 50150—91)规程要求。

(二)运行方式

1. 额定运行方式

主变在额定使用条件下,按额定容量长期运行。设备在运行时,电压在额定值的±5%以内变动时,其额定容量不变。

2. 主变过负荷运行

主变过负荷运行时间须遵循规范要求运行。主变事故过负荷运行时,投入全部冷却装置。变压器短时允许过负荷运行时间见表3-1。

表3-1 变压器短时允许过负荷运行时间

过负荷倍数	1.3	1.6	1.75	2.0	2.4
允许运行时间(min)	60	15	8	4	2

若主变存在较大缺陷(如冷却系统不正常、严重漏油、有局部过热现象、色谱分析异常),不允许过负荷运行。过负荷和终了时要记录过负荷数值、上层油温、外温和持续时间。

3. 温度限制

主变运行中,上层油温最高不允许超过85 ℃;正常运行时上层油温不宜大于55 ℃。

为保证主变温度不超限,冷却装置能够正常运行,设备在运行前,首先将其冷却装置投入运行。主变在启动时,先启动油泵,待油压升上来以后才可通冷却水。退出运行时先停水后再停油泵。潜油泵进油阀应全开而由出油阀调节油量,以免产生负压。当冷却系统冷却器故障停止运行时,在额定负荷下主变能持续运行20 min。此时,油面温度尚未达到75 ℃时,允许继续运行,直到油面温度上升到75 ℃,但在这种状态下运行的最长时间不得超过 1 h。主变冷却器排沙箱的高压侧和低压侧的压差应控制在 0.06 MPa 以下，超过限值应对其检查处理。

（三）巡视检查

对运行和备用中的主变每天至少巡检一次，每周至少进行一次夜间巡视。巡视检查内容包括：

（1）主变本体。包括主变的油温及绕组温度正常，温度计指示正确，主变室内通风条件良好，环境温度应不超过 40 ℃；储油柜及套管油色、油位指示正常，各部无渗油、漏油，套管外部无破损裂纹、无严重油污、无放电痕迹及其他异常现象，主变运行声音正常，气味无异常；检查主变本体及附近无杂物，外壳及铁芯接地良好。

（2）辅助系统。包括主变冷却器循环油泵运转应正常，无异常声响；水冷却器冷却水流量在正常范围；检查主变水冷却器工作电源在投入、控制方式、选择方式与开关位置相对应，各开关及保险正确投入，信号指示灯指示正常；控制方式投入正确，三台冷却器一台在工作位，一台在备用位，一台在辅助位；排沙箱上、下腔压差在 0.06 MPa 之内；各油、水进出口阀位置状态正确，油流显示器、水流显示器工作正常；指示在正常范围。检查各部油流、水流、油压、水压表计指示正常。检查吸湿器完好，吸附剂干燥，压力释放器应完好无损。各控制箱和二次端子箱应关严，无受潮。

（3）保护系统。检查主变瓦斯继电器连接阀门在打开位置，集气盒内部无气体。主变室照明完好，无漏水、积水。变压器保护装置各连片按继电保护规程规定投入正确；消防设施应齐全，试验完好，现场摆放整齐，消防水阀位置正确；主变中性点接地刀闸位置正确，避雷器的放电间隙距离正常。

（四）运行操作

1. 投运前的准备工作

主变检修后或新投运，送电前应完成以下工作：所有工作人员全部撤离现场，设备本体、辅助设备及周围应清扫干净，拆除所有安全措施（地线、工作标示牌、临时遮栏等），恢复常设遮栏，收回全部工作票，并有工作负责人的详细交代和试验结论。对主变及其辅助设备、附件进行全面检查，主变本体及辅助设备无异常，不渗漏。冷却装置启动试验正常，主变压器各部油位指示正确，阀门均在正常位置。进行滤油或加油后的主变应启动全部冷却器运行一段时间，排出瓦斯继电器内气体。主变投运前其保护、操作、测量、信号装置必须全部检查，并试验正常。测量表计输出整定值符合规范要求，接线正确。投运或停运变压器的操作，中性点必须先接地。投入后可按系统需要决定中性点是否断开。

2. 主要操作

主变主要运行操作包括停运和投运操作。停运操作时需要断开主变两侧断路器和隔离开关，退出主变冷却装置；切除主变保护、信号及操作交、直流电源。投运操作需要先投入主变保护、信号及操作交、直流电源，将主变保护投入，合上主变压器高压侧、低压侧隔离开关和断路器。

3. 瓦斯保护运行

瓦斯保护是主变的重要保护，设备正常运行时瓦斯保护应接信号和跳闸，长期备用主变压器的瓦斯保护应投信号。主变运行中进行滤油、加油、更换潜油泵及更换吸附剂时，应先将重瓦斯改接信号，此时主变的其他保护装置(如差动保护、零序过流等)，必须投入在跳闸位置。工作完毕，主变空气排尽后，方可将重瓦斯重新投至跳闸位置。主变在大修、事故检修、加油、滤油、换油或因冷却器有工作而进入空气，充电时(或零起升压)应将瓦斯投跳闸；充电正常后，将瓦斯投信号；运行24 h后排尽气体，再将瓦斯投跳闸位置。当油位计的油面异常升高或呼吸系统有异常现象，需要打开放气或放油阀门时，应先将重瓦斯改接信号。

4. 分接开关的倒换操作

分接开关的倒换操作应将主变停电戒备，并做好安全措施。分接开关切换完后，必须测量三相直流电阻合格。检查分接头位置，符合电网调度要求。分接头变换后，应及时记入电网操作记录本和专用记录本内。

(五)故障分析及处理

主变的常见故障包括：声音异常、温度过高、放电、喷油、漏油、压力释放阀动作、保护动作等，值班人员在主变运行中发现不正常现象时，应设法尽快消除，并报告上级和做好记录。当主变附近的设备着火、爆炸或发生其他情况，对主变构成严重威胁时，应立即将主变停运。当发生危及主变安全的故障，而主变的有关保护装置拒动时，应立即手动将变压器停运。

1. 声音异常

主变运行声音异常原因可能是内部放电、局部过热、匝间短路、绝缘击穿等，具体分析如下。

(1)声音较大而嘈杂时，可能是主变铁芯的问题。例如，夹件或压紧铁芯的螺钉松动时，仪表的指示一般正常，绝缘油的颜色、温度与油位也无大变化，这时应停止变压器运行，进行检查。

(2)声音中夹有水的沸腾声，发出“咕噜咕噜”的气泡逸出声，可能是绕组有较严重的故障，使其附近的零件严重发热使油气化。分接开关的接触不良而局部点有严重过热或变压器匝间短路，都会发出这种声音，此时，应立即停止主变运行，进行检修。

(3)声音中夹有爆炸声，既大又不均匀时，可能是主变的器身绝缘有击穿现象。这时，应将主变停止运行，进行检修。

(4)声音中夹有放电的“吱吱”声时，可能是主变器身或套管发生表面局部放电。如果是套管的问题，在气候恶劣或夜间时，还可见到电晕辉光或蓝色、紫色的小火花，此时，应清理套管表面的脏污，再涂上硅油或硅脂等涂料。如果是器身的问题，把耳朵贴近主变油箱，则可能听到主变内部由于有局部放电或电接触不良而发出的“吱吱”或“噼啪”声，此时应停止主变运行，检查铁芯接地或进行吊罩检查。此时，要停下主变，检查铁芯接地与各带电部位对地的距离是否符合要求。

(5)声音中夹有连续的、有规律的撞击或摩擦声时，可能是主变压器某些部件因铁芯振动而造成机械接触，或者是因为静电放电引起的异常响声，而各种测量表计指示和温度均无反应，这类响声虽然异常，但对运行无大危害，不必立即停止运行，可在计划检修时予以排除。

2. 温度异常

主变在负荷和散热条件、环境温度都不变的情况下，较原来同条件时的温度高，并有不断升高的趋势，也是主变温度异常升高，是主变故障象征。引起温度异常升高的原因有：主变匝间、层间、股间短路；主变铁芯局部短路；因漏磁或涡流引起油箱、箱盖等发热；长期过负荷运行，事故过负荷；散热条件恶化等。

运行时发现主变温度异常时，应先查明原因后，再采取相应的措施予以排除，把温度降下来。如果是主变内部故障引起的，应停止运行，进行检查。主变油温异常升高应进行的检查工作如下：

(1)检查主变的负载和冷却介质的温度，并与在同一负载和冷却介质温度下正常的温度核对。

(2)核对测温装置准确度。

(3)检查主变冷却装置情况。

(4)检查主变有关蝶阀开闭位置是否正确，检查主变油位情况。

(5)检查主变的气体继电器内是否积聚了可燃气体。

(6)检查系统运行情况，注意系统谐波电流情况。

(7)进行油色谱试验。

(8)必要时进行主变电气预防性试验。

若温度升高的原因是由于冷却系统的故障，且在运行中无法修复，应将主变停运修理；若经检查分析是主变内部故障引起的温度异常，则立即停运主变，尽快安排处理；在正常负载和冷却条件下，主变油温不正常并不断上升，且经检查证明温度指示正确，则认为主变已发生内部故障 ，应立即将主变停运。

3. 喷油

喷油的原因是主变内部的故障短路电流和高温电弧使主变油迅速老化，而继电保护装置又未能及时切断电源，使故障较长时间持续存在，使箱体内部压力持续增长，高压的油气从防爆管或箱体其他强度薄弱之处喷出形成事故。常见的故障包括以下情况。

(1)绝缘损坏。匝间短路等局部过热使绝缘损坏，主变进水使绝缘受潮损坏，雷击等过电压使绝缘损坏等导致内部短路的基本因素。

(2)断线产生电弧。绕组导线焊接不良、引线连接松动等因素在大电流冲击下可能造成断线，断点处产生高温电弧使油气化促使内部压力增高。

(3)调压分接开关故障。分接开关触头串接在高压绕组回路中，和绕组一起通过负荷电流和短路电流，如分接开关动静触头发热、跳火起弧，使调压段线圈短路。

若主变发生喷油等现象，应立即停止运行，并采取灭火等措施避免事故扩大。

4. 主变气体保护动作处理

主变气体保护动作的原因包括主变内部故障、主变进气及放气操作不当、气温变化、呼吸系统不畅等。当气体保护动作后，如判断是轻气体保护动作后，应检查瓦斯继电器内是否有气体，确定保护是否误发信号；取气体继电器内气体和油样进行分析。如判明为空气，可将气体放出后继续运行，但须查明原因设法消除，如为可燃性气体，则申请调度停电处理。如因漏油造成油面下降引起轻瓦斯动作，应立即设法消除漏油点并进行加油，主变可继续运行。取瓦斯气体要十分小心，引燃时应在周围无可燃物的安全地方进行。

主变重瓦斯气体保护动作后，值班人员在未判明故障原因以前不得将主变投入运行，运行人员的首要任务是使备用主变投入运行，然后对主变进行检查。查看主变油色、油温和油位，各部是否存在破裂、变形、喷油、冒烟、着火及严重漏油等明显故障现象。提取气体进行分析，通过试验进行油质化验，分析故障性质。测量绝缘电阻，检查保护及直流二次回路是否正常。如以上检查未发现任何问题，可对主变零起升压，正常后方可投入运行。如确认重瓦斯保护误动，应停用该保护，恢复送电，但差动保护必须使用。

根据继电器气体的特征，可判明故障原因，气体特征及对应的故障原因见表3-2。

表3-2 气体特征与故障原因

颜色	可燃性	故障类型
无色无嗅	不可燃	变压器内有空气
黄色	不易燃	木质故障
浅灰色、强烈臭味	可燃	纸或纸板故障
灰色和黑色	易燃	油故障

5. 主变差动保护动作事故处理

主变差动保护主要反映主变内部的电气故障，差动保护动作后应检查差动保护范围内一次设备有无明显故障，判明是否继电器误动。通过测量主变绝缘电阻判断变压器是否正常；如未发现任何故障，可进行零起升压，良好时投入运行。如系差动保护误动，查不出原因，可将主变压器投入运行，差动保护停用，重瓦斯保护必须使用。差动保护和瓦斯保护同时动作，表明主变内部故障，应对主变进行外部检查并测量绝缘电阻，检查瓦斯性质，联系检修。

主变由于过负荷、外部短路或保护装置回路故障引起跳闸，主变可不进行外部检查而再度投入运行。

二、主变的维护

主变定期维护项目包括：定期更换呼吸器内的吸附剂；定期对主变水冷却器的3台油泵工作方式进行切换；定期对主变的外部（包括套管）进行清扫、连接件检查紧固；定期对各种控制箱和二次回路检查、清扫；定期检查主变各部位的接地情况，必要时测量铁芯和夹件的接地电流；定期检查水冷却器从旋塞放水应无油迹；定期对主变保护装置检查，并校验其保护定值正确。

第三节 电气预防性试验

主变预防性试验是了解主变运行状态的必要手段，也是日常维护工作的重要内容，主要包括绝缘油的定期检验和主变高压试验。

一、绝缘油检验

绝缘油检验分为色谱试验和常规试验。主变投运时在投运后第 1 天、第 4 天、第 10 天、第 30 天各做一次绝缘油色谱检测,无异常后,转为定期检测。

当设备出现异常情况时(如瓦斯继电器动作,受大电流冲击或过励等),应立即取油样检测,并根据检测出的气体含量情况,适当缩短检测周期。发现闪点下降时,应分析油中溶解气体,以查明原因。当主变压器油的 pH 值接近 4.4 或颜色骤然变深时,应加强监督。当其他某项指标接近允许值或不合格时,则应立即采取措施,使其恢复到正常值。设备大修后充入的油,在投入运行前必须检验酸值、反应、闪点、机械杂质、水分、界面张力、击穿电压,主变还应做介质损耗因数检验。

小浪底主变色谱试验周期为三个月,主要分析变压器油中气体组分,初步判断主变运行状态。主变绝缘油常规试验周期为半年一次,主要检测绝缘油的微水、闪点、击穿电压、介质损耗因数、酸值等指标,以反映变压器受污染(如水分、杂质等)、老化等情况。

二、电气预防性试验

主变高压试验项目包括:主变绝缘电阻和吸收比或极化指数测量,主变直流泄漏电流测量,主变介质损失角正切值 $\tan\delta$ 测量,主变线圈直流电阻测量,主变铁芯绝缘电阻测量等。以上试验项目在与其相对应水轮发电机组大修期间进行。

(一)绝缘电阻和吸收比或极化指数测量

测量绕组连同套管一起的绝缘电阻和吸收比或极化指数对检查主变整体的电气绝缘状况具有较高的灵敏度,能有效地检查出主变绝缘整体受潮、部件表面受潮或脏污以及贯穿性的集中缺陷。

测量绕组绝缘电阻时,应依次测量各绕组对地和其他绕组间绝缘电阻值,被测绕组各引线端应适中,其余各非被测试绕组应短路接地。测量的顺序和具体部位如表 3-3 所示。

表 3-3　测量顺序和具体部位

顺序	双绕组变压器	
	被测绕组	接地绕组
1	低压绕阻	外壳及高压绕阻
2	高压绕阻	外壳及低压绕阻
3	低压绕阻及高压绕阻	外壳

测量绝缘电阻时,用测量电压为 5 000 V 兆欧表测量,量程不低于 10 000 MΩ。测量前被试绕组应充分放电,兆欧表放置水平位置,检查兆欧表应正常。绝缘电阻或吸收比测试完毕后,应对设备进行充分放电,防止剩余电荷对其他人员造成伤害。测量温度以顶层油温为准,尽量使每次测量温度相近。

主变绕组绝缘电阻值不作规定,但应与原始数值进行比较,同温度下或换算在同一温度下测值应无明显变化。绝缘电阻值($R_{60''}$)不应低于安装或大修后投入运行前测量值的50%。

尽量在油温低于50 ℃测量,不同温度下的绝缘电阻值一般按式(3-1)计算:

$$R_2 = R_1 \times 1.5^{(t_1-t_2)/10} \tag{3-1}$$

式中:R_1、R_2 分别为温度 t_1、t_2 时的绝缘电阻值。

(二)直流泄漏电流测量

主变泄漏电流测量能够比较灵敏地判断变压器整体受潮、脏污、贯穿性集中缺陷以及绝缘不良等。

主变测量泄漏电流的顺序与部位如表3-4所示。高压侧试验电压为40 kV,低压侧试验电压为20 kV,加压至试验电压,待1 min后读取的电流值即为所测得的泄漏电流值,为了使表计准确,将微安表接在高电位处。加压线使用光滑绝缘塑料线,接线端部分光滑无毛刺。主变压器套管应清洁,如主变套管表面泄漏对测量值影响较大,可将套管表面进行屏蔽。

表3-4　测量顺序和部位

顺序	加压绕组	接地部位
1	高压绕组	低压绕阻及外壳
2	低压绕组	高压绕阻及外壳
3	高压绕阻+低压绕阻	外壳

试验所得泄漏电流值,与前一次测试结果相比应无明显变化。各电压下的泄漏电流应随电压上升而成正比例升高,若泄漏电流值有剧烈上升现象,即说明绝缘不良,或被试设备被击穿。在各阶段电压下停留的时间内,观察泄漏电流的变化情况,正常情况下,泄漏电流随停留时间的增长而呈衰减状态,若随时间的延长而增加或突然增加,则说明绝缘不良。

(三)介质损耗角正切值 tanδ 测量

测量主变介质损耗角正切值 tanδ 可以有效检出主变整体受潮和因油质劣化而使绕组附着油泥以及严重的局部缺陷等,是判断主变绝缘状态的一种有效的手段。

图3-1为主变电容等值电路图,表3-5为介质损耗角正切值 tanδ 的测量部位及接线要求。同一变压器各绕组 tanδ 的要求值相同。测量时非被试绕组应接地或屏蔽。试验电压一般为10 kV。有电场干扰时要用倒相法或使用防干扰的介损测试仪来测量,消除电场或磁场干扰对测试结果的影响。

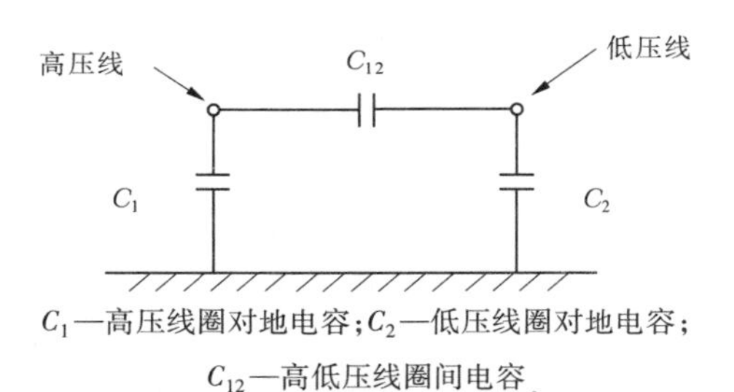

C_1—高压线圈对地电容;C_2—低压线圈对地电容;C_{12}—高低压线圈间电容

图3-1　主变电容等值电路图

表 3-5　介质损耗角正切值 tanδ 的测量部位

序号	加压线圈	接地线圈	屏蔽线圈	电容	tanδ
1	高压线圈	低压线圈、外壳		C_1+C_{12}	$\tan\delta_1$
2	高压线圈	外壳	低压线圈	C_1	$\tan\delta_2$
3	低压线圈	高压线圈、外壳		C_2+C_{12}	$\tan\delta_3$
4	低压线圈	外壳	高压线圈	C_2	$\tan\delta_4$
5	高低线圈	外壳		$C_1+C_2+C_{12}$	$\tan\delta_5$

测量温度以顶层油温度为准，尽量使每次测量时变压器油温度相近。尽量在油温低于 50 ℃时测量，不同温度下的 tanδ 值一般可按式(3-2)计算：

$$\tan\delta_2 = \tan\delta_1 \times 1.3^{(t_2-t_1)/10} \tag{3-2}$$

式中：$\tan\delta_1$ 为温度 t_1 时的 tanδ 值；$\tan\delta_2$ 为温度 t_2 时的 tanδ 值。

当温度为 20 ℃时，介质损耗角正切值 tanδ 不大于 0.8%，介质损耗角正切值 tanδ 与历年数值比较不应有明显变化，变化值一般不大于 30%。

(四)主变绕组直流电阻测量

测量主变绕组直流电阻可以有效检查绕组焊接质量，分接开关各个位置接触是否良好，绕组引出线有无断裂，并联支路的正确性(即是否存在由几条并联导线绕成的绕组发生一处或几处断线的情况)，以及检查层间匝间有无短路现象。

由于主变绕组是一个电感性元件，其具有储存电能的特性，因此在测试完毕后，要对绕组充分放电，以免影响其他绕组的测试结果、损坏试验设备和危及试验人员的安全。

测量主变绕组连同套管一起的直流电阻，各相绕组直流电阻相间的差别不应大于三相绕组直流电阻平均值的 2%。主变直流电阻在不同温度下换算可按式(3-3)进行：

$$R_2 = R_1(235+t_2)/(235+t_1) \tag{3-3}$$

式中：t_1 为试验时线圈温度；t_2 为欲折算的温度；R_1 为试验时所测的直流电阻；R_2 为折算至 t_2 时的直流电阻。

第四节　色谱在线监测装置的应用

一、概述

主变在电力系统中占有重要位置，它的安全运行直接影响到电力系统的安全。作为设备检查重要手段的电气预防性试验只能在停电状态下进行，主变运行状态下的慢性故障检测就主要依靠色谱试验。按国标规定，定期对主变进行气相色谱试验，就能根据油中特征气体的情况结合设备运行情况对变压器的状态有所判断。同时，由于实验室色谱工作是人为取样试验，它就不可能特别密集、连续地反映主变的状态，色谱在线监测就可以弥补定期离线试验的不足。

在线色谱分析原理与实验室色谱相同，它是将在线色谱仪通过管路直接与主变相连，根据设定的试验周期，定期自动进行取样、试验及数据采集分析工作。在线色谱分析与实验室色谱试验相比，具有试验周期短、试验环境封闭、受人为因素影响小等优势，因此越来越广泛地应用在电力行业。小浪底水力发电厂2006年4月为6号主变增设了一套色谱在线监测系统，实现了对主变压器8种油中溶解气体和微水的在线监测。

二、在线监测原理

（一）主变色谱在线监测系统

主变色谱在线监测系统主要由现地监测仪、分析控制主机、连接管路和通信线缆组成。与其他监测系统比，色谱在线监测系统的主要环节在于油气分离和气体检测，其余环节都是数据的处理和分析。

小浪底主变色谱在线监测系统采用从主变中部取油、底部回油的油样采集方案。利用不锈钢管路将主变现地监测仪取油口与主变中部阀门连接，出油口与主变底部阀门连接，组成了封闭的主变色谱在线监测油路系统。现地监测仪采集到的数据通过通信电缆送到分析控制主机，实现对监测数据的综合分析。当检测到数据异常时，系统还能发出报警信息。

（二）在线监测原理

现地监测仪 Transfix 主要由脱气模块、光声光谱模块、高精度 ADC 以及 CPU 控制模块、数据存储模块、通信模块、显示模块、温度补偿模块和输出模块组成，其结构组成见图3-2。油样泵入脱气模块，经过脱气得到的气样进入光声光谱模块。光声光谱模块处理后将得到的电信号传送给高精度 ADC，CPU 控制其工作并且得到相应的数字信号，随后根据温度补偿模块的信号，对数据进行修正，修正后的数据存放于数据存储模块。当主机通信时，将数据传送给主机。和传统的气相色谱分析仪比较，Transfix 采用了领先的动态顶空平衡法进行油气分离；光声光谱技术进行气体检测。

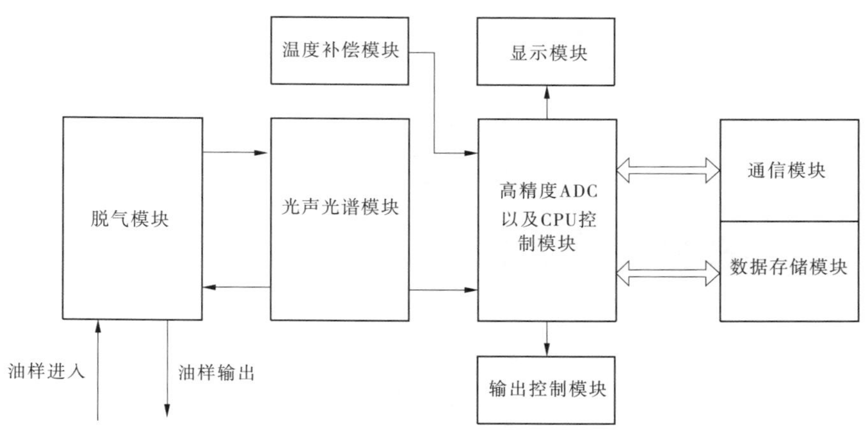

图3-2 现地监测仪内部模块图

1. 油气分离

图3-3是 Transfix 的油气分离模块，即脱气模块。油样泵入脱气模块后，在脱气的过程中，采样瓶内的磁力搅拌子不停的旋转，搅动油样脱气；析出的气体经过检测装置后返

回采样瓶的油样中。在这个过程中,光声光谱模块间隔测量气样的浓度,当前后测量的值一致时,认为脱气完毕。这种脱气方式满足 ASTM 3612 标准及 IEC 相关标准。

图 3-3 脱气模块

2. 气体检测

Transfix 利用光声光谱技术实现主变油中故障气体的检测。光声光谱是基于光声效应的一种光谱技术。光声效应是由分子吸收电磁辐射(如红外线等)而产生的。气体吸收一定量电磁辐射后其温度也相应升高,但随即以释放热能的方式退激,释放出的热量则使气体及周围介质产生压力波动。若将气体密封于容器内,气体温度升高则产生成比例的压力波。检测压力波的强度可以测量密闭容器内气体的浓度。

实用的光声光谱技术测量装置原理如图 3-4 所示。一个简单的灯丝光源可提供包括红外谱带在内的宽带辐射光,采用抛物面反射镜聚焦后进入光声光谱模块。光线经过以恒定速率转动的调制盘将光源调制为闪烁的交变信号。由一组滤光片实现分光,每一个滤光片允许透过一个窄带光谱,其中心频率分别与预选的各气体特征吸收频率相对应。

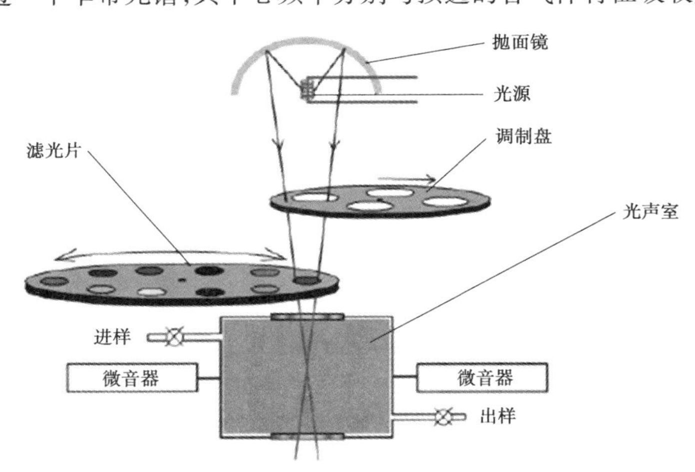

图 3-4 光声光谱原理图

如果在预选各气体的特征频率时可以排除各气体的交叉干扰,则通过对安装滤光片的圆盘进行步进控制,就可以依次测量不同的气体。经过调制后的各气体特征频率处的光线以调制频率反复激发样品池中的气体分子，被激发的气体分子会通过辐射或非辐射两种方式回到基态。对于非辐射驰豫过程，体系的能量最终转化为分子的平动能，引起气体局部加热，从而在气池中产生压力波（声波）。使用微音器可以检测这种压力变化。声光技术就是利用光吸收和声激发之间的对应关系，通过对声音信号的探测从而了解吸收过程。由于光吸收激发的声波的频率由调制频率决定，而其强度则只与可吸收该窄带光谱的特征气体的体积分数有关。因此，建立气体体积分数与声波强度的定量关系，就可以准确计量气池中各气体的体积分数。

由于光声光谱测量的是样品吸收光能的大小，因而反射、散射光等对测量干扰很小；尤其在对弱吸收样品以及低体积分数样品的测量中，尽管吸收很弱，但不需要与入射光强进行比较，因而仍然可以获得很高的灵敏度。光声光谱模块图见图3-5。

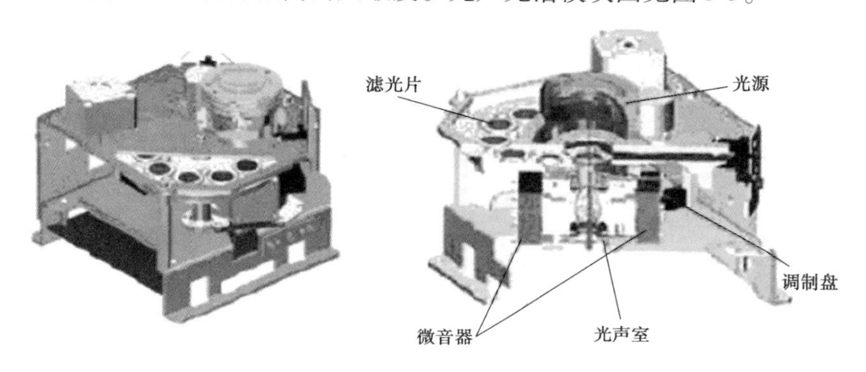

图3-5 光声光谱模块图

观查变压器故障气体的分子红外吸收光谱可以发现，其中存在不同化合物分子特征谱线交叠重合的现象。通过进一步研究，可寻找到合适的独立特征频谱区域以满足检测各种气体化合物的要求，从而也从根本上消除了检测过程中不同气体间发生干扰的问题。

三、系统技术参数

（一）技术指标

温度：环境温度：-40～+55 ℃（-10～+55 ℃启动时），仪器进样处油温：-10～+110 ℃；

湿度：10%～100% RH；

防护等级：IP56；

净重：81 kg；

油压：油样进样处：运行时0～3 bar（0～45 psi）（1 bar=100 kPa，1 psi=6.894 76 kPa）；非运行时-1～6 bar（-15～87 psi）；

外壳：760 mm×600 mm×350 mm（高×宽×深）。

（二）测量范围

系统能检测到的气体及其检测范围见表3-6。

（三）校准范围

氢气（H_2）：6～2 000 ppm，其他：LDL（最低检测浓度）～50 000 ppm。

（四）精度

精度为 ±10% 或 ±1 ppm。

（五）相关技术指标

交流电源：110 ~ 240 V、46 ~ 63 Hz，单相 8 A。

表 3-6　系统检测气体范围

气体种类	检测范围	气体种类	检测范围
氢气（H_2）	6 ~ 5 000 ppm	乙烯（C_2H_4）	1 ~ 50 000 ppm
二氧化碳（CO_2）	2 ~ 50 000 ppm	乙炔（C_2H_2）	1 ~ 50 000 ppm
一氧化碳（CO）	1 ~ 50 000 ppm	氧气（O_2）	10 ~ 50 000 ppm
甲烷（CH_4）	1 ~ 50 000 ppm	微水（H_2O）	0 ~ 100%（RS）
乙烷（C_2H_6）	1 ~ 50 000 ppm		

仪器内置存储器可存储至 10 000 个记录，按每小时一次的采样周期计算可存储一年的检测数据。

数据现场处理及分析。

仪器面板配有红色、黄色用户设置报警、注意值指示灯。

仪器配有三个继电器输出接点，用户可根据气体含量、微水值、产气速率、变化趋势或气体比值等判别标准设置该接点的工作状态。

Modem、RS - 485、USB 及串口通信方式便于数据下载。

校验周期：2 年（可由用户自行校验或由英国 Kelman 公司技术服务部门进行校验）。

采样周期：最小采样周期是 1 h 一次，用户可以在上位机根据实际情况自己设定。

四、数据分析

运行主变油中含有的气体，其主要来源有以下几个方面：

（1）空气的溶解。油中总含气量与设备的密封方式、油的脱气程序等因素有关，隔膜密封的变压器根据其注油、脱气方式与系统严密性而定，状况良好时，油中总含气量一般低于 3%。

（2）正常运行下产生的气体。主变在正常运行下，绝缘油和固体绝缘材料由于受到电场、热、湿度、氧的作用，随运行时间会发生速度缓慢的老化现象，其老化产生的气体主要为碳的氧化物（CO、CO_2），其次为氢和烃类气体，这些气体大部分溶解在主变油中。

（3）故障运行下产生的气体。当主变内部存在潜伏性故障时，氢、烃类和碳的氧化物产气速率会加快，随着故障的持续发展，分解的气体不断溶解到油中，使油中故障气体含量不断累积，最终达到饱和并析出气泡进入瓦斯继电器中。

在线监测仪得到试验数据后，根据产气的累计性、产气的速率、产气的特征性来判断变压器是否处于正常运行状态。主变内部的绝缘材料分解产生的气体多达 20 多种。根据主变内部故障诊断的需要，主要针对变压器油中溶解组分中的永久性气体（H_2、CO、CO_2）和气态烃（CH_4、C_2H_6、C_2H_4、C_2H_2）分析。不同的故障分解产生的特征气体不同，故障严重程度不同特征气体产生的量也不同。变压器不同类型故障产气特征的一般规律如表 3-7 所示。

表 3-7 变压器故障产气特征

故障类型		主要成分	次要成分
过热	油	CH_4、C_2H_4	H_2、C_2H_6
	油+绝缘纸	CH_4、C_2H_4、CO、CO_2	H_2、C_2H_6
电弧放电	油	H_2、C_2H_2	CH_4、C_2H_4、C_2H_6
	油+绝缘纸	H_2、C_2H_2、CO、CO_2	CH_4、C_2H_4、C_2H_6
油中电火花放电		C_2H_2、H_2	—
油、纸绝缘中局部放电		H_2、CH_4、CO	C_2H_6、CO_2
进水受潮或油中气泡放电		H_2	—

为了检验在线监测数据的有效性，在系统投运初期，对在线监测数据和离线实验室数据进行了对比，详细情况见表 3-8 和表 3-9。

表 3-8 在线监测数据和离线实验室数据对比

日期时间	仪器	气体组分浓度(μL/L)							
		H_2	CO	CO_2	CH_4	C_2H_6	C_2H_4	C_2H_2	总烃
2006-06-13T07:00	在线	14.7	523	2 152	54.8	11.6	22.5	0.8	89.7
	离线	6.1	472	1 803	51.30	5.19	20.36	0.00	76.9
2006-08-02T07:00	在线	14.3	524	1 983	57.5	9.5	22.9	0.8	90.7
	离线	9.56	532	1 906	62.03	7.02	25.46	0.00	94.51
2006-11-03T07:00	在线	8.7	519	1 978	56	8.7	21.4	0.4	86.5
	离线	21	520	1 821	47.19	5.22	18.44	0.00	70.9
2007-04-19T07:00	在线	7.9	521	1 901	56.2	7.9	21.1	0.5	85.7
	离线	0.00	641.5	1 560.8	42.93	3.71	13.34	0.00	59.98

表 3-9 微水(H_2O)含量试验对比数据

试验时间	2006-06-13	2006-08-02	2006-11-03	2007-04-19	数据来源
试验结果	9.2	8.8	3.6	3.8	河南电力试验研究所
	6.5	5	5	5	Transfix

数据表明，Transfix 监测数据与离线试验数据偏差在可以接受的范围内，可以为设备检修决策提供参考。近 5 年的系统运行表明，系统运行稳定，数据变化趋势稳定，与离线

试验数据变化趋势基本一致，可以为逐步利用在线监测数据判断主变运行情况积累经验。

第五节　主变开展状态检修的前期分析

一、概况

小浪底水力发电厂首台 6 号主变于 2000 年 1 月投运，最后一台 1 号主变于 2001 年 12 月投运。自主变投入运行以来，电厂按照《电力设备预防性试验规程》（DL/T 596—1996）等有关规定定期开展了相关试验和维修，目前主变运行状况良好。按照《电力变压器检修导则》（DL/T 573—95）的有关规定，主变应每隔 10 年进行吊罩大修，电厂结合运行实际和主变生产厂家的产品说明，就主变的检修模式做了一些分析。

二、绝缘油化学监督情况

根据《电力设备预防性试验规程》（DL/T 596—1996）规定，小浪底定期对绝缘油进行了简化试验和色谱分析试验。简化试验包括 pH 值、酸值、击穿电压、水分、介质损耗测试，主要检查主变绝缘油的老化程度，检查绝缘油中是否含有微量金属化合物、杂质、水分和其他可溶性物质。色谱分析试验主要通过测量主变绝缘油中溶解的 CO、CO_2、H_2、CH_4、C_2H_6、C_2H_4、C_2H_2 等气体含量，以判断变压器是否存在安全隐患。小浪底 6 号主变压器运行时间最长，其试验数据如表 3-10 所示。

表 3-10　2000～2010 年 6 号主变绝缘油简化试验数据

序号	试验时间（年-月-日）	pH 值	酸值（mgKOH/g）	闪点（℃）	水分（μL/L）	90 ℃介质损耗（%）	耐压（kV）
1	2000-10-20	5.6	0.014	140	10.9	0.1	75.1
2	2001-07-24	7.0	0.011	138	21.6	0.3	80
3	2002-04-30	7.0	0.02	141	19.6	0.086	53.9
4	2003-03-24	7.0	0.01	139.1	17.2	0.044	48.7
5	2004-04-01	7.0	0.02	141	10.9	0.04	53.1
6	2005-03-17	7.0	0.004	138	19.4	0.328	53.2
7	2006-07-27	7.0	0.03	141	11	0.005	48.1
8	2007-09-17	7.0	0.02	141	13.5	0.001	61.2
9	2008-09-10	7.0	0.008	142	5.5	0.088	56.1
10	2009-08-21	7.0	0.006	142	3.7	0.043	55.6
11	2010-06-09	7.0	0.004	140	1.8	0.028	61.9

根据《运行中变压器油的质量标准》（GB/T 7595—2008）的规定，运行中变压器绝缘油 pH 值≥4.2、酸值≤0.1 mgKOH/g、闪点≥135 ℃、水分≤25 μL/L、介质损耗≤4%、

耐压≥35 kV 。目前,6 号主变 pH 值最小值为 5.6 +、酸值最大值为 0.03 mgKOH/g、闪点最小值为 138 ℃、水分最大值为 21.6 μL/L、介质损耗最大值为 0.3%、耐压最小值为 48.1 kV,各项试验结果全部在国标所规定范围内。2000 ~ 2010 年试验数据见表 3-11。历年试验数据对比,除去试验仪器误差和试验人员测试误差外,各项试验数据总体没有较大变化,基本保持不变。因此,可以确定 6 号主变绝缘油化学性能和物理性能稳定。

三、6 号主变色谱分析试验情况

根据《变压器油中溶解气体分析和判断导则》(DL/T 722—2000)规定,运行中变压器绝缘油氢气含量不大于 150 μL/L 、总烃(CH_4、C_2H_6、C_2H_4、C_2H_2)含量不大于 150 μL/L 、C_2H_2 含量不大于 5 μL/L 、CO_2 与 CO 比值 <7,超过上述之后将采用三比值法进行综合分析和判断。目前,6 号主变 H_2 含量最大值为 8.8 μL/L、总烃(CH_4、C_2H_6、C_2H_4、C_2H_2)含量最大值为 89.6 μL/L、C_2H_2 含量最大值为 0.5 μL/L 、CO_2 与 CO 比值最大值为 4.34,各项试验结果全部在国标所规定范围内。2000 ~ 2010 年试验数据见表 3-11。历年试验数据对比,除去试验仪器误差和试验人员测试误差外,各项试验数据总体没有较大变化,基本保持不变。各项试验数据表明,6 号主变内部没有出现局部放电和受潮情况,高低压绕组和铁芯没有出现局部过热情况,固体绝缘材料没有出现热分解情况。

表 3-11　2000 ~ 2010 年 6 号主变绝缘油色谱分析试验数据　(单位:μL/L)

序号	试验时间(年-月-日)	H_2	CO	CH_4	C_2H_4	C_2H_6	C_2H_2	CO_2	总烃
1	2000-10-18	4.6	85	30.8	29	4.2	0.5	366	64.5
2	2001-10-30	8.2	274	32.8	35.8	4.6	0	992	73.2
3	2002-08-06	8.8	404	32.7	37.9	6.3	0	682	76.9
4	2003-03-10	5.7	342	34.7	28.6	6	0	776	69.3
5	2004-09-15	6.8	416	47.6	24	0	0	1 488	71.6
6	2005-06-09	7.6	525	60.9	26.3	2.4	0	2 461	89.6
7	2006-10-26	5.5	390	50	9.8	18.1	0	1 897	77.9
8	2007-09-17	5.7	456	51.8	9.5	8.8	0	1 765	66.1
9	2008-03-18	5.8	584	50.8	10.8	7.7	0	2 377	69.3
10	2009-06-16	8.5	721	41.5	10.4	8	0	2 353	51.9
11	2010-06-08	7.6	530	52.3	7.6	8.1	0	2 536	68

四、电气设备预防性试验情况

根据《电力设备预防性试验规程》(DL/T 596—1996)规定,小浪底利用机组大修期间,对主变本体进行了预防性试验,试验项目包括绝缘电阻、变比、介质损耗、直流泄漏、直流电阻等。小浪底 6 号主变运行时间最长,其试验数据如表 3-12、表 3-13 所示。

表 3-12 2000～2010 年 6 号主变电气试验数据(一)

项目 时间	高压绕组绝缘电阻(GΩ)/吸收比/极化指数	低压绕组绝缘电阻(GΩ)/吸收比/极化指数	直流泄漏(μA)		介质损耗(%)	
			高压对低压和地	低压对高压和地	高压对低压和地	低压对高压和地
交接试验 1999-12	49/1.35/1.81	12.5/1.39	4	0	0.1	0.12
2002-12-01	476/3.6/1.56	220/2.9/1.6	7	6	0.175	0.307
2007-10-01	230/4.75/3.02	42.7/1.4/1.51	10	11	0.178	0.21

表 3-13 2000～2010 年 6 号主变电气试验数据(二)

项目 时间	高低压绕组直流电阻(工作挡位、μΩ)						变比(工作挡位)		
	A 相	B 相	C 相	a 相	b 相	c 相	AB/ab	BC/bc	CA/ca
交接试验 1999-12	86.19	85.47	86.15	0.853	0.865	0.879	13.122	13.12	13.12
2002-12-01	84.54	84.51	84.84	0.885	0.885	0.885	13.182	13.181	13.182
2007-10-01	87.52	87.42	87.83	0.898	0.898	0.897	13.102	13.101	13.101

《电力设备预防性试验规程》(DL/T 596—1996)规定,变压器绝缘电阻前一次测试结果相比应无明显变化且吸收比(10～30 ℃范围)不低于 1.3 或极化指数不低于 1.5;1.6 MVA 以上变压器各相绕组电阻相互间的差别不应大于三相平均值的 2%,与以前相同部位测得值比较,其变化不应大于 2%;绕组的介质损耗角正切值 tanδ 不大于 0.8%;绕组泄漏电流前一次测试结果相比应无明显变化;绕组电压比与铭牌值相比,不应有显著差别,额定分接电压比允许偏差为 ±0.5%。目前,6 号主变高低压绕组绝缘电阻、直流泄漏、介质损耗角正切值 tanδ、高低压绕组直流电阻和变比的试验数据全部在行业标准所规定范围内。历年试验数据对比,除去试验仪器误差和试验人员测试误差外,各项试验数据总体没有较大变化,基本保持不变。

五、运行状况分析

小浪底主变自 2000 年投运以来,主变高压侧出口没有发生过短路,没有受到短路冲击;主变运行负荷一直在 0～333 MVA 之间,没有出现过过负荷。主变冷却系统运行稳定,主变绕组温度和油温保持在 45 ℃运行,没有超过报警值 60 ℃。历年监测、试验数据分析表明,小浪底主变一直在良好工况下运行。

六、国内各水电站变压器检修调研情况

为进一步了解国内各水电站主变检修情况,小浪底水力发电厂先后与特变电工沈阳变压器集团有限公司(原沈阳变压器有限责任公司)以及国内几个大型电站相关技术人

员进行了沟通和交流。特变电工沈阳变压器集团有限公司技术人员明确表示：目前小浪底水力发电厂使用的主变设计制造标准是20年可以不大修。了解到国内很多电站采取的都是根据变压器运行状况、预防性试验和绝缘油化验结果来确定变压器是否进行大修，也即状态检修模式。到目前为止，很多电站主变均比小浪底水力发电厂主变投运时间早，迄今未对主变进行大修。

七、结论

根据《电力变压器检修导则》(DL/T 573—95)第3.1.1.1条规定，变压器一般在投入运行后5年内和以后每间隔10年大修一次；第3.1.1.2条规定，箱沿焊接的全密封变压器或制造厂另有规定者，若经过试验与检查并结合运行情况，判定有内部故障或本体有严重渗漏油时，才进行大修。第3.1.1.3条规定，在电力系统中运行的主变压器当承受出口短路后，经综合诊断分析，可考虑提前大修。第3.1.1.4条规定，运行中的变压器，当发现异常状况或经试验判明有内部故障时，应提前进行大修；运行正常的变压器经综合诊断分析良好，总工程师批准，可适当延长大修周期。相关规定，结合小浪底水力发电厂主变运行状况，参照其他水电厂变压器检修模式，结论如下：

(1)按照《电力设备预防性试验规程》(DL/T 596—1996)、《电力变压器检修导则》(DL/T 573—95)有关规定，做好主变的定期预防试验、绝缘油化验。根据主变预防试验、绝缘油化验结果和运行状况，开展主变运行综合分析评估，及时掌握主变运行状态。

(2)定期开展绝缘油糠、醛含量测量。目前，小浪底水力发电厂开展的气相色谱只能对绝缘油所含气体组分进行测量，对主变长时间运行绝缘老化而产生的一些糠醛衍生物等无法测量，通过对主变绝缘油进行液相色谱化验，可以检测该类化合物，以便进一步掌握主变的运行状况，为主变的检修提供依据。

(3)小浪底水力发电厂6号主变在2006年已安装绝缘油色谱在线监测装置，通过4年的运行验证，在线监测数据与实验室测试数据一致，能够实时反映变压器运行状态。

(4)定期(5年一次)委托有资质的科研、试验单位，对小浪底水力发电厂主变进行一次全面试验和状态评估，为主变的检修提供依据。

第四章　220 kV 开关站设备

第一节　概　况

一、概述

小浪底水力发电厂 220 kV 开关站为户外敞开式中型布置开关站，电气主接线为双母线四分段带旁路结构，母线采用软母线，是与河南省电网连接的重要输配电设备。图 4-1 为开关站电气主接线示意图。开关站南北长 216 m，东西宽 112.6 m。共有 6 回 220 kV 出线，其中Ⅰ～Ⅳ牡黄线到洛阳牡丹变电站（简称牡丹变），黄荆线为河南省电力公司为提高济源地区供电可靠性，在 2006 年扩建的一条出线，黄霞线和吉霞线是在 2007 年西霞院反调节水库建成后形成的。

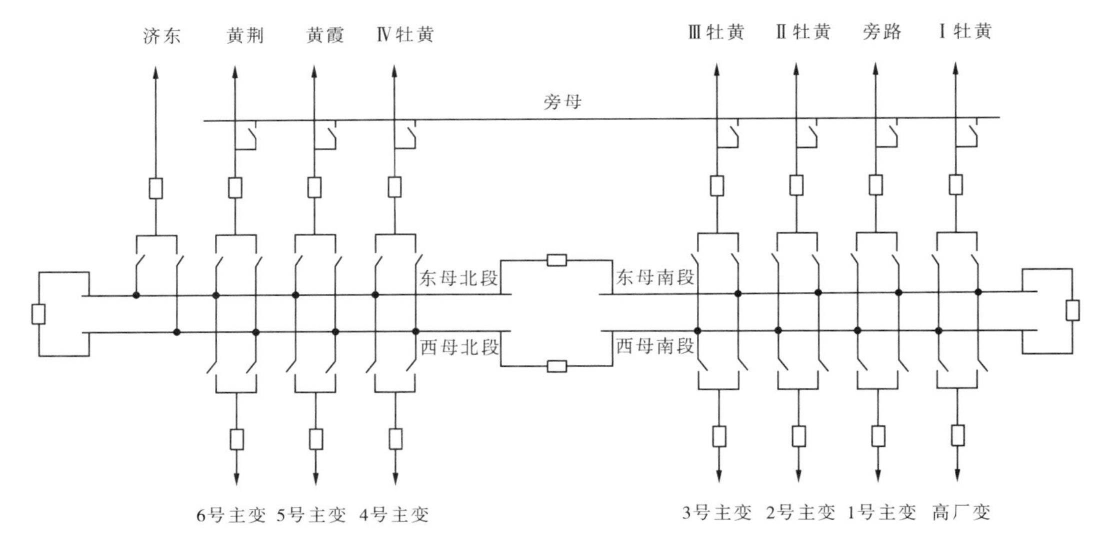

图 4-1　开关站电气主接线示意

二、设备简介

（一）断路器

小浪底 220 kV 开关站断路器是由西安西开高压电气股份有限公司生产的 LW15－252 型 SF_6 断路器。每台断路器包括三个完整的单相断路器，每相断路器上部为灭弧室单元，下部为操作机构箱。灭弧室采用压气式、变开距、双吹结构，且内有压气式灭弧装置；机构箱有气动操作机构和压缩空气罐，操动方式为三相电气联动。主要技术参数见

表4-1。

表4-1　LW15－252型SF_6断路器

序号	项目	单位	技术参数
1	额定电压	kV	252
2	额定频率	Hz	50
3	额定电流	A	2 500
4	额定短路开断电流	kA	50
5	分闸时间	ms	≤25
6	合闸时间	ms	≤100
7	开断时间	ms	≤50
8	分－合时间(重合闸无电流间隔)	s	≥0.3
9	合－分时间(金属短接)	ms	>40
10	合闸同期性	ms	≤4
11	分闸同期性	ms	≤3
12	机械寿命	次	3 000
13	主回路电阻	μΩ	≤42
14	SF_6额定充气压力	MPa	0.60
15	额定操作空气压力	MPa	1.50

1.灭弧室

灭弧室由静触头系统、动触头系统、灭弧室瓷套、绝缘拉杆、支柱瓷套、直动密封等组成,如图4-2所示。电力引线接在灭弧室瓷套的上下接线端子1和8上。

在合闸位置,电流从上接线端子1经静触头系统2、动触头系统4到下接线端子8。分闸时,由绝缘拉杆5带动动触头系统4中运动部分一起向下运动,经过一段滑动后,动触头和静触头分离,产生电弧,这时在压汽缸内和压汽缸外已建立起了SF_6气体压力差,随着动触头系统4的继续运动,该压力差越来越大。在此压力差作用下,在喷口内形成强烈的SF_6气流,吹灭电弧。

合闸时,绝缘拉杆向上运动,这时所有的运动部件按分闸操作的反方向动作,SF_6气体进入压汽缸,动触头最终到达合闸位置。直动密封7安装在支持瓷套的底部,保证SF_6气体的密封。静触头座内装有吸附剂,吸附剂用来保持SF_6气体干燥,并吸收由电弧分解产生的劣化气体。

2.气动操作机构

断路器所采用的CQ6－I型气动操作机构见图4-3。气动操作机构是由活塞和汽缸组成的驱动机构,还包括控制压缩空气补给的控制阀,由电信号操纵的合闸和分闸电磁铁,以及合闸弹簧、缓冲器、分闸保持掣子、脱扣器等其他零部件。

1）分闸操作

分开触头所需的动力是由压缩空气罐内的压缩空气提供的，如图 4-4 所示打开控制阀体 13，压缩空气进入汽缸 9，迫使活塞 8 向下运动，通过传动系统打开动触头。以下为具体动作原理。

在合闸位置，由控制阀内弹簧在连板 21 上产生的顺时针方向的力矩被触发器 6 在连板上产生的逆时针方向的力矩抵消，控制阀不能动作，使压缩空气罐内的压缩空气不能通过。产品在合闸弹簧作用下保持合闸位置。

分闸操作的过程如下：

（1）使分闸线圈 5 通电。

（2）分闸线圈 5 的动铁芯向下运动，撞击触发器 6。触发器由两个连杆和三根短轴组成，白色轴连接着两个连杆，两根黑色轴将两根连杆分别连在机架上。触发器 6 右侧的连杆在铁芯的撞击下，顺时针旋转，左侧的连杆逆时针旋转，因而连板 21 和触发器 6 的约束被释放。

（3）触发器 6 顺时针转动，使控制阀在其内部弹簧力的作用下打开。

（4）压缩空气罐内的压缩空气进入汽缸 9。

（5）压缩空气推动活塞 8 向下，与活塞相连的动触头被带动，断路器分闸。

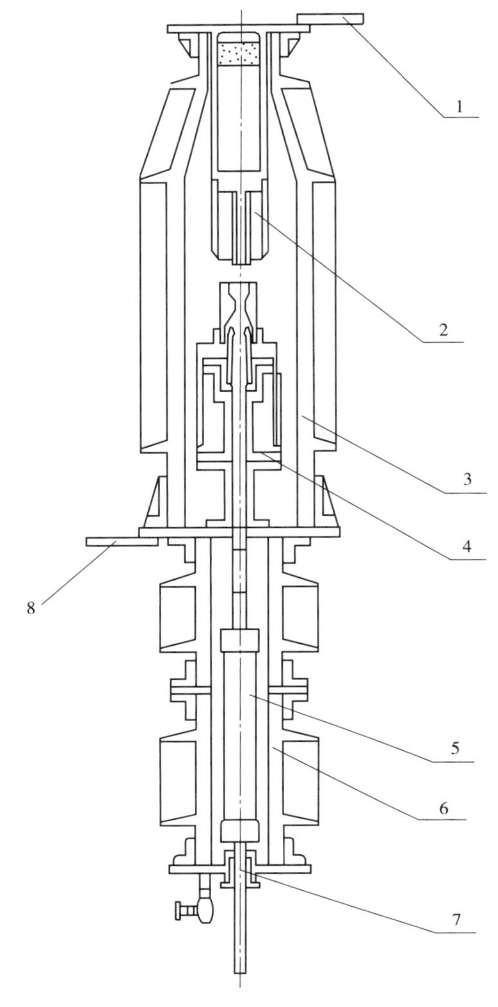

1—上接线端子；2—静触头系统；3—灭弧室瓷套；4—动触头系统；5—绝缘拉杆；6—支柱瓷套；7—直动密封；8—下接线端子

图 4-2 灭弧室

（6）在分闸操作的最后阶段，连板 21 被与活塞相连的凸轮 4 下压，使控制阀又回到合闸位置状态。汽缸内的空气通过排气口排出。

（7）最后轴被分闸保持掣子 12 锁住，断路器分闸操作结束。

在分闸操作时，合闸弹簧由活塞做功压缩储能。

2）合闸操作

触头合闸需要的功是从合闸弹簧取得的，当分闸保持掣子被释放，活塞 8 由合闸弹簧 10 驱动向上经传动系统使动触头闭合（见图 4-4）。

在合闸位置，断路器由通过连接在机架上的分闸保持掣子 12 在机械上锁住。分闸保

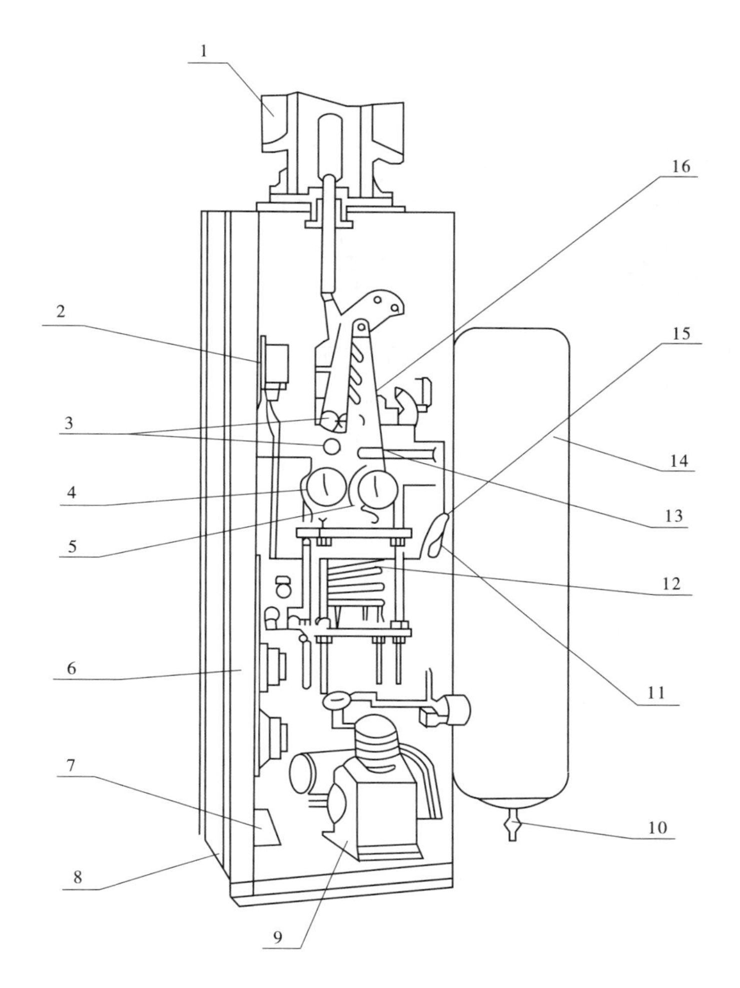

1—灭弧室;2—SF_6 密度控制及空气压力开关;3—位置指示器;4—SF_6 压力表;
5—空气压力表;6—控制装置;7—控制线进口;8—机构箱;9—空气压缩机;
10—排水阀;11—换气装置;12—合闸弹簧;13—计数器;14—压缩空气罐;
15—换气装置堵头;16—操作机构

图 4-3　CQ6 - Ⅰ型气动操作机构

持挚子受到由合闸弹簧力产生的逆时针方向的力矩作用,此时其又与脱扣器 3 和自身轴销构成的“死点”结构产生顺时针方向力矩,保持产品的分闸状态。合闸操作过程如下:

(1)合闸信号使合闸线圈 2 通电。

(2)合闸线圈 2 的铁芯向下撞击脱扣器 3。

(3)脱扣器 3 和分闸保持挚子 12 间的“死点”状态解除。

(4)分闸保持挚子逆时针转动,轴从分闸保持挚子 12 的约束中释放。

(5)活塞 8 和动触头由合闸弹簧 10 驱动向上合闸。

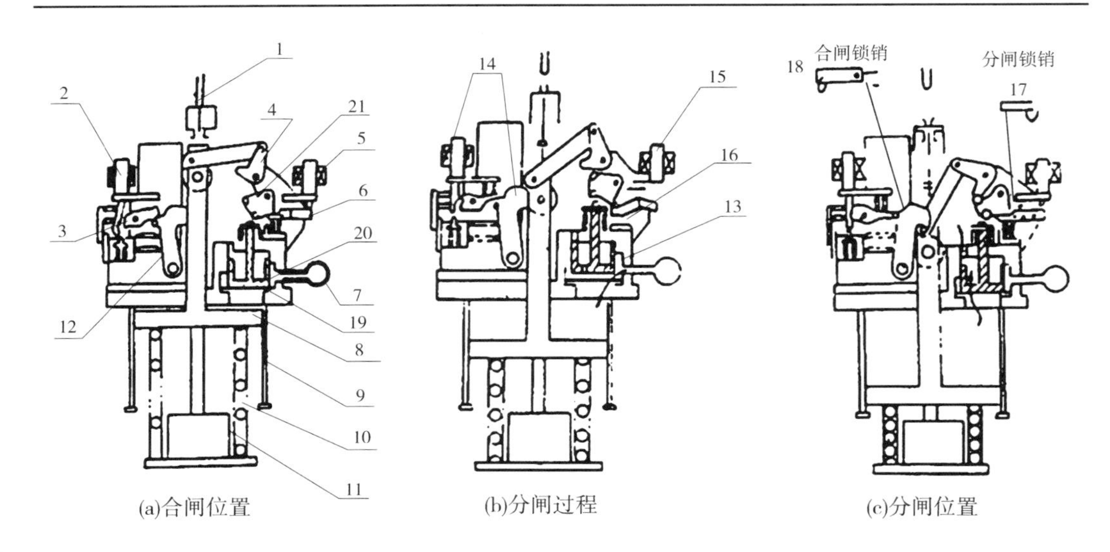

1—断口;2—合闸线圈;3—脱扣器;4—凸轮;5—分闸线圈;6—触发器;7—储气罐;
8—活塞;9—汽缸;10—合闸弹簧;11—缓冲器;12—保持挚子;13—控制阀体;
14—拐臂;15—铁芯;16—弹簧;17—分闸锁销;18—合闸锁销;19—阀座;
20—杠杆;21—连板

图 4-4　空气操作系统

3. SF_6 气体系统和压缩空气系统

1)SF_6 气体系统

如图 4-5 所示,三极灭弧室 SF_6 气体系统各自独立,分别由便于安装和维修的气阀经气管连向气体压力表、气体密度开关和供气口。

截止阀 E 在正常情况下,应处于开启位置,以维持灭弧室、空气压力表和气体密度开关中的 SF_6 气体压力一致。

截止阀 D 在正常情况下,应处于闭合位置。供气口应用“O”形密封圈和专用法兰密封。当 SF_6 气体密度降低,发出报警时,可由补气口补给 SF_6 气体,即便是在带电运行的条件下,也可由此口补气。

2)压缩空气系统

如图 4-5 所示的 CQ6－I 型气动操作机构压缩空气系统由空气压缩机、压缩空气管、压缩空气罐、空气压力开关、空气压力表、安全阀以及排气管、螺塞、逆止阀、排水阀等组成。由于产品三极压缩空气系统连通,故只有 B 极机构箱设空气压缩机。

空气压缩机组经逆止阀向 B 极压缩空气罐内打入高压空气,该高压空气经不同的压缩空气罐进入有关的空气压力开关、空气压力表以及安全阀中进行有关控制、测量和保护,同时也进入 A、C 极压缩空气罐。逆止阀 13 为单向阀,可阻止压缩空气罐内的高压空气返回空气压缩机组内。空气压缩机组长时间反复运行,会在压缩空气罐内积存一些水分,所有会定期通过排水阀 17 排水。

(二)隔离开关

小浪底 220 kV 开关站高压隔离开关由西安高压开关厂生产,根据设备布置需要采用

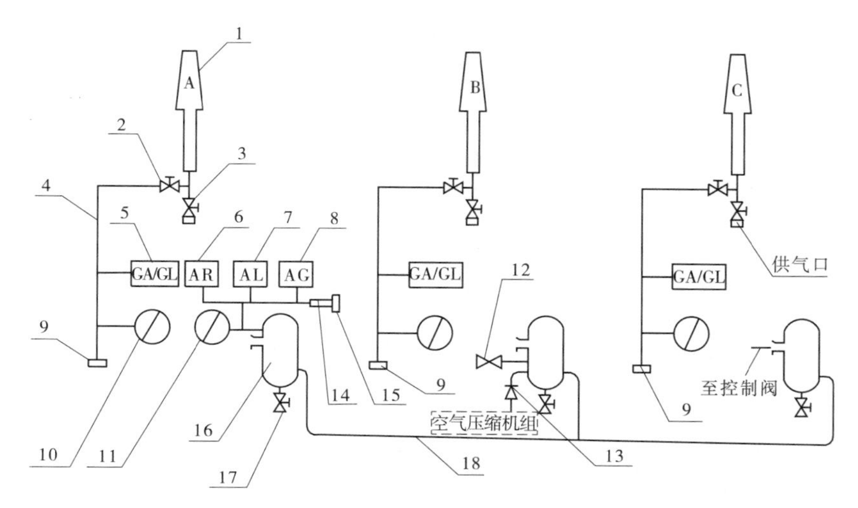

1—灭弧室;2—截止阀 E(常开);3—截止阀 D(常闭);4—SF_6 气管;5—气体密度开关;
6—空气压力开关(报警);7—空气压力开关(闭锁);8—空气压力开关(空压机控制);
9—检查口;10—气体压力表;11—空气压力表;12—安全阀;13—逆止阀;14—排气管;
15—螺塞;16—压缩空气罐;17—排水阀;18—压缩空气管

图 4-5　SF_6 气体系统和压缩空气系统

两种型号的设备,分别为 GW10－220W 型单柱垂直伸缩式户外交流高压隔离开关和 GW7－220W 型户外交流高压隔离开关。主要技术参数如表 4-2 所示。

表 4-2　隔离开关技术参数

序号	项目	单位	技术参数	
			GW7－220W	GW10－220W
1	额定电压	kV	220	220
2	最高电压	kV	252	252
3	额定电流	A	2 500	2 500
4	热稳定时间	s	3	3
5	热稳定电流(有效值)	kA	50	50
6	动稳定电流(峰值)	kA	125	125
7	额定频率	Hz	50	50
8	开断电容电流	A	1	0.6
9	开合母线转换电流	A	2 500	2 500
10	开断感性小电流	A	0.5	0.5
11	单极质量	kg	1 100	—

1. GW10－220W 型单柱垂直伸缩式户外交流高压隔离开关

由 3 个单相组成一台三相电器,隔离开关的静触头安装于输电母线上,在分闸后形成垂直方向的绝缘单断口，刀闸的动作方式为垂直伸缩式。产品结构包括底座、绝缘支柱、传动装置、导电刀闸、静触头、操动机构等。每级隔离开关配装一个接地开关，供断口下端接地用，接地开关为单杆分步动作式。底座是产品的基础，采用槽钢和钢板焊接组成，底座下有安装孔，以便和现场基础固定，底座上部安装绝缘支柱，后部有支架组装接地开关，其他如机械连锁板、联动杠杆等均安装在底座上。

绝缘支柱建立导电系统对地绝缘和保证隔离开关在动静负荷下的机械稳定性。绝缘支柱分固定支柱和操作支柱，由两节高强度瓷瓶组成。传动装置固定在绝缘支柱的顶部，当操作支柱转动时，通过传动装置伸缩导电刀闸，上升合闸，下降分闸。

导电刀闸采用伸缩结构，由动静触头、上下导电杆、连轴节、齿轮齿条、操作杆、弹簧、滚轮触头等组成。在分闸位置时，上下导电杆通过连轴节折叠在水平位置。当电动机操动机构带动下段铝管向上转动时，上段铝管以连轴节（装在下段铝管的顶部，它本身也以传动装置的底座为轴心作圆周运动）为圆心作圆周运动。在合闸位置时，上下导电杆串接成一直线，动触头夹紧静触头。动触头装于上导电杆的顶部，触片有较长的接触面，接触压力由传动件的弹簧性装置（在上导电杆的内部）产生并保持稳定的数值。

隔离开关配用 CJ6 － Ⅰ型电动机操动机构。机构由电动机、机械减速系统、电气控制系统、箱体及附件等组成；接地开关配用 CS20 －（X）型人力操动机构，此机构利用蜗轮、蜗杆传动进行动作，主要由基座、手柄、蜗轮、蜗杆及辅助开关等组成。

电动机操动机构由异步电动机驱动，通过机械减速装置将力矩传递给机构主轴，再借助连接钢管使力矩传递给隔离开关操作支柱，操作支柱动作一次转 90°，操作支柱的顶部通过连杆传动装置带动导电闸刀。合闸时，导电刀闸下导电杆向上转动，上导电杆以连轴节为圆心作圆周运动，上下导电杆串成直线，动触头夹紧静触头，完成合闸动作。分闸过程与此相反，上下导电杆折叠在水平位置，保证断口的安全绝缘距离。

主刀闸分闸动作完成后，顺时针方向摇动手动机构手柄，通过蜗轮、蜗杆传动，带动机构主轴旋转。机构主轴通过连杆将力矩传递给接地开关转轴，使导电杆向上旋转约 75°，当动、静触头相接触后，动触头向上运动，插入静触头，完成合闸动作。分闸过程与此相反。

2. GW7 －220W 型户外交流高压隔离开关

设备本体为三柱水平转动式结构，由底座、支柱绝缘子、导电系统、接地开关及传动系统组成。底座由槽钢和钢板焊接而成，在槽钢上有三个支座，两端支座是固定的，中间支座是可以转动的。在槽钢内腔装有传动连杆及连锁板。

隔离开关配用 CJ6 － Ⅰ型电动机操动机构。机构由电动机、机械减速系统、电气控制系统、箱体及附件等组成；接地开关配用 CS20 －（X）型人力操动机构，此机构利用蜗轮、蜗杆传动进行动作，主要由基座、手柄、蜗轮、蜗杆及辅助开关等组成。

电动机操动机构由异步电动机驱动，通过机械减速装置将力矩传递给机构主轴，再借助连接钢管传力给隔离开关，通过连杆带动中间支柱绝缘子转动 71°，使导电杆两端的动触头插入或离开静触头，完成合闸或分闸动作。利用传动杠杆的死点位置在分、合闸终点起自锁作用。

隔离开关分闸动作完成后，顺时针方向摇动 CS20 －（X）型人力操动机构手柄，通过蜗轮、蜗杆传动,带动机构主轴旋转。机构主轴通过连杆将力矩传递给接地开关转轴,使导电杆向上旋转约75°,当动、静触头相接触后,动触头向上运动,插入静触头,完成合闸动作。分闸过程与此相反。隔离开关、接地开关的三极联动通过极间拉杆实现。

3. CJ6－I 型电动机操动机构

(1)技术参数表(见表4-3)。

表4-3　CJ6－I型电动机操动机构主要技术参数

序号	项目		技术参数
1	电动机	额定电压	AC 380 V
		额定功率	1.1 kW
		额定转速	1 400 r/min
		额定电流	2.84 A
		型号	YS－90S4
2	分合闸控制线圈	电压	DC 220 V
		电流	≤5 A
3	加热器电阻功率		100 W
4	照明灯		AC 220 V　15～40 W
5	辅助开关极数		
6	主轴转角		180°
7	操作时间(s)		8,4
8	输出转矩(N·m)		1 200,700
9	机构质量(kg)		100

(2)结构。CJ6－I 型机构系电动机驱动,通过机械减速装置将力矩传递给机构主轴,安装时借助于钢管连接使隔离开关或接地开关分、合闸。机构由电动机、机械减速传动系统、电气控制系统及箱体组成。

①电动机为三相交流异步电动机,型号为 YS－90S4。

②机械减速传动系统包括齿轮、蜗杆、蜗轮及输出主轴,蜗杆端部为方轴,以便装手柄进行手动操作,为使传动灵活和提高机械可靠性,在蜗杆两端支承处装有滚动轴承。蜗轮与输出轴采用花键连接。

③电气控制系统包括电源开关(断路器)、控制按钮(分、合、停各一个)、接触器、远方就地选择开关、行程开关、辅助开关、照明灯、加热器、手动闭锁开关、接线端子,以及照明灯和加热用旋钮开关。

(三)电压互感器

小浪底220 kV 开关站所使用的电容式电压互感器生产厂家为西安西电电力电容器有限责任公司,型号共两种,分别为:TYD220/$\sqrt{3}$－0.0075(H),共6组应用于6条出线侧

（Ⅰ牡黄线、Ⅱ牡黄线、Ⅲ牡黄线、Ⅳ牡黄线、黄霞线、黄荆线）；TYD220/$\sqrt{3}$ -0.01（H）共4组应用于4条母线上（东母北段、东母南段、西母北段、西母南段）。电压互感器主要技术参数见表4-4。

表4-4　电压互感器主要技术参数

序号	项目		单位	技术参数	
				TYD220/$\sqrt{3}$ -0.0075（H）	TYD220/$\sqrt{3}$ -0.01（H）
1	额定电压		kV	220/$\sqrt{3}$	220/$\sqrt{3}$
2	设备最高电压		kV	252	252
3	额定电容		μF	0.007 5	0.01
4	工频耐压		kV	395	395
5	雷电冲击电压		kV	950	950
6	准确级次/额定容量（AV）	a_1x_1（100/$\sqrt{3}$V）	—	0.2/100	0.2/200
7		a_2x_2（100/$\sqrt{3}$V）	—	0.5/100	0.5/200
8		a_fx_f（100 V）	—	3P/50	3P/100
9	瞬变响应速度		—	≤5%	≤5%
10	高度		mm	3 208	3 305
11	总重		kg	1 074	982
12	爬电比距		mm/kV	≥25	≥25

其基本电气原理如图4-6所示，整套电压互感器（CTV）由电容分压器和电磁单元两部分组成。

电容分压器部分通常由耦合电容器和分压电容器叠装而成，电容器的瓷外壳内装有优质绝缘油进行真空浸渍。电容器为全密封机构，装有油补偿装置，保持一定过剩压力。各电容器单元之间用螺栓连接。

电磁单元由中压变压器、补偿电抗器和阻尼器等组成，密封于一充油钢制箱体内，此箱体同时作为分压电容器底座。电磁单元和下节分压电容器在产品出厂时已连接为一体，电磁单元中的绝缘油系统与分压电容器的绝缘油系统是完全隔离的。补偿电抗器用于补偿负荷效应引起的电容分压器的容抗压降，调节整个回路的电抗，以达到与电容器的容抗相抵消的目的，确保CVT的输出容量及准确级次。电抗器与电阻构成一个消谐电路。阻尼器则用于抑制CVT的暂态过程中发生的铁磁谐振，在发生铁磁谐振时，电抗器迅速饱和，电抗迅速变小，回路阻抗主要决定于电阻 R，从而提供必要的阻尼。

（四）电流互感器

小浪底220 kV开关站所使用的电流互感器由上海MWB互感器有限公司生产，型号为SAS245。设备采用 SF_6 气体绝缘，倒立式结构，头部壳体为铝制件，其内装有二次绕组及一次导电杆。绝缘套管是一个外表面浇注有硅橡胶伞群的玻璃纤维增强套管。二次绕

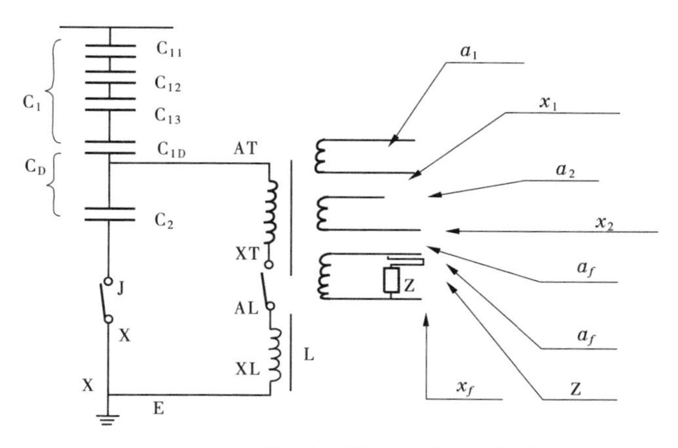

C_{11}、C_{12}、C_{13}—耦合电容器；C_D—分压电容器；

C_{1D}—分压电容器中的上部分电容，和 C_{11}、C_{12}、C_{13} 共同组成高压电容器 C_1；

C_1—高压电容器；C_2—中压电容器，中压端子由中压套管引出至电磁单元；

a_1、x_1、a_2、x_2—主二次绕组 1 号、2 号绕组；a_f、x_f—剩余电压绕组；Z—阻尼器；

T—中压变压器；L—补偿电抗器；J、X—载波装置接线端子，不接载波装置时，必须短接

图 4-6　电容式电压互感器电气原理图

组引出线通过引线导管引至底座上的接线盒内。头部壳体端装有防爆片，一旦内部发生高能放电，气体压力超过 0.7 MPa 时，防爆片破裂，达到压力释放的目的。底座上装密度表，该密度表可显示互感器内部的气体压力（显示值转换为 20 ℃时的内部气体压力）及密度。密度表具有温度补偿作用并带有两对触头，当互感器内部压力降到报警压力时提供信号。主要技术参数见表 4-5。

表 4-5　电流互感器主要技术参数

序号	项目	单位	技术参数
1	额定电压	kV	220
2	设备最高电压	kV	252
3	额定动稳定电流（峰值）	kA	250
4	额定连续电流	A	3 000
5	3 s 短时热稳定电流（有效值）	kA	100
6	额定绝缘电压	kV	460 ~ 1 050
7	额定频率	Hz	50
8	SF_6 气体额定工作压力（20 ℃）	MPa	0. 39
9	SF_6 气体最小运行压力（20 ℃）	MPa	0. 35
10	相对地闪络距离	mm	2 350
11	外绝缘爬电距离	mm	6 870

（五）避雷器

小浪底220 kV开关站所使用的避雷器是由抚顺电瓷厂生产的220 kV系统用无间隙氧化锌避雷器，其型号为Y10W1－216/536，以氧化锌电阻片为主要元件。由于这种电阻片具有良好的非线性伏安特性，并且在正常工频电压下呈现高电阻，省去了传统的碳化硅避雷器的间隙组，并且结构简化，寿命增加。氧化锌电阻片采用串联结构，中间穿有绝缘杆为支撑物。避雷器主要技术参数如表4-6所示。

表4-6 避雷器主要技术参数

序号	项目	单位	技术参数
1	额定电压	kV	216
2	系统标称电压	kV	220
3	额定持续运行电压	kV	168.5
4	直流1 mA参考电压	kV	314
5	操作冲击电流残压	kV	456
6	标称冲击电流残压	kV	536
7	标称爬电距离	mm	5 500
8	质量	kg	342

第二节 运行方式的调整

一、河南电网开环前小浪底220 kV开关站运行方式

截至2006年，小浪底220 kV开关站共有6回出线。其中，Ⅰ～Ⅳ牡黄线与洛阳北郊的500 kV牡丹变相连，吉黄线与220 kV吉利变电站（简称吉利变）相连，黄荆线与220 kV荆华变电站（简称荆华变）相连。由于小浪底吉黄线、黄荆线与牡黄线分属于豫北与豫西两个系统，按照河南省电力调度中心的要求，这两个系统不能合环运行。小浪底220 kV开关站分为两个系统运行：东母南段、西母南段、西母北段三段联络运行，由1号机、2号机、3号机、5号机、6号机和4条牡黄线组成一个系统；由4号机、吉黄线、黄荆线运行于东母北段上组成另一个系统。

豫西地区是河南电网重要的电源点，分布有小浪底水力发电厂、首阳山电厂、洛阳热电厂、棉山电厂、三门峡火电厂、三门峡水电厂等大型电站。由于河南电网东部、南部电源点少，豫西断面外送负荷较重，无论河南电网与华中电网之间是夏季的水电北送还是冬季的火电南送，豫西电力的外送成了保障系统局部稳定需要考虑的重要问题。特别是2000年以来，随着小浪底机组的投产，豫西电力外送压力逐渐加大。由于500 kV系统过于薄弱和电网结构不够合理，该断面目前虽不受暂态稳定影响，输送功率却易受正常热稳定极限限制。具体原因是豫西断面的联络线输送功率有限。其中，左王线和首常线额定输送

功率分别为260 MW和350 MW,容易过载,造成其他4回220 kV线路负荷较重,一旦Ⅰ、Ⅱ牡黄线同时跳闸,需要远切小浪底机组。该断面受事故后左王线和首常线过载限制,在东送1 400 MW以上时远切小浪底机组。因此,小浪底水力发电厂区域稳定控制装置必须投入,在紧急情况下有效防止豫西外送通道过载,为调度在各种方式下调用豫西的机组创造了有利条件,避免了豫西窝电。

二、河南电网开环后小浪底220 kV开关站运行方式

随着电力行业的高速发展,河南电网装机规模逐年增加,尤其是豫西、豫北大量新建机组的投运,河南电网潮流分布呈现“西电东送、北电南送”的格局,豫西、豫北外送断面潮流将一直维持在较高水平。河南电网电磁环网运行方式已经不能满足电网运行需要,环网运行给河南电网带来了很多突出问题。

(1)部分变电站短路容量增大。随着河南电网装机容量的不断增加,牡丹变、陡沟变、郑州变220 kV三相短路电流将超过50 kA,已超出开关的额定遮断电流。

(2)500 kV与220 kV电磁环网断面负荷大,如果500 kV线路发生故障跳闸,则大量潮流将转移至220 kV线路,容易造成220 kV线路过载,因此断面的输送功率极限受到220 kV系统的热稳定限制,造成区域窝电。

(3)华中、华北联网后,电网动态特性更加复杂,大区域电网相互影响,当500 kV线路跳闸、500 kV与220 kV电磁环网被打开后,对电网潮流的控制和事故处理的难度进一步加大,极有可能使事故扩大。

同时,随着500 kV洹安变的投运,豫北电网500 kV/220 kV联变增至3台,解决了获嘉联变中压侧三相短路引起豫北机组失稳的暂稳问题;500 kV牡郑线的投运,使豫西—豫中500 kV联络线增至3条,提高了电网可靠性。这样提供了河南电网开环运行的技术保障。2006年8月10日,河南电网500 kV与220 kV电磁环网开环运行。开环是河南电网运行方式的重大改变,标志着河南电网主网架由220 kV向500 kV升级的历史性跨越。同时,小浪底220 kV开关站的运行方式也发生了变化,此时220 kV吉黄线和黄荆线同属于豫西电网,为了增加电网可靠性,小浪底水力发电厂开关站四段母线合环运行,按照一机一线和两机两线的原则,成对角线分布。2007年西霞院反调节电站投运后,220 kV吉黄线接至西霞院反调节电站;2009年增加一条220 kV出线至裴苑变电站,2010年济源变电站投运后该线路接至济源变电站。

三、小浪底220 kV开关站南段母线和北段母线分母运行

随着河南电网网络结构的不断加强和用电负荷的逐年增长,豫西电网短路电流水平不断提高。2010年,豫西电网中小浪底最大短路电流达59.8 kA。经过短路电流计算需要采用非常运行方式,即将小浪底黄霞、Ⅳ牡黄线断开。2010年10月底,500 kV济源变电站投运后,小浪底220 kV开关站母线短路电流达54.1 kA,牡丹变220 kV西段母线短路电流达50.4 kA,超过相应开关遮断容量。将济源—豫西断面开环后,小浪底水力发电厂母线和牡丹变的短路水平可以达到安全值。但是济源电网通过两回500 kV同杆并架线路与主网相连,且220 kV虎岭变电站、荆华变与恒源电厂仅通过苗荆线与系统相连,运

行方式极为薄弱，开环方案不可行。为保证电网安全稳定运行，最大限度减少对电网结构的破坏，并使短路电流水平得到有效控制，最终确定采用小浪底分母措施解决豫西短路电流超标问题。

小浪底南段母线1～3号机出力通过Ⅰ、Ⅱ、Ⅲ牡黄线送出，Ⅰ、Ⅱ牡黄线潮流加上洛阳热电厂两台机出力通过牡铁线、牡九线送出。北段母线4～6号机出力通过Ⅳ牡黄线、黄霞线、黄荆线、黄济线送出。小浪底220 kV开关站南段母线、北段母线通过Ⅲ、Ⅳ牡黄线相连。Ⅳ牡黄线由小浪底送出线变为洛济断面的一条电网联络线（见图4-7）。

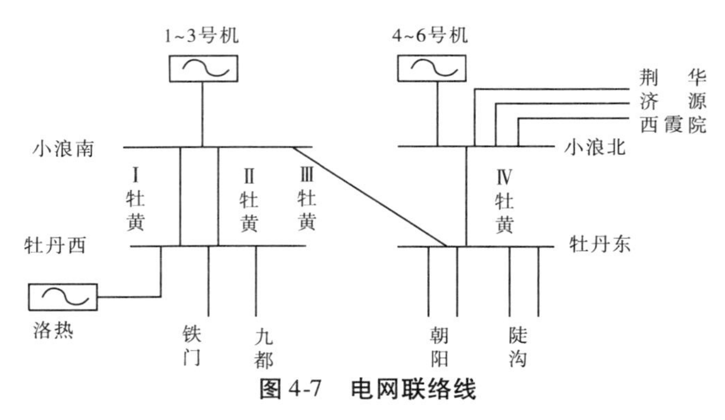

图4-7 电网联络线

小浪底220 kV开关站分母后，可以有效解决小浪底近区电源密集且出线较多造成豫西电网短路电流水平较高的问题，且无需采取其他短路电流控制措施，开机方式更加灵活。同时220 kV黄霞线、Ⅳ牡黄线可以加运。小浪底水力发电厂大发电时北通道黄荆线、黄霞线、黄济线潮流为620 MW（分母前为730 MW）；小浪底水力发电厂大发电时南通道Ⅰ、Ⅱ、Ⅲ、Ⅳ牡黄线潮流为1 170 MW（分母前为1 070 MW）。

小浪底220 kV开关站分母前后，潮流特性变化不大。分母后，济源电网通过洛济断面（500 kV津济线、济牡线和220 kV朝吉线、陡虎线、Ⅳ牡黄线）与洛阳电网相联，220 kV吉利变从电网结构上并入洛济断面济源侧（见图4-8）。

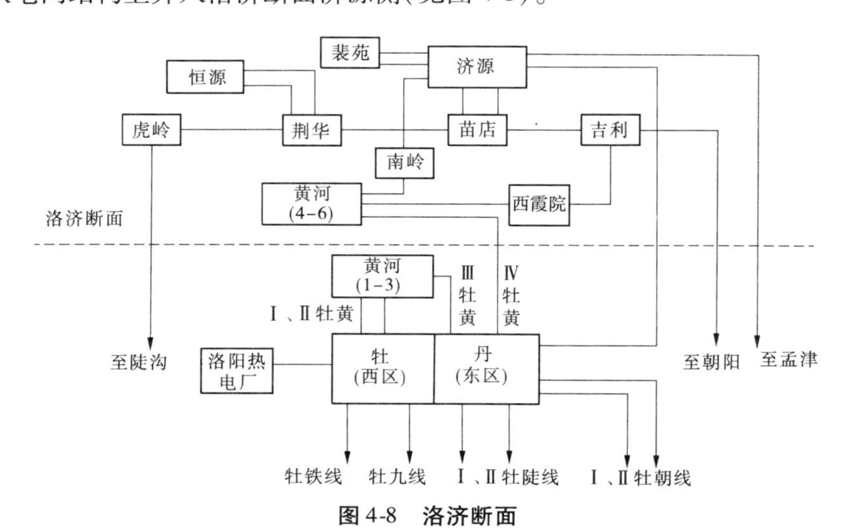

图4-8 洛济断面

小浪底220 kV开关站运行方式的变化，顺应了河南电网的发展，多年的运行证明，小浪底水力发电厂已成为河南电网中重要的调峰调频及事故备用电厂。在2006年7月1日河南电网大振荡中，小浪底水力发电厂6台机组快速、高效并网，为及时恢复电网供电作出了重要贡献。

第三节　运行及维护

一、运行巡视

(1)检查断路器的SF_6气体压力是否在0.55～0.60 MPa之间。

(2)检查断路器、隔离开关与接地刀闸的位置指示器是否在正确位置，是否与实际运行情况相符。

(3)检查运行的设备有无异常声响、振动等，操作机构及控制回路是否良好。

(4)检查断路器、隔离刀闸及接地刀闸的传动机构，各部件有无裂痕、变形、锈蚀和松动等现象。

(5)检查开关站安全设施、安全用具、灭火设备是否齐全。

(6)检查断路器空压机系统的曲轴箱油位是否在正常范围内，油质是否合格；曲轴箱和汽缸有无异音、冲击、剧烈振动等；汽缸阀盖结合面有无渗漏；传动皮带是否松动、断裂；电动机接地线接触是否良好；电动机运转中有无异音和剧烈振动。

(7)检查储气罐是否正常，各管路接头和各阀门有无漏气，各阀门位置是否正确。

(8)检查断路器分合闸位置指示是否正确，与当时的实际运行工况是否相符。

(9)断路器的特殊巡视。

①新设备投运的巡视检查，周期应相对缩短。投运72 h以后转入正常巡视。

②夜间闭灯巡视，每周进行一次并做好记录。

③气象突变时，增加巡视次数。

④雷雨季节雷击后应进行巡视检查。

⑤高温季节高峰负荷期间应加强巡视。

(10)检查避雷器引线及接地是否良好，瓷套有无破损、裂纹和闪络放电现象，是否有放电声响和振动现象。

(11)检查避雷器放电次数记录指示器是否完好，指示数据是否正确。

(12)雷雨和事故后，检查避雷器放电动作次数并做好记录。

(13)检查电压互感器一、二次侧连接导线接触是否良好，二次侧小开关是否完好。

(14)检查电压互感器瓷套是否清洁，有无破损和放电现象。

(15)检查电压互感器有无异常声响及振动现象。

二、操作注意事项

(1)断路器检修后恢复运行，操作前应检查检修中为保证人身安全所设置的措施是否全部拆除，防误闭锁装置是否正常。并且必须做一次远方合分闸试验，合分闸时应检查断路器的合分闸情况，试验时至少有一组串联刀闸在断开位置，拒绝分闸的断路器应查明原因，未处理好之前禁止投入运行。

(2)断路器操作前应检查控制回路、辅助回路、电源控制均正常；断路器操作回路正常，无故障信号，位置信号正常；SF_6 气体压力正常；气动操作气压正常，即具备运行操作条件。

(3)断路器无论事故调整或正常操作均应做好记录，事故跳闸 3 次后，应通知检修人员进行检查。断路器进行强送电前后应对其外观进行检查。

(4)断路器合闸送电或跳闸后试合，人员应远离现场，以免因带故障合闸造成断路器损坏，发生意外。

(5)远方合闸的断路器，不允许在带电的情况下现地手动其脱扣器使其合闸，以免合入故障回路使断路器损坏或引起爆炸。

(6)断路器经分合后，应到现场检查其实际位置，以免传动机构开焊，绝缘拉杆折断(脱落)或支持绝缘子破裂，造成回路实际未拉开或未合上。

(7)拒绝分闸的或保护拒绝跳闸的断路器，不得投入运行或者列为备用，并应立即通知检修人员进行检修。

(8)检修后的断路器应保持在断开位置，以免送电时隔离开关带负荷合闸。

(9)隔离开关的操作必须在串联断路器断开的情况下进行，如无串联断路器或系统允许，可用隔离开关在非雷雨天气进行拉合避雷器或电压互感器的操作。

(10)拉合隔离开关时，串联断路器必须在断开位置，并经核对编号无误后，方可操作。

(11)远方操作的隔离开关，不得在带电的情况下现地手动操作，以免失去电气闭锁。

(12)现地操作的隔离开关，合闸时应迅速果断，但在合闸终了不得有冲击，即使合入接地或短路回路也不得再拉开；拉闸时应慢而谨慎。特别是动静触头分离时，如发现弧光，应迅速合入，停止操作，查明原因。但切断空载母线时，应快而果断，促使电弧迅速熄灭。

(13)隔离开关经拉合后，应到现场检查其实际位置，以免传动或控制回路有故障，出现拒合或拒拉。同时检查触头的位置应正确，合闸后工作触头应接触良好，拉闸后，端口张开角度或拉开的距离应一致。

(14)已装电气闭锁的隔离开关，禁止随意解锁进行操作。

(15)检修后的隔离开关，应保持在断开位置，以免送电时接通检修回路的地线或接地刀闸，引起人为三相短路。

(16)严禁用隔离开关拉开故障的配电装置。

(17)电动操作 220 kV 隔离开关或手动操作地刀时，如发现电机或机构卡滞，刀闸不动作，应停止操作，查明原因后方可继续操作。

(18)电压互感器投入运行时应检查电压互感器一次侧刀闸正常后，投入一次侧刀闸，然后装上二次侧保险。退出运行操作时相反。

(19)电压互感器退出运行检修时，应将失去电压可能误动的保护和自动装置退出运行，并断开二次回路小开关和保险；将其一次、二次回路全部断开或解开，以防二次回路反送电。

三、春季检修中的维护

(一)断路器的维护

(1)断路器操动机构的润滑:对箱内所有连接部位都必须进行润滑处理,对存在生锈件的要进行更换。

(2)断路器缓冲器的检修:检查缓冲器是否有漏油现象;检查缓冲器拉杆是否有拉伤,对有拉伤的要进行更换,并检查缓冲器缸体,如有损伤也要予以处理。

(3)检查断路器固定行程螺母和挡圈:对螺母和挡圈必须用专用工具进行防松检查,重新紧固。

(4)检查断路器控制阀是否有生锈现象,若有则要更换。

(5)对断路器控制阀内的帽型密封、阀垫进行全部更换。

(6)检查断路器触发器、挚子及轴承是否存在磨损,若有磨损则要更换。

(7)更换解体部分的"O"形圈:将设备上解体部分"O"形圈全部换掉并做破坏处理,用刮胶板去除原存密封胶,用酒精清洗密封面,对密封圈及密封槽进行严格检查后,使用规定的密封胶,换上新的"O"形圈。

(8)断路器加热器的检查:对设备的加热回路、加热器进行检查,并对有加热不良现象的进行更换。

(9)检查断路器位置指示器及计数器。

(10)断路器机构箱内漏水及生锈情况检查:对原涂抹的防水胶进行检查,对有爆裂和脱落现象的进行修补;对设备内部生锈件进行更换处理。

(11)断路器门密封:检查门密封垫,对老化和缺少的进行修补。

(12)断路器润滑处理:对设备内部的连接系统、控制阀内部的连接系统做润滑防锈处理。

(13)断路器储能试验。

①打压时间,空气压力从 0 到 1.5 MPa 不大于 50 min;②补压时间,空气压力从 1.45 MPa 到 1.55 MPa≤5 min;③分闸一次气压降≤0.14 MPa;④重合闸一次气压降≤0.27 MPa。

(14)断路器压缩空气漏气率测量。

①启动空气压缩机进行打压,至空气压缩机自动停机后关闭压缩机电源开关。

②待 10 min 使压力稳定,记录空气压力表中的压力值,再过 24 h,进行压力复查,其气压降不应超过 10%。

③如果每天温差不大(小于 5 ℃),可进行 12 h 复检,压降不应超过 5%。

(15)断路器空气压力开关动作值的检查。

①关闭空气压缩机电机电源,用万用表测量空气压力开关有关接点通断情况。打开排水阀,使压缩空气罐内的气体逐渐释放,压力缓慢下降,测量重合闸闭锁信号压力和空气闭锁压力。关闭排水阀启动空气压缩机,可测出相应的解除压力值。

②接通空气压缩机电机电源,至其自动停机,记录停机压力,然后打开排水阀,使压力下降,直至空气压缩机重新启动,记录启动压力。

③接通电机控制回路中的闭锁信号,进行强制打压,直至安全阀动作泄压,记录安全

阀动作压力和复位压力。

(16)断路器空气压力系统检查的报警和闭锁。

①压力降至(1.45 ±0.03) MPa 时空气压缩机启动。

②断路器在合闸位置,空气压力系统的压力降至(1.43 ±0.03) MPa 时,应显示“压力降低”或“重合闸闭锁”信号。

③无论断路器是合闸还是分闸,当压力降至(1.2 ±0.03) MPa 时,断路器都应报出“操作闭锁”信号。

④当压力升至(1.30 ±0.03) MPa 时,“操作闭锁”信号应解除。

⑤当压力升至(1.46 ±0.03) MPa 时,“压力降低”或“重合闸闭锁”信号应解除。

⑥当压力升至(1.55 ±0.03) MPa 时,空气压缩机应停止运转。

(二)隔离开关的维护

(1)清理 GW7 -220W 型隔离开关导电部分及支柱绝缘子表面污垢,将接线端子与母线连接平面清理干净,并涂工业凡士林油。

(2)仔细检查 GW7 -220W 型隔离开关支柱绝缘子,不得有碰伤及裂纹,如发现立即予以更换。

(3)对 GW7 -220W 型隔离开关所有传动、转动部位进行润滑。检查 GW7 -220W 型隔离开关所有紧固零件,如圆锥销、螺栓等是否有松动现象。

(4)GW7 -220W 型隔离开关在分闸(或合闸)位置时,检查机构终点位置与辅助接点位置是否正确,切换是否正常。

(5)GW7 -220W 型隔离开关在合闸位置时,检查动静触头间隙是否符合规定。

(6)清理 GW10 -220W 型隔离开关瓷瓶表面污垢,擦净触头接触表面并涂工业凡士林油。

(7)对 GW10 -220W 型隔离开关所有传动、转动部位进行润滑。

(8)检查 GW10 -220W 型隔离开关所有紧固零件,如锥销、螺栓等是否有松动现象。

(9)检查 GW10 -220W 型隔离开关导电刀闸运行情况是否正常,触头接触是否良好。

(10)检查 GW10 -220W 型隔离开关在分闸(或合闸)位置时,三极是否一致,机构中辅助接点是否可靠,切换是否正常。

(三)电压互感器的维护

(1)检查电压互感器各连接、固定、密封用螺栓松紧程度。

(2)检查电压互感器高压端连线和接地端连线松紧程度。

(3)检查电压互感器瓷瓶应无损坏,表面应清扫干净。

(4)检查电压互感器金属部件应无锈蚀,油漆应完好,螺栓应完好、齐全。

(5)检查电压互感器应无渗漏油现象,油位应正常。

(6)检查电压互感器是否存在铁芯噪声、铁磁谐振噪声、放电噪声等情况。

(四)电流互感器的维护

(1)检查电流互感器硅橡胶绝缘套管应无损坏,表面应清扫干净,金属部件应无锈蚀,螺栓应完好、齐全。

(2)检查电流互感器 SF_6 气体压力保持在 0.35 ~0.39 MPa(20 ℃)。

(3)检查电流互感器接线端子应无发热变色，接触面应无接触不良现象，螺栓应紧固。

(五)避雷器的维护

(1)检查避雷器瓷瓶应无损坏，表面应清扫干净，金属部件应无锈蚀，油漆应完好。

(2)检查避雷器接线板接触面应无接触不良现象，螺栓应紧固。

(六)支柱绝缘子及绝缘子串的维护

检查ZSW－220/16K－3棒型支柱绝缘子及XWP－70型绝缘子串瓷件、法兰应完整无裂纹，胶合处填料完整，结合牢固。

四、春季检修中的电气预防性试验

(1)断路器预防性试验项目及要求见表4-7。

表4-7　断路器预防性试验项目

序号	项目	周期	要求	说明
1	SF_6气体的湿度(20 ℃体积分数)μL/L	2年	不大于300×10^{-6}	按《六氟化硫气体中水分含量测定法(电解法)》(GB 12022、SD 306)和《现场SF_6气体水分测定方法》(DL 506—92)进行
3	辅助回路和控制回路绝缘电阻	2年	绝缘电阻不低于2 MΩ	采用500 V
9	断路器的时间参量	2年	断路器的分、合闸同期性应满足下列要求： (1)相间合闸不同期不大于4 ms； (2)相间分闸不同期不大于3 ms； (3)同相各断口间合闸不同期不大于3 ms； (4)同相各断口间分闸不同期不大于2 ms	—
10	分、合闸电磁铁的动作电压	2年	(1)操动机构分、合闸电磁铁或合闸接触器端子上的最低动作电压应在操作电压额定值的30%～65%； (2)在使用电磁机构时，合闸电磁铁线圈流通时的端电压为操作电压额定值的80%(关合电流峰值等于及大于50 kA时为85%)时应可靠动作	—
11	导电回路电阻	2年	断路器的测量值不大于制造厂规定值的120%	用直流压降法测量，电流不小于100 A
13	SF_6气体密度监视器(包括整定值)检验	2年	按制造厂规定	—
14	压力表校验	2年	按制造厂规定	对气动机构应校验各级气压的整定值(减压阀及机械安全阀)

(2)电压互感器预防性试验项目及要求见表4-8。

表 4-8　电压互感器预防性试验项目

序号	项目	周期	要求	说明
1	极间绝缘电阻	2 年	一般不低于 5 000 MΩ	用 5 000 V 兆欧表
2	电容值	2 年	(1)每节电容值偏差不超出额定值的 −5% ~ +10% 范围; (2)电容值大于出厂值的 102% 时应缩短试验周期; (3)一相中任两节实测电容值相差不超过 5%	用电桥法
3	$\tan\delta$	2 年	10 kV 下的 $\tan\delta$ 值,膜纸复合绝缘不大于 0.002	—
4	渗漏油检查	6 个月	漏油时停止使用	用观察法
5	低压端对地绝缘电阻	2 年	一般不低于 100 MΩ	用 1 000 V 兆欧表

(3)避雷器预防性试验项目及要求见表4-9。

表 4-9　避雷器预防性试验项目

序号	项目	周期	要求	说明
1	绝缘电阻	每年春季检修	不低于 2 500 MΩ	采用 5 000 V 及以上兆欧表
2	直流 1 mA 电压(U_{1mA})及 0.75 U_{1mA} 下的泄漏电流	每年春季检修	U_{1mA} 实测值与初始值或制造厂规定值比较,变化不大于 ±5%;0.75U_{1mA} 下的泄漏电流不大于 50 μA	(1)要记录试验时的环境温度和相对湿度; (2)测量电流的导线应使用屏蔽线
3	运行电压下的交流泄漏电流	2 年	测量运行电压下的全电流、阻性电流或功率损耗,测量值与初始值比较,有明显变化时应加强监测,当阻性电流增加 1 倍时,应停电检查	应记录测量时的环境温度、相对湿度和运行电压。测量在瓷套表面干燥时进行。应注意相间干扰的影响
4	底座绝缘电阻	每年春季检修	自行规定	采用 2 500 V 及以上兆欧表
5	检查放电计数器动作情况	每年春季检修	测试 3 ~ 5 次,均应正常动作	—

五、典型故障分析及处理

(一)断路器控制阀体结冰拒动

1. 故障现象

小浪底 220 kV 断路器自安装运行以来,由于在原设计中断路器空气压缩机没有油水分离器,断路器储气罐压缩空气含水量较大。在断路器操作过程中,含水量较大的压缩空气进入断路器控制阀体和操作汽缸内,造成控制阀体和操作汽缸内有锈蚀现象,并且在冬季还会使断路器控制阀体处结冰,从而使断路器产生拒分、拒合现象。这种情况曾经多次出现过。

2. 处理方案

为了能有效阻止空气中的水分进入储气罐,决定采用天津市机联技术有限责任公司生产的 YSFL－15 型油水分离器,其结构如图 4-9 所示。图 4-9 中虚线为原有的断路器操作机构箱内的空气压缩机及其储气罐,实线部分即为改造设计的部分。空气压缩机压缩后的空气通过管路进入冷凝器,从冷凝器出来的气体进入Ⅰ级净化器,通过Ⅰ级净化器把油、水、杂质等分离出来,滴入净化器的底部。然后空气从Ⅰ级净化器再进入Ⅱ级净化器,空气再次净化,净化后的空气通过逆止阀进入断路器的储气罐内。当空气压缩机停机时,电磁阀打开,把Ⅰ、Ⅱ级净化器底部的油、水、杂质排放出来。电磁阀为两位三通常开电磁阀,当空气压缩机为开机状态,电磁阀通电,处于关闭状态;当空气压缩机为停机状态,电磁阀断电,同时电磁阀打开,净化器分离出来的杂质同时排放出来,排放至排污沟内。

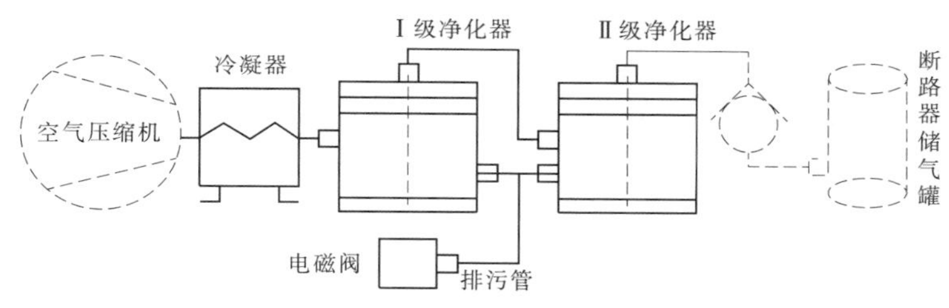

图 4-9　YSFL－15 型油水分离器

3. 改造效果

通过安装发现,采用这种油水分离器使得现场安装检修方便,并且不破坏断路器本体操作箱。油分离效果达 100%,水分离效果达 90% 以上,也就是水分减少为原来的 1/10。由此有效地达到了此次技术改造的目的:解决了控制阀体和操作汽缸内存在水分而产生的锈蚀现象,以及水分冻结产生的开关拒分、拒合现象;工作人员的效率大大提高,至少可以将原来的每周定期排污时间延长 9 倍,随后在全厂 21 台 220 kV 断路器中推广使用。

(二)鸟巢导致 GW10－220W 型隔离开关分合不到位故障

1. 故障现象

GW10－220W 型隔离开关为户外式结构并且露天布置,动触头下导电杆为圆筒式铝构件,下部有一敞开的口,这种结构导致其成了麻雀等小鸟栖息安家的场所,常有鸟巢筑立在里面,鸟巢的卡阻使该设备经常出现分合闸不到位的现象。据记录统计,每年因为鸟巢影响设备倒闸操作达 8 次之多,给设备运行维护带来严重困难。

2. 处理方案

针对设备结构进行研究,设备图片如图 4-10、图 4-11 所示。

要有效防止鸟巢的筑立,必须有很好的阻止小鸟通过开孔进入下导电杆的措施,为此,设想了以下几个方案:

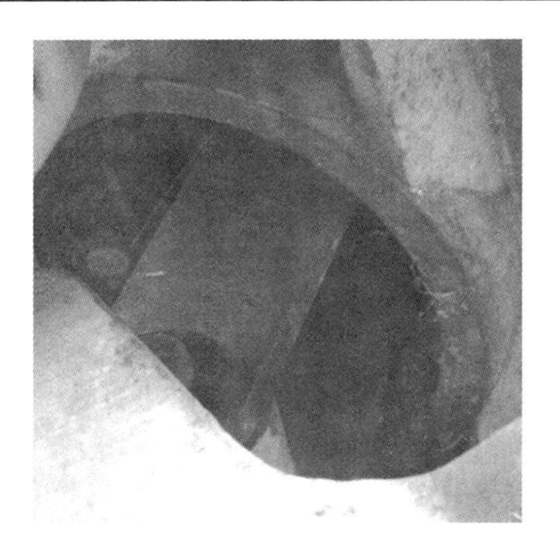

图 4-10　需要改造的导电杆开口处　　　　**图 4-11　小鸟筑巢位置**

方案一:在开孔处抹带强烈异味的黄油,驱赶小鸟。

由于黄油的异味在空气中能很快散发,有效期非常短,而且黄油很容易固化而失去作用,此方案被排除。

方案二:在开关站周围设置驱鸟设备,类似于机场的布置。

此方案需要投入较多的资金,而且带来大量的维护工作,也被排除。

方案三:做一个护套,将开口包装起来,阻止小鸟进入。

由于实际的结构原因,做护套有很大的难度,而且不能进行有效的固定,此方案被候选。

方案四:做一个平面密封,用胶水粘贴于下导电杆的开孔处,阻止小鸟进入。

此方案具有较好的操作性能,关键是密封胶垫和密封胶水的选择上要能满足现场环境要求,随着设备运行能长时间没有脱落和老化现象。此方案需要实际验证。

依照方案四,开始进行研究,胶水的选择应满足橡胶和金属的黏合,密封橡胶垫能长时间在恶劣环境中正常运行。首先选择了 5 种说明符合要求的胶水,分别是:①快干胶(5 g 装);②弹性快干胶(20 g 装);③橡胶黏接剂(180 mL);④可赛新闪电瞬干胶(495);⑤可赛新闪电瞬干胶(1495)。橡胶垫选择高弹性橡胶板(3 mm 厚,优质、耐高温、耐腐蚀);分别少量采购,进行实验。

用 5 种胶水黏合橡胶和金属,置于常温水中浸泡,72 h 之后检查,结果显示第二种弹性快干胶黏合最紧密,人力不能将其撕开,其余四种没有这种效果。因此,从可操作性和实际效果看,方案四是可行的最佳方案。

在 2007 年开关站秋检开始阶段,对设备 GW10－220W 型隔离开关动触头下导电杆开口处进行实际的测量,设计的密封平垫如图 4-12 所示。

对Ⅳ牡黄 2 西刀闸(GW10－220W 型)进行了实验,首先清除刀闸内鸟巢,接着实施了方案四的技术改造,安装方便,效果良好。

利用 2007 年秋季检修设备逐个间隔停电检修机会,对开关站内所有 GW10－220W 型隔离开关进行鸟巢处理技术改造,实施方案采取方案四,共有 21 组。

3. 改造效果

通过鸟巢处理技术改造,有效地防止了麻雀等小鸟进入 GW10－220W 型隔离开关下

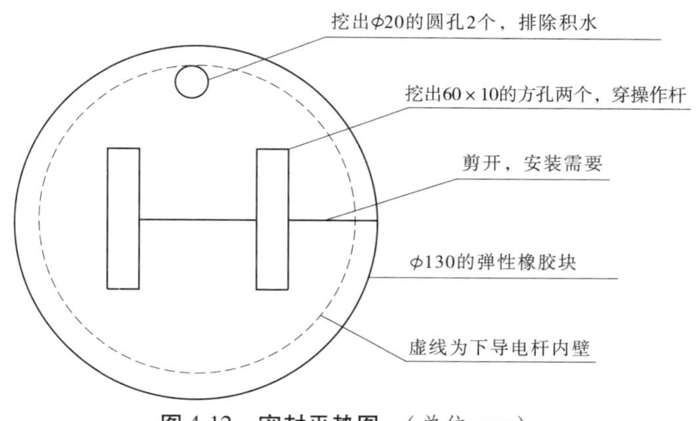

图 4-12　密封平垫图　（单位：mm）

导电杆内，从而避免操作机构卡涩及分、合闸不到位的现象发生。也能有效消除由于隔离开关分、合闸不到位引起的电弧放电，造成设备烧损的重大安全隐患。改造至今，GW10－220W 型隔离开关未发生一起因鸟巢而引起的机构卡滞现象，有效地保证了设备的安全稳定运行。

第四节　检修模式的分析及调整

一、概述

小浪底 220 kV 开关站设备运行受气候环境影响较大，容易遭受粉尘污染、鸟害，密封受日光照射和雨水侵蚀易老化。为了保持开关站设备良好的运行工况，小浪底水力发电厂根据《电力设备预防性试验规程》（DL/T 596—1996）和相关厂家设备使用说明要求制定了设备定检周期，每年春季和秋季对开关站设备进行全面的清扫、预试、消缺、定检，保持设备良好的运行状态。

春季检修主要以迎峰度夏项目为主，如断路器、隔离开关、电压互感器、避雷器等设备清扫预试，确保夏季高温大负荷开关站设备运行稳定。春检工作在每年 6 月汛期到来之前完成。秋季检修以防污度冬项目为主，重点对设备进行消缺、检查以及进行春检没有完成的工作。秋检工作在每年 11 月 15 日之前完成。其他时间以临时消缺为主，一般不安排输变电设备计划检修。

二、运行方式对检修计划安排的影响

河南电网结构决定了小浪底 220 kV 开关站运行方式，运行方式的改变对于安排配电设备检修有很大影响。

（一）分母运行对开关站设备检修工作的影响

2006 年以前，小浪底母线运行方式为：东母北段带 6 号机组和吉黄线路运行，其他 3 条母线联络运行。东母北段单母线运行不利于母线和所带线路的检修工作安排，母线检修造成吉黄线停电，降低地区电网供电可靠性，因此需要电网运行方式的许可，尽量缩短检修时间。

东母南段或西母北段停电检修，其他两条母线还可以联络运行，但如果西母南段停电检修，另外两条母线无法联络运行，需要用西母北段带吉黄线运行，东母南段、东母北段联络运行，倒闸操作非常复杂，容易造成误操作，同时吉黄线会短暂停电。

分母运行条件下，开关站检修计划安排困难，存在重复停电。

（二）合母运行对开关站设备检修工作的影响

随着河南电网的不断发展，2006 年，豫西电网 500 kV/220 kV 电磁环网开环运行，小浪底水力发电厂 220 kV 开关站结束了分母运行历史，四条母线联络运行。合母运行使得双母线四分段带旁路主接线形式的运行可靠性和灵活性得到充分体现。

单条母线停电检修将不会对外部供电造成停电影响。检修计划安排受电网运行方式影响较小，重复停电次数减少，非常有利于输变电设备的检修维护。

三、母线电压互感器布置对检修方式的影响

小浪底 220 kV 开关站母线电压互感器布置不合理，东母南段 PT 位于西母南段母线下方，东母北段 PT 位于西母北段母线下方，西母北段 PT 位于东母北段母线下方，由于这 3 组 PT 均压环距离软母线弧垂最近不足 3 m，PT 检修需要相应母线停电，其所带线路主变要倒至其他母线，倒闸操作复杂，存在安全隐患。

四、开关站绝缘子喷涂 PRTV 防污闪涂料

小浪底 220 kV 开关站设备所在地区污秽较为严重。临近的牡丹变近年曾发生过污闪现象，开关站设备运行中设备放电现象也时有发生。在 2009 年河南省电力公司组织的开关站专项检查中，检查组针对本地区设备运行情况提出了开关站设备喷涂 PRTV 涂料的建议。同时，国家电力公司发布的《防止电力生产重大事故的 25 项重点要求》中，第 18.8 条也指出变电设备表面涂“RTV”涂料是防止设备发生污闪事故的重要措施。

开关站选用的 PRTV 涂料特性满足《绝缘子用常温固化硅橡胶防污闪涂料》（DL/T 627—2004）要求，主要技术要求如下：

（1）外观。色泽均匀的勃稠性液体，无明显机械杂质和絮状物。

（2）固体含量。固体含量不小于 50%。

（3）绝缘性能。涂料的绝缘性能应满足：

①体积电阻率不小于 1.0×10^{14} Ω · m；

②相对介电常数不大于 3.0，介质损耗角正切值不大于 0.3%；

③介电强度 E 不小于 18 kV/mm；

④耐漏电起痕及电蚀损不小于 TMA2.5 级。

（4）理化性能。理化性能应满足：

①涂层与瓷釉或玻璃表面的附着力用划圈法检测，不低于 2 级；

②涂层与资釉或玻璃表面的剪切强度不小于 0.8 MPa；

③耐磨性不大于 0.5 g；

④抗撕裂强度不小于 3 kN/m（直角形试样）。

(5)耐老化性能。在使用寿命期内，涂层在自然条件下应不龟裂、粉化、起皮和脱落，能长期可靠工作。使用寿命不少于 10 年。

开关站设备喷涂 PRTV 涂料后，将可以取代现在定期对开关设备的清扫工作，大大降低设备维护检修工作量，同时提高设备运行的安全稳定性。

五、小浪底水力发电厂开关站定检模式效果评价

小浪底 220 kV 开关站 1999 年投入运行，已经运行 10 余年，开关站检修模式以定检为主。通过每年春、秋两季预试定检，输变电设备得到及时的维护保养，及时发现和消除设备隐患，确保了电网的稳定。重点消除了以下隐患：

(1)投运初期通过春秋检及时发现和消除了开关站安装遗留缺陷。

(2)220 kV 开关空气压缩系统加装自动油水分离器，降低了压缩空气湿度，减少了冬季操作机构产生冻害的概率。

(3)发现 220 kV SF_6 高压开关绝缘拉杆与动触头连接杆连接处的圆柱销电腐蚀重大隐患，全部 17 组开关返厂检修。

(4)小鸟在 GW10－220W 型隔离开关导电杆下端筑巢导致机构卡阻，合闸不到位，通过春秋检进行技术改造消除隐患。

(5)预试发现 GW7－220W 型隔离开关触头接触电阻偏大，经处理后正常。

(6)2007 年秋检发现 220 kV 母线电压互感器介质损耗超标，经分析为电压互感器中间变压器绝缘老化，逐步更换所有电压互感器。

目前，小浪底 220 kV 开关站输变电设备运行稳定，具有较高的运行可靠性。

六、开关站检修思路的调整

传统定检模式是在总结多年电力生产实践经验基础上逐渐形成和发展成熟的，严格按照定检周期对设备进行维护保养能够有效发现和消除设备隐患，保持设备健康状况，小浪底运行 10 余年来的经验充分证明了这一点。

目前，小浪底开关站检修计划安排主要受以下因素影响：

(1)电网运行方式影响。2008 年河南电网开始执行年度综合停电计划，统筹协调地区基建、春秋检工作安排，设备检修间隔和时间有时不能完全按照电厂计划安排。

(2)黄河水情影响。小浪底水利枢纽作为黄河下游控制性工程，以防洪、防凌、减淤、供水、灌溉等社会效益和生态效益为主，兼顾发电。每年春季小浪底水库大流量下泄向黄河下游供水浇麦，秋汛进行防洪运用，黄河水情的不确定性导致了检修计划的不确定性。

针对以上情况，结合小浪底生产实际，从 2008 年开始调整开关站检修思路：

(1)为避免线路重复停电，母线侧东刀闸、西刀闸定检周期调整为 2 年，2008 年重点对西刀闸清扫预试消缺，2009 年重点对东刀闸清扫预试消缺，依次类推。

(2)计划 2009 年对东母南段、东母北段、西母北段 PT 进行改造，增加 PT 与相应母线安全距离，改造后 PT 检修不需要母线停电，不会影响母线运行方式，倒闸操作更加简单。

(3)加强设备运行维护，加大设备改造力度，提高设备运行可靠性。提高设备运行状

态监测的手段和能力，掌握运行规律，逐渐向状态检修过渡。

七、状态检修模式的探索

状态检修又叫预知检修，根据设备日常检查、在线状态监测和故障诊断所提供的信息，经过分析及早发现设备故障早期征兆，有针对性地对设备进行检修。与定检模式比较，其是以设备当前实际工况为依据，而不是以设备运行时间为依据，具有强烈的主动色彩。

2004 年 6 月，小浪底水力发电厂大负荷运行期间，Ⅳ牡黄 2 西刀闸由于触头接触不良，导致拉弧，造成刀闸触头损坏，线路停电。总结这次事件教训，缺乏必要的运行状态监测手段，不能有效避免事故发生是一个重要的原因。2004 年，小浪底水力发电厂开始利用红外热像仪对开关站设备开展了温度监测，从而有效地避免了类似事件的发生。

结合小浪底水力发电厂实际，在输变电设备状态监测方面主要开展了以下工作：

(1)定期对输变电设备导流部位开展红外测温，夏季大负荷期间加密测量。

(2)采购盐密度测量仪，加强对绝缘瓷瓶粉尘监测，防止污闪。

(3)加强开关 SF_6 气体监测，压力、微水等指标异常及时处理。

(4)加强日常设备检查巡视，建立完善的技术台账。

(5)加强运行分析，掌握设备运行规律。

(6)逐步建立输变电设备可靠性管理系统，建立科学的评价体系。

八、优化总结

从理论上讲，状态检修是比定期检修层次更高的检修体制，但从国内外实践来看，完全依靠和实施状态检修目前难以实现。比较切实可行的办法是将定期检修和状态检修有机结合，互为补充。

通过采用设备状态监测、故障诊断、设备可靠性评价和预测、设备寿命评估与管理技术手段，科学地延长定期检修间隔，减少检修耗费时间，降低检修费用，减少检修风险，使设备健康状态可控，提高设备可靠性和可用系数，改善输变电设备运行性能，提高企业经济效益。

第五节　电压互感器中压变压器绝缘老化处理

一、问题的发现

在 2006 年小浪底 220 kV 开关站高压设备电气预防性试验中，东母北段母线电压互感器下节介质损耗角正切值 $\tan\delta$ 数据超出标准，2007 年西母南段和西母北段母线电压互感器下节介质损耗角正切值 $\tan\delta$ 均超出标准，其中西母南段母线电压互感器 B 相的介质损耗角正切值甚至超出了规定值的 3 倍多，试验数据见表 4-10。设备在此状态下运行，存在重大设备安全隐患。

统计发现，存在问题的电压互感器预防性试验数据趋势基本一致，现以西母南段母线电压互感器为例分析。小浪底220 kV开关站电压互感器试验周期为2年，表4-11所示为西母南段母线电压互感器2005年电气预防性试验数据，通过对比可以很清楚地发现电压互感器的下节介质损耗角正切值tanδ增长趋势明显。

表4-10 2007年西母南段母线电压互感器试验数据

试验时间:2007-09-26			温度:22 ℃		湿度:64%	
项目	A相上节	A相下节	B相上节	B相下节	C相上节	C相下节
绝缘电阻(GΩ)	13.9	13.6	17.4	15.7	18.2	16.3
介质损耗角正切值	0.072	0.555	0.072	0.785	0.074	0.388
电容(pF)	19 536	19 437	19 713	19 584	19 547	19 805

表4-11 2005年西母南段母线电压互感器试验数据

试验时间:2005-05-30			温度:25 ℃		湿度:54%	
项目	A相上节	A相下节	B相上节	B相下节	C相上节	C相下节
绝缘电阻(GΩ)	32.4	45.1	56.2	58.6	65.4	48.5
介质损耗角正切值	0.067	0.106	0.069	0.143	0.07	0.087
电容(pF)	20 031	19 896	20 020	19 955	20 140	19 977

根据测试结果标准，电容量与出厂值相比变化不应超过2%，tanδ值不应超过0.002，预防性试验时测得电容量不得大于验收试验值的102%。

电磁单元内部绝缘油试验数据见表4-12。

表4-12 西母南段母线电压互感器电磁单元内部绝缘油试验数据

试验时间:2007-09-30		环境温度:25 ℃		环境湿度:60%
试验项目	试验结果	试验标准	试验方法	试验设备
击穿电压(kV)	20	≥35	GB 507—86[2]	ⅡJ－Ⅱ耐压测定仪
介质损耗角正切值(tanδ)	0.56	≤0.5%	GB 5654—85[3]	AI－6000油介损仪

油样性能标准(厂家规定)，介电强度(50 Hz)≥35 kV/2.5 mm，介质损耗角正切值tanδ≤0.5%(90 ℃时)。因生产厂家执行的标准未要求此项试验，正常的型式试验和出厂试验均无此项数据，故油样试验数据无从对比，但仅从数据看，tanδ还是略高于标准值，反映出电磁单元内部绝缘油系统存在杂质，且有受潮情况。

二、问题的分析

一般，影响高压电气设备绝缘介质损耗及电容量测试准确度的主要因素有以下几点：

(1)与试验设备所处位置的电场、磁场干扰强弱程度有关。

(2)受高压强电场干扰源的影响。

(3)受电桥引线的影响。

(4)与试验设备的灵敏度、精确度及抗干扰能力有关。

由于受现有试验仪器的约束限制,2007 年 10 月 18 日小浪底水力发电厂邀请了济源高压试验局进行试验,上节采用正接法,下节采用自激法,以便能有效地排除干扰,试验数据如表 4-13 所示。

表 4-13　济源高压试验局试验数据

名称	相别	C_1(pF)	C_2(pF)	$\tan C_1$(%)	$\tan C_2$(%)
电压互感器	A 相下节	29 902	64 016	0. 133	0. 51
	A 相上节	C_x:19 631		$\tan C_x$:0. 084	
	B 相下节	30 016	64 514	0. 189	0. 318
	B 相上节	C_x:19 691		$\tan C_x$:0. 091	
	C 相下节	29 812	64 850	0. 137	0. 301
	C 相上节	C_x:19 693		$\tan C_x$:0. 106	

由以上数据可以看出,高压电容的介质损耗角正切值是合格的。问题出现在中压电容部分。

2007 年 12 月,小浪底水力发电厂检修人员开始对更换下来的西母南段电压互感器进行处理。将电压互感器下节与电磁元件分离开,对下节电容分压器进行试验,其介质损耗角正切值 0. 09%,数据合格。电磁单元的中间变压器在 1 000 V、2 000 V、3 000 V 电压下分别进行试验,其介质损耗角正切值分别为 0. 2%、2. 5%、6. 9%,数值随着电压的增加而明显升高,初步判断中间变压器绝缘性能下降。

解体后对电磁单元中的中间变压器用电流干燥法进行干燥,并配以红外线灯进行干燥。附属部件用干燥箱干燥,时间 48 h,过程中由温控箱控制温度在 60 ~ 70 ℃。同时在回装阶段,更换电磁单元中的变压器油,新油经过试验且试验数据合格。

在排除所有干扰后,进行检修后试验,数据依然不合格。于是得出结论:电磁单元的介质损耗角正切值 $\tan\delta$ 测试更多地反映出各带电部件与油箱壳的杂散电容的介质损耗,而油箱内部存在一些杂质正是导致介质损耗角正切值升高的原因。变压器油中的杂质纤维在电场的作用下被极化,沿电场方向排成杂质"小桥"。杂质"小桥"泄漏电流较大引起发热,同时使油中场强增高,加速了中压变压器绝缘材质的老化,最终导致绝缘降低。

三、经验总结

电力设备的绝缘部分是薄弱环节,最容易被损坏或劣化。绝缘故障具有随机性、阶段性、隐蔽性。绝缘缺陷大多数发生在设备内部,从外表上不易观察到。微弱的绝缘缺陷,特别是早期性绝缘故障,对运行状态几乎没有影响,甚至绝缘预防性试验根本测试不到。

近几年来,许多测量仪器和试验设备逐步走向数字化、微机化、自动化,提高了测量精度和工作效率。随着电力技术的发展,已经出现了很多新方法,既能准确发现设备缺陷,又能减轻试验过程对设备绝缘的损伤程度，在今后的工作中应优先采用。

第六节　断路器电腐蚀故障分析及处理

一、问题的出现

2003 年 4 月 26 日 ~5 月 2 日，小浪底水力发电厂进行常规的开关站春检，在对 220 kV 断路器进行 SF_6 微水检测时发现，黄 224 断路器 B 相、Ⅱ牡黄 2 断路器 B 相、Ⅳ牡黄 2 断路器 B 相 SF_6 测试阀门喷出大量灰白色粉末物质。咨询厂家，厂家答复是该灰白色粉末物质是灭弧室内 SF_6 气体分解后的化合物，不影响产品运行，但这种说法没有明确的依据和试验数据来证明其正确性。随后小浪底水力发电厂对全部的断路器进行了跟踪检查，2004 年，又相继发现了 3 台断路器有较多的灰白色粉末出现。与此同时，小浪底水力发电厂利用每年 6 月份进行的调水调沙大发电的机会，在开关站电气设备负荷高峰时候进行了全面细致的红外线检测，发现Ⅳ牡黄 2 断路器 B 相灭弧室下中部有发热现象，并伴随有嗡嗡的异音发生，不能确定其发热原因。

二、问题的分析过程

带着对灭弧室内灰白色粉末的不解，小浪底水力发电厂从一台断路器的 SF_6 气体测试阀门处取样，收集了部分灰白色粉末，送往中国船舶重工集团公司第七研究院第七二五研究所，进行电镜能谱分析实验，能谱分析结果见图 4-13，相应的技术数据见表 4-14。

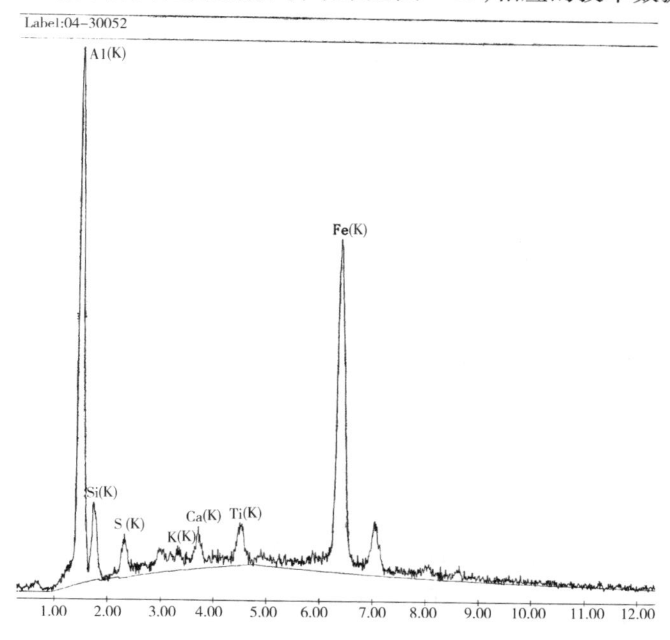

图 4-13　白色粉末能谱分析图

表 4-14　白色粉末成分的技术数据

元素	重量(%)	个数(%)	光谱比率	原子	吸收	荧光
Al(K)	46. 96	60. 15	0. 321 3	1. 024 5	0. 411 6	1. 002 6
Si(K)	7. 52	9. 26	0. 034 1	1. 054 8	0. 264 7	1. 001 7
S(K)	2. 94	3. 17	0. 021 5	1. 047 1	0. 430 1	1. 003 3
K(K)	1. 16	1. 03	0. 013 7	1. 008 0	0. 713 0	1. 013 9
Ca(K)	1. 94	1. 68	0. 0258	1. 031 4	0. 780 2	1. 018 7
Ti(K)	2. 87	2. 07	0. 040 0	0. 943 8	0. 876 8	1. 038 1
Fe(K)	36. 59	22. 65	0. 543 5	0. 945 2	0. 968 8	1. 000 0
总计	100. 00	100. 00	—	—	—	—

从能谱分析结果可以看出，该试样中主要含有 Al、Fe、Si、S、K、Ca、Ti 等元素。其中的 Al、Fe 元素含量较多。

于是，问题的焦点便出现了，为什么会含有较多的 Al、Fe 元素？此两种元素从何而来？

针对Ⅳ牡黄 2 断路器 B 相同时存在较多灰白色粉末和灭弧室下中部发热两种现象，2004 年 10 月 14 日，小浪底水力发电厂将此相断路器拆除，并返回厂家，进行解体检查。整个检查过程相当于一次大修消缺的过程，现简要介绍其中几个相关的重要步骤：

(1)对灭弧室瓷套和支柱瓷套进行了检查，没有发现伤痕，内壁检查没有发现伤痕。

(2)对动触头、静触头进行检查，没有发现零部件损坏，尺寸检查合格。引弧触头没有出现麻点等严重燃弧的现象，属于正常范围，对动、静触头进行了打磨抛光处理。

(3)取出断路器内的干燥剂，发现大部分颜色已由原先的灰白色变为淡红色，并且质地较脆，容易掉粉尘，全部进行更换。

(4)对绝缘拉杆与动触头连接杆尺寸进行检查，结果合格，对绝缘拉杆与动触头连接杆的连接圆柱销及圆柱孔进行检查，发现灭弧室的连接杆接头的圆柱孔以及和其连接的圆柱销已变形（圆柱孔规定尺寸为：$\phi 19+0.033\ 0$ mm，实测值为 $\phi 19.23$、$\phi 19.07$ 椭圆形）。圆柱销规定尺寸为：$\phi 19^{-0.020}_{-0.053}$，实测值为 $\phi 18.8$、中间宽度为 20 mm 的凹环面），绝缘拉杆的圆柱孔见图 4-14。

图 4-14　绝缘拉杆的圆柱孔

(5)对断路器进行清理，更换各部位密封

圈,更换直动密封。

三、问题的原因

通过解体检查,发现在断路器灭弧室内只存在两个比较关键的问题:

(1)厂家生产的该型号的产品灭弧室内顶部存放有干燥剂,干燥剂的主要成分为 Al_2O_3,由于干燥剂的质量原因,在断路器分合闸时巨大的振动引起干燥剂破碎,形成粉末,从干燥盒内撒出,沉降于断路器灭弧室的底部,这便是灰白色粉末中大量 Al 元素的由来。

(2)绝缘拉杆与动触头连接杆的连接圆柱销及圆柱孔已经变形,分析为销与孔的配合间隙偏大,造成此处有悬浮电位产生,久而久之,电腐蚀使圆柱孔和圆柱销变形,最终导致尺寸不合格,并且电腐蚀在运行中也会有响声产生,同时伴随有发热现象。而圆柱销在电腐蚀的作用下分解出主要成分为 Fe 元素的物质,这便是灰白色粉末中大量 Fe 元素的由来。

四、问题的解决方法和处理结果

将干燥剂进行更换,同时加强质量管理,避免一些劣质的干燥剂产品装入断路器内;在绝缘拉杆与动触头连接杆的连接圆柱销及圆柱孔之间加装一个等位片,将圆柱销及圆柱孔连接起来,这样便不会有悬浮电位产生,自然也就没有电腐蚀产生了。

正当设备厂家解体检查的时候,又有同一型号的产品在其他地方的运行中拒动,后来发现就是绝缘拉杆与动触头连接杆连接处的圆柱销已经腐蚀变小,并且脱落,造成绝缘拉杆与动触头连接杆分离,因此无法操作断路器。

这些问题促使小浪底水力发电厂及厂家达成一致意见:将小浪底的整批 51 台 220 kV 断路器分阶段地返厂解体检修,检修的重点就是更换原有的绝缘拉杆,改装为改造后的产品,即在绝缘拉杆的圆柱孔附近带有一等位片,以便其连接动触头的圆柱销,消除电腐蚀现象。

第三篇　自动控制设备

第五章　监控系统

第一节　概　况

一、构成

小浪底电站监控系统由主站系统、现地控制单元(LCU)、自动发电控制/自动电压控制系统(即自动发电系统)(AGC/AVC)和相关的网络等附属设备构成。监控系统承担着小浪底水力发电厂所有与发电设备相关的运行设备自动监视、自动控制、人工干预控制,与河南省电力公司进行数据交换及实现自动发电控制功能。

主站系统包含监控系统两台冗余服务器(PRK)及其冗余切换系统、两套操作员工作站、一套工程师工作站、培训员工作站、数据发布服务器(SQL 服务器)、网关机和相关附属设备。现地控制单元由 1 ~6 号机组现地控制单元(LCU1 ~ LCU6)、公用系统现地控制单元(LCU7)、开关站现地控制单元(LCU8)和反馈屏现地控制单元(LCU10)构成。系统的软件主要采用的是 SAT 公司产品和 SUN 公司的 SOLARIS,应用软件使用的是 SAT250 和 TOOLBOXII。主站工作站硬件采用 SUN 公司的 ULTRA10。现地控制单元的硬件主要采用的是 SAT 公司的 AK1703 系列,由于小浪底水力发电厂是 SAT 公司 AK 系列产品的最早用户,因此部分硬件采用了 AK1703 系列。监控系统由奥地利 ELIN(伊林)公司在1998 年进行开发,1999 年底投入生产运行。小浪底电站监控系统结构见图 5-1。

二、功能介绍

(一)主站(上位机)功能

主站负责小浪底电站的监视、控制和调节。从各 LCU 和外部子系统采集数据,进行数据归档、事件记录与归档,产生生产报表、趋势曲线,并进行语音报警,实现电厂 AGC、AVC 功能,同时还负责小浪底电站监控系统与电网通信的连接。主站(上位机)包括下列功能。

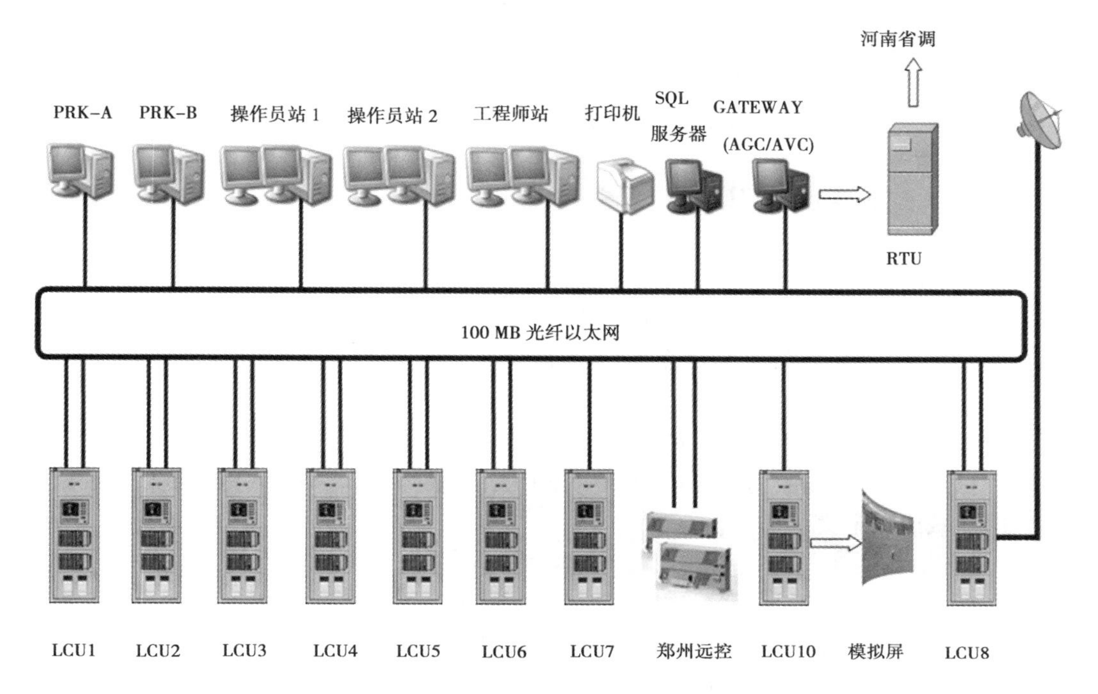

图 5-1 小浪底电站监控系统结构

1. 数据采集

(1)采集各现地控制单元的各类实时数据。

(2)采集来自远动系统的数据。

(3)接收由操作员发出的操作控制指令和登录监控系统数据信息。

2. 数据处理

1)数据处理内容

(1)数据处理满足实时性要求。

(2)对采集的数据进行有效性检查,对不可用的数据禁止系统使用。

(3)对接收的数据进行报警处理检查,对采集的数据进行数据库刷新。

(4)形成各类报警记录并发出声音报警。

(5)生成各类运行报表,形成历史数据记录,生成趋势曲线图记录,形成分时计量电度记录和全厂功率总加记录,进行事件顺序记录及处理。

(6)事故追忆及数据处理。

(7)主、辅设备动作或启停次数和运行时间的统计处理。

(8)向远动系统发送河南省调度中心(简称省调)需要的信息。

2)模拟量数据处理

模拟量数据处理包括模拟量数据变化检查(死区、梯度等检查)及越限检查等,并根据规定的格式产生报警和记录。

3)状态数据处理及记录

根据规定的格式产生报警和记录。状态量变化次数也记录并归档。

4)事件顺序数据处理

记录各个重要事件的动作顺序、事件发生时间(年、月、日、时、分、秒、毫秒)、事件名称、事件性质,并根据规定产生报警和记录。

5)计算数据

(1)功率总加,电度量计算。

(2)功率因数计算。

(3)脉冲累加。

(4)主、辅设备动作次数和运行时间等的统计。

(5)进行数字量、模拟量的计算,用于监视、控制和报警。

6)事故追忆数据处理

由特定的信息触发,对过程点实时数据进行事故追忆记录处理,记录事故前后过程中的数据。分辨率为现场数据处理模板和主控 CPU 的扫描周期。触发信息和追忆数据点可增加、删减或重定义。

7)设备运行统计

对电厂主要设备的运行情况进行统计并归档,如发电机组和主变的运行时间、断路器的动作次数等。还对间歇运行的辅助设备的运行状态进行监视和记录。如压油泵、空气压缩机、排水泵等的启动次数、运行时间和间歇时间。

3.控制与调节

(1)一般控制与调节。

运行人员通过厂站级人机接口设备(操作员工作站),完成对全厂被控设备的控制与调节。监控系统能实现如下方式的控制调节,并能在相关方式之间进行切换:①河南省调度中心自动发电(AGC/AVC)控制调节;②小浪底郑州集控中心控制调节;③小浪底电站地面控制中心中央控制室控制调节;④现地控制的控制与调节。

控制调节方式的优先权为自下而上,事故停机不受上述四种方式选择的约束。

(2)对机组的控制与调节。机组及其辅助设备的控制与调节包括:①机组开/停机顺序控制(单步或连续)、事故停机和紧急停机控制;②点设备控制:对单个具备投/退操作的设备,实现投/退控制操作;③给定值控制:对机组的转速/开度/有功功率、电压/无功功率进行闭环控制;④油、气、水系统的控制操作。

(3)220 kV 断路器、隔离开关及接地刀闸的控制与操作。

(4)10.5 kV 断路器、隔离开关及接地刀闸的控制与操作。

(5)400 V 断路器、隔离开关及接地刀闸的控制与操作。

(6)厂用电设备的控制与操作。

(7)厂内公用设备(泵、阀)的控制与操作。

(8)其他相关设备的控制与操作。

(二)自动发电控制(AGC)功能

1.自动发电控制的总体要求

小浪底电站自动发电控制充分考虑电厂运行方式,具备有功联合控制、电厂给定频率控制和经济运行等功能。其中:

（1）有功联合控制指按一定的全厂有功总给定方式，在所有参加有功联合控制的机组间合理分配负荷。

（2）经济运行指根据全厂负荷和频率的要求，在遵循最少调节次数和最少自动开、停机次数原则的前提下确定最佳机组运行台数、最佳运行机组组合，实现运行机组间的最佳负荷分配。在自动发电控制时，能够实现电厂机组的自动开、停机功能。

自动发电控制能实现指导和自动两种工作模式。其中指导模式指除开、停机命令需要运行人员确认外，其他的负荷调整指令直接为机组接受并执行；自动模式下根据河南省调度给定的负荷设定值实现自动开、停机组，并根据负荷给定指令自动实现参加 AGC 控制的机组负荷调整。

2. 自动发电给定值方式

（1）给定有功功率模式，河南省调度 EMS 系统自动下发小浪底全厂的总有功出力。

（2）给定日负荷曲线模式，该模式下根据日负荷曲线在给定周期内（一般 15 min）将负荷分配值下发到参加控制的机组。

（3）给定频率模式。

以上各种方式可以无扰动切换。

3. AGC 负荷分配原则

一般采用机组负荷平均分配的原则，在系统设定值偏小的情况下采用小负荷集中分配的方法。在机组负荷设定值小于门槛值时，将负荷差值分配给优先级最高的机组，减少参加控制机组的负荷调整频次。

4. AGC 约束条件

自动发电控制的约束条件包括：机组水头的变化、机组振动区限制（可设置多段振动区）、单机最大负荷限制、备用容量限制、机组开度限制、区域稳定装置动作、通信故障等。

（三）自动电压控制（AVC）

1. 自动电压控制的总体要求

自动电压控制能根据小浪底电站开关站 220 kV 系统母线电压，对全厂无功进行实时调节，使开关站母线电压维持在给定值处运行，并使全厂无功在运行机组间合理地分配。

AVC 对电厂各机组无功功率进行控制，电压调节的目标值可以根据机组所在母线进行调节。

2. 自动电压给定值方式

（1）河南省调度下发的母线电压目标值。

（2）河南省调度下发的全厂无功目标值。

（3）小浪底电站操作员下发的母线电压目标值。

（4）小浪底电站操作员下发的全厂无功目标值。

以上各种方式可以无扰动切换。

3. 自动电压控制算法

采用自适应式 ΔQ 与 ΔU 比例算法，当开关站母线电压高于给定值时，减少小浪底电站机组总无功；当开关站母线电压低于给定值时，增加全厂总无功。无功可按等无功功率或功率因数分配，并可根据小浪底电站无功偏差的数值，选择部分或全部的运行机组参加调节,避免机组调节频繁。

4. 自动电压控制的约束条件

自动电压控制的约束条件至少包括机组机端电压限制、机组进相深度限制、功率因数限制和机组最大无功功率限制。

(四)人机接口及操作

1. 人机接口主要功能

运行人员和系统管理人员按口令登录系统,并可给不同职责的运行和管理人员提供不同安全等级和操作权限。操作员只允许完成对电站设备进行监视、控制调节和参数设置等操作,而不允许修改或测试各种应用软件。操作过程中的原则是操作步骤尽可能少,并设置必要的可靠性校核及闭锁功能。被控对象的选择和控制中的连续过程只能在一个操作员站上进行,一旦操作对象在一个工作位置被选择,则在其他的工作站上就不能实现对此被控对象的操作。

2. 画面显示

运行人员能通过键盘和鼠标选择画面显示。画面显示组织层次清晰明了,信息主次分明。屏幕显示画面包括时间显示区、画面静态及动态信息主显示区、报警信息显示区及人机对话显示区。

主要画面包括各类菜单画面,电站电气主接线图(其中主要电气模拟量能以模拟表计方式显示),机组及风、水、气、油系统等主要设备状态模拟图,机组运行状态转换顺序流程图,机组运行工况图,各类棒图,曲线图,各类记录报告,计算机系统设备运行状态图等。

画面调用方式灵活可靠、响应速度快。画面由运行人员根据需要随机调用。

同一显示器上,能实现多窗口画面显示。

3. 报警

(1)当出现故障或事故时,立即发出报警和显示信息,报警由报警铃和蜂鸣器将故障和事故区别开来,音响可人工解除。

(2)报警显示信息可在当前画面上显示报警语句(包括报警发生时间、对象名称、性质等),显示颜色随报警信息类别而改变。若当前画面具有该报警对象,则该对象标志(或参数)闪光和改变颜色。闪光信号在运行人员确认后解除。

(3)当出现故障和事故时,立即发出中文语音报警。

(4)具备事故自动手机短信息报警功能,当出现故障和事故时,自动通知相关设备的维护人员。

(5)对于任何确认的误报警,运行人员可以退出该报警点。

画面报警提示窗口根据报警信号重要级别进行分类,以便运行值班人员监盘。

4. 记录和打印

记录功能包括:各类操作记录(包括操作人员登录/退出、系统维护、设备操作等),各类事故和故障记录(包括模拟量越限及系统自身故障),各类异常报警和状变记录,趋势记录(图形及列表数据),事故追忆及相关量记录,报表记录,各种记录、报表及曲线打印(由运行人员在控制台上选择并控制打印机打印),画面及屏幕拷贝。

报表打印的幅面应能满足 A3 幅面的要求。报表的数量及格式根据使用需要确定，并可由维护工程师自行增加、编辑其所需的报表。

5. 维护和开发

监控系统的交互式画面编辑工具和交互式报表编辑工具具有操作方便灵活的特点及用户能够增加自定义图块或图标的手段，能直接输入中文，画面及报表中的动态数据项与数据库的连接能通过鼠标进行。操作人员能在线和离线编辑画面、报表及所有报警信息，包括用于显示的报警信息、语音报警信息、电话语音报警信息。

（五）设备运行管理及指导

设备运行管理包括：历史数据库存储，自动统计机组工况转换次数及运行、停机、出线运行、停运时间累计，被控设备动作次数累计及事故动作次数累计，峰谷负荷时的发电量分时累计，操作防误闭锁。

（六）系统诊断

监控系统的硬件及软件自诊断功能包括在线周期性诊断、请求诊断和离线诊断。诊断内容包括：

（1）计算机内存自检。

（2）硬件及其接口自检，包括外围设备、通信接口、各种功能模件等。当诊断出故障时，自动发出信号；对于冗余设备，自动切换到备用设备。

（3）自恢复功能（包括软件及硬件的监控定时器功能）。

（4）掉电保护。

（5）双机系统故障检测及自动切换。当以主/热备用方式运行的双机中的主用机故障退出运行时，备用机不中断任务且无扰动地成为主用机运行。

（七）系统通信

1. 与上级调度部门之间的通信

电站能与河南省调通中心及郑州集控中心通信，实现电站和调度数据的上传下达。电站在调度控制方式下，接受并执行调度发出的操作控制指令。

所有信息量均为直采直送，其远动信息的采集、处理、传送和控制命令的执行，整个过程不允许有其他的中间环节，以满足电网调度自动化的实时性要求。

2. 与厂区子系统之间的通信

（1）与调速器系统采用串行通信。

（2）与厂用电系统采用 101 规约。

（3）与电站在线监测系统采用串行通信。

（4）与远动系统采用串口和网络两路通信。

（5）与机组进口快速闸门控制系统采用网络通信。

3. 监控系统厂站级计算机节点间的通信

为满足监控系统功能要求，实现厂站级计算机节点间的通信，以便进行厂站层节点之间的信息交换，在各单元节点采用双以太环网的网络通信方式，实现下列功能：

（1）交换数据采集信息。

（2）传送操作控制命令。

(3)通信诊断。

4.与时钟同步装置的通信

系统通过网络接收 GPS 时钟同步信号,以实现系统内各节点与系统实时时钟的同步,远程 I/O 具有和所属 LCU 相同的时钟精度。

(八)现地控制单元 LCU

为实现对各自生产对象的监控,各 LCU 的 CPU 完成各自 LCU 的管理,并实现全开放的分布式系统的数据库和实现 LCU 直接上网。

各现地控制单元具备较强的独立运行能力,在脱离主控级的状态下能够完成其监控范围内设备的实时数据采集处理、设定值修改、设备工况调节转换、事故处理等任务,要求处理速度快、有容错及纠错能力,并带有其监控范围内完整的数据库。所有 LCU 均采用交流/直流两回电源供电,任一回路有电时,LCU 均能正常工作。

1.现地控制单元级一般功能概述

1)数据采集及处理

(1)自动接收来自电站层的命令和数据,采集被控设备各模拟量、温度量、开关量和脉冲量,并存入机组 LCU 数据库中,记录机组的启停次数、运行时间、空载时间,对于固定周期采集的数据,采集周期可调。

(2)将采集到的模拟量数据进行滤波、数据合理性检查、工程单位变换、模拟数据变化(死区检查)及越限检查等,根据规定产生报警并上送主控级。

(3)采集到的状态量、电气保护报警量按即时召唤或变位等方式上送主控级进行自动事件顺序记录。

(4)对采集到的非电量(如温度量、压力等)进行越限检查,及时将越限情况和数据送往主控级。

(5)根据采集到的脉冲量,分时计算有功电量和无功电量,并上报主控级。

(6)根据主控级的要求上送数据。

2)监视显示

(1)各 LCU 中配备一个液晶触摸显示屏,屏幕尺寸为 15 英寸,显示设备的运行状态及运行参数。当运行人员进行操作登录后,可通过触摸屏进行规定的相关操作。

(2)在显示屏上能显示有关设备操作和监视画面、趋势图、各种事故及故障报警信息等。

3)控制与调节

按被控对象工艺流程进行自动控制和调节,对点设备(ON/OFF 操作设备)按安全闭锁要求进行控制操作。

4)通信功能

(1)LCU 与主控级的通信,将 LCU 采集到的数据及时准确地传送到主控级计算机中,同时接收主控级发来的控制和调节命令,并将执行结果回送主控级。

(2)LCU 接收全厂 GPS 的同步时钟信号,以保持与主控级同步。

(3)LCU 通过现场总线(通信速率为 16 MB/s)与被控对象的智能设备进行通信。

(4)LCU 设置与便携式工作站通信的接口(以太网及串口),用于 LCU 的调试。

(5)LCU 具有与移动式操作员工作站的通信接口,以满足在现场方便地将其接入并实现现场调试及维护。

5)自诊断功能

LCU 能在线和离线诊断下列硬件故障:CPU 模件故障,输入/输出模件故障,接口模件故障,通信控制模件故障,存储器模块故障,现地网络接点故障,电源故障。

LCU 的软件自诊断能在线和离线诊断定位到软件功能模块并判明故障性质。当诊断出故障时能自动闭锁控制输出,并在 LCU 上显示和报警,同时将故障信息及时准确地上送主控级。进行在线自诊断时不会影响 LCU 的正常监控功能。

6)开关操作联锁功能

监控系统具有由软件实现的开关操作闭锁逻辑,防止误拉合断路器,防止带负荷拉隔离开关,防止带电合接地刀闸,防止接地刀合闸状态时误合断路器及隔离开关。

7)GPS 对时

现地控制单元通过网络完成本身的 GPS 对时,并通过安装在 3 号机组现地控制单元 LCU3 和开关站现地控制单元 LCU8 的 GPS 模块为保护系统、故障录波系统提供时钟和对时信号。

8)提供外部电源

每套 LCU 提供 2 路直流 24 V 的电源供自动化单元使用。根据自动化单元分系统由独立的电源空气开关为自动化系统供电,设置电源监视,并有相应的接点引出。

2. 机组现地控制单元(LCU)功能

机组 LCU 由 CPU、电源模件、输入输出模件、通信模件及触摸屏(15 英寸)、独立的紧急停机硬件等设备组成,布置在机旁,其监控对象为机组及其附属设备、励磁装置、调速器、调速器油压控制系统、主变压器及其附属设备、主变压器冷却控制系统、断路器、刀闸、保护信息等。机组 LCU 能独立运行,由它完成对所属设备的监控,包括在现地由操作员进行手动控制和自动控制。机组 LCU 采用 I/O 方式和(或)串行口通信方式与相应设备交换信息。

机组 LCU 除完成上述所列的一般功能外,还具有下述功能。

1)控制与调节

机组 LCU 具有以下控制和调节功能:

(1)机组开/停机顺序控制。包括紧急停机控制,紧急停机控制考虑 LCU 故障时,由简化的独立常规接线或独立的控制装置执行完整的停机过程控制,使机组安全地停下来。

(2)点设备控制。对单个具备 ON/OFF 操作的设备,要求对其实现 ON/OFF 控制操作,并须考虑安全闭锁(包括对出口断路器、隔离开关、接地刀闸、进水口闸门的远方落门等控制)。

(3)设值控制。机组的转速/有功功率、电压/无功功率和导叶开限能按设定值进行闭环控制。

(4)其他相关控制与操作。

当发电机组处于超过规定进相、过流/过压、过负荷、稳定储备系数的规定范围、振动等非安全工况时,监控系统能识别并能够自动将机组拉回稳定运行工况内。

2)人机接口

现地控制单元级人机接口设备包括:①触摸显示屏;②移动式操作员工作站;③其他指示仪表、开关、按钮等。

机组 LCU 均配有触摸显示屏。机组 LCU 触摸显示屏能显示机组单元接线模拟画面、主要电气量测量值、温度量测量值、技术供水状态信息等与操作员工作站相同的该机组所有信息。当运行人员进行操作登录后,可通过触摸显示屏进行开/停机操作及其他操作。

所有机组 LCU 具有必要的通信接口,以便使移动式操作员工作站接入,在进行现场调试或厂站设备故障的情况下,运行人员可通过移动式操作员工作站实现现地控制单元级的交互式控制功能,完成对本 LCU 所属设备的相关操作和处理,以便于现场调试和保证设备的安全运行。

机组 LCU 还具有通过便携机编译下装控制程序、进行参数配置、在线和离线调试等功能。

3. 开关站现地控制单元(LCU8)功能

开关站 LCU 由 PLC、触摸屏(15 英寸)、交流采样和同期装置等设备组成。现地控制单元能独立运行,由它完成对所属设备的监控,包括在现地由操作员进行手动控制和自动控制。

开关站 LCU 布置在地面继电保护室内,其监控对象为 220 kV 开关站设备、地面直流电源系统等。

开关站 LCU 除满足一般功能要求外,还具备下述功能。

1)数据采集及处理

开关站 LCU 能实时采集有关设备的各种模拟量、开关量和脉冲量,并进行数据处理,上送电厂级并在开关站 LCU 盘上提供显示;能自动接收来自厂站控制层的命令信息和数据,对自动采集数据进行可用性检查,对采集的数据进行数据库刷新,并向上级控制层发送所需要的信息。其中,对于以下不同类型的数据,还有一些特殊的处理:220 kV 线路功率因数计算,220 kV 线路电能的分时累计和总计并记录,母线电压以及越限报警,线路电气量的综合计算等。

2)控制与操作

在 220 kV 开关站 LCU 设置必要的现地监控设备完成现地监视控制功能,也能接收主控级的命令完成远方操作控制任务。同时,按开关设备的闭锁要求自动闭锁,防止误操作。操作内容如下:220 kV 开关站各断路器的分/合操作、无压合操作;220 kV 开关站各隔离开关的分/合操作;220 kV 开关站各断路器的自动准同期和手动准同期合闸操作,自动准同期和手动准同期装置对于不同的同期点能自动切换不同的同期电压及合闸对象;其他相关控制与操作。

3)人机接口

开关站 LCU 人机接口设备包括:触摸显示屏,便携式计算机,其他指示仪表、开关、按钮等。

开关站 LCU 配有触摸显示屏。触摸显示屏能显示开关站模拟画面、主要电气量测量值和具有与操作员工作站相同的对开关站设备的监视和控制画面。当运行人员进行操作登录后,可通过触摸显示屏进行断路器、隔离刀闸及接地刀闸的跳/合操作及其他操作。

开关站 LCU 具有必要的通信接口,以便使便携式计算机接入,在进行现场调试或厂站设备故障的情况下,维护人员可通过便携式计算机实现现地控制单元级的交互式控制功能,完成对本 LCU 所属设备的相关操作和处理,以便于现场调试和保证设备的安全运行。

开关站 LCU 还具有通过便携式计算机编译下装控制程序、参数配置、在线和离线调试等功能。

4. 公用设备现地控制单元(LCU7)功能

公用设备 LCU 没有设置现场的人机接口功能。现地控制单元能独立运行,由它完成对所属设备的监控,包括由操作员进行手动控制和自动控制。

公用设备 LCU 布置在地下厂房继电保护室,其监控对象为:地下 220 V 直流系统,机组 220 V 直流馈电屏设备, 10 kV 及 400 V 厂用电系统,供、排水系统,高/低压气系统等。

公用设备 LCU 除满足一般功能要求外,还具备下述功能。

1)数据采集及处理

公用设备 LCU 能实时采集有关设备的各种模拟量、开关量和脉冲量,并进行数据处理,上送电厂级并在公用设备 LCU 盘上提供显示;能自动接收来自厂站控制层的命令信息和数据,对自动采集数据进行可用性检查,对采集的数据进行数据库刷新,并向上级控制层发送所需要的信息。

2)控制与调节

公用设备 LCU 除满足一般功能要求外,还具备以下控制功能:

(1)各种水泵的启动/停止操作及自动控制。

(2)10.5 kV 断路器分/合操作。

(3)400 V 断路器分/合操作。

(4)地下两套直流系统的操作。

(5)其他需要监控系统操作的电机的启动/停止。

3)人机接口

公用设备 LCU 人机接口设备只能由便携式计算机实现。公用设备 LCU 具有必要的通信接口,以便使便携式计算机接入。在进行现场调试或厂站设备故障的情况下,运行人员可通过便携式计算机实现现地控制单元级的交互式控制功能,完成对本 LCU 所属设备的相关操作和处理,以便于现场调试和保证设备的安全运行。

公用设备 LCU 还具有通过便携式计算机编译下装控制程序、参数配置、在线调试和离线调试等功能。

第二节　运行及维护

小浪底电站监控系统投运至今已连续运行 10 年(8 万 7 千多小时)。在 10 年的生产运行中,系统硬件整体运行稳定。功率采集单元、现场设备电源板件、变送器和同期设备等重要元器件都运行稳定，没有损坏；数据采集板和继电器损坏的数量较少，更换的数据采集板约有3%、继电器约有1%。系统软件和应用软件运行稳定性较好，系统人机界面的友好性较强，系统可用率和投入率都在99%以上。

小浪底电站监控系统运行至今，重要的维护工作如下所述。

一、对自动发电系统程序更新和数据进行限制及处理

由于电力系统对发电质量的多方面要求和小浪底电站出线的复杂性，小浪底电站自动发电系统功能上已不能满足要求。比如：以前要求不高的无功调节，现在也进行考核，这使原来没有使用的自动电压控制（AVC）功能无法满足系统的要求，因此需要对自动发电系统程序进行更新。

首先小浪底电站对新程序安装、编辑新应用程序和现场调试方案等进行讨论，确定了更新程序方案，然后对程序通信部分进行了调试，并根据电厂的实际运行情况进行运行参数配置。例如：根据不同水头情况下机组最大/最小出力，躲避机组运行振动区，机组有功调节、无功调节的调节死区，自动电压控制（AVC）的无功调节速度、调节的时间常数等。

为保证自动发电系统（AGC/AVC）在数据出现异常或通信出现异常的情况下负荷调整不出现大幅波动，因此对自动发电系统进行如下处理：

（1）对省调下发的功率调整设定数值进行处理。以前数据下发后由远动RTU直接进入自动发电控制程序进行负荷分配计算。数据采集后先判断数据是否在机组正常运行范围内，如果低于运行范围，则使机组沿正常运行下限进行负荷调整，如果高于正常运行范围，则使机组沿正常运行上限进行负荷调整。

（2）对自动发电系统（AGC/AVC）分配到机组的负荷调整数据进行处理。以前对参加AGC/AVC机组控制的机组负荷没有进行限制，现根据省调自动发电系统负荷调整情况，将分配到机组的负荷数据进行限制，使参加自动发电控制的单台机组每次负荷调整不超过100 MW。

（3）增加通信数据判断，在自动发电系统与LCU出现通信中断的情况下，将所有机组退出自动发电控制模式，保持机组当前状态。远动系统重新启动后，保持远动系统原有数据，不接受初始化的零值数据，防止系统重启或者通信中断后机组负荷大幅波动。

在进行数据处理后，自动发电系统不会出现因为数据异常导致全厂甩负荷或者全厂负荷大幅波动的情况，参加自动发电控制的机组负荷调整平稳，小浪底电站自动发电系统（AGC/AVC）运行情况更加安全稳定。

二、自动发电系统（AGC/AVC）数据问题的分析处理

（一）软件非正常退出问题

小浪底电站自动发电系统2001年投入使用。在使用初期，软件经常非正常退出，同时自动发电系统与监控系统通信也经常中断。

在LCU8和LCU10上分别监视来自GATEWAY的数据后，检测到自动发电系统与监控系统的现地控制单元LCU8和LCU10有数据交换，并且随着自动发电系统运行，垃圾数据越来越多，这些垃圾数据是由于数据采集过快（数据传输的门槛值过低）产生的。因此，

采取了如下措施:

(1)删除不需要的数据以减轻系统负载率,然后将采集频率过快的数据门槛值提高。

(2)将系统中的 GATEWAY 计算机升级为配置较高的 P4 处理器的计算机,同时升级系统内存。

(3)将监控系统上层网络由 10 MB 升级为 100 MB。

经过上述处理后,小浪底电站自动发电系统再没出现过软件非正常退出问题。

(二)AVC 导致机组进相问题

小浪底电站 AVC 功能投入时,当母线电压低于设定电压时,机组无功负荷有时会进相,达 -80 Mvar。

对 AVC 运行进行持续监视后,发现机组进相总是出现在机组开机未带负荷和停机减负荷时。这时机组有功功率有时为负值,负值出现时间非常短暂。有功功率出现负值,是由功率因数限制引起的,因此对 AVC 的功率因数限制部分进行修改,使机组重新启动运行,再也没有出现相同问题。

随着机组自动化程度的不断提高,监控系统处理的数据量将越来越大。在小浪底电站监控系统服务器数据库中,有来自现地控制单元网络、系统数据、调度方面和高级应用软件等各方面的数据。这样大量的数据对监控系统提出了很高要求,在进行系统开发、功能扩展和系统升级时要注意以下几方面问题:

(1)监控系统开发过程中不能简单追求数据处理速度,也需要考虑系统和网络负载。

(2)系统扩展和完善时,对数据的处理要非常谨慎。要对系统和用户数据进行清理和系统检查。因为系统的开发者毕竟不是系统的使用者,所以这部分工作要由用户进行,软件的完善工作也要用户自己提出,由开发者和用户共同完成软件修改工作。这样不仅可以提高用户解决问题的能力,也将用户的实际工作经验融入到系统中,对系统开发者也是一个提高。

(3)数据处理时要特别注意特异数据的处理,必要时增加如负值、零值和门槛值。

(4)系统限制值的确定要谨慎。如调节限制、躲避限制值(如躲避振动区)和系统无效限制值,如果限制值不当,会引起系统调节振荡。

三、监控系统 UPS 故障导致监控系统主机停运事件运行分析

小浪底电站曾经因为 UPS 故障跳闸,导致 UPS 不能正常向监控系统供电,上位机系统和自动发电系统(AGC/AVC)电源丢失,造成系统停运。由于监控系统电源丢失,远方系统突然从网络上退出,现地控制单元不能判断远方控制系统的状态,而且当时运行参数没有被现地控制单元锁定,使得由 AGC 所控制的 5 号机组出力由 24.8 万 kW 升至 36 万 kW。

监控系统不间断电源 UPS 系统为包括上位机、PRK 主机、打印机以及下位机各 LCU 的集线器等设备提供连续可靠电源,共有两套 UPS 互为备用,如图 5-2 所示,转换过程由三个波段开关 QC1、QC2 和 QC3 构成。当 QC1、QC2 和 QC3 都位于(1,2)位置时,UPS1 为主用,UPS2 为备用。负载通过波段开关 QC2 由 UPS1 供电,UPS2 通过波段开关 QC3 给 UPS1 的旁路供电,UPS2 的旁路通过波段开关 QC1 由 UPS2 供电。当 QC1、QC2 和 QC3 都

位于(2,3)位置时,UPS2 为主用,UPS1 为备用。负载通过波段开关 QC2 由 UPS2 供电,UPS1 通过波段开关 QC1 给 UPS2 旁路供电,UPS1 的旁路通过波段开关 QC3 由 UPS2 供电。在转换过程中,两台 UPS 首先须切换到手动维修旁路,然后扳动三个波段开关,使三个波段开关全部转移到新的位置。

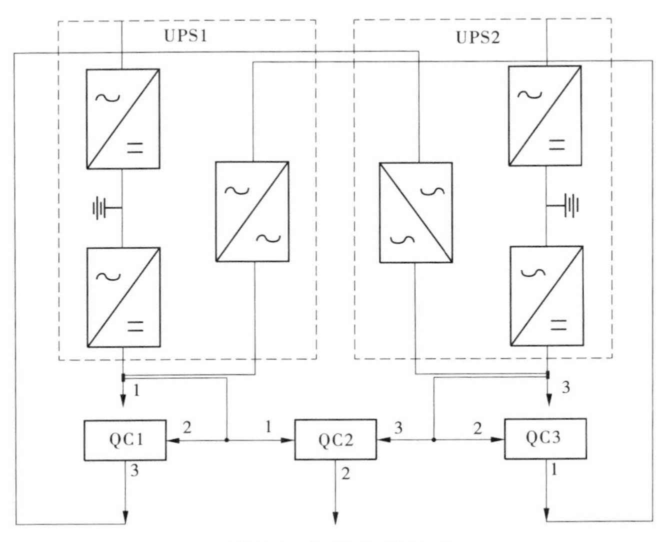

图 5-2　UPS 结构示意

为了保证向监控系统提供稳定不间断电源,设计上要求两台 UPS 互为备用且定时自行切换。但是,两台 UPS 在切换过程中,首先须切换到手动维修旁路,然后扳动三个波段开关,使三个波段开关全部转移到新的位置,这样就会造成监控系统的短时停电。这是造成主用 UPS 停电而无法在不停电的情况下投入备用电源的根本原因。

因此,对监控系统 UPS 进行改造,取消蓄电池,由厂用直流系统替代。双套系统进行切换时保证系统不停电,从而彻底解决了 UPS 问题。

四、监控系统数据阻塞处理

小浪底电站监控系统网络曾经由于 LCU6 接入网络发生阻塞。当时 LCU6 检修完毕后接入监控系统网络,随即运行机组(LCU2 和 LCU3)在操作员站和现地控制单元 LCU 上出现数据刷新缓慢的现象。故障查找过程如下:

(1)对每台现地控制单元进行诊断,发现存在两类异常:

①诊断主控 CPU 发现有超过系统扫描周期的情况;

②现地总线上发现有现地总线中断的情况。

(2)根据事件现象和诊断信息,分析问题的原因:

①当 LCU6 上电接入环网后(LCU6 对于 LCU1 ~ LCU5 均作为主站连接),LCU6 向 LCU1 ~ LCU5 发总召唤命令。

②当时,LCU2 和 LCU3 正在并网发电,并接受 AGC 不断的负荷调整,信号传送量很大,LCU2、LCU3 转发 LCU6 的总召唤命令给 SMI 总线上的所有设备。

③SMI 上的所有设备要回应总召唤,同时也要把其他即时变化的数据(模拟量上送量

很大,例如有功功率)通过 SMI 总线送给 AK 的 SMI 通信缓存区。

④总召唤的数据和其他的实时数据将依次上送。

⑤实时数据不能实时地通过网络送往上位机,并且 CPU 程序不能得到最新的实时数据(例如程序得不到最新的有功功率,由此造成不能通过模拟量输出模板反馈给调速器实时有功功率)。

⑥在目前电站的 LCU 设备配置情况下,CPU 工作负荷主要集中在程序执行、SMI 通信处理和以太网络通信处理。

⑦程序的扫描周期分为数据的采集、程序处理和数据输出 3 个部分,数据的采集和输出都依赖于 CPU 对通信(SMI 和以太网)的处理。

⑧由于大量的 SMI 数据处理消耗了 CPU 时间,导致 CPU 的逻辑程序执行受到严重影响;当 CPU 负荷到一定程度时,数据量大的通信口将产生阻塞,后续的数据将堆满缓存。

⑨当把 LCU2 从网络上退出时,CPU 将不再处理与以太网相关的数据,CPU 的负荷就大量降低,达到正常水平。

(3)以上的情况只有在极端情况下(CPU 负荷本来就很高,工作在接近极限情况下)才能出现,因此采取以下措施进行改进:

①增加一路有功功率变送器向调速器输送有功功率,保证调速器负荷调整的独立闭环控制不受监控系统影响。

②将 CPU 程序执行时间加长,充分考虑当有大量的通信数据时,能够有时间读取。

③优化 SMI 通信的相关参数,及时处理缓存里的数据,保证最新变化的数据能够即时上送主控 CPU。

(4)具体办法。

①优化网络拓扑结构,减少数据量。

监控系统内部定义的各 LCU 间的网络拓扑关系见表 5-1。

表 5-1　监控系统内部定义的各 LCU 间的网络拓扑关系

LCU	1	2	3	4	5	6	7	8	10	SERVER_A	SERVER_B
1	—	C	C	C	C	C	M	M	M	C	C
2	M	—	C	C	C	C	M	M	M	C	C
3	M	M	—	C	C	C	M	M	M	C	C
4	M	M	M	—	C	C	C	C	C	C	C
5	M	M	M	M	—	C	M	M	M	C	C
6	M	M	M	M	M	—	M	M	M	C	C
7	C	C	C	M	C	C	—	M	M	C	C
8	C	C	C	M	C	C	C	—	C	C	C
10	C	C	C	M	C	C	C	M	—	C	C
SERVER_A	M	M	M	M	M	M	M	M	M	—	M
SERVER_B	M	M	M	M	M	M	M	M	M	M	—

注:M 代表主站,C 代表从站。

优化后的网络拓扑结构见表5-2（由于LCU1～LCU6之间没有实际的数据交换，所以取消LCU1～LCU6之间的网络连接定义。这样，每台机的状况就不会直接影响到其他机组）。

表5-2　优化后的网络拓扑结构

LCU	1	2	3	4	5	6	7	8	10	SERVER_A	SERVER_B
1	—	—	—	—	—	—	M	M	M	C	C
2	—	—	—	—	—	—	M	M	M	C	C
3	—	—	—	—	—	—	M	M	M	C	C
4	—	—	—	—	—	—	C	C	C	C	C
5	—	—	—	—	—	—	M	M	M	C	C
6	—	—	—	—	—	—	M	M	M	C	C
7	C	C	C	M	C	C	—	M	M	C	C
8	C	C	C	M	C	C	C	—	C	C	C
10	C	C	C	M	C	C	C	M	—	C	C
SERVER_A	M	M	M	M	M	M	M	M	M	—	M
SERVER_B	M	M	M	M	M	M	M	M	M	M	—

②在每个LCU的网卡配置里面，删除网关的定义，减少网络负荷。

③优化LCU内部的SMI总线通信缓存，保证数据的实时发送。

④适当延长逻辑程序的运行周期，保证数据的更新完整。

最后经过现场试验验证，监控系统数据阻塞现象再也没有出现。

第三节　技术改造

一、监控系统部分升级改造

监控系统由1套主站系统和9套现地控制单元LCU（6台机组现地控制单元、开关站现地控制单元、公用系统现地控制单元和反馈屏现地控制单元）组成。监控系统上层系统由两套系统服务器、两套操作员工作站、一套工程师工作站和相应的网络系统等系统配套及辅助设备组成。系统在1999年投入使用，至今已连续运行10余年。

监控系统各子系统从投运以来，运行稳定，但所使用的SUN ULTRA10和AK1703是20世纪90年代产品，目前国内电站监控系统更新换代周期普遍为8～10年。随着计算机技术的迅速发展，软件和硬件换代周期都非常短，而小浪底电站监控系统主站系统所使用的计算机软件和硬件是SUN工作站3代前的产品，系统硬件损坏是影响系统安全稳定运行的一个安全隐患，因此从2005年开始陆续对上位机服务器、监控系统网络和现地控制单元的容量等进行了升级和改造。

升级和改造原则为：一次升级，应保证性能在 8～10 年内不落后；同时应考虑到如果将来对系统其他部分进行升级，产品性能指标应完全满足发展的需要；子系统本身的升级和改造不能对系统其他部分提出连带升级和改造的要求；升级过程不能影响正常生产运行。

（一）监控系统服务器升级（2005 年完成）

小浪底电站监控系统服务器选型于 1997 年，采购于 1998 年，运行时间 10 余年。随着技术发展，在实际运行中逐步发现有升级需要。例如：

（1）受限制于当时的产品性能，硬盘容量较小（小于 10 GB），历史数据存储要经常向磁带机转储。曾尝试附加扩展硬盘，但旧机型与新硬盘配合运行的稳定性一直存在问题。

（2）根据实际运行需求和系统扩展要求，在系统中不断增加一些新功能和增加大量的监视和控制信号，也对服务器的数据处理与网络通信性能提出了更高的要求。

（3）由于系统连续运行时间较长，部分硬件存在老化的情况，使系统运行稳定性降低，存在着一定的安全风险。

（4）郑州集控中心的投运，也可能会对系统服务器提出潜在的更高性能需求。

因此，提出对系统中央服务器进行升级。具体升级方案如下：

（1）服务器硬件平台彻底换用 SUN Blade 2500 服务器。

（2）此硬件平台既可以运行当今最新的 SUN SOLARIS 10 操作系统，以配合将来可能的进一步升级改进，又可以运行旧的 SOLARIS 8 系统，以便与原系统无缝过渡。

（3）操作系统由 SOLARIS 2.5 升级为 SOLARIS 8。

（4）服务器内的监控系统服务器软件由 SAT250 4.70 升级为 SAT250 4.78。

（5）上位机操作员站、工程师站硬件不变，软件升级到与服务器相同版本，即 SAT250 4.78。

（6）鉴于新型工作站已经没有可以配套使用的令牌环网卡，服务器与原系统令牌环网的连接采用以太网接口经透明网桥转换为令牌环网接口再接入网络的方案。

（7）考虑到显示器与原服务器的显示器兼容，而且服务器显示器不经常使用，所以仍使用原来的显示器，不再新购。

（二）监控系统网络升级改造（2006 年完成）

以太网技术的发展已经使其成为当前世界上最普遍的网络技术。尽管令牌环网的运行很可靠，目前完全可以满足安全运行的要求，但是，随着以太网技术的飞速发展，令牌环网已经退出主流网络技术的舞台。而且，令牌环网的设备已基本上不再生产。因此，尽管小浪底电站监控系统的令牌环网运行很稳定，但是万一令牌环网设备出现问题就会面临没有备件的困难。所以，需要对小浪底监控系统的令牌环网进行升级。

令牌环网升级为 100 MB 工业以太环网的方案如下：

（1）在主控级增加两台 100 MB 交换机，形成双星形网，连接中控室设备及现地级环形 100 MB 工业以太网。

（2）将各个现地单元的令牌环网集线器更换为德国 Hirschmann 公司的 100 MB 工业以太网交换机，形成现地级环形 100 MB 工业以太网。在 LCU8 的交换机上有电缆直接连接到主控级 100 MB 交换机，形成现地级环形 100 MB 工业以太网到主控级双星形网的连接。

(3)对 AK1703 智能控制部件的网卡进行参数化,以适应工业以太网的配置。

(4)厂控级采用两台交换机组成双星形 100 MB 快速以太网。厂控级提供的通信有:主控级交换机通过电缆以冗余方式连接中控室内各个设备,实现系统服务器、操作员站、多媒体工作站、工程师站、培训工作站、监视服务器、大屏幕、模拟屏及远方通信接口的网络连接;主控级交换机通过电缆连接现地控制单元 LCU8;实现现地控制级 100 Mbps 环形工业以太网与主控级网络的冗余连接。

(三)监控系统 UPS 电源装置改造(2007 年完成)

小浪底电站监控系统由 UPS1、UPS2 两套电源装置相互备用切换,构成监控系统 UPS 电源装置。两套 UPS 电源装置输入端主回路电源和旁路电源均取自配电箱母线 380 V AC、220 V AC,输出端通过隔离变输出 220 V AC 向负载供电,经长期运行发现存在以下缺陷:

(1)两套 UPS 电源装置输入端交流电源取自配电箱同一母线,当配电箱该母线失电时将造成 UPS 电源装置供电网络全部失电。瞬时失电对监控系统服务器可能造成数据损坏、服务器文件损坏、系统无法启动等后果,间接影响全厂安全运行。

(2)两套 UPS 电源装置正常工作时,当主用 UPS1 电源装置主回路、旁路均发生故障时,无法实现自动切换备用 UPS2 电源装置,只能由手动方式切换到 UPS2,这个切换过程会短时停电。

综上所述,为提高设备运行的可靠性和稳定性,对监控系统原 UPS 电源装置进行了整体改造。针对原有设备存在的问题,本着安全可靠、控制方便、稳定性好、可靠性高的原则,最终采用德国 SAFT(AEG PSS) Protect5. 31 20 kVA 工业型 UPS 双机并联冗余系统。

改造后的 UPS 电源装置构成为 SAFT(AEG PSS) Protect5. 31 20 kVA 工业型 UPS 双机并联冗余系统 2 台,20 kVA UPS 旁路隔离稳压柜 1 台,并联输出配电柜 1 台。为保证 Protect5. 31 UPS 双机并联冗余系统运行稳定,两台 UPS 输入电源采用三路供电方式:

(1)UPS1、UPS2 主电源分别取自 400 V AC 厂用电 5D、6D 配电盘(5D、6D 配电盘互为热备)。

(2)旁路电源取自 400 V 厂用电 5D 配电盘。

(3)直流电源取自地面直流系统。

其特点为:当主用电源 UPS1 在线运行时,备用电源 UPS2 启动以同期方式与 UPS1 并联运行,同时各自分配所有负载的 50% 运行。当任一 UPS 故障停运时,正常运行的 UPS 瞬时分配负载的 100% 运行,从而实现自动切换,满足监控系统不间断供电的需要(双机并联运行动态响应数据为:当负载在 0 ~ 100% ~ 0 之间变化时,UPS 的输出电压偏差率仅为 ±2%,恢复时间约为 1 ms)。

改造完成后,通过在电源输出端接入录波仪的方式进行 Protect5. 31 UPS 电源装置双机切换、交直流电源及旁路电源切换试验。进行各项试验时,观察录波仪输出波形显示,其电压变化 <2%,恢复时间 <1 ms,满足不间断电源各项技术要求。

投运后的 Protect5. 31 UPS 电源装置分别对监控系统、二次保护系统、GR90 远动系统等要求不间断电源的负载进行供电,近 4 年的运行表明,UPS1 和 UPS2 负载率分别为

8%、10%，双机并联整体运行稳定，提高了负载设备运行的安全性和稳定性。

（四）监控系统现地控制单元（LCU）扩容改造（2008年完成）

小浪底电站自投产以来，为提高设备运行安全性、稳定性，对现场设备进行了大量的技术改造，这些改造项目用完了监控系统现地控制单元（LCU）的备用信号通道。为了适应未来改造需要，对监控系统现地控制单元（LCU）进行了扩容改造，改造方案如下：

（1）在每台机组现地控制单元（共6台）上增加开关量采集模板（128通道），模拟量采集模板（16通道）。

（2）在公用系统控制单元（LCU7）上增加开关量采集模板（128通道），增加模拟量采集模板（16通道）。

（3）在开关站现地控制单元（LCU8）上增加开关量采集模板（128通道），增加模拟量采集模板（16通道），增加开关量输出模板（40通道）。

（4）为提高网络运行的可靠性，扩充现地控制单元网络容量，将原使用的网络通信板2542板（10 Mbps）更换为新型2556板（100 Mbps），将原有10 Mbps网络升级为100 Mbps。

（5）根据增加的模板在相应现地控制单元内增加端子排和输入\输出继电器。

（6）在上位机主站数据库和人机界面增加相应控制点和显示信号。

（7）在现场对每一台现地控制单元进行调试，使增加的通道与现地控制单元、被控对象和远方主站系统通信正常，信号传输正常、控制准确。

（8）现场增加的模板要求使用运行可靠性、稳定性较高的产品，并能够直接插入现地LCU的AK机架中。

（9）上行和下行信号均需要经过PI/PO程序转送NI/NO程序，不能直接进行网络传输。

改造后的监控系统不仅保留了原系统的所有功能，并且软、硬件性能都有较大提升，监控系统的扩展能力、运行处理速度得到提升，保证了母联保护改造、直流系统改造、检修渗漏排水改造等的新增信号均正常接入监控系统。目前监控系统整体运行良好。

二、监控系统整体更新改造

小浪底电站监控系统1999年投入使用时，在系统软件、硬件和现场的控制原理、技术上都是当时先进的，10年的运行也验证了该系统的稳定性、可靠性。但是，随着技术的发展、现场控制功能的增加、系统的扩展需要，系统产生了局部的薄弱环节。另外，由于监控系统的现地级智能设备已接近电子产品使用年限（8～12年），设备逐渐老化，并且部分设备已经停产，无备件更换，因此在2009年提出对监控系统进行全面的技术改造，并在2010年小浪底电站监控系统改造开始逐步实施。

此次监控系统改造中，其主站系统包含监控系统两台冗余服务器及其冗余切换系统、两套操作员工作站、一套工程师工作站、网关机和相关附属设备，取消了培训员工作站和SQL数据服务器。现地控制单元原有构成没有改变，增加了自动发电系统控制单元（AGC/AVC控制系统）。系统的软件主要采用的是安德里茨公司和微软的Windows操作系统，应用软件使用的是SCALA和TOOLBOXII。主站工作站硬件采用HP公司Z系列工作站。现地控制单元的硬件主要采用的是安德里茨公司的AK ACP系列产品。新系统由佛山安德里茨公司在2010年进行开发,当年部分主要系统已经投入运行,2011年全部投入运行。小浪底监控系统通过全面的技术改造、系统升级来保证监控系统在小浪底发电系统的安全、稳定运行中继续发挥重要的作用。

(一)监控系统改造设计

小浪底电站监控系统改造设计按分层分布考虑,采用开放分布式体系结构,符合现代监控系统技术发展的趋势,系统功能分布配置,主要设备采用冗余配置,同时充分考虑到小浪底电站的特点,整个系统按"无人值班"(少人值守)方式设计。监控系统采用先进通用的计算机硬件和成熟的软件技术,同时能适应于功能扩展,新功能的扩展可以通过现有的硬件或增加新的节点实现。

监控系统改造采用奥地利安德里茨水电集团最先进的NEPTUN系统。在NEPTUN水电站监控系统中,电站控制级采用了全球广泛应用的、人性化的250 SCALA上位机系统;现地控制单元LCU采用独特的多CPU体系的智能PLC控制器AK1703自动化装置。现地控制单元采用智能化结构,即所有的I/O板设置有自己独立的CPU,以保证各I/O模块能完成独立的工作,达到系统可靠性的目的。

系统结构设计最大限度满足监控系统智能分散、功能分散、危险分散的设计思想,使监控系统在硬件结构和软件设计上,都能代表国内一流水平。同时,为使系统具有高的可靠性和可利用率,系统结构和设计在满足系统要求的条件下采用标准化的设备和功能。

(二)监控系统改造系统结构

监控系统改造采用全开放、分层分布式结构,全分布数据库(功能和数据库分布在系统各节点上),整个系统由主控级设备、局域网络设备、现地控制单元设备组成,网络结构采用100 Mbps双环形光纤工业以太网(按IEEE 802.3u设计,网络介质采用光纤,通信规约TCP/IP,传输速率100 Mbps)。

电站控制级采用人性化设计的250 SCALA系统,网络设备采用德国原产的赫斯曼RS20交换机,通信协议采用TCP/IP协议,整个网络发生链路故障时能自动切换到备用链路。现地控制单元设备按被控对象配置机组LCU、开关站LCU、公用LCU等现地控制单元,采用新一代智能PLC控制器AK1703 ACP和其智能I/O。小浪底新监控系统网络拓扑结构见图5-3。

1. 电站控制级

电站控制级的核心是250 SCALA数据服务器和操作员站,监控系统上位机软件经过严格的优化设计和测试,对硬件平台有较强的适应性,采用HP高端工作站+Windows操作系统作为平台,兼顾系统可靠性、稳定性和易维护性。电站控制级主要设备是:两套SCADA服务器、两套操作员站、一套工程师站、一套中控室AK1703 ACP、一套AGC/AVC单元、两套局域网设备以及两套冗余GPS时钟系统。

1)中控室AK1703 ACP

目前,小浪底水力发电厂为一厂两站,为减少运行人员负担,提高工作效率,需要整合两个电站的操作员站,将两个电站上位机系统整合为一套。为提高系统的兼容性和可靠性,在小浪底电站控制级配置了AK1703 ACP作为西霞院电站接入通信网关,采用IEC600870-5-104规约来实现监控系统上位机同西霞院电站的接入。配置的AK1703

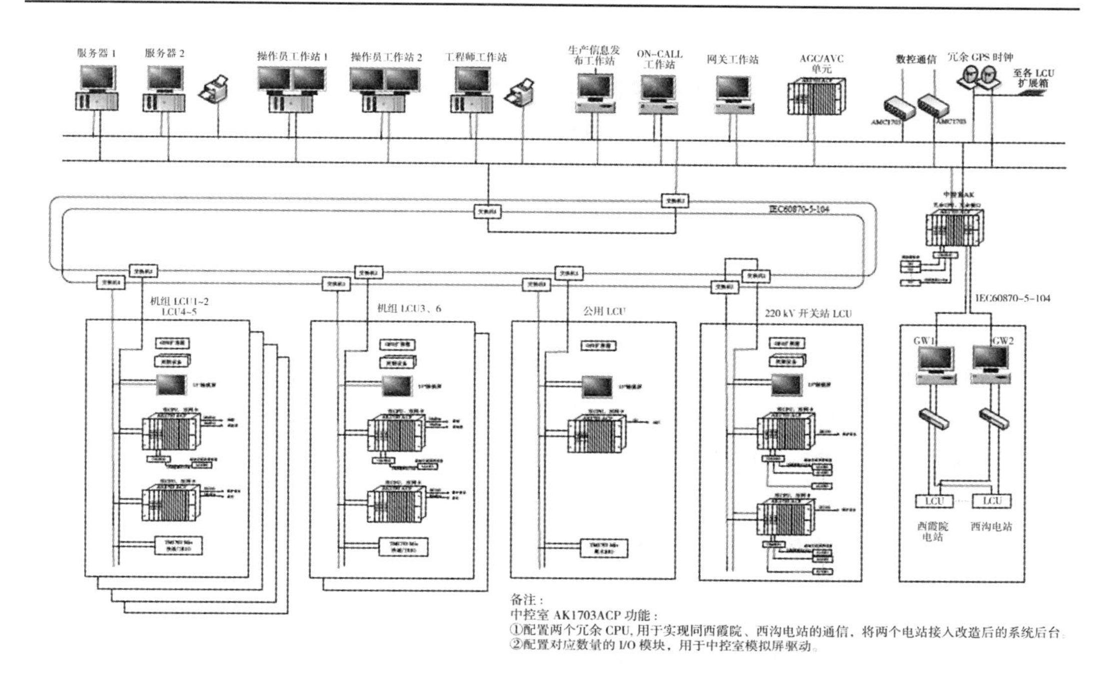

图 5-3　小浪底新监控系统网络拓扑结构

ACP 采用冗余 CPU、冗余接口，保证了通信的实时性和稳定性，其良好的容错功能也避免了第三方设备对监控系统服务器的干扰风险。

2）AGC/AVC 单元

AGC/AVC 功能在电力系统中的作用日益重要，因此单独配置性能稳定可靠的 AK1703 ACP 来实现 AGC/AVC 功能。AK1703 ACP 设备性能稳定可靠，能独立实现 AGC/AVC 功能，AGC、AVC 功能既可相互独立，亦可相互成组控制，避免了同其他功能在一起相互干扰，并且 AK1703 ACP 采用冗余 CPU 配置，增加了系统的灵活性，功能更加强大。

3）网络设备

目前，对大型水力发电厂，几乎无一例外地采用了工业以太网，同时考虑到网络系统的重要性，为增加网络系统的可靠性，大多采用双网结构（双星形或双环形）。小浪底电站监控系统网络于 2006 年进行了升级改造，采用德国赫斯曼公司生产的 RS20 工业级以太网交换机，将原系统令牌环网升级为 100 MB 工业以太网。因此，根据监控系统发展趋势，并结合小浪底实际情况，网络采用了双环形光纤工业以太网。同其他网络结构相比，其优点如下：

（1）不存在根网桥瓶颈，每个单环网络自愈时间短（100 毫秒级）。

（2）具有完整的冗余功能，所有的链路和网络设备均冗余配置，从根本上避免了单点故障，再加上环形结构的自愈功能，其可靠性级别甚至超过了双星形网络。在这种网络系统结构中，最多允许同时出现 3 处故障（链路故障和网络设备故障总计 3 处）。

4）时钟同步装置（GPS）

小浪底电站监控系统早期采用了串口 + IEC60870 - 5 - 104 + 分脉冲对时方式，保护等部分系统没有对时。为保证全厂二次设备时钟的一致性,便于分析事故原因,此次监控系统改造采用一套冗余的 GPS 主机加若干扩展对时单元的分布式对时系统,扩展单元通过光纤同冗余 GPS 主机相连,并可根据现场设备(如计算机、现地控制单元、保护设备、故障录波装置、数字时钟等)配置相应的对时模块(NTP、IRIG - B、DCF - 77、分脉冲、秒脉冲等对时信号),为二次设备提供对时信号,保证全厂二次设备时间的一致性。

改造后上位机系统相比原有系统具有以下特点:

(1)250 SCALA 系统软件继承了上一代 SAT250 系统的优点,人机界面更符合运行人员操作习惯。

(2)250 SCALA 系统为跨平台优化设计产品,对硬件平台有较强的适应性。

(3)系统采用工作站 + Windows 操作系统作为 250 SCALA 软件运行平台,既保证了系统的稳定性和可靠性,同时也可利用 Windows 系统丰富的资源开发出更人性化的人机界面。

(4)面向对象的开发维护工具,易学易用,大大方便了用户的后期维护和使用。

(5)增加了 250 SCALA 数据库容量,为西霞院电站监控系统的接入做了充分预留。

(6)采用 AK1703 ACP 作为西霞院电站接入的通信网关,稳定性大大优于普通工作站 + 软件的模式。同时,AK1703 ACP 具有良好的容错性,可有效隔离第三方系统不稳定对整个后台系统的影响。

(7)采用独立的 AK1703 ACP 实现 AGC/AVC 功能,既保证了系统软件功能的实现,同时也确保了硬件的稳定性。

(8)网络系统采用双环形光纤工业以太网,符合监控系统发展趋势。

(9)时钟同步装置采用模块化、分布式对时系统,利于全厂二次设备对时布局。

2. 现地控制单元(LCU)

监控系统改造下位机控制层由机组 LCU(LCU1 ~ LCU6)、公用 LCU、开关站 LCU 组成,对现地控制单元,均采用了 AK1703 ACP 智能控制装置。LCU 能实现时钟同步校正(包括远程 I/O 单元的时钟校正),其精度与时间分辨率配合,分辨率≤1 ms。LCU 每个控制及通信处理器单元均支持相同的应用程序和网络配置,切换时间为 0 s。其 CPU 负载率不大于 30%。LCU 具有掉电保护功能和电源恢复后的自动重新启动功能。

改造后现地控制单元相比原有系统具有以下优点:

(1)保留原系统所有功能,并采用安德里茨最新产品对系统软、硬件进行优化改造,性能更先进。

(2)取消所有 AME1703、AM1703 部分,摈弃原系统的串口 I/O 总线方式,新 I/O 板采用 16 Mbps 高速 I/O 数据总线,避免出现串口速率低造成的数据传输瓶颈。

(3)机组 LCU 分为顺控和温度采集两个机架单元,分别用于完成顺控流程和各部分温度采集等功能。

(4)顺控和温度采集两单元间,以及同 250 SCALA 服务器等其他设备间通过 100 MB 工业以太网通信。

(5)进口快速门 RIO 单元升级后更改为工业以太网接口,通过光纤网络接入监控系统骨干网。

(6)现地触摸屏同系统上位机系统为同一套开发和应用平台,方便了系统的开发和维护,所开发的现地触摸屏界面同上位机操作员站界面完全一致,有利于运行人员使用。

(7)DI 模板采用全 SOE 模板,便于信号设备单元布置排列,使系统结构清晰,有利于今后系统维护。

(8)所配交采装置直接接入 I/O 总线,无须通过串口方式接入监控系统,保证了设备的可靠性和实时性。

第四节　机组开停机流程优化

小浪底水力发电厂自投产以来,现场设备进行了大量的技术改造,监控系统对现场改造设备的监控存在部分缺陷,因此需要对监控程序进行优化,以满足现场要求,使现场设备的运行控制、反馈信息更加全面。

一、机组停机程序的优化

(一)机组停机稳态的判断条件优化

目前,监控程序中机组停机稳态的判断条件为:

(1)高、低压侧开关中,任一开关在断开位。

(2)导叶关断阀退出。

(3)导叶锁锭投入。

(4)机组转速 <1%。

(5)机械制动在退出。

(6)技术供水关闭。

当以上条件均满足时,机组停机过程达到停机稳态。由于技术供水关闭信号取自技术供水流量信号,当技术供水系统阀门存在关闭不严或漏水时,仍然会有流量信号上送,导致停机稳态条件不满足,因此将技术供水关闭信号解除,不再作为停机稳态的必要条件。

(二)对停机过程需要动作的控制对象,增加上升沿触发程序

机组在正常停机时,对需要动作的设备(如筒形阀系统、技术供水系统、调速器系统等),按停机流程依次下发动作指令。在流程指令执行过程中,下发指令始终处于保持状态,直至停机流程执行完毕后指令复归。因此,在停机时,上位机手动下发操作设备指令无效,无法操作设备。在程序中增加上升沿模块,使动作设备的指令通过上升沿下发,不再保持。

(三)统一主变高压侧开关控制方式

目前,机组停机时,除 3 号、6 号机组(带有 T22、T24 机端变压器)外,仅有 5 号机组在停机过程中自动断开主变高压侧开关。1 号、2 号、4 号机组停机时均不断开主变高压侧开关,停机后靠人工指令断开主变高压侧开关。为保持一致性,修改 1 号、2 号、4 号机组停机程序,全部自动断开主变高压侧开关。

(四)停机流程中投入电制动判断条件优化

停机流程中投入电制动判断条件为:

(1)调速器停机。

(2)小于空载开度。

(3)机组转速 <60%。

(4)导叶关断阀失磁。

其中小于空载开度信号反馈的导叶实际开度约为 16%,以此判断导叶位置作为投入电制动的条件存在缺陷。经试验,导叶由全开至全关位置,需要约 18 s,完全满足转速降至 60% 所需的时间。因此,将小于空载开度信号更改为导叶全关信号,作为投入电制动的条件。

二、优化机组开机流程,调整开机步骤

(一)优化开机流程,缩短开机时间

现阶段机组开机至并网状态所需的时间大致为 4 min,开机流程如图 5-4 所示。

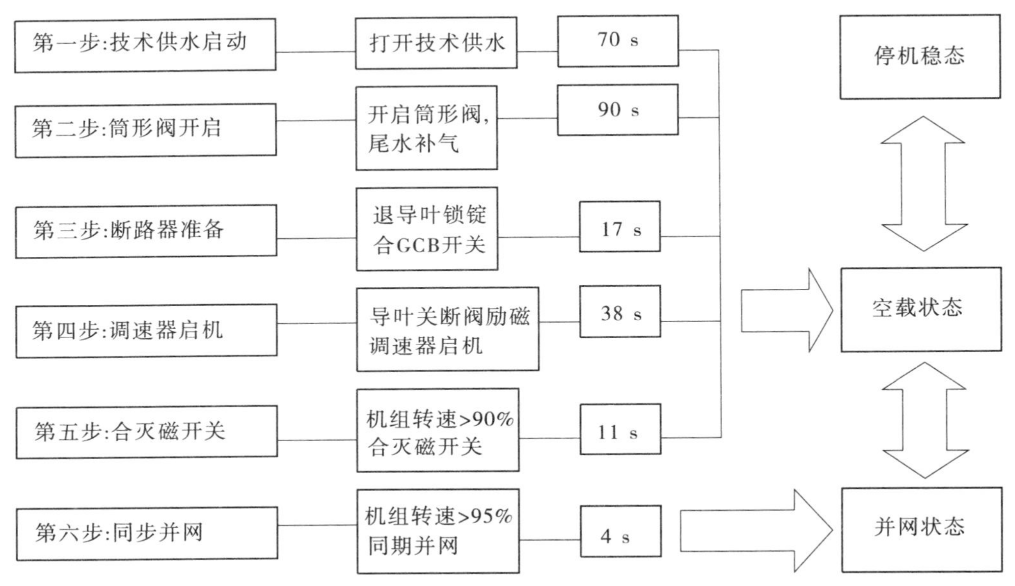

图 5-4　开机流程图及动作时间

正常情况下开机时间大致为 4 min,开机流程第一步到第二步累计需 160 s,占开机时间一半以上。由于在开机过程中,技术供水系统和筒形阀系统是相对独立的单元设备,不存在逻辑关系或闭锁关系。因此,将流程第一步、第二步合并为开机流程第一步,同时启动执行。当筒形阀提至全开、补气 90 s 结束时,开技术供水已完成,机组各部位流量正常,继续向下执行流程第三步断路器准备、退导叶锁锭等,整体开机时间将缩短约 70 s。

将开机流程中第二步开启筒形阀指令上移至第一步,与启动技术供水指令同时执行,并将筒形阀开启移至第一步与技术供水开启作为并列条件,作为开机流程第一步执行完毕的判断条件。

(二)调整开机步骤,优化开机流程,减少 GCB 及灭磁开关动作次数

根据现场需要,目前机组流程由停机稳态至并网状态,有两处需要进行优化修改。

1. 开机流程中增加空转状态

由于机组检修或试验时，只需将机组开至空转状态，不需合灭磁开关建压。因此，在空载状态前增加空转状态，当机组转速 >90% 时，即为空转状态；合灭磁开关步骤下移作为空载状态指令。修改后的开机流程更适合工作需要，同时减少了灭磁开关动作次数。

在程序中将原空载状态（GD－_TO）修改为（GD－_NL），新增加空转状态为（GD－_TO）。空转状态（GD－_TO）判断条件为：①机组转速 >90%；②机组无事故信号。同时满足以上两个条件时机组处于空转状态。

修改后的空载状态（GD－_NL）判断条件为：①低压侧开关在合位；②灭磁开关在合位；③机端电压 >17 kV。同时满足以上三个条件时机组处于空载状态。

相应在上位机流程画面中增加空转状态，并修改原空载状态流程步骤。

2. 调整低压侧开关合闸指令，减少开关动作次数

机组空转状态试验时，不需低压侧开关合闸，为减少低压侧开关的动作次数，向下调整低压侧开关合闸步骤。

低压侧开关合闸的判断条件为：

（1）高、低压侧开关中，任一开关在合位；

（2）高、低压侧开关均未合闸则合低压侧开关。

将低压侧开关合闸指令下移至空载状态步骤，低压侧开关合闸状态作为空载状态判断条件。

将原开机流程第三步程序中合低压侧开关指令下移至空载状态第四步合低压侧开关，同时将低压侧开关合闸条件移至空载状态第四步。保证在空载状态第四步合高、低压侧开关时，高、低压侧开关均未合闸的情况下，优先合低压侧开关，选择高压侧开关作为机组并网同期点。

（三）结合现场实际，修改开机流程

根据上述（二）中优化后的开机流程和步骤，修改后的开机流程如图 5-5 所示。

在程序中机组四种状态的判断条件叙述如下。

1. 停机稳态（GD－_ST）

（1）高压侧开关在断开位；

（2）低压侧开关在断开位；

（3）导叶关断阀退出；

（4）导叶锁锭投入；

（5）机组转速 <1%；

（6）机械制动在退出。

2. 空转状态（GD－_TO）

（1）机组转速 >90%；

（2）机组无事故信号。

3. 空载状态（GD－_NL）

（1）高、低压侧开关中，任一开关在合位；

（2）灭磁开关在合位；

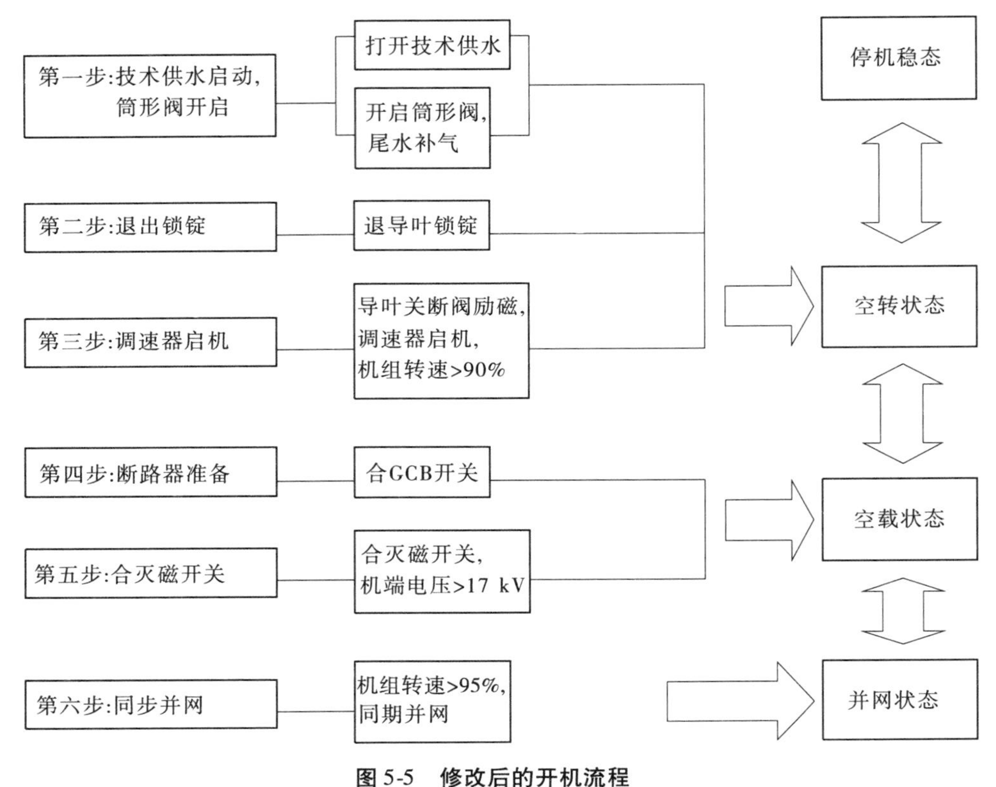

图 5-5　修改后的开机流程

(3)机端电压 >17 kV。

4. 并网状态(GD - _LO)

(1)高压侧开关在合位;

(2)低压侧开关在合位;

(3)机组转速 >95%;

(4)灭磁开关在合位。

5. 开机流程步骤程序修改

开机步骤 1:

(1)打开技术供水;

(2)开启筒形阀。

开机步骤 2:

退出导叶锁锭。

开机步骤 3:

(1)导叶关断阀励磁;

(2)调速器启机。

第三步执行完毕后并且机组无事故信号,即为空转状态。

开机步骤 4:

合低压侧开关。

机组高、低压侧开关中任何一个闭合，第四步执行完毕。当高压侧开关在合位时，不再执行开机步骤4，同时程序自动选择低压侧开关SQ0作为并网同期开关。

开机步骤5：

合灭磁开关。

第五步执行完毕后，即为空载状态。

开机步骤6：

(1)机组转速>95%；

(2)同期装置同期并网。

开机步骤7：

(1)调速器方式自动；

(2)励磁系统切至AVR方式。

第七步执行完毕后，机组并网状态运行。

6. 停机流程步骤程序修改

停机步骤1：

(1)调速器开度控制；

(2)导叶关闭至空载开度；

(3)励磁卸载。

第一步执行完毕后，机组停机至空载状态。

停机步骤2：

(1)断开高压侧开关；

(2)断开低压侧开关。

停机步骤3：

断开灭磁开关。

第三步执行完毕后，机组停机至空转状态。

停机步骤4：

(1)调速器停机；

(2)导叶关断阀退出。

停机步骤5：

(1)关闭筒形阀；

(2)投入电制动。

停机步骤6：

退出电制动。

停机步骤7：

(1)投入导叶锁锭；

(2)关闭技术供水；

(3)合上低压侧刀闸。

第七步执行完毕后，机组停机至停机稳态。

第六章 励磁及电制动系统

第一节 概 况

一、简介

小浪底电站机组励磁系统是瑞典 ABB 公司生产的 FMTB822 型双调节器双整流桥励磁系统，励磁系统接线方式采用自并励。小浪底单台机组额定容量为 333 MVA，额定功率因数 0.9，空载励磁电压 198 V，空载励磁电流 1 112 A，额定励磁电压 400 V，额定励磁电流 1 904 A，励磁强励顶值电压 800 V，励磁强励顶值电流 4 151 A，自动电压调节范围 70% ~110%，手动电压调节范围 5% ~110%，转子直流电阻 0.178 3 Ω(75 ℃)。

机组励磁系统主要由两部分组成：一部分是励磁功率单元，主要向同步发电机励磁绕组提供直流励磁电流；另一部分是励磁调节器，根据发电机的运行状态，自动调节励磁功率单元输出励磁电流以满足发电机的运行要求。

小浪底电站机组电制动系统与励磁系统相互独立，可以分为定子侧回路和转子侧回路两部分。电制动系统定子侧包括发电机出口短路开关 ZDK 和发电机出口开关 GCB，转子侧包括制动变压器（简称制动变）、二极管整流桥、整流桥交流侧开关和整流桥直流侧开关。为了防止过电压，整流桥配置了阻容保护和集成式的尖峰过电压吸收装置。

二、励磁控制系统中各种设备的主要功能

小浪底电站机组励磁系统回路组成可以分为两部分：与发电机转子线圈相连的主回路和监控回路。主回路包括：励磁变压器（简称励磁变），晶闸管整流回路，起励回路，发电机转子的灭磁及过电压保护回路，极性转换柜。励磁电源通过主回路向发电机的转子提供电压，而在开机起励过程中，发电机机端电压的建立需要起励回路辅助完成。停机灭磁时，主回路与灭磁回路相配合，灭磁开关断开，将转子能量消耗在非线性电阻中。监控回路包括：励磁控制系统的电压调节器，远方操作的励磁系统控制回路，显示故障的监测回路，故障时的跳闸保护回路，辅助电源回路等。

（一）主回路

1. 励磁变压器

励磁变压器为分相、户内型、环氧树脂浇注、绝缘等级 F 级的干式变压器，冷却方式为自然风冷。变压器安装在金属柜内，高压侧采用离相封闭母线连接，低压侧采用电缆引出，一、二次绕组间设有金属屏蔽接地。额定容量 3 ×850 kVA，额定一次电压 18 kV，额定二次电压 830 V。

励磁变压器一次侧与发电机机端相连，二次侧引至整流桥阳极侧。除了为整流桥提

供合适的电源电压，励磁变压器也将转子绕组与整流桥电源回路和定子绕组进行隔离。变压器的二次侧电压可以通过分接头进行调节，电压大小由晶闸管的顶值电压决定。变压器的二次侧电流由发电机额定励磁电流决定。

2. 整流桥

可控硅整流器采用三相桥式全控整流桥，由 2 个并联支路组成。每个整流桥包含 6 个可控硅元件，6 个带指示开关的可控硅熔断器。当单柜风机电源消失、任一风机故障或风机电源过流时整流桥自动退出运行并报警。励磁整流桥可控硅元件参数为：反向重复峰值电压 4 000 V，通态平均电流 2 570 A。整流桥输出电压大小由励磁调节器通过脉冲触发装置进行控制。通过脉冲触发装置，调节器的模拟量输出信号转换成具有一定相位的脉冲信号，从而将交流电压转换成大小可以调节的直流电压。

整流装置具有相互独立的两套整流桥以及脉冲触发装置，分别称为一套整流桥、二套整流桥。每套整流桥都配置了阻容吸收回路、快速熔断器和风机。阻容吸收回路用于吸收尖峰过电压，保护晶闸管；整流桥的六个桥臂均安装了快速熔断器，当整流桥臂输出的电流大于快速熔断器整定值时，快速熔断器熔断；整流桥冷却方式为强迫风冷，当灭磁开关闭合时，风机自动启动。

机组正常运行时，一套整流桥就可以承担最大的励磁电流，同时闭锁二套整流桥的脉冲触发装置。出现故障时，闭锁一套整流桥的脉冲触发装置，同时解除对二套整流桥脉冲触发装置的闭锁，这样两套整流桥便进行了切换。

一套整流桥出现下列故障时，电压调节器会自动地切换到二套整流桥：可控硅故障，快熔保险熔断；风机故障；风压过低；脉冲触发装置电源消失。

励磁系统每次启动前，二套整流桥会先投入运行近 30 s，待发电机机端电压升至调节器程序设定值时，自动地切换到一套整流桥，这样可以对二套整流桥进行一次例行检查。

3. 灭磁回路

灭磁及过电压保护部分由灭磁开关、非线性电阻、跨接器和过电压检测元件等组成。小浪底励磁系统正常灭磁和事故时均采用断开灭磁开关，投入非线性电阻灭磁的方式灭磁。灭磁开关使用的是瑞士赛雪龙公司生产的 UR26 型单断口、双向直流磁场断路器。非线性电阻使用的是碳化硅。跨接器由正反向两个可控硅并联组成，由调节器控制其导通。如图 6-1 所示，机组正常停机和发生故障时，启动灭磁开关跳闸继电器，在对灭磁开关发出跳闸指令的同时，使灭磁可控硅触发回路 U08 动作，在灭磁开关断开主回路前 2～3 ms 接通碳化硅非线性电阻，依靠灭磁开关断口电压使转子产生一个反向电势，维持可控硅导通，将发电机转子储存的能量转移到高能碳化硅电阻中。

发电机转子产生过电压的原因主要有：发电机出现二相、三相短路；开关非全相及大滑差异步运行时，可控硅励磁电源运行中出现的换相尖峰过电压以及从交流侧通过励磁变压器和气隙传递过来的大气过电压、电网操作过电压均在转子系统中产生过电压。按照在任何可能的情况下，励磁系统应保证励磁绕组两端过电压的瞬时值不超过出厂试验时绕组对地耐压试验电压幅值的 70%；灭磁过程中，励磁绕组反向电压一般不低于出厂试验时绕组对地耐压试验电压幅值的 30%，不高于 50%；非线性电阻负荷率不大于 60% 的过电压整定原则，小浪底励磁系统正向过电压整定为 1 800 V，反向过电压整定为

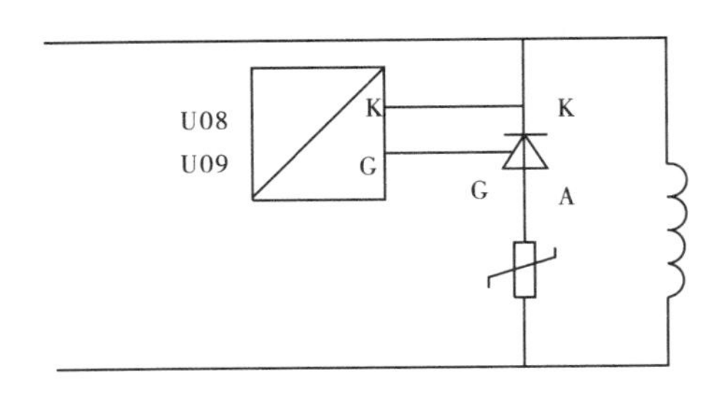

图 6-1　灭磁回路

1 200 V。

转子过电压保护是由正向相连的可控硅以及与灭磁电阻相串联组成的,如图 6-2 所示。当励磁绕组的电压超过了保护装置的电压设定值时,该保护装置就会发出一个脉冲,使可控硅导通,将过电压产生的能量转移到非线性电阻中。由于整个过电压保护电阻是与励磁绕组并联的,所以防止了绕组的过电压。电阻限制了流过保护装置的电流,这样即使在最大的励磁感应电流出现时,电阻的压降也不会超过设定的电压等级。

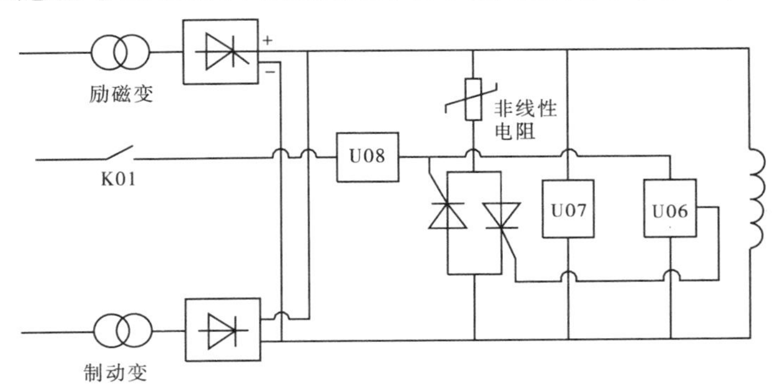

图 6-2　过电压保护回路

过电压保护装置的检测元件是一个转折二极管 BOD,当检测元件检测到转子出现正向过电压时,发出转子过电压信号给调节器,调节器控制跨接器导通,通过短暂的逆变改变调节整流桥的输出。由于逆变产生的反向电压,过电压可控硅由导通状态变为断开状态,而且消除了励磁绕组的正向过电压。在逆变消除后,励磁系统又恢复了正常的工作状态。

(二)保护回路

小浪底励磁系统设备主要有以下几种保护:

(1)发电机转子过载保护。通过一过电流保护继电器,避免励磁变压器、整流桥、灭磁开关 FB、发电机转子线圈出现过载。过载时,过电流保护继电器动作出口励磁系统跳闸。

(2)可控硅的保护。可控硅快熔保险熔断、脉冲丢失或其他原因引起的可控硅不能导通会产生一个 50 ~ 100 Hz 的脉动电流。在可控硅整流桥交流侧设置的 CT 检测出此电流后,引起频率感测保护单元动作并切换到二套整流桥。

(3)直流短路保护。当运行在励磁电流调节方式时,可控硅整流桥的直流输出短路或励磁电流限制器动作,此时,励磁电流的平均值无法增加。调节器会增加可控硅的触发角以使电流达到预设值,电流测量回路不会感测到过电流。虽然短路时负载会由大感性变成阻性,可控硅整流桥直流侧仍会产生 300 Hz 的电流分量,并由可控硅整流桥交流侧 300 Hz 的测量元件检测到,出口频率感测保护单元动作并跳闸。

(4)短路或过电流保护。每一可控硅整流桥桥臂上设置有快熔保险来保护短路或过电流。

(5)可控硅电流变化率和电压变化率保护。为使可控硅电流变化率和电压变化率在一定的范围内,每一可控硅与一 RC 回路相并联。

(6)可控硅快熔保险熔断保护。快熔保险熔断后,保险上设置的一个微型开关动作,由此切换到二套整流桥。若二套整流桥的快熔保险熔断,则跳闸。

(7)风机故障保护。风机运行时出现热过载、风机电源短路、风压过低引起冷却系统故障,此时会出现报警并切换到二套整流桥。可控硅冷却系统中一套风机故障不会影响到励磁系统的性能。风机电源有两路,一路由机旁自用电交流 380 V 电源提供,另一路引自励磁变压器二次侧。在励磁系统启动时,先使用机旁电源启动风机,当机端电压大于额定电压的 80% 时,风机电源切换至另一路,由励磁变压器提供风机电源。这样的好处是当励磁系统运行时,即使机旁交流风机电源丢失,也不会影响整流桥正常运行。

(8)发电机转子过电压保护。转子过电压保护与灭磁设备相互协作,如图 6-2 所示。

(三)调节器的控制、监测和调节

励磁系统的控制、监测和调节功能由电压调节器 HPC840 来完成。这种调节器以 ABB Master 系列中 AC110 为基础。调节器(见图 6-3)由两套相互独立的自动微机励磁调节器(每套均包括 AVR 和 FCR)和一套手动励磁电流调节器 DSTS105(FCR)构成。在正常情况下,两套微机调节器均投入运行,但只有一套调节器处于调节状态,向脉冲发生板发出命令,另一套调节器作为备用。当正在工作的调节器故障或维修时,则备用调节器自动投入运行。如果两个自动调节器都出了故障,则自动切换到手动调节器(励磁电流调节器)运行。每套调节器拥有独立的脉冲发生板 DSTS101B、脉冲放大板 DSTS103,两套调节器共用一套监视板 DSTS102,DSTS102 板可以检测整流桥不导通、励磁系统过载等故障,并且具有整流桥主备用选择等逻辑功能。

1. 励磁调节器的冗余

励磁设备电压的调节采用两套相同的电压调节器,即 AVR1、AVR2。当主用电压调节器出现故障时,会自动地切换到备用调节器,这种切换是无扰动的。

调节器的几种工况如下:

(1)AVR1、AVR2 均正常。当两套励磁调节器均正常时,这时需从操作面板上选择一套调节器作为主用调节器并发送一个开关量信号使另一套调节器作为备用。调节器优先选择一套整流桥,一套整流桥故障时自动切换至二套整流桥。

(2)AVR1 故障 AVR2 正常。如果作为主用的励磁调节器 AVR1 出现故障,而 AVR2 正常,则 AVR1 退出主用同时发一开关量信号使 AVR2 由备用成为主用。

(3)AVR1、AVR2 均故障。如果两套励磁调节器均出现故障,则会自动地转换 BACKUP 模拟量调节方式。BACKUP 通过 DSTS105 板来完成对励磁电流的调节。BACKUP 方式下只能选择一套整流桥。

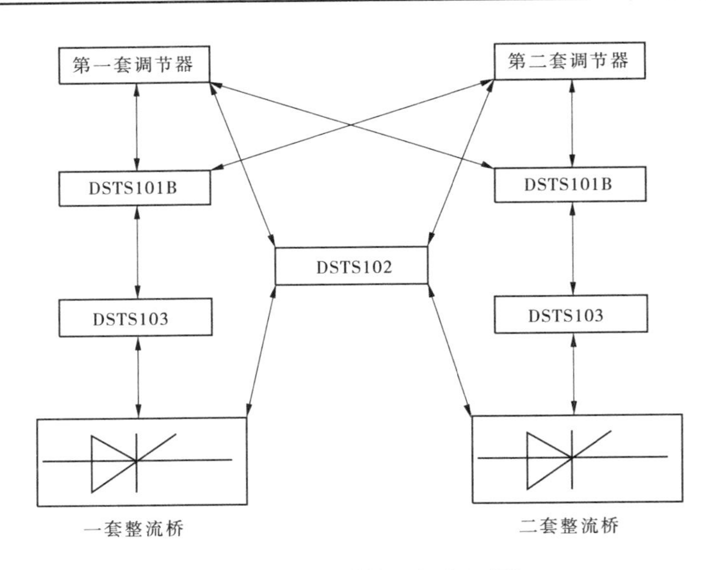

图 6-3　励磁系统控制部分逻辑图

(4)BACKUP 调节方式(由操作面板完成)。此时两套励磁调节器均作为备用,由 BACKUP 模拟量调节器进行控制。

(5)调节器的复位(由操作面板完成)。按下复位按钮,便实现由 BACKUP 调节方式到其他励磁调节方式的转换,同时必须在操作面板上对两套调节器进行选择。

2. 励磁调节器的输入和输出信号

(1)数字量输入信号。为实现励磁系统的功能,励磁调节器主要有以下开关量的输入信号:FB(断开、闭合),控制模式(电压调节、励磁电流调节、无功功率调节、功率因数调节),调节器的增磁/减磁,发电机出口开关(断开、闭合)。

(2)模拟量输入信号。电压调节器的所有模拟量输入信号(机端电压、无功功率、励磁电流、有功功率信号)都经过变送器然后输入到调节器。

(3)数字量输出信号。每一个信号的输出都独立地显示在调节器操作面板的信号灯上。所有的输入、输出板本身都有监测功能。调节器对其辅助电源、记忆单元、通信单元都可以自行检测。当检测到一套调节器出现故障时可以无扰动地切换到另一套调节器。当检测到两套调节器出现故障时会自动地切换到 BACKUP。

(4)模拟量输出信号。调节器有以下的模拟量输出信号:转子温度、无功功率、发电机励磁电压、发电机励磁电流。

3. 调节和辅助功能

在 HPC840 的程序设计中,励磁调节器主要有以下功能:

(1)自动电压调节 AVR。

(2)励磁电流调节 FCR。

(3)两种调节模式间的相互跟踪。

(4)机组开机时的软启动功能。

(5)瞬时和延时励磁电流限制器 FCL。

(6)无功功率调节 MVar。

(7)电力系统稳定器 PSS。

(8)欠励限制器 UEL。

(9)V/Hz 限制器。

(10)延时定子电流限制器 SCL。

三、电制动系统

(一)电制动的工作原理

电制动的基本工作原理是同步发电机的电枢反应原理,以及能耗制动的原理。当停机信号给出后,水轮机导叶关闭,同时发电机转子回路灭磁,经过一定时间发电机出口母线仅维持剩磁电压,此时机组轴上的转矩为发电机 GD^2 决定的惯性转矩、发电机的风摩擦阻力矩、轴承的机械摩擦阻力矩、水轮机转轮的水阻力矩四者之和,其中惯性转矩方向与转子转动方向相同,而其他阻力矩则与转子转动方向相反。当发电机停机信号给出后,灭磁开关闭合,发电机端残压低于 10% U_g(U_g 为额定定子电压),发电机出口开关 GCB 合闸(或者断开,根据接线情况而定),以及机组转速下降至 60% N_0(N_0 为发电机额定转速)等条件满足时,自动投入制动开关 ZDK 将发电机出口短路,此时转子回路通入励磁电流,使定子回路感应出电流。根据同步发电机的电枢反应原理,这时电枢反应将产生两个分量,一部分是纵轴分量,只体现为增磁和去磁效应,不反映电磁转矩,而横轴分量则反应为一电磁转矩,其方向与惯性转矩方向相反,对机组的转动起阻碍作用,迫使机组转速下降并最终停止,从而实现机组的电气制动。

(二)小浪底电站电制动系统的动作过程

1. 电制动启动条件

小浪底电站电制动系统原理接线图如图 6-4 所示,电制动启动条件为:

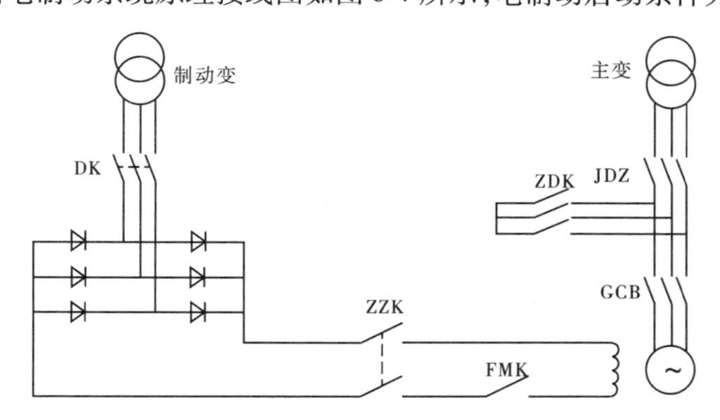

JDZ—发电机出口甲刀闸;ZDK—制动开关;GCB—发电机出口开关
FMK—灭磁开关;ZZK—电制动直流开关;DK—电制动交流开关

图 6-4　电制动系统原理接线图

(1)机组与系统解列;

(2)正常停机指令给出;

(3)机组无电气事故;

(4)水轮机导叶在全关位置;

(5)机组转速降至60% N_0 以下。

2. 电制动系统动作程序

(1)电制动投入。断开发电机出口甲刀闸JDZ—合上灭磁开关FMK—合上制动开关ZDK—合上发电机出口开关GCB—合上电制动直流开关ZZK—合上电制动交流开关DK。

(2)电制动退出。当机组转速小于1% N_0 时,退出电制动。流程为:断开发电机出口开关GCB、断开灭磁开关FMK—断开电制动交流开关DK、断开制动开关ZDK—断开电制动直流开关ZZK。

第二节　运行及维护

一、运行方式

(一)励磁调节器的调节特性

(1)在发电机空载运行时,自动调节器和手动控制单元的整定电压变化在额定电压的120%范围内,自动励磁调节器在发电机空载额定电压的110%内进行稳定、平滑地调节。

(2)励磁调节器保证发电机端电压调差率整定范围不小于±15%。

(3)手动励磁电流调节器的调节范围:下限不得高于发电机空载励磁电压的10%,上限不得低于额定励磁电压的110%,以满足对线路初始充电的要求。

(4)在允许的发电机进相运行范围内,突然减少励磁时,励磁系统保证稳定、平滑地进行调节。

(5)发电机空载运行时,转速在95% ~105%额定转速范围内的情况下,突然投入励磁系统,使机端电压从零上升至额定值,电压超调量不大于额定电压的5%,振荡不超过3次,调节时间不大于3 s。

(6)发电机在甩额定负荷后,发电机电压超调量不大于15%额定值,振荡次数不超过3次,调节时间不大于5 s。

(二)励磁调节器的运行方式

在水轮发电机工况运行时,通常由励磁电压调节器按常规方式自动调节电压,其主要功能如下:

(1)机组并网前调节发电机定子电压,并网后调节机组无功负荷。

(2)在电网电压突然降低或励磁回路故障而产生强励时,限制励磁电流至4 151 A。

(3)限制发电机的欠励,以保证其在稳定范围内吸收无功负荷(发电机欠励限制器)。

(4)发电机定子电流限制在 $1.05I_n$ 的范围内(定子电流限制器)。

(5)将功率因数 $\cos\varphi$ 控制在0.9以上。

(6)手动电压调整(即励磁电流手动调整)。

（三）电制动运行方式

正常运行时，机组停机后，转速降到60%时自动投入电制动。

二、运行操作

（一）励磁系统的操作

励磁系统的控制分为远方、现地两种方式。远方方式下，通过监控系统上位机或者现地控制单元（LCU）模拟屏进行操作。现地方式下，通过励磁系统调节器柜体操作面板进行操作。远方、现地方式可以实现以下功能：

（1）远方、现地方式切换，此功能只能通过励磁系统调节器柜体操作面板上的“远方/现地”切换开关实现。

（2）分、合灭磁开关，对于小浪底电站励磁系统，合上灭磁开关，即励磁系统投入运行，断开灭磁开关，即励磁系统退出运行。

（3）增、减励磁。

（4）AVR1、AVR2调节器选择，第一套调节器的自动电压控制模式称为AVR1，第二套调节器的自动电压控制模式称为AVR2。

（5）BACKUP方式选择，主用于试验。

（6）AVR、FCR调节方式选择。

（7）MVAR、$\cos\varphi$调节模式选择，即无功、功率因数调节器模式选择，这两种调节模式只能在并网时和AVR调节方式下实现。

（8）报警复归（此功能只能在励磁系统调节器柜体操作面板上进行）。

对于上述功能，在励磁系统调节器柜体操作面板上均有相应的指示灯对应，包括：灭磁开关分、合指示灯，AVR1、AVR2工作指示灯，BACKUP方式指示灯，AVR、FCR调节方式指示灯，MVAR、$\cos\varphi$调节模式指示灯，报警复归指示灯。

（二）电制动系统的操作

由于电制动投入不仅要求电制动定子侧和转子侧回路的开关闭合，还要闭锁励磁系统启动，闭锁发变组相关保护，因此电制动的投入和退出均通过监控系统进行操作，一般不使用电制动柜体操作面板操作。

电制动柜体操作面板上可以对电制动整流桥交流侧及直流侧开关进行分、合操作，并且安装有操作把手和电制动相关开关状态和报警指示灯，具体包括：

（1）整流桥交流侧开关分、合状态指示灯。

（2）整流桥直流侧开关分、合状态指示灯。

（3）发电机出口短路开关分、合状态指示灯。

（4）远方、现地操作把手。

（5）电制动整流桥快速熔断保险熔断报警指示灯。

（6）电制动控制回路交流电源指示灯。

（7）电制动控制回路直流电源指示灯。

三、巡回检查及维护

（1）励磁系统运行中正常检查项目如下：

①励磁变压器无异常声音，无过热现象，温度指示在正常范围内；

②励磁系统各引线及控制线无过热、松动、脱焊、焦味等现象，所有开关、把手、保险均在规定位置；

③励磁盘上所有表计指示正常，信号指示与运行方式符合，调节方式应在 AVR 或 FCR，调节器在 AVR1 或 AVR2；

④励磁风机运行正常，无异常声音、过热、焦味、振动等现象，柜内无异物，进风口清扫干净。

(2)机组运行时，应监视转子电流和无功功率的变化，当转子电流和无功功率无故变化时，应立即到现场去检查原因，并采取措施。

(3)巡检时，对励磁柜上各元件不得误碰，不得任意操作。

(4)巡检时，切换表计，注意励磁变压器三相电流、电压的平衡。

四、检修及试验

小浪底励磁系统检修随机组的 A 级、C 级检修进行，C 级检修周期为每年一次。A 级检修周期为每台机组 6 年一次。

小浪底电制动系统结构简单可靠，因此电制动系统的维护包括设备卫生清扫、继电器校验和电制动主回路及控制回路功能检查等内容。

(一)机组 C 级检修励磁系统检查项目

(1)励磁盘柜卫生清扫检查。所有励磁盘柜内、外清洁，无灰尘，励磁功率柜的呼吸窗滤网内无灰尘，无潮气。

(2)1 号、2 号励磁调节器柜插件板、电路板检查。各元器件无开焊、虚焊现象，插件的插头与插座接触良好。

(3)盘柜上各种表计的检查校验。

(4)非线性电阻碳化硅检查。碳化硅电阻外观应无明显开裂损坏现象。

(5)灭磁开关检查，灭磁开关动静触头无灰尘、无电弧烧痕，分合闸操作正常，灭磁开关直流电阻试验测值应符合规程要求。

(6)各盘柜内各元器件、接线端子、电缆连线等检查。各盘柜内各元器件触头、接头无过热变色或其他异常现象，接线端子无松动，各元器件不偏离正常位置，电缆连线无掉线现象。

(7)两套微机调节器上电后检查。AC110 插件板上电后应显示为 P1 状态，其他插件板无任何故障显示，调节器应为 AVR 调节方式。

(8)继电器线圈阻值测量。励磁调节器柜内继电器有两种电压等级线圈类型，一种是直流 220 V，一种是直流 24 V，测量时将万用表打至电阻挡，使用万用表两根表笔测量线圈电阻，最后记录结果。

(9)阻容保护中的电阻和电容测量。测量两套整流桥上阻容保护中 12 个电阻和 12 个电容的值，并记录结果。

(10)变压器电阻值测量。使用万用表测量励磁盘柜内所有变压器的相间阻值和每一相的对地阻值，并记录结果。

(11)灭磁开关线圈阻值测量。

(12)电源模块输出电压测量。

(二)机组 A 级检修励磁系统检查项目

机组 A 级检修励磁系统的检查项目,除 C 级检修中的上述项目外,还包括励磁系统静特性试验、发电机短路试验(励磁系统部分)、发电机空载特性试验(励磁系统部分)、发电机空载扰动试验(励磁系统部分)。

1. 励磁系统静特性试验

励磁系统静特性试验又称小电流试验,用于检验励磁系统静态特性,包括输入电压与输出电压之间的函数关系,输出电压波形等。

励磁系统静特性试验前必须保证:机组在停机稳态,机组极性转换开关已断开,励磁系统所有交、直流电源已投入。

试验步骤包括:

(1)拆下励磁系统功率联络柜后盖板,将励磁变至整流桥的三相电缆拆下,并记录原安装位置,以便进行回装。

(2)断开机旁动力盘至励磁系统的起励电源开关。

(3)使用一根三相电缆,一端接至励磁系统临时三相电源,临时三相电源进线处安装一个空气开关用于分断电源,另一端接至功率联络柜后三相母排上,注意 A、B、C 三相的顺序与整流桥原顺序保持一致。

(4)使用笔记本连接至第一套 PLC,强制起励信号输出为 0,并断开第二套 PLC 电源开关。

(5)合上空气开关,投入机旁动力盘至励磁系统的临时三相电源。

(6)将励磁系统控制方式切至“现地”位置。

(7)将励磁系统调节方式选择为 BACKUP 方式。

(8)安排人员在第一套 DSTS101B 板上测量励磁系统控制电压值,安排人员在极性转换开关处测量整流桥输出直流电压,注意防止触电。

(9)合上灭磁开关。

(10)在调节器柜面板上手动增磁,观察转子电压表,使转子电压从零升至 500 V,然后再手动减磁,将转子电压从 500 V 减至 0。这期间,转子电压每变化 50 V,记录一次转子电压值和 DSTS101B 板上测值。

(11)断开灭磁开关,将 PLC 强制状态恢复。

(12)断开三相临时电源的空气开关,拆下三相临时电缆,并将原励磁变压器至功率联络柜三相母排的电缆恢复,注意按照原相序安装。

(13)将励磁调节方式选为 AVR1,再将励磁系统控制方式切至“远方”。

(14)将试验所记录的数据绘制成图形。

2. 发电机短路试验

发电机短路试验主要是对机组母线及机端配电装置进行检查,对短路电流流过的 CT 回路进行检查,对测量回路进行检查,对机组保护进行验证。

发电机短路试验步骤包括:

(1)试验中励磁系统只是配合机组短路试验,需要拆下励磁系统功率联络柜后盖板,将励磁变至整流桥的三相电缆拆下,然后另引一路临时电缆接至功率联络柜三相母排。

(2)使用笔记本连接至第一套 PLC,强制起励信号输出为 0,并断开第二套 PLC 电源开关。

(3)将励磁系统控制方式切至“现地”,将励磁系统调节方式切至 BACKUP 方式。

(4)安排一名工作人员记录机组定子电流,再安排一名工作人员记录转子电流。

(5)机组开机并达到空转状态。

(6)根据指令,合上灭磁开关,在调节器柜面板上手动增磁,机组定子电流每变化 1 000 A,记录此时的转子电流和定子电流值。

(7)待机组定子电流升至额定值后,再手动减磁,记录转子电流和定子电流值。

(8)试验完毕后,断开灭磁开关,将励磁系统所有拆除的接线恢复。

(9)将试验中所记录的转子电流和定子电流数值绘制成图形。

3. 发电机空载特性试验

发电机空载特性试验步骤包括:

(1)检查并确定发电机励磁系统所有短接线已拆除。

(2)将励磁系统控制方式切至“现地”,将励磁系统调节方式切至“BACKUP”方式。

(3)使用笔记本连接至第一套 PLC,强制起励信号输出为 0,并断开第二套 PLC 电源开关。

(4)使用录波仪接收发电机定子电流 CT 和转子电流 CT 的测量值记录。

(5)将机组开至空转状态。

(6)根据指令,合上灭磁开关,操作励磁调节器柜面板上的增磁按钮,缓慢调整励磁输出电流,从定子建立起第一点电压起转子电流从相应值开始逐渐递升,每变化 5% 定子额定电压记录一次对应的转子电流及定子电压。当定子电压达到额定值时,退出定子过压保护,当定子电压达到 1.3 倍额定定子电压时记录对应数据。然后缓慢减少定子电压到 0,每变化 5% 定子额定电压记录一次对应的转子电流及定子电压值。当定子电压达到额定值时,投入定子过压保护,转子电流为零时,记录定子残压(注意:调整只允许单向进行,即使发生了误调也不许回调)。

(7)完成发电机试验中的相应检查。

(8)机组停机。

(9)根据试验数据绘制曲线。

4. 励磁系统空载扰动试验

励磁系统空载扰动试验用于检查励磁系统调节方式是否能够无扰切换,在受到阶跃量扰动时能够迅速平复。

励磁系统空载扰动试验步骤:

(1)将机组开至空载态。

(2)在 AVR1 和 AVR2 两个调节器控制方式下进行切换,观察发电机定子电压有无变化。

(3)在 FCR 和 AVR 两种调节方式下进行切换,观察发电机定子电压有无变化。

(4)在励磁调节器程序中设置10%的定子电压给定阶跃量,观察定子电压波形是否符合规程要求。

(5)将转子电压、转子电流和定子电压测值输入录波仪,模拟机组事故停机,观察励磁系统灭磁波形。

五、常见设备故障处理

(一)报警、跳闸信号

(1)动作于报警信号的故障:风机故障(1台)、风压低、可控硅故障(1套)、供电电压低、脉冲板电源失电(1套)、转子温度高、转子一点接地、励磁变温度2级保护、PT断线、PLC故障(1套)。

(2)动作于故障跳闸的故障:脉冲板电源失电(2套)、磁场过压、起励时间长、可控硅故障(2套)、风机故障(2台)、转子过负荷、励磁变速断、励磁变过流、励磁变温度1级保护、电源电压低、PLC故障(2套)。动作结果:跳GCB、灭磁、停机。

(二)同步变压器故障

1.故障现象

2号机组励磁系统事故停机。2号机组励磁系统中位于励磁联络柜内的一台830 V/380 V,容量为570 VA的同步降压变压器C相烧毁。

2.故障处理

众所周知,机组运行过程中同步信号丢失,必然导致事故停机,而且小浪底励磁系统两套整流桥共用一个同步变压器,没有冗余。针对这次故障,采取了以下措施:

(1)将同步变压器高压侧保险容量由原来的0.8 A变为2 A,防止同步变单相短时过流造成保险熔断。

(2)在励磁系统原接线方式中,励磁调节器所用交流电源取自同步变压器的C相。为了防止调节器对同步回路的影响,将同步变压器至调节器电源模块接线解掉,改由厂用电供电。

(3)在每年的小修中测量同步变压器一次侧、二次侧相间和每相对地电阻,看有无电阻值不平衡现象。

经过上述改进之后,励磁系统至今再也没有出现类似故障。

(三)灭磁开关辅助触点机械装置故障

1.故障现象

4号机组失磁保护动作,4号机组外部事故报警。

2.故障处理

经过检查,发现4号机组开机过程中在灭磁开关闭合后没有开关闭合的信号。经过进一步检查,发现灭磁开关辅助触点的机械装置损坏,导致灭磁开关的闭合信号不能正常送到励磁控制系统PLC。在更换新的灭磁开关后,4号机组能够正常开机。

(四)风机故障

1.故障现象

6号机组励磁系统1号风机声音异常,振动较大,影响了励磁盘柜内其他设备的安全运行。

2. 故障处理

将6号机组励磁系统一套整流桥切换到二套整流桥，拆除1号风机，除尘并进行处理后，经试验正常，可以投入使用。

(五)电制动快速熔断保险熔断故障

1. 故障现象

5号机组停机时，电制动退出后，上位机出现“5号机组电制动快速熔断保险熔断故障报警”，现地检查电制动盘柜上快速熔断保险故障报警灯亮。

2. 故障处理

经检查，发电5号机组电制动整流桥“B－”桥臂上二极管损坏引起短路，导致5号机组电制动整流桥“B－”、“C－”两桥臂快速熔断保险熔断。将已损坏的二极管、两个快速熔断保险更换后，5号机组电制动系统工作正常。

六、重要缺陷处理

(一)发电机转子滑环、碳刷烧损事故停机

现象：小浪底水力发电厂3号机组在并网过程中出现起励时间过长、起励失败、转子过负荷的信号，跳开灭磁开关并事故停机。

分析：将转子滑环从发电机上端轴上拆卸后，对转子滑环进行了详细检查，发现滑环烧损原因为发电机上导轴承油箱盖与发电机上端轴接触部位起密封作用的毛毡条较软，发电机在运行时，上导轴承油箱内产生的油雾从密封处逸出，与粉尘和碳粉结合，在静电的作用下吸附在正、负极滑环的表面和绝缘子上，造成滑环绝缘下降，加上运行维护不及时、个别碳刷磨损较严重、与滑环接触不良等原因，造成发电机转子滑环及碳刷烧损。

处理：现场检查发现转子滑环正、负极表面多处被电弧灼伤形成环形沟痕，部分碳刷及刷握被烧熔。将转子滑环拆下，固定在车床上，对滑环表面被电弧灼伤形成的高点和沟痕进行了车削，然后用200～400号金相砂纸进行了抛光处理；对损坏的碳刷进行了更换和调整，使碳刷的间隙和压紧弹簧满足要求。

预防措施：对发电机上导轴承油箱盖的密封进行了更换，防止上导轴承在运行过程中油雾的溢出，并采取了碳刷定期检查和更换，对滑环和碳刷架定期清扫的措施，从根本上消除了滑环和碳刷烧损的危险。

(二)发电机灭磁开关切断弹簧外部绝缘套管烧损事故停机

现象：小浪底4号机组并网运行时，发出灭磁开关跳闸的信号，事故停机。

分析：灭磁开关的动作过程如图6-5所示，灭磁开关闭合时，线圈(300)励磁，移动铁芯(335)被吸附，通过弹簧(336)、叉(330)和爪(123)控制动触头(120)，闭合后通过永久性磁铁将铁芯(335)保持在闭合的位置，同时动触头(120)压缩切断弹簧(710)，带动灭磁开关辅助接点(400)，使常开接点闭合。灭磁开关断开时，永久性磁铁退磁，移动铁芯(335)在弹簧(336)的作用下迅速分开，切断弹簧(710)释放，带动辅助接点(400)，使常闭接点闭合。当直接过流断路器(1200)达到过流整定值时，叉(330)释放爪(123)，切断弹簧(710)将动触头(120)推到断开位置。

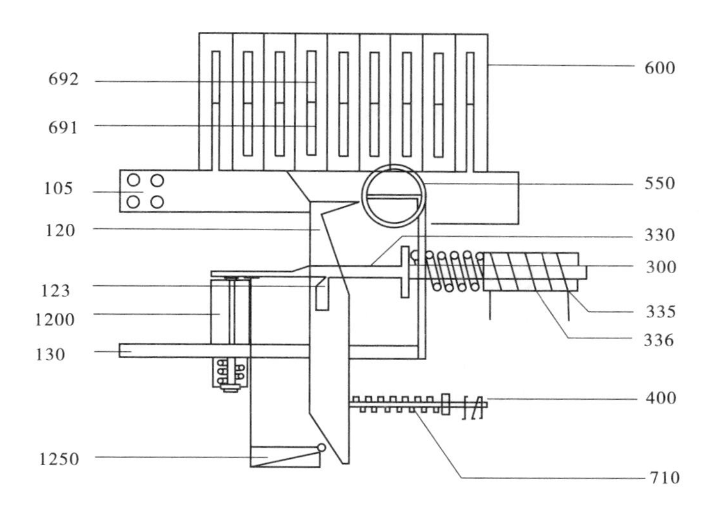

图 6-5　UR26 直流断路器结构图

经过检查,事故原因为灭磁开关的切断弹簧(710)外部的环氧绝缘套管烧损,切断弹簧释放变长,带动灭磁开关辅助接点(400),使闭合的常开接点断开,发出灭磁开关误跳闸的信号,事故停机。

查阅机组历史资料后发现,4 号机组在运行初期停机投入电制动,当机组转速下降小于 1% 时,电制动退出过程中,灭磁开关断开时伴随有较大的声音,且可明显看到电弧从动触头(120)处冒出。经过对发电机励磁和电制动回路的检查、分析和模拟,发现机组在正常停机、灭磁开关断开时,灭磁正常,在电制动退出过程中灭磁出现异常现象。进一步检查,发现电制动回路中,经制动变整流后加到转子的直流正负极同励磁直流回路的正负极相反。在电制动退出时,灭磁开关断开后,启动灭磁开关跳闸继电器,在对直流断路器发出跳闸指令的同时,使灭磁可控硅触发回路 U08 动作,依靠灭磁开关断口电压使转子产生一个反向电势,正好关断可控硅 F01 导通,不能将转子储存的能量转移到高能碳化硅电阻中。转子的能量全部消耗在灭磁开关的动、静触头的灭弧栅中,形成的电弧已烧伤了灭磁开关的切断弹簧(710)外部的环氧绝缘套管,但还能起到压缩弹簧的作用。当时未能对其做详细认真的检查,其间又经过 8 年的运行,较为频繁的开、停机,灭磁开关切断弹簧不断地对绝缘套管受伤的部位进行冲击,最终造成事故停机。

(三)发电机不能正常建压

现象:5 号机组发出并网令转速达到额定转速的 95% 时,合上灭磁开关后,发电机机端电压无法建立,时间超过 10 s 后,励磁系统发出起励失败的信号,机组执行停机流程。

处理:经检查发现,由于 5 号机组励磁控制系统的二套整流桥的脉冲触发板 DSTS101 故障,不能正常触发可控硅,所以机组不能建压。小浪底水力发电厂使用的励磁调节器有两套可控硅整流桥,各自有相互独立的脉冲触发板 DSTS101,且两套脉冲触发板相互闭锁。当灭磁开关闭合后,先由二套整流桥工作,发电机机端电压升至额定电压后,再切换到一套整流桥。由于二套整流桥的脉冲触发板 DSTS101 故障,不能正确触发可控硅,同时也闭锁一套整流装置的触发脉冲,因此机组不能正常建压。更换二套整流桥的脉冲触发板 DSTS101 后,故障消失。

第三节　整流桥切换故障分析

一、故障现象

5 号机组零起升压试验时,机组达到空转状态后,将励磁系统控制方式切至现地控制方式,并按下 BACKUP 方式选择按钮,闭锁自动起励信号后,按下励磁调节器柜面上的 RESET 按钮,合上灭磁开关。灭磁开关合上后,机端电压迅速升至额定电压,然后励磁系统出现“一套整流桥励磁风机故障”信号,并断开灭磁开关。

与机组正常零起升压步骤不同的是,这次试验中工作人员按下了 RESET 按钮。通过对故障现象再次模拟,发现试验中二套整流桥始终工作,而不是一套整流桥工作。

二、故障分析

(一)零起升压试验

小浪底电站励磁系统进行零起升压试验时,有以下步骤:

(1)通过调节器柜面上的现地把手将励磁系统控制方式切至现地控制方式、按下 BACKUP 方式选择按钮,并闭锁自动起励信号;

(2)将机组开至空转态,合上灭磁开关;

(3)持续按下励磁调节器柜面上的“增磁”按钮,将机端电压缓慢升至额定。

(二)整流桥选择逻辑

如图 6-6 所示,小浪底电站机组励磁系统对整流桥的选择是通过 RS 触发器实现的。RS 触发器的原理(见表 6-1)为:当 R 端输入为低电平时,若 S 端输入为高电平,RS 触发器输出为高电平,并且当输入的高电平信号消失时,RS 触发器的输出仍然保持当前电平状态。当 R 端输入为低电平时,若 S 端输入为低电平,RS 触发器输出为低电平。当 R 端输入为高电平时,RS 触发器输出始终为低电平。

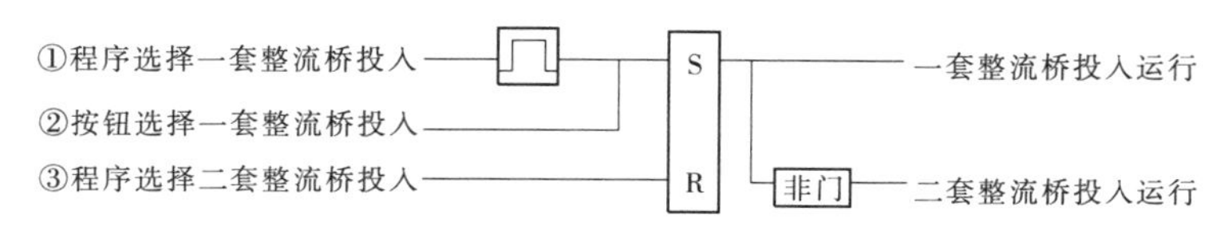

注:符号⎍的逻辑意义是:当输入信号由低电平变为高电平时,输出一个脉冲信号。

图 6-6　整流桥选择逻辑

由图 6-6 可知,通过调节器程序选择一套整流桥投入,或者按下调节器柜面上的 BACKUP 方式选择按钮(即采用模拟电路板的 FCR 调节),使一套整流桥投入运行。通过调节器程序选择二套整流桥投入,使二套整流桥投入运行。并且当按下调节器柜面上的 BACKUP 方式选择按钮时,一套整流桥始终投入运行。

这里调节器程序对两套整流桥选择信号是有区别的,调节器程序选择一套整流桥投入信号由电平信号转换成脉冲后输入 RS 触发器，只有“①程序选择一套整流桥投入”信号动作瞬间，才有脉冲信号输入到 RS 触发器的 S 端，随后即使“①程序选择一套整流桥投入”信号一直动作，而 S 端始终没有脉冲信号输入。调节器程序选择二套整流桥投入信号是电平信号，直接输入 RS 触发器。

表 6-1　RS 触发器逻辑动作

R 端	S 端	RS 触发器输出
R 端输入为低电平	S 端输入为低电平	低电平
	S 端输入为高电平	高电平
R 端输入为高电平	S 端输入为低电平	低电平
	S 端输入为高电平	低电平

由图 6-6 可知，利用调节器程序和调节器柜面上的 BACKUP 方式选择按钮均可以对整流桥进行选择，那么这些信号的逻辑意义又是什么呢？

(三) 调节器程序选择整流桥逻辑

图 6-6 中调节器程序输出到 RS 触发器的信号“①程序选择一套整流桥投入”、“③程序选择二套整流桥投入”的逻辑意义可以用图 6-7 表示。当按下调节器柜面上的 BACKUP 方式选择按钮时，模拟电路板的 FCR 方式为主用方式，或者当机端电压大于额定电压的 80% 时，调节器程序选择一套整流桥投入。当灭磁开关闭合时，或者一套整流桥发生故障时，调节器程序选择二套整流桥投入。

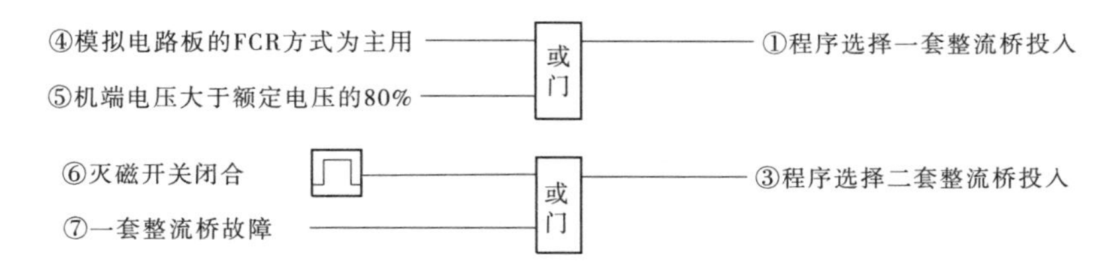

图 6-7　调节器程序选择整流桥逻辑

(四) BACKUP 按钮选择整流桥逻辑

如图 6-8 所示，按下调节器柜面上的 BACKUP 方式选择按钮，K10 继电器励磁，“②按钮选择一套整流桥投入”信号动作，输入到 RS 触发器。当按下调节器柜面上的 RESET

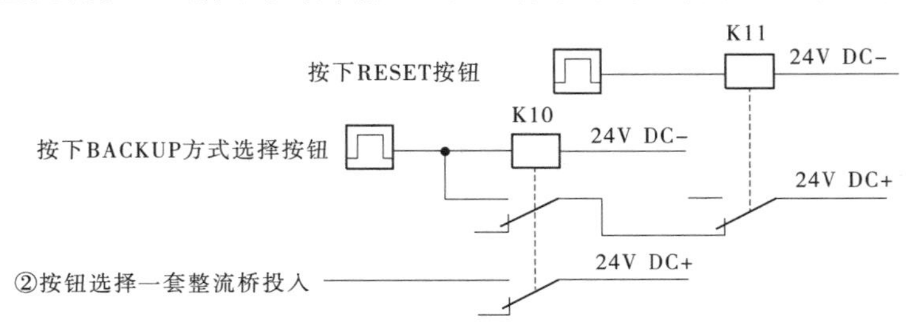

图 6-8　BACKUP 按钮选择整流桥逻辑

按钮时,K11 继电器励磁,K10 继电器失磁,"②按钮选择一套整流桥投入"信号复归。

(五)综合分析

结合以上论述,可以对这次励磁系统零起升压试验过程进行分析。由表 6-2 可知,由于按下了调节器柜面上的 RESET 按钮,导致"②按钮选择一套整流桥投入"信号复归,使得零起升压试验时二套整流桥投入运行,而不是一套整流桥投入运行。

表 6-2　励磁系统零起升压试验逻辑分析表

序号	试验内容	分析
1	按下调节器柜面上的 BACKUP 方式选择按钮	1.1　K10 继电器励磁。 1.2　"②按钮选择一套整流桥投入"信号动作。 1.3　调节器程序中"④模拟电路板的 FCR 方式为主用"信号动作,使得"①程序选择一套整流桥投入"信号动作。 1.4　RS 触发器 R 端为低电平,S 端为高电平,RS 触发器输出高电平,一套整流桥投入运行
2	按下调节器柜面上的 RESET 按钮	2.1　K11 继电器励磁。 2.2　"②按钮选择一套整流桥投入"信号复归。 2.3　调节器程序中"④模拟电路板的 FCR 方式为主用"信号动作。 2.4　"①程序选择一套整流桥投入"信号动作。 2.5　因为只有"①程序选择一套整流桥投入"信号动作瞬间,才有脉冲信号输入到 S 端,此后"①程序选择一套整流桥投入"信号一直动作,没有从低电平变为高电平的动作过程,因此没有脉冲信号输入到 S 端,且"②按钮选择一套整流桥投入"信号复归,因此 S 端输入为低电平。 2.6　RS 触发器 R 端为低电平,S 端由高电平变为低电平,RS 触发器输出仍保持之前状态,选择一套整流桥投入运行
3	合上灭磁开关	3.1　"⑥灭磁开关闭合"信号动作,使得"③程序选择二套整流桥投入"信号以脉冲信号动作,即动作后,立即复归。 3.2　RS 触发器 R 端收到脉冲信号,使得 RS 触发器输出为低电平。RS 触发器 R 端脉冲信号消失后,由于 S 端为低电平,因此 RS 触发器输出仍为低电平,选择二套整流桥投入运行
4	机端电压大于额定电压的 80% 时	4.1　"⑤机端电压大于额定电压的 80%"信号动作。 4.2　由于"④模拟电路板的 FCR 方式为主用"一直动作,因此"①程序选择一套整流桥投入"也一直动作,没有发生变化。 4.3　RS 触发器 S 端和 R 端均为低电平,因此 RS 触发器输出仍为低电平,选择二套整流桥投入运行

由于二套整流桥工作,因此一套整流桥风机没有启动。根据调节器程序设定,由

图6-9可知,在模拟电路板的FCR方式为主用时,程序选择了一套整流桥投入,如果一套整流桥风机未启动,则灭磁开关跳闸,并发出“一套整流桥励磁风机故障”报警信号。

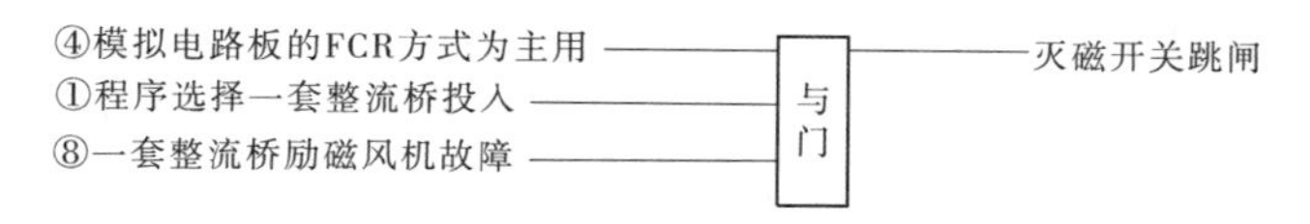

图6-9　调节器程序跳闸回路逻辑

第四节　技术改造

一、改造的原因

自1999年底首台机组投产以来,小浪底水力发电厂励磁系统总体运行稳定可靠,故障率低,但仍存在一些问题。

(1)励磁系统主要备件不再生产。

(2)电子元器件老化增加了励磁系统的不可靠性。一般而言,电子元器件的最佳使用周期为8～10年,电气部件的周期为10～15年,此后元器件的老化速度、性能的衰减程度将大大增加,存在一定的不确定性和不稳定性,给电厂生产安全带来隐患。

(3)励磁控制系统自身存在设计缺陷。

①调节器PLC程序版本需要升级。小浪底励磁调节器采用的可编程控制器软件操作系统为Win3.11,版本较低,试验过程中不易对程序中的参数进行设置。

②励磁停机过程没有逆变,对灭磁开关损害较大。小浪底水力发电厂在停机减负荷后,直接断开发电机出口开关和灭磁开关。这个过程中,励磁控制系统没有逆变,而是直接将发电机转子中的能量消耗在非线性灭磁电阻上。由于没有逆变,发电机的灭磁开关需要在停机时断开,增加了灭磁开关的动作次数,而且在之后的电制动过程中也要分合灭磁开关,因此大大降低了灭磁开关的使用寿命。

③双套整流桥不能自由切换。小浪底励磁系统有两套整流桥,在机组开机运行过程中,只有一套整流桥运行,二套整流桥没有投入运行。当一套整流桥发生故障时,二套整流桥才能够投入运行。在程序设置中,两套整流桥不能自由进行主备用的切换。

二、改造概况

小浪底水力发电厂2号机组投产已近10年,励磁系统存在着备件无法购买、元件老化和逻辑功能不合理等问题,因此在2009年末,小浪底水力发电厂使用UNITROL 5000型励磁调节器替代原励磁系统调节器,并且对励磁系统软、硬件进行优化配置。

这次改造主要解决以下两个问题:

(1)改造后两套整流桥能人为地进行切换,两套整流桥能相互作为备用。

(2)在机组正常停机过程中加入逆变功能,使转子中的能量在机组停机时转移到交流回路中。这样灭磁开关就没有必要在大电流时断开,从而延长其使用寿命,非线性电阻也只在转子出现过电压时或事故停机时消能。实现逆变功能后,电制动依靠电制动整流桥直流侧 ZZK 和交流侧 DK 开关的分合投入,灭磁开关将不再动作。

具体实施改造时,将小浪底水力发电厂原励磁系统调节器柜整体更换。在调节器更换的同时,与调节器相关的板件、变送器和继电器一同更换。改造前小浪底水力发电厂 2 号机组励磁系统见图 6-10,改造后小浪底水力发电厂 2 号机组励磁系统见图 6-11。

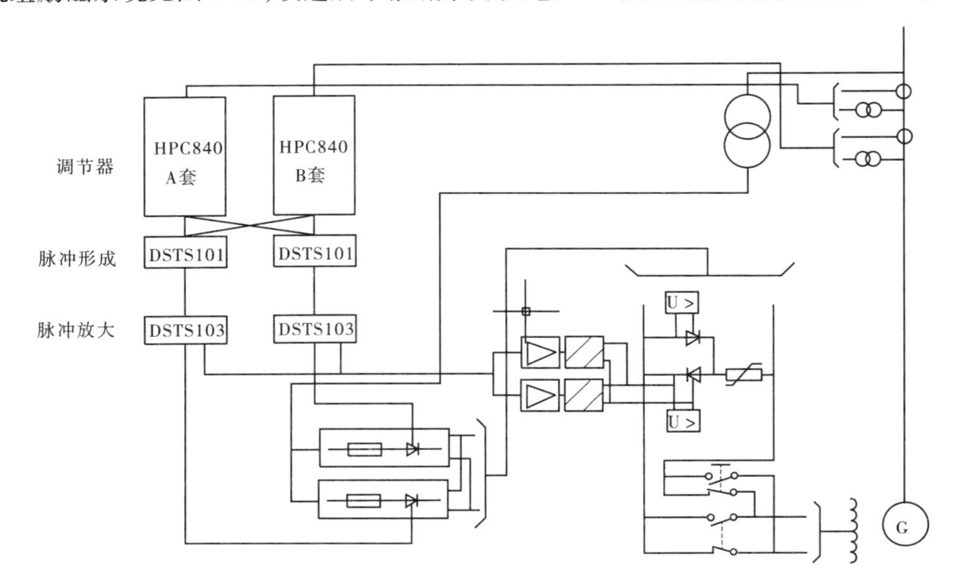

图 6-10　小浪底水力发电厂 2 号机组励磁系统改造前结构图

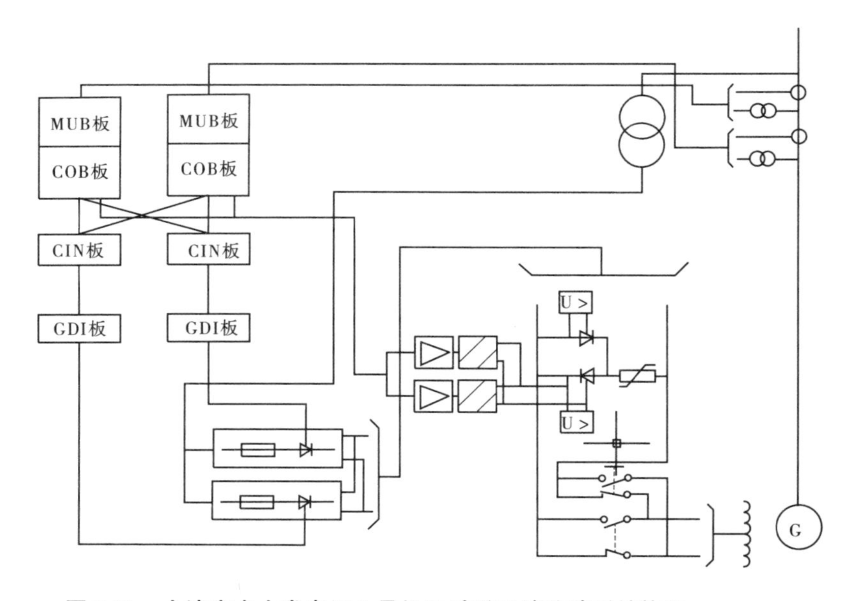

图 6-11　小浪底水力发电厂 2 号机组励磁系统改造后结构图

三、硬件部分改造

此次改造元件具体配置如下：

(1)双通道调节器，每通道包含 COB 板、MUB 板各 1 块。

COB 板集成了自动电压调节、各种限制、保护和控制功能。COB 板所使用的 CPU 是增强型的微处理器 AN80186AM，时钟 32 MHz。1 片专用的集成芯片 ASIC 负责交换和储存数据，控制脉冲生成、A/D 和 D/A 转换以及与励磁系统内其他装置通信的 ARCnet 现场总线连接。COB 板支持与就地控制面板 LCP、手持编程器 SPA 和 CMT 工具的通信。此外，它还提供串行端口和看门狗自诊断功能。为方便快速诊断和查找故障，COB 板配有一个七段数码显示管，还配有一个故障录波器和故障记录器。这些记录可通过调试和维护工具 CMT 处理。故障录波器和故障记录器可与实时时钟保持同步。

测量单元板 MUB 板由数字信号处理器 DSP 和 Intel DSP 56303 构成，用于完成实际测量值的快速处理、电气隔离和信号转换。测量单元板 MUB 板有下述功能：

①滤波和数字式交流采样；

②励磁电流和电压、可控硅整流桥输入电流和电压、有功功率和无功功率、功率因数和发电机频率的计算；

③以加速功率和频率为输入信号，控制算法基于 IEEE Std. 421－2A 的电力系统稳压器 PSS。

(2)ECT 触摸屏，作为人机界面，具有就地控制面板、趋势图、故障录波、故障记录和故障诊断等功能。

(3)2 块 FIO 板，属于快速输入/输出接口板。快速输入/输出板 FIO 为数字量和模拟量命令与状态信号提供接口。每块快速输入/输出板 FIO 包括：

①16 点光电隔离的数字量输入，用于 24 V 控制回路；

②18 点继电器转换接点输出，用于状态指示和报警；

③4 点多功能模拟量输入，输入量程为 ±10 V 或 ±20 mA；

④4 点多功能模拟量输出，输出信号为 4～20 mA；

⑤3 点温度测量回路，用于励磁变压器温度测量，测温电阻为 PT100。

(4)2 块 PSI 板，用于测量整流桥阳极侧、阴极侧电压和阳极侧电流。主回路信号接口板 PSI 用于实现电气隔离，将磁场测量信号变换后送到测量单元板 MUB。

(5)2 块 MURR 电源，220 V AC/DC 转换成 24 V DC，用于给调节器供电。所有电路板的供电电源均取自于 24 V 直流母线。24 V 直流母线来自双冗余电源组，由直流电源供电的 DC/DC 电源和由励磁变压器副边供电的 AC/DC 电源。

(6)2 块总线扩展板，扩展的调节器输入/输出板。励磁系统最多可配置 2 块快速输入/输出板 FIO，要求在更多的数字量输入和输出的情况下，可以增加数字量输入接口 DII 和继电器输出接口 ROI。这两个接口由 ARCnet 网络控制。

(7)2 块 CDP，功率柜显示屏。整流桥显示器 CDP 安装在柜门上，用于指示整流桥的运行状况。它具有下列功能：

①显示每个桥臂的导通状态：可分别用 LED 显示有故障的支臂；

②用 LED 显示整流桥接口板 CIN 状态:脉冲闭锁/释放和 CIN 故障显示;

③显示整流桥输出电流。

(8)2 块 CIN 板,用于功率柜智能检测。整流桥接口板 CIN 是一个独立的控制和调节部件,是整流柜的一个组成部分,与门极驱动板 GDI、电流传感器 CUS 和整流桥显示单元 CDP 配合使用。其主要功能是向门极驱动板 GDI 发送用于触发三相全控整流桥的脉冲列。该装置还有下列功能:

①在主控板 COB 控制信号和门极驱动板 GDI 触发脉冲之间提供电气隔离;

②测量整流桥输出电流,将输出电流送整流桥显示器 CDP,完成导通监视;

③提供与主控板 COB 通信用的 ARCnet 网络接口;

④监视熔断器、温度等可控硅整流桥部件的状态,将信号通过 ARCnet 串行总线发送到主控板 COB;

⑤执行来自主控板 COB 的命令,如闭锁/开放脉冲,启动风机等;

⑥调节和优化并联晶闸管整流桥之间的电流分配,实现智能动态均流。

(9)2 块 GDI 板,功率柜脉冲触发。门极驱动板 GDI 用于将脉冲放大到晶闸管触发所必需的水平。脉冲变压器安装在 GDI 板上。

另外,还包括 12 个脉冲变压器、霍尔传感器(用于测量灭磁电流)、测温电阻、继电器、变送器等元件。

四、软件部分改造

ABB UNITROL 5000 型自动电压调节器的主要功能是精确地控制和调节同步发电机的机端电压和无功功率。AVR 不断地计算给定值与反馈值的偏差,在尽可能短的时间内完成调节运算,控制可控硅整流桥的触发角度。

ABB UNITROL 5000 型励磁调节器的调节运算完全由软件实现。模拟量信号如定子电压和电流,由测量单元板 MUB 的模数转换器转换成数字信号。给定值及其上、下限幅功能也由软件实现。

ABB UNITROL 5000 型励磁调节器主要有以下功能。

(一)给定值调整

可使用开关量输入命令、模拟输入信号或串行通信线路实现 AVR 给定值的增、减或复归。给定值的上限幅、下限幅以及上下限幅间的运行时间均可分别整定。

(二)有功功率补偿和无功功率补偿

将发电机电压给定值与一个和稳态有功功率、无功功率成正比的信号相加,可补偿单元变压器或传输线上由于输送有功功率或无功功率而引起的压降。相反,如果将发电机电压给定值减去一个与稳态无功功率成正比的信号,则可保证两台或多台并联发电机组间无功功率的合理分配,实现调差功能。可调补偿范围为 -20% 和 +20% 的额定机端电压。

(三)V/Hz 限制器

为避免发电机组和励磁变压器铁芯过磁通饱和,调节器内设 V/Hz 限制器和特性曲线。如果发电机机端电压超过某一频率下的限制值,限制器将自动降低给定值,使发电机电压符合特性曲线的要求。

(四)软起励

软起励功能用于防止机端电压的起励超调。励磁调节器接到开机令后即开始起励升压,当机端电压大于10%的额定值后,调节器以可设定的速度增加给定值,使机端电压逐步上升到额定值。

(五)自动跟踪

每个自动通道的COB主控板都含有一个自动电压调节器AVR和励磁电流调节器FCR。自动跟踪功能用于实现自动电压调节方式(自动方式)和励磁电流调节方式(手动方式)间的平稳切换。切换可以是由PT断相故障引起的自动切换或是人为切换。

(六)限制器

限制器的作用是维护发电机的安全稳定运行,避免由于保护继电器动作而造成事故停机。包括:①过励限制器;②欠励限制器;③最大励磁电流限制;④最小励磁电流限制;⑤定子电流限制;⑥V/Hz限制。

(七)恒无功调节或者恒功率因数调节

恒无功调节或恒功率因数调节可视做对自动电压调节器的叠加控制。当这两种调节方式之一被投入运行时,其给定值和实际值之间的偏差值就形成控制信号,通过积分器作用到自动电压调节器的相加点上。

(八)电力系统稳定器PSS

电力系统稳定器PSS是UNITROL 5000测量单元板MUB的一个标准软件功能。PSS通过引入稳定信号来抑制同步发电机的低频振荡,提高电网的稳定性。PSS的控制算法基于IEEE Std.421-2A。稳定信号为机组的加速功率信号,由电功率信号和转子角频率输入信号综合而成。

(九)监测、保护功能

(1)PT断线检测。

(2)转子温度测量。

(3)过流保护。

(4)失励保护。

(5)过励磁保护。

五、功能优化

在这次改造中,针对小浪底水力发电厂2号机组励磁系统,对调节器程序进行了相应优化,目的是使励磁系统运行更加合理、可靠。

(1)逆变功能。在原励磁系统中,正常停机信号与事故跳闸信号都作用于断开灭磁开关,现改为正常停机时不断开灭磁开关,而是将触发角度置为150°,逆变灭磁,当定子电压等于零时逆变结束,断开触发脉冲,见图6-12。依靠UNITROL 5000程序中的触发脉冲角度控制模块,可以控制触发脉冲角度的大小。

(2)两套整流桥自由切换。在原励磁系统中,一套整流桥始终为主用,一套整流桥故障时才切至二套整流桥。经改造后两套整流桥互为备用,并增加了“整流桥切换”、“预选

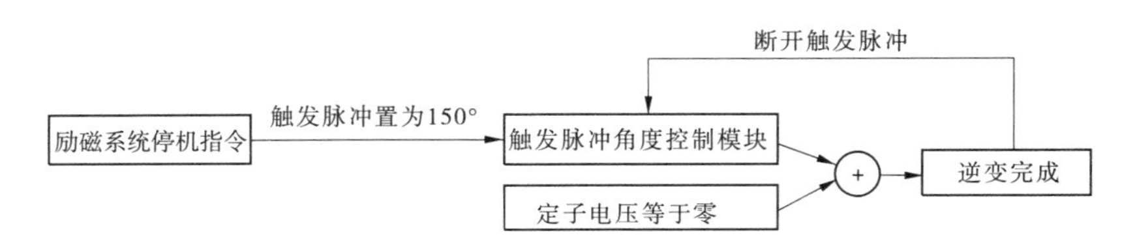

图 6-12 逆变功能

整流桥”功能，满足实际机组运行需要。

增加预选整流桥和现地手动选择整流桥功能，在励磁系统未工作之前，可以预选任意一套整流桥作为一套整流桥，下次励磁系统启动时，则启动此整流桥；当该整流桥正在工作时，可以通过调节器柜面上的切换按钮选择另一套整流桥投入工作。

增加整流桥切换功能（见图 6-13），当励磁系统启动后，选择一套整流桥工作，当机端电压大于额定电压的 95% 时，切换至另一套整流桥。这样在励磁系统启动时，两套整流桥工况都能得到检查。另外，还增加了“整流桥切换”功能，可以实现人为对整流桥进行切换。

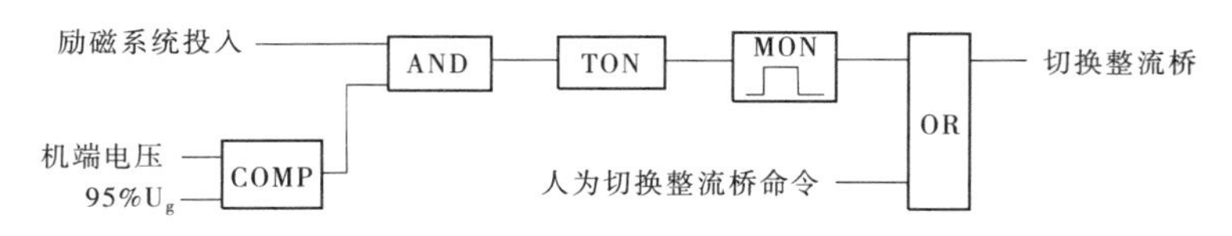

图 6-13 切换整流桥

将选择一套、二套整流桥信号和切换整流桥信号组合到整流桥切换逻辑程序中来，最终可以实现自由选择和切换整流桥，如图 6-14 所示。

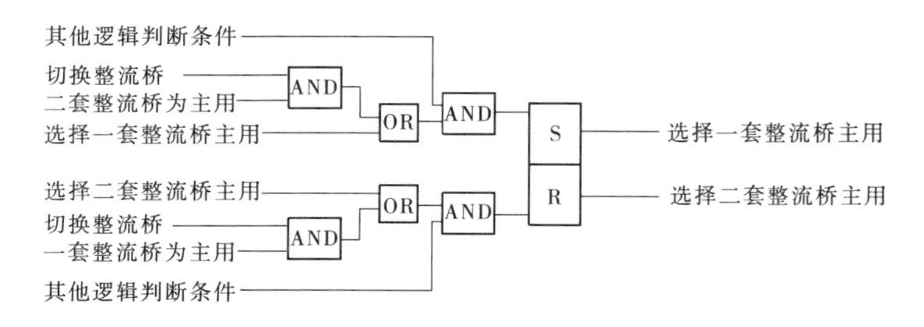

图 6-14 选择主用整流桥

（3）使用 PSS 2A 模型替代 PSS 1A 模型，避免了机组无功功率随有功功率变化而波动的情况。

小浪底水力发电厂 2 号机组励磁系统改造后，设备运行稳定。这次改造不仅解决了小浪底水力发电厂 2 号机组原励磁系统无法采购备件的难题，优化励磁系统软、硬件结构，而且实现了以最小的投入最大限度解决现存问题的构想。但是，2 号机组励磁系统改造只是更换了励磁调节器，UNITROL 5000 型励磁调节器中一部分软、硬件功能没有充分发挥出来。这些优点和不足都为小浪底水力发电厂随后的其余 5 台机组励磁系统改造提供了技术支持和经验借鉴。

第七章　调速器及筒形阀控制系统

第一节　概　况

一、调速器系统概况

（一）VGCR211 型双微机调速器的组成及工作原理

小浪底电站调速器系统采用美国 VOITH SIEMENS 公司生产的 VGCR211－3P 型数字式双微机调速器，共 6 套，1～6 号机组每台一套。调速器电气控制柜安装于小浪底电站地下厂房发电机层，1998 年 1 月通过出厂验收，2000 年 1 月至 2001 年底陆续投入运行。VGCR211 型调速器采用微机调节器＋液压随动系统的模式，控制系统由六个部分组成：双微机调速器，测速单元，电气位置反馈回路，综合输出放大单元，动圈式电液伺服阀，液压随动系统。VGCR211 型调速器系统的组成及工作原理如图 7-1 所示。

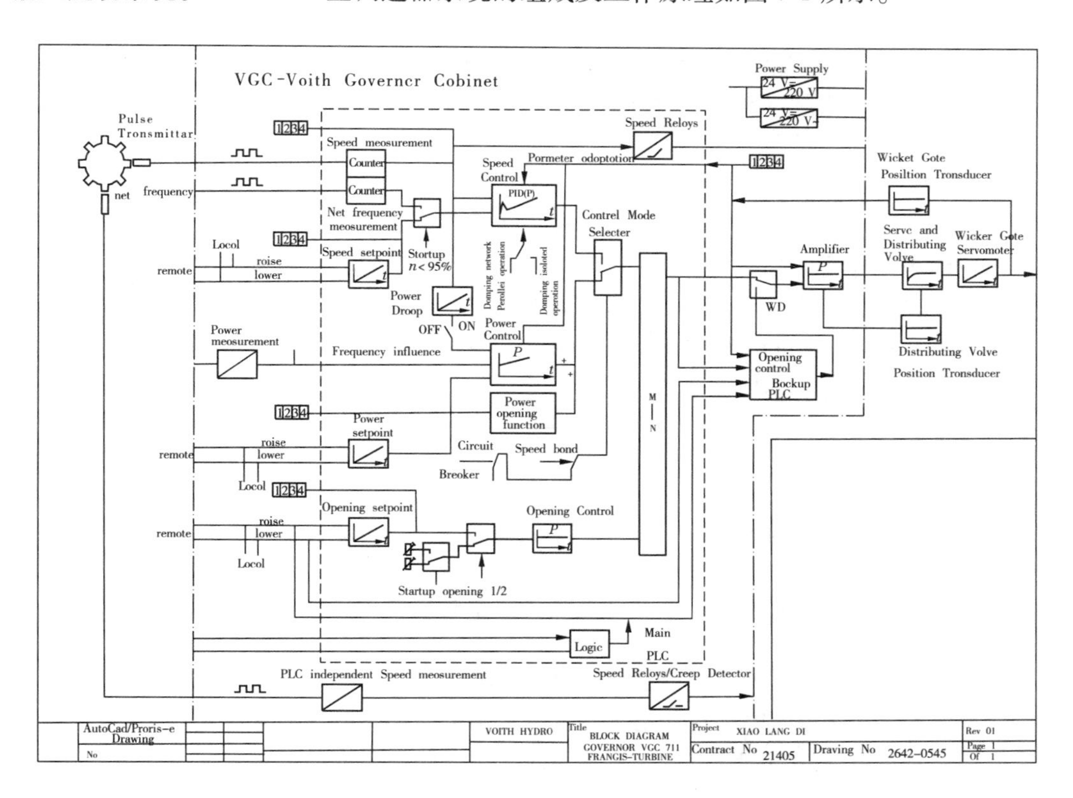

图 7-1　VGCR211 型调速器系统的组成及工作原理

1. 双微机调速器

VGCR211 型调速器采用冗余结构,容错式设计,由两台相互独立又互有联系的瑞士 SAIA 公司生产的可编程控制器(PLC)组成(其中每台 PLC 都有两个 CPU,CPU0 主要用于转速控制,CPU1 用于功率和开度控制)。

两台 PLC 的硬件和软件采用相同配置,具有相同的输入量和独自的输出量,控制流程也一致;正常运行时,两台 PLC 并行工作,靠 WATCHDOG 选择输出,PLC1 为主用,PLC2 为备用,两台 PLC 之间存在通信,保证了系统的同步运行。一旦 PLC1 出现故障则切换至 PLC2 控制,如 PLC1 故障恢复,系统又切回到 PLC1,从而提高了系统的可靠性和两台 PLC 间的无扰动切换,如图 7-2 所示。

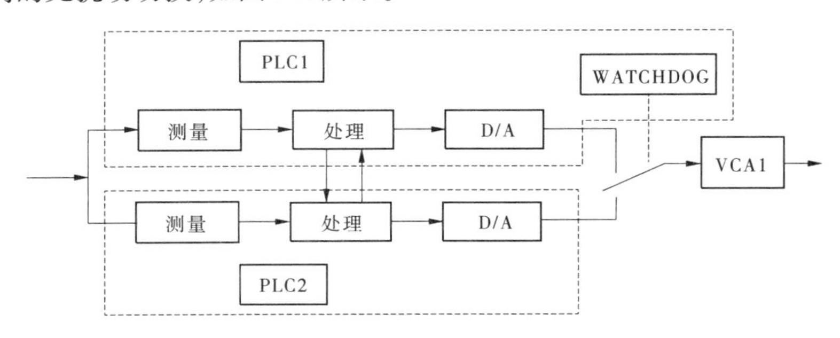

图 7-2　VGCR211 型调速器系统结构框图

2. VGCR211 型调速器测速单元及位置反馈回路

齿盘测速的探头脉冲频率为:$f = nz/60 = 107.1 \times 56/60 = 100$(Hz)($n$ 为发电机额定转速,z 为齿盘齿数,f 为探头脉冲频率)。测速单元采用三探头齿盘测速,分别用于不同的目的,探头 2 的脉冲信号送入 D108 计数器模块,主要用于转速控制;转速开关也将一路4 ~20 mA 的模拟量信号送入 PLC 作为探头 2 的备用,一旦系统检测到探头 2 故障,这路模拟量信号就作为转速控制的测速信号;探头 3、2、1 都有信号送入 D106 模块作为蠕动检测之用,如图 7-3 所示。D108 计数器模块实现转速变送器功能,配置有两路输入通道,分别用于测量机频和网频,与 PLC 之间采用并行和串行通信方式,并带两路4 ~20 mA 模拟量输出,测频范围为 0 ~300 Hz。

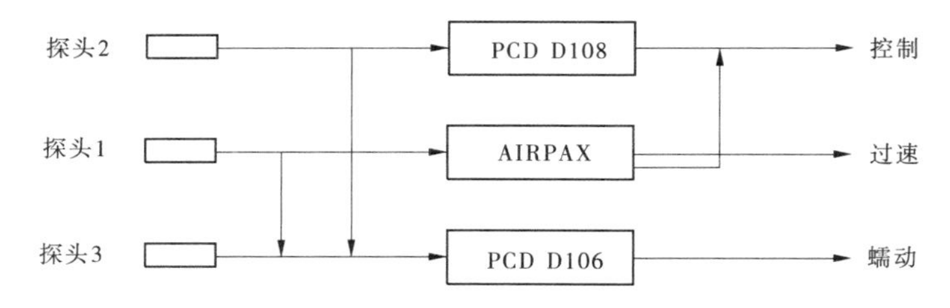

图 7-3　转速传感器功能图

转速开关为 PHILIP TACH - PAK3 型,是一种单输入智能测速仪表,微处理器采用自适应周期平均值的数据采集设计,当输入频率 100 Hz 以上时,输出每 30 ms 更新一次。如图 7-4 所示,TACH - PAK3 型转速开关提供三种类型的输出:直流 0 ~1 mA 仪表输出、直流 0 ~20/4 ~20 mA 模拟量输出、四组可设定值的继电器输出。K1 ~ K4 继电器输出主要用于机组过速保护，其中K1、K3整定值为115%额定转速，K2、K4为148%额定转速；K1、K2为常开接点，K3、K4为常闭接点。

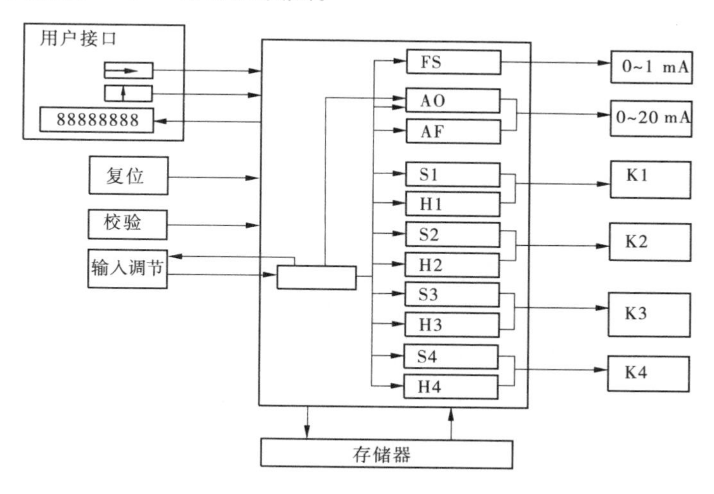

图7-4　TACH－PAK转速开关工作原理

导叶位置测量采用角位移传感器，KINAXWT707型角位移传感器采用角位移信号正比转换成4～20 mA直流信号的工作方式，经电气回路把4～20 mA信号送入调节器进行线性处理，具有可靠性强、温漂小、精度高、无工作死区的特点。工作原理如图7-5所示。

该部件采用三线制连接，电源取自调速器。

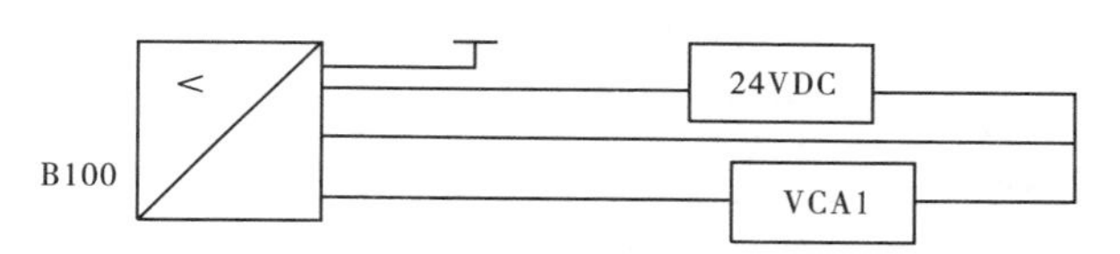

图7-5　导叶位置反馈接线原理图

主配压阀位置测量采用电感式直线位移传感器，主配压阀位置反馈信号范围为4～20 mA。功率反馈信号来自机组LCU功率变送器，功率信号范围为4～20 mA。

3.综合输出放大单元

综合输出放大单元即VCA1卡，它实现调节器输出的导叶位置给定信号和调节系统位置反馈信号进行综合比较放大的功能，VCA1卡输出的直流电压与高频振荡电压叠加在一起控制动圈阀（电液转换器），是调速器电气部分的最后一个控制环节。VCA1卡的主要功能及特点有：接力器的位置控制器并有PD（可选）单元；输入的调节器信号和位置反馈信号具有电流和电压两种输入功能，VCA1卡相应的跳线选择为电流方式，所有模拟量输出及位置反馈均为4～20 mA的电流量；VCA1卡面板有自动和手动切换开关，自动方式下，放大卡受PLC调节器的控制，手动方式下，机组在无水情况下可调节YSH电位器开启或关闭导叶进行静态调试；VCA1卡面板具有开度显示，显示信号直接取自导叶位置反馈传感器，放大卡还能输入抗干扰及短路保护或过负荷保护桥式输出；VCA1卡在机组进入稳定状态时输出电压并不为0 V而是直流2～5 V的电压，用以平衡动圈阀的弹簧应力。另外，在机组停机时VCA1卡将在输出回路中引进一路停机电压作用在动圈阀上以防止误开机。

4. 动圈式电液伺服阀及液压随动系统

动圈式电液伺服阀又称动圈阀,型号为 TSH1 - 16,可实现电液转换功能。动圈阀内的可移动针塞安装在一个铝制的圆柱体上,圆柱体上绕有 160 Ω 的线圈,工作时线圈根据输入电压的大小上下移动,将电信号转换为液压信号。在动圈阀的顶部和底部安装一个有一定预拉力的弹簧(必须垂直安装),输入信号为"0"时动圈保持在中间位置,相应接力器也不动。动圈阀经过二级液压放大到主配压阀,共经三级放大后操作导叶进行开度调整。

主配压阀为差压工作方式,动圈阀和主配压阀仅通过一根控制油管连接实现伺服功能。其伺服功能的实现与国内调速器普遍应用的方式不同,采取从主配压阀反馈其活塞位置的相应电气信号到 VCA1 卡,在电气上实现伺服功能。在控制上,由 PLC 根据设定功率输给 VCA1 卡一个导叶开度调节信号,VCA1 卡将接收的主配压阀活塞反馈量迭加到此信号上,合成后作为最后输出到动圈阀的调节信号。在输出信号过平衡点之前,动圈阀上移,则通过动圈阀送压力油给辅助接力器的下腔,使主配压阀活塞上移开导叶。随着调节目标的接近,主配压阀活塞达到上移最大位置,这时输出给动圈阀的调节信号过平衡点,变为反向电压信号,则动圈阀导通回油管,辅助接力器下腔回油,由于压差,活塞随之从最大上偏移位置向下移动,直到调节信号再次过平衡点时,主配压阀活塞也正好恢复到平衡位置,完成一次开大导叶的控制过程,关导叶的过程反之。

(二)VGCR211 型调速器的动态品质及参数输入和显示

在稳定工况下,转速波动带宽不超过 0.3% 额定转速;功率波动带宽不超过 0.4% 额定出力;接力器不动时间 T_q 小于 0.2 s;转速死区小于等于 0.04%;系统调频死区小于额定转速的 0.1%;甩 100% 额定负荷后,在转速变化过程中,超过稳态转速 3% 额定转速值以上的波峰不超过两次;机组甩 100% 额定负荷后,从接力器第一次向开启方向移动起,到机组转速摆动值不超过 ±0.5% 额定转速为止所经历的时间不大于40 s。

在没有编程工具的情况下,调速器面板仍能显示故障、基准值、限制值和参数及其变化范围。在调速器面板上,"LOCAL/REMOTE"把手置"LOCAL","PARAMETER/OPERATION"把手置"PARAMETER",此时,原来显示转速设定值的区域将显示参数地址值,原来显示开度限定值的区域将显示参数值,调节相应的 +/- 按钮,可以改变地址值及参数值。1 ~ 86 号地址的参数不可调整,其中:1 ~ 16 号为外部故障、20 ~ 55 号为 PLC 故障、56 ~ 86号为外部点;100 ~ 1 149 号地址的参数可调,其中 100 ~ 449 号为参数、限定值、基本值,450 ~ 1 149 号为曲线特性。

(三)VGCR211 型数字调速器的主要功能

1. 转速控制

转速控制采取 PID 控制。共有三套 PID 参数,第一套用于空载运行,第二套和第三套分别用于孤网运行和网络运行。每套参数分别包括永态转差系数 b_p、暂态转差系数 b_t、缓冲时间常数 T_d、微分时间常数 T_v、微分增益 K_v。调速器从网络状态到孤网状态的切换可以靠人工设置或当转速超过设定的范围时自动切换来实现;网络状态则靠判断发电机出口开关 GCB 和主变高压侧开关 TCB 的合闸实现。第二套和第三套参数是关于导叶开度的自适应参数,即选取6个特征导叶开度,给出6组PID特征参数,转速调速器工作时根据以上特征参数计算每个开度下的PID参数,这样计算出的自适应参数能够最大限度保证转速调速器调节的精确度。调速器的输出实行最小选择,转速调速器经PID运算后与导叶开限或者启动开度做比较,比较小的值作为导叶开度值,被送到综合输出放大器上。如果必要,一个可调整的人工失灵区可以投入。如果转速控制没有投入,转速设定值按永态转差系数(5%)跟踪当前导叶开度,这样当调速器切换为转速控制时可维持导叶在当前开度,保证了无扰动切换。当GCB或者TCB断开时,转速控制自动投入,转速设定值自动跟踪网频。

2. 开度控制

导叶开限在0~100%之间可调,它在所有控制方式包括启机时都有效。通常开限值会与调速器的运算输出进行比较,然后经最小选择输出到VCA1卡,当开度限制有效时,调速器面板的“开限有效”指示灯将点亮。在机组启动时,导叶由两个启动开度控制,同开限一样,启动开度也遵循最小选择,当发电机合闸并网后启动开度便不再起作用。启动开度与空载开度密切相关,是关于水头的函数,启动开度Ⅰ是在空载开度的基础上加上一修正值15%作为第一开度,启动开度Ⅱ是在空载开度的基础上加上一修正值4%作为第二开度。

3. 功率控制

功率控制必须在发电机出口开关GCB和主变高压侧开关TCB合闸、发电机转速不超过设定范围及负荷信号有效时起作用。在远方控制的方式下,调速器的功率设定值是从LCU来的4~20 mA模拟量信号,如果该信号低于4 mA,则最后一次有效值将保留,功率设定值可以靠二进制输入“LOAD SETPOINT LOWER”或“LOAD SETPOINT RAISE”设定。当调速器切到“现地”时,功率设定值可以靠调速器柜面板的“LOWER/HIGHER”按钮设定。功率控制是一个PI环节,功率设定值和功率测量值的偏差经PI运算后作为导叶开度值。在功率控制的情况下可监视电网频率,使机组可参与系统调频。为达到对功率设定的快速响应,VGCR211型数字调速器功率控制引用了一个与水头有关的先导特性,与PI调节迭加在一起作为调速器的输出。先导特性定义了5个基准水头下不同负荷的导叶开度,调速器在运行时分别对水头负荷及导叶开度进行插值计算出适应不同运行工况的参数(见图7-6)。先导特性实际上是一个比例环节,这样,当机组负荷设定变动时,先导特性迅速将导叶开度调节至大致位置,然后由积分环节进行精确调节。

4. 频率影响功能

VGCR211型数字调速器在功率控制方式下可以引进系统频率信号以参与系统调频,这就是频率影响功能,即机组的二次调频。频率影响功能必须通过现地调速器面板人为干预方能实现。系统调频死区为0.1%额定频率,当系统频率偏差超过调频死区时,频率影响功能根据系统频率增减而自动减少和增加出力,以保证系统频率稳定。频率影响按功频特性增减机组出力,功率控制方式下功频特性转差率$R_s=6\%$,这样每当系统实际频率偏低或者偏高额定频率1%时,机组就将增加或者减少(1%/6%)×450 MW=75 MW出力。

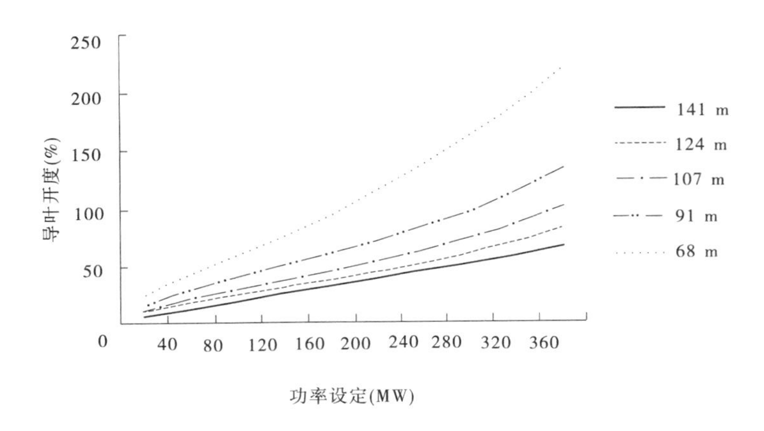

图 7-6　VGCR211 型数字调速器功率控制的水头先导特性

(四)VGCR211 型数字调速器开、停机功能的实现方式

VGCR211 型数字调速器开机:调速器的开机分自动和手动两种方式。当调速器面板上的"AUTO/MANUAL"置"AUTO"时,导叶在开机令的作用下自动按最大开机速度开到第Ⅰ启动开度,当转速达到 90% 额定转速时导叶又自动关回到第Ⅱ启动开度。当转速再上升至接近同步转速时,调速器切为转速控制(见图 7-7)。在整个开机过程中,调速器会提供 90% 和 98% 转速信号分别用于启动励磁系统和同期装置,调速器的转速设定值也将在 90% 转速时自动跟踪网频,以便迅速并网。如果网频信号消失或者超出预定范围,该值自动调整为 100% 额定转速。手动开机仅用于调试,当调速器置"MANUAL"时,另一切换把手"REMOTE/LOCAL"必须置"LOCAL"。手动开机时,导叶开度跟踪开限,转速设定值为 100% 额定转速。当转速超过转速设定值时,转速控制将控制调速器的运行,并能接受同期装置的增速、减速脉冲以便并网。"MANUAL"方式时可靠压开限和发停机令使机组减速或停机,并能随时切换至"AUTO"方式。

VGCR211 型数字调速器停机:调速器接到停机令后,首先,导叶按一定的速率关至空载,然后,导叶按最大速率完全关闭,当调速器失灵时,可断开紧急停机电磁阀电气回路任意操作把手,靠液压使导叶以最大速率关闭。

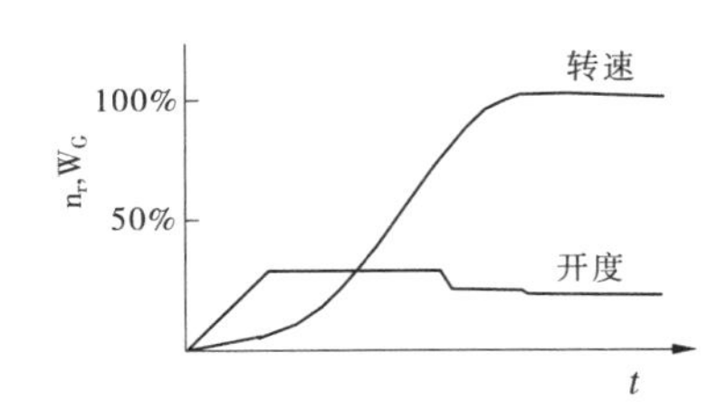

图 7-7　VGCR211 型数字调速器的开机过程

VGCR211 型数字调速器紧急停机:紧急停机是机组机械事故发生时的必要结果和有效保护措施。紧急停机电磁阀在液压回路中直接控制导叶以最大速度关闭以避免产生更为严重的后果,因此紧急停机电磁阀必须动作准确可靠。紧急停机电磁阀采用失磁动作的方式。正常情况下,电磁阀线圈带电励磁,当水轮机保护盘、调速器盘和机组 LCU 任意盘柜的接点断开时都能使紧急停机电磁阀失电动作,电磁阀动作会带动电感式位置开关动作,从而令机组 LCU 知道电磁阀状态。紧急停机电磁阀采用 24 V 直流电源,可以避免因厂用电消失造成电磁阀误动的情况出现。

二、筒形阀控制系统概况

(一)筒形阀控制系统的组成和工作原理

小浪底电站筒形阀(电气)控制系统由美国 REXROTH 公司生产,共6套,1~6号机组每台一套,筒形阀电气控制柜安装于小浪底电站地下厂房发电机层,1997年11月通过出厂验收,2000年1月至2001年底投入运行。筒形阀作为一种断开阀,安装在水轮机顶盖与座环之间,蜗壳充水后筒形阀阀体四周均匀受压,基本不承受轴向水推力。阀体开闭时为上下直线运动,操作力较小。筒形阀关闭时,在固定导叶和活动导叶之间形成封闭圆环,起到止水阀的作用,阻止水流通过,以防导叶由于泥沙磨损而漏水过大;筒形阀开启时,整个阀体缩进水轮机支持环和顶盖间的腔室内,对水流不造成干扰。筒形阀控制系统由液压和电气两个系统组成,其中液压系统主要包括1套控制阀组、1个分流模块、5个配油模块及5个接力器,电气系统由可编程逻辑控制器、接力器位置测量单元、执行元件组成。

1. 可编程逻辑控制器

SAIA 可编程逻辑控制器(PLC)模块包括 BAT-11-200 计算模块、电源模块、CPU 模块、开关量输入/输出模块、模拟量输入/输出模块。SAIA PLC 软件的主要作用:筒形阀升、降时,控制5个接力器同步及报警、启停泵等。SAIA PLC 编程工具使用循环模块(COB)和功能模块(FB),在运行主程序或子程序时,用户都可以随时调用 FB 模块。

2. 接力器位置测量单元组成及工作原理

接力器位置测量单元由 PLC 控制系统中的 BTA-D11 数字处理卡和与其配套安装在筒形阀接力器内部的 BTL-2 位移传感器组成。工作原理如图7-8所示。

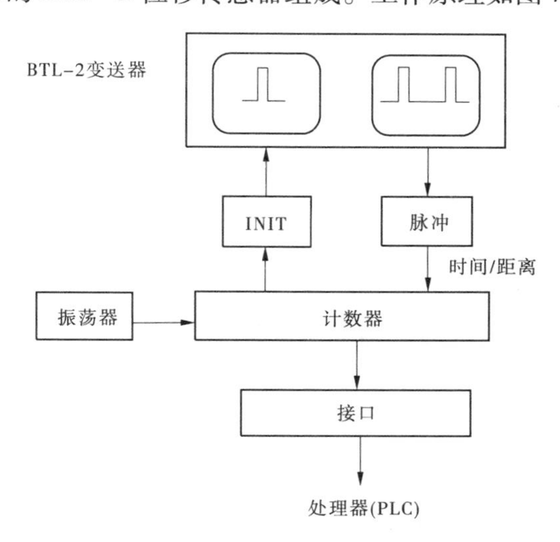

图7-8　BTA-D11 系统工作原理

BTA-D11 数字处理卡工作原理:BTA-D11 数字处理卡安装在19英寸基架上,工作电源为24 V DC。处理卡上有电源指示灯(绿色)和故障指示灯(红色),故障指示包括了 BTL 电缆断线、变送器没有连接好、电磁铁在接力器行程以外或不能测量等。连接元件

(48 脚)在插件的固定构架上,是符合 DIN 41612 F48 标准的。通过连接元件使处理器卡和变送器、电源、控制柜的数字显示装置连接在一起。BTA－D11 数字处理卡自动产生 INIT 的脉冲信号,送到变送器启动一个最大 1 kHz 的测量装置。从变送器反馈的信号(时间/距离的信息)是一个转变成二进制的平行信号。在变送器和处理器卡之间采用高噪声屏蔽的电缆,而在电缆线的两端采用 RS485/422 标准接口。BTA－D11 数字处理卡为 BTL－2 位移传感器提供 INIT 信号,可以决定位置、返回脉冲的时间、与距离成比例的平行的数据。每 25 μm 的移动作为一位的变化,20 位的平行数据是由筒形阀接力器的长度决定的,接力器的每一个位置对应一定的平行数据信号。

BTL－2 位移传感器工作原理:BTL－2 位移传感器是由接线头、电磁铁、固定杆组成的磁杆结构,根据磁质伸缩的原理,可直接测出接力器活塞位置的绝对值。位移传感器配置 16 位输出,分辨率为 0.05 mm,即送给 PLC 的位置值可以精确到 0.05 mm,测量最大位移约为 3 300 mm,实际最大行程为 1 524 mm。BTA－D11 数字处理卡发出 10 V 方波给 BTL－2 位移传感器,BTL－2 位移传感器根据磁杆的位移量返回方波,返回的方波中包含了位移与时间的关系。BTA－D11 数字处理卡由此可计算出某一时刻位移的大小,以此判断出该接力器处筒形阀的位置,并以 16 位的离散输入线反馈至 SAIA PLC 中。这 16 位离散输入被视为二进制数,经 PLC 转化为十进制数后,用以判断和调整接力器位置。

接力器位置测量单元的连接和译码:在变送器和卡之间的多芯电缆,从卡发出的 INIT 命令启动测量装置,从 BTL－2 返回的 Start/Stop 信号代表电磁铁的位置。PLC 读取数据方式如图 7-9 所示。其中"Data Hold"型信号通常在从 PLC 读取数据的一个扫描周期内起作用,当其为 HIGH 时,筒形阀位置的反馈信息保持不变,以便控制系统能接收到数据,不至于丢失位;当其为 LOW 时,筒形阀位置的反馈信息不保持。当"Enable"型信号为 HIGH 时,输出驱动器处于三态位置;当其为 LOW 时,输出驱动器励磁。当"Error"型信号为 HIGH 时,没有故障;当其为 LOW 时,有故障。当"Data－Ready"信号为 HIGH 时,筒形阀位置的反馈信息保持不变,是当前 20 个数据输出;当其为 LOW 时,一个新的值储存在 BTA－D11 的存储器内,筒形阀位置的反馈信息的数据是变化的。

(二)筒形阀的控制原理及实现

在小浪底电站筒形阀控制系统中,筒形阀的开闭由 5 个直缸液压接力器作为操作执行机构,和调速器共用一套压油装置,操作压力为 6.4 MPa,从集油槽中引出 1 根压油管,用同轴液压泵使压力油通往 5 个接力器的流量相等,以保证各个接力器的运动速度基本相同。同轴液压泵为纯机械形式,靠操作压力油流自动驱动来实现均流功能。同时,在电气控制上通过采集 5 个接力器行程进行比较计算、同步判断,以精确调整达到同步控制的目的。

同步控制的实现:为了保证筒形阀的平稳运行,避免在运行过程中发生倾斜和卡阻,保持 5 个接力器同步是筒形阀控制系统中的重要环节。在保证筒形阀接力器同步操作方面,小浪底电站筒形阀采用了电气液压同步控制方式,如图 7-10 所示。在运行过程中,如果筒形阀的倾斜没有超过允许值,则可认为 5 个接力器工作同步,筒形阀在这种情况下不会发生卡阻现象。

筒形阀运行过程中允许的倾斜率是由筒形阀的行程决定的,即筒形阀运行过程中允

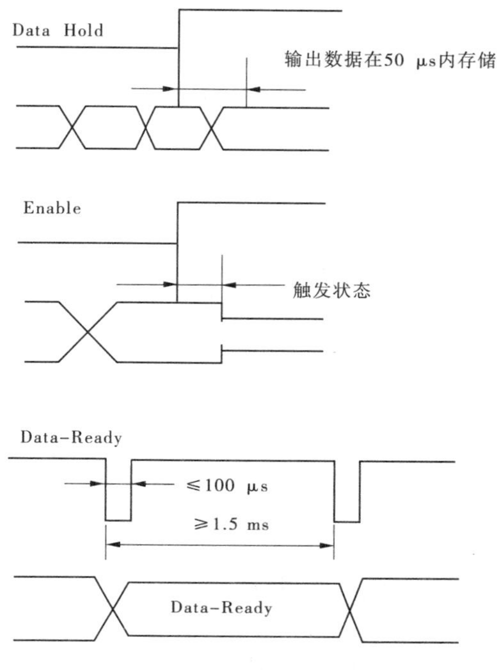

图 7-9　PLC 读取数据示意

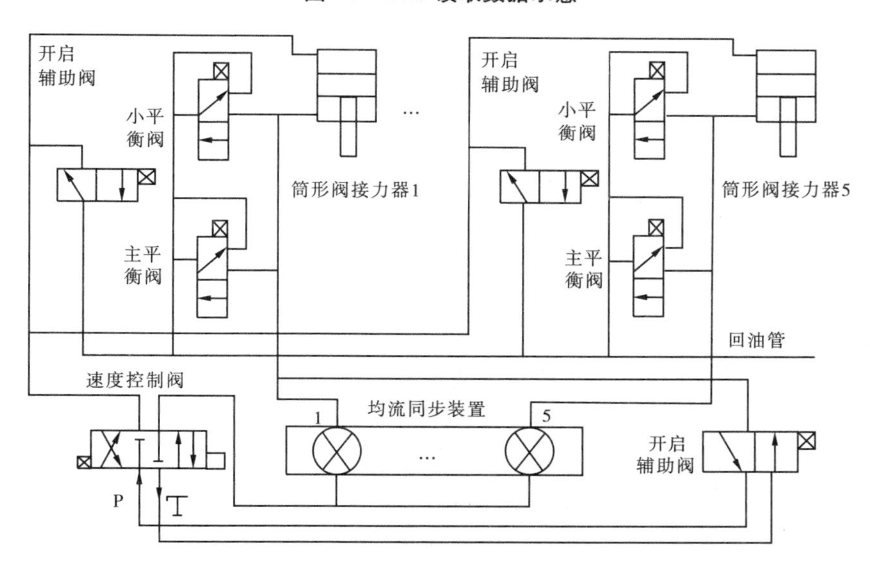

图 7-10　电气液压同步控制方式原理

许的倾斜率为筒形阀行程的函数,函数关系如图 7-11 所示。图 7-11 中横坐标表示筒形阀的行程,纵坐标表示运动最快和运动最慢的两个接力器的位置差。所以,图形下的部分为允许的倾斜范围,在接力器的上、中、下不同位置所允许的倾斜率是不同的,在靠近两端部时要求倾斜率更小。可以看到,在筒形阀操作开始和即将结束时所允许的倾斜率比在中间位置要小得多。控制系统根据实际位置计算出倾斜的允许值,与实际测量的倾斜值相比较并进行相应的处理。实际倾斜值是用超出其他接力器的活塞位置与拖后的接力器活塞位置计算得出的。控制系统不间断地监测5个接力器的位置,判断哪个接力器最超前,把超前的那个接力器位置(活塞位置)作为基准位置,并作为其他接力器倾斜计算的参照值,基准位置处的接力器位移量作为筒形阀的实际位置,并用来计算筒形阀的升/降速度。

筒形阀向下关闭时,把5个接力器中位置最靠下方的接力器作为基准接力器,其他4个拖后的接力器与基准接力器做位置比较。当某个接力器拖后值达到允许偏差值的30%时,控制系统励磁线圈(小平衡控制阀)使拖后接力器下腔的油更多更快地流出,这样就会使该接力器的移动速度加快,以弥补位置差;当某个接力器偏差值达到允许偏差的70%时,该接力器控制组阀中的主平衡阀励磁(见图7-10),使该接力器下腔油流出速度进一步加快,以尽快达到与基准接力器位置平衡。如果允许偏差为8 mm,则小平衡控制阀在偏差2.4 mm时进行励磁调节,主平衡控制阀在偏差5.6 mm时进行励磁调节。

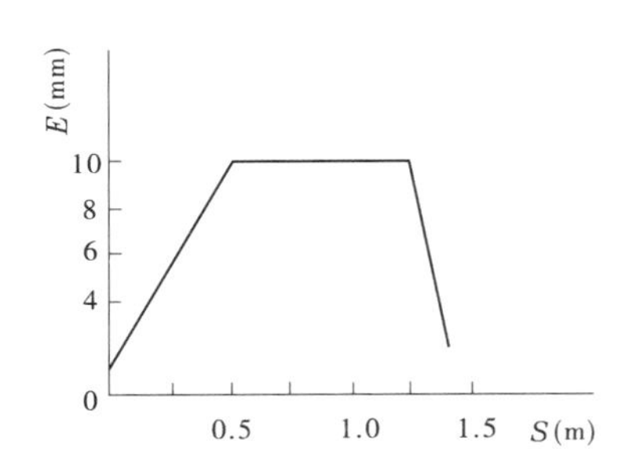

图7-11 筒形阀倾斜率和行程关系图

筒形阀向上操作打开时,以向上移动活塞位置最靠下的接力器为基准。当其他接力器位置与基准接力器相比较达到允许偏差的30%时,则将与之相比较靠上的接力器的小平衡阀励磁打开,使进入该接力器下腔的压力油单位时间内减少一部分,降低靠上的接力器的上升速度;当偏差达到允许偏差的70%时,该接力器主平衡阀励磁,进一步减少下腔进油量,使上升速度再慢一些,以达到接力器位置平衡和接力器同步的调整。在全关位置提起时,通过开启辅助阀方式加大提起的力量,以克服刚启动时筒形阀的惯性。

筒形阀打开、关闭时,接力器活塞在两端部和中部的移动速度是不一样的。通常刚开始时移动比较慢,在中部时达到设定的最大移动速度,然后速度下降直至到达端部时速度为0。当筒形阀的操作方式在“现地自动”和“远方自动”方式下时,筒形阀的运行速度由控制系统决定,表现为接力器行程的函数——运行速度与接力器行程的关系(见图7-12);当筒形阀的操作方式在“现地自动”方式下时,筒形阀的运行速度由操作手柄控制,运行速度与手柄的运动位置成正比,也同样遵循图7-11中的函数关系。

电气液压同步控制方式通过一个控制调节阀来实现,如果5个接力器中任何一处的位置偏差超过允许值(8 mm),控制系统将停止对筒形阀的操作,并将该接力器向相反方向移动最多6 s以纠正偏差,如果偏差得以纠正,则筒形阀继续沿原方向操作;如果仍不能消除偏差,将再次向相反方向移动最多6 s以纠正偏差,如果偏差被纠正则恢复操作;经过2次调整均不能有效消除偏差,系统则发出筒形阀发卡的信号,同时筒形阀操作被停止。筒形阀的控制系统还具有自诊断功能,当一个筒形阀接力器传感器失灵

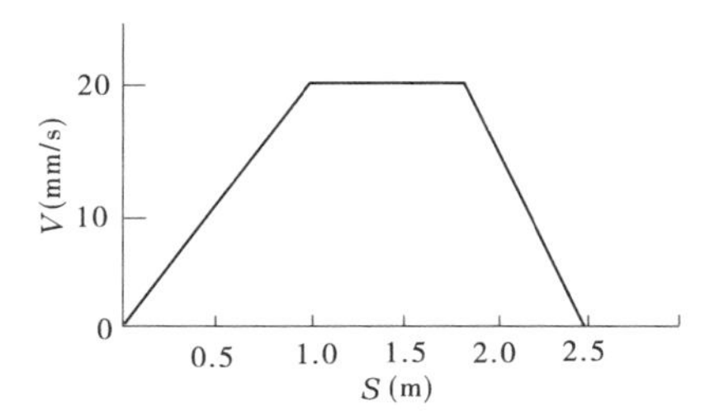

图7-12 最大运行速度与接力器行程关系曲线

时，系统报警，但筒形阀仍向原方向运动；当两个或两个以上传感器失灵时，控制系统会停止控制，禁止筒形阀的运动，直至故障解除。

（三）筒形阀的运行方式

机组在正常运行时，筒形阀的控制方式一般在远方模式。在正常开机情况下，先提筒形阀，当筒形阀达到100%开度后开导叶；在正常停机情况下，先关导叶，后落筒形阀。筒形阀全部开启时间为90 s，全部关闭时间为90 s。筒形阀的操作方式有远方模式、现地自动模式、现地手动模式、切除模式、紧急落筒形阀模式、紧急停筒形阀模式。其中，紧急落筒形阀模式为当电器控制回路无法控制，又急需落筒形阀时，向外拔出PB5按钮，此时SV5电磁阀励磁，筒形阀下腔失压，筒形阀依靠重力作用下降，达到紧急落筒形阀的目的；紧急停筒形阀模式为当筒形阀在上升和下落过程中需要停止动作时，在紧急情况下，按下PBL5按钮，筒形阀控制系统PLC、电机、传感器电源将被切除，筒形阀将停留在即时位置。

三、机组压油装置概况

小浪底电站压油装置包括一个压力油罐、一个集油箱和电气控制盘柜。压力油罐上部是压缩空气，由高压空压机供给；下部是透平油，通过油泵从集油箱打入。集油箱是操作系统的油返回的地方，并通过油泵打到压力油罐，用于系统的操作。操作机构不能进入压缩空气，否则会引起接力器抽动等现象，导致机组运行不稳定。压油装置的工作压力应保持在60～64 bar之间。两台压油泵为螺杆泵，额定功率为56 kW，输油量为370 L/M，转速1 450 r/min；一台循环油泵的额定功率为2.24 kW，输油量为120 L/M，转速1 450 r/min。

（一）压油装置的自动化元件

压力油罐上安装两个SENSOTEC公司生产的3 000 psi压力传感器，均为4～20 mA输出，一个用于控制油泵加载和报警信号，送至筒形阀控制系统；另一个送到监控系统，用于油罐压力模拟量显示；三个压力开关，用于油罐压力报警或停机信号，压油罐高油压报警值为6.6 MPa、低油压报警值为5.6 MPa、事故低油压停机值为5.4 MPa；四个液位浮子开关，用于压力油罐液位报警或停机；两块压力表用于油罐压力的直接显示。

集油箱上安装两个液位浮子开关用于集油箱油位高、低报警和集油箱油位极高或极低停泵；两个油温开关，用于集油箱油温低报警（15 ℃）和油温高停泵（65 ℃）。

（二）压油装置的控制方式

压油装置运行方式的控制是由筒形阀控制系统中的PLC来决定的。1号压油泵和2号压油泵的油泵电机的启动和加载，只根据高压油罐压力控制：两台压油泵电机按主备用方式运行，根据VOITH公司给出的定值，当油压降至60 bar时启动主电机，延时8 s后自动加载，油压升至64 bar时自动卸载并停电机；当油压降至58 bar时启动备用电机，延时8 s后自动加载，油压升至64 bar时自动卸载并停电机；当油压在60 bar以上时，油泵电机不启动。3号泵为循环泵，正常情况下一直处于运行状态，也可根据现场需要，通过切除电源使循环泵停止运行。

第二节　运行及维护

一、调速器系统的运行及维护

（一）调速器的操作指示

1. 调速器的操作

远方、现地两种方式均可以操作调速器。远方方式通过上位机或现地控制单元 LCU 实现，现地方式通过调速器柜体控制面板操作按钮实现。远方、现地方式均可以实现以下功能：

（1）启动、停止调速器。

（2）孤网、并网模式。当机组单独运行时，调速器处于孤网模式；当机组并网时，调速器处于并网模式。

（3）控制模式选择。调速器有转速控制、开度控制和负荷（功率）控制三种模式。其中，孤网模式下调速器使用转速控制，并网模式下转速控制、开度控制和负荷（功率）控制三种模式均可以使用。

（4）一次调频。

（5）开度电子开限设置（此项功能只能在调速器柜体控制面板上设置）。

2. 调速器的指示

调速器柜体控制面板上还有故障、报警的指示灯，包括：

（1）看门狗。用于两套 PLC 切换指示。

（2）转速传感器故障。调速器三个转速传感器中任何一个发生故障时，调速器柜体控制面板上转速传感器故障指示灯亮。

（3）位置传感器故障，即导叶位置传感器出现故障。

（4）控制环故障，即导叶位置控制环发生故障。

（5）功率信号故障。

（6）水头信号故障。

（7）外部设置故障，包括转速、开度、负荷等设定值超过正常范围。

（8）过速。有转速 115% 过速和转速 148% 过速。

（9）网频信号故障。当主变高压侧东、西刀闸均断开时，报警灯亮。

（10）蠕动。当机组转速小于额定转速的 3% 时报警，长时间蠕动会烧坏导轴承瓦。

3. 操作注意事项

（1）调速器手动开机方式一般用于机组调试。

（2）手动切至自动时，应先调整功率给定，然后才可以切至自动，并在确认调速器自动运行正常的情况下，再将开度限制放开到最大出力的相应开度。

（3）自动切至手动时，需先将限制开度调到与当时的实际运行开度一致，然后再切至手动，否则在切换时会产生负荷冲击。

(二)调速器系统的常规巡检

(1)交、直流电源正常投入。

(2)转速控制、开度控制、功率控制指示正常。

(3)调速器电气柜各信号灯指示正常,无报警显示。

(4)光字试验正常。

(5)各钥匙切换开关位置与运行方式相一致。

(6)电气柜各电源开关各保险均在投入位置,电源指示灯指示正常。

(7)各电气元件无过热、烧损、脱落、断线现象。

(8)操作面板上没有任何故障灯亮,装置工作正常。

(9)调速器运行稳定,无异常抽动、跳动现象。

(10)调速器油压正常,其给油阀门在开位。

(11)动圈阀动作正常,无卡涩现象,排油畅通。

(12)各连接部件及管路连接良好,无松动、脱落和渗油、漏油现象。

(三)调速器故障及处理

1. 调速器抽动问题处理

1)故障现象

5 号机组 AGC 投入时,调速器出现抽动现象。退出 AGC,在稳定负荷下 5 号机组调速器仍不停地抽动,导叶开度在 57.5%~60.3% 之间变化,有功功率在 20 万 ~22 万 kW 之间变化,无功功率在 29 ~78 Mvar 之间变化。水车室内能看到导叶控制环有规律地往复运行,压油泵每隔 1 min 加载一次。将 5 号机组空转运行后,调速器仍有抽动现象。

2)故障处理

5 号机组停机后,首先对调速器电气参数进行了全面检查。调速器送给动圈阀的交流振荡电压、直流控制电压、导叶位置反馈信号等均无异常。检查动圈阀时发现,动圈阀芯位置在底部并无法向上动作,用手按压也无法动作,说明动圈阀芯发卡。更换 5 号机组动圈阀后,在静水下启动调速器,手动设定导叶开度,发现实际导叶开度与导叶设定开度相差较大,在调速器 VCA1 卡上调整 P4(比例放大增益)到 55,调整 P7(动圈阀振荡电压)到 3.5 V,调整 P8(零位补偿)到 -1,最后调整主配压阀弹簧预紧度,使主配压阀保持在中位。重新将 5 号机组开至开机状态观察,5 号机组调速器没有抽动现象。

2. 转速传感器故障处理

1)故障现象

5 号机组在开机过程中报“调速器 2 号转速传感器故障”,并可以复归。

2)故障处理

经过检查,发现 5 号机组调速器 2 号转速传感器没有输出,更换后 2 号转速传感器工作正常。重新将 5 号机组开至空转状态试验时发现,调速器仍然有“2 号转速传感器故障”报警,并且无法复归,因此对调速器转速测量回路进行全面检查。5 号机组调速器 3 个转速传感器的输出信号经过变送器 B1、B2、B3 转换成电压信号后分别送至 PLC1 的 D109 板和 PLC2 的 D409 板。经检查,3 个转速传感器的输出信号,变送器 B1、B2、B3 和整个转速测量回路接线均无异常。检查 PLC1 的 D109 板时,发现 D109 板内的模拟量输入模块 PCD7 – W101 有烧损的痕迹,将其更换后重新试验,5 号机组调速器无上述报警。

3.1 号机组调速器调节时间过长超时停机

1)故障现象

1 号机组并网后,上位机设定 1 号机组出力 17 万 kW,1 号机组负荷仅带至 14 万 kW,此时上位机出现“1 号机组调速器开度闭环控制故障报警”、“1 号机组外部事故”和“1 号机组事故停机执行”,1 号机组事故停机。

2)故障处理

经检查,1 号机组调速器导叶、主配压阀反馈回路正常,主配压阀、动圈阀和控制环本体无异常。将 1 号机组开至空转状态,调速器可以正常调节,而且机组并网带负荷后也运行正常。

经分析,此次故障是由于调速器程序引起的,上位机将机组出力设定为 17 万 kW,而实际出力并没有跟踪到 17 万 kW,在 14 万 kW 附近停留时间过长。根据调速器内部程序设定,负荷偏差超过 5%,且距离设定时的时间延时超过 45 s,即判断开度闭环控制故障,机组将事故停机,是本次故障的直接原因。而机组负荷没有及时跟踪设定值,可能是动圈阀短时发卡等原因造成的。

(四)调速器系统的检修

调速器系统的检修随机组的 A 级、C 级检修进行,周期为每年一次;C 级检修周期为每台机组 6 年一次,每年安排一台机组的 A 级检修工作。

1.调速器系统 C 级检修

根据《水电厂机组自动化元件及其系统运行维护与检修试验规程》(DL/T 619—1997)的要求,结合电站实际,C 级检修项目包括:

(1)PLC 插件检查。各种元件无开焊和明显的虚焊现象,插件干净无灰尘,插件和插座接触良好。

(2)接线端子检查。PLC 内部引线与外界电缆的连接可靠,端子排螺丝紧固,无松动现象;端子排引线整齐无积灰。

(3)输入、输出元件检查。继电器与继电器座接触可靠,隔离放大器工作接线可靠。

(4)操作开关、切换开关、按钮检查。操作可靠、灵活、无卡死现象,位置反映准确。

(5)导叶位置传感器与主配压阀位置传感器检查。电缆引线牢固可靠,屏蔽线接地良好;固定螺栓、螺纹插头连接可靠。

(6)紧急停机电磁阀和锁锭电磁阀检查。阀体入、切动作灵活,无卡涩现象;电气引线牢固可靠;测量直流电阻,并与前次测量结果对比,误差不应超过 5%;低电压试验,80% U_e 下可靠动作;电磁阀反馈信号与实际相一致。

(7)电液转换器检查。其内部与外部连线良好,工作线圈无短路、开路、开焊和接地现象;其线圈对地绝缘电阻不小于 5 MΩ(用 500 V 摇表)。

(8)双 PLC 上电后的检查。调速柜上电及网频信号恢复正常后,双 PLC 工作状态指示灯及其他各种指示灯、表计均应正常;微机内部各种参数,如 h_{net}(水头)、T_d、B_t、B_p 等均应正确无误;双 PLC 切换时各输出表计及指示灯平稳无波动。

(9)调速器静态操作检查。调速器应能正确无误地接受 LCU 发出的开机令、停机令、增减功率信号等，并经动圈阀正确驱动液压随动系统；合理、正确地发出调速器故障信号；各反馈信号准确，误差小于0.2%。

2. 调速器系统A级检修

根据《水电厂机组自动化元件及其系统运行维护与检修试验规程》(DL/T 619—1997)的要求，结合电站实际，A级检修项目在C级检修项目的基础上，增加的检查和试验项目包括：

(1)位置反馈传感器校验与量程调试。导叶全关时调速器反馈值与设定值一致；导叶全开时调速器反馈值与设定值一致；导叶在稳定状态下，主配压阀位置传感器输出应为12 mA。

(2)整机静态调试。录制主配压阀及导叶阶跃响应曲线，导叶最快全开启和全关闭时间都应在16 s左右；调整VCA1卡上的P10旋钮和比例放大增益K_p电位器使主配压阀及导叶阶跃响应良好；调节器的设定值与面板显示相吻合，偏差不应超过0.2%；VCA1卡上的停机电压V_{stop}应能使动圈阀可靠动作；在导叶稳定状态下，动圈阀工作线圈控制信号电压和振荡电压应满足要求。

(3)动圈阀的调试。动圈阀清洗回装时保证正、负极引线正确；弹簧预紧力大小适中，引线断开时依靠弹簧预紧力能自动关机。

(4)调速器静态特性试验。

(5)调速器动态特性试验。

(五)调速器系统试验

小浪底电站机组调速器系统试验一般在机组进行C级以上检修后进行，是检验系统是否工作正常的重要手段。调速器系统试验是在调速器系统检修工作全部完成、所有故障处理完毕后进行的，小浪底电站机组调速器系统试验分静态试验和动态试验两部分。

1. 静态试验

小浪底电站机组调速器系统静态试验是在调速器系统检修工作全部完成、所有故障处理完毕后进行的，主要包括导叶传感器的校验、调速器系统的静态特性试验等项目和内容。

1)测速回路试验

测速回路试验目的：验证测速/测频模块的准确性和线性度。

测速回路试验条件：调速器应用程序已下载并运行，各部件接线正确无误；调速器切“现地/手动”方式；机组停机并解除导致机组落快速门的相关信号。

测速回路试验方法：

(1)使用频率信号发生器F_1(F_1的范围为0～300 Hz，输出电压0～24 V)模拟调速器转速信号并接入转速测量回路。

(2)使用交流信号发生器F_2(F_2可提供100 V、频率0～150 Hz可调的交流信号)模拟网频信号并接入网频测量回路。

(3)调整F_1，观察频率表F_1 0～150 Hz的变化是否与调速器面板转速表的显示一致。

(4)开限压至“0”，发开机令，模拟发电机并网，调整F_2，当F_2在95～105 Hz之间变化时，调速柜面板“SPEED SETPOINT”显示应与F_2一致。

2)转速开关试验

转速开关试验目的:验证转速开关动作的准确性及返回值。

转速开关试验条件:保证 AIR-PAX 电源及其他引线良好,保证转速控制回路所有继电器动作正常,调速器切至“现地”方式,机组停机并解除落快速门信号。

转速开关试验方法:

(1)使用频率信号发生器 F(F 的范围在 0~300 Hz,输出电压 0~24 V)模拟转速开关 AIR-PAX 的转速输入信号。

(2)调整 F,F 上升至 115 Hz 时,记录过速 115%继电器动作情况。

(3)调整 F,记录过速 115%继电器失磁时的数值。

(4)调整 F,F 上升至 152 Hz 时,记录过速 152%继电器动作情况。

(5)调整 F,记录过速 152%继电器失磁时的数值。

(6)记录并整理试验记录。

3)导叶反馈传感器的校验

导叶反馈传感器校验的目的:检验导叶反馈传感器的线性度,调整导叶反馈传感器的量程。

导叶反馈传感器校验在以下条件满足时进行:机组油压系统正常,调速器 VCA1 卡控制方式切置“HAND”方式,导叶接力器在全关位。

导叶反馈传感器校验的方法:首先检查调速器 VCA1 卡上的导叶开度手动旋钮“YSH”在“关闭”位;将万用表串入导叶位置反馈回路;用钢板尺测量导叶接力器行程,在导叶反馈传感器上调节“ZERO”旋钮,当接力器行程在全关位时万用表读数应为 4 mA;调节调速器 VCA1 卡上的 YSH 旋钮使接力器全开;用钢板尺测量导叶接力器行程,调节导叶反馈传感器上“SPAN”旋钮,当接力器在全开位时毫安表读数应为 20 mA;调节调速器 VCA1 卡上的导叶开度手动旋钮 YSH 使导叶接力器全关、全开,并再次检验导叶接力器在全关、全开时,万用表读数是否为 4 mA、20 mA;如果校验后数据达到要求,拆去万用表,恢复传感器接线。

导叶反馈传感器校验的注意事项:调速器柜内的导叶反馈电流量信号变送器必须提前校验完毕并符合要求;校验的过程中应观察调速器面板上开度显示表显示值的范围,其标准范围应该为 0~100%。

4)综合输出放大单元试验

综合输出放大单元试验目的:验证 VCA1 卡功能的完整性,整定 VCA1 卡的调节参数,在动圈阀调整完毕的情况下进行弹簧应力的补偿。

综合输出放大单元试验条件:油压系统正常,动圈阀清洗后已回装完毕;导叶反馈传感器及主配压阀反馈传感器已校验;VCA1 卡切至“HAND”方式。

综合输出放大单元试验方法:

(1)在正确接线的情况下,VCA1 卡面板绿色发光二极管灯亮,否则检查电源极性。

(2)使用 0.2~0.8 V 的电压源模拟停机信号输入 VCA1 卡,检查动圈阀阀芯动作方向是否正确,否则改变动圈阀的接线。

(3)调节导叶开度手动旋钮“YSH”,导叶接力器应能向“开”或“关”的方向移动(无停机信号输入)。如导叶接力器不动,临时接电流信号发生器(4~20 mA)取代导叶反馈传感器,调节“YSH”平衡该反馈信号,然后重新接好导叶反馈信号。

(4)去掉 VCA1 板的“D”(即微分部分),用手触摸动圈阀阀芯应能明显感受到动圈阀的振动,否则,增加振荡电压;再调节比例增益 K_p,当导叶开度设定值改变时,接力器应迅速动作而不超调,如接力器反应迟钝,则应投入微分环节“D”。

(5)将导叶开度设定为50%,调整参数使得导叶开度反馈与设置值一致。

(6)调整完毕,VCA1 板切回“AUTO”。

5)导叶最大开启/关闭速度试验

导叶最大开启/关闭速度试验目的:测量导叶全关、全开时间。

导叶最大开启/关闭速度试验条件:VCA1 卡置“HAND”模式,导叶锁锭拔出;快速门落下;压力钢管无水;机组转动部件无人工作。

导叶最大开启/关闭速度试验方法:将主配压阀及接力器反馈信号接至示波器;快速连续调节 VCA1 卡导叶开度手动旋钮“YSH”使导叶从全关到全开;稳定后再调节导叶开度手动旋钮“YSH”使导叶从全开到全关;从波形图上读取导叶开启和关闭时间,开启和关闭时间均应在16 s左右;如不符合要求,调整主配压阀限位开关螺钉后,重做上述试验直至满足要求。

6)调速器系统的静态特性试验

调速器系统静态特性试验目的:测定并计算调速器调节系统的转速死区,计算调速器调节系统静态特性的最大非线性度,校验调速器永态转差系数 b_p 值。

调速器系统静态特性试验应在以下条件满足时进行:机组进水口事故闸门、尾水闸门均已落下;压力钢管、尾水管内无水;水轮机已检修完毕,导水机构检修完毕并可投入运行;调速器系统机械部分检修完毕,机组油压系统正常并可投入运行;导叶、主配压阀反馈传感器已校验完毕;调速器电气柜交、直流均已上电;蜗壳进人门已关闭;机组转动部件无人工作;机组导叶锁锭已拔出;机组导叶关断阀在励磁状态。

调速器系统静态特性试验方法:

(1)将调速器控制方式切至“现地/自动”方式。

(2)发开机令,手动增加开限至50%,则导叶开至50%开度。

(3)采用短接信号方式模拟发电机出口开关 GCB 闭合信号(即并网信号)。

(4)使用0~300 Hz 脉冲频率信号发生器模拟机组转速信号并接入调速器。

(5)缓慢调节频率信号发生器至100 Hz,观察调速器面板上“ACTUAL SPEED”在100%时打开开限至100%。

(6)缓慢增加脉冲信号使导叶开度接近全关;单方向缓慢减小频率脉冲信号(注意调节过程中不准回复),每次降低0.5 Hz,待导叶接力器稳定后用钢板尺测量导叶接力器的实际行程并做好相应的记录,直至接力器接近全开,作导叶接力器行程与机组转速的关系曲线;反方向缓慢增加脉冲信号(注意调节过程中不准回复),每次增加0.5 Hz,记下导叶接力器行程,直至导叶开度接近全关,作导叶接力器行程与机组转速的关系曲线。

(7)校正 b_p 值,与设置值偏差不得超过5±0.5%(b_p 值的大小由调速器静态特性曲线所决定,其数值大小即为静态特性曲线斜率的负数)。

(8)计算非线性度,其最大非线性度不得超过5%。

(9)计算转速死区,其值不得超过0.05%(转速死区的计算方法:最大转速死区为$I_x=\Delta Y_{max}/Y_{max})\times b_p$,$\Delta Y_{max}$为同一频率值的最大接力器开关位置偏差,$Y_{max}$为接力器全行程)。

调速器静态特性试验应注意的事项:试验前导叶开度传感器应校验完毕,且导叶开度实际值可以准确地跟踪设定值;调速器必须在模拟负载的情况下进行,因为此时转速和导叶开度之间为开环调节,只有在此种方式下才可验证调速器的静态特性;上述试验至少应做两次,测点应不少于8点,如有1/4测点不在同一直线上,则应予重做。

2.动态试验

动态试验是在调速器系统静态试验全部完成且无异常后进行的,主要包括调速器空载扰动试验、调速器过速试验、调速器甩负荷试验等项目和内容。

1)调速器空载扰动试验

调速器空载扰动试验目的:通过对调速器调节系统外加大幅度扰动,检验机组在各种调节参数组合方式下的稳定情况,最终选择最佳参数;测量机组处于空载运行工况时,转速的摆动值。

调速器空载扰动试验应在以下条件满足时进行:导叶关断电磁阀应能可靠动作,以保证机组在事故时可靠停机;开限应放在空载开度以上大约10%处;当机组转速曲线不能较快收敛时,应采取可靠措施立即停机,保证机组安全。

调速器空载扰动试验方法:将调速器控制方式切至"现地/自动"方式运行;在调速器面板上设定机组转速为100%额定转速;使用调速器专用笔记本电脑(PC),在在线方式下设定机组转速为96%额定转速,在示波器上观察最大超调量,超调次数以及调节时间应符合要求,否则调整调节器的调节参数直至调节品质合乎要求;再通过PC设定机组转速为100%,待转速稳定;通过PC设定机组转速为104%额定转速,在示波器上观察最大超调量,超调次数以及调节时间应合乎要求,否则调整调节器的调节参数直至调节品质符合要求(最大超调量不应超过扰动量的30%,超调次数不超过2次);通过PC分别设定机组转速为92%和108%额定转速,再做一次;通过调速器扰动试验选出最佳空载参数的组合;通过PC设定机组转速为100%额定转速,观察机组转速3 min并记录下最大值,该值不得超过97%~103%额定转速范围。

2)调速器过速试验

调速器过速试验目的:检验机组转动部件在过速状态下的机械强度,检查调速器齿盘测速装置及转速开关动作的正确性,测量机组过速时各部瓦温的上升情况。

调速器过速试验应在以下条件满足时进行:转速开关各转速接点已调整完毕,将过速信号回路断开;导叶开度限制已设定为100%;将机端残压信号(发电机出口PT)接至机旁临时频率计,以监视机组转速。

调速器过速试验方法:将调速器控制方式切至"现地/手动"方式;将监控系统LCU控制方式切至BACKUP方式,闭锁LCU输出信号;手动开机至额定转速;待机组运行一段时间,瓦温稳定后准备进行过速试验;使用调速器专用笔记本电脑(PC),设定机组转速为115%额定转速;机组转速升至115%额定转速时检查转速开关115%额定转速接点动作情况并观察水轮机保护信号灯；再通过 PC 设定机组转速为 148% 额定转速，机组将继续升速；待转速升至 148% 额定转速时检查转速开关 148% 额定转速接点动作情况并观察水轮机保护信号灯；升速过程中若有异常，应立即停止升速；机组转速升至 148% 额定转速时应立即操作停机按钮停机，如停机失灵，应立即按下紧急停机按钮或落筒形阀；停机后，工作人员检查机组各部位是否正常。

3）调速器甩负荷试验

调速器甩负荷试验目的：检验机组引水系统在甩不同负荷时各部位的机械强度；做出甩负荷时机组转速升高率、蜗壳水压升高率曲线，记录调速器关机时间和接力器不动时间，并求取机组实际运行的调差率；检查并调整调速器动态调节品质。

调速器甩负荷试验应在以下条件满足时进行：按正常方式投入发变组及线路等各项保护；调速器做好带负荷准备，负载 PID 参数设定完毕；导叶开度限制设定在 100%；励磁系统工作正常；油压系统调试完毕并能正常运行；机组水头满足带负荷要求；测量机组振动、摆度的测量工具与仪表准备完毕；转速开关各转速接点已调整完毕，同时将过速回路断开，并监视继电器动作情况；将监控系统现地 LCU 过速落快速门和筒形阀的输出接点解开，并监视继电器动作情况。

调速器甩负荷试验方法：将调速器控制方式切至“远方/自动”方式；接三通道示波器，分别录制机组转速，接力器行程和蜗壳压力曲线；远方开机至并网；机组带 25% 额定负荷；停机前 2 s 启动录波仪录波；模拟发电机差动保护跳开发电机出口开关甩 25% 额定负荷；待机组停稳后再次在远方开机并网并带 50% 额定负荷；在 LCU 手动断开发电机出口开关甩 50% 额定负荷，用录波仪记录下调速器的调节过程；甩 75% 额定负荷，记录下调速器的调节过程；恢复监控系统现地 LCU 过速落快速门及筒形阀出口接点接线；机组甩 100% 额定负荷（同时做事故低油压），记录下调速器调节过程并观察过速时落快速门及筒形阀的动作情况；甩完最大负荷后，根据所录波形，调整调速器有关参数，使调速器动态品质满足国标的要求（甩 100% 额定负荷后，从接力器第一次向开启方向移动起，到机组转速摆动值不超过 ±0.5% 为止所经历的时间 ≤40 s，超过 3% 额定转速以上的波峰不超过两次；甩 25% 额定负荷时接力器不动时间 <0.2 s）。

调速器甩负荷试验应注意的事项：机组甩负荷时，若遇导水叶不能自动关闭，立即按下 LCU 盘柜上紧急事故按钮落筒形阀及进水口事故闸门；停机后，工作人员检查机组各部位是否正常。

二、筒形阀控制系统的运行及维护

（一）筒形阀的运行操作

1. 筒形阀的操作

远方、现地方式均可以操作筒形阀。远方方式通过上位机或现地控制单元 LCU 实现，现地方式通过筒形阀柜体操作面板实现，有自动、手动两种操作模式。远方、现地均可以实现以下功能：

（1）提升筒形阀。

（2）落下筒形阀。

（3）筒形阀在提升和落下过程中保持某一位置不动。

2. 筒形阀的指示

调速器柜体控制面板上布置有指示灯、按钮和选择开关等电气元件，包括：

（1）筒形阀指示灯，包括 PL1（220 V 直流电源指示灯）、PL2（24 V 第一路直流电源指示灯）、PL3（24 V 第二路直流电源指示灯）、PL4（筒形阀全开指示灯）、PL5（筒形阀全关指示灯）、PL6（远方控制方式指示灯）、PL7（现地控制方式指示灯）、PL8（手动模式指示灯）和 PL9（筒形阀保持指示灯）。

（2）筒形阀报警灯，包括 PL10（操作超时）、PL11（集油槽低油位停泵）、PL12（集油槽低油位报警）、PL14（集油槽高油位停泵）、PL16（高油温停泵）、PL17（低油温报警）、PL18（循环泵压力低报警）、PL19（主泵压力低报警）、PL20（筒形阀发卡）。

（3）SS1、SS2、SS3 选择开关，其中 SS1 选择开关为“远方/现地/无”选择开关，以选择筒形阀的控制方式；SS2 选择开关为“自动/手动”选择开关，以选择筒形阀控制方式。SS1 为筒形阀“远方/现地/无”控制方式的一级选择，SS2 为在 SS1 选择“现地”时，再选择“自动”或“手动”的控制方式。SS3 选择开关为压油装置 1#、2#泵主、备用切换按钮。

（4）手动按钮，PB1 按钮为“自动方式提升筒形阀”按钮，PB2 按钮为“自动方式落下筒形阀”按钮，PB3 按钮为“自动方式筒形阀保持”按钮，PB4 按钮为“故障确认”按钮，PB5 按钮为“筒形阀紧急释放”按钮，PB6 按钮为“指示灯试验”按钮。

（5）PBL1 ~ PBL6 指示灯按钮：PBL1 按钮为“紧急落下筒形阀”按钮，PBL2 按钮为“启动/停止 1#压油泵”按钮，PBL3 按钮为“启动/停止 2#压油泵”按钮，PBL4 按钮为“启动/停止循环泵”按钮，PBL5 指示灯为“1#压油泵加载/卸载”指示灯，PBL6 指示灯为“2#压油泵加载/卸载”指示灯。

（6）DSP1 指示仪，表示筒形阀在运动过程中的移动速度，以百分数形式表示。

（7）DSP2 指示仪，表示筒形阀的实时位置，以十进制数表示，范围 0 ~ 100。

（8）JOY1 手动操作把手，分“UP”和“DOWN”两个方向。

（二）筒形阀控制系统的常规巡检

（1）交、直流电源投入正常。

（2）筒形阀控制柜各信号灯指示正常，无报警显示。

（3）机组在正常运行方式下各切换把手位置正确。

（三）筒形阀系统的检修

筒形阀系统的检修主要分为 C 级检修和 A 级检修。C 级检修随机组的检修进行，周期为每年一次；A 级检修随机组的检修进行，周期为每台机组 6 年一次，每年安排一台机组的 A 级检修工作。

筒形阀控制系统 C 级检修的主要项目为：筒形阀控制柜、HPU 装置内压力信号、油位信号检查；筒形阀控制系统各控制柜插件及继电器检查；筒形阀接力器供、排油管法兰螺丝检查；筒形阀全开后和座环相对水平检查：检查判定同步情况；筒形阀上、下密封检查：检查上、下密封是否发生脱落损坏现象，必要时进行更换；筒形阀接力器及液压控制系统检查、渗漏处理：检查筒形阀接力器及其液压控制系统管路和阀组有无螺栓松动、渗油及其他异常现象，并做相应处理；筒形阀控制系统的消缺。

筒形阀控制系统A级检修的主要项目为：筒形阀控制系统焊缝及滑道检查及处理，筒形阀上下密封检查及更换，筒形阀与轨道间隙测量，筒形阀相关元件、阀组的清扫检查及试验。

三、压油装置的运行及维护

（一）压油装置的运行操作

压油装置的控制系统集成在筒形阀控制系统中，通过筒形阀柜体面板，可以对1#、2#压油泵选择主备用方式，并且可以手动启动1#、2#压油泵和循环泵。

（二）压油装置的常规巡检

（1）压油槽压力正常，油面合格，无渗、漏油和漏气现象。

（2）电接点压力表工作正常，其给油阀门在开位。

（3）检查集油槽油位、油温正常。

（4）各阀开、关位置正确，安全阀、电磁阀工作正常。

（5）压力油泵和循环油泵运行与指示正常。

（6）压油罐油位与油温正常。

（7）双联过滤器与循环冷却水过滤器压差正常。

（8）电机引线及接地线完好。

（9）油泵、循环泵电源指示灯亮。

（10）油泵一台在主用位置，另一台在备用位置。

（三）压油装置的故障及事故处理

1.1号机组压油泵故障被迫停运分析

1）故障现象

监控系统上位机报：1号机组压油罐油位低报警；随后又报：1号机组筒形阀系统故障。上位机显示压力油罐压力为5.83 MPa，一段时间后又降为5.76 MPa（压油罐额定压力为6.0～6.4 MPa）。

2）故障处理

经检查，1号机组压油罐油位确实低于报警值，筒形阀控制柜上“压油罐油位低”红灯亮，两台油泵加载指示灯亮，但实际没有加载打油，经检查初步判断是加载电磁阀故障，导致油泵不加载。保持该机组出力不变，避免因接力器调节而用油，转移1号机组负荷。机组由并网转为空转状态，在关闭导叶过程中由于压油罐油位继续下降，出现“1号机组压油罐油位过低事故”报警信号，1号机组执行事故停机流程。为防止压油罐油过度损耗，造成事故低油压以致压力钢管进口事故门落下，将1号机组筒形阀切现地，防止筒形阀下落用油。同时，采取措施闭锁其他触发进口事故门落下的信号。

停机后检查发现，SV1即1#泵加载电磁阀线圈烧坏，遂即拔掉加载电磁阀电缆接口，后又发现筒形阀控制柜内的加载电磁直流电源开关CB2跳闸，投上CB2开关，2#压油泵加载正常，压油罐油位恢复正常。压油泵加载电路如图7-13所示。

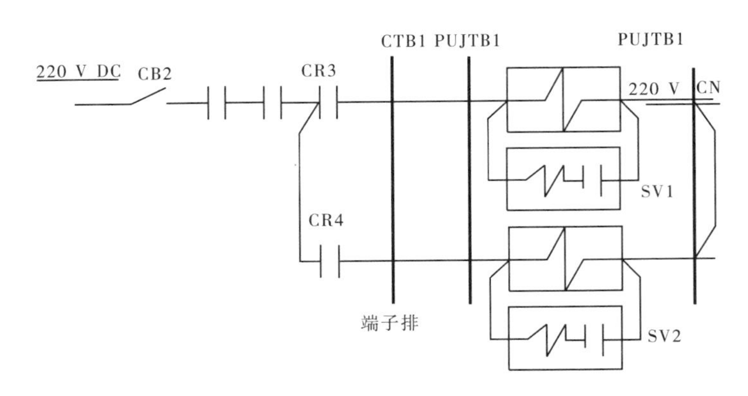

图 7-13　压油泵加载电路示意

CR3、CR4 为筒形阀 PLC 控制的加载继电器接点，SV1、SV2 为 1#、2#泵的加载电磁阀圈。CR3、CR4 接通后电路导通，SV1、SV2 励磁，压油泵加载。SV1 线圈烧坏后造成短路，CB2 过流保护动作跳开开关，SV2 也失去电源，2#压油泵也无法加载，造成上述现象。

这次故障也暴露出了压油装置的设计缺陷，两台压油泵是互为备用设计的，但两个加载电磁阀共用一个电源开关，一旦开关跳闸，压油泵是起不到备用作用的。因此，随后进行了相应改造，将两个加载电磁阀电源分开。

2. 误报低油压信号导致事故停机

1）故障现象

2 号机组在开机过程中，上位机报：2 号机组压油罐压力偏低报警，2 号机组事故停机。

2）故障处理

经检查 2 号机组压力装置油泵及控制回路均工作正常。复归所有报警信号后，重新开机检查，发现开机过程中上位机报压油罐压力偏低报警，约 200 ms 自动复归，但当时压油罐压力及油位始终正常，压油泵运行正常。由于分析可能是压力开关误动，并最终确认是开机过程中主配压阀的动作引起压力开关误动。为防止此类情况的再次发生，将事故低油压接点由常闭改为常开，利用接点自身机械特性避开振动而可能导致的误动。

（四）压油装置的检修

压油装置的检修主要分为 C 级检修和 A 级检修。C 级检修随机组的检修进行，周期为每年一次；A 级检修随机组的检修进行，周期为每台机组 6 年一次，每年安排一台机组的 A 级检修工作。

压油装置 C 级检修的主要项目为：压油装置检查清扫，对压油装置各部位进行认真清扫检查，对存在的问题做相应处理，必要时排油；对油泵联轴节和过滤器滤芯进行检查，必要时更换；对电机轴承加注润滑脂；压油装置滤油，油化验后判定为不合格应立即进行滤油，直至合格。

压油装置 A 级检修的主要项目为：集油槽及油罐清理、检查，油泵清扫、检查，冷却器检查、试验，管路及系统阀门检查清扫，压力开关和压力传感器校验，系统压力试验及泄漏试验，安全阀校验。

第三节　技术改造

一、调速器系统的技术改造

(一)调速器功率反馈信号改造

1. 存在问题

4号机组并网运行时所带负荷在没有增加负荷命令的情况下,由150 MW突然增加到200 MW,导叶开至全开位置。

2. 原因分析

监控系统送调速器的功率信号反馈回路,目前是由监控系统功率变送器输出4～20 mA信号,对应0～350 MW,经过监控系统的功率表送至调速器PLC。在机组并网发电状态时,调速器调节方式为功率控制,由于功率表故障,毫安量值变小,调速器PLC接收到的功率反馈值也变小,与功率给定值进行比较后,开导叶直至开限动作,所带负荷增加。

如果功率变送器出现故障,其输出毫安量值为0,调速器PLC接收到的功率反馈值会变为-80 MW,与原功率给定值进行比较后,将会动作导叶直至最大开限,所带负荷增至当前水头条件下的最大负荷;同样也会出现毫安量值变大,造成机组所带负荷减少的风险,给电网安全稳定运行带来安全隐患。功率反馈信号回路如图7-14所示。

3. 机组功率反馈信号技术改造

(1)取消原有功率变送器送至监控系统功率表回路,改为由功率表直接经过监控系统转接端子送至调速器的PLC,避免因元件不可靠造成重要信号回路故障。

(2)增加监控A08模板功率信号反馈回路,实现双反馈回路互为备用功能。

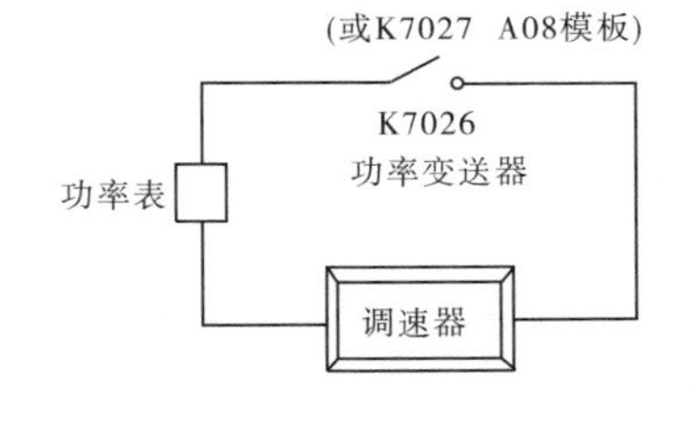

图7-14　功率反馈信号回路图

①拆除功率变送器和A08模板功率信号反馈回路中分别使用的K7026、K7027继电器接线,将K7026、K7027继电器的常闭接点(12、42)接入功率变送器回路,将K7026、K7027继电器的常开接点(14,44)接入A08模板回路。当有开出命令时,利用双继电器同时动作来实现功率信号反馈回路的互相切换。

K7026、K7027继电器正常情况下常闭接点在闭合,送调速器功率信号使用功率变送器反馈回路;如出现功率变送器故障或丢失电源的情况,通过操作上位机机组负荷调整画面中的切换按钮"P_FB_TR"或现地LCU屏切换旋钮,切换到A08模板功率反馈回路("P_FB_TR"为功率变送器回路,"P_FB_A08"为监控A08模板回路)。改造后的功率反馈信号回路如图7-15所示。

②在机组LCU程序中新增功率信号反馈回路切换开出命令"P_FB_TR"和"P_FB_A08",由"P_FB_A08"动作K7026、K7027常开接点,将功率变送器反馈回路切换至A08

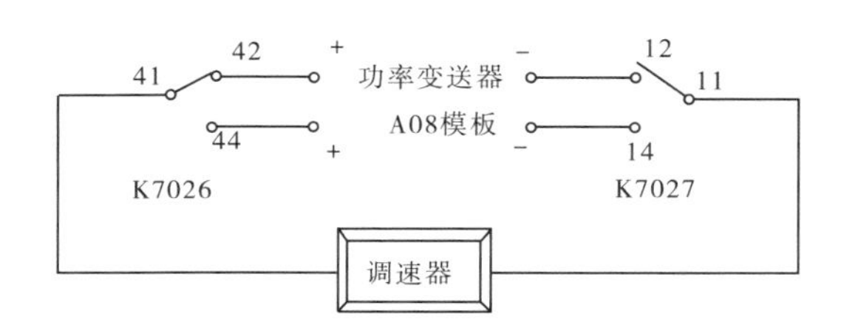

图 7-15　改造后的功率反馈信号回路图

模板反馈回路;“P_FB_TR”则通过“RS”触发器动作 K7026、K7027 继电器常闭接点,将 A08 模板反馈回路切换至功率变送器反馈回路。同时,在上位机 1 ~6 号机组负荷调节画面中增加功率信号反馈回路切换按钮,实现远方切换功能。

③在 1 ~6 号机组现地 LCU BACKUP 屏选用备用切换旋钮(型号:A715),将功率信号反馈回路切换开出端子接入,动作过程同上,从而实现现地旋钮切换功能。

如果出现上位机故障远方不能操作的情况,可操作现地 LCU 屏切换旋钮来切换功率信号反馈回路(切换旋钮:“OFF”为功率变送器回路,“ON”为监控 A08 模板回路)。

④原 1 ~6 号机组 LCU 盘柜上功率表串接在功率信号反馈回路中,如功率表故障,将导致功率信号丢失。因此,取消功率表接线,改为由功率变送器(或 A08 模板)将功率反馈信号直接送至调速器,避免因为元件不可靠造成重要信号回路故障。

(二)调速器控制柜电源监测回路技术改造

1. 存在问题

5 号机组并网运行时,由于调速器直流电源模块输出端故障,运行工作人员在不知情的情况下倒厂用电,出现交流电源瞬间消失现象,造成调速器控制系统两套电源丢失而引起事故停机。

2. 原因分析

(1)调速器控制回路由两路电源互为备用供电,电源转换模块 G1 为 220 V DC 输入、24 V DC 输出;电源转换模块 G2 为 220 V AC 输入、24 V DC 输出。检查发现调速器控制柜内电源转换模块 G1 故障,无 24 V DC 输出;电源转换模块 G2 正常供电。

(2)调速器控制柜内直流电源开关 F02、交流电源开关 F03 的状态送至监控系统端子柜 GV 端子排,电源开关 F02、F03 在分位时,监控系统报“调速器系统直流电源故障”、“调速器系统交流电源故障”。24 V DC 电源监测继电器 K1 和继电器 K2 的常开接点直接送至调速器内部 PLC 的 D106 板。

(3)在此次失电过程中,G1 模块无 24 V DC 输出时,G1 模块的电源监测继电器 K1 动作正常,但“220VDC VOLTAGE SUPPLY1 FALURE”信号送至调速器内部 PLC 的 D106 板内后,并没有输出信号至监控系统的回路设计,监控系统不会报警;只有当 220 V DC 进线开关 F02 失电时,监控系统才有报警,而 220 V DC 进线开关 F02 合闸并带电正常,所以监控系统没有相关报警。调速器控制回路中电源监测回路的原理如图 7-16 所示。

3. 机组调速器控制柜电源监测回路技术改造

(1)取消电源开关 F02 送监控系统的 F02 开关状态接点,取 220 V/24 V DC 直流电

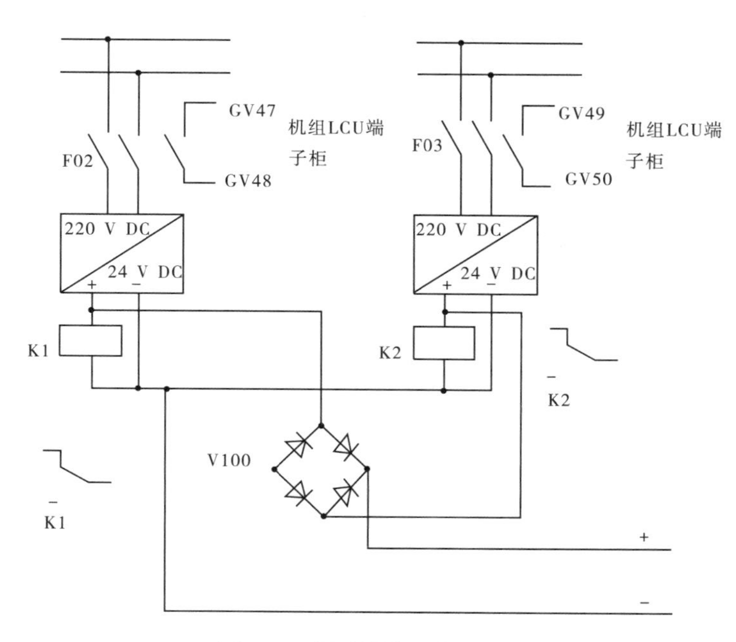

图7-16 调速器电源监测回路图

源监测继电器K1的常开接点,送给监控系统作为调速器直流电源模块故障报警信号。

(2)取消电源开关F03送监控系统的F03开关状态接点,取220 V AC/24 V DC交流电源监测继电器K2的常开接点,送给监控系统作为调速器交流电源模块故障报警信号。

改造后,若调速器控制系统直流(交流)电源模块故障,监控系统报"调速器直流(交流)电源故障",使运行工作人员能准确掌握调速器控制系统电源工作情况,维护工作人员及时更换电源模块,确保机组安全运行。

二、机组压油装置改造

小浪底电站机组压油系统为全套从美国VOITH公司进口的装置,为操作导叶和筒形阀提供动力。按照VOITH厂家的设计,每台机组安装的两台55 kW的压油泵电机一直空载运行。当油压降至60 bar时主用泵自动加载,油压升至64 bar时自动卸载,压油泵电机继续空载运行;当油压降至58 bar时备用泵自动加载,油压升至64 bar时自动卸载,压油泵电机继续空载运行。同时,还设有一台循环泵,用于油温高时降低油温。

(一)压油系统存在的不足

(1)无论机组处于何种状态,压油泵一直持续运行,造成的问题有:

①油槽内油温过高,从而加速油的裂化,酸值增高,并产生大量的附属物杂质,影响油的质量,使得过滤器滤芯堵塞,部分液压部件腐蚀,危及机组的安全稳定运行。

②电机长期运行,加速了电机的磨损,缩短了电机的使用寿命,增加了发电成本。

③6台机组12台55 kW的电机长期运行,消耗大量的厂用电。

(2)压油装置冷却方式为水冷,冷却水管易生锈导致破裂,使得油乳化加快。曾在4号机组发生过冷却水管破裂的情况,而每台机组集油槽总容积为8 700 L,导致大量油浪费。

(3)1#压油泵和2#压油泵在运行时监控系统上位机无相应状态信号,除非运行人员到现场察看,否则,无法知道压油泵是否处于正常运行状态。

(4)压油装置失电后没有报警信号。

(5)压油系统1#压油泵和2#压油泵动力电源取自同一路,如此路电源失电,两台压油泵均不能运行。

(二)原因分析

(1)针对机组压油系统油温高的状况,在对现场实际情况进行调查的基础上,收集了大量的资料,并对掌握的信息进行了全面认真的研究,综合分析了各方面的因素,发现导致压油系统油温高的原因主要存在于两个方面:

①开关、接触器质量不好。压油泵启动加载时因启动电流偏大,开关经常跳闸,接触器热继电器也时有动作,致使压油泵启动失败,并产生故障信号,影响机组的安全稳定运行。

②压油泵运行方式对油质产生不利影响。压油泵电机长期空载运行,当压力降至需要加载时自动加载。这种设计思路使得长期空载运行的压油泵电机产生大量的热量,导致油持续高温,从而加速油的裂化,酸值增高,影响油的质量。

(2)压油泵的状态信号没有送至计算机监控系统,没有监视压油泵的电源,压油泵动力电源未分开都是由于VOITH SIEMENS公司根据国外的设计思想设计所致,不符合现场运行的实际需要。

(三)压油系统改造措施

(1)改造接触器,更换新的软启动器,避免启动失败。

要同时解决开关跳闸和接触器热继电器动作两个问题,最根本的办法是减小启动电流和控制启动时间。将原来使用的接触器换成ABB公司的PST105-600-70型软启动器。该软启动器通过控制可控硅α角的大小来使其按照设定的启动电流倍数和启动时间运行,并且该软启动器体积小,操作简单方便,保护配备齐全,可有效解决开关跳闸和接触器热继电器动作的问题。

(2)确定控制方式和定值,修改控制程序。

油温高主要是因为压油泵电机长期空载运行所致。据此,压油泵的运行方式应予以改变。对软件进行修改,只根据高压油罐压力以及压油罐油位控制压油泵电机的启动和加载:两台压油泵电机按主/备方式运行,根据VOITH SIEMENS给出的定值,当油压降至60 bar时启动主用电机,延时8 s后自动加载,油压升至64 bar时自动卸载并停电机;当油压降至58 bar时启动备用电机,延时8 s后自动加载,油压升至64 bar时自动卸载并停电机。其他控制程序保持不变。

(3)敷设电缆,修改监控系统程序,完善信号回路。

①针对1#压油泵和2#压油泵在运行时上位机无相应状态信号的问题,增加“1#/2#油

泵运行”信号并送给监控系统。

②针对压油装置失电后没有报警信号的问题，增加“油泵电机失电”信号并送给监控系统。

(4)将压油装置1#压油泵和2#压油泵动力电源分开，分别取自机旁盘两段互为备用的电源，使两台压油泵真正起到互为备用的作用。

(四)效果分析

从机组压油装置运行方式改造后的运行情况看，问题得到解决，主要表现在：

(1)油温得以降低。改造前油温一般维持在40 ℃左右，而改造后油温仅18 ℃左右，从而缓解了油的裂化，油的酸值大大减小，延长了油的使用寿命。

(2)运行人员能在监控系统上位机上清楚地监视到压油泵的状态和电源状态，有利于运行人员的监视。

(3)压油泵启动过程平稳，开关不再跳闸；延长电机的使用寿命，减小发电成本。

三、筒形阀控制系统改造

(一)存在的问题

筒形阀的位置信号是通过安装在筒形阀本体测杆上的位置开关送出的，筒形阀的PLC程序中将全关信号作为提升筒形阀的判断条件，将全开信号作为下落筒形阀的判断条件；筒形阀的全开、全关信号经PLC输出至监控系统，作为监控系统开机和停机流程中判断筒形阀位置的依据。在筒形阀运行过程中，筒形阀全开、全关信号无法正确反映筒形阀实际位置的情况时有发生，直接影响机组的开、停机顺利进行。

(二)筒形阀位置信号不准确的问题分析

筒形阀位置开关导杆固定在阀体上，随同筒形阀一起运动，在顶盖上相应位置安装导杆套管，其上布置两个触点开关，根据导杆的实际位置分别传递筒形阀全开和全关信号，作为筒形阀关闭和开启的条件。

筒形阀在操作中其水平度是不断变化的，使筒形阀位置开关导杆与其套管之间出现同轴度偏差，易造成筒形阀操作到位后位置开关接点与其导杆无法接触，位置信号无法正常传送，这是筒形阀位置信号不准确的原因之一。由于筒形阀位置开关的松动、损坏，筒形阀位置导杆发生脱扣、变形等情况，也是筒形阀位置信号不准确的原因。

(三)筒形阀位置信号不准确的问题处理

(1)修改筒形阀PLC程序。

对筒形阀PLC程序COBO模块内程序进行修改，取消程序中通过筒形阀位置开关判断筒形阀全开、全关的程序段，增加通过筒形阀接力器位移测量值模拟量信号来反映和传递的程序段。

(2)改造筒形阀位置信号电气回路。

取消由筒形阀位置开关送至筒形阀控制系统PLC装置的信号回路：解除水车室内安装的“Ring Gate Full Opened Limit Switch”和“Ring Gate Full Closed Limit Switch”两个筒形阀位置开关，解除送至筒形阀控制PLC的信号回路接线。

保留由筒形阀 PLC 输出并送至监控系统的筒形阀位置信号回路,监控系统对筒形阀位置的判断不受影响。

经过修改后,筒形阀的全开、全关位置信号改由接力器位移测量值模拟量信号来反映和传递,该模拟量信号测量精度为0.025 4 mm,可准确反映筒形阀实际位置,且不受筒形阀水平度偏差的影响,控制精度高,可靠性很好,完全可以取代原有的位置开关及其导杆,彻底解决了“筒形阀操作到位后位置开关接点与其导杆无法接触,位置信号无法正常传送,不能准确反映筒形阀实际位置,PLC 程序不能正确执行筒形阀开启和关闭命令”的问题。

第四节 筒形阀关闭不严处理

一、小浪底电站筒形阀控制系统运行中出现的问题

机组投产以来,通过对6台机组筒形阀及其控制系统运行情况的跟踪观察记录,总结了筒形阀控制系统运行中出现的问题,主要表现在以下方面。

(一)筒形阀提落过程中的发卡问题

(1)机组开机前提筒形阀时,筒形阀在提升初始阶段频繁出现发卡现象。特别是1号、2号机组筒形阀,经常在提至0.1%~1.8%开度时出现发卡现象,筒形阀无法继续提升,开机流程中断,导致开机失败。此时,必须到现场手动操作相应电磁阀才能将筒形阀提起,严重影响开机时间。

(2)筒形阀在下落起始阶段,开度在100%~96%之间下落极为缓慢,耗时过长,最长达1 h,且经常在97%~98%开度时出现发卡现象,此时如果机组出现故障,导叶无法关闭时,筒形阀将因无法快速关闭切断水流,从而导致事故扩大。

(二)筒形阀关闭不严的问题

筒形阀在全关状态下水平度偏差较大,水平关闭不严,漏水较大,造成过流部件的磨蚀;甚至出现因漏水导致筒形阀阀体和液压系统管路共振,导致连接螺栓松动,造成管路跑油现象。

二、出现问题的原因分析

针对筒形阀存在的实际问题及运行状况,进行了一系列现场调查及测试工作,收集了大量的资料,并对掌握的信息进行了全面认真的研究,综合分析了各方面的因素后,明确了导致以上问题的原因。

(一)筒形阀提落过程中的发卡问题原因分析

(1)部分接力器自身的两块分瓣垫块厚度存在偏差。

部分机组筒形阀接力器在活塞杆与阀体之间起预紧作用的两块分瓣垫块厚度偏差较大,垫块不平,垫块两侧出现间隙,导致垫块与活塞杆和阀体之间为局部线接触。在安装初期预紧力满足要求,但随着筒形阀的频繁操作,垫片局部出现挤压变形及松动,预紧力

变小,在筒形阀自重和操作力的作用下,垫块两侧出现间隙,使该接力器行程与其他接力器之间出现较大偏差,超出偏差允许值。这是导致筒形阀出现发卡报警的原因之一。

(2)筒形阀接力器与阀体之间机械连接部分预紧力不足。

筒形阀在安装时,由于安装工艺原因,部分接力器活塞杆与阀体之间起连接作用的双头螺栓预紧力不足,且偏差较大,筒形阀在操作时这些接力器双头螺栓伸长,其分瓣垫块两侧出现间隙,导致这些接力器行程与其他接力器相比,出现较大偏差,超过允许值。这也是导致筒形阀出现发卡报警的原因之一。

(3)PLC 程序中各接力器的位移补偿值 OFFSET 与筒形阀实际工况不匹配。

在筒形阀处于全关位置时,5 个接力器活塞的位置测量值是不同的,主要是由于接力器、阀体、位移传感器的制造、装配偏差及操作过程中机械部件的变形或松动等原因造成的。为了消除以上因素的影响,使 5 个接力器位移测量值基本一致,需从各接力器位置反馈值中扣除其相应的位移补偿值 OFFSET 作为其位移测量值。随着筒形阀的频繁操作,接力器机械连接部分可能出现变形或松动,此时应对补偿值 OFFSET 进行相应的修改,否则接力器位移测量值将会产生较大偏差。这是导致筒形阀出现发卡现象的主要原因之一。

(4)速控阀启动电压偏小,导致通过速控阀向接力器输送的油量太小,接力器油压建立缓慢。

控制筒形阀运动速度的速控阀上有两个比例电磁阀 SV3 和 SV4,SV3 在筒形阀下降时励磁,向筒形阀接力器上腔供压力油,SV4 在筒形阀提升时励磁,向筒形阀接力器下腔供压力油。现场实际测试表明,筒形阀在上升起始段和下落起始段由 PLC 送至比例电磁阀 SV4 和 SV3 的启动电压信号过低(在 3 V 左右),导致通过速控阀向接力器输送的油量太小,接力器压力建立缓慢,造成筒形阀同步调整及移动耗时过长,且在这两个阶段筒形阀接力器允许位移偏差较小,极易出现发卡现象。这是造成发卡现象的主要原因之一。

(二)筒形阀关闭不严的问题分析

1. 筒形阀阀体存在水平偏差

在筒形阀下落过程中,控制接力器下腔排油的电磁阀 SV5 持续励磁,下腔排油正常。当筒形阀位置开关全关接点闭合后,SV5 即失磁,接力器下腔停止排油,筒形阀停止关闭。但经常出现这种情况:虽然筒形阀已到全关位置,由于 5 个接力器不可避免地存在位移偏差,阀体出现相应的水平偏差,阀体底部与密封之间存在较大间隙。

2. 筒形阀位置开关反馈筒形阀位置信号不正确,造成 PLC 程序执行不正确

在筒形阀下落过程中,筒形阀位置开关反馈筒形阀位置为全关位时,PLC 程序即停止筒形阀下落的逻辑输出,筒形阀下落过程停止。如果此时筒形阀本体并未实际在全关位置,而筒形阀位置开关反馈全关信号,造成筒形阀关闭不严。

三、筒形阀发卡、关闭不严等情况的处理

(一)筒形阀提落过程中发卡问题的处理

(1)重新加工接力器分瓣垫块,减小 5 个接力器行程偏差。

将分瓣垫块按设计厚度(25 ±0.2) mm 重新加工组合,使每一组垫块厚度偏差及接触面平面度误差在允许范围之内,保证了分瓣垫块与接力器活塞杆及阀体之间的接触面积,避免因分瓣垫块厚度偏差造成接力器行程偏差超标,消除了导致筒形阀发卡的一个重要因素。

(2)对接力器双头螺栓重新进行打压预拉伸。

为了消除5个接力器之间分瓣垫块厚度偏差对其双头螺栓伸长量产生的影响,保证双头螺栓伸长量达到设计值0.65 mm。按 $L=(25-$垫块实测厚度$)$所得结果计算出双头螺栓应旋转圈数,在双头螺栓拉伸时专用工具取出后,再将活塞杆向下旋转相应的圈数。这样此时活塞杆与筒形阀间距为$(24.65-L)$,之后再拉伸活塞杆,放入垫块,这样就可保证双头螺栓拉伸值达到0.65 mm,双头螺栓的预紧力满足设计要求,避免了因预紧力不足造成的接力器行程偏差超标问题,消除了引起筒形阀发卡的一个重要因素。

(3)现场进行筒形阀提落试验,重新确定 OFFSET 定值,并在 PLC 程序中进行修改。

在筒形阀全关并调平后,分别记录 PLC 程序中的5个筒形阀接力器位置反馈值 L_n $(n=1\sim5)$,理想状态下,L_n 应为59 800,如果偏差值大于100,应重新调整接力器位移补偿值 $OFFSET_n(n=1\sim5)$。

(二)筒形阀关闭不严的问题处理

保证筒形阀全关时消除筒形阀阀体的水平偏差,是解决筒形阀关闭不严的关键。通过修改 PLC 程序,改变筒形阀液压系统运行方式,来保证最大限度地消除阀体的水平偏差。

经过修改后,筒形阀液压系统运行方式发生改变,在筒形阀达到全关位置后,电磁阀SV5(筒形阀接力器下腔排油阀门)继续保持励磁,同时比例电磁阀 SV3 延时 10 s 失磁,使接力器上腔继续供油 10 s 后再停止,利用上腔油压使筒形阀在全关时完全到位,解决因5个接力器的位移偏差造成的阀体水平偏差,彻底消除存在的间隙,以达到密封效果。

筒形阀液压系统运行方式优化后,筒形阀密封漏水量由修改前的3 060 m^3/h 减小至3.6 m^3/h,现场几乎听不到漏水的声音,效果极为明显,有效解决了"筒形阀在关闭状态下水平度偏差较大,关闭不严,漏水较大,经常出现因漏水导致筒形阀阀体和液压系统管路共振、跑油现象,同时造成过流部件的空蚀"的问题。

(三)筒形阀发卡、关闭不严等情况处理后效果

(1)筒形阀开启过程平稳正常,未再出现发卡现象及开机失败,有效地保证了机组的顺利并网运行,避免了因开机失败造成的电量损失以及由此引发的电网事故。筒形阀关闭过程平稳正常,下落起始段关闭速度较快,且无发卡现象,筒形阀下落时间符合设计要求(90 s),消除了事故隐患,保证了机组的安全运行。

(2)筒形阀全关后水平度很好,密封非常严密,筒形阀密封漏水量由修改前的3 060 m^3/h 减小至3.6 m^3/h,现场几乎听不到漏水的声音,效果极为明显,消除了严重的漏水现象,避免了因漏水引起的筒形阀共振、系统管路跑油及过流部件空蚀问题,保证了过流部件、筒形阀及控制系统管路的安全,使筒形阀的作用得到了充分发挥。

对筒形阀发卡、关闭不严等情况处理前和处理前后的筒形阀运行状况进行了统计,统计结果如表 7-1 所示。

统计结果表明,问题的处理达到了预期的目的和效果,筒形阀系统运行可靠性得到明显提高,有效确保了机组的安全稳定运行。

表 7-1　筒形阀发卡、关闭不严等情况处理前后运行状况统计

问题		问题处理前	问题处理后
筒形阀提落过程中的发卡问题	接力器位移测量值最大偏差	1″	0.05″
	因筒形阀发卡造成的开机失败次数	平均 16 次/月	0 次/月
	筒形阀开启、关闭时间	平均 300 s,最长时达到 1 h	90 s
	筒形阀关闭起始段发卡次数	平均 5 次/月	0 次/月
筒形阀关闭不严问题	筒形阀全关时漏水量	3 060 m^3/h	3.6 m^3/h

第五节　机组溜负荷分析

机组溜负荷是水电厂经常发生的机组异常现象之一,发生该异常情况时,经常无任何预兆和报警信号,机组负荷向上或向下偏离设定值,运行人员往往不能及时发现。针对机组的溜负荷问题,小浪底水力发电厂加强管理,通过对机组溜负荷原因的分析,进行了多项技改措施,优化和完善了机组各控制系统逻辑,最终解决了机组的溜负荷问题。

一、小浪底电站机组溜负荷原因分析

(一)调速器原因

(1)小浪底电站调速器输出放大卡 VCA1 卡为常规电路板,可独立实现对调速器的开度控制功能,正常工作时接受 PLC 的开度输出信号,接受导叶反馈和主配压阀反馈,相互比较通过偏差来操作动圈阀(电液转换伺服阀)。由于 VCA1 卡为常规电路板,在水电厂粉尘、潮湿等的影响下,发生零漂、偏移、控制参数改变,机组实际负荷偏离设定值,造成机组溜负荷现象。

(2)小浪底电站调速器的控制逻辑中,机组水头信号作为比例环节的一个输入量参与调速器控制。在机组正常运行时,水头信号取自机组流量性能盘输出的 4 ~ 20 mA 模拟量,当水头信号模拟量小于 3.98 mA 或大于 20 mA 时,调速器判断水头信号故障,同时自动切换,采用调速器中存储的人工水头设定值作为控制量。此时,若人工水头设定值与实际水头值有较大偏差,虽然在功率控制方式下机组有功负荷也参与调速器控制,但是,有功负荷作为积分环节的一个输入量,其调节速度远远低于比例环节。因此,当人工水头设定值小于实际水头值时,机组实际负荷就会增大;当人工水头设定值大于实际水头值时，机组实际负荷就会减小；再经过较长时间之后，才由有功负荷作用的积分环节将机组出力恢复至设定值。当机组流量性能盘电源故障以及水头传感器故障时，此原因的溜负荷会发生。

（二）监控系统原因

（1）小浪底电站发变组采取单元式接线，机组并网信号是由监控系统采集主变高低压侧断路器的位置信号送至调速器的。一旦监控系统关于并网信号的输出或输入模板出现停运故障，调速器将收不到并网信号，会认为机组已到空转状态，切到转速控制，自动将负荷减到零，造成溜负荷。如果并网信号恢复，调速器将恢复功率控制方式，负荷恢复正常。

（2）小浪底电站调速器系统采集的有功功率信号来自现地 LCU 监控系统内有功功率变送器，信号为 4 ~ 20 mA，而变送器电源来自上位机，在监控上位机停电时变送器同时失电，调速器收到 0 mA 的信号，判断当前有功功率小于设定值，因而持续打开导叶直至导叶开度限制动作，使机组出力增加到最大值，造成溜负荷。

（3）小浪底电站监控系统的设计思想与其他电厂一致，即上位机死机及发生其他问题时，下位机可保持原状态运行，保证机组运行稳定。但在运行初期，曾发生过由于程序设计缺陷，上位机死机时，下位机接收到错误命令，将机组负荷设定为最大值，造成溜负荷。

（4）小浪底电站机组的成组控制，采用专用的 AGC 控制计算机，该计算机同时与远动 RTU 和计算机监控系统的网络相连接，从远动 RTU 接收河南省电网的负荷设定，经过计算后，分配给计算机监控系统 LCU 进行负荷控制。在该装置运行初期，由于程序设计等问题经常死机，死机后若机组没有退出成组控制，在重启过程中负荷设定会被置为零，造成机组溜负荷。

（三）远动装置原因

小浪底电站的远动装置采用 GR90 型 RTU，该装置除传送电厂设备状态信号给电网调度外，还负责接收电网 AGC 负荷设定，并将电网 AGC 负荷设定传送给 AGC 控制计算机。在厂用电切换及其他原因造成的装置电源短时丢失重启过程中，负荷设定会被置为零，造成机组溜负荷。

二、解决措施

针对以上造成机组溜负荷的原因，在技术上采取了以下技改措施：

（1）对调速器的人工设定水头根据实际水头跟踪整定，尽量减小设定水头与实际水头的偏差。

（2）将主变高压侧开关 TCB 和发电机出口开关 GCB 的辅助接点串接后送入调速器，与监控系统送入调速器的并网信号互为冗余。

（3）针对反馈给调速器的有功功率变送器只有一路电源的薄弱性，增加了电源监视继电器，并在现地控制单元通过模板再输出一路有功功率信号送至调速器。在 2010 年，又单独为调速器设置了一个功率变送器，直接从机端取电压和电流，不经过其他环节，给调速器提供机组有功功率信号。

(4)更换上位机的 UPS 装置,改换成两路电源无扰动切换装置。

(5)完善计算机监控系统程序,保证在上位机死机时,下位机保持原机组状态运行。

(6)修改 AGC 程序,在 AGC 程序故障时,机组自动退出成组控制,保持原负荷单机运行。

(7)优化 AGC 程序,在 AGC 控制计算机接收到零负荷的指令时,判断为错误指令,不予执行,并发出报警。

(8)对于部分盘柜,将电源开关适当加大容量,避免因厂用电倒闸或其他原因造成开关跳闸使设备失电。

在进行技术改造的同时,小浪底水力发电厂加强生产管理,加大设备维护力度,对设备注意增加清扫频率,保持设备整洁,防止灰尘聚集。在运行管理上,提高运行人员的业务素质和工作责任心,在倒厂用电等易造成溜负荷的时刻,加强设备监视,做好事故预想并编制相应事故处理预案,避免溜负荷现象的发生。经过以上措施的执行,小浪底水力发电厂基本解决了机组的溜负荷问题,保证了电厂和电网的安全稳定运行。

第八章 远动系统

第一节 概 况

一、远动系统的基本概念

电力系统运动是为电力系统调度服务的远程监视与控制技术，是利用远程通信技术进行信息传输，实现对远方运行设备的监视与控制，包括“四遥”功能，即遥测、遥信、遥控、遥调。其中：遥测（Telemetering）即远程测量，是指应用远程通信技术，传输被测变量的值；遥信（Teleindication、Telesignalizatian）是指对如告警情况、开关位置或者阀门位置这样的状态信息（开关信号）的远程监视；遥控（Telecommand）是指应用远程通信技术使运行设备的状态产生变化；遥调是应用远程通信技术，完成对具有两个以上状态的运行设备的控制。构成远动系统的设备包括厂站端远动装置、调度端远动装置和远动通道。计算机技术进入远动技术后，安装在主站和子站的远动装置分别被称为前置机（Front-end Processor）和远动终端装置 RTU。远动系统中的前置机和 RTU 通常采用一对 N 的配置方式，即主站端一套前置机要监视和控制 N 个子站的 N 台 RTU。

小浪底水力发电厂远动终端装置 RTU 由美国 WESCON 集团公司生产，采用了加拿大 GE-HARRIS 产品技术，1999 年底电站投产时由北京中泽公司承建，现由上海惠安系统控制有限公司承担技术改造和售后服务工作。2006 年西霞院反调节电站投产后将西霞院 RTU 接入小浪底，与小浪底 GR90 装置一起构成小浪底远动终端 RTU。

二、GR90 远动装置的组成

GR90 远动装置包括：

（1）2 台 D200 主机（含两块 D20ME 主板，即 CPU1 和 CPU2）和 1 块故障自动切换功能板。

（2）与现地信号直接相连的外设 I/O 模块：由 2 块状态量输入板 GR90 D10S、10 块 GR90－ACU 板组成（另外 1 块状态量输入板 GR90 D10S、1 块混合板 GR90 D20C 暂时未投入使用）。

（3）端子板。

（4）电源和通信设备。

三、GR90 远动装置的作用

GR90 远动装置的主要功能是实现小浪底水力发电厂与河南省调的信息互相传送，其主要作用为：

(1)作为河南省调(主站)下面的一个分站,上送遥信量和遥测量信息。

(2)河南省调(主站)也可同时对小浪底水力发电厂(分站)进行遥调和遥控。目前,河南省调对小浪底水力发电厂不进行遥控。遥调功能是由小浪底监控系统 CSCS 通过其 Gateway 来完成的。远动装置信息传送过程见图 8-1。

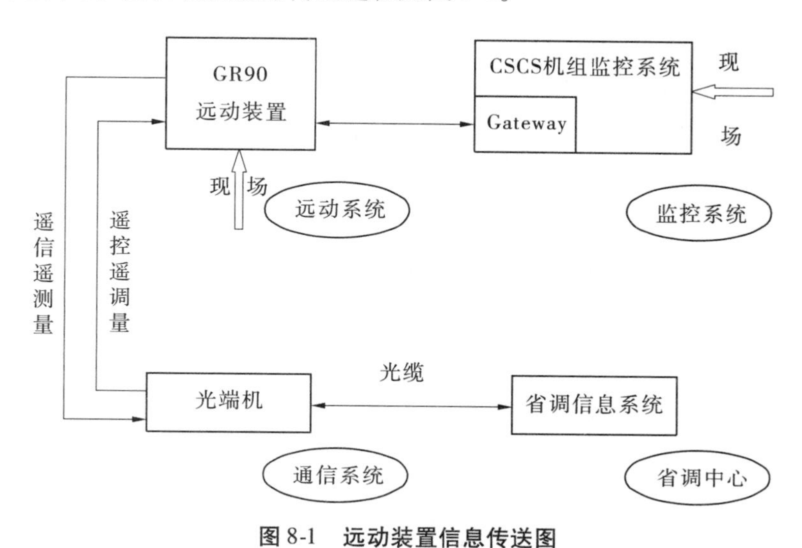

图 8-1 远动装置信息传送图

四、GR90 远动系统各部分功能简介

(一)D200 主机

D200 双 CPU 主机主要包括 D20ME VME bus 处理器模块、32 MB 共享存储模块、+5 V直流电源和 +/-12 V 直流电源、VME 总线以及以太网接口模块。

(二)GR90 外设 I/O 模块

GR90 外设 I/O 模块的功能主要是自现场信息源收集数据或作为输出单元而与现场设备相连,按其类型可分为数字输入模块 GR90 S,模拟量输入模块 GR90 A、GR90 AC(可直接采集交流量的模拟量输入模块),控制量输出模块 GR90 K 以及综合输入/输出模块 GR90 C 等。以下分别介绍小浪底水力发电厂 GR90 远动系统所用到的各种模块。

(1)D10 S 板。D10 S 板是开关量输入板,也称为遥信板(Digital Input),用于采集现场断路器、隔离刀闸、接地刀闸分合位置等的状态及保护、运行反馈信号。

(2)GR90 - ACU 板和 D20 AC 板。GR90 - ACU 板和 D20 AC 板是交流模拟量输入板,亦称为遥测板(Anolog Input)。用于采集现场线路、母线、母联等 PT/CT 二次侧交流量输出,并通过采集的 PT 电压量及 CT 电流量计算有功功率、无功功率、功率因数、频率、谐波分量等电能参数。其中 D20 AC 板是 GE 的板子,GR90 - ACU 板是上海惠安系统控制有限公司生产的板子,目前 D20 AC 板已全部被 GR90 - ACU 板取代。

(3)D20 C 板和 D20 S 板没有实际运用,不做介绍。

D200 双主机通过 HDLC 链路和多个屏连接,见图 8-2。

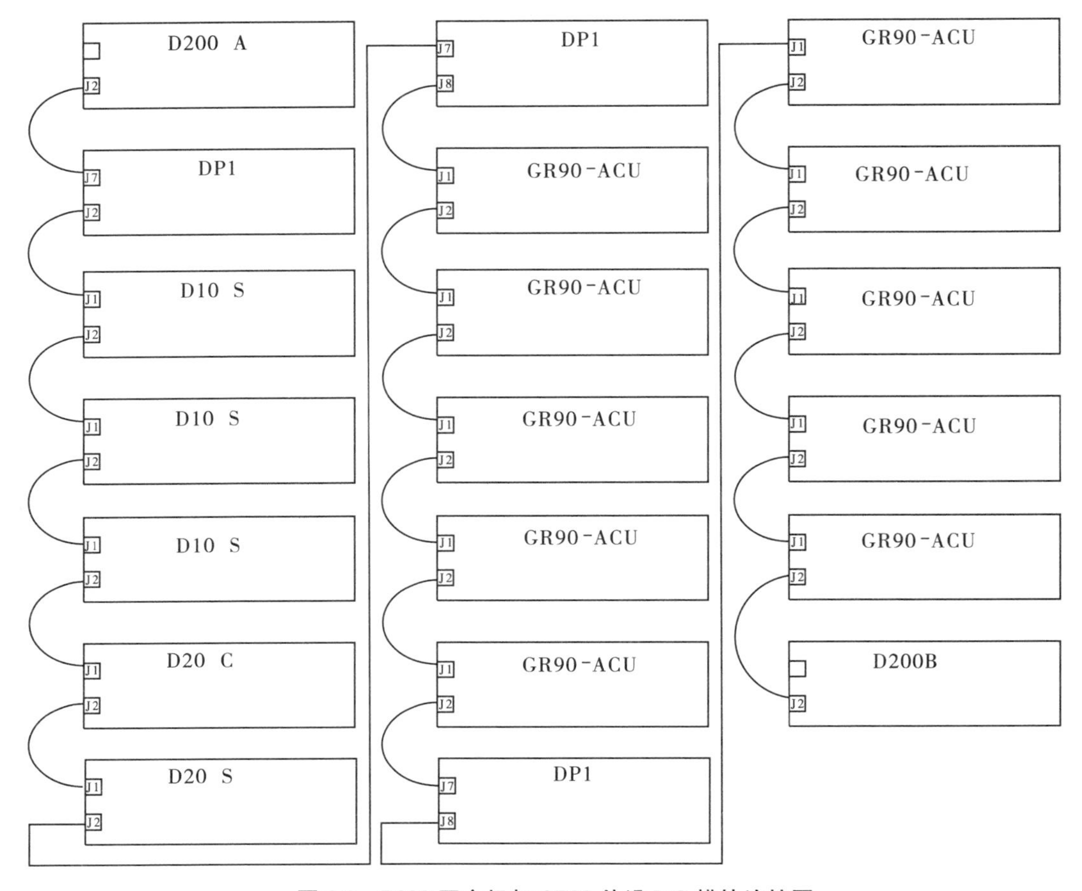

图 8-2　D200 双主机与 GR90 外设 I/O 模块连接图

五、小浪底远动装置与各系统之间的通信

(1)小浪底与省调之间的通信有两种方式:串口通信和网口通信。平时只采用其中一种通信方式,另一种为备用通信方式。

串口通信采用 DNP 规约,使用 CPU1 的 COM1 口。

网口通信采用 104 规约,使用第三块网卡。

(2)小浪底与西霞院之间的通信有两种方式:串口通信和网口通信。平时只采用其中一种通信方式,另一种为备用通信方式。

串口通信采用 DNP 规约,使用 CPU1 的 COM2 口。

网口通信采用 DNP 规约,使用 A 网卡。

(3)小浪底与本地监控系统之间的通信方式为串口通信。采用 MODBUS 规约,使用 CPU2 的 COM2 口。

(4)小浪底与洛阳地调之间的通信方式为串口通信。采用 CDT 规约,使用 CPU2 的 COM1 口。

另外,西霞院远动系统与监控系统之间的通信方式为串口通信,采用 101 规约,使用

COM1 口。西霞院远动系统与小浪底远动系统的串口通信使用 COM2 口，网口通信使用第三块网卡。

六、GR90 远动装置的电源

为保证上送网局的信号不致因失电而间断，按照设计配备了两路电源，一路为 220 V 直流，引自地面继电保护室直流负荷屏 Q224，另一路为 220 V 交流电。

第二节　运行及维护

一、RTU 主机及各功能盘柜的正常运行

RTU 主机正常运行时各电源指示灯正常，网口及通信协议转换器收发灯闪烁正常，各采集板卡指示灯正常。为进一步验证，可将便携机接入 RTU 在线验证各功能模块是否在线，并检验各测值是否刷新良好。

二、通信通道的正常运行

（1）连接 RTU 与调度专网的交换机端口指示灯闪烁，表示 GR90 与河南省调 104 网络协议通道工作正常；连接 RTU 与 PCM 的 MOXA RS485/422 协议转换器收发灯闪烁，表示 GR90 与河南省调 DNP 协议通道工作正常。

（2）连接 RTU 与 PCM 的 MODEM 发信灯闪烁，表示 GR90 与洛阳地调串口通信正常。

（3）连接 RTU 与西霞院 RTU 的交换机端口指示灯闪烁，表示小浪底 GR90 与西霞院 RTU104 网络协议通道工作正常；连接 RTU 与 PCM 的 MOXA RS485/422 协议转换器收发灯闪烁，表示 GR90 与西霞院串口协议通道工作正常。

三、GR90 RTU 的维护

（1）CPU 板或外设模块上如果有红灯亮（HALT 灯或 FAIL 灯），须立即联系维护人员处理。维护人员通过 Config Pro 维护软件进行故障判断、清除或者重启 RTU。

（2）若发现 D200 上的 +5 V 或 +12 V 电源灯和辅助电源指示灯不亮，须立即联系维护人员处理。维护人员应认真检查内外部电源电压、盘柜接线和接地情况。

（3）GR90 远动系统的一般性维护项目包括盘柜的灰尘清扫，利用便携式 PC 机进行在线维护等。如果在维护过程中需要切机或者重启，必须经过运行值班人员允许，先退出机组的 AGC，再进行操作，否则会导致遥调信息错误，导致机组 AGC/AVC 出现异常。

（4）GR90 远动系统的检修。

①检修周期。远动系统的检修没有固定的检修周期，一般是在电厂主设备检修的同时或远动设备出现缺陷时进行有关的检修。

②检修条件。远动系统的检修是在停电的情况下进行的。停电的操作，即关掉盘柜顶部的辅助电源开关。

③一般性检修、检查项目。远动系统一般性检修、检查项目包括：D20ME 主板及其通

信板、外设 I/O 模板的检查清扫和诊断;输入端子排检查清扫,各接线端子的紧固;通信电缆插头是否松动;盘内外的灰尘清扫等。

(5) Config Pro 软件的常用功能和使用方法。

Config Pro 是由美国 HARRIS 公司开发的 GR90 远动系统维护软件,可用于对一个 GR90 系统的主机及外设 I/O 模块、通信系统的配置进行编译和下载,在线监视与错误信息记录等。

①在线监视。

首先运行 Config Pro,打开配置文件,在主菜单 DEVICE 下选择 Communications-Terminal Emulator,出现 Terminal 窗口后按 F2 进入在线监视窗口主菜单,选择 SYSTEM DATA DISPLAYS,按照所要检查的点的类型选择子菜单进入。

注意:此画面内显示的各点的序号为 GR90 的系统编号,即总的数据库中的点号,各功能按其下方注释选择按键,例如要使用强制值的命令 Force,按 Ctrl + F。

②编译下装。

修改配置后,进入在线监视窗口主菜单,选择 SYSTEM FUNCTIONS,再选择 68K MONITOR,进入命令行模式。输入以下内容:

D20MEA > el/r

D20MEA > sp

其中,el/r 命令的作用是清除错误日志,sp 命令的作用是挂起所有 D20ME 主板中正在运行的进程。然后按 F7 下载配置到 CPU 中,下载完成后,输入命令 boot,重启 CPU。

第三节 技术改造

小浪底水力发电厂远动终端装置 GR90 RTU 主要经历了两次大规模改造,改造时间分别为 2007 年 5 月和 2008 年 8 月。

一、GR90 RTU 增容改造

GR90 RTU 增容改造于 2007 年 5 月进行,前后历时近一月。这次改造的特点是改造内容较多,测试环节众多,沟通协调工作量较大。

(一)改造前状况和存在问题

小浪底电站 GR90 RTU 在投产初期采用单机单 CPU 模式,即 1 个 D20 主机和 1 个 CPU。与外界通信通道包括:与河南省电力公司通过 Modem 采用循环式 CDT 通信规约通信,与小浪底电站计算机监控系统通过串口采用 MODBUS 规约通信。GR90 主机与外设 I/O 采用面向比特(位)的通信规约——高级数据链路控制(High-Level Data Link Control,HDLC)。经过数年的运行,GR90 存在问题主要有:

(1)单主机不能保证“四遥”数据的可靠性,表现在电源丢失或 D200 死机时,河南省调下发的 AGC 和 AVC 定值突然消失,引起投入 AGC/AVC 机组突甩负荷,造成系统危险。

(2)与河南省调通信联系方式薄弱,通过 Modem 采用循环式 CDT 通信规约通信速率较低。

(3)现有通信通道不能接入河南电力调度专网。

(4)没有与洛阳地调的通信通道。

(二)改造目的和内容

GR90 RTU 增容改造的目的包括:增强 GR90 RTU 的可靠性,扩充数据库,增加西霞院远动数据点表,形成 GR90 RTU 与省调的双通信通道,并形成和洛阳地调的通信通道。具体内容包括:

(1)拆除 D20 主机,增设两套 D200 主机(A 机和 B 机),并可实现手动切换或者故障时自动切换。

(2)增设网络远动通信通道,采用 IEC60870－5－104 通信规约,通过河南省电力调度专网与主站通信。

(3)数据库扩容,接入西霞院反调节电站远动数据信号。

(4)增设与洛阳地调 CDT 通信通道。

(三)改造过程和结果

在硬件配置上首先增加一面 D200 主机柜,柜内设置两套 D200 主机(A 机和 B 机),互为冗余备用,另增加一块故障切换板。开通一路串口,增设一台 Modem,用于连接 GR90 RTU 与洛阳地调 CDT 远动规约通信通道。增设一台网络交换机,用于连接 GR90 RTU 与河南省调度专网 IEC60870－5－104 协议网络通道,同时用于连接 GR90 RTU 与西霞院远动终端装置 DNP 协议网络通道。开通一路串口,用于连接 GR90 RTU 与西霞院远动终端装置 DNP 协议串口通信。同时,保留 GR90 RTU 与省调原有通过 Modem 连接的 CDT 规约通信通道和 GR90 RTU 与电站监控系统 MODBUS 规约通信通道。

对于应用软件的改造主要包括:扩充数据库容量,增加西霞院反调节电站远动"四遥"数据点。与省调、地调、西霞院进行新开通通信通道联调,测试通信通道的可靠性及误码率。最后进行了故障自诊断软件调试,确保在单 D200 主机故障时自动切换至备用主机。

二、GR90 RTU 交流采样板改造

GR90 RTU 交流采样板改造工作于 2008 年 8 月进行,改造的难点是不停电进行,需要机组交错停机,但充分的安全技术和组织措施确保了这次改造的顺利进行。

(一)改造前状况和存在问题

经过 2007 年第一次大规模改造后,GR90 RTU 运行较为稳定,与河南省调、洛阳地调以及西霞院远动终端装置的通信比较正常,特别是过去经常出现的遥控信号异常问题得到很好的解决。但是 GR90 RTU 有时会出现部分遥测信息不刷新,D200 主机类似"死机"现象,究其原因,是部分遥测板如测量 6 号机,Ⅱ、Ⅲ牡黄线的 GR90 AC 遥测模块出现故障,导致Ⅳ牡黄线遥测数据不刷新,还有 GR90 S 遥信板部分外接开关量信号频繁抖动,造成 S 遥信板缓存溢出,HDLC 链路网络堵塞,从而导致 D200 主机上送省调信息一直重复,给人以 D200"死机"的假象。

(二)改造目的和内容

这次改造的目的是降低"四遥"信号的错误率,进一步提高通信稳定性。具体内容是选用 GR90 – ACU 智能交流采样装置全部更换掉 GR90 AC 交流采样模块,GR90 – ACU 交流采样装置是 WESCON 公司生产的最新一代交流采样装置,它具有独立的数据库和 CPU,可作为一个独立的装置使用,而不仅仅是一个模块。另外,筛除不可靠的遥信点,更换掉不可靠的外围开关量继电器,提高 HDLC 通信链路的波特率,减少造成网络堵塞的风险。

(三)改造过程和结果

为避免影响遥测信号正常上送省调,GR90 交流采样模块的更新改造在不停电的情况下逐块进行,具体改造方案和过程如下。

1. 改造新增设备配置

新增加 8 块 GR90 – ACU 装置和一面屏柜。由于将原来全部 AC 板换成 GR90 – ACU 后原系统电源功率不够,还需要在新增盘柜内配置 2 路较大功率的开关电源。另外 8 块 ACU 所对应的 PT/CT 个数和规格完全按原 AC 交采板配置,这样当一块交采板改造时就不影响其他 AC 交采板的运行,易于组织施工和改造,最大限度降低施工风险,保证系统施工过渡期的安全稳定运行。

另外,考虑到 2008 年底要新增加一条出线(黄济线),传输相关远动数据需增加一块遥信板和一块遥测板,因此本次改造新增设交采盘柜应预留安装一块 GR90 – ACU 交采板的位置,电源容量应满足 9 块 GR90 – ACU 交采板负荷要求,即新增盘柜应能安装 9 块 GR90 – ACU 交采板,并在组盘时安装好预留交采板的相关附件(如交流端子、通信电缆等)。黄济线所需遥信板拟在施工时安装在原遥信盘柜内,与本次改造没有关系。

2. 改造实施具体方案

图 8-3 为现运行链接方式,新增交采屏柜安装于原采集屏附近,新增交采屏柜与主机之间采用 HDLC 链路电缆链接通信。原采集屏做交流采样转接屏,新增设备所需的采集电缆接到原采集屏对应的端子。

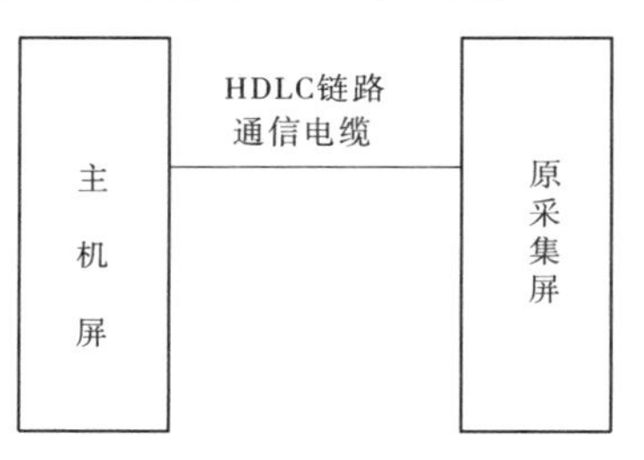

图 8-3 现运行链接方式

整个改造过程,先将新增加屏柜单机调试完毕,并在主机中增加新 GR90 – ACU 数据库与原采集库分开。新增加屏柜通信在改造过程中 HDLC 链路电缆先链接在原采集屏后面(见图 8-4),这样在改造过程中原采集屏不退出通信,也就不会影响原采集屏还没有改造的信息数据。

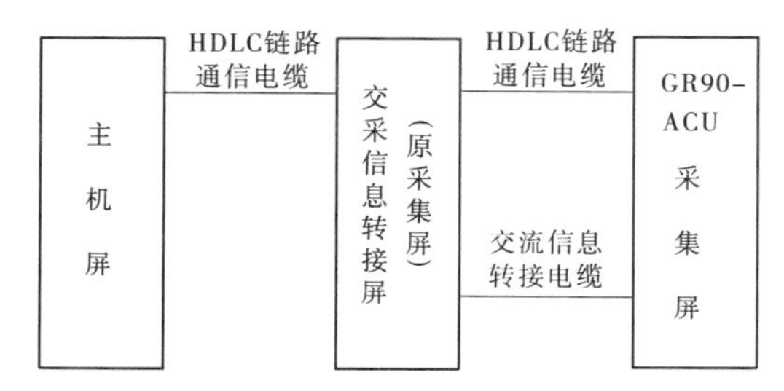

图 8-4 改造过程中通信链路和信息转接方式

现场整体的改造根据不同情况分步进行。改造时先将需要改造的单元原 AC 交采板所对应的采集线从端子取消，再将 GR90 - ACU 装置所对应采集单元的采集转接线接到所对应端子上；同时将新的 GR90 - ACU 数据库所对应单元数据代替原 AC 交采板对应的数据。这样可在不影响其他单元数据采集的基础上分步实施完成所有采集单元改造。所有采集单元改造完成后，将新增屏柜的 HDLC 链路电缆直接与主机柜链接通信，将原 AC 交流采集屏分割出去，原 AC 采集屏只做一个交采信息转接屏（见图 8-5），完成整个交流采样的改造工程。

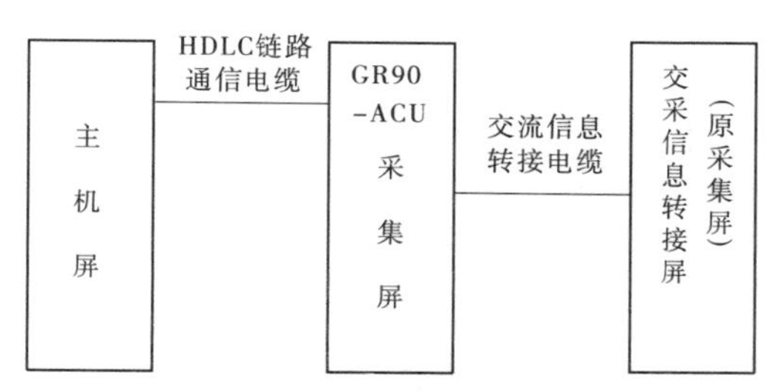

图 8-5　改造后通信链路和信息转接方式

3. 交采板改造小结

由于交采板涉及 CT 和 PT 回路，为尽量避免 CT 开路和 PT 短路，施工期间不退出原采集屏是最合理的选择。另外，为不影响 RTU 与中调的数据传输，新增设备的单独安装和调试显得十分必要，因此将更换的 GR90 - ACU 采集屏采用独立的一块屏安装和调试是最合理的方案。

三、其他改造

（一）远动信息数字化通信接入改造

GR90 与中调的两路通信通道中，串口通信通道在最开始采用循环式 CDT 远动规约，CDT 规约以厂站端 RTU 为主动方，以固定的传输速率循环不断地向调度端发送数据，不需要主站干预。小浪底水力发电厂 RTU CDT 传输方式通过一台 Modem 将 D200 数字信号调制成模拟信号，然后通过 PCM 装置上送中调。这种方式虽然比较可靠，但其传送延时与一个循环中传送的信息字数有关，传送的字数越多，传送延时就越长，再加上 Modem 的数模转换部件，传送延时更加明显。改造后，串口通信协议改为问答式 DNP V3.0 规约，问答式规约是以调度中心为主动的远动数据传输规约，由它向厂站端发送查询命令报文召唤某一类信息，子站只有响应后才上送本站信息。通常厂站端 RTU 对数字量变化（遥信变位）优先传送，对于模拟量，采用变化量超过预定范围传送，这种传送方式通常以问答方式，即一问一答的方式进行通信，故称问答式。问答式规约适应于一点对多点、多点共线、多点环形或多点星形的远动通信系统，有力地降低了主站端的通信负载，提高了传送速率，具有良好的性能。另外，在这次改造中还取消了 Modem 模数转换单元，直接通过 PCM 数字通道传送数字信号。具体改造方案为：

（1）所需设备。自动化设备的数字接口一般采用 RS232 串口，该串口与通信 PCM 设备的数据口相连时，中间需要采取隔离和驱动措施，以达到提高驱动能力、抗干扰能力及防止雷击等过电压冲击的目的。同时,需要对中调直达 PCM 加装数字接口板(DIU),然后通过音频电缆连接,并采用带隔离功能的 RS232/RS422 隔离驱动器(MOXA A53 或同等技术性能)来实现数字通信的隔离传输,串口隔离驱动器的配置方式为自动化设备侧配置一台 RS232/RS422 隔离驱动器,供电电源可为交流 220 V 或直流 12 V/24 V;通信 PCM 设备接口侧配置一台 RS232/RS422 隔离驱动器,供电电源建议采用直流 -48 V 通信电源。

(2)设备连接方式见图 8-6。

图 8-6　远动信息数字化通信接入示意

(二)GR90 RTU 接地系统改造

为满足电力二次系统安全防护和并网设备安全性评价要求,提高设备运行的稳定可靠性和各功能模块的寿命,远动室对 GR90 RTU 各盘柜接地系统进行了认真细致的梳理,对各盘柜不合格接地线进行了彻底改造,包括对遥信测量盘、遥信转接盘柜的接地处理,遥测转接盘柜和新增遥测盘柜的接地处理。接地统一采用黄绿专用接地线并压接到 40 mm^2 接地电缆上,最后统一接入继电保护室下接地铜排上。改造后的接地系统保证了 RTU 系统统一接入到一个接地点上,有效地增强了 RTU 系统的抗干扰能力。

(三)西沟远动信息接入洛阳地调改造

西沟电站建成后,考虑到小浪底电站与洛阳地调现成的远动通道,为节省投资,其远动信号可直接通过小浪底 GR90 RTU 送往地调。接入方案为:在小浪底水力发电厂中控室内设置一台西沟电站通信服务器,西沟远动信号通过该服务器送至 GR90 RTU,然后在 GR90 RTU 地调数据库中增加西沟数据,与小浪底电站远动信号一并通过 CDT 通信通道送至洛阳地调。改造的内容包括:在 GR90 RTU 中开通一路串口,通过 MODBUS 协议与西沟通信服务器相连。

(四)远动信号接入 BYDD(备用调度)改造

BYDD(备用调度)是为实现电力调度网络安全而设置的备用调度平台。目前,河南省网备用调度系统设在洛阳地调,因此要求省直调电厂具备网络接入 BYDD 的功能。直调电厂接入 BYDD 技术支持系统的条件主要包括:

(1)具备网络通信条件,即直调电厂应具备调度数据专网接入设备,且远动设备应具备网络通信接口并支持 IEC104 规约。

(2)按照河南省调下发的远动设备(RTU/综自系统)网络接入规范对远动设备应同时支持的各级主站 IP 地址做出了正确的设置。

小浪底水力发电厂已经具备网络通信条件,本次改造的内容主要是将远动设备实时数据通过网络方式送省调 EMS 系统、大区和地调 EMS 系统。远动设备配置省调主站前置服务器网络地址共计 10 个,分别为省调 6 个、大区 2 个、地调 2 个。

四、GR90 RTU 改造后系统结构

GR90 RTU 经过一系列的改造后,系统主要部件和通信通道采用冗余结构,系统结构更加安全、稳定与可靠,外设 I/O 采集单元模块性能更加优良,电源设置更加合理,系统的可靠性得到进一步提高(见图 8-7)。

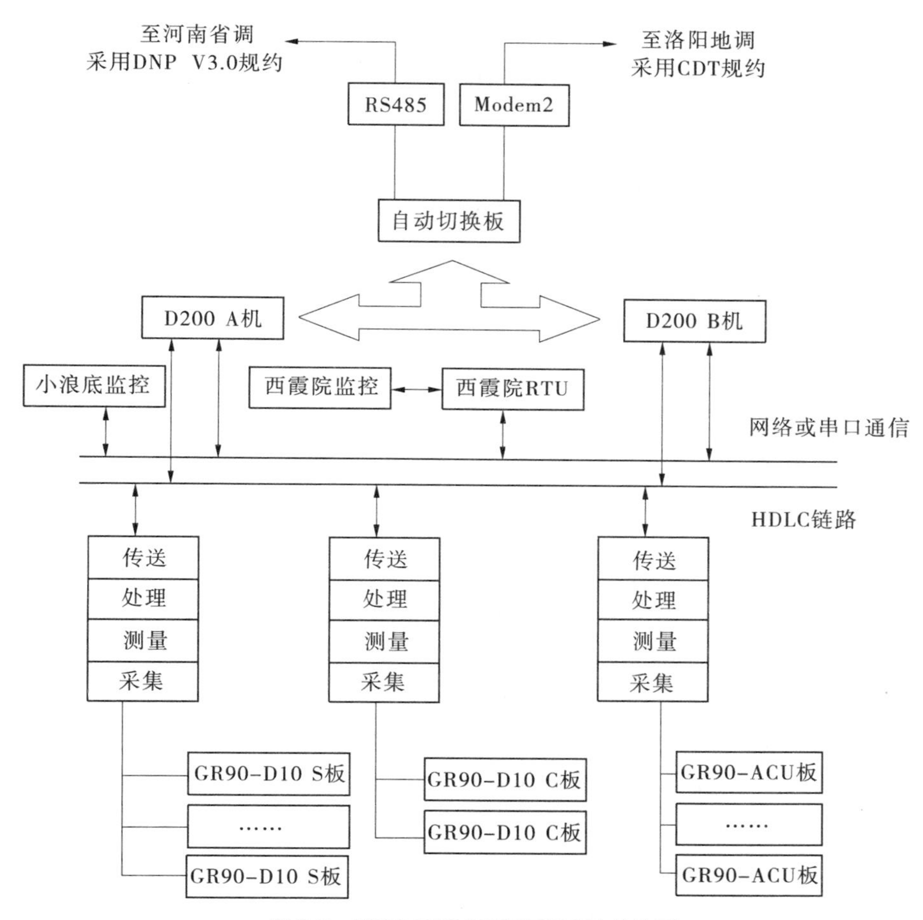

图 8-7　GR90 RTU 远动装置系统结构图

第四节　重要设备缺陷处理

小浪底电站 GR90 远动系统在运行中曾发生系统死机、“四遥”数据不准确、部分遥测信号不刷新、模块离线、盘柜停电造成参与 AGC 机组甩负荷等重要缺陷,总结如下。

一、系统死机故障处理

GR90 远动系统死机一般表现为对外通信通道的网口或者转换器指示灯不闪烁,或

者收发灯只有一个灯亮，对侧数据不刷新等。GR90 死机的原因比较复杂，一般由系统固件（Firmware）BUG 或者应用软件漏洞引起，或者由于系统突然遭受电源电压波动引起。设备出线死机故障时，系统会进入 Disable 状态，这时，先不要重新启动设备，而是先检查系统电源电压是否在正常范围内，在 Config Pro 软件环境中选择子菜单 368 K Monitor，在 Monitor 提示符后输入el/p 检查系统故障日志，查找故障原因，然后再用 el/r 指令清除故障日志，待故障消除后，在 Monitor 提示符后输入 boot 重新启动引导程序进行系统重新启机。

二、“四遥”数据不准确或者不刷新故障处理

“四遥”数据不准确表现为部分上送中调遥测及遥信数据与实际值不符，或者中调下发遥调数据与实际值不符。这类故障在 RTU 改造前出现次数较多，主要原因是部分遥测模块离线造成数据不刷新、PT 断线，或者部分遥信测点引出线反接。遇见这类故障，首先在 Config Pro 软件中在线监视测量模块状态和故障数据点，然后用万用表或者钳形表测量实际测点数值。如果是遥信量，比较 GR90 D10 S 板上指示灯与开关或者刀闸实际状态是否一致，然后可以判断出是外部故障还是 RTU 内部故障。在外部故障中，通常表现为 PT 断线导致的电压和功率偏低，遥信量开关接点虚接、反接或者错接等情况。如果有模块出现离线（Offline）的情况，则应将模块底板拔下重新插入，或者升级板卡固件（Firmware）程序。

三、遥调量突变造成控制机组负荷大幅波动故障处理

其主要表现在 GR90 系统死机或者系统突然停电后，中调下发的有功遥调数据突变为 0，这时计算机监控系统 Gateway 网关下发给每个参与成组调节的机组有功设定值将突变为 0，造成投入 AGC 控制机组甩负荷效应。这类问题的处理已在 GR90 RTU 和计算机监控系统 AGC 控制程序中永久解决，即 GR90 在改造中增设一套 D200 主机（B 机），并在主机故障时自动切换至备用机，但 GR90 双主机在切换过程中仍会由于“握手”延迟而导致遥调值波动，因此无法实现无扰动切换。为了解决这个问题，监控系统 AGC 程序中另外设置了保护环节，即 AGC 监视到遥调量变化过大时，AGC 程序下发至每个参与成组调节机组的有功值保持前一时刻数值不变，从而彻底保证了 AGC 机组甩负荷的情况出现。

四、中调遥调量实际值与设定值不一致问题

在监控系统操作员工作站上如出现中调下发的有功遥调量实际值与设定值不一致问题，应用便携机与 GR90 RTU 相连，在线监视遥调量下发数据，并与监控系统接收值比较。如两数值相同，则表明下发设定值无误，应检查监控系统 AGC。如两数值不同，则应查询中调主站端 EMS 系统设定程序，或者检查 RTU 与监控系统 MODBUS 通信是否正常。

五、中调网络 104 协议通信故障处理

中调网络 104 协议通信采用网络通道，通过网卡、交换机接入调度专网。该通道故障现象表现为中调接收信号异常，连接该通道的网络设备收发信号灯异常，信号灯闪烁才是

正常通信状态。出现这类故障,应首先判断网络设备本身有无异常,连接网线等有无断开情况,无异常应用便携机接入网络设备,用 Ping 命令或者追踪命令检测网络通道通断情况,也可向中调自动化管理人员求助,进行反向测试。

六、中调 DNP 3.0 协议专线通信故障处理

中调 DNP 3.0 协议通过隔离驱动后采用音频电缆连接 PCM 设备,然后通过 2 MB 接口送至直达中调光端机。该通道故障现象表现为中调接收信号异常,隔离驱动模块收发灯不再间隔闪烁。出现这类故障,应首先判断物理通信通道是否正常,如存在物理断开,则光端机上会有相应报警,然后用便携机向中调发送测试包,分析返回数据包,验证误码率,也可采取环回方式将转换器收发端短接,然后对侧发送测试包验证物理通道通断情况。

七、西霞院反调节电站远动信息故障及其处理

西霞院反调节电站远动信息由西霞院监控系统送至西霞院 GR90 RTU,然后分两路通信通道送至小浪底 GR90 RTU,在远动信息传输过程中,西霞院反调节电站远动信息故障一般都集中于通信链路中,如西霞院监控系统通信服务器、各串口协议转换器、网口与 2M 口转换器等,而且转换器都是成对出现的,因此故障出现时首先检查各转换器、网路设备(交换机、网口)通信指示灯状态,及时将不可靠的通信链路接点更换成性能可靠的产品。这种问题同样会发生在西沟电站远动信息接入 GR90 RTU 过程中,处理时采取同样的原则。

八、电力调度数据专用网络故障处理

河南省电力调度数据专用网络(简称调度专网)是为实现河南省电力调度自动化专门建设的网络,所有电力调度数据必须通过调度专网接入河南省网,包括远动信息、功角测量信息、电量计费信息、保护信息子站、生产管理和实时调度系统等。调度专网由网络交换机、路由器、防火墙、纵向加密认证装置、横向隔离装置等组成。设备故障表现为数据传输中断,或者数据单向传输。查找和处理调度专网故障应从网络连接和软件配置着手,一般应联系中调从专网两端一起查找故障原因。

第九章　安全稳定控制装置

安全稳定控制装置是针对小浪底电站接入河南电网和2000年电力系统发展安全稳定控制的需要而建立的,是河南电力系统实时暂态稳定分析及控制系统的重要组成部分。它的建设和投入运行对小浪底水力发电厂、河南省电网和华中电网的安全稳定及经济运行具有重要意义。

第一节　概　况

一、河南省实时暂态稳定分析及控制系统介绍

河南省实时暂态稳定分析及控制系统由上层的调度自动决策系统、中层的区域稳定控制决策装置和下层的智能执行装置三层组成,构成一个自动仿真分层决策稳定控制系统(TSAC)如图9-1所示。

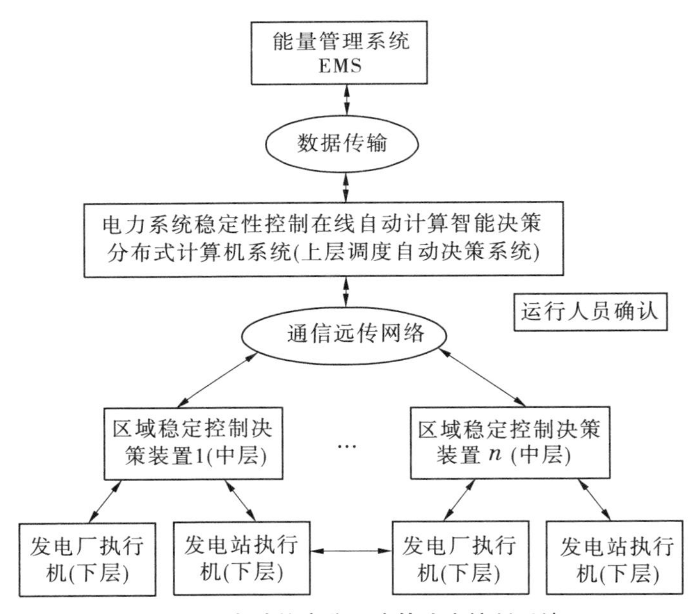

图9-1　自动仿真分层决策稳定控制系统

(一)上层的调度自动决策系统

上层的调度自动决策系统的核心部分是由暂态稳定分析及控制措施的自动计算智能决策系统组成的分布式计算机网络。它负责从EMS系统获取电网的实时数据并进行不良数据处理和智能修复(在EMS不完善的情况下也可通过人工的方式设定),对全网各种预想的事故总集进行快速的事故筛选,然后进行自动的潮流计算和稳定仿真分析,应用

专家系统对电网各种预想的故障进行稳定评估，以损失最少为原则智能地寻找最佳的反事故措施和决策方案，自动生成各区域稳定控制装置的最佳控制策略，从全网的角度实现暂态稳定的统一协调和优化决策，并自动准实时地远方修改各区域稳定控制装置策略表，及时改变各区域装置的控制策略，以快速适应电网运行工况的变化，实现更准确的稳定控制，确保电网的安全。另外，它还能通过人机界面或授权的 MIS 系统，接受高层人员的指令性决策。

（二）中层的区域稳定控制决策装置

中层主要由各区域稳定控制决策装置组成，主要安装在几个重要的大型枢纽变电站和电厂。上层的调度自动决策系统传送给下面各层系统的信息为准实时信息，如整个控制系统覆盖范围内的电力系统运行方式，及应用在线自动计算智能决策系统进行自动稳定计算分析所得到的、用以指导下面各系统的准实时决策信息和整定值等。

（三）下层的智能执行装置

控制系统的最底层采用稳定控制智能执行装置，它是带接地测量的紧凑型智能装置，负责收发其他装置发来的有关命令，可进行防伪叛别和纠错检错，并根据当地运行状态，选择并执行最佳的切机、制动和（或）切负荷等组合方案。

二、河南稳定控制系统各模块关系及功能说明

华中稳定控制系统目前投运的河南电力安全稳定控制及自动决策系统有如下站点：

（1）中调中心上层集中监控和自动决策系统（主机）。

（2）牡丹变 QWD 区域稳定控制系统（主机）。

（3）小浪底水力发电厂 QWD 区域稳定控制系统（主机、从机）。

（一）拓扑结构图

河南稳定控制系统各模块关系拓扑图见图 9-2。

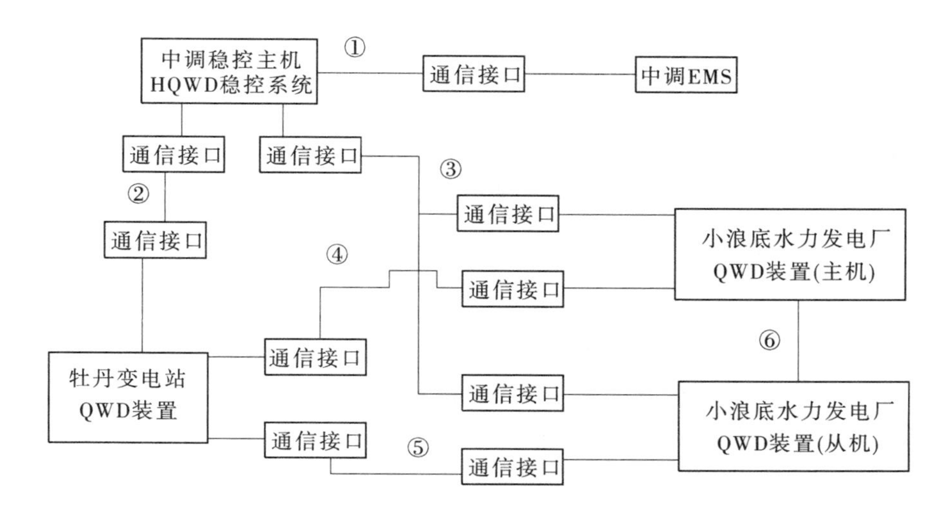

图 9-2　河南稳定控制系统各模块关系拓扑图

（二）河南稳定控制系统各模块关系及功能描述

1. 省调中心

对牡丹变遥测、遥信及通信状态进行检测，数据从牡丹变 COM3 通过线路 2 送到中调稳控主机 COM2。

通过局域网网卡 COM1（线路 1）从 EMS 读取运行方式，将运行方式通过 COM2（线路 2）送到牡丹变 QWD 装置 COM3。

对小浪底水力发电厂遥测、遥信及通信状态进行检测，数据从小浪底水力发电厂 QWD 装置主机（或从机）通过 COM3（线路 3）送到中调稳控主机 COM1。

2. 牡丹变

采集遥测、遥信数据，将数据从牡丹变 COM3 通过线路 2 送到中调稳控主机 COM2。

接收中调下传（通过线路 2）的运行方式。

判断Ⅰ、Ⅱ牡郑线是否跳闸，并根据中调下送的运行方式，判断切小浪底水力发电厂几台机组，并将切机台数 N 通过 COM4（线路 4）送到小浪底水力发电厂 QWD 主机 COM4 口，将切机台数 N 通过 COM5（线路 5）送到小浪底水力发电厂 QWD 从机 COM4 口。

判断Ⅰ、Ⅱ主变是否过负荷，并根据过负荷情况，判断切小浪底水力发电厂几台机组，将切机台数 N 通过 COM4（线路 4）送到小浪底水力发电厂 QWD 主机 COM4 口，将切机台数 N 通过 COM5（线路 5）送到小浪底水力发电厂 QWD 从机 COM4 口。

3. 小浪底水力发电厂

采集遥测、遥信数据，将数据送到中调检测，通过 COM3 口（线路 3）送到中调稳控主机 COM1。

接收牡丹变发来的切机台数 N 命令，切除带到吉黄线机组之外功率最大的 N 台机组。

判断吉黄线是否跳闸，切带吉黄线的机组。

主机与从机关系：主机与从机通过 COM2 口（线路 6）判断对方状态，有以下三种状态：

（1）主机、从机正常：则主机与中调相连的 Modem 承担发讯任务。从机与中调相连的 Modem 只收数据不发数据，主机承担切机任务，从机不执行切机任务。

（2）主机正常、从机故障：与（1）方式相同，但主机报警“从机故障，互检异常”。

（3）主机故障、从机正常：从机与中调相连的 Modem 承担发讯任务。主机相连向中调的 Modem 只收数据不发数据，从机承担切机任务，主机不执行切机任务，从机报警“主机故障，互检异常”。

4. 三个站点的关系

综合以上描述，三个站点关系可概括为：调度中心集中监测，自动计算，自动决策，并可将计算结果、运行方式、定值、策略表自动传送和远方设置。牡丹变判断线路是否跳闸及变压器是否过负荷，并根据运行方式、定值、策略表决定切机台数，将切机台数送小浪底水力发电厂。小浪底水力发电厂为切机执行机，收到牡丹变来的切机命令执行切机，同时小浪底水力发电厂 QWD 装置还具有判断吉黄线是否跳闸，并切带吉黄线机组的功能。

三、小浪底水力发电厂安全稳定控制装置的主要任务

（1）监视小浪底电站 6 台机组的运行工况，接收中调稳控主机 HQWD 稳控系统及牡

丹变子站 QWD 装置送来的系统运行信息，自动识别小浪底水力发电厂与电网的运行方式，并将小浪底水力发电厂运行信息上送至中调稳控主机 HQWD 稳控系统。

(2)接收中调稳控主机 HQWD 稳控系统及牡丹变子站 QWD 装置发送来的切机命令，并经当地判别后按需要的切机容量选择切除小浪底水力发电厂发电机组。

(3)判断单线送吉利变线路是否跳闸，切除该运行的机组，防止事故扩大。

(4)将小浪底水力发电厂及安全稳定控制系统的信息上送河南省调的中调稳控主机 HQWD 稳控系统。

四、小浪底水力发电厂安全稳定控制装置的原理与设计

(一)小浪底水力发电厂 QWD 装置基本原理

小浪底水力发电厂 QWD 装置主要为执行机，接收牡丹变其他方向送来的切机命令，执行切机。切机时注意以下事项：

(1)与吉黄线相连的机组不能切，通过采集刀闸连接情况自动识别哪台机组与吉黄线相连。

(2)切除收到切机命令时出力最大的 N 台机组，通过机组电流、电压采集，自动计算每台发电机出力。

(3)不切出力小于定值(如 20 MW)的机组，认为该机组处于停机状态或试转状态。

(4)具有判断吉黄线是否跳闸，自动切除与吉黄线相连的机组的功能，通过采集刀闸连接情况自动识别哪台机组与吉黄线相连。

(二)装置模拟量输入

模拟量输入见表 9-1。

表 9-1　模拟量输入列表

序号	模拟量
1	西母南段 VA、VB、VC
2	东母南段 VA、VB、VC
3	西母北段 VA、VB、VC
4	东母北段 VA、VB、VC
5	黄荆线 IA、IB、IC
6	吉黄线 IA、IB、IC
7	1 号、2 号、3 号、4 号、5 号、6 号发电机 IB

(三)装置开关量输入

开关量输入见表 9-2。

(四)吉黄线跳闸判据

1. *启动判据*

电流突变量：回路电流突变启动量≥定值，则启动。

功率突变量：回路功率突变启动量≥定值，则启动。

表 9-2 开关量输入列表

序号	开关量
1	第一、第二套吉黄线保护跳 A、跳 B、跳 C
2	第一、第二套黄荆线保护跳 A、跳 B、跳 C
3	GPS(+)卫星对时
4	吉黄线西刀闸、东刀闸位置接点
5	1 号、2 号、3 号、4 号、5 号、6 号发电机西刀闸、东刀闸位置接点

2.跳闸判据

事故前 P 大于跳闸前功率整定值。

事故后 P 小于跳闸后功率整定值。

(五)与吉黄线相连机组判断

(1)吉黄线西刀闸合、东刀闸分:由于吉黄线只能带 4 号、5 号、6 号发电机中的一台机组运行,因此哪台机组的西刀闸合则认为此机组连到吉黄线。

(2)吉黄线东刀闸合、西刀闸分:由于吉黄线只能带 4 号、5 号、6 号发电机中的一台机组运行,因此哪台机组的东刀闸合则认为此机组连到吉黄线。

五、小浪底水力发电厂安全稳定控制装置具体功能介绍

(1)具有远方启动装置开放功能。当系统远端发生故障,而小浪底水力发电厂装置启动原件灵敏度不够不能开放时,由同时接到两路通道命令来开放装置。

(2)过频切机功能。当检测出电网频率升高超过定值时,分级切除小浪底水力发电厂的部分发电机组。

(3)具有事件记录、数据记录、打印、自检、PT 断线、异常报警等功能。

(4)装置既可以集中优化协调,又可以分散独立运行。当区域性或全国性的上层自动决策系统尚未建成或当上层自动决策系统故障或通信中断时,可以自动转入就地控制或分散控制模式运行,确保电网的安全;而当上层自动决策系统投入正常运行时,实现全网性的统一协调和优化决策控制,达到更安全、更准确、更经济的目的。

(5)装置具有多种稳定控制措施可供选择时,如不仅包括了切机而且包括了远切负荷、远方切机等措施,可以在各种稳定控制措施之间进行综合比较和优化选择,达到既保证系统稳定又最经济的目的。

(6)装置具有灵敏可靠的闭锁功能,以防止由继电保护误动和远方收讯误动引起的误切机。

(7)装置不但可以解决该厂站及所在区域的电网近端故障暂态稳定问题,而且可以处理远方故障的电网稳定问题。

(8)装置具有完善的整定值储存和修改功能。各装置至少可以保存 10 套定值。在第一期工程中,既可用小键盘修改定值,也可用配套的稳定控制装置策略表管理软件,在 PC 机上修改后,利用通信方式传输到装置。在二期工程完成之后,能够通过 EMS 系统实

现在线自动计算、自动修改策略表。

(9)装置具有较好的录波功能和解释功能。各装置至少可以保存10组启动报告,当装置启动后,可自动打印启动报告,能对动作和采取措施的过程和原因进行详细的解释。

(10)装置具有完善的自检和互检功能。能自动检测和报告装置的硬件、软件故障与定值错误。

(11)装置具有灵活、方便的对时功能。各装置既可用小键盘手动修改计算机时钟,也可用GPS脉冲信号进行精确对时,并且具有防止GPS误对时功能。

(12)装置采用开放式、模块化结构设计。各装置可同时使用标准键盘和小键盘操作,并可同时使用彩色显示和彩色液晶显示器显示。各模块采用标准工业产品,维护更换方便。

(13)装置具有完善的通信功能,能从EMS系统或PC机接收整定值,也可上传运行报告、定值报告和启动报告等。

(14)装置能显示打印实时状态,包括母线电压、系统频率、各进出线有功功率、无功功率和电流。

第二节　运行及维护

小浪底安全稳定控制装置分别于2006年和2010年根据电网变化情况,按照省调要求进行了两次技术改造。现就改造后的安全稳定控制装置的运行维护情况作如下介绍。

一、安全稳定控制装置的运行管理规定

(一)稳定控制装置配置和结构

(1)稳定控制装置由三面屏组成,即主机屏、从机屏和继电器屏。

(2)主机屏和从机屏都包含以下设备:交流输入插件箱、微机插件箱、继电器插件箱和打印机等。

(3)继电器屏主要采集开关站刀闸信号以供装置判断。

(4)交流输入插件箱输入量包括:Ⅳ牡黄线的A、B、C相电流,西母南段、东母南段、西母北段、东母北段等母线A、B、C相电压,1~6号机组的B相电流。

(5)继电器插件箱输入开关量包括:GPS卫星对时,Ⅳ牡黄线的东西刀闸位置状态与A、B、C相跳闸信号,黄221—黄226东西刀闸位置状态,投主机状态,A、B机互传信息,济源变通信等开入量。

(6)继电器插件箱开关量输出包括:切除4~6号机组的6个开出量(对应指示灯在开出板上按照从左至右、从上到下的顺序,每两组灯代表一台机组)。

(7)小浪底水力发电厂稳定控制装置与济源变稳定控制装置之间为光纤通道,2 MB接口方式。

(8)小浪底水力发电厂稳定控制装置的出口有3组连片,第一组通过机组的水机保护屏执行切机;第二组通过机组现地LCU屏执行切机,第三组为备用。

（二）小浪底水力发电厂安全稳定控制装置基本原理及主要任务

（1）小浪底水力发电厂安全稳定控制装置作为河南电网稳定控制装置及自动决策系统的一部分，属于整个系统的第三层——智能执行装置。

（2）监视 6 台机组的运行状态、机组出力，将机组运行状态、机组出力、允切信息上传至济源变稳定控制装置。

（3）小浪底水力发电厂安全稳定控制装置收到济源发来的外送过载切机命令，同时判断Ⅳ牡黄线跳闸（故障跳闸、无故障跳闸）后分次切小浪底水力发电厂机组（4 号、5 号、6 号机组）。

（4）当前切机原则：判断朝吉线、吉苗线或荆虎线外送过载，同时判断Ⅳ牡黄线跳闸后，分三轮切小浪底水力发电厂 4 号、5 号、6 号机组，出力大的机组优先切除（当Ⅳ牡黄线投运压板退出时，则收到切机令时不切本厂机组，因此当Ⅳ牡黄线停运时，应将Ⅳ牡黄线投运压板退出）。

（三）安全稳定控制装置投退及运行规定

（1）正常运行时，A 柜为主运行柜，B 柜为从运行柜，装置动作后主运行柜出口，并闭锁从运行柜出口；若主运行柜不动作，则从运行柜 30 ms 后动作出口。主运行柜故障，则从运行柜自动切换为主运行柜。

（2）如 A 柜装置异常，则功能闭锁，B 柜自动升为主运行柜，装置报互检异常；A 柜退出时（小拨轮开关），B 柜为主运行柜，不告警，但显示互检异常。

（3）小浪底水力发电厂安全稳定控制装置厂家设计的功能压板及出口压板情况见表 9-3（A 柜与 B 柜压板编号和名称相同）。

表 9-3　A 柜与 B 柜压板编号、名称和运行状态

压板编号	压板名称	正常运行状态
11 LP	备用	退出
12 LP	备用	退出
13 LP	备用	退出
14 LP	切 4 号机组 1	投入
15 LP	切 5 号机组 1	投入
16 LP	切 6 号机组 1	投入
17 LP	A、B 柜互传信息压板	投入
18 LP	备用	退出
21 LP	备用	退出
22 LP	备用	退出
23 LP	备用	退出
24 LP	切 4 号机组 2	投入
25 LP	切 5 号机组 2	投入

续表 9-3

压板编号	压板名称	正常运行状态
26 LP	切 6 号机组 2	投入
27 LP	投主运状态压板	A 柜投入,B 柜退出
28 LP	备用	退出
31 LP	备用	退出
32 LP	备用	退出
33 LP	备用	退出
34 LP	备用	退出
35 LP	备用	退出
36 LP	备用	退出
37 LP	Ⅳ牡黄线投运	投入
38 LP	济源变电站通信压板	投入

稳定控制 A 柜和 B 柜的压板配置相同,以稳定控制 A 柜压板为例,对各功能压板说明如下:

17LP:A、B 柜互传信息压板。该压板投入时,A、B 柜之间相互交换信息;该压板退出,A、B 柜之间通信断开。

27LP:投主运状态压板。正常运行时,A 柜该压板投入,B 柜该压板退出,A 为主运行柜,B 为从运行柜;当出现装置故障,在接到调度命令后,可将 A 柜该压板退出,B 柜该压板投入,此时 A 为从运行柜,B 为主运行柜。

37LP:Ⅳ牡黄线投运压板。该压板投入,收到切机命令时,同时判断Ⅳ牡黄线跳闸(故障跳闸、无故障跳闸),装置出口;该压板退出,收到切机命令时,不执行切机。

38LP:济源变通信压板。该压板控制本装置与济源变稳定控制装置的通信。压板投入表示发送和接收与济源变之间的交换信息或命令;压板退出表示中断同济源变的通信,不检查济源变方向通道状态。正常运行时,应投入该压板。通道异常时,应退出该压板。

说明:小浪底水力发电厂稳定控制装置没有允许切机硬压板,在定值中设有控制字。

(4)稳定控制装置切机出口压板在机组运行和备用时均应投入,机组检修时退出。其投退操作要汇报省调。

(5)装置异常或通信通道异常退出相应功能后,应及时向省调汇报,省调向网调汇报。

通信通道异常告警时,应退出对应异常通道两侧装置的通信压板(A 柜系统告警退 A 柜系统,B 柜系统告警退 B 柜系统),主从方式无须切换;处理通道异常时,应退出该异常通道对应稳定控制装置 A 柜或 B 柜。

主运行柜因装置故障或通道异常退出运行时,需退出本柜所有通信压板和对侧装置对应通信压板,并人工切换本厂稳定控制装置的主从方式(如 A 柜为主运行柜时切换为

B 柜为主运行柜)。

稳定控制装置主运行柜故障闭锁时,装置自动切换主从方式。

(四)运行操作

(1)装置上电进入运行状态步骤:

在装置退出运行状态下检查定值是否正确无误。按红色复位按钮,复位。将装置“运行调试”开关拨到“运行”位置,可以看到装置两个运行灯都闪动。按“显示状态”键,查看装置运行示意图主画面中装置采集显示的各个电量与系统是否一致。检查面板没有“异常”或“报警”的红灯亮。

(2)装置上配套小键盘的功能说明:

①通过“显示状态”菜单项,显示整个系统运行状况并实时刷新参数。

②通过“查看报告”菜单项,可查看故障后自动上传的故障报告。

③通过“查看定值”菜单项,可查看保存有最新整定值或备份定值的定值报告。

④通过“执行打印”菜单项,可实现打印当前文件功能,同时能够复位装置收讯指示灯。

⑤通过“修改时钟”菜单项,可实现手动键盘修改硬时钟。

⑥通过“修改定值”菜单项,可实现对定值文件及策略表文件的定值修改。

⑦通过“切换定值”菜单项,可实现将备用定值或备用策略表切换为当前运行定值或策略表。

⑧通过“清除出错”菜单项,清除运行中出现的错误。

上述 8 项功能中,功能①、④、⑧可以在装置处于实时运行状态下执行,而其他功能只有在装置退出运行状态时才有这些功能,它们是与查看修改定值有关的功能。当定值修改完毕检查正确无误后,装置才可以进入实时运行状态。

(五)巡回检查

(1)正常运行时区域稳定控制机和继电器插件箱电源灯亮,运行灯闪烁。

(2)装置状态:有文件待打印时“有待打印”灯亮,检验另一台机异常时“互检异常”灯亮,本屏自检异常时“本屏异常”灯亮。

(六)故障处理

(1)电源灯熄灭:检查是否断电,电源是否故障。

(2)运行灯不闪烁(确认在运行状态下):按“RESET”键。

(3)“本屏异常”灯亮:按“RESET”键。

(4)“互检异常”灯亮:按对方的“RESET”键,并检查 COM2 口及通信线。

(5)“远方切机报警”灯亮:应汇报中调,退出装置切机连片,联系维护部门检查光纤通信通道。

(6)收到切机命令时收讯灯闪烁,发讯灯常熄。

(7)当装置出现 CT、PT 告警时,应尽快查明断线原因,使 PT、CT 回路恢复正常。当一时无法查清原因时,应先汇报中调,将装置出口压板退出,通知维护人员处理。

(8)收到切机命令时收讯灯闪烁,发讯灯常熄,有执行切机的通信端口故障时报警灯亮。

(9)装置动作后,应及时检查动作情况,记录装置动作情况,并复归装置动作信号,将装置动作情况汇报调度。

二、安全稳定控制装置的检修维护

(一)装置通电前的检查

(1)检查直流 220 V 电源回路输入线是否连接正确,在其他模件插入之前检查电源插件的输出(+5 V、±12 V、24 V)是否在规定的范围内(5 V 为 ±0.1 V、12 V 为 ±0.15 V、24 V 为 ±0.2 V),各指示灯应亮度适中。

(2)按装置的面板布置及插件编号,插入全部插件,准备进行通电试验。

(3)拧紧固定螺丝,尤其注意电路回路的端子应该拧紧,输入/输出回路的绝缘应该符合要求。

(二)装置的直流通电检查

(1)合上直流电源,检查插件运行指示灯、液晶屏显示是否正常,键盘操作是否有效,其他插件上的指示灯指示是否正确。

(2)从端子排上检查各开入回路输入是否正确,人为设置回路(开关或压板)输入是否正确,主运行装置与备用装置切换开关连线及输入是否正确。

(3)检查输出回路(从连片下端测量出 ±115 V 电压值为装置正确出口),信号继电器与出口继电器动作是否正确,压板回路是否接触可靠。

(4)连接好打印机,检查打印机运行是否正常,利用打印菜单检查打印结果是否正确。

(5)按调度部门所下达的定值单进行装置定值设定,设定完毕后应打印出定值表进行校对,并存档备查。

(三)交流回路通电检查

在端子排上将各个交流电压输入回路同相并联,各个交流电流回路同相串联,接入三相试验电源,进行以下内容的检查。也可以使用 QWD - SY 专用试验模件进行模拟试验。

(1)在电压、电流输入为零时,各单元回路显示的测量值均应为零;在电压、电流输入为额定值时,各单元回路显示的测量值也应与设定的额定值相同。

(2)模拟 PT 回路断路、CT 回路开路,检查装置是否正确发出警告信号。

(3)模拟电流突变(突然增加或减少),检查装置是否正确启动。

(4)进行故障模拟试验,检查 QWD 装置对故障判断的正确性。故障模拟方法如下:

无故障跳闸:突然断开三相电流。

单相瞬时接地:突然一相电流增加,一相电压降低,接入一相跳闸信号。

单相永久故障:模拟单相瞬时故障 0.8 ~1 s 后接入三相跳闸信号。

两相短路故障:突然两相电流增加,两相电压降低,并接入两相跳闸信号。

三相短路故障:突然三相电流增加,三相电压降低,并接入三相跳闸信号。

过负荷:电流增大到大于过负荷定值。

母线相间故障:有启动,母线电压突然降低,而且正序电压小于 0.6 V,查到有母差动作信号。

（四）控制策略表的动作正确性检查

模拟相应故障类型、运行方式，检查执行控制策略的正确性。

（五）站间数据通信联调

对于有站间数据通信的装置，在现场安装完成后必须进行站间通信联调，检查数据收发是否正确，误码率在规定的范围内。

（六）区域电网稳定控制系统的联调和系统试验

用QWD装置构成区域电网稳定控制系统时，应在现场进行主站、子站及终端站之间的联调。在联调正确后，有条件时可进行系统试验。现场联调及系统试验方案和试验步骤，一般由调度部门负责编制。

第三节　技术改造

近年来，河南电网接线变化较大，为适应新的潮流变化，小浪底电站安全稳定控制装置分别于2006年和2010年按照省调要求进行了两次技术改造。现就改造情况作如下介绍。

一、2006年执行的技术改造

（一）安全稳定控制装置改造的背景

河南电网2006年计划新增加华润首阳山电厂2×600 MW机组、三门峡火电厂2×600 MW机组、洛阳热电厂2×300 MW机组。由于这些机组的接入，河南电网的一次网架结构发生变化，导致豫西电网的电源点增加，豫西电网西电东送的瓶颈现象更加突出。

随着这6台机组的投入和洛阳牡丹变至郑州变500 kV第三回线路的投入，河南省电力设计院在一次系统稳定计算的基础上，考虑了机组和线路检修情况，对豫西电网西电东送在不同潮流方式下的各种工况进行了稳定计算，计算结果为：

（1）在2006年夏季大方式、冬季大方式时，若牡嵩线一回检修，另一回发生三相永久故障，小浪底水力发电厂需减80%出力，并切除洛阳热电厂一台300 MW机组，才能保持系统稳定。

（2）在2007年冬季大负荷运行方式下，牡郑线投入运行后，豫西电网稳定情况有所改善。牡首双回线异名相接地短路故障时，或任一回线路检修，另一回线路两侧三相永久故障跳闸时，需要小浪底水力发电厂减40%～80%出力，以保证系统的稳定运行。

根据河南省电力设计院的设计情况，并结合小浪底水力发电厂目前区域稳定装置的情况，为配合河南电网的稳定运行要求，具备由牡丹变或首阳山开关站实现对小浪底水力发电厂的远方切机功能。小浪底水力发电厂需将原有稳定控制装置扩容，并增设相应的通信接口。

（二）安全稳定控制装置改造的设计原则

（1）设计按电力系统安全稳定三道防线的要求配置安全稳定控制装置。送端电厂的稳定控制装置按分散、区域、简单和智能的原则设计，以就地控制为主、远方控制为辅。

（2）为保证电网在发生严重的多重故障情况下，不引起电网崩溃事故，送端电厂需切除相应机组,此时应首先考虑切除水电站机组。

(3)在河南省受端电网设置低压、低频减载装置。

(三)安全稳定控制装置的配置方案

(1)牡丹变、首阳山开关站配置区域性安全稳定控制装置,其功能应满足设计的要求,装置按双重化配置。牡丹变新增一套装置,原有一套装置扩容完善后,继续采用。

(2)洛阳热电厂、华润首阳山电厂及三门峡火电厂各配置两套稳定控制装置,实现切机功能。

(3)小浪底水力发电厂原有稳定控制装置扩容,增设相应的通信接口。

(四)安全稳定控制装置通道的组织

(1)各厂、站安全稳定控制装置之间信息交换原则上均采用光纤通道,两路安全稳定控制装置通道应尽可能采用不同路径,对于短线路采用专用光纤芯,其他采用 2 M 或 PCM 通信方式。

(2)牡丹变至洛阳热电厂、三门峡火电厂及小浪底水力发电厂,首阳山开关站至小浪底水力发电厂及华润首阳山电厂的切机通道均采用光纤直达通道,PCM 机群按点对点配置,尽量采用 2 Mb/s 接口。

(3)牡丹变及首阳山开关站稳定控制装置均留有与河南中调稳定控制主站的接口。

(4)安全稳定控制装置的通信接口按双重化配置,有条件时可采用与保护合用 PCM 机群。

(5)河南豫西—豫北开环外送安全稳定控制装置配置及通道联系见图 9-3。

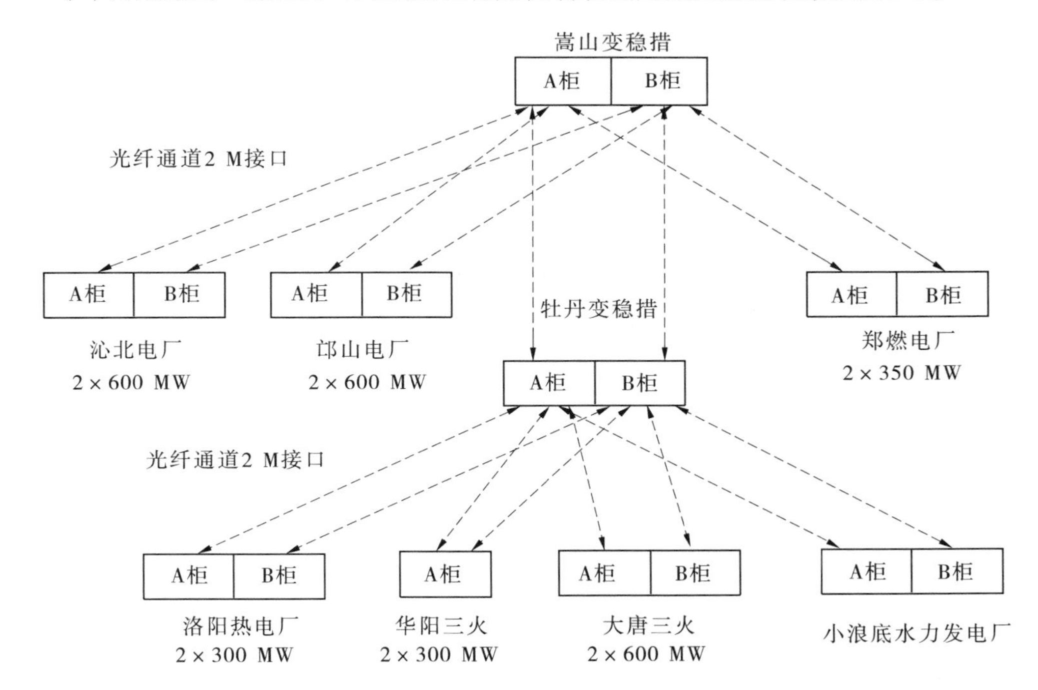

图 9-3 河南豫西—豫北开环外送安全稳定控制装置配置及通道联系

二、2010 年执行的技术改造

(一)安全稳定控制装置改造背景

(1)小浪底分母运行后,小浪底 1 号、2 号、3 号机组接于小浪底南母,4 号、5 号、6 号机组接于小浪底北母,安全稳定控制装置只有在紧急时候才需投入运行,其作用已不明显。

(2)由于新建的孟津电厂 2 ×600 MW 需接入到济源新建的500 kV 变电站,在500 kV 线路跳闸后,需要切除孟津电厂和小浪底水力发电厂的机组,以保证系统的稳定运行。

(二)安全稳定控制装置改造方案

(1)增加接入Ⅳ牡黄线的交流量、开关量(保护三相跳闸或分相跳闸信号)。

(2)接收济源变朝吉线、吉苗线或荆虎线过载信息,再判断Ⅳ牡黄线故障或无故障跳闸,切小浪底机组。

(3)增加Ⅳ牡黄线运行压板和切机功能压板。

(4)切机原则:按过载量分挡,优先选出力大的机组切。

(5)增加通信接口装置 2 套。

(三)安全稳定控制装置改造后的通道联系图

安全稳定控制装置改造后的通道联系图如图 9-4 所示,均为 2 M 光纤通道。

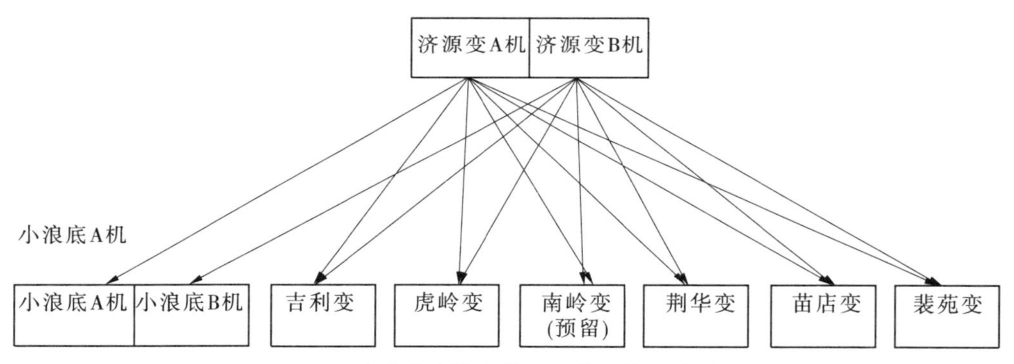

图 9-4　安全稳定控制装置改造后的通道联系

第四篇　继电保护设备

第十章　发变组保护

水轮发电机和主变压器是水力发电厂的主设备,也是电力系统中的重要设备。主变压器和水轮发电机发生故障时将对供电可靠性和电网系统正常运行产生严重影响,并会给发电厂带来重大设备损坏和经济损失。为保证电力系统的安全运行,将故障和异常运行的影响限制在最小范围,必须装设能反映发电机变压器组(简称发变组)运行中的各种故障或异常,并能可靠快速切除故障或发出信号的发变组保护设备。小浪底水力发电厂目前采用的是许继电气生产的 WFB－800A 系列微机型发变组成套保护装置。

第一节　概　况

一、简介

小浪底电站共安装 6 台水轮发电机组和 6 台主变,其接线方式为单元接线,其中 3 号、6 号机组的机端带有 18 kV 厂用变压器(简称厂用变或厂变)。发变组保护装置的保护装置范围是 220 kV 主变高压侧开关以下至发电机组中性点,保护分主变保护与机组保护,3 号、6 号发变组的保护配置比其他机组多出 18 kV 厂用变保护。

小浪底电站投产时发变组保护设备是奥地利 ELIN 公司生产的 DRS 主变与机组保护。从 1999 年至今已经运行了 10 年多,2007 年 6 号机组进行了国产化改造,改造后设备是许继电气生产的 WFB－800A 系列微机型发变组成套保护装置,保护按双重化分 A、B 两个保护屏柜布置,之后 2 号、3 号、4 号机组陆续完成保护改造工作。许继发变组保护配置见表 10-1。

表 10-1　许继发变组保护配置

发变组保护	A 屏	B 屏
配置设备	WFB－805A/1 保护箱 ZFZ－812 操作箱 打印机	WFB－805A/2 保护箱 WFB－804A 非电量保护箱 打印机

现阶段保护投用情况，2 号、3 号、4 号、6 号机组采用许继电气的发变组保护，1 号、5 号机组仍使用 ELIN 公司的 DRS 发变组保护，这两套发变组保护计划在 2011 年下半年完成改造工作。

二、WFB－800A 微机型发变组保护装置介绍和原理说明

（一）装置介绍

WFB－800A 微机型发变组成套保护装置采用许继公司新一代基于 32 位浮点 DSP 技术的通用硬件平台。整体大面板，全封闭机箱，硬件电路采用后插拔式的插件式结构，CPU 电路板采用 6 层板，表面贴装技术，提高了装置可靠性。机箱采用 19 in 6 U 全宽机箱，抗干扰能力强。装置由双 CPU 系统构成，它们是完全相同的两套系统，但相互之间又完全独立。每套系统中均包含滤波、采样、CPU 及 CPLD 等硬件回路，可独立完成采样、保护、出口、自检、故障信息处理和故障录波等全部功能。各 CPU 系统中针对不同的保护设置启动元件，启动元件动作后开放保护装置的出口继电器正电源。装置采用双 CPU 互"与"出口方式，各保护动作元件只有在其对应的启动元件动作后才能跳闸出口，从而有效地防止了硬件回路中元件损坏造成保护装置误出口，使装置具有冗余性，提高了装置运行的可靠性。另有一块管理机接口板，有一片 DSP 专门处理键盘操作、液晶显示、信息打印等人机对话任务。正常运行时，液晶显示器可显示当前时间、发变组单元主接线以及电压、电流等实时数据，人机对话中所有的菜单均为简体汉字。通过提供的专用软件，可对保护进行更为方便、详尽的监视与控制。装置核心部分采用德州仪器公司（Texas Instruments）的 32 位数字信号处理器 TMS320C33，主要完成保护的出口逻辑及后台功能，使保护整体精确、高速、可靠。

（二）基本技术参数

1. 基本数据

（1）额定交流数据。额定交流电流 I_n：1 A；额定交流电压 U_n：100 V；额定频率 f_n：50 Hz。

（2）额定直流数据。电压 220 V，允许变化范围为 80% ～115%。

2. 输出触点

（1）信号触点容量。允许长期通过电流：5 A；切断电流：0.3 A（DC220 V，t = 5 ms）。

（2）跳闸出口触点容量。允许长期通过电流：10 A；保持电流：不大于 0.5 A；切断电流：0.3 A（DC220 V，t = 5 ms）。

（3）辅助继电器触点容量。允许长期通过电流：5 A；切断电流：0.3 A（DC220 V，t = 5 ms）。

3. 绝缘性能

（1）绝缘电阻。装置所有电路与外壳之间的绝缘电阻在标准试验条件下，不小于 100 MΩ。

（2）介质强度。装置所有电路与外壳的介质强度能耐受交流 50 Hz，电压 2 kV（有效值），历时 1 min 试验，而无绝缘击穿或闪络现象。

4. 冲击电压

装置的导电部分对外露的非导电金属部分外壳之间，在规定的试验大气条件下，能耐受幅值为 5 kV 的标准雷电波短时冲击检验。

(三)发变组保护配置

发变组保护主要包括主变保护、发电机保护和非电量保护。

1. 主变保护的配置

主变保护主要配置主变差动保护、阻抗保护、主变过流保护、零序过流保护、主变高压侧零序过电压保护、主变间隙零序过流保护、启动主变冷却器投退、失灵启动、非全相保护、主变低压侧零序过电压保护。

2. 发电机保护的配置

发电机保护主要配置发电机差动保护、发电机匝间保护、发电机复压过流保护、厂用变电流速断保护、厂用变过流保护、厂用变过负荷保护、厂用变有载调压闭锁、励磁变电流速断保护、励磁变过流保护、发电机定子接地保护、发电机转子接地保护、发电机低励失磁保护、发电机失步保护、发电机负序过负荷保护、发电机过负荷保护、发电机过激磁保护、发电机误上电保护、启停机保护、发电机过电压保护。

3. 非电量保护的配置

非电量保护主要配置主变重瓦斯保护、主变轻瓦斯保护、主变压力释放保护、主变冷却器故障保护、主变温度高报警保护、主变温度过高跳闸保护、主变油位异常保护、发电机轴电流保护、励磁变温度高保护、励磁变温度过高保护、厂用变温度高保护、厂用变温度过高保护。

(四)主要保护的原理介绍

1. 发电机差动保护

发电机差动保护是发电机内部短路故障的主保护，根据发电机定子分支接线的不同，可以灵活配置不同原理的差动保护。其中，包括发电机比率制动式差动保护、发电机不完全纵差保护、发电机裂相横差保护等。差动保护均考虑 TA 异常、TA 饱和、TA 暂态特性不一致的情况。

1)发电机差动保护动作特性

发电机比率制动式差动保护、发电机不完全纵差保护、发电机裂相横差保护具有相同的动作特性曲线，如图 10-1 所示。

2)发电机差动保护逻辑框图

发电机比率制动式差动保护、发电机不完全纵差保护、发电机裂相横差保护具有相同的保护逻辑，如图 10-2 所示。

2. 主变差动保护

1)比率制动式差动保护

比率制动式差动保护能反映变压器(发变组、高厂用变、励磁变)内部相间短路故障、高(中)压侧单相接地短路及匝间层间短路故障，既要考虑励磁涌流和过激磁运行工况，同时也要考虑 TA 异常、TA 饱和、TA 暂态特性不一致的情况。

由于变压器联结组和各侧 TA 变比的不同，变压器各侧电流幅值相位也不同，差动保

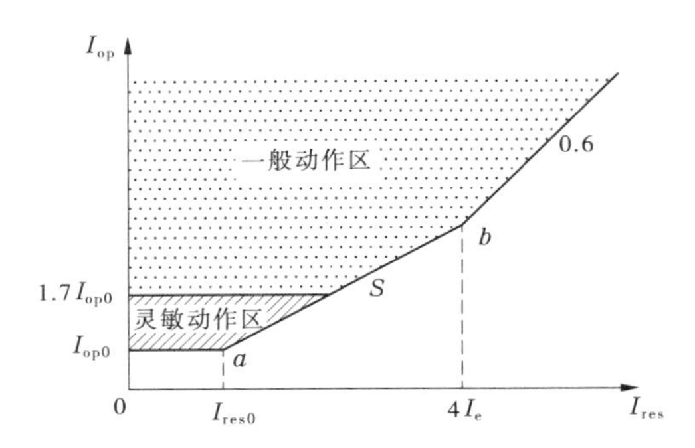

图 10-1　发电机差动保护动作特性曲线

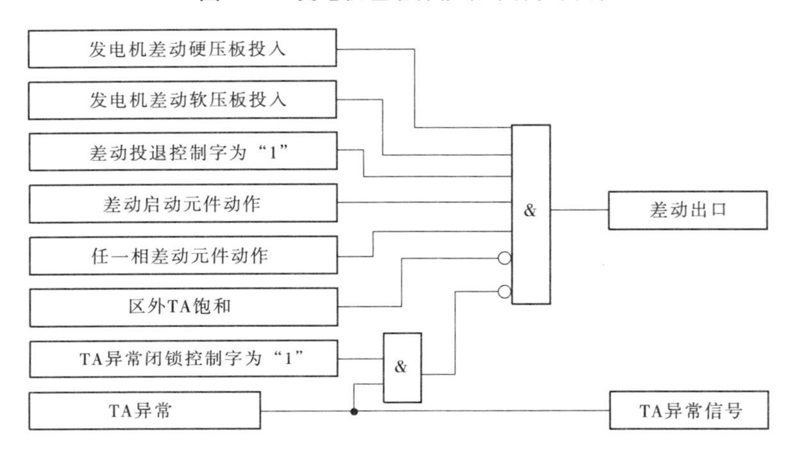

图 10-2　发电机差动保护逻辑框图

护首先要消除这些影响。本保护装置利用数字的方法对变比和相位进行补偿。

2）比率差动特性

变压器（发变组、高厂用变、励磁变）比率差动动作特性曲线如图 10-3 所示。

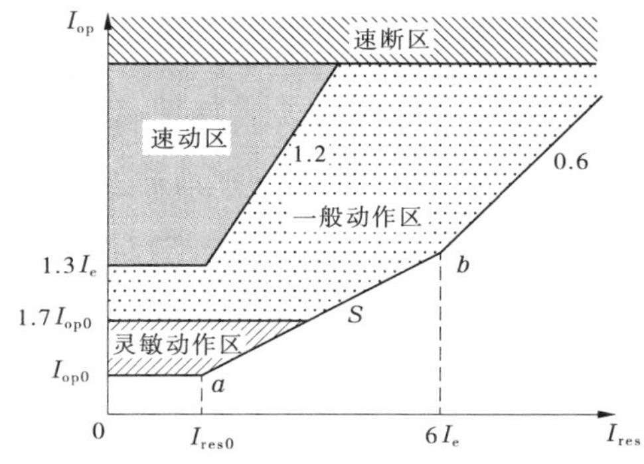

图 10-3　变压器（发变组、高厂用变、励磁变）比率差动动作特曲线

3）主变差动逻辑框图

变压器（发变组、高厂用变、励磁变）比率差动保护逻辑如图 10-4 所示。

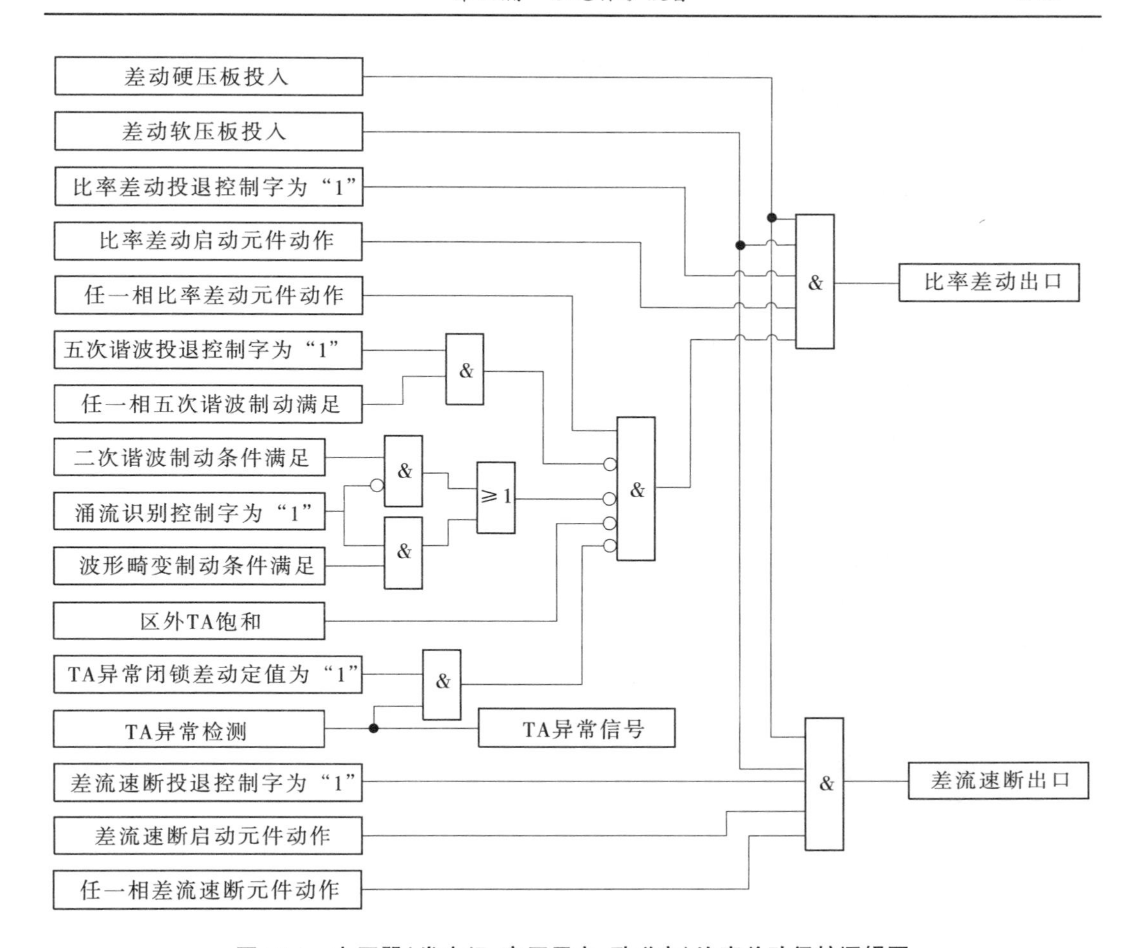

图 10-4 变压器(发变组、高厂用变、励磁变)比率差动保护逻辑图

3. 发电机匝间保护

发电机匝间保护作为发电机匝间及相间短路的主保护,采用由纵向零序过电压及故障分量负序方向两个判据组成的方案实现。当发电机三相定子绕组发生相间短路、匝间短路及分支开焊等不对称故障时,在故障点会出现负序源,依据产生的负序电流、负序电压和负序功率来具体实现。为保证匝间保护的动作灵敏度,纵向零序电压的动作值一般整定较小,为防止外部短路时纵向零序不平衡电压增大造成保护误动,须增设故障分量负序方向元件为选择元件,用于判别是发电机内部短路还是外部短路。

4. 定子接地保护

定子接地保护包括基波零序电压型和三次谐波电压型定子接地保护。基波零序电压原理保护发电机 85% ~95% 的定子绕组单相接地,三次谐波电压原理保护发电机中性点附近定子绕组的单相接地。三次谐波分别取机端和中性点侧的三次谐波分量,其比为谐波比系数,有并网前谐波比系数和并网后谐波比系数两个定值,根据机组并网和并网后装置实测的最大三次谐波电压比分别整定,采用断路器辅助接点自动切换定值。

5. 转子接地保护

发电机转子接地保护主要反映转子回路一点或两点接地故障,采用乒乓式开关切换原理，通过求解两个不同的接地回路方程，实时计算转子接地电阻值和接地位置并记忆，为判断转子两点接地作准备。

6. 失磁保护

失磁保护由静稳极限励磁电压、定励磁低电压、静稳边界阻抗、稳态异步边界阻抗和主变高压侧三相同时低电压五个判据实现。

7. 失步保护

当系统发生非稳定振荡，即失步，并危及机组或系统安全时，该保护动作于跳闸。保护采用三阻抗元件，通过阻抗的轨迹变化来检测滑极次数并确定振荡中心的位置。

8. 发电机复压过流保护

发电机复压过流保护作为发电机的后备保护，由复合电压元件、三相过流元件“与”构成。

9. 相间阻抗保护

相间阻抗保护作为变压器引线、母线及相邻线路相间故障的后备保护，采用相电流启动和相间阻抗两个判据实现，可实现偏移阻抗、全阻抗或方向阻抗特性。

10. 过激磁保护

过激磁保护主要用做发电机、变压器因频率降低或过电压引起的铁芯工作磁密过高的保护。采用过激磁倍数来衡量。

11. 零序过流保护

零序过流保护主要作为变压器中性点接地运行时接地故障的后备保护，用零序电流实现。零序电流可用三相 CT 组成的自产零序电流，也可以用变压器中性点专用零序 CT 的电流。

12. 失灵启动保护

失灵启动保护分两段时限，第一时限采用负序过流元件或零序过流元件，配合断路器合闸触点，以及有跳该断路器的保护动作，去解除断路器失灵保护的复合电压闭锁。第二时限采用负序过流元件、零序过流元件或相电流元件，配合断路器合闸触点，以及有跳该断路器的保护动作，去启动断路器失灵保护。

第二节　运行及维护

一、发变组保护运行

（一）发变组保护投、退操作

1. 发变组保护投入运行操作

（1）投入保护电源保险、开关。

（2）检查保护各单元信号有无异常。

（3）投入保护功能压板。

（4）投入保护跳闸出口压板。

2. 发变组保护退出运行操作

(1)退出保护跳闸出口压板。

(2)退出保护功能压板。

(3)断开保护装置电源开关和保险。

(二)发变组保护装置的巡回检查

(1)保护装置每班至少应检查一次。

(2)检查保护装置状态是否正常,压板、切换开关位置是否正确。

(3)压板和切换开关标志齐全正确。

(4)检查保护装置有无异常信号。如有异常信号,应详细记录并通知维护人员检查处理。

(5)值班人员不允许不按指定操作程序随意按动装置上的键盘、开关等。

(三)各类故障及相应处理

1. 发电机差动保护

(1)动作行为:无时限跳主变高压侧开关、发电机出口开关、灭磁开关,启动停机程序,并发信号。

(2)动作后处理:检查并记录差动继电器动作情况,向省调和继电保护人员报告情况,通知并协助维护人员检查发电机内部、18 kV 母线及断路器、CT 等相关设备情况,复归信号后,恢复设备正常。若检查未发现有明显故障点,在紧急情况下可进行发电机的零起升压试验,若升压正常,则并网运行。

2. 发电机匝间短路保护

(1)动作行为:无时限跳主变高压侧开关、发电机出口开关、灭磁开关,启动停机程序,并发信号。

(2)动作后处理:检查并记录继电器动作情况,向省调和继电保护人员报告,通知并协助检修维护人员进入发电机内部检查故障实情,复归信号后,恢复设备正常。

3. 发电机定子一点接地保护

(1)动作行为:延时跳发电机出口开关、灭磁开关,启动停机程序,并发信号。

(2)动作后处理:检查并记录继电器动作情况及信号,向省调和继电保护人员报告,通知并协助检修维护人员、继电保护人员分别检查发电机组内部、继电器及相关回路,确认故障原因或误动处理后,复归信号,恢复设备正常。

4. 发电机转子一点接地保护

(1)动作行为:发信号。

(2)动作后处理:检查并记录继电器动作情况、信号(包括当时励磁电流等),检查转子回路有无接地故障现象,检查继电器和过滤器单元有无异常故障,确认继电器动作原因,复归信号后,恢复设备正常。

5. 发电机负序过流保护

(1)动作行为:Ⅰ段发信号,Ⅱ段跳主变高压侧开关、发电机出口开关、灭磁开关,启动停机程序,并发信号。

(2)动作后处理:检查并记录继电器动作情况、信号,询问省调电网上有无故障、负荷不平衡等异常，要求维护人员分别检查发电机、CT 等有无异常，确认动作原因后，复归信号。

6. 发电机失磁保护

(1)动作行为：跳发电机出口开关，启动停机程序，并发信号。

(2)动作后处理：检查并记录继电器动作情况、信号，询问省调系统有无振荡现象，要求维护人员检查励磁系统是否正常，必要时要求维护人员检查继电器本身是否故障，确认保护动作，查清原因后恢复机组运行。

7. 发电机过激磁

(1)动作行为：跳发电机出口开关，启动停机程序，并发信号。

(2)动作后处理：检查并记录继电器动作情况、信号，询问省调是否有电网振荡等现象，要求维护人员检查励磁系统有无故障，发电机铁芯是否过热，必要时，要求维护人员检查继电器工作情况，确认继电器动作原因后，恢复机组运行。

8. 励磁变速断过流

(1)动作行为：速断是跳发电机出口开关、灭磁开关，启动停机程序，并发信号；过流是延时跳发电机出口开关、灭磁开关，发信号。

(2)动作后处理：检查并记录继电保护动作情况，检查励磁变及励磁交流回路，确认保护动作正确后，向省调汇报情况，协助维护人员处理故障、做好隔离。

9. 励磁变温度升高保护。

(1)动作行为：跳发电机出口开关、灭磁开关，启动停机程序，并发信号。

(2)动作后处理：检查并记录继电保护动作情况，查看励磁变故障前的负荷情况，检查周围是否有热源及变压器铁芯是否有明显的接地短路放电痕迹。如与上述原因没有关系，则应摇励磁变铁芯对地绝缘，确定是否由于内部轻微匝间短路造成保护动作。

10. 厂用变速断过流

(1)动作行为：速断是跳发电机出口开关，跳主变高压侧开关，跳厂用变低压侧开关，并发信号；过流是延时跳厂用变高压侧开关，延时跳厂用变低压侧开关，并发信号。

(2)动作后处理：检查并记录继电器动作情况及当时机组运行参数等，检查厂用电倒换是否正常，向调度汇报情况，检查厂用变是否有明显的故障点，协助维护人员工作，做好安全隔离。

11. 厂用变温度升高保护

(1)动作行为：第一限值时瞬时发信号，第二限值时动作于跳主变高低压侧断路器。

(2)动作后处理：动作于信号时检查变压器负荷情况，密切监视变压器温度的变化情况，现地检查变压器有无局部放电情况；如已动作于跳闸，测量变压器余温，确定变压器是否由于温度过高跳闸，做好隔离措施。

12. 主变差动保护

(1)动作行为：瞬时跳发电机出口开关、主变高压侧开关、18 kV 厂用变低压侧开关、灭磁开关，启动停机程序，并发信号。

(2)动作后处理：检查并记录差动继电器动作情况，向省调和维护人员报告情况，迅速通知维护人员现地详细检查变压器故障情况，检查 18 kV 母线厂用变高压侧，待一切正常、复归信号后，恢复机组设备正常。若未发现明显故障点且绝缘正常，在紧急情况下，可以进行一次变压器强送。

13. 主变零序电流保护

(1)动作行为:瞬时跳分段开关、母联开关,延时跳发电机出口开关、主变高压侧开关、厂用变低压侧开关、灭磁开关,启动停机程序,并发信号。

(2)动作后处理:检查并记录保护动作情况、结果,向省调询问了解当时系统有无不正常运行故障或事故,向省调报告保护动作情况,要求检修维护人员检查主变、零序 CT 和接地线故障情况,恢复相关设备运行后,复归信号。

14. 220 kV 零序过压保护

(1)动作行为:瞬时跳发电机出口开关、主变高压侧开关、厂变低压侧开关、灭磁开关,启动停机程序,并发信号。

(2)动作后处理:检查并记录保护动作情况,向省调报告保护动作结果,询问系统有无不正常或故障,要求检修维护人员检查母线主变高压侧有无断线故障,220 kV PT 一次侧是否断线,待设备正常后,恢复机组备用。

15. 18 kV 零序过压保护

(1)动作行为:瞬时跳发电机出口开关、主变高压侧开关、厂变低压侧开关、灭磁开关,延时启动停机程序,并发信号。

(2)动作后处理:检查并记录保护动作情况,向省调报告动作情况,通知维护人员检查封闭母线有无断线接地故障,18 kV PT 一次侧是否有断线,待检查结束后,恢复机组备用。

16. 断路器失灵保护

(1)动作行为:延时跳发电机出口开关、主变高压侧开关、灭磁开关,启动母线失灵保护,启动停机程序,并发信号。

(2)动作后处理:检查并记录保护动作情况,向省调报告保护动作后果,通知维护人员详细检查主变高低压侧有无故障,18 kV 厂用变压器高压侧有无故障,详细检查变压器故障情况,必要时,要求维护人员检查保护二次回路、出口跳闸回路及保护定值,待检查完毕后,恢复设备备用。

17. 主变高压侧非全相保护

(1)动作行为:延时跳发电机出口开关、主变高压侧开关、灭磁开关,启动停机程序,并发信号。

(2)动作后处理:检查记录保护动作情况,向调度报告保护动作结果,通知维护人员检查故障情况,检查并处理断路器故障,必要时核对保护是否动作异常,待故障排除后恢复变压器及机组备用。

18. 主变瓦斯保护

(1)动作行为:轻瓦斯保护是瞬时动作于发信号;重瓦斯保护是瞬时动作于跳发电机出口开关、主变高压侧开关、灭磁开关,跳厂变低压侧开关,启动停机程序,并发信号。

(2)动作后处理:轻瓦斯动作后,检查油枕内部油位,排除瓦斯继电器内气体;如为重瓦斯动作,检查并记录保护动作情况,向省调报告保护动作结果,通知维护人员详细检查变压器故障情况,换过变压器绝缘油,摇变压器高低压侧对地绝缘后,确认变压器已恢复正常,恢复变压器备用。

19. 主变温度高

(1)动作行为:第一限值时瞬时发信号;温度升高到第二限值时瞬时动作于跳发电机出口开关、主变高压侧开关、灭磁开关,跳厂变低压侧开关,启动停机程序,并发信号。

(2)动作后处理:检查并记录保护动作情况,向省调报告保护动作结果,通知维护人员详细检查环境温度,并在监控系统上查找变压器是否为长期过负荷运行状态,必要时要求维护人员核对温度保护定值,待检查结束确认无故障后,恢复变压器备用。

20. 主变油位异常

(1)动作行为:瞬时发信号。

(2)动作后处理:检查并记录保护动作情况,到现场检查油位情况,发现确有故障时,向省调请求退出变压器进行处理,待故障解除后,恢复变压器备用。

二、发变组保护的检修与维护

(一)检修内容及周期

小浪底水力发电厂发变组保护的日常检修维护主要包括保护定期的检验、日常的设备消缺、保护定值的整定修改、时钟校对、紧急事故处理,以及配合其他设备的相关工作等。

小浪底水力发电厂发变组保护的定期检验严格按照规程规定进行,新安装的保护装置1年内进行1次全部检验,以后每3~5年进行1次全部检验,时间为4~7天;每年进行1次部分检验,时间为3~4天。

(二)检修注意事项

(1)试验仪器、仪表精度不低于0.5级。

(2)加入装置的试验电压,如无特殊说明,均指从保护屏端子加入。

(3)断开直流电源后才允许插、拔插件,插、拔交流插件时应防止交流电流开路。

(4)因检验需要临时短接或断开的端子,应逐个记录,检验结束后应及时恢复。

(5)在调试过程中若发现问题,查找原因后,再更换元器件。元器件更换时注意插入方向正确,并且要选用经老化筛选合格的元器件。

(6)原则上在现场不能使用电烙铁,试验过程中如需使用电烙铁进行焊接,应采用带接地线的电烙铁或电烙铁断电后再焊接。

(三)检修作业流程

小浪底水力发电厂发变组保护检修有专门的标准化作业指导书,下面以6号机组发变组保护校验工作为例介绍发变组保护检修作业流程。

1. 检修准备

准备校验所用仪器、仪表、工器具等。

2. 安全措施

(1)由运行人员做安全措施,主要包括退出保护功能压板和出口压板、断开保护柜内电压小开关、悬挂标示牌等。

(2)由检修人员做安全措施,主要包括投检修压板,检查运行所做安全措施,划开检修时需打开的电流、电压等回路的端子。

3. 检修作业内容

(1)外观及接线检查。

①外观应完好,无缺损、裂痕。

②硬件配置、标注及接线等应符合现场图纸要求。

③抗干扰元件的焊接、连线和元器件外观应良好。

④各部件固定良好,无松动现象,装置外形应端正,无明显损坏及变形现象。

⑤各插件应插、拔灵活,各插件和插座之间定位良好,插入深度合适。

⑥切换开关、按钮等应操作灵活,手感良好。

⑦设备无明显灰尘。

⑧接线端子无接触不良、松动,且标号应清晰正确。

⑨接线等应符合现场图纸要求。

⑩装置所有互感器的屏蔽层的接地线均已可靠接地。

(2)回路绝缘检测。

在保护屏的端子排处将所有外部引入的回路及电缆全部断开,分别将电流、电压、控制信号回路的所有端子各自连接在一起,用1 000 V摇表测量各回路对地和各回路相互间绝缘电阻,其阻值均应大于10 MΩ。

(3)装置上电初步检查。

上电初步检查主要包括四方面内容:①上电后装置正常运行,各指示灯显示正常;②盘柜表面各按键功能正常,面板显示正常;③所联打印机工作正常,装置程序版本和软件校验码正常;④保护装置日期正常。

(4)定值检查。

打印定值并与定值单进行核对,应正确无误。

(5)装置开入压板功能检查。

在"保护状态/开入状态"画面下的开入量及压板投/退显示应与实际投/退状态一致。

(6)模数变换系统检查。

模数变换系统检查包括零漂检查和精度检查。零漂应在0.01I_n或0.05 V以内。精度检查中显示值与实测误差应不大于5%。

(7)WFB-805装置保护定值检验。

定值检验是检修作业的重点环节,通过模拟故障状态检查保护能否正确动作。下面以主变差动保护为例来说明定值检验过程。

①最小动作电流、越限、差流速断试验。

差流越限动作值:投入越限软压板,施加高压侧A相电流小于动作值。缓慢增加电流至差流越限保护动作。记录此时电流值,Y形侧为补偿角度,测试值除以1.732后为动作值,△形侧乘平衡系数后为差流越限动作值,同样方法做B、C相。同样方法投入差动保护、差流速断保护做动作值。

动作时间:越限按1.2倍动作值,差动按2倍动作值且不大于30 ms,速断按1.5倍动作值且不大于20 ms测试。

②二次谐波制动系数试验。

试验方法：在高压侧任一相，施加基波电流大于动作值（如3 A），同时叠加二次谐波0.7 A，缓慢降低二次谐波值至0.61 A，保护动作，则制动系数K为0.61 A/3 A×100% = 20.3%。

③斜率K值测试。

试验方法：以最小动作电流1.42 A，最小制动电流4.15 A，斜率0.4，高压侧平衡系数1，低压侧平衡系数0.8为例。施加电流，按高压侧A相（4×1.732 = 6.928（A），∠0°），机端侧A相（4/0.8 = 5（A），∠180°），机端侧C相（4/0.8 = 5（A），∠0°）补偿电流，其他两相电流不变，增加机端A相电流至8.46 A，保护动作，分别计算差流和制动电流为：I_{op1} = 8.46×0.8 − 4 = 2.768（A），I_{res1} = 8.46×0.8 = 6.768（A）；同样再做第二个点：施加电流，按高压侧A相（6×1.732 = 10.392（A），∠0°），机端侧A相（6/0.8 = 7.5（A），∠180°），机端侧C相（6/0.8 = 7.5（A），∠0°）补偿电流，其他两相电流不变，增加机端A相电流至12.55 A，保护动作，分别计算差流和制动电流为：I_{op2} = 12.55×0.8 − 6 = 4.04（A），I_{res2} = 12.55×0.8 = 10.04（A）；计算$K = (I_{op2} - I_{op1})/(I_{res2} - I_{res1})$ = (4.04 − 2.768)/(10.04 − 6.768) = 0.389。同样方法做B、C相以及高压侧和厂变侧的制动系数。

④主变增量差动测试（测试值均为突变量）。

动作值测试：$\Delta I_d = 0.2\ I_e$（加单相Y侧电流时需除以1.732，低压侧需乘平衡系数）。

参考试验方法：将差动保护和增量差动保护的控制字均投入，测试仪的步长改为$0.2I_e$，增加一个步长，增量差动动作，步长小于该值时增量差动保护不动作。按此方法测试其他相。

（8）开出回路及信号检查。保护开出检查，要检查到对应压板和对应端子。信号回路检查，包括送监控信号、故障录波器和远动信号等检查。

（9）室外检查。包括清扫及检查涉及端子箱及端子箱内端子是否紧固。

（10）整组传动试验。模拟真实故障，由保护装置出口，对应断路器均应正确动作。

（11）送电后复查。送电后复查保护装置上各模拟量、开关量是否正确，保护屏上屏面信号是否正常。

第三节　技术改造

小浪底电站6台机组旧发变组保护装置自1999年年底投运以来，已运行了10多年，期间发生了8次装置误动；装置采用的中间继电器由于长期带电，经常损坏；装置备件昂贵；另外，保护配置不满足反事故措施（简称反措）要求；出口中间继电器动作功率不满足反措要求；匝间短路和80%定子接地保护存在原理缺陷。小浪底水力发电厂于2007年起，对旧发变组保护装置进行逐台改造。改造的方式是合理利用现有资源，将旧保护装置更新改造为新的国产成套保护装置，并根据装置需要对相应二次回路进行调整。新保护A屏配置一套发变组保护装置和一套断路器操作箱（含电压切换回路），B屏配置一套发变组保护装置和一套变压器非电量保护装置，从而达到主、后备保护双重化配置要求。

一、改造施工情况

（一）旧发变组保护屏及二次控制线拆除

由于改造时旧发变组保护屏跳 220 kV 开关站母联分段开关回路、母线电压回路、失灵启动回路仍然带电，而且母线保护与 220 kV 开关站其他设备仍然处于运行状态，因此在进行拆除工作前，务必断开上述各回路，检查所有二次线不再带电，确保在改造过程中不造成其他设备的误动。

（二）新增加的电缆数量

由于要实现保护的双重化，需要增加机端电压线 2 根，励磁变电流线 1 根，主变中性点电流线 1 根，出口开关与电制动开关位置接点线 2 根，发变组专用故障录波器 2 台；高压侧开关位置接点与东西刀闸位置接点由于距离太远，采用原电缆备用芯的办法解决；母线电压、跳闸、启动失灵接点、主变中性点间隙电流等回路由于距离太远或绕组不够等原因，需要在 A 屏和 B 屏之间进行并接或串接。

（三）需调整的电缆

由于旧发变组保护屏 2 套变压器差动保护电流电缆在 A 屏，2 套发电机差动保护电流电缆在 B 屏。因此，需要将第二套变压器差动保护电流电缆调整至新发变组保护 B 屏，将第二套发电机差动保护电流电缆调整至新发变组保护 A 屏。变压器非电量保护电缆原来设置在旧发变组保护 A 屏，需将非电量保护电缆调整至新发变组保护 B 屏。

（四）高压侧开关防跳回路的解除

由于新发变组保护屏配置的断路器三相操作箱带有防跳回路，根据线路保护的解决办法，需解除现地高压侧开关防跳回路。

（五）非电量保护开入量并接点转移

原发变组保护屏非电量保护开入量接点采用两根控制线引至保护屏，然后在保护屏进行并接。由于新保护屏端子排端子较少，因此需将并接点转移至现地控制箱，从而满足新保护屏端子的现状需要。

二、改造后保护配置方案

（一）发变组保护配置

发变组保护按双套主保护、单套异常运行保护、单套后备保护的完全配置，符合电力系统主保护双重化的概念，两套独立完整的装置，每套装置应具有主保护与后备保护的全部功能，须结合原保护图纸和保护配置进行具体配置，完全满足《国家电网公司十八项电网重大反事故措施》继电保护专业重点实施要求的相关规定，也满足即将颁布的新《继电保护和安全自动装置》技术规程。

（二）组屏方案

A 屏配置一套发变组保护装置，一套断路器三相操作箱（含电压切换回路）和一台打印机。

B 屏配置一套发变组保护装置（包含励磁变、厂变保护），一套变压器非电量保护装置和一台打印机。

(三)保护管理功能

所有保护装置均具有保护管理功能,所有保护信号均可以直接通过装置配备的RS485通信接口送至微机监控系统,所以不必配专用的保护管理机。

三、新发变组保护装置的两个新保护介绍

(一)发电机误上电保护

1.误上电保护原理

在发电机并网前,励磁开关尚未合闸时,若断路器误合闸,机组相当于同步电动机全电压异步启动,冲击电流很大,有重大危害,误上电的过流元件及低阻抗元件作为双重化保护都能动作出口,保护快速出口跳闸;在励磁开关闭合后,过流元件退出,若此时断路器误合闸,机组相当于同步发电机非同期合闸,也有大的冲击电流,对机组有重大危害,低阻抗元件动作,保护快速出口跳闸。

2.误上电保护启动条件

(1)当发电机(或主变高压侧)三相电流最大值大于整定值时,启动元件动作。

(2)当发电机端(或主变高压侧)阻抗测量低于阻抗整定值时,启动元件动作。

(二)启停机定子接地保护

1.启停机定子接地保护原理

启停机定子接地保护为发电机升速升励磁尚未并网前的定子接地短路故障的保护。保护为零序电压原理,其零序电压取自发电机中性点侧,并经断路器辅助接点控制。发电机并网前,断路器触点将保护投入,并网运行后保护自动退出。

2.启停机定子接地保护启动条件

当机端断路器辅助触点断开,且中性点侧零序电压大于整定值时,启动元件动作。

四、改造后效果

改造后的发变组应满足各项反事故措施要求,运行稳定,工作正常,无拒动、误动情况,并在2007年12月6日励磁系统同步变绝缘降低时,发电机转子接地保护正确动作。从现已完成的2号、3号、4号、6号四台机组发变组保护装置的改造效果来看,改造效果良好。改造后的发变组保护装置运行稳定,没有发生任何异常现象。

第四节　重要设备缺陷处理

小浪底水力发电厂由ELIN公司生产的原DRS发变组保护存在发电机80%定子接地、匝间保护原理缺陷,小浪底水力发电厂对该缺陷进行了处理。以下进行详细介绍。

一、概述

小浪底水力发电厂在初期运行,由于电压互感器一次保险熔断及二次保险夹片受潮生锈引起二次开口三角形电压超过定值而相继发生3次误动,导致机组事故停机,只能采取暂时退出80%定子接地和匝间保护的办法来避免误动现象。由于设备实际情况的限

制，不能通过软件实现电压断线闭锁，只能通过加装电压闭锁继电器来实现电压断线闭锁。2006 年 4 月 1 ~ 31 日，通过对增加电压闭锁继电器和异动后的 1 ~ 6 号发电机保护装置进行静态模拟试验，结果表明均能够正确闭锁发电机 80% 定子接地和匝间保护。经过 6 个月的运行考验，装置运行稳定可靠，于 2006 年 10 月 31 日将退出运行的 1 ~ 6 号发电机 80% 定子接地和匝间保护全部投入运行。

二、原保护装置保护原理及其缺陷

（一）80% 定子接地保护的原理及缺陷

原 80% 定子绕组单相接地保护利用机端基波零序电压 $3U_0$ 原理保护发电机定子绕组单相接地，原理接线图如图 10-5 所示。此种接线在发电机内部发生单相接地故障时，由于 TV_0 一次侧中性点直接接地，则机端三相出现对地零序电压 $3U_0$。缺陷是当 TV_0 一次侧保险熔断时，开口三角形电压出现基波零序电压 $3U_0$，造成 80% 定子绕组单相接地保护误动作。

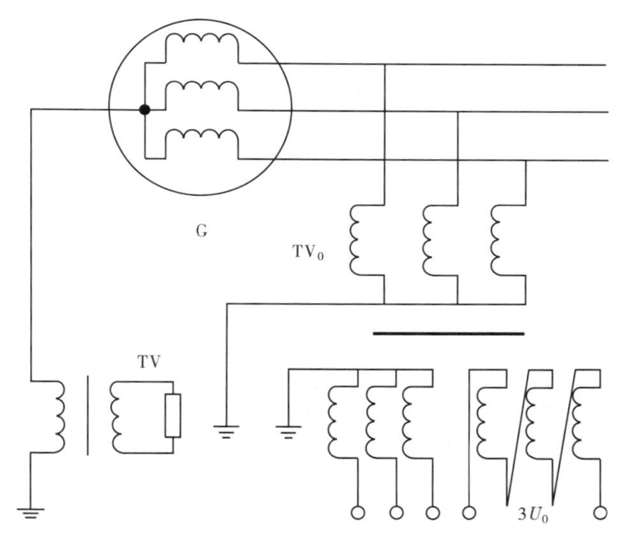

图 10-5　80% 定子接地保护原理接线图

（二）匝间保护的原理及缺陷

原匝间保护原理是利用机端零序电压 $3U_0$ 保护发电机匝间短路，原理接线图如图 10-6 所示。此种接线在发电机定子绕组发生匝间短路时，其三相绕组的对称性遭到破坏，机端三相对发电机中性点出现基波零序电压 $3U_0$，因此 TV_0 有 $3U_0$。发电机正常运行和外部相间短路时，$3U_0 = 0$。发电机内部或外部发生单相接地故障时，一次系统出现对地零序电压 $3U_0$，发电机中性点电位升高 $3U_0$，因 TV_0 一次侧中性点是接在发电机中性点上，因此二次开口三角形绕组输出的 $3U_0$ 仍为零。缺陷是当 TV_0 一次侧保险熔断时，开口三角形电压出现基波零序电压 $3U_0$，造成匝间保护误动作。

三、改造采用的 7RE2800 电压闭锁继电器原理介绍

7RE2800 电压闭锁继电器是采用电压平衡原理判断电压回路断线的继电器。该继电

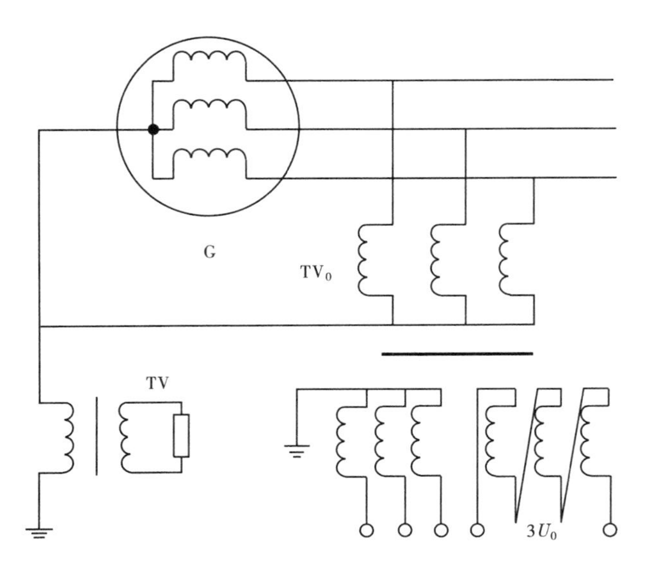

图 10-6　匝间保护原理接线图

器不需要辅助直流电源，动作时间小于 10 ms，设置了 6 个电压故障指示灯，反映电压互感器断线情况。7RE2800 电压闭锁继电器具体是通过比较两个电压互感器同一相星形接线二次绕组电压的瞬时值来判断是否动作的。如图 10-7 所示，当 U_2 侧电压互感器某相一次保险熔断时，则 $U_2 < U_1$，超过固定的动作值时，该相继电器动作（K_{10}、K_{11}、K_{12}分别代表

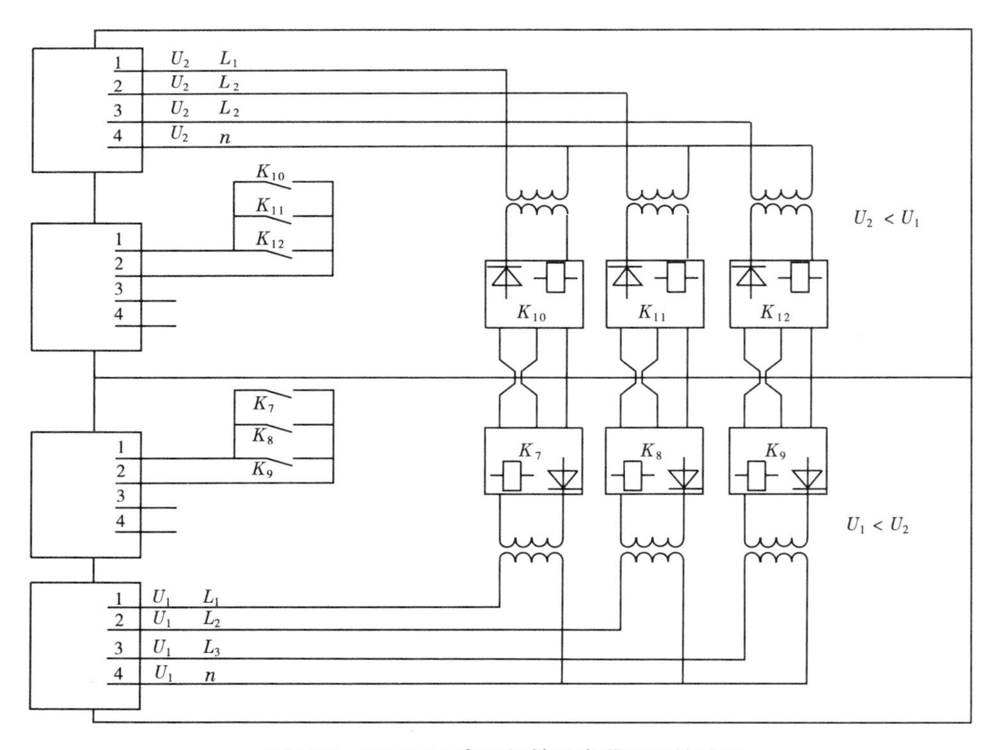

图 10-7　7RE2800 电压闭锁继电器原理接线图

第二个电压互感器 A、B、C 相），其常开接点闭合，此功能可用于闭锁匝间保护；相反，当 U_1 侧电压互感器某相一次保险熔断时，则 $U_1 < U_2$，超过固定的动作值时，该相继电器动作（K_7、K_8、K_9 分别代表第一个电压互感器 A、B、C 相），其常开接点闭合，此功能可用于闭锁 80% 定子接地保护。

四、利用 7RE2800 电压闭锁继电器进行改造

DRS 数字式继电保护装置跳闸回路是通过跳闸矩阵实现的，装置内所有保护共用跳闸接点，因此 7RE2800 电压闭锁继电器的动作闭锁接点不能直接串接到跳闸出口回路，只能作为保护装置的开入量接入到保护装置。由于匝间保护原逻辑框图中有过流闭锁条件，因此电压闭锁继电器动作闭锁接点直接接入到该开入通道，只是在过流闭锁回路中加装一个反向二极管，不需进行软件的修改。而 80% 定子绕组接地保护由于原电制动闭锁开入在第 8 通道，同时该电制动闭锁接点还闭锁其他保护装置的保护，因此只能利用备用通道 2 来实现 80% 定子绕组接地保护的闭锁，将软件部分进行修改。将第二个开入量由 Aux. input Spare 1 改为 Blk. 64G－80%，相应地 64G－80% 的 Block. input 也由原来的 EL. Brake ON 改为 Blk. 64G－80%。匝间保护和 80% 定子接地保护控制回路改造见图 10-8 和图 10-9。

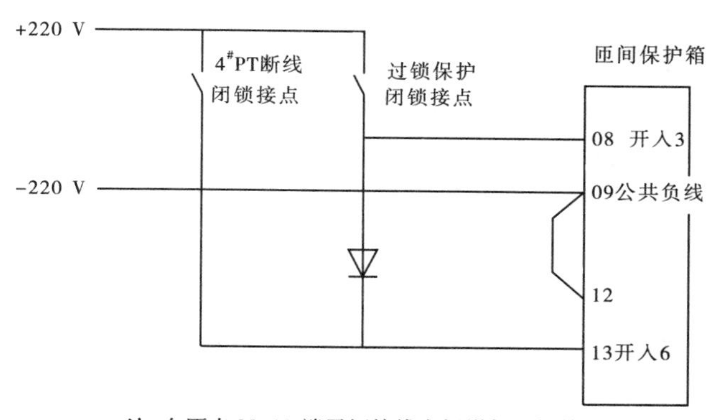

注：在原来 08，13 端子短接线之间增加二极管。

图 10-8　匝间保护电压闭锁接点接线图

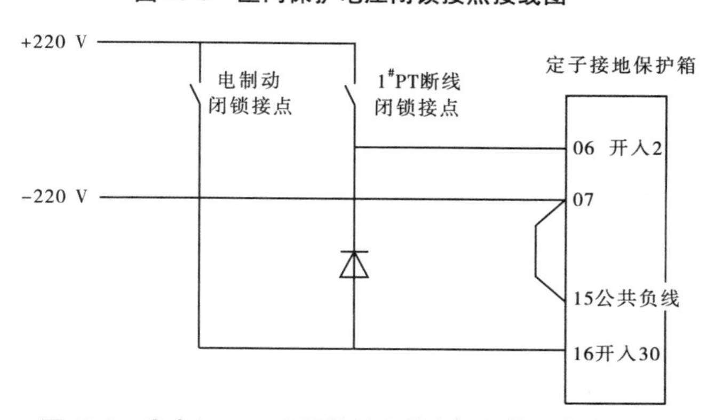

图 10-9　发电机 80% 定子接地保护电压闭锁接点接线图

第十一章　220 kV 母线保护

发电厂、变电站母线的故障是电力系统最严重的故障之一，利用母线保护来消除或缩小故障所造成的后果是十分必要的。一般来说，母线的故障可以利用母线上其他供电元件的保护来切除，但这种办法的最大缺点是延时太长。对大多数重要母线，带延时切除故障是不能满足要求的。因此，比较重要的发电厂和变电站都必须装设专门的母线保护。小浪底开关站 220 kV 母线配置两套独立的差动原理母线保护。

第一节　概　况

一、小浪底开关站 220 kV 母线系统介绍及保护配置简介

小浪底开关站主接线为双母双分段带旁路的接线方式。1 号主变、2 号主变、3 号主变、高厂变、Ⅰ牡黄线、Ⅱ牡黄线、Ⅲ牡黄线、旁路等 8 个间隔挂在开关站南段母线（南母），包括西母南段（Ⅰ母）、东母南段（Ⅱ母）；4 号主变、5 号主变、6 号主变、Ⅳ牡黄线、黄霞线、黄荆线、济黄线等 7 个间隔挂在开关站北段母线（北母），包括西母北段（Ⅲ母）、东母北段（Ⅳ母）。南母的联络开关黄南 220 为母联 1，连接Ⅰ母、Ⅱ母；北母的联络开关黄北 220 为母联 2，连接Ⅲ母、Ⅳ母；西母的分段开关黄西 220 为分段 1，连接Ⅰ母、Ⅲ母；东母的分段开关黄东 220 为分段 2，连接Ⅱ母、Ⅳ母。

小浪底电站母线保护为双重化配置。第一套母线保护为深圳南瑞生产的 BP－2B 型母线保护，第二套母线保护为南京南瑞生产的 RCS－915AS 型保护，每套保护均包含两面保护屏（1 号屏、2 号屏），1 号屏为南母保护屏，接入Ⅰ母、Ⅱ母上电气元件的电气量；2 号屏为北母保护屏，接入Ⅲ母、Ⅳ母上电气元件的电气量；1 号屏和 2 号屏相互配合形成一个整体。

母线保护系统还设置有一面上海继电器厂生产的辅助继电器屏作为母联开关和分段开关的操作箱。另外，针对利用联络开关给母线充电的情况，专门配备了一面许继电气生产的充电保护屏。

二、保护装置介绍

（一）BP－2B 型母线保护装置介绍

1. 硬件概述

BP－2B 型母线保护由保护元件、闭锁元件和管理元件三大系统构成。保护元件主要完成各间隔模拟量、开关量的采集，各保护功能的逻辑判别并出口至 TJ（跳闸继电器）；闭锁元件主要完成各电压量的采集，各段母线的闭锁逻辑判断并出口至 BJ（闭锁继电器）；管理元件的工作是实现人机交互、记录管理和后台通信。各系统独立工作，相互配

合。保护元件和闭锁元件的主机模件、光耦模件完全相同,可互换使用。其强弱电分离的走线连接和独立的电源分配,再加上滤波、屏蔽等环节,使各模件工作于稳定的环境中,充分保证了装置的电磁兼容性能。

2. 保护配置

BP－2B 微机母线保护装置可以实现母线差动保护、母联充电保护、母联过流保护、母联失灵(或死区)保护以及断路器失灵保护等功能。

3. 主要特点

快速、高灵敏复式比率差动保护,整组动作时间小于 15 ms;配备自适应全波饱和检测器,差动保护在区外饱和时有极强的抗饱和能力,又能快速切除转换性故障,适用于任何按技术要求正确选型的保护电流互感器;允许 TA 型号、变比不同,TA 变比可以现场设定;母线运行方式自适应,电流校验自动纠正刀闸辅助接点的错误。

4. 主要技术参数

1)额定参数

直流电压:220 V,允许偏差:－20% ~ ＋15%。

交流电压:$100/\sqrt{3}$ V。

交流电流:1 A。

2)输出接点容量

允许长期通过电流:5 A;允许短时通过电流:10 A(1 s)。

3)装置内电源

工作电源:＋5 V(允许偏差 ±3%)、±15 V(允许偏差 ±3%);出口电源:＋24 V(允许偏差 ±5%)。

(二)RCS－915AS 型保护装置介绍

1. 硬件概述

装置核心部分采用 MORTOROLA 公司的 32 位单片微处理器 MC68332,主要完成保护的出口逻辑及后台功能,保护运算采用 AD 公司的高速数字信号处理(DSP)芯片,使保护装置的数据处理能力大大增强。具体硬件模块图见图 11-1。输入电流、电压首先经隔离互感器传至二次侧,成为小电压信号分别进入 CPU 板和管理板。CPU 板主要完成保护的逻辑及跳闸出口功能,同时完成事件记录及打印、保护部分的后台通信及与面板 CPU 的通信;管理板内设总启动元件,启动后开放出口继电器的正电源。

2. 保护配置

RCS－915AS 型微机母线保护装置设有母线差动保护、母联充电保护、母联死区保护、母联失灵保护、母联过流保护、母联非全相保护、分段失灵保护、启动分段失灵保护以及断路器失灵保护等功能。

3. 性能特征

允许 TA 变比不同,TA 调整系数可以整定;高灵敏比率差动保护;新型的自适应阻抗加权抗 TA 饱和判据。

4. 主要技术参数

主要技术参数与第一套保护装置(BP－2B 型)类似,能满足现场需要。

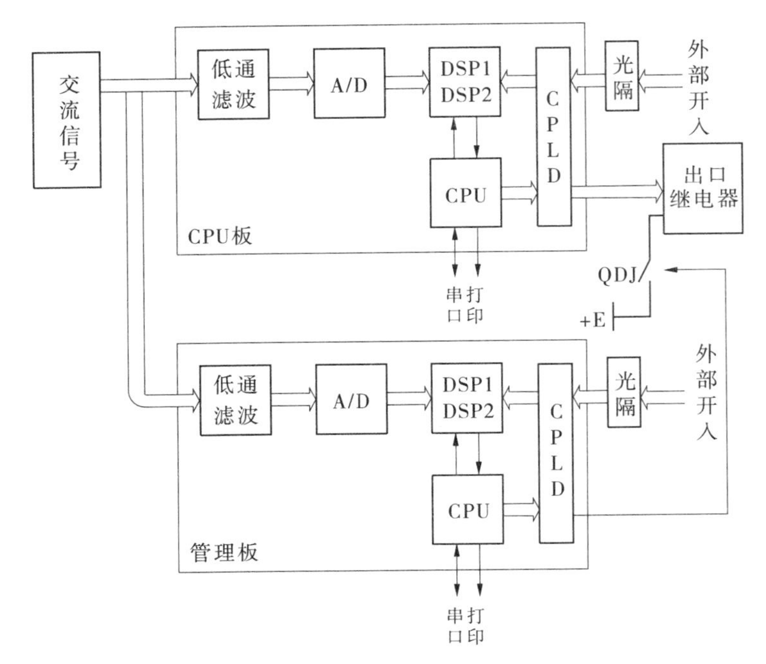

图 11-1　硬件模块图

三、保护装置原理介绍

电力系统中的母线对电网的稳定运行起着非常重要的作用。当母线故障时，快速可靠地切除母线是电力系统稳定控制措施的重要方面。母线保护起着至关重要的作用。当母线内部故障时，能有选择性地切除故障母线；当母线外部故障时，能作为相邻设备保护的后备，并且在母线运行方式、开关站设备运行方式、电网运行方式、故障类型、故障点过渡电阻等方面具有适应性。

（一）第一套保护（BP－2B 型保护装置）原理介绍

1. 母线差动保护

母线差动保护以母线差动保护逻辑框图（见图 11-2）来说明。

（1）$\Delta i_r > \Delta I_{dset}$：和电流突变量判据。当任一相的和电流突变量大于突变量门坎时，该相启动元件动作。Δi_r 为和电流瞬时值比前一周波的突变量（和电流是指母线上所有连接元件电流的绝对值之和，$I_r = \sum_{j=1}^{m} \left| I_j \right|$），$\Delta I_{dset}$ 为突变量门坎定值。

（2）$I_d > I_{dset}$。当任一相的差电流大于差电流门坎定值时，该相启动元件动作。I_d 为分相大差动电流（差电流是指所有连接元件电流和的绝对值，$I_d = \sum_{j=1}^{m} \left| I_j \right|$），$I_{dset}$ 为差电流门坎定值。

启动元件返回判据：启动元件一旦动作后自动展宽 40 ms，再根据启动元件返回判据决定该元件何时返回。当任一相差电流小于差电流门坎定值的 75% 时，该相启动元件返回。

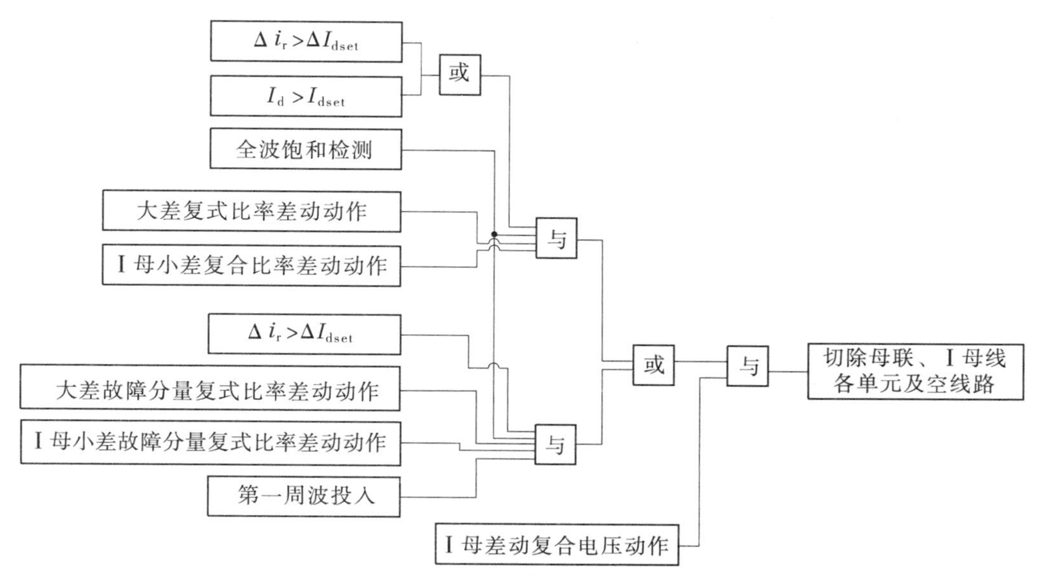

图 11-2　母线差动动保护逻辑框图

(3)全波饱和检测。为防止母线差动保护在母线近端发生区外故障时,由于 TA 严重饱和在出现差电流的情况下误动作,所以设置了 TA 饱和检测元件,用来判别差电流的产生是否由区外故障 TA 饱和引起。

(4)复式比率差动判据:

$$\begin{cases} I_d > I_{dset} & (11\text{-}1) \\ I_d > K_r \times (I_r - I_d) & (11\text{-}2) \end{cases}$$

传统的比率制动判据:

$$\begin{cases} I_d > I_{dset} & (11\text{-}3) \\ I_d > K_r \times I_r & (11\text{-}4) \end{cases}$$

式(11-1)就是启动判据,式中 K_r 为复式比率系数(制动系数)。

复式比率差动判据相对于传统的比率制动判据,由于在制动量的计算中引入了差电流,使其在母线区外故障时有极强的制动特性,在母线区内故障时无制动,因此能更明确地区分区外故障和区内故障。

大差比率元件的差动保护范围涵盖各段母线,小差动保护范围只是相应的一段母线,具有选择性。根据大差比率元件是否动作,可区分母线区外故障与母线区内故障;当大差比率元件动作时,由小差比率元件是否动作决定故障发生在哪一段母线。

(5)以电流判据为主的差动元件,用电压闭锁元件来配合,提高保护整体的可靠性。电压闭锁元件的动作表达式为

$$U_{ab} \leqslant U_{set} \text{ 或 } U_{bc} \leqslant U_{set} \text{ 或 } U_{ca} \leqslant U_{set} \quad (11\text{-}5)$$

$$3U_0 \geqslant U_{0set} \quad (11\text{-}6)$$

$$U_2 \geqslant U_{2set} \quad (11\text{-}7)$$

式中:U_{ab}、U_{bc}、U_{ca}为母线线电压(相间电压);$3U_0$ 为母线 3 倍零序电压;U_2 为母线负序电

压(相电压);U_{set}、U_{0set}、U_{2set}分别为各序电压闭锁定值。

三个判据中的任何一个被满足,该段母线的电压闭锁元件就会动作,称为复合电压元件动作。若某一元件瞬时动作,动作后自动展宽 40 ms 再返回。

2. 故障母线选择逻辑框图

故障母线选择逻辑框图见图 11-3。

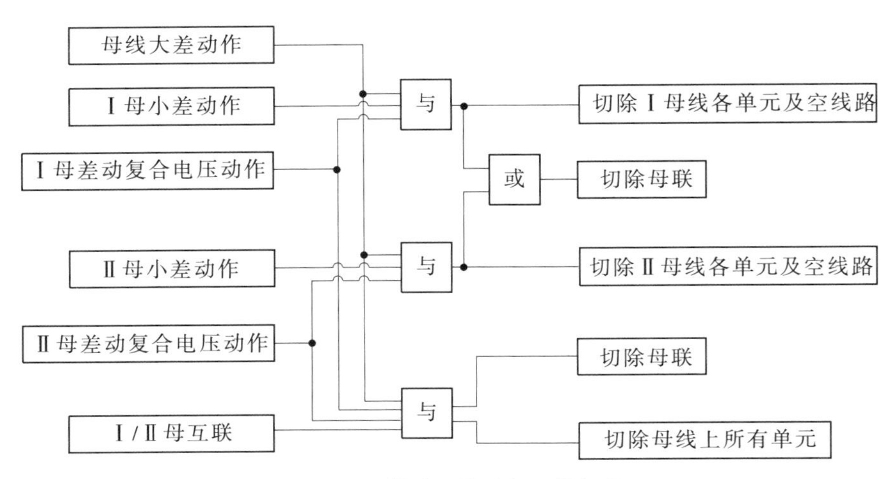

图 11-3　故障母线选择逻辑框图

3. 母联(分段)失灵和死区保护

当保护向母联开关发出跳闸指令后,经延时若大差电流元件不返回,母联电流互感器中仍有电流,则母联失灵保护应经母线差动复合电压闭锁后切除相关母线各元件。母线联络运行,当故障发生在母联开关与母联电流互感器之间时,断路器侧母线段跳闸出口无法切除该故障,而电流互感器侧母线段的小差元件不会动作,这种情况称为死区故障。此时,母差保护已动作于一段母线,大差电流元件不返回,母联开关已跳开而母联电流互感器仍有电流,死区保护应经母线差动复合电压闭锁后切除相关母线。上述两个保护有共同之处,即故障点在母线上,跳母联开关经延时后,大差元件不返回且母联电流互感器仍有电流,跳两段母线。因此,可以共用一个保护逻辑,如图 11-4 所示。

由于故障点在母线上,装置根据母联断路器的状态封闭母联 TA 后,即母联电流不计入小差比率元件,差动元件即可动作,隔离故障点。母线分列运行时,死区点如发生故障,由于母联 TA 已被封闭,所以保护可以直接跳故障母线,避免了故障切除范围的扩大。

(二)第二套保护(RCS－915AS 保护装置)原理介绍

1. 母线差动保护

双母双分段的母线差动保护由两套 RCS－915AS 来完成,每套装置的保护范围如图 11-5 所示。

分段开关有两组电流互感器,则交叉分别接入两套装置,这时不存在分段死区问题。分段断路器间隔当做一个出线元件来处理,固定接于 915AS 的元件 19 和 20。TA 极性要求支路 TA 的同名端在母线侧,母联 TA 同名端在Ⅰ、Ⅲ母侧。分段 TA 的同名端在Ⅰ、Ⅱ母侧。每套保护的差动回路包括母线大差回路和各段母线小差回路。母线差动保护由分

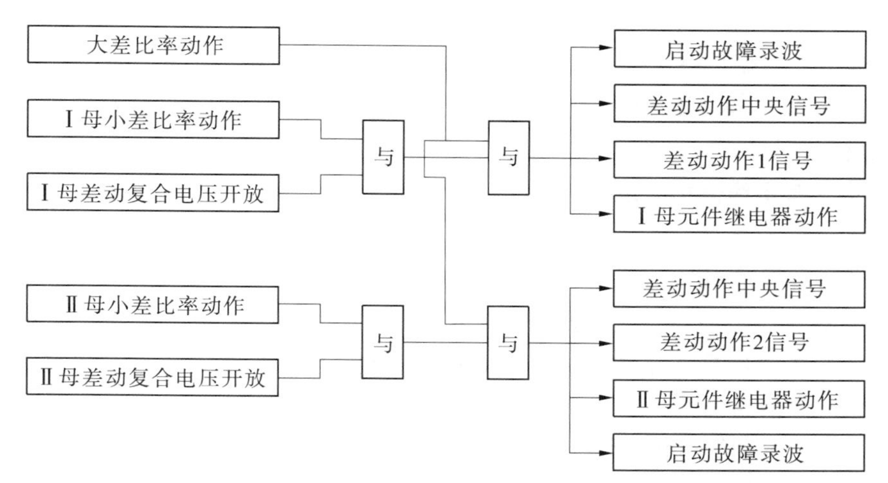

图 11-4 母联失灵保护、死区故障保护实现逻辑框图

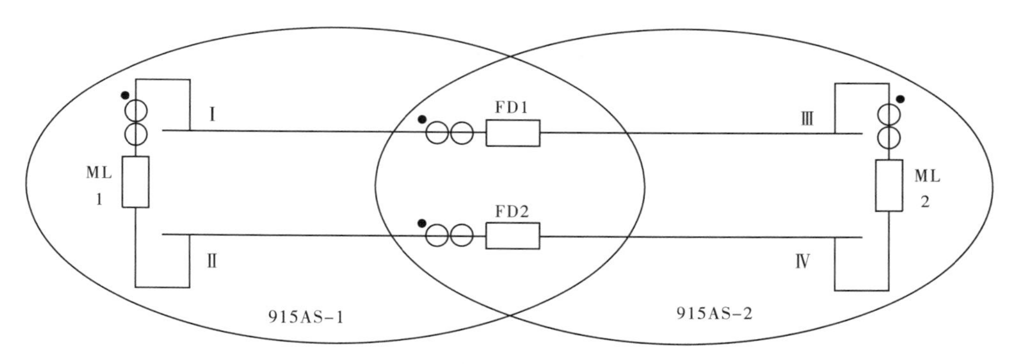

图 11-5 母线差动保护配置图

相式比率差动元件构成,母线大差是指除母联开关外所有支路和分段电流所构成的差动回路,某段母线的小差是指该段母线上所连接的所有支路(包括母联和分段开关)电流所构成的差动回路。母线大差比率差动用于判别母线区内故障和区外故障,小差比率差动用于故障母线的选择。

2. 其他保护功能原理

RCS-915AS 型母线保护的其他功能原理,如母联(分段)充电保护、过流保护、失灵与死区保护等原理与第一套保护类似,在此不一一赘述。

第二节 运行及维护

一、母线保护运行情况

小浪底电站运行初期,第一套母线保护装置原采用的是 PMH-150(RADSS/SS)型母线保护装置,自 1999 年投入运行以来,装置运行较稳定,但由于该保护装置在河南电网其他变电站存在误动情况，2009年对第一套母线保护进行了改造，采用深圳南瑞BP－2B型微机母线保护。根据母线保护双重化配置反事故措施规定，电厂已于2007年11月增加了第二套母线保护，采用南京南瑞RCS－915AS型微机母线保护。两套母线保护装置投运以来，运行状况良好，没有误发信号或误动作情况发生。

（一）第一套母线保护的运行

1. 面板介绍及告警处理

第一套母线保护（BP－2B型保护）装置面板上安装有复归按钮RT、保护切换把手QB。保护切换把手方便运行人员投退差动保护和失灵出口时使用。机箱正面居中，配备320×240点阵的大屏幕液晶显示屏和6键键盘。液晶显示屏通过汉字窗口显示丰富的装置运行状态和信息。

键盘左侧的三列绿色指示灯，分别表示保护元件、闭锁元件和管理机的电源、运行、通信状态，指示灯闪亮表示相应回路正常。每列指示灯下方的隐藏按钮，是各自的复位按钮（参见表11-1）。

表11-1　装置状态指示灯与按钮

名称	功能
保护电源	保护元件使用的＋5 V、±15 V电平正常
保护运行	保护主机正常上电、开始运行保护软件
保护通信	保护主机正与管理机进行通信
保护复位	内藏按钮，正直按下使保护主机复位
闭锁电源	闭锁元件使用的＋5 V、±15 V电平正常
闭锁运行	闭锁主机正常上电、开始运行保护软件
闭锁通信	闭锁主机正与管理机进行通信
闭锁复位	内藏按钮，正直按下使闭锁主机复位
管理电源	管理机与液晶显示屏使用的＋5 V电平正常
操作电源	操作回路使用的＋24 V电平正常
管理复位	内藏按钮，正直按下使管理机复位

液晶显示屏左侧的两列红色指示灯，分别受保护主机和闭锁主机控制，最左边这一列为差动保护、失灵保护的分段动作信号；右边这一列为差动保护、失灵保护的复合电压闭锁分段开放信号。液晶显示屏右侧的两列红色指示灯，分别为装置的出口信号灯和告警信号灯。出口信号包括差动动作信号、失灵动作信号、充电保护信号、母联过流信号和备用信号等。每一信号灯点亮分别对应一种保护功能出口动作，同时装置相应的中央信号接点（自保持）、远动接点和启动录波接点一起闭合。告警信号的名称、含义如表11-2所示，每一告警信号也可引出相应的自保持（1对）和不带自保持（2对）接点。信号灯为自保持，由屏侧的“复归”按钮复归。

表 11-2　装置告警信号

告警信号	可能原因	导致后果	处理方法
TA断线	电流互感器的变比设置错误	闭锁差动保护	(1)查看各间隔电流幅值、相位关系； (2)确认变比设置正确； (3)确认电流回路接线正确； (4)如仍无法排除故障，则建议退出装置，尽快安排检修
	电流互感器的极性接反		
	接入母差装置的电流互感器断线		
	其他持续使差电流大于 TA 断线门坎定值的情况		
TV断线	电压相序接错	保护元件中该段母线失去电压闭锁	(1)查看各段母线电压幅值、相位； (2)确认电压回路接线正确； (3)确认电压空气开关处于合位； (4)操作电压切换把手； (5)尽快安排检修
	电压互感器断线或检修		
	母线停运		
	保护元件电压回路异常		
母线互联	母线处于经刀闸互联状态或投入互联压板	保护进入非选择状态，大差比率动作则切除互联母线	确认是否符合当时运行方式，是则不用干预，否则进入参数—运行方式设置，或退出互联压板，使用强制功能恢复保护与系统的对应关系
	保护控制字中，强制母线互联设为“投”		确认是否需要强制母线互联，否则解除设置
	母联 TA 断线		尽快安排检修
开入异常	刀闸辅助接点与一次系统不对应	能自动修正则修正，否则告警	(1)进入参数—运行方式设置，使用强制功能恢复保护与系统的对应关系； (2)复归信号； (3)检查出错的刀闸辅助接点输入回路
	失灵接点误启动； 主变失灵解闭锁误启动	闭锁失灵出口	(1)断开与错误接点相对应的失灵启动压板； (2)复归信号； (3)检查相应的失灵启动回路
	联络开关常开与常闭接点不对应	默认联络开关处于合位	检查开关接点输入回路
	误投“母线分列运行”压板	母线分列运行	检查“母线分列运行”压板投入是否正确
开入变位	刀闸辅助接点变位； 联络开关接点变位； 失灵启动接点变位	装置响应外部开入量的变化	确认接点状态显示是否符合当时的运行方式，是则复归信号，否则检查开入回路
出口退出	保护控制字中出口接点被设为退出状态	保护只投信号，不能跳出口	装置需要投出口时设置保护控制字

续表 11-2

告警信号	可能原因	导致后果	处理方法
保护异常	保护元件硬件故障	退出保护元件	(1)退出保护装置; (2)查看装置自检菜单,确定故障原因; (3)交检修人员处理
闭锁异常	闭锁元件硬件故障	退出闭锁元件	(1)退出保护装置; (2)查看装置自检菜单,确定故障原因; (3)交检修人员处理

2. 保护装置操作介绍

装置的液晶界面以数字和图形方式显示装置信息。它主要由三层界面构成:主界面、一级界面、二级界面。主界面显示主接线图和装置状态信息,一级界面显示菜单列表及说明,二级界面显示菜单各选项的详细内容。

键盘由 6 个按键组成:上键、下键、左键、右键、确认键和取消键。其中,上键、下键、左键、右键只在本层界面内改变显示内容。各层界面之间的切换要通过确认键和取消键完成。装置上电后,液晶显示主界面。按确认键进入一级界面,再按确认键可进入二级界面;此时,按取消键退回一级界面,再按取消键退至主界面。

1)主界面

主界面分上、下两个窗口,上窗口显示模拟主接线图,下窗口显示装置状态信息。在主界面下,当刀闸或母联的断路器状态发生变化时,模拟接线会实时刷新。主界面下窗口的显示内容有差动保护投退,失灵保护投退,充电和过流保护投退,自检结果和定值组别,差流和电压值。正常运行时,以上内容在下半窗口定时循环切换,时间间隔是 6 s,也可按上、下键或左、右键手动切换显示内容。当保护动作时,主界面的下窗口显示动作信息(如Ⅰ母差动动作)。

2)一级界面

由主界面按确认键进入一级界面,它分为两个窗口,上窗口是菜单列表,下窗口是菜单选项的说明。菜单有 5 列:查看、参数、整定、预设和自检。菜单选项在菜单列表中显示。右上角的"装置运行"("装置调试"、"通信中断")表示当前的运行状态:当保护元件和闭锁元件都投入运行时,显示为装置运行;当任一元件无法正常出口动作时(如自检异常、出口退出),显示为装置调试;当管理机无法与保护主机或闭锁主机联系上时,显示通信中断,此时界面显示的数据和状态可能无法实时刷新。

3)二级界面

一级界面按确认键后进入二级界面。它分为两个窗口,上半窗口是所要显示的菜单项目,下半窗口是显示内容。当要修改数据或参数时,先按左、右键或上、下键,将光标移动到要修改的数据或参数下,按确认键,光标由下划线变为阴影,此时再按左、右键或上、下键修改数据或参数。修改结束后,按确认键,光标由阴影变为下划线,此时按左、右键或上、下键光标会作相应移动。

(二)第二套母线保护的运行

1. 装置面板及信号介绍

第二套母线保护为南京南瑞公司生产的RCS－915AS型产品。装置采用12U标准全封闭机箱。装置面板上设有9键键盘和10个信号灯。信号灯说明如下:

(1)“运行”灯为绿色,装置正常运行时点亮。

(2)“断线报警”灯为黄色,当发生交流回路异常时点亮。

(3)“位置报警”灯为黄色,当发生刀闸位置变位、双跨或自检异常时点亮。

(4)“其他报警”灯为黄色,当发生装置其他异常情况时点亮。

(5)“跳Ⅰ母”、“跳Ⅱ母”灯为红色,母差保护动作跳母线时点亮。

(6)“母联保护”灯为红色,母差跳母联、母差跳分段、母联或分段充电、母联或分段非全相、母联或分段过流保护动作或失灵保护跳母联或分段、启动分段失灵时点亮。

(7)“Ⅰ母失灵”、“Ⅱ母失灵”灯为红色,母联、分段、断路器失灵保护动作时点亮。

(8)“线路跟跳”灯为红色,断路器失灵保护动作时点亮。

机柜正面左上部为电压切换开关,PT检修或故障时使用,开关位置有双母、Ⅰ母、Ⅱ母三个位置。当置在双母位置时,引入装置的电压分别为Ⅰ母、Ⅱ母TV来的电压;当置在Ⅰ母位置时,引入装置的电压都为Ⅰ母电压,即$U_{A_2}=U_{A_1}$,$U_{B_2}=U_{B_1}$,$U_{C_2}=U_{C_1}$;当置在Ⅱ母位置时,引入装置的电压都为Ⅱ母电压,即$U_{A_1}=U_{A_2}$,$U_{B_1}=U_{B_2}$,$U_{C_1}=U_{C_2}$。机柜正面右上部有三个按钮,分别为信号复归按钮、刀闸位置确认按钮和打印按钮。信号复归按钮用于复归保护动作信号,刀闸位置确认按钮供运行人员在刀闸位置检修完毕后复归位置报警信号,而打印按钮供运行人员打印当次故障报告。机柜正面下部为压板,主要包括保护投入压板和各连接元件出口压板。机柜背面顶部有直流开关和PT回路开关。

2. 装置异常信息含义及处理

装置运行中可能出现的异常情况和处理方式见表11-3。

表11-3　装置异常信息含义及处理

自检信息	含义	处理
该区定值无效	该定值区的定值无效,发“装置闭锁”和“其他报警”信号,闭锁装置	定值区号或系统参数定值整定后,母差保护和失灵保护定值必须重新整定
光耦失电	光耦正电源失去,发“其他报警”信号	检查电源板的光耦电源以及开入/开出板的隔离电源是否接好
内部通信出错	内部通信出错保护板与管理板之间的通信出错,发“其他报警”信号,不闭锁装置	检查保护板与管理板之间的通信电缆是否接好
保护板(管理板)DSP1长期启动	保护板(管理板)DSP1启动元件长期启动(包括母差、母联充电、母联非全相、母联过流长期启动),发“其他报警”信号,不闭锁保护	检查二次回路接线(包括TA极性)

续表 11-3

自检信息	含义	处理
外部启动母联失灵开入异常	外部启动母联失灵接点 10 s 不返回，报“外部启动母联失灵开入异常”，同时退出该启动功能	检查外部启动母联失灵接点
外部闭锁母差开入异常	外部闭锁母差接点 1 s 不返回，发“其他报警”信号，同时解除对母差保护的闭锁	检查外部闭锁母差接点
保护板（管理板）DSP2 长期启动	保护板（管理板）DSP2 启动元件长期启动（包括失灵保护长期启动，解除复压闭锁长期动作），发“其他报警”信号，闭锁失灵保护	检查失灵接点（包括解除电压闭锁接点）
刀闸位置报警	刀闸位置双跨，变位或与实际不符，发“位置报警”信号，不闭锁保护	检查刀闸辅助接点是否正常，如异常应先从模拟盘给出正确的刀闸位置，并按屏上刀闸位置确认按钮确认，检修结束后将模拟盘上的三位置开关恢复到“自动”位置，并按屏上刀闸位置确认按钮确认
母联 TWJ 报警	母联 TWJ = 1，但任意相有电流，发“其他报警”信号，不闭锁保护	检修母联开关辅助接点
TV 断线	母线电压互感器二次断线，发“交流断线报警”信号，不闭锁保护	检查 TV 二次回路
电压闭锁开放	母线电压闭锁元件开放，发“其他报警”信号，不闭锁保护。此时可能是电压互感器二次断线，也可能是区外远方发生故障长期未切除	
闭锁母差开入异常	由外部保护提供的闭锁母差开入接点保持 1 s 以上不返回，发“其他报警”信号，同时解除对母差保护的闭锁	检查提供闭锁母差开入的保护动作接点
TA 断线	电流互感器二次断线，发“断线报警”信号，闭锁母差保护	立即退出保护，检查 TA 二次回路
TA 异常	电流互感器二次回路异常，发“TA 异常报警”信号，不闭锁母差保护	检查 TA 二次回路
面板通信出错	面板 CPU 与保护板 CPU 通信发生故障，发“其他报警”信号，不闭锁保护	检查面板与保护板之间的通信电缆是否接好

二、母线保护的检修维护

（一）检修内容及周期

小浪底水力发电厂母线保护的日常检修维护主要包括保护定期的检验、日常的设备消缺、保护定值的整定修改、时钟校对、紧急事故处理以及配合其他设备的相关工作等。小浪底水力发电厂母线保护的定期检验严格按照规程规定进行,新安装的保护装置1年内进行1次全部检验,以后每3~5年进行1次全部检验,时间为3~4天;每年进行1次部分检验,时间为1~2天。

(二)定期检验的方法与步骤

1. 外观及通电前检查

(1)检查保护装置铭牌和出厂资料,应有合格证,出厂检验报告项目、内容齐全,装置型号、装置配置、额定参数与设计相同。

(2)保护装置的各部件固定良好,装置外形端正,无明显损坏及变形现象,柜后各端子、接插头无松动及脱落。检查防雷器、滤波器的连线连接和元器件外观及固定状况是否良好。

(3)端子排质量良好,安装排列位置与图纸相同。压板、切换开关安装位置正确,质量良好,数量及安装位置与图纸相同。

(4)各插件插、拔灵活,各插件和插座之间定位良好,插入深度合适。电路板无损伤或变形,所有元件焊接质量良好。各插件上的变换器、继电器固定牢固。

(5)屏内所有连线连通可靠,导线截面符合规范规定。

(6)所有机柜单元、连片压板、切换开关、端子排、导线接头、信号指示灯等都应有明确标示,标示的字迹清晰与图纸相符。

(7)检查电子元件、印刷线路、焊点等导电部分与金属框架间距是否大于3 mm。

(8)检查装置内、外部是否清洁无积尘,清扫电路板及端子排上的灰尘。

(9)屏上、端子排的接地端子的接地线连接牢固,与接地网接触牢靠,确认装置可靠安全接地。屏柜接地铜排及与地网的连接符合规程的要求。

(10)按照装置技术说明书描述的方法,根据运行使用实际需要,检查、设定并记录装置插件内的选择跳线。

2. 绝缘检测

在试验前确保已经做好相应电流回路安全措施,并做好以下准备工作:

(1) 断开保护屏上直流电源、交流电压空开。

(2) 将保护装置主机插件、管理机插件退出,其余插件插入。

(3) 将微机保护装置与打印机及外部通信接口断开。

(4) 保护屏上各压板连接片置投入连接位置。

(5) 断开直流电源小开关的避雷器。

3. 绝缘电阻测量

(1)屏柜及装置本体的绝缘试验仅在新安装装置的验收检验时进行,从保护屏柜的端子排处将所有外部引入的回路及电缆全部断开,保护屏端子排内侧分别短接交流电压回路端子、交流电流回路端子、直流电源回路端子、跳闸回路端子、开关量输入回路端子、信号回路端子及其他回路端子。在测量某一组回路对地绝缘电阻时,将其他各组回路都接地。用500 V兆欧表分别测量各组回路绝缘电阻值,要求阻值大于20 MΩ;测试后,将各回路对地放电。

(2)进行新安装装置验收检验的二次回路绝缘检验时,从保护屏柜的端子排处将所有外部引入的回路及电缆全部断开,分别将电流、电压、直流控制、信号回路的所有端子各自连接在一起,用 1 000 V 兆欧表测量绝缘电阻,各回路对地、各回路之间的阻值均应大于 10 MΩ。

定期检验时,二次回路的绝缘电阻检查按实际情况分段进行,没有停电间隔所属的回路不进行绝缘电阻的检查。在条件许可时,对停电间隔进行绝缘检查应从保护屏柜的端子排处将所属的所有外部引入的回路及电缆全部断开,分别将电流、电压、直流控制、信号回路的所有端子各自连接在一起,并将需检测的电流回路的接地点拆开,用 1 000 V 兆欧表测量回路对地的绝缘电阻,其绝缘电阻应大于 1 MΩ。

4. 逆变电源检查

试验前应检查并确认直流电源正极端子和负极端子间无短路存在,插入全部插件。

逆变电源的自启动性能检查:合上装置背面逆变电源插件的管理电源、出口电源、闭锁电源、差动电源的开关,试验直流电源由零缓慢上升至 80% 额定直流电压值,此时,装置面板上的管理电源、操作电源、闭锁电源、差动电源指示灯应点亮,保护装置无异常现象;在 80% 额定直流电压下断合直流电源 3 次,保护装置电源应可靠启动。

逆变电源工作稳定性检查:调整直流电源分别为 80%、100%、115% 额定电压,电源指示灯应点亮,液晶显示正常,无异常信号。

5. 通电检查

(1)检查装置各类指示灯指示是否正常,界面有无异常情况显示。

(2)操作装置的按钮、键盘应灵活,手感良好,功能正确。

(3)将打印机与保护装置的通信电缆连接好,打印机上电后,无异常显示,应打印出自检规定的字符,走纸正常。

(4)在“查看”菜单中,检查各 CPU 的程序版本号并核对无误。

6. 定值整定、修改功能检查

定值、参数修改整定固化功能检查:

(1)进入“整定”菜单,正确输入密码后,开始整定定值组别和定值。在提示菜单出现后若选择确认,表示确认定值修改;若选择退出,表示取消定值的修改。确认修改定值后,保护退出运行,开始整定定值,整定成功后,保护投入运行。

(2)进入“参数”菜单,按照整定通知单和要求对运行方式设置、保护控制字、波特率、装置时钟、打印方式、通信控制字、通信地址等进行修改、选择和调整;保护控制字的设定需操作密码。

(3)进入“预设”菜单,设置现场运行的相关参数,包括相位基准、母线编号、间隔单元编号、TA 变比和间隔类型。

装置掉电保护功能检验:定值、参数整定固化工作完成后,断开直流电源 5 min 后,合上电源,进入菜单查看定值、参数数据是否发生变化或丢失;连续断合直流逆变电源 2 次,定值应不改变或丢失,装置失电保护功能正常。

7. 开入回路检查

(1)隔离刀闸转换接点开入检查:“运行方式设置”为自动,装置面板模拟盘所有隔离刀闸强制开关置于“自动”。在屏后端子排用开入回路公共端分别短接 X8 端子排各个间隔元件的隔离刀闸辅助接点，在装置主界面检查刀闸位置变化是否正确。

(2)母联断路器辅助接点开入检查：在屏后端子排用开入回路公共端分别短接断路器合辅助接点（常开）、分辅助接点（常闭），在装置主界面检查断路器状态变化是否正确。

(3)压板、转换开关开入检查：转换保护投退把手，检查装置主界面显示及装置运行记录菜单记录是否正确；分别投充电保护压板、过流保护压板，检查装置主界面显示是否正确。

(4)定期检验时，仅对已投入使用的开入回路依次加入激励，观察装置的行为。

8. 模数变换系统检查

(1)零漂检查：不输入交流电压、电流量，打印装置正常采样值，零漂情况应满足在 0.01 I_n 或 0.05 V 以内的要求。

(2)模拟量幅值特性检查：将所有电流通道相应电流端子顺极性串联，并串入 0.5 级标准以上的电流表，分别通入三相电流（$0.1I_n$、$0.2I_n$、$0.5I_n$、$1.0I_n$、$5.0I_n$），通入 0.1 倍额定电流时，保护装置显示的各通道采样值与外部表计测量值幅值误差小于 ±5%；通入 0.1 倍以上额定电流值时，要求保护装置显示的各通道采样值与外部表计测量值幅值误差小于 ±2%。在 5 倍额定电流值下，应尽量缩短通流时间（不超过 5 s）。

将所有电压通道相应的端子同极性并联，并接 0.5 级标准以上的电压表。加入 1 V 交流电压时，保护装置显示的采样值与外部表计测量值幅值误差小于 ±5%；加入 1～100 V 交流电压时，保护装置显示的采样值与外部表计测量值幅值误差小于 ±2%。

9. 保护定值、特性检查

(1)差电流门坎值检查：不加电压使“闭锁开放”灯亮。任选母线上的任意一单元模拟投入（隔离刀闸接点闭合），分别模拟 A、B、C 单相故障，在该单元电流回路中通入电流，调整电流直至差动保护可靠动作，记录此时的差电流数值，该值与整定值的误差应小于 5%。

(2)比例系数高值检查：不加电压使“闭锁开放”灯亮，适当降低差动门坎。模拟母联开关合，双母线并列运行。任选Ⅰ母（或Ⅱ母）两条变比相同的间隔支路，间隔支路 1 通入 A 相电流 I_1，间隔支路 2 通入 A 相电流 I_2，I_1 与 I_2 间相位为 180°，固定 I_1，调节 I_2 大小，使母差动动作，记录不同的电流 I_1 所对应的 I_2，得出差动量和制动量，计算比例系数，误差小于 5%。绘制出特性曲线。B、C 相检查同 A 相。

(3)比例系数低值检查：不加电压使“闭锁开放”灯亮，适当降低差动门坎。模拟母联开关分，双母线分列运行。任选Ⅰ母两条变比相同的间隔支路，电流回路极性端相连，在 A 相通入电流 I_1，再任选Ⅱ母一条变比相同的间隔支路，通入 A 相电流 I_2，I_1 与 I_2 间相位为 0°或 180°，固定 I_1，调节 I_2 大小，使Ⅱ母差动动作，记录不同的电流 I_1 所对应的 I_2，得出差动量和制动量，计算比例系数，误差小于 5%。绘制出特性曲线。B、C 相检查同 A 相。

(4)母线复合电压闭锁低电压元件检查：将零序电压和负序电压在“整定”菜单中整定至最大，在Ⅰ(Ⅱ)母电压回路分别加入额定正序三相电压，下调电压幅值，直至差动开放灯Ⅰ(Ⅱ)亮，记录此时电压为低电压动作值。

Ⅰ(Ⅱ)母复合电压闭锁零序电压元件检查：在“整定”菜单中将低压定值整定至最

小,负序电压整定至最大,在Ⅰ(Ⅱ)母电压回路加入单相电压,电压幅值由0缓慢上升,直至差动开放灯Ⅰ(Ⅱ)亮,记录此时电压为零序电压$3U_0$动作值。

Ⅰ(Ⅱ)母复合电压闭锁负序电压元件检查:在“整定”菜单中将低压定值整定至最小,零序电压整定至最大,在Ⅰ(Ⅱ)母电压回路加入单相电压,电压幅值由0缓慢上升,直至差动开放灯Ⅰ(Ⅱ)亮,记录此时$U/3$为负序电压动作值。

(5)母联失灵(死区)保护定值检查:不加电压使“闭锁开放”灯亮。任选两条支路,分别将其置于Ⅰ母和Ⅱ母,在两条支路和母联(变比一致)上同时通入同向A相电流。Ⅰ母支路和母联电流极性相反,Ⅱ母支路和母联电流极性相同(母联TA在开关的Ⅰ母侧,如果母联TA在开关的Ⅱ母侧,上述的极性应相反),通入电流的大小为1.05倍母联失灵保护的过流定值(同时大于差动门坎定值),持续加载,母线保护应瞬时动作,首先跳母联和Ⅱ母,装置经“母联失灵延时”跳Ⅰ母,记录时间应与整定值一致。

(6)TA断线定值检验:在Ⅰ母和Ⅱ母电压回路加额定正序电压。任选一支路A相加电流,此电流大于TA断线定值,小于差动门坎值,装置发“TA断线告警”信号。恢复TA断线延时,加电流大于TA断线定值,小于差动门坎值,经延时装置发“TA断线告警”信号,记录延时时间应与整定值一致。

10. 开出接点及输出信号检查

不加电压使“闭锁开放”灯亮,在保护控制字中将出口接点置投,母联开关为合闸状态,在“参数”菜单中设置运行方式,间隔刀闸的状态置强制状态,奇数单元强制合Ⅰ母,偶数单元强制合Ⅱ母。

在任一奇数单元通入2倍差动定值电流,Ⅰ母差动保护动作,Ⅱ母差动保护不动作。面板差动动作信号灯亮;母联跳闸出口接点接通,奇数单元出口跳闸接点接通,偶数单元出口跳闸接点不通;中央信号母差动作接点接通;远动信号母差动作接点接通;故障录波信号母差动作接点接通。

在任一偶数单元通入2倍差动定值电流,Ⅱ母差动保护动作,Ⅰ母差动保护不动作。面板差动动作信号灯亮;母联出口跳闸接点接通,偶数单元出口跳闸接点接通,奇数单元出口跳闸接点不通;中央信号母差动作接点接通;远动信号母差动作接点接通;故障录波信号母差动作接点接通。

在保护控制字中将出口接点置退出,做上述试验时,出口跳闸接点应不通;检查面板出口退出信号灯亮;检查远动信号出口退出接点接通。

试验完毕,在保护控制字中将出口接点置投入,在“参数”菜单中设置运行方式为自动识别方式。

11. 保护装置整组功能检查

(1)母线区外故障检查。

模拟母联开关合,母线并列运行;任选Ⅰ母上的两条变比相同的间隔支路同极性端相连,差动开放灯Ⅰ、Ⅱ不亮;模拟各种类型故障,电流回路通入2倍差动动作定值电流,差动开放灯亮,母差保护不动作,出口跳闸接点不接通,观察面板显示中,大差电流、Ⅰ母小差电流为零。任选Ⅱ母上的两条变比相同的间隔支路同极性端相连,Ⅰ、Ⅱ母电压回路故障前有正序电压,差动开放灯Ⅰ、Ⅱ不亮;模拟各种类型故障,电流回路通入2倍差动动作定值电流,差动开放灯亮,差动出口跳闸接点不接通,观察面板显示中,大差电流、Ⅱ母小差电流为零。

(2)母线区内故障检查。

模拟母联开关合,母线并列运行及母联开关分,母线分列运行;Ⅰ、Ⅱ母电压回路故障前有正序工作电压,差动开放灯Ⅰ、Ⅱ不亮;任选Ⅰ母上的一条间隔支路,模拟各种类型故障,电流回路通入2倍差动动作定值电流,动作电压为0.5倍整定电压,差动开放灯亮,差动动作灯Ⅰ亮,母联出口跳闸接点和连接Ⅰ母的间隔单元出口跳闸接点接通,其他单元出口接点不接通,测量保护整组动作时间不大于30 ms;任选Ⅱ母上的一条间隔支路,模拟各种类型故障,电流回路通入2倍差动动作定值电流,动作电压为0.5倍整定电压,差动开放灯亮,差动动作灯Ⅱ亮,母联出口跳闸接点和连接Ⅱ母上的间隔单元出口跳闸接点接通,其他单元出口接点不接通,测量保护整组动作时间不大于30 ms。

(3)复合电压闭锁功能检查。

模拟母联开关合,母线并列运行;Ⅰ、Ⅱ母电压回路加正序工作电压,差动开放灯Ⅰ、Ⅱ不亮;任选Ⅰ母上的一条间隔支路,电压不变,电流回路通入2倍差动动作定值电流,差动保护出口闭锁,差动开放灯不亮,所有单元出口跳闸接点不接通;任选Ⅱ母上的一条间隔支路,电压不变,电流回路通入2倍差动动作定值电流,差动保护出口闭锁,差动开放灯不亮,所有单元出口跳闸接点不接通。

(4)TA断线闭锁差动功能检查。

模拟母联开关合,母线并列运行;Ⅰ、Ⅱ母电压回路加正序工作电压,差动开放灯Ⅰ、Ⅱ不亮;任选母线上的一条支路,在电流回路中加单相电流,电流值大于TA断线门坎定值,大于差动门坎定值;差动保护应不动作,经延时,装置发出“TA断线告警”信号;保持电流不变,将电压降至0,母线差动保护不应动作,所有单元出口跳闸接点不接通。

(5)母线倒闸操作过程中区外故障。

不加电压使差动开放灯亮;任选母线上的一条支路,合上该支路的Ⅰ母和Ⅱ母刀闸或投入“互联压板”,互联信号灯亮;任选母线上的两条变比相同的间隔支路同极性端相连,在电流回路中加单相电流,电流值大于差动门坎定值;差动保护不应动作。

(6)母线倒闸操作过程中区内故障。

不加电压使差动开放灯亮;任选母线上的一条支路,合上该支路的Ⅰ母和Ⅱ母刀闸或投入“互联压板”,互联信号灯亮;在电流回路中加单相电流,电流值大于差动门坎定值;差动保护应瞬时动作,切除母联及母线上的所有间隔单元;Ⅰ、Ⅱ差动动作信号灯亮。

(7)差动功能退出切换检查。

将屏上切换开关切至“差动退出”位置;模拟各类母线故障,差动保护应不动作;试验完毕,将屏上切换开关切至“差动投入”位置。

12.保护装置整组开关传动试验

母线保护新安装或全部检验时,需要保护带实际断路器进行整组传动试验;定期检验时,允许用导通的方法证实每一断路器接线的正确性;技术改造、变电站扩建间隔或回路发生变动,有条件时应利用母线保护进行传动到断路器的整组试验。带实际断路器的传动试验方法如下:保护装置按定值要求进行整定并核对无误,模拟母线并列运行时每条母线区内故障各一次，检查保护动作情况、开关动作情况，各种信号应正确；模拟母线互联区内故障，检查保护动作情况、开关动作情况，各种信号应正确。

13. 投入运行前检查

定值检查：查看并打印定值清单，各项整定值应与整定通知单相符；检查所有临时接线已经拆除，屏后电缆是否已恢复，并确认与安装图纸一致；确认所有压板退出，并且跳闸压板两端无电压；检查各交流回路是否完好；确认各开入量与实际的运行方式相对应，母线模拟图的显示与实际的运行方式相对应。

与厂站自动化系统、继电保护系统及故障信息管理系统配合检验：配合厂站自动化系统，检查继电保护的各种遥信信息的正确性；对于继电保护和故障信息管理系统，应检查继电保护的各种动作信息、告警信息、保护状态信息、录波信息及定值信息等的传输正确性。

14. 带负荷检查

在新安装装置的检验、二次回路改变后的检验、TA 或者 TV 更换后的检验，线路送电后，带负荷进行各间隔元件电压、电流的相位测试，相位与所送负荷性质应一致。测量各间隔元件的电流值应与所送负荷一致。测量 $3I_0$ 回路应有不平衡电流。查看装置显示的各差流值或打印的各差流值应不大于 $0.02I_n$，如超过该数值，应分析检查，确保正确性，并检查电压回路的幅值、相序正确。

15. 装置投运

现场工作结束后，工作负责人检查试验记录有无漏试项目，核对装置的整定值是否与整定通知单相符，试验数据、试验结论是否完整、正确；盖好所有装置及辅助设备的盖子，对必要的元件采取防尘措施。

拆除在检验时使用的试验设备、仪表及一切连接线；所有被拆动的或临时接入的连接线应全部恢复正常，所有信号装置应全部复归。

使用钳形电流表检查流过保护二次电缆屏蔽层的电流，以确定铜排是否有效起到抗干扰作用，当检验不到电流时，应检查屏蔽层是否良好接地。

填写继电保护工作记录，将变动部分及设备缺陷加以说明，并写明装置是否可以投运。

第三节　技术改造

小浪底电站第一套母线保护装置采用的是 PMH－150(RADSS/SS)型母线保护装置，自 1999 年投入运行以来，装置运行较稳定，但单套母线保护运行方式不灵活，保护校验难度大，且不符合重要 220 kV 母线应配备独立的双重化母线保护的反事故措施要求。小浪底水力发电厂于 2007 年 11 月增设了开关站第二套母线保护，采用南京南瑞生产的两套 RCS－915AS 型微机母线保护。对于第一套 PMH－150(RADSS/SS)型母线保护装置，由于是传统继电器型保护装置，已连续运行 10 年，部分元器件已开始老化，进入不稳定期，且该母线保护的容量已不满足小浪底开关站扩建间隔接入的需要，小浪底水力发电厂于 2009 年对第一套母线保护进行了更新改造，选用两套深圳南瑞 BP－2B 型微机母线保护装置。增设和改造后,新的两套母线保护装置,运行状况良好。以下对母线保护增设和改造情况作简要介绍。

一、改造背景

(一)220 kV 开关站单套母线保护配置存在的问题

由于小浪底 220 kV 开关站母线只配置了单套 PMH－150(RADSS/SS)型继电器式中阻抗母线保护,首先,不能满足《国家电网公司十八项电网重大反事故措施》继电保护专业重点实施要求的第 4.2 条规定,即重要变电站、发电厂的双母线接线亦应采用双重化配置;其次,在小浪底开关站单套母线保护退出运行后,不能满足单相永久性故障考核的要求。为此,河南省电力公司专门下发了相关文件,要求小浪底水力发电厂应增设一套母线保护装置。

(二)PMH－150 型母线保护存在的缺陷与不足

(1)母线保护没有设置母线大差回路。

(2)在母联开关一次主触头和二次辅助接点动作不同步时,不能正确地将母联电流接入或退出母线差动回路,从而引起母线保护误动。此母线保护装置在河南电网某变电站曾发生过上述情况的误动作,导致该 220 kV 变电站全站失压。

(3)此套母线保护装置为继电器式中阻抗母线保护,运行已达 10 年,设备所带元器件非常多,且都是常规的电磁式继电器,二次回路接线极其复杂,从而给维护与检验工作带来较大的风险。

(4)此套母线保护配置的设备间隔只有 18 个,因此不能满足开关站扩建济黄线设备间隔接入的需要。

二、增设第二套母线保护遇到的难点

(一)第二套母线保护跳闸回路的接引

由于第二套母线保护屏安装在地面继电保护室,6 台主变高压侧断路器的操作回路安装在地下主厂房发电机层发变组保护屏内,而第一套母线保护屏已有两路独立跳闸回路接引到发变组保护屏内。为了节省此电缆的投资和施工,又不影响第一套母线保护屏改造时第二套母线保护的安全运行,小浪底水力发电厂采取了如下措施:将第一套母线保护的第二组跳闸线直接转移到第二套母线保护屏内,再通过敷设电缆将第一套母线保护的第二组跳闸回路并接到第二套母线保护屏内的跳闸回路。

(二)第二套母线保护现地刀闸与开关接点的接引

(1)线路间隔刀闸接点的接引。

由于现地断路器端子箱到刀闸端子箱的电缆是通过埋管敷设的,而现地埋管都非常细,根本不能再穿引多余的电缆,只能通过较少芯数的细电缆带引较多芯数的电缆来实现。在发变组保护屏改造时,曾通过此方法穿引过电缆,而开关站所有设备也不具备因母线保护的双重化施工再停一遍的可能。通过研究图纸和查看现场接线,发现线路间隔断路器端子箱到刀闸端子箱的直流控制电缆备用芯刚好能够满足第二套母线保护刀闸接点的接引。施工时应注意交流电缆备用芯由于干扰的原因原则上不能接引。

(2)主变高压侧间隔刀闸接点的接引。

用同样的方式检查发现主变高压侧间隔断路器端子箱到刀闸端子箱的直流控制电缆备用芯只有一芯可以利用。经过仔细研究,发现第一套母线保护所用的两对刀闸接点(一对常开、一对常闭)是通过四根线芯连接到断路器端子箱的,其公共端在断路器端子箱内。只要将公共端前移到刀闸端子箱内,便能腾出一根线芯供第二套母线保护刀闸接点接引。这样,也就实现了第二母线保护主变高压侧间隔刀闸接点的接引。

(3)母联、分段断路器辅助接点的接引。

由于小浪底220 kV开关站断路器是分相操作断路器,三相断路器之间的路径已被前期设备治理时用混凝土浇筑。为了不影响设备的正常运行和施工的顺利进行,同样只能通过查找电缆的备用芯来实现母联、分段断路器辅助接点的接引。

三、第一套母线保护微机化改造遇到的难点

(一)各间隔保护装置失灵启动回路接入新母线保护装置存在的问题及处理方式

1.线路保护装置失灵启动回路接线的改变

由于继电器式母线保护中的两段母线失灵回路不能通过软件自动识别,因此需要各间隔保护装置失灵启动回路增加母线选择回路。而改造后的母线保护失灵回路能够通过软件自动识别各个设备间隔运行在哪段母线上,因此不再需要母线选择回路。

2.ELIN发变组保护装置失灵启动回路接线的改变

由于改造后的母线保护增加了主变失灵解除电压闭锁功能,因此ELIN发变组保护装置失灵启动回路既要取消母线选择回路,又要增加主变失灵解除电压闭锁回路。经过检查ELIN发变组保护装置接线,发现装置开出量4为备用通道,通过修改装置软件,便可以将装置开出量4作为主变失灵解除电压闭锁开出量。同时发变组保护能够随着机组停运而退出,因此利用机组停运间隙,通过修改软件和改动接线,实现了失灵启动回路的改变。

3.ELIN高备变保护装置失灵启动回路接线的改变

由于高备变在运行,为了保证保护装置失灵启动回路接线变动不影响高备变的运行,通过增加继电器扩展输出接点的方法,实现了ELIN高备变保护装置失灵启动回路接线的改变。

4.WFB-805A型发变组保护失灵启动回路接线的改变

由于新改造的WFB-805A型发变组保护在设计时已经考虑了解除复压闭锁开出回路,因此此次改变只需取消失灵启动母线选择回路,接入复压闭锁开出回路便可以满足母线保护改造的需要。

(二)母联、分段开关合闸回路接线的改变

因为辅助继电器屏母联、分段开关合闸回路在设计修改时考虑了电流回路的切换,所以在合闸回路增加了手动合闸后电流切换双位置继电器接点。母线保护改造后,合闸回路不再需要串接此切换接点。通过在监控系统LCU8控制屏和辅助继电器屏查找设计修改前的控制接线,在LCU8控制屏将此控制线替换原来母线保护的控制线,在辅助继电器屏上取消了电流切换接点。

(三)母联、分段开关辅助接点的接引

由于母联、分段开关状态的正确读入对改造后的母线保护的重要性,装置设计时既引入了开关的常开接点,又引入了开关的常闭接点,以便相互校验。每台分段开关需要引入2对三相常开并联接点和2对三相常闭串联接点,每台母联开关需要引入1对三相常开并联接点和1对三相常闭串联接点。而原保护的辅助接点只有1对三相常闭串联接点,且为4芯控制电缆。根据电缆备用芯和开关站开关的实际情况,同时发现辅助继电器屏合跳闸位置继电器仍有1对常开接点和常闭接点可以使用,决定分段开关1对三相常开并联接点从现地开关柜接引,另外1对常开接点和常闭接点从辅助继电器屏接引。母联开关1对三相常开并联接点从辅助继电器接引。为了不影响母联开关和分段开关的正常运行,以上接引都是在带电状态下实施的。

(四)充电保护屏保护动作接点的接引

检查发现充电保护屏母联、分段开关跳闸继电器仍有多余的动作接点,可以满足第一套母线保护开入量接入的需要,通过局部配线实现了动作接点的接引。

第十二章 220 kV 线路保护

小浪底水力发电厂 220 kV 线路保护系统共装设 14 套高压线路保护装置,每条线路均配置双套独立全线速动微机保护装置,为小浪底开关站 7 回高压输电线路提供可靠保护。

第一节 概 况

一、线路保护概况

小浪底水力发电厂 220 kV 开关站目前共有 7 回出线,分别为:Ⅰ牡黄线、Ⅱ牡黄线、Ⅲ牡黄线、Ⅳ牡黄线、黄霞线、黄荆线、济黄线,其中Ⅰ牡黄线、Ⅱ牡黄线、Ⅲ牡黄线、Ⅳ牡黄线 4 回送至洛阳 500 kV 牡丹变,黄霞线送至霞院升压站,黄荆线送至济源荆华变,济黄线送至济源变。小浪底 220 kV 开关站 1999 年 12 月投运之初仅有 5 回出线,即Ⅰ牡黄线、Ⅱ牡黄线、Ⅲ牡黄线、Ⅳ牡黄线和吉黄线(至洛阳吉利变);2006 年为优化豫西北电网结构在备用间隔新增了黄荆线,2007 年 6 月为配合霞院站投运,将吉黄线单元改造为现在的黄霞线,2009 年又新增了黄裴线单元,2010 年改线接至新建 500 kV 济源变。

小浪底水力发电厂 220 kV 线路保护均配置双套独立微机保护,具体配置见表 12-1。

表 12-1 小浪底水力发电厂 220 kV 线路保护配置

线路	第一套	第二套
Ⅳ牡黄线	许继 WXH－35 光纤差动保护	南瑞 LFP－902C 纵联距离保护
Ⅰ、Ⅱ、Ⅲ牡黄线	南瑞 RCS－931B 光纤差动保护	四方 CSC－101D 纵联距离保护
黄霞线	许继 WXH－803 光纤差动保护	南瑞 RCS－931B 光纤差动保护
黄荆线	许继 WXH－803 光纤差动保护	南瑞 RCS－902B 高频距离保护
济黄线	南自 PSL－602G 纵联距离保护	南瑞 RCS－931B 光纤差动保护

二、线路保护装置介绍

下面对小浪底水力发电厂使用较多、运行稳定的许继 WXH－803 型线路保护装置的配置情况、功能特点、保护原理等进行简单介绍。

WXH－803 成套数字式微机保护装置由分相电流差动保护及零序电流差动保护构成全线速动主保护,由三段式相间距离和接地距离以及六段零序电流方向保护构成后备保护,并配有自动重合闸。

(一)功能特点

采用32位DSP作为保护CPU,具有强大的浮点数据处理能力,极大地提高了保护的计算精度和运算速度。

数据采集采用16位A/D,保护测量精度高。主后备保护有独立的A/D,A/D自动校准,不需要零漂及刻度调整。

具有TA断线检测和TA饱和判别及自适应功能。

保护动作事件可连续记录16次,每次可记录保护各种动作情况故障前2周、故障后6周采样数据,报告全汉化输出,可体现保护动作的测量值与整定值,采样数据可波形输出也可采样值输出。

保护采用64 kb/s高速数据通信接口,两侧通过专用光缆通信,也可以按相关规定,通过64 kb/s数据同向接口与PCM设备复接,实现数据通信功能。

线路两侧数据同步采样,两侧电流互感器(TA)变比可以不一致。

(二)主要技术指标

1. 成套保护

被保护线段范围内各种类型金属性故障整组动作时间(含继电器出口时间)不大于20 ms。故障全过程均有快速保护;被保护线段范围内各种类型故障有正确选择性,能正确选相跳闸;对500 kV线路,接地电阻不大于300 Ω,能可靠切除故障;对220 kV线路,接地电阻不大于100 Ω,能可靠切除故障;具有一次自动重合闸。

2. 差动保护

动作电流整定范围$(0.1\sim5)I_n$;整定值误差不超过±5%;整组动作时间:区内故障各侧电流在4倍动作整定值时,动作时间不大于20 ms(含继电器出口时间)。

3. 距离保护

相间距离保护测量阻抗元件具有圆特性,接地距离保护测量元件具有多边形特性。整定范围:0.05~250 Ω,每段可分别整定,整定值误差不超过±2.5%。最大灵敏角为60°~85°(线路阻抗角)。

(三)保护原理

1. 启动元件

启动元件包括相电流突变量启动元件、分相差流启动元件和零序差流启动元件、零序电流辅助启动元件、静稳破坏检测元件。

2. 选相元件

分相电流差动保护本身具有选相功能,因此不考虑选相元件;后备保护(距离、零序)选相采用相电流差突变量选相、稳态量选相、电压选相相结合的方法。再辅助以综合选相判据,区分单相故障、两相接地故障、两相短路故障及三相短路故障。

3. 电压回路检查

电压回路检查包括TV断线检测、抽取电压断线检测及TV反序检查。

4. 电流回路检查

电流回路检查包括TA反序检查及TA断线检查。

5. 比例制动分相电流差动元件

动作特性：本装置差动保护由故障分量差动保护、稳态量差动保护及零序差动保护组成。差动保护采用每周波 96 点采样，由于高采样率，差动保护可以进行短窗相量算法实现快速动作，使典型动作时间小于 20 ms。故障分量差动保护灵敏度高，不受负荷电流的影响，具有很强的耐过渡电阻能力，对于大多数故障都能快速出口；稳态量差动保护及零序差动保护则作为故障分量差动保护的补充。

各保护动作特性如图 12-1 所示，图中①为故障分量差动，②为稳态量差动，③为零序差动。

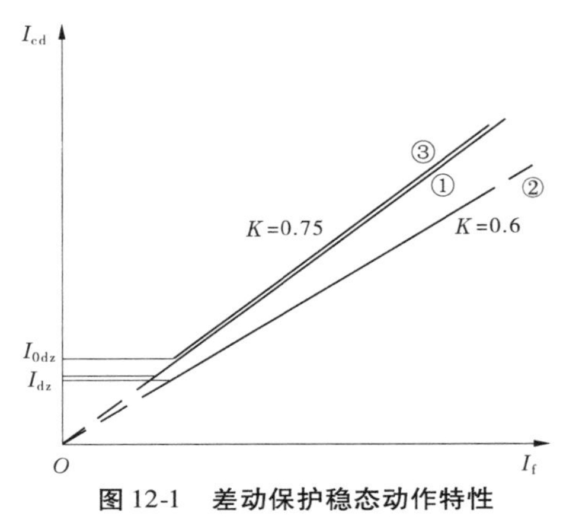

图 12-1　差动保护稳态动作特性

反时限特性：因为差动保护采用短窗（5 ms）相量算法以提高动作速度，故障暂态过程中必须要采用与算法对应的高动作门槛及制动系数以保证高可靠性。故障分量差动及稳态量差动的暂态动作特性如图 12-2 所示。

（四）保护装置的常规操作

1. 打印报告

按“Enter”键进入主菜单→选择“报告管理”，按“Enter”键→进入可选择三个小菜单：“总报告、分报告、事件报告” →“确定”开始打印相应报告。

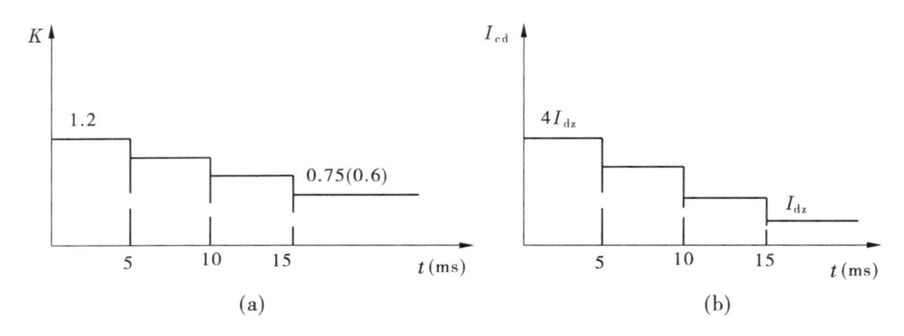

图 12-2　差动保护暂态动作特性

2. 修改时钟

按“Enter”键 →选择“系统设置”的“时间”子菜单 →开始修改 →改完按“Enter”键保存。

3. 查看版本

按“Enter”键进入主菜单→选择“调试”，按“确定”进入调试菜单 →选择“版本显示”子菜单开始查看。

4. 打印定值

按“Enter”键进入主菜单→选择“定值管理”，按“确定” →选择“定值打印”子菜单 →“确定”后选择相应 CPU 号开始打印保护定值。

5. 定值修改

按"Enter"键进入主菜单→选择"定值管理"，按"确定"→选择"定值修改"子菜单→"确定"后选择相应CPU号和定值区号再开始修改定值→修改完后按"Enter"键，再输入口令"9999"→口令输入后提示要固化的定值区，若不修改直接"确定"固化在当前区。注意在修改过程中按"Esc"键将不固化而返回上一级菜单。

第二节　运行及维护

一、线路保护运行情况

（一）线路保护运行规定

1. 基本要求

（1）一次设备不得无保护运行。

（2）如保护整个设备的快速保护全部停用，该一次设备宜停运。

（3）现场值班人员根据省调调度指令，负责操作具体的压板，使相关继电保护装置的功能符合调度要求。

（4）新设备试运行等特殊运行方式时，需要采取继电保护更改定值、临时接线等措施，现场值班人员应根据调度指令更改。临时方式使用完毕后及时向省调汇报，将所变更的保护临时方式恢复为正常运行方式。

（5）对于新投运或二次回路变更的线路保护装置，在设备启动或充电时，应将该设备的保护投入使用。设备带负荷后宜将保护分别停用，由继电保护人员测量、检验保护电压电流回路接线，正确后该保护才可正式投入使用。

2. 保护停用的相关条件

（1）保护装置本身或辅助装置（回路）出现异常，有可能发生误动作或已经发生了误动作时。

（2）检验保护装置时。

（3）保护装置使用的交流、直流等二次回路工作时。

（4）继电保护人员更改定值时。

3. 线路保护定值区的相关规定

（1）微机线路保护装置内的不同定值区已分别设置多套定值，值班运行人员应根据调度指令并且按规定的方法切换定值区以使用要求的定值。改定值结束后应打印出新定值清单核对，向值班调度员汇报。

（2）微机线路保护定值区存放的规定：

①第一区存放定值单所列的常规运行方式下的定值。

②第二区为短延时定值。将定值通知单中常规定值的距离Ⅱ段、接地距离Ⅱ段和零序电流Ⅱ、Ⅲ段的时间改为0.25 s（根据系统运行情况，当线路纵联保护全部退出或对侧母差退出时可考虑选用）。

4. 线路纵联主保护的运行规定

纵联保护是对全线速动的线路保护的总称,纵联保护由线路两侧的保护装置和相关通道构成。

(1)纵联保护对保证电力系统稳定、保护相互配合起重要作用,其可靠运行需要两端装置配合工作。纵联保护装置的投入与退出的操作由省调调度员统一指挥。

(2)传送纵联保护信息的媒介(如收发信机、高频或光纤通道、加工设备)是保护的组成部分,其检修或检查工作应如同保护装置一样,办理相关手续并得到许可。

(3)高频保护的投入顺序:

①检查结合滤波器接地刀闸确已断开;

②投入收发讯机直流电源交换信号;

③交换信号正常后,向调度汇报,由值班调度员下令投入高频保护。

(4)高频保护运行期间,值班人员在每天07:00交换信号,检查通道和保护装置。交换信号结果如超出允许范围,应立即通知继电保护人员检查,必要时将高频保护退出。

(5)济黄线高频闭锁保护中的屏主保护高频保护因对侧济源变装置型号不匹配(对侧为光纤距离保护,许继 WXH－802),高频保护投入压板1LP13退出,后备保护正常投入。

5. 距离保护的运行规定

(1)距离保护具有电压互感器二次回路断线闭锁功能,当电压互感器二次回路断线时,即自动闭锁保护。

(2)直流接地或距离保护出现异常情况时(如振荡闭锁不复归等),严禁在未停用保护前拉合直流保险来消除异常。

(3)当停用保护装置所使用的电压互感器时,需进行二次电压倒换,值班运行人员应先采取必要措施,不使电压回路中断或将距离保护停用,才可操作。

(4)当电压回路切换时发生不正常现象,应将有关距离保护停用并立即着手处理。

6. 零序保护的运行规定

(1)220 kV线路保护零序电流Ⅰ段保护正常退出,零序Ⅰ段保护硬压板不投。

(2)220 kV线路保护零序电流Ⅳ段保护正常投入,零序其他段保护硬压板投入。

7. 自动重合闸装置的运行规定

(1)220 kV线路装有综合自动重合闸,可置为四种运行状态:单相、三相、综合、停用。使用单相重合闸时,不经过同期和无压检定。

(2)线路配双微机型保护的重合闸使用。应将两套重合闸的方式开关置于同一位置(例如投单相方式时,两套重合闸均置单相位置),正常运行时两套保护重合闸压板均应投入。当两套重合闸中任一套有问题时,不允许改变重合闸的方式开关位置,只断开有问题重合闸的压板。

(3)重合闸退出运行条件:①重合闸装置异常;②线路充电试验;③开关遮断容量不足;④线路带电工作需要将重合闸退出时;⑤线路纵联保护全部退出时。

（二）线路保护投退操作

1. 线路保护投入运行操作

（1）投入保护电源保险、开关。

（2）检查保护各单元信号无异常。

（3）投入保护功能压板。

（4）投入保护跳闸出口压板。

2. 线路保护退出运行操作

（1）退出保护跳闸出口压板。

（2）退出保护功能压板。

（3）断开保护装置电源开关和保险。

（三）线路保护装置的巡回检查

（1）保护装置每班至少应检查一次。

（2）检查保护装置状态是否正常，压板、切换开关位置是否正确。

（3）压板和切换开关标志齐全正确。

（4）检查保护装置有无异常信号。如有异常信号应详细记录，并通知维护人员检查处理。

（5）运行人员不允许不按指定操作程序随意按动装置插件上的键盘、开关。

（四）线路保护异常故障处理

（1）发现保护装置及二次回路存在缺陷或异常情况（如高频保护交换信号不符合规定），应作记录，通知继电保护人员及时处理。如发现保护装置有明显异常，可能引起误动作，现场值班人员应作出正确判断，向省调汇报，并申请退出。

（2）凡出现下列情况之一的，值班人员应立即通知继电保护人员，并汇报调度，由值班调度员向线路两侧值班运行人员下令退出保护：①装置直流电源中断；②通道设备损坏；③装置的交流回路断线；④装置出现其他异常情况而可能误动作时。

（3）微机线路保护装置动作，开关跳闸后，现场值班人员应做好记录并立即向省调汇报保护动作情况，然后打印保护动作报告，初步分析判断保护动作原因。不要复归保护动作信号，以分析保护动作原因。不得将直流电源断开，以免故障报告丢失。

（4）对线路保护动作的开关、掉牌信号、报警指示灯信号及故障录波器动作信号，值班运行人员应准确记录，并立即通知保护人员。

二、线路保护的检修与维护

（一）检修内容及周期

小浪底水力发电厂线路保护的日常检修维护主要包括：保护定期的检验，日常的设备消缺，保护定值的整定修改，时钟校对，紧急事故处理及配合其他设备的相关工作等。

小浪底水力发电厂线路保护的定期检验严格按照规程规定进行，新安装的保护装置1年内进行1次全部检验，以后每3～5年进行1次全部检验，时间为2～4天；每年进行1次部分检验，时间为1～2天。

(二)检修注意事项

(1)试验仪器仪表精度不低于0.5级。

(2)加入装置的试验电压,如无特殊说明,均指从保护屏端子加入。

(3)断开直流电源后才允许插、拔插件,插、拔交流插件时应防止交流电流开路。

(4)因检验需要临时短接或断开的端子,应逐个记录,检验结束后应及时恢复。

(5)在调试过程中,若发现问题,应先查找原因,再更换元器件。元器件更换时注意插入方向正确,并且元器件要选用经老化筛选合格的。

(6)原则上在现场不能使用电烙铁,试验过程中如需使用电烙铁进行焊接,应采用带接地线的电烙铁或电烙铁断电后再焊接。

(三)检修作业流程

小浪底水力发电厂线路保护检修有专门的标准化作业指导书,下面以黄霞线WXH－803光纤差动保护定期检验工作为例,介绍线路保护检修作业流程。

1. 安全措施与注意事项

安全措施见表12-2～表12-4。

表12-2 运行人员执行的安全措施

序号	安全措施内容
1	退出小浪底黄霞线第一套线路保护装置所有保护连片
2	断开小浪底黄霞线第一套线路保护装置PT二次开关
3	在小浪底黄霞线第一套线路保护装置上挂“在此工作”标志牌
4	在小浪底黄霞线第一套线路保护装置相邻运行盘柜上挂“运”字标志牌

表12-3 保护人员执行的安全措施

序号	地点	安全措施卡内容
1	1号屏	划开电流输入回路端子连片
2	1号屏	解开PT电压输入回路端子外来电压线并用绝缘胶带包扎
3	1号屏	断开闭锁重合开入
4	1号屏	断开三跳位置开入
5	1号屏	断开至LCU8信号公共端
6	1号屏	断开至录波装置信号公共端
7	1号屏	断开至遥信公共端
8	1号屏	解开失灵公共端
9	1号屏	退光纤并用保护套套上防止进灰(1右、2左),然后用专用尾钎环上RX－TX

表 12-4　作业风险防范及环境因素控制

序号	项目	控制措施
1	对作业现场及进入通道的环境进行了解,严防高空坠物或暗沟及障碍伤人和设备	到达工作现场,应检查安全措施是否已按要求完成,严防设备伤人及危及线路安全运行
2	保持作业现场卫生,做到现场清洁,严防小动物进入作业现场危及设备安全运行	严格执行安全措施卡所列措施,在执行与运行设备相联系的回路时,严防短路、接地
3	对重要工序中人身和设备安全的风险控制措施	严格执行作业指导书工序

2. 作业工具与材料准备

(1)应准备图纸、资料见表 12-5。

表 12-5　应准备图纸、资料

序号	名称
1	小浪底黄霞线线路保护设计施工图
2	WXH－803 微机线路保护装置说明书
3	小浪底水力发电厂线路保护定值本
4	小浪底水力发电厂线路保护校验记录本
5	小浪底黄霞线第一套线路保护标准化作业指导书

(2)应准备工具。组合工具(尖嘴钳、斜口钳、一字螺丝刀等)、号头机、试验线、PC 机等。

(3)仪器、仪表。博电继电保护测试仪、数字万用表、钳形相位表、兆欧表等。

(4)材料准备。无水乙醇、白绸布、绝缘粘胶带、1.5 mm 铜芯线等。

(5)劳动防护用品及其他。安全帽、线布手套等。

3. 检修工艺工序

1)外观及接线检查

(1)外观检查、清扫、紧固端子。

外观应完好,无缺损、裂痕;硬件配置、标注及接线等应符合现场图纸要求;各部件固定良好,无松动现象,装置外形应端正,无明显损坏及变形现象;各插件应插、拔灵活,各插件和插座之间定位良好,插入深度合适;切换开关、按钮、键盘等应操作灵活,手感良好,设备无明显灰尘;接线端子无接触不良、松动,且标号应清晰正确。

(2)接线检查。

接线等应符合现场图纸要求,装置所有互感器屏蔽层的接地线均已可靠接地。

2)绝缘电阻检测

试验前准备工作如下:断开直流电源、交流电压等回路,并断开保护装置与其他装置的有关连线;将打印机与微机保护装置断开。

将电流回路的接地点拆开,用 1 000 V 摇表测量所有电流、电压及直流回路对地的绝缘电阻。各组回路间及各组回路对地的绝缘电阻均应大于 10 MΩ。

3)通电初步检验

(1)保护装置的通电检验;

(2)检验键盘及面板显示;

(3)打印机与保护装置的联机试验;

(4)软件版本和程序校验码的核查;

(5)时钟的整定与校核。

4)定值整定功能检验

定值失电保护功能:断开逆变电源开关 5 min 后,再合上电源开关。打印定值单,装置定值与打印定值应一致。

切换定值区号及修改定值时应断开保护装置跳闸出口压板,检查修改无误后,恢复压板状态。

5)开关量输入回路检验

装置开入压板功能检查:在"调试/实时量/开关量"画面下的开入量及压板投/退显示应与实际投/退状态一致。

在保护屏端子排处将其他开入量端子依次短接至 +24 V 电源,查看这些开关量状态是否正确。

6)模数变换系统检验

(1)零漂检验。

进行本项目检验时要求保护装置不输入交流量,电压回路短接,打开电流回路。进入 WXH-803 装置主菜单下的"调试\实时量\模拟量"子菜单进行三相电流和电压的零漂值检验。零漂应在 $0.01I_n$ 或 0.05 V 以内。

(2)精度检验。

通入电压、电流量,查看装置显示的采样值。显示值与实测误差应不超过 ±5%。

7)开出回路检验

进行开出检验时,用万用表检查相应的继电器接点,应正确动作,开出接点无击穿、拒动、粘连现象,并观察装置面板信号指示是否正确。

8)保护定值检验

分别对各保护进行定值检验,未检验保护的压板应退出。每完成一项检验,需仔细记录检验数据及动作信号。

(1)纵联差动保护。

投入纵差压板,退出纵差保护定值中"TA 断线闭锁保护"控制字。退出其他保护。

分别模拟 A、B、C 相接地故障。加入故障电流取 1.05/2 倍差流整定值时,保护应可靠动作,动作时间不大于 40 ms,相应相别的跳位灯亮,出口及信号接点应正确、可靠,液晶显示及打印报告应正确;加 0.95/2 倍差流整定值时,保护应可靠不动作。

注:施加电流需大于突变量启动值 0.2 A。

(2)距离保护。

仅投入距离保护压板,分别模拟单相接地、两相接地瞬时故障。故障电流固定为1 A,模拟故障时间为100 ms。用保护检验仪的“线路保护校验”菜单,按照距离Ⅰ、Ⅱ、Ⅲ段顺序,阻抗加0.95倍相应定值时,保护可靠动作;加1.05倍相应定值时,保护可靠不动作。

(3)零序保护。

按省局定值要求,小浪底水力发电厂线路保护只投入零序Ⅳ段保护,故只校验零序Ⅳ段定值。

投入零序其他段保护压板,模拟单相接地故障,加故障电压30 V,故障电流加1.05倍相应定值时,保护可靠动作,装置面板上相应灯亮。故障电流加0.95倍相应定值时,保护可靠不动作。

9)整组试验

将重合闸方式置于单相重合闸,检验时,测量重合闸动作时间,与整定的时间误差应不大于30 ms。可进行以下试验:模拟接地距离Ⅰ段范围内A相瞬时性和永久性接地故障。

10)开关传动试验

进行传动试验前,控制室和开关站均应有专人监视,以便观察开关实际动作和保护动作是否一致。发生异常应立即停止试验,查明原因再继续进行。

模拟单相接地永久故障:开关单跳、重合、再三跳。保护动作、开关动作正确,信号正确发出。

11)定值与开关量状态核查

打印定值与省调下发的最新定值核对无误，开关量状态与实际状态相符。

12)线路CT、PT本外回路检查

回路应完好,端子箱内清洁。

13)恢复安全措施

按安全措施卡所列全部恢复。

4.检验及检测记录

(1)检修项目见证记录见表12-6。

表12-6　检修项目见证记录

序号	见证内容	见证签名		
1	安全措施卡执行情况检查			
2	整组试验			
3	安全措施卡恢复检查			

(2)检测记录。具体检测数据记录表省略。

5.检修结论

(1)检修小结。

(2)遗留问题。

(四)检修报告

检修工作完成后要根据实际检修情况编写设备检修报告存档。

第三节　技术改造

小浪底水力发电厂Ⅰ、Ⅱ、Ⅲ、Ⅳ牡黄线所用的 WXH－35 型和 LFP－902C 型线路保护装置已投运 10 年,设备已进入不稳定期,近期多次出现死机现象,故Ⅰ、Ⅱ、Ⅲ牡黄线保护于 2010 年进行了更新改造,Ⅳ牡黄线也将在近期进行换型改造。改造后的装置技术先进,动作可靠,运行稳定,更好地保证了输电线路的安全稳定运行。下面就Ⅰ、Ⅱ、Ⅲ牡黄线保护改造具体情况做简要介绍。

一、改造背景

小浪底 220 kV 开关站Ⅰ、Ⅱ、Ⅲ牡黄线是小浪底电站输送电能至河南电网的重要输电线路,其线路保护设备采用的是 WXH－35 型和 LFP－902C 型线路保护装置,自 1999 年年底投运以来已连续运行 10 年,为输电线路 10 年的安全运行发挥了重要作用。但由于运行时间较长,设备元器件已逐步老化,设备进入不稳定期,近两年先后出现了电源插件故障、报警无法复归、装置死机等异常情况。

近年来,随着电力电子技术的发展,继电保护装备制造业得到迅猛发展,国内保护厂家生产出了很多原理先进、硬件质量可靠、软件程序完善、制造工艺美观的新产品,并在电力系统得到广泛应用。

为了河南电网和小浪底电站的安全运行,小浪底水力发电厂实施了Ⅰ、Ⅱ、Ⅲ牡黄线线路保护设备的技术改造项目。同时,原线路保护设备使用的控制电缆为非屏蔽电缆,不符合《国家电网公司十八项电网重大反事故措施》继电保护专业重点实施要求的相关规定,需在保护改造时更换为屏蔽电缆。

二、改造情况介绍

小浪底水利枢纽开关站Ⅰ～Ⅲ牡黄线线路保护为双重化配置微机型保护装置,3 条线路共计 6 面屏。Ⅰ～Ⅲ牡黄线原保护装置配置均为第一套线路保护是许继公司 WXH－35型光纤差动保护,第二套为南瑞公司 LFP－902C 型纵联距离保护,其通道为复用光纤通道。新保护配置为第一套是南京南瑞公司 RCS－931B 型纵联差动保护,通道方式为专用光纤;第二套是北京四方 CSC－101D 型纵联距离保护,通道方式为复用光纤通道。

本次改造采用Ⅰ、Ⅱ、Ⅲ牡黄线线路依次停运的方式配合对侧同时进行改造。改造项目包含 3 条 220 kV 高压输电线路的 6 套保护装置的更新改造,工程量大,标准要求高。改造项目共完成了 6 面线路保护屏的拆除、安装、更换屏蔽电缆、重新配线、装置调试等工作。选用的新微机保护装置采用全封闭机箱、屏内布置合理,施工配线采用无槽盒电缆芯线平行排列接线,既美观又便于维护检修。新保护还设置了与信息子站的通信接口,便于全厂保护信息的统一管理和调用。

三、工程质量控制

工程质量控制贯穿于整个改造工作。在小浪底水力发电厂Ⅰ～Ⅲ牡黄线线路保护改造工程施工前，小浪底水力发电厂对改造中可能会出现的问题进行分析讨论，并制订出相应的安全措施。在施工阶段，专责工程师全程跟踪，在施工人员结束工作后，根据设计图纸对现场接线进行详细检查、对照，确保改造正确无误。现场工程师全过程参加改造工作，确保安装和调试工作按有关规程规定进行。质量控制过程如下：

(1)为确保施工中施工人员和设备安装的安全，使改造工作顺利完成，专责工程师制订了严格的施工安全措施，严格执行行业规程，规范操作，文明施工，确保工程质量的优良和工艺的美观。

(2)对施工方的质量管理体系和机制进行检查。经检查，该项目施工方有专职的质量负责人、安全负责人和技术负责人，有切实可行的规章制度，有完善的质量保证体系，内部质量检查制度能够按规定的程序进行。质量检查人员及关键工序施工人员均为持证上岗。从机构和制度上为保证工程质量创造了条件。

(3)改造施工前专责工程师按施工规范的要求和现场的实际情况对施工方的组织设计、施工方案进行审查，确保施工符合设计和规范要求，技术先进可行，工程质量有保证，进度符合要求。

(4)对施工工序及工艺进行监督、检查、验收。不经工程师验收不得进行下一道工序施工。

(5)施工质量控制的依据：施工图纸和合同中的技术要求，以及系统联调方案和措施，有关的技术规程和技术规范。

(6)对工程中使用的原材料、成品、半成品等按规范规定进行抽查和检验，经审查，用于工程上的设备与材料均有出厂合格证(材料质量证明书)。检测结果符合技术规范要求。

四、工程进度控制

负责人和专责工程师严格按照合同的工期要求执行，现场监理中发现的问题得到及时处理，促使现场施工正常进行，确保改造过程紧张、有序、安全、高效。施工方高度重视工程进度，在电厂各方面的积极配合下，工程于2010年5月11日开始，并按时分期完工，实际总工期30天。

五、改造总结

小浪底水力发电厂Ⅰ～Ⅲ牡黄线线路保护改造完成后，新保护装置原理先进、性能优良，各项技术指标满足规程规范要求。项目实施一年来，装置运行稳定可靠，没有发生任何故障和异常现象。设备硬件质量可靠，软件程序完善，施工工艺美观，在小浪底水力发电厂得到了很好的应用。该改造项目的顺利安全实施为3条高压输电线路的安全运行提供了可靠保障。

第四节　重要设备缺陷处理

小浪底水力发电厂线路保护至1999年12月投运以来运行总体稳定可靠，期间发生过几起故障和缺陷，现将部分典型缺陷、故障列举如下。

一、Ⅳ牡黄线光纤距离保护盘重合闸误动出口

（一）故障现象

2002年8月28日，小浪底Ⅳ牡黄线2开关在正常解列后，光纤距离保护盘重合闸误动出口，使Ⅳ牡黄线2开关合闸。

（二）原因分析

检查发现操作箱手跳继电器接点和永跳继电器接点并联启动重合闸放电回路中，厂家没有将1n110、1n108端子之间的短接线短接，造成手动跳闸不能使重合闸放电。同时发现合后回路中，施工人员误将合后继电器接点短接，因此当开关正常断开时，位置不一致启动重合闸回路接通，满足重合闸动作条件，致使重合闸动作。

（三）缺陷处理

经过短接操作箱重合闸手动跳闸放电1n110、1n108端子，拆除合后继电器接点短接线后，装置能够正常解列不再重合。

（四）经验总结

应加强出厂试验的监督。

二、220 kV线路保护重合闸动作不成功

（一）故障现象

2003年4月20日，在小浪底水力发电厂Ⅳ牡黄线LFP－902C型保护装置定检过程中，当时重合闸把手放在“单重”方式，短接合后KK开入接点，断开三跳位置开入接点，做保护带重合闸传动断路器整组动作试验，故障类型为C相瞬时性接地故障，并在开关站和控制室有专人观察断路器和保护装置动作情况。结果是开关三跳三合，但保护装置校验报告和动作指示灯指示是C相故障，跳开C相后重合。而重合闸把手置为“单重”方式，瞬时性故障时，重合闸装置实际动作逻辑应该是单跳单合。

（二）原因分析

针对上面所发现的问题，从以下几方面进行检查分析。

1. 检查微机保护装置程序控制字

LFP－902C微机保护定值中有运行方式控制字GST（三跳方式），当GST置1时，对应功能投入，当GST置0时，三跳功能退出。打印出保护的定值进行核对，其GST为0，与给定的定值相一致。

2. 检查继电保护测试仪

试验所用的继电保护测试仪为AVO三相试验仪，对试验装置分以下步骤进行检查：

（1）检查试验装置输出是否为单相故障。

由于单相故障时只有故障相电流增大，电压降低，非故障相只有负荷电流及正常电压，见表12-7。

表12-7　单相故障时各相电压与电流值

电压			电流		
相别	幅值（V）	相位（°）	相别	幅值（A）	相位（°）
A	57	0	A	0.05	0
B	57	120	B	0.05	120
C	6	240	C	1	330

单相故障时距离保护动作电压的计算公式为

$$U = 0.95IZ(1 + K) \tag{12-1}$$

式中：I为线路CT二次额定电流，1 A；Z为距离Ⅰ段定值，3.75 Ω；K为零序补偿系数，0.845。

通过观察试验装置面板显示，各相输出的电流、电压值与设定的电流、电压值完全一样，确系为单相故障。

（2）检查开关的返回接点。

若开关的返回接点不能正确地引入试验装置，将会使试验装置不能切断故障电流，使保护直接三相跳闸。用万用表测量开关的返回接点，断路器分、合都指示正常。

（3）分析试验报告。

从保护装置打印的故障报告上看，没有发出三相跳闸命令，将其他两相的跳闸连片断开，重新做试验，开关仍然三相跳闸。

（4）开关本体的操作回路部分检查。

到现地手动短接跳闸端子跳单相开关，开关还是三相跳闸。断开三相跳闸回路之间的公共点（见图12-3），用摇表测量三相跳闸回路对地绝缘及跳闸回路之间的绝缘，电阻值均在10 MΩ以上。

从图12-3上看，非全相保护也能引起开关跳闸，而且还是三相跳闸。将非全相保护回路断开（将47T时间继电器拿掉），再跳单相开关，开关动作正常。检查47T时间继电器，发现该继电器的动作时间为10 ms，相当于没有延时。由于JZC3－40Z型时间继电器的整定时间是靠调节继电器内部气囊的漏气量来整定的，打开该继电器发现其内部气囊已经破裂，盛不住气体，这样该时间继电器没有延时，在开关单相跳闸时，其辅助接点启动非全相保护动作，将开关三相跳开。

（三）缺陷处理

将47T时间继电器更换为许继公司生产的JS－103SB型时间继电器。为与重合闸整组动作时间配合（重合闸整组动作时间为1.1 s），将该时间继电器动作时间整定为1.3 s。由于更换后的时间继电器与原来的时间继电器大小不一致，原来位置放不下，只得重新找位置安放，重新配线，并且将端子排上的螺丝重新紧固，防止有接触不良的现象。将开关

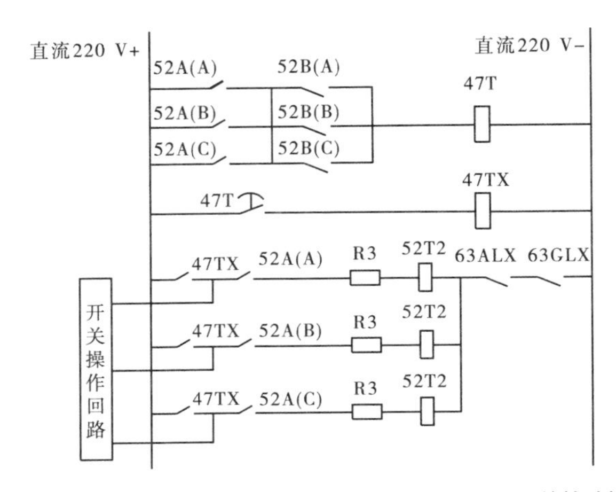

52A(A)、(B)、(C),52B(A)、(B)、(C)—开关辅助接点;
47T—JZC3-40Z 型时间继电器;47TX—中间继电器;52T2—开关跳闸线圈

图 12-3　开关非全相保护原理图

柜内所有继电器做了一遍检验,防止有类似情况的发生,再做重合闸整组试验,开关动作正常。

(四)经验总结

根据此次校验出现的情况,在其他线路开关检修时重点对重合闸进行了检查和试验,发现都存在类似的问题,故对全厂开关的非全相保护时间继电器进行了更换。在 2005 年 8 月 4 日凌晨Ⅰ牡黄线距离小浪底侧 7.8 km 处 C 相遭受雷击时,两套线路保护动作正确,开关单跳单合,确保了河南电网的安全。

三、南瑞 LFP-902C 保护装置距离三段拒动

(一)故障现象

2004 年 3 月 3 日,在对Ⅰ牡黄线 LFP-902C 纵联距离保护定检时,发现距离保护三段只有动作报告,不出口跳闸。

(二)原因分析

保护技术人员多次试验都是以上现象,将此现象反映到厂家技术部门,厂家技术人员按照小浪底水力发电厂保护定值做模拟试验也不能正确出口,而按照其他电厂定值进行模拟试验,则能正确出口。经过分析小浪底水力发电厂保护定值,发现零序三段保护时间定值小于距离三段保护时间定值,在零序保护启动后,保护装置返回造成距离三段不能正确出口。

(三)缺陷处理

厂家技术人员对 LFP-902C 纵联距离保护软件进行升级,距离保护三段能够实现正确动作。

(四)经验总结

在保护装置定检时,应认真负责,发现异常现象应积极处理。

四、黄荆线 WXH－803 线路保护装置“告警Ⅱ”报警长期存在

（一）故障现象

2006 年 7 月，小浪底黄荆线 WXH－803 线路保护装置投运，一直存在“告警Ⅱ”报警不能复归的问题，施工单位也未查明原因。

（二）原因分析

2007 年 4 月 20 日，黄荆线定期校验前，彻底检查了黄荆线 WXH－803 保护和控制回路二次接线。检查确认保护装置设置、保护盘内接线以及外部二次回路都正常，装置不该有报警信号。后经过对比实际二次回路接线和设计院设计图纸，发现图纸设计的该线路抽取电压是抽取 A 相，而查看现地 PT 端子箱，施工人员实际接线抽取的是 C 相电压。只是抽取电压的相别与图纸不对应，初想应该不影响设备正常运行，后来通过咨询许继厂家技术人员和仔细分析保护装置说明书，发现 WXH－803 保护装置的控制字里限定了抽取电压应为 A 相，故实际抽取 Sc 与控制字设定抽取 Sa 不对应引起装置出现“告警Ⅱ”故障报警。

（三）缺陷处理

将现地 PT 端子箱实际抽取电压改为抽取 A 相电压后，保护装置“告警Ⅱ”报警复归。

（四）经验总结

工作人员在二次回路施工或改造过程中，不能凭以前的主观经验去做，应认真按照设计图纸进行，如果确有疑虑可认真分析和进行多方求证后，再决定是设计图纸错误还是自己理解有误。

五、黄霞线 WXH－803 线路保护装置差动保护拒动

（一）故障现象

2008 年 4 月 8 日 02:14，黄霞线 220 kV 高压线路由于受到恶劣天气影响，发生了 A 相瞬时性单相接地故障（见图 12-4）。黄霞线对端西霞院站 WXH－803 保护差动出口跳 A，重合成功，而小浪底站线路 WXH－803 保护未动作，由第二套 RCS－931B 保护动作跳闸出口，故障 50 ms 左右切除，重合成功。由于 220 kV 线路保护配置双套保护，故未造成电网事故。

图 12-4　故障示意

（二）原因分析

故障发生后，保护人员到现场查看保护装置报文（重点信息见表 12-8）。从动作报文可以看出，小浪底站第一套 WXH－803 保护只有纵差启动却没有纵差出口，而西霞院站

第一套 803 保护有纵差远方启动而本侧纵差没有启动。问题就在于为何西霞院侧纵差没有正常启动。

表 12-8 保护装置报文摘要

保护装置	故障报文
小浪底站第一套 WXH－803 保护	CPU1:纵差启动(A 相),时间 3.54 ms CPU4:不对应启动重合闸,时间 98.32 ms 重合出口,时间 1 050 ms
西霞院站第一套 WXH－803 保护	CPU1:纵差远方启动(A 相),时间 18.54 ms 纵差出口,时间 33.12 ms CPU4:单跳启动重合闸,时间 84.99 ms 重合出口,时间 1 084 ms
小浪底站第二套 RCS－931B 保护	动作相 A 相 电流差动保护动作,时间 11 ms 重合闸动作,时间 1 073 ms
西霞院站第二套 RCS－931B 保护	动作相 A 相 电流差动保护动作,时间 11 ms 重合闸动作,时间 1 086 ms

从动作报告和装置的录波波形分析(波形见图 12-5)发现,西霞院侧故障时的电流回路存在异常,故障相 A 相的电流和零序电流相差很大,正常情况应该是电流回路产生的零序电流基本等于故障相电流。本次故障中零序电流远远小于 A 相故障电流,保护装置应该能判断出电流回路异常。查西霞院站 WXH－803 保护零序 CPU3,事件报告显示故障时刻确实有“零序 TA 回路异常”和 190 ms 后的“零序 TA 回路异常复归”记录。

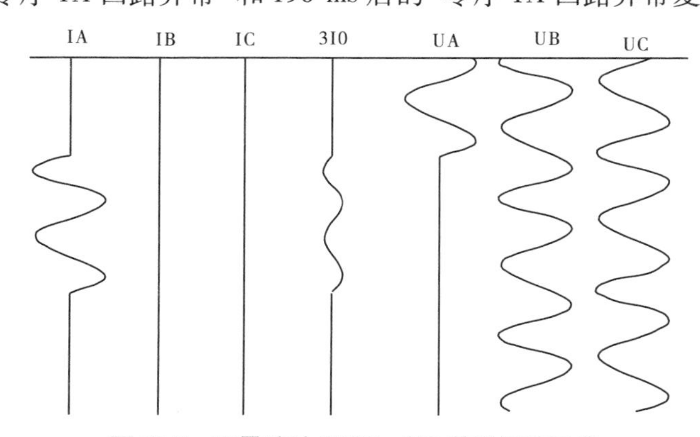

图 12-5 西霞院站 WXH－803 装置录波示意

到西霞院侧现地检查电流回路,发现保护室 WXH－803 保护装置零序回路的入端(1D13)直接接地(见图 12-6),且线路 CT 二次侧 N 线在开关场也有接地点(T6:54),形成了电流回路的两点接地,故造成了零序电流的分流,引起装置的电流回路发生异常。

经分析,由于西霞院侧装置零序电流回路异常,瞬时闭锁了电流突变量启动,导致西霞院侧纵差未启动,只能通过远方启动来开放差动,故引起差动保护虽出口但动作时间慢

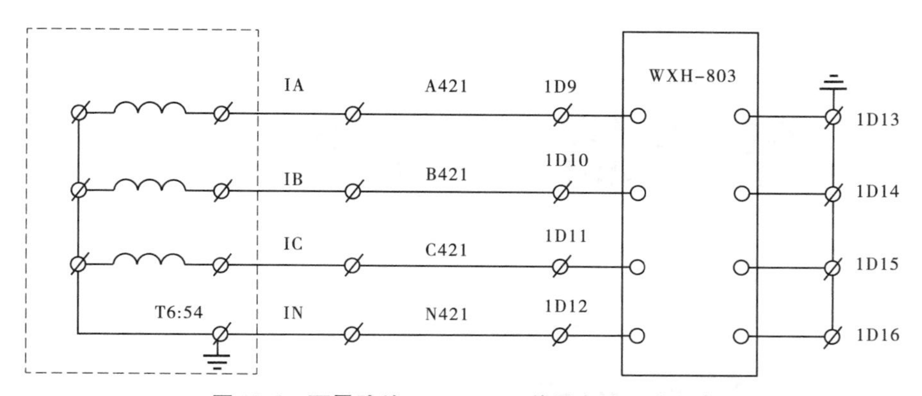

图 12-6　西霞院站 WXH－803 装置电流回路示意

(33.12 ms)。小浪底侧 WXH－803 保护装置由于收不到对侧的远方启动信号，故差动保护未能及时出口，由第二套保护动作出口。

(三)缺陷处理

经过上述现场检查接线和动作情况分析，得出此次小浪底站 WXH－803 保护差动未动作的根本原因为线路对端西霞院保护装置电流输入回路多点接地，引起零序电流的分流，导致电流回路异常。因此，西霞院站对保护电流回路进行了处理，拆除了保护室 WXH－803保护装置零序回路的入端接地线，只保留线路 CT 二次侧 N 线在开关场的接地点。

(四)经验总结

(1)电流互感器二次回路多点接地会造成保护装置的拒动或误动，因此要认真检查图纸和实际接线，确保只有一个接地点。对运行中的设备，可用外观目测检查；对新设备交接验收以及新设备投运后一年内第一次定检，要用拆除接地点，用摇表检查绝缘的方法，确保没有其他接地点，并做好记录。

(2)通过分析这起 220 kV 线路光纤差动保护拒动事件，可以看出保护装置本身并没有问题，而是由于二次回路接地问题引起，充分说明电流回路接地问题对保护装置正常工作的重要影响。因此，新投运设备或是故障分析处理时一定要留意回路的接地问题。

(3)母差保护、主变差动保护等存在有电气联系的多个电流互感器，不能在现地分别接地，其二次回路应在“和”电流处接地，即都引入保护室后在盘柜内共用一个接地点。这样可避免地电位差分流和各电流互感器二次回路电流的耦合引起保护的不正确动作行为。

第五篇 辅助设备

第十三章 厂用电系统

第一节 概 况

小浪底水力发电厂6台300 MW的水轮发电机组一直作为河南省电网最主要的调峰、调频、事故备用机组，且主厂房为地下结构，其厂房排水电源和照明电源为最重要的保安电源，所以对厂用电的运行稳定性、可靠性要求很高。同时，厂用电也为整个水利枢纽提供操作控制电源，对整个枢纽的安全运行起着举足轻重的作用。

一、厂用电的结构及分布

小浪底水力发电厂对厂用电接线的要求，就是供电可靠，运行维护方便灵活，接线简单可靠，并满足机组分期投产和枢纽安全运行的要求。厂用电在设计上采用了多电源、单母分段、互为备用的接线方式。厂用电系统如图13-1所示，图中未详细画出400 V负荷。

小浪底水力发电厂的厂用电电压等级主要分为10 kV和400 V两级。

(一)10 kV系统电源取得方式

1. 从施工变电站取厂用电源

10 kV 1段从前期施工电源(地区电网)取得，经35 kV/10 kV 5 MVA干式变压器T21供电，主要作为厂用电的备用电源。

2. 从机端引接电源

6台发变组均为单元式接线，装有发电机出口开关，10 kV 2段、4段分别从3号机、6号机出口引接，经18 kV/10 kV 5 MVA干式厂用变T22、T24供电。机组正常运行时，由发电机提供电源，当机组停运时，可以实现由电网经主变反送电。

3. 从电网反送电源

小浪底母线为双母线分段结构，10 kV 13段从220 kV母线上经220 kV/10 kV 20 MVA充油风冷式变压器T23引接，然后又经高压电缆引到地下厂房10 kV 3段。从220 kV系统高压母线反送电源，具有可靠性高、倒闸操作少、电能质量高等特点，为小浪底厂用电的最主用电源。10 kV 13段的负荷除10 kV 3段外，引向坝用电一路10 kV电源、地

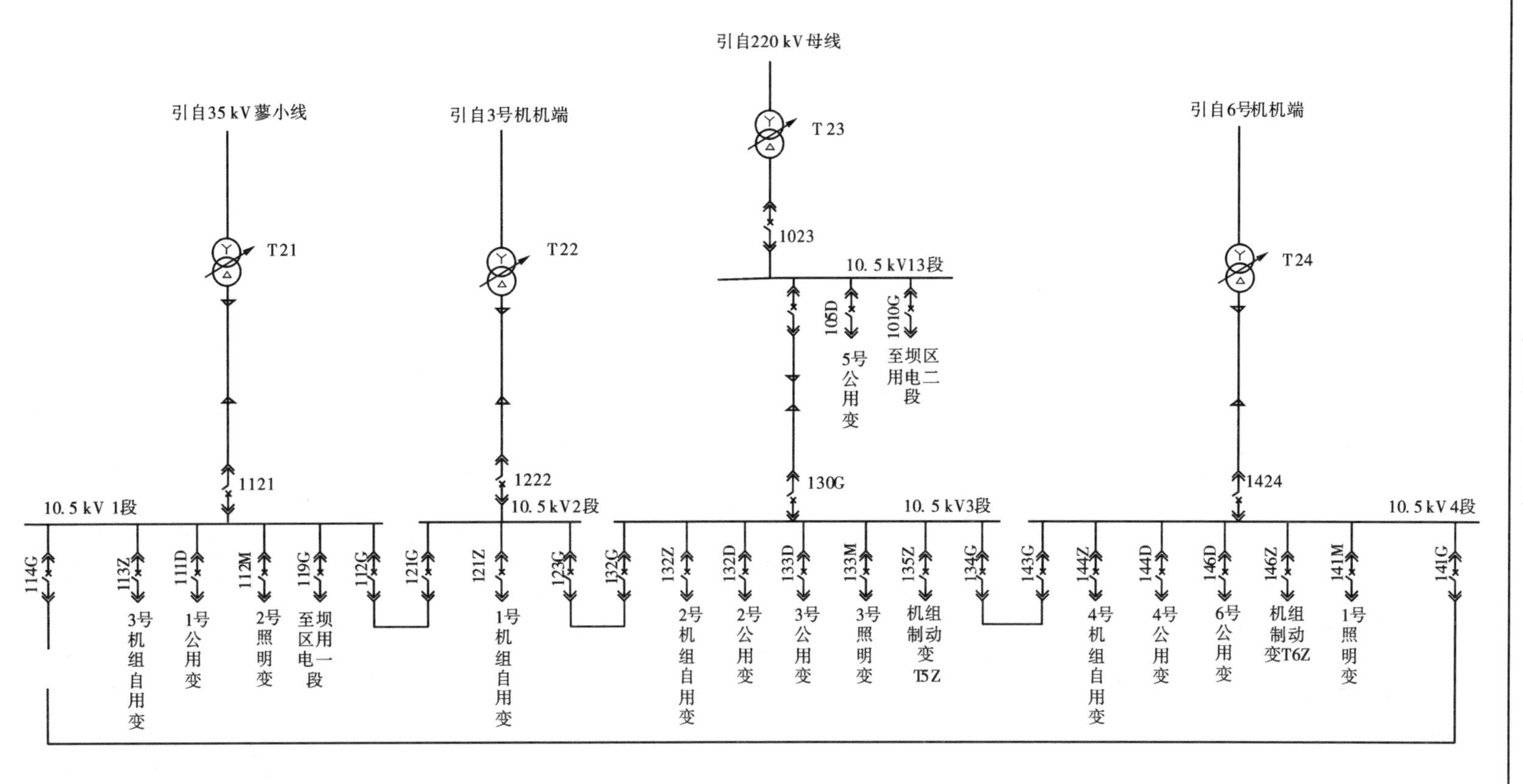

引自35 kV蓼小线
T21
1121
引自3号机机端
T22
1222
引自220 kV母线
T 23
1023
10.5 kV13段
105D
5号公用变
1010G
至坝区用电二段
130G
引自6号机机端
T24
1424
10.5 kV 1段
10.5 kV2段
10.5 kV3段
10.5 kV 4段
114G
113Z
3号机组自用变
111D
1号公用变
112M
2号照明变
119G
至坝区用电一段
112G
121G
121Z
1号机组自用变
123G
132G
132Z
2号机组自用变
132D
2号公用变
133D
3号公用变
133M
3号照明变
135Z
机组制动变T5Z
134G
143G
144Z
4号机组自用变
144D
4号公用变
146D
6号公用变
146Z
机组制动变T6Z
141M
1号照明变
141G

图13-1　厂用电系统

面副厂房400 V公用电一路电源。

（二）10 kV 系统电源相互联系

10 kV 1段布置在6号母线洞，10 kV 2段布置在2号母线洞，10 kV 3段和4段布置在地下副厂房同一个配电室内，10 kV 13段布置在地面220 kV开关站内。

其中，10 kV 1段和10 kV 2段互为暗备用，10 kV 3段和10 kV 4段互为暗备用，10 kV 1段和10 kV 4段（或10 kV 2段和10 kV 3段）可以通过手动操作互相连接起来。10 kV 1段、2段、3段、4段母线通过开关互相连接，按接线可以形成一个封闭的环形网络，由于T21、T22、T23、T24取自不同系统的电源，不允许并联运行，四个电源只能独立运行。

小浪底水利枢纽的坝用电系统电源由10 kV 1段119G开关和10 kV 13段1010G开关供给，坝用电两段电源也互为暗备用，坝顶其中一段电源又从外来施工电源引了一路明备用电源。

（三）400 V 主要负荷

10 kV 1段、2段、3段、4段主要负荷是通过降压变为400 V后，供给机组自用电、厂房照明电、厂房公用电、机组电制动等。

400 V作为基本厂用负荷的供电电源，由10 kV各段均匀分布后降压形成。为了保证机组供电的可靠性、灵活性以及减小事故情况下的影响范围，400 V系统根据所带负荷的不同性质，划分出机组自用电配电中心、公用电配电中心、照明配电中心等。

自用电配电中心又根据不同机组的负荷划分出不同母线段，400 V自用电1段和2段互为暗备用，带1号、2号、3号机组的自用负荷，布置在1号母线洞；400 V自用电3段和4段互为暗备用，带4号、5号、6号机组的自用负荷，布置在5号母线洞。

公用电配电中心同样根据不同的重要负荷划分出不同母线段，400 V公用电1段和2段互为暗备用，以渗漏检修集水井排水泵为重要负荷，布置在3号母线洞；400 V公用电3段和4段互为暗备用，以空气压缩机、桥机及地下直流系统的交流电源为重要负荷，布置在地下副厂房；400 V公用电5段和6段互为暗备用，以地面副厂房及开关站负荷为重要负荷，布置在地面副厂房。

照明配电中心也根据用电部位的不同，划分出三个母线段，2段作为1段、3段的备用电源以明备用方式由备用电源自投自复装置（简称备自投装置）自动投退，照明配电中心布置在地下副厂房；防淤闸配电中心为机组防御闸门系统提供电源，布置在防淤闸。

二、高压厂用变压器的选择

（一）额定电压

厂用变压器的额定电压应根据厂用电系统的电压等级和电源引接处的电压确定，变压器一、二次额定电压必须与引接电源电压和厂用网络电压相一致。小浪底水力发电厂厂用电引接电源电压分别为施工电源35 kV、发电机机端18 kV和系统母线220 kV，经各自变压器降压后形成厂用电高压10 kV系统。

（二）厂用变压器的最小容量核定

厂用变压器的容量必须满足在各种运行方式下可能出现的最大负荷。此外，还应考虑:①电动机自启动时的电压降;②变压器低压侧短路容量;③留有一定的备用余度。

根据《水力发电厂厂用电设计规程》(DL/T 5164—2002)中主要厂用电负荷特性表,通过常用负荷(取用原则是规程上规定的计算最大负荷是否计入方式)相加得出小浪底水力发电厂厂用电的总负荷为6 504 kVA。

厂用电变压器容量最大负荷的计算采用综合系数法:

$$S_{js} = K_0 \sum P_0 \tag{13-1}$$

式中:S_{js}为厂用电最大负荷,kVA;K_0 为全厂或混合供电时厂用电负荷的综合系数,取值见表13-1;P_0 为所有同时参加最大负荷运行时负荷的额定功率的总和,kW。

表13-1　综合系数值

综合系数/电站容量	大型	中型
K_0	0.75～0.78	0.76～0.79

电站容量较大者取小值,反之取大值。小浪底为大型电站,取值为0.75。

计算得出:$S_{js} = K_0 \sum P_0 = 0.75 \times 6\ 504 = 4\ 878$(kVA)

根据计算,小浪底厂用电最大负荷为4 878 kVA。目前小浪底厂用电高压厂用变压器容量最小为5 000 kVA,所以任意一台变压器的容量均能满足最大负荷的运行,而且厂用电的运行方式至少为3台同时投入,非正常情况下2台投入。

经过实测,在炎热夏季,厂用电负荷最重且6台机组同时运行的情况下,最大负荷为3 020 kVA;10 kV备自投装置在自动投入情况下,母线电压不低于95%。

(三)厂用变压器的台数和型式

厂用变压器的台数和型式主要与厂用高压母线的段数有关,而母线的段数又与厂用高压母线的电压等级及厂用负荷分布有关。小浪底水力发电厂厂用变压器(仅发供电部分)共有22台变压器。

厂用变压器主要是为厂用电提供电源的变压器。小浪底电站厂用变压器包括220 kV、35 kV、18 kV和10 kV四个电压等级。

220 kV高压厂用变压器1台,为油浸变压器,是引自220 kV系统电源,供厂用电10 kV 13段(又送至3段),位于220 kV开关站。高压厂用变压器型号为SFZ9－CY－20000/220,电压组合为(230±8×1.25%)/10.5,连接组别为Y_N/d_{11},油质量为27 t。它采用有载调压方式和风冷冷却方式。

35 kV厂用变压器为干式变压器,有载调压,位于地下厂房主变洞室,是引自厂外35 kV系统的独立外来电源,供厂用电10 kV 1段。35 kV厂用变压器型号为SCZ9－5000/35,电压组合为(35 000±4×1.25%)/10 500,连接组别为Y/d_{11}。其线圈最高温升为100 K,采用自然风冷冷却方式,绝缘为F级。

18 kV厂用变压器为干式变压器,有载调压,位于地下厂房主变洞室,是引自机组系统的独立电源,共有2台,分别引自3号和6号机组出口,供厂用电10 kV 2段、4段。18 kV厂用变压器型号为DCZ9－1670/18/$\sqrt{3}$,电压组合为(18 000±4×1.25%)/10 500,

连接组别为 Y_N/d_{11}。其线圈最高温升为 100 K，采用自然风冷冷却方式，绝缘为 F 级。

10 kV 厂用变压器为干式变压器，将厂用电源变换为 380 V 供厂内或厂外设备使用。10 kV 厂用变压器共有 16 台，分别供厂用电 380 V 机组自用电、公用电和照明用电。

另有 2 台机组制动变压器，将 10 kV 厂用电源变换为机组电气制动用电。

三、厂用电的设备配置特点

小浪底 35 kV 开关选用的是进口 VD4 型弹簧储能真空断路器；18 kV 开关是国产 HB. 24. 12. 25. C 型弹簧储能分相 SF_6 断路器；10 kV 开关选用的是国产 ZN12 – 10B 型弹簧储能真空开关柜；0. 4 kV 开关选用的是国内生产的低压抽出式开关柜，其进线和备自投采用的是进口开关。

除高备变 T23 为油浸变压器外，厂用变全部用的是国产环氧树脂绝缘的干式变压器，一直运行稳定，基本上免维护，未出现过任何异常。

35 kV 与 18 kV 的开关与计算机监控系统的通信都是硬接线方式，35 kV 系统保护只是开关本身配置的过流、速断、厂变温度升高保护，18 kV 系统的保护同发变组微机保护配置在一起，设置的保护同 35 kV 系统相同。

10 kV 系统保护全部采用的是微机型保护，包括 MMPR – 40E 型综合式电动机保护装置、MLPR – 10E 型线路保护装置、MTPR – 40E 型变压器保护装置和 MBZT – 10E 型备自投装置，保护配置可通过人机界面进行选用。10 kV 设备与上位机的通信全部通过 MGLJ – 20E 型微机通信管理机进行传输（这是前期投运的配置，在本章第三节里将详细介绍保护装置改造情况）。

接线闭锁，即在 220 kV、35 kV、18 kV、10 kV 电源断路器合闸的操作回路中设置了硬接线闭锁，防止不同厂用电源在 10 kV 系统非同期误并列和防止厂用电 10 kV 母线通过厂用变倒升压到 220 kV、35 kV、18 kV，而且在操作回路的软件程序中，也设置了必要的闭锁。通过软硬件联锁，确保厂用电不会因误操作引起故障。

断路器联动，厂用变的高压侧断路器只要断开，低压侧断路器同时断开，也保证了厂用变不会倒送电。

小浪底厂用电备自投装置增加了厂用电可靠性。传统性的备自投装置有自投功能而没有自复功能，即当主用电源失电时，备用电源自动投入，而当主用电源恢复正常时，不能恢复原方式。小浪底水力发电厂采用的备自投装置增加了自复功能，即双向备自投，当主用电源恢复后能自动恢复为常用的分段运行方式，这提高了自动化运行水平，为实现现在推行的“无人值班”（少人值守）奠定了基础。

小浪底厂用电分为三级负荷，10 kV、0. 4 kV 一级盘、0. 4 kV 二级盘。0. 4 kV 二级盘为每台机组的机旁动力盘，即机组主要附属设备的电源。这种按机组单元设置的方式，在运行实践中方便了机组单元的操作检修，而且缩小了电源故障影响范围。三级负荷都设有备自投装置，低一级的备自投动作时间比上一级增加一个时限。

第二节　运行及维护

一、厂用电系统的运行

（一）厂用电系统正常运行方式

（1）小浪底4台高压厂用变T21、T22、T23、T24以及地面副厂房两台公用变、地下3台照明变具备6挡自动有载调压功能，正常情况下有载调压功能全部投入，巡检时注意监视10 kV系统电压在10～10.5 kV、400 V系统电压在360～410 V正常范围内。

（2）设备在无检修时，10 kV1段、2段、3段、4段分段运行，备自投装置正常投入；400 V电源分段运行，备自投装置正常投入。一路电源检修状态下，必须保证三路电源正常运行。

（3）厂用电系统电气量和非电气量保护都正常投入运行，自投自复装置全部切投入位，保证一路失电时自投装置自动投入。

（4）小浪底的四路电源实际上有三路来自系统，全部从开关站220 kV系统取得，因此T22、T24、高备变严格按照省调下发运行方式运行，分布在不同母线上；只要T21具备送电条件，35 kV厂用电要正常投入运行。

（二）厂用电系统的巡检

（1）检查厂用电运行方式是否正常，系统电压是否正常。

（2）各盘柜连片投入正确、各保护投入正常，表计和信号灯指示正常。

（3）检查10 kV断路器、隔离开关以及400 V负荷开关位置是否正确。

（4）各厂用变温度、声音等正常，冷却装置正常投入运行正常，无闪络放电痕迹。

（5）厂用电系统做倒闸操作后，要重点查看厂用重要负荷（如空压机、渗漏排水泵、压油装置、顶盖排水泵、水轮机端子箱、直流系统充电装置、UPS电源、主变冷却器等）的运行情况，查看是否有开关跳闸等情况。

（三）厂用电系统的故障处理原则

（1）无论10 kV系统还是400 V系统的工作电源，因故障发生跳闸，备自投装置自动投入时，值班人员应检查厂用母线电压是否恢复正常，并将跳闸断路器操作把手复归对应位置，运行方式切回手动，并将断路器拉至试验位置，防止突然来电跳闸断路器自复。检查继电保护动作情况，判明并找出故障原因，并对受突然停送电的负荷进行巡回检查。

（2）当工作电源跳闸，备自投装置未自动投入，保护装置又未明显发出故障信号时，如果负荷急需用电，值班人员可根据情况用工作电源或备自投装置立即对跳闸母线试送一次。试送后又跳闸，不能再次强送电，证明故障可能在母线上或因用电设备故障而越级跳闸。如是10 kV电源故障，检查400 V备自投动作情况，并对受影响的负荷进行检查。

（3）强送不成功后，将母线上所有负荷断路器停用，注意做下级负荷转移，对母线进行外观检查，检测绝缘电阻，检测断路器下侧线路和用电设备。

（4）因厂用电中断造成机组停机时，发电机按紧急停机处理，保证机组安全停机的电源。

二、10 kV 厂用电系统的维护和预防性试验

(一)10 kV 系统开关柜的日常维护保养

1.10 kV 系统真空开关柜的维护保养项目

开关柜的维护保养周期随预防性试验周期而定,一般 3 年一次,主要进行断路器清扫与外观检查,断路器主回路动、静触头的检修,真空灭弧室的维修,小车推进、联锁机构及隔离保护装置检修,断路器操作机构检修,接地刀及盘体接地检查;母线检查。

2.10 kV 系统真空开关柜的维护工艺和标准

(1)断路器清扫与外观检查。

首先将小车退出,进行全面彻底清扫。绝缘部件需用酒精擦拭,检查是否有放电痕迹、裂纹、损伤等。如有上述缺陷应查明原因,必要时更换部件。盘柜排列整齐,无损伤变形现象,水平和垂直方向误差不超过标准,柜内排气通道畅通,柜间隔离设施完好,否则应进行调整。

(2)断路器主回路动、静触头的检修。

检查主回路触头的情况,擦除动、静触头上的陈旧油脂(检查静触头时母线必须停电);检查弹簧力有无明显变化,有无因温度过高引起的镀层异常氧化现象,如有应用酒精砂纸等予以修理,然后在动、静触头上涂抗氧化剂(凡士林),严重的应进行彻底更换;检查辅助回路接点和分合闸线圈有无异常情况,接点是否有烧伤粘连情况,测量线圈直阻、检查是否有过热现象;用万用表或对线灯对辅助接点的通断情况进行检查,应动作灵活,通断良好,如有不可修复者应进行更换。

(3)真空灭弧室的维修。

检查外观有无异常,外表面有无污损,如果绝缘外表面沾污,用干布擦拭干净。检查真空灭弧室动导电杆伸出导向板长度的变化情况,若变化量超出规定值,则更换真空灭弧室。用工频耐压方法检查真空灭弧室的真空度(具体内容见下文的预防性试验)。对真空断路器的触头开距、压缩行程、三相同期性进行调整试验。

(4)小车推进、联锁机构及隔离保护装置检修。

对小车推进、联锁机构及隔离保护装置进行检查、润滑,连接部位应无松动现象且应动作灵活、无卡滞,其联锁正常。

(5)断路器操作机构检修。

主要检查分合闸传动齿轮、释放杆、蓄能机构是否有损伤卡滞现象,研磨部位应清洗和保护。分合闸弹簧无断裂,蓄能电机工作正常。

(6)接地刀及盘体接地检查。

接地刀动作可靠,与设备接触良好,接地触头无氧化、锈蚀现象,如有应清除并涂抗氧化剂(凡士林)。主接地线及过门接地线应良好,确保接地连续性和可靠性。

(7)母线检查。

检查母线连接部位是否有过热现象,各紧固件如有松动应及时紧固。检查母线支持绝缘子有无断裂,并进行清扫。

(8)控制组件的检查。

检查接线端子有无松动变色,切换把手、辅助开关的动作是否到位,触头有无烧损。各个电气及控制回路元件的绝缘电阻一般不小于2 MΩ,分合闸线圈和合闸接触器线圈的直流电阻与上次试验相比无明显变化,保护装置校验正常。

(二)10 kV厂用电系统的预防性试验

1.10 kV厂用电真空断路器试验的分类

小浪底水力发电厂10 kV厂用电的电气预防性试验分为破坏性试验与非破坏性试验,其中破坏性试验包括:10 kV真空断路器主回路对地、断口间的交流耐压试验,辅助回路和控制回路交流耐压试验;非破坏性试验包括:绝缘电阻试验、导电回路电阻试验、10 kV真空断路器分合闸时间测量、分合闸同期性测量与弹跳时间测量等。

2.试验的规程

真空断路器的试验项目、周期、要求见表13-2。

表13-2 真空断路器的试验项目、周期、要求

<table>
<tr><th>序号</th><th>项目</th><th>周期</th><th colspan="4">要求</th><th>说明</th></tr>
<tr><td rowspan="5">1</td><td rowspan="5">绝缘电阻(MΩ)</td><td rowspan="5">(1)1~3年;
(2)大修后</td><td colspan="4">(1)整体绝缘电阻参照制造厂规定或自行规定;
(2)断口和用有机物制成的提升杆的绝缘电阻不应低于以下数值</td><td rowspan="5">—</td></tr>
<tr><td rowspan="2">试验类别</td><td colspan="3">额定电压(kV)</td></tr>
<tr><td><24</td><td>24~40.5</td><td>72.5</td></tr>
<tr><td>大修后</td><td>1 000</td><td>2 500</td><td>5 000</td></tr>
<tr><td>运行中</td><td>300</td><td>1 000</td><td>3 000</td></tr>
<tr><td>2</td><td>交流耐压试验(断路器主回路对地、相间及断口)</td><td>(1)1~3年(12 kV及以下);
(2)大修后;
(3)必要时(40.5 kV、72.5 kV)</td><td colspan="4">断路器在分、合闸状态下分别进行,试验电压值按DL/T 93规定值</td><td>(1)更换或干燥后的绝缘提升杆必须进行耐压试验,耐压设备不能满足时可分段进行;
(2)相间、相对地及断口的耐压值相同</td></tr>
<tr><td>3</td><td>辅助回路和控制回路交流耐压试验</td><td>(1)1~3年;
(2)大修后</td><td colspan="4">试验电压为2 kV</td><td>—</td></tr>
<tr><td>4</td><td>导电回路电阻试验</td><td>(1)1~3年;
(2)大修后</td><td colspan="4">(1)大修后应符合制造厂规定;
(2)运行中自行规定,建议不大于1.2倍出厂值</td><td>用直流压降法测量,电流不小于100 A</td></tr>
</table>

续表 13-2

序号	项目	周期	要求	说明
5	断路器的合闸时间和分闸时间，分、合闸的同期性，触头开距，合闸时的弹跳过程试验	大修后	应符合制造厂规定	在额定操作电压下进行
6	操动机构合闸接触器和分、合闸电磁铁的最低动作电压试验	大修后	(1)操动机构分、合闸电磁铁或合闸接触器端子上的最低动作电压应在操作电压额定值的30%～65%； 在使用电磁机构时，合闸电磁铁线圈通流时的端电压为操作电压额定值的80%（关合峰值电流等于或大于50 kA时为85%）时应可靠动作。 (2)进口设备按制造厂规定	—
7	合闸接触器和分、合闸电磁铁线圈的绝缘电阻和直流电阻试验	(1)1～3年； (2)大修后	(1)绝缘电阻不应小于2 MΩ； (2)直流电阻应符合制造厂规定	采用1 000 V兆欧表
8	真空灭弧室真空度的测量	大、小修时	自行规定	有条件时进行
9	检查动触头上的软联结夹片有无松动	大修后	应无松动	—

规程规定的定期试验项目见表13-2中序号1、2、3、4、7，大修时或大修后试验项目见表13-2中序号1、2、3、4、5、6、7、8、9。与规程规定不同的是，小浪底目前定期试验所做的项目见表13-2中序号1、2、4、5。

3.10 kV厂用电真空断路器试验的接线及方法

1）绝缘电阻测量

（1）试验步骤：

①测量绝缘电阻前应将10 kV断路器的尾端和10 kV断路器操作车用接地线接地。

②断口绝缘电阻测量时，将10 kV断路器上下端分别短接，一端接地，测量断口的绝缘电阻值；整体对地绝缘电阻测量时，将三相短接的上下端短接，对地测量断路器整体的绝缘电阻值。

③打开绝缘电阻测试仪，选用合适的挡位：5 000 V挡，测量1 min。

④充分放电，记录结果。

（2）试验接线图。

10 kV厂用电真空断路器绝缘电阻测量接线原理见图13-2。

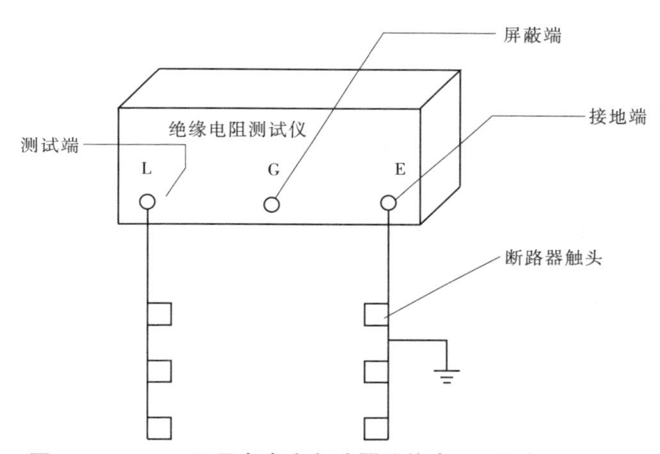

图13-2　10 kV厂用电真空断路器绝缘电阻测量接线原理图

2）导电回路电阻测量

（1）试验步骤：

①将10 kV真空断路器用手动按钮合闸，将10 kV断路器操作车和试验设备MOM600接地端子用接地线接地。

②打开MOM600导电电阻测试仪，调至合适挡位：100 A挡。

③迅速升至电流100 A，按下测量按钮。

④记录后迅速降至零位，记录试验结果。

（2）试验接线图。

10 kV厂用电真空断路器导电回路电阻试验接线原理见图13-3。

3）交流耐压试验

（1）试验步骤：

①断口耐压。

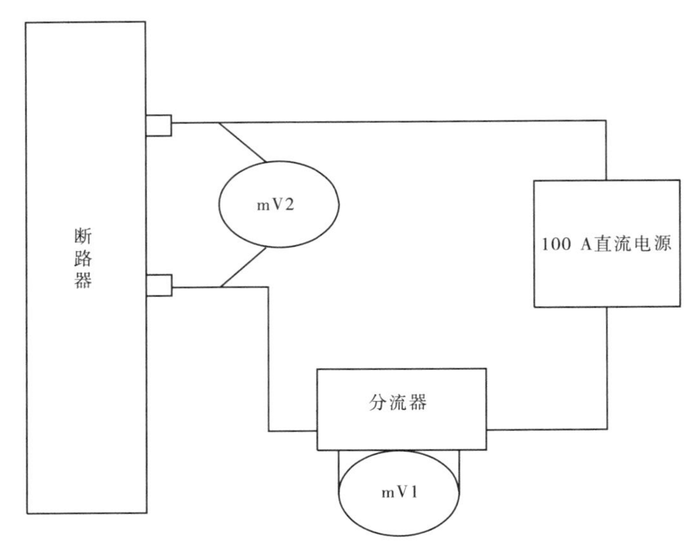

注:图右侧的直流电源、分流器电压表等设备均整合于 MOM600 回路电阻测试仪内部,
测量时只需将 MOM600 的两组电压电流线分别接在断路器一相触头的两侧,且保证电流在外,电压在内即可。

图 13-3 10 kV 厂用电真空断路器回路电阻试验接线原理图

断口耐压需要将断路器处于分闸状态,将断路器上端口三相分别短接,下端口三相接地,断路器操作台接地,在断路器与操作台之间插入绝缘挡板。

将升压线夹在断路器上端口短接线上,另一端接在升压变压器的高压头上,升压变压器高压尾接地,测量端分别接在升压操作台的测量端,升压操作台接地。

连接电源,打开操作台,看操作台显示是否为零位。如果是,按下升压按钮,开始匀速升压,并观察被试设备的情况,升至试验电压,按下计时器,1 min 后将试验电压降至零位,关掉电源,记录结果,对被试设备进行充分放电。

②整体对地耐压。

整体对地耐压需要将断路器处于合闸状态,将断路器上下端口三相全部短接,断路器操作台接地,在断路器与操作台之间插入绝缘挡板。

将升压线夹在断路器上下端口短接线上,另一端接在升压变压器的高压头上,升压变压器高压尾接地,测量端分别接在升压操作台的测量端,升压操作台接地。

升压情况同断口耐压。

(2)断口耐压试验接线图。

10 kV 厂用电真空断路器断口耐压试验接线原理见图 13-4。

4)10 kV 厂用电真空断路器分合闸时间、同期性、弹跳时间测量

(1)试验步骤:

①试验人员接好相应被测设备的分合闸信号和公共端。

②将试验仪器 CT-700 接线接好,断路器的上下端口分别接在试验仪器的相应位置,CT-700 的信号线分别接在分合闸信号端子上,公共端接一个分闸一个合闸信号端子(保证二次信号端子悬空,不能接地)。

③接通电源,打开试验仪器 CT-700,按下选项 1(时间测试)→是否接入电阻,选择 1

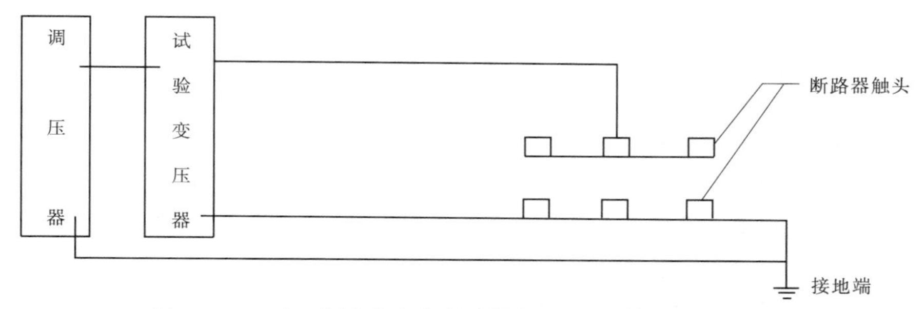

图 13-4　10 kV 厂用电真空断路器断口耐压试验接线原理图

(不接入电阻)→测试窗口,选择1(1SEC)→内部测试,选择1(测试模式)选择合闸或者分闸,按下红按钮,按开始,当场检查试验结果是否正常合适。试验结束后,关掉设备开关,断开电源,拆除引线、二次信号线及电源线。

(2)试验接线图。

分合闸同期性试验接线原理见图13-5。

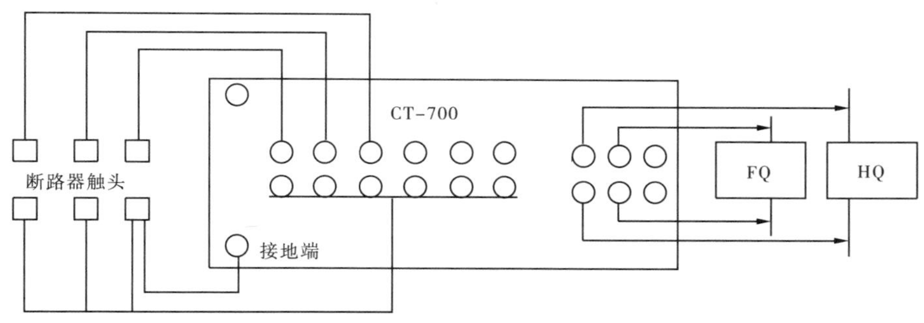

FQ—分闸线圈;HQ—合闸线圈

图 13-5　分合闸同期性试验接线原理图

第三节　技术改造及缺陷处理

小浪底厂用电运行基本稳定,但也针对存在的问题做了一些改造。其中最大的一项改造是10 kV厂用电系统保护装置的改造以及400 V厂用电系统电压继电器的改造。另外,针对其他的一些不满足安全运行要求的地方做了相应的处理。

一、10 kV 厂用电系统保护装置改造

(一)存在的问题

小浪底水力发电厂10 kV厂用电系统保护装置初期采用的是国内某公司开发、生产的第一代变电站综合自动化装置,运行初期比较稳定,但随着时间的推移,设备老化,逐渐暴露出诸多问题:一是保护装置内部程序出现紊乱,装置故障告警频繁出现,保护装置经常出现死机;二是内部硬件精度差,采样计算不准确,给保护装置校验带来一定困难;三是装置采用的电子元件性能差,经常出现装置稳压电源故障、内部继电器故障;四是管理机

与上位机通信不畅通;五是装置抗干扰能力弱、自身发热严重。

(二)技术改造

小浪底厂用电新系统保护装置采用西门子7SJ612、7SJ622型微机保护装置,用于电动机保护、变压器保护、线路保护和备自投装置。

电动机柜采用西门子7SJ612型保护装置,现投运三种保护:冷负荷启动保护、负序保护、堵转保护。变压器柜采用西门子7SJ612型保护装置,现投运四种保护:正序速断保护、正序过流保护、高低压零序保护、高温保护。线路柜采用西门子7SJ612型保护装置,现投运三种保护:正序速断保护、过流保护、零序保护。

10 kV厂用电1段、4段之间,2段、3段之间是不自投联络,采用西门子7SJ612装置,只投入过流保护。1段、2段之间,3段、4段之间是自动备自投。其联络柜上装有两个装置:一个是西门子7SJ622保护装置,用来做联络柜的保护,是线路保护,现投入速断保护和过流保护,当保护动作时,跳开联络开关;另一个是西门子7SJ622自投自复装置。自投自复动作逻辑框图见图13-6、图13-7。

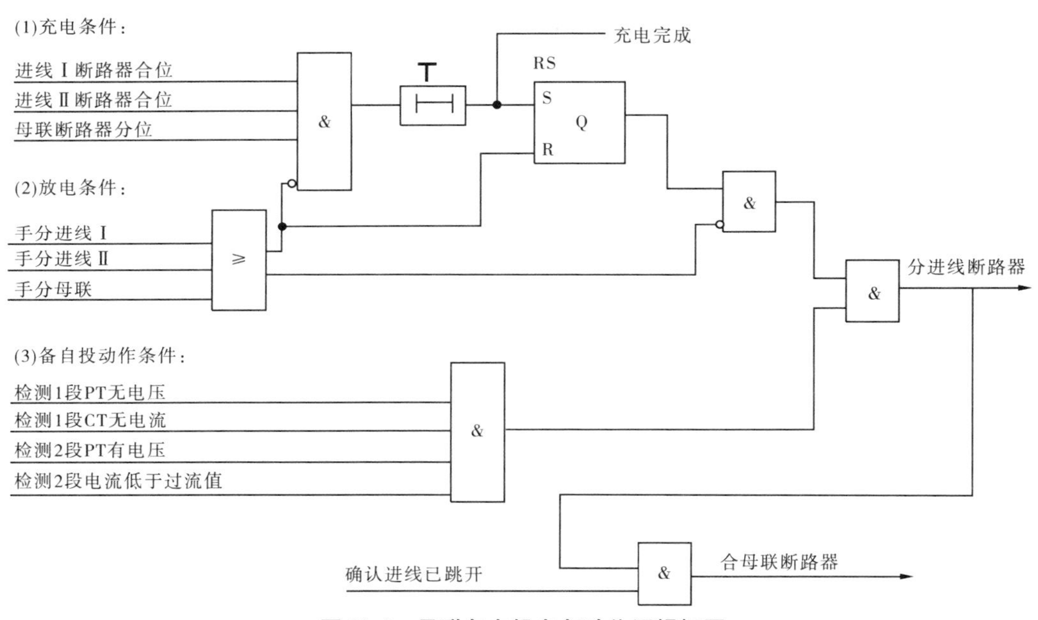

图13-6 母联备自投自复动作逻辑框图

10 kV保护装置具有遥测、遥信、遥控功能。每段的各个保护装置的通信双绞线挂在一根通信总线上,这根总的通信线通过光电转换器把电信号变成光信号进行传输(以便于传输时不受电磁干扰),再通过光电转换器把光信号变成电信号进入通信管理机,通信管理机与电厂计算机监控系统连通。

通信管理机就是一个上传下达的“中层领导”。具有如下功能:①遥测功能。各个负荷的电流电压量通过通信管理机上传到计算机监控系统。②遥信功能。各个柜体的断路器的分、合辅助接点,地刀辅助接点通过通信管理机上传到计算机监控系统。③遥控功能。计算机监控系统下达的分、合断路器命令通过通信管理机下传到各负荷柜的保护装置来跳、合开关。当然计算机监控系统下达的分、合断路器命令,要根据上传上来的遥信、

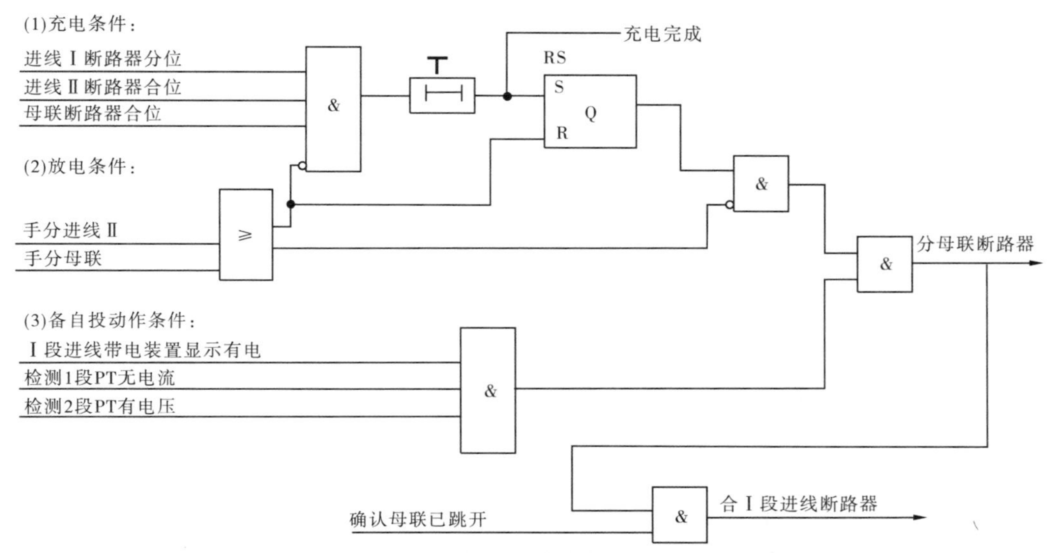

图13-7　母联备自投自复动作逻辑框图

遥测量进行逻辑判断，如果条件不满足，分、合闸命令就不能发出，也起到了逻辑闭锁作用。

通信管理机采用CSE－36型智能规约转换器。与保护装置相连的5个光电转换器接入通信管理机的5个RS485串行口，其传输规约为IEC60870－5－103（继电保护设备信息接口配套标准），各串口将RS485电平转换成处理器需要的TTL电平，然后进行规约的转换和数据的处理。通信管理机通过一个以太网口与计算机监控系统相连，其传输规约为IEC60870－5－101（基本远动任务配套标准）。保护装置的信息上传采用"主动上送"式，即上传的数据有变化时将数据报文刷新。

（三）改造后的效果

小浪底水力发电厂10 kV厂用电系统1段、2段、3段、4段及13段共56面开关盘柜的保护装置于2006年6月全面改造完工。通过采用西门子7SJ612/622型微机保护装置和CSE－36型智能规约转换器，提高了小浪底水力发电厂10 kV系统保护装置的可靠性和保护通信系统的稳定性，保证了保护装置与上位机的正常通信，运行至今动作正确率为100%。

二、400 V厂用电系统电压继电器改造

（一）故障现象

在400 V厂用电倒闸操作时，电压继电器接点出现抖动现象，致使1KA1中间继电器不能始终励磁，不能保证11KT时间继电器2 s的延时，进线开关1QF跳闸回路不能沟通，进线开关跳不开，联络开关3QF合不上，备自投动作不成功，见图13-8、图13-9。

（二）原因分析

原来使用的继电器型号为DY－36，它是电磁型低电压继电器。它由电磁铁、可动衔铁、线圈、动静触点、游丝（反作用弹簧）和止挡等部分组成。游丝的一端和衔铁中间相连，另一端和指针的活动端相连，电压继电器的动作整定值通过调节指针的位置来调节游

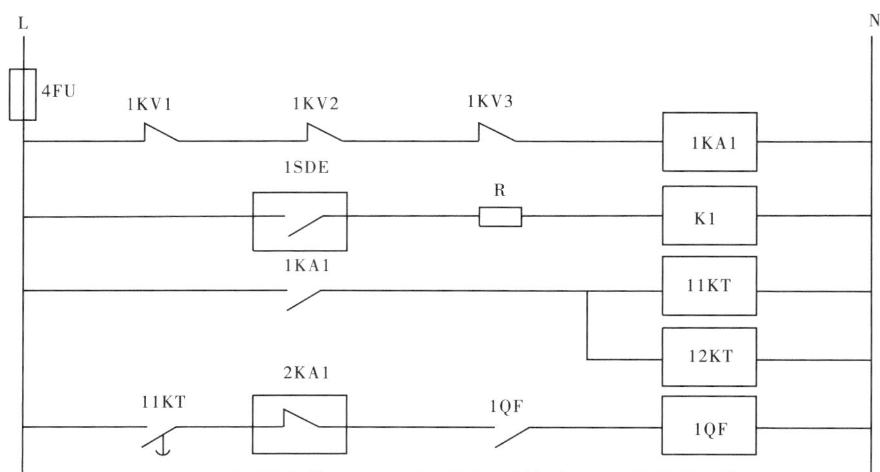

1KA1—中间继电器;1SDE—手动跳闸闭锁接点;K1—信号继电器;
11KT、12KT—时间继电器;1QF——进线开关;R—电阻;
2KA1—中间继电器(引自另一进线控制回路,作用等同于1KA1);4FU—熔断器

图 13-8 进线开关跳闸回路示意

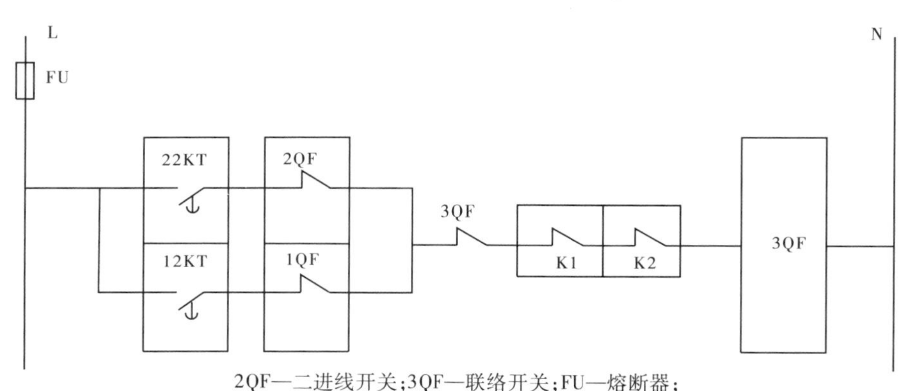

2QF—二进线开关;3QF—联络开关;FU—熔断器;
22KT—时间继电器;K2—信号继电器

图 13-9 联络开关合闸回路示意

丝的张力,从而调整了游丝的反作用力矩。交流电压加在电磁型继电器的线圈两端,线圈中通过电流时所产生的磁通,经过铁芯、空气隙和衔铁构成闭合回路。衔铁在电磁场的作用下被磁化,因而产生电磁转矩,如电磁转矩大于反作用弹簧力矩及机械摩擦力矩,则衔铁被吸向电磁铁磁极,继电器的动、静触点接触,继电器常开接点闭合。反之,电磁转矩小于反作用弹簧力矩及机械摩擦力矩时,则衔铁与电磁铁磁极松开,继电器常闭接点闭合。

继电器的动作条件为

$$M_{dc} > M_t + M_m \qquad M_{sh} = M_{dc} - (M_t + M_m) \tag{13-2}$$

继电器的返回条件为

$$M_{dc.f} < M_t - M_m \qquad M_{sh} = M_t - M_{dc} - M_m \tag{13-3}$$

式中:M_{dc}为电磁转矩(线圈产生的力矩);M_t 为弹簧产生的力矩(游丝的反作用力矩);M_m 为摩擦力矩;M_{sh}为剩余力矩;$M_{dc.f}$为返回电磁转矩。

剩余力矩的作用为：

(1)使继电器动作雪崩式地进行。

(2)提供接点压力，使继电器接点保持良好接触。剩余力矩越大、越稳定，继电器动作就越理想。这就要求摩擦力矩减小，弹簧的反作用力矩和线圈产生的电磁转矩变化平稳，这样，才能保证继电器动作迅速，接点不抖动。

继电器接点抖动有以下三方面的原因：

(1)摩擦力矩大。

继电器在动作和返回时，都有摩擦力产生的摩擦力矩阻止它迅速进行。要减小摩擦力矩就要求采用非常坚硬的轴承以减小摩擦力，实际应用时又没有采用非常理想的材质，这就存在大的摩擦力矩，使剩余力矩减小，继电器动作不明确，产生接点抖动。

(2)弹簧反作用力矩的不稳定。

由于游丝的质量非常小，电磁铁吸动、松开衔铁时产生的振动，以及周围环境的轻微振动，都会使游丝产生波动，游丝的张力因此会忽大忽小，游丝的反作用力矩就不稳定，这就影响了继电器在临界状态动作的迅速性。

(3)交变电磁转矩。

继电器线圈中流过的是交变电流，交变电流产生的电磁转矩包括恒定分量和交变分量，恒定分量由流过线圈的电流有效值产生，交变分量由流过线圈的电流最大值产生。由于交变电流的存在，产生了交变电磁转矩，就使继电器在临界状态时动作不明确。

(三)技术改造

基于以上三方面的原因，电磁型继电器难以从根本上解决接点抖动问题。技术人员选择了能够实现同样低电压闭锁功能的继电器——集成电路低电压继电器 JY－12B，见图 13-10。

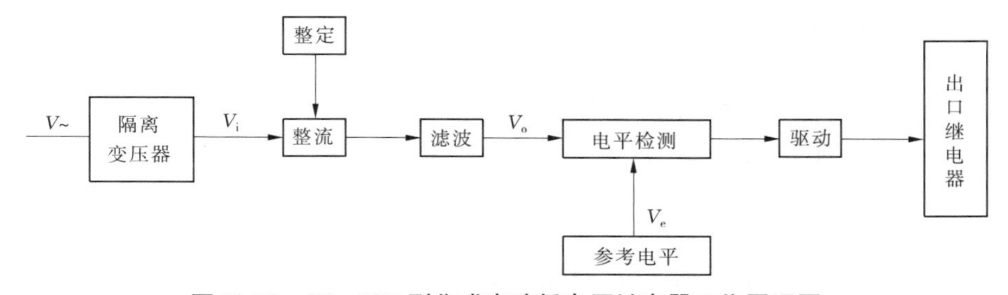

图 13-10　JY－12B 型集成电路低电压继电器工作原理图

JY－12B 型集成电路继电器是静态型继电器，由集成电路构成。初测量的交流电压 $V\sim$ 经隔离变压器降压后得到与被测量电压成正比的电压 V_i。V_i 由整流器进行全波整流并同时整定，整流后的脉动电压经滤波器滤波、积分回路积分后得到与 V_i 成正比的直流电压 V_o。由检测器对积分电压进行判断，若 V_o 低于参考电压 V_e，电平检测器输出正信号，驱动出口继电器，则继电器处于动作状态。反之，若直流电压 V_o 高于参考电压 V_e，电平检测器输出负信号，则继电器处于不动作状态。

该继电器采用了新型的积分判断电路，使滤波回路输出的直流电流更加平稳，继电器的动作时间和返回时间都较快，暂态超越也小，有很强的抗干扰性能。由于采用了集成电路,提高了工作精度,也提高了返回系数,从根本上解决了电磁型继电器接点抖动的问题。

(四)改造后的效果

从2002年9月至2004年年底,小浪底400 V厂用电系统已全部将DY-36电磁型低电压继电器更换为JY-12B型集成电路低电压继电器。通过动态模拟试验及在此后的多次厂用电倒闸操作时,JY-12B型集成电路继电器从未出现过接点抖动情况,证明了JY-12B型集成电路继电器的工作稳定性。

三、厂用电系统出现的其他一些问题的处理

(1)小浪底所有发变组采用单元接线方式,装设有发电机出口开关,3号和6号机端即发电机出口开关外侧接有厂用变压器,机组正常启停跳开发电机出口开关,厂用变压器由主变反送电,所以不需要切换厂用电。发电机故障也只需跳开发电机开关,不需倒换厂用电。小浪底出现两次因为发电机的保护动作而跳开主变高压侧开关造成部分厂用电停电的事故,当时发电机出口开关未合。

一次是机组检修时,调速器高压油泵停运后出现事故低油压;另一次是开机过程中机组出现100%定子接地误动。原设计中发变组保护有出口到水机保护屏的信号,水机保护屏出口跳主变高低压侧开关,造成所带厂用变失电。其他机组未带厂用电,停机时也跳开主变高压侧开关,这种设计是合理的,而3号和6号机带有厂用电,仅仅发电机故障不应跳开主变高压侧开关,所以从3号和6号水机保护屏取消了跳主变高压侧开关的信号。

(2)在机组安装时期,厂用电只有高备变T23一路运行,坝用电系统的照明变10 kV侧由于老鼠跑动发生了瞬时相间短路,出现了上面几级开关全跳的事故,高备变差动保护动作,造成厂用电全停,在紧急情况下对高备变强送成功。后来查明原因,施工中将高备变T23高压侧相序接反,变压器接线组别由$Y/\triangle_{-11}$变成了$Y/\triangle_{-1}$,而高备变差动保护定值设置中变压器的组别一直是按$Y/\triangle_{-11}$点设置的,由此造成了差动保护误动作。后来又对差动保护重新作了配置。

(3)厂用电负荷像树状结构一样多级配置,上下级的配置一定要合理。小浪底水力发电厂中控室在地面副厂房,与地下厂房的交通主要靠一架运行高度90 m的电梯,电梯互为备用的两路电源取自400 V公用电5段和6段,如果5段和6段失电,运行人员将无法快速到达地下厂房进行事故处理。400 V 5段和6段分别取自于10 kV 13段和4段,而10 kV备自投装于3、4段之间(13段和3段是同路电源),电梯的两路电源以及5段和6段,再到10 kV 13段和4段,三级电源全部为互为备用的电源,每一级的任一路电源检修,都会使电梯成为单电源供电。机组投运前两年,发生过几次紧急情况下,电梯无法使用的状况。现将电梯的一路电源取自400 V公用电1段,这样电梯电源的可靠性大大增加,只要10 kV任一段或者400 V公用电1段、2段、5段、6段任一段有电,都能保证电梯电源的可靠供应。

(4)小浪底水力发电厂厂用电系统发生过几次越级跳闸的现象,原因是上下级电流整定值和时限设计不合理,尤其是对同一电压等级但存在上下传输关系的设备,如10 kV 13段至10 kV 3段,10 kV 13段至坝用电10 kV母线,和10 kV 1段至坝用电另一段10 kV母线。现将10 kV母线1段、2段、3段、4段和13段的进线开关和联络开关速断保护取消,经过试验,以躲开下级故障电流为基础整定过流保护的时限,然后其他所有开关的过

流和速断保护也重新整定。经过几年的运行，效果很好。因此，为了提高厂用电的可靠性，必须从开关选型、保护配备和配合、整定值上有所加强。

第四节　18 kV 谐振过电压处理

小浪底水力发电厂6台发电机组中性点全部采用经消弧线圈接地的形式，如前面所述3号和6号发电机出口接有厂用变，厂用变由三个单相容量为1 670 kVA的变压器组成。

2002～2005年期间，在3号和6号发电机出口的厂用变高、低压侧发生多次严重的对地放电现象，厂变多处烧损。为了找到发电机18 kV系统放电的原因，小浪底水力发电厂与河南电力试验研究院联合进行了一系列现场试验测试及分析，并针对性地采取了一些技术措施。

一、发电机18 kV系统放电情况

（一）发电机18 kV系统主接线

以3号发电机系统为例，发变组单元接线图见图13-11。

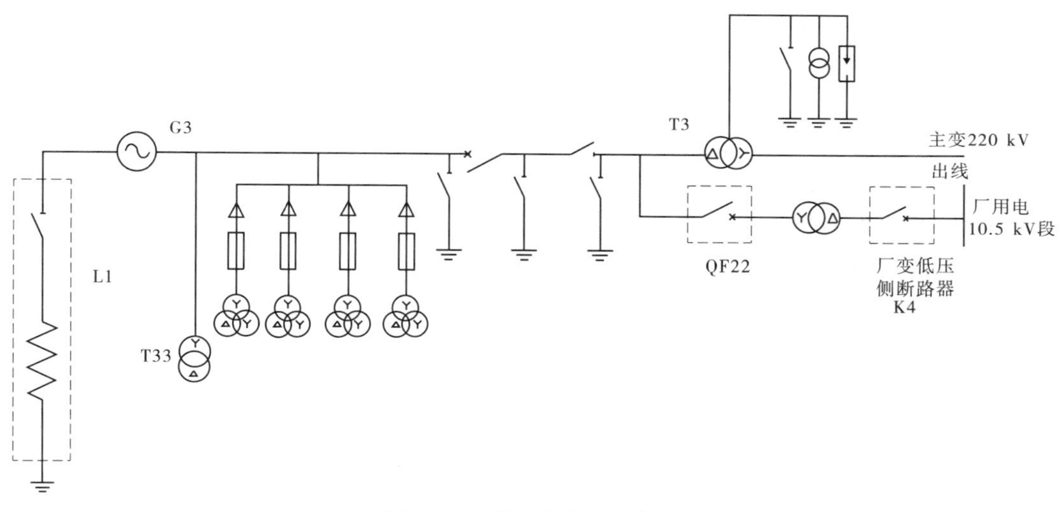

图13-11　发变组单元接线图

发电机G3中性点经调匝式消弧线圈L1接地。T33为发电机出口励磁变，在发电机出口共接有4组电压互感器（PT），1#PT和4#PT接线形式为Y/Y/△，1#PT的开口三角形用于继电保护，4#PT的开口三角形用于L1的控制。在发电机出口断路器GCB3后接有主变T3和厂用变T22，厂用变T22与发电机出口18 kV母线通过断路器QF22连接。

主变T3的220/18 kV接线形式为Y_N/d_{11}，厂用变T22的18/10 kV接线形式为Y/d_{11}。在厂用变低压侧通过长约60 m的三根截面为120 mm^2的单芯电缆连至10 kV母线侧，通过断路器K4接至厂用电10 kV母线。

（二）放电现象

（1）2002年6月4日，在6号发电机并网条件下投厂用电，QF24合闸后厂用变低压侧开关合闸。厂用变低压侧 a、b 相向变压器外罩放电,C 相高压侧向变压器外罩、零线以及铁芯夹件放电,速断保护动作,发电机出口断路器、主变高压侧以及厂用变低压侧开关跳闸。

(2)2004 年 4 月 6 日,3 号发电机在并网条件下投厂用电,QF22 合闸后,厂用变低压侧开关未合,厂用变低压侧 a、b 相对地放电。

(3)2004 年 4 月 29 日,6 号发电机在并网条件下投厂用电,18 kV 开关 QF24 合闸后,厂用变低压侧开关人为干预处于分位。厂用变高压侧 A 相对中性线放电,低压侧 a 相电缆终端及电缆进线绝缘板烧伤比较严重。b、c 相引出线处烧伤比较严重。进行处理后做了试运行试验。试验过程为:断开主变高压侧开关和厂用变低压侧开关,合上发电机出口断路器以及厂用变高压侧开关,机组带主变、厂用变及其低压侧电缆进行零起升压试验,当机组电压升到其额定电压的 75% 左右时,厂用变 b 相有异常放电。

(4)2005 年 9 月 15 日,3 号发电机在并网条件下投厂用电,QF22 合闸后,厂用变低压侧开关人为干预,处于分闸位置。厂用变低压侧 b 相对地放电,烧伤严重。

从以上四种放电情况可以看出:发电机系统在并网条件下投厂用电及 10 kV 母线系统,会引起厂用变发生放电;发电机系统在并网条件下投厂用电,厂用变也会发生放电;发电机带主变和厂用变,机组零起升压过程中会发生厂用变放电。造成上述放电情况的原因可以从两个方面进行分析:一方面是对发电机 18 kV 系统进行分析,另一方面是对厂用变自身问题进行分析。

二、发电机 18 kV 系统仿真分析

(一)发电机系统初步仿真分析

系统仿真分析计算采用了 ATP - EMTP 软件(Alternative Transient Process, Electro-Magnetic Transient Process)建模进行,对发电机 18 kV 系统所建的仿真模型如图 13-12 所示。

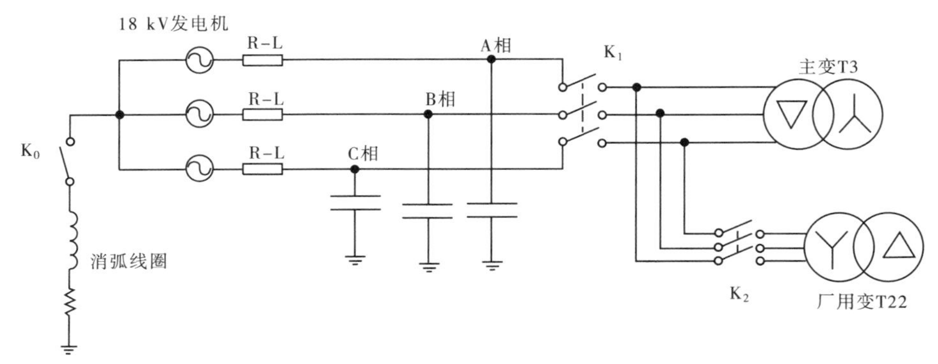

图 13-12　小浪底水力发电厂发电机 18 kV 系统建模原理图(以 3 号发电机为例)

根据消弧线圈的工作特性选取一个固定电感串联电阻对其建模。发电机模型等效为理想的三相电压源与阻抗串联组成,在发电机出口三相分别连接对地电容表示发电机系统对地的电容参数。模型中发电机出口断路器,以一个三相时控开关 K_1 表示。厂用变与 18 kV 母线之间的开关以一个三相时控开关 K_2 表示。发电机系统中的主变和厂用变根据设备铭牌参数采用"BCTRAN"子程序建模。

1. 模型中参数的确定

由发电机交流耐压试验数据可以推算出发电机对地电容，由此估算所得发电机系统对地电容电流大约为 15.878 A。根据发电机额定参数计算出发电机定子绕组阻抗等效参数 $Z=0.47+j0.972$。

当消弧线圈在最大挡位运行时，正常工作条件下发电机中性点长时间的位移电压不超过相电压的10%，由此条件可以计算出消弧线圈电阻 R 的最大值，近似取值为50 Ω，系统消弧线圈当前运行挡位对应电感取值为 1.897 3 H。

由主变试验数据可知其介损数值相对较小，故其对地回路的影响可忽略不计。由主变试验数据 C_X 可以得出高低压绕组对地电容数值，根据等效法则得出变压器对地等效电容为 0.033 μF。

由现场测试数据计算出高低压侧电容值，根据等效法则求出其对地等效电容为 0.002 35 μF。

根据以上各部分计算结果，可以求出发电机 18 kV 系统对地电容参数为 4.902 35 μF，发电机对地电容电流为 15.99 A。

需要说明的是，在估算发电机对地电容电流时，忽略 70 m 离相封闭母线的对地电容。

2. 仿真分析

根据以上建立的系统模型，对发电机正常运行过程进行了仿真分析。从对发电机零起升压的过程仿真来看，正常情况下 18 kV 系统中性点位移电压较小，不会发生谐振。

利用建立系统模型的方法对发电机并网条件下的厂用变合闸过程进行分析。对厂用变高压侧开关 K_2 在 A 相电压负的最大值时合闸（对应仿真分析时间为 $t=0.03$ s）操作过程进行仿真分析，结果表明，发电机系统三相电压、厂用变 10 kV 侧三相电压及厂用变 18 kV 侧中性点电压波形正常。

综上所述，发电机 18 kV 系统在正常升压及并网条件下合闸投入厂用变压器时，不会发生系统谐振，产生过电压。

（二）厂用变单独建模的分析

由于几次故障均在厂用变高低压两侧发生对地放电，为了分析厂用变本身是否存在因参数匹配造成过电压的可能性，考虑到变压器本身的阻抗特性和对地绝缘情况，对厂用变单独建模分析，仿真模型如图 13-13 所示。

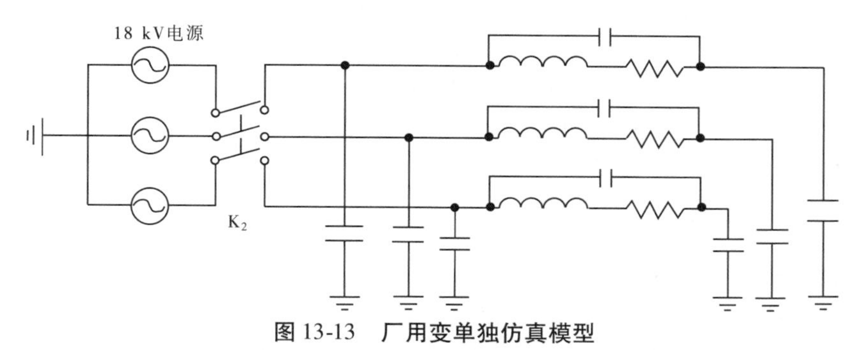

图 13-13　厂用变单独仿真模型

该模型中仅考虑变压器的漏抗与各绕组的绝缘状况。漏抗由变压器铭牌标示阻抗特性值计算得出，电容由介损试验测量的厂用变对地电容计算得出。厂用变低压侧电缆每相对地电容估算为 0.048 6 μF，直接与低压绕组对地电容值并联，得数值为 0.051 4 μF。

根据以上建立的模型，对厂用变在正常运行及低压侧空载条件下合高压侧开关的情况进行了仿真分析。其中合闸操作考虑了两种典型情况，即在高压侧某相电压过零时刻和该相电压峰值时刻。仿真分析表明，正常运行时 18 kV 系统发生谐振过电压的可能性不大，但对厂用变合闸操作的分析来看，合闸脉冲的峰值较大。

为了验证仿真分析结论，对厂用变和发电机 18 kV 系统相关的参数进行了现场测试和试验分析。

三、发电机 18 kV 系统现场试验

（一）厂用变参数测试

根据厂用变低压侧电缆相关参数估计得出每相电缆对应电容大小为 0.048 6 μF。经配网电容电流测试仪测量，厂用变低压侧三相对地电容值大小为 0.17 μF。

发电机系统厂用变绕组间电容测量采用了在高压侧施加电压，测量低压侧电压的方法。测量原理接线如图 13-14 所示。厂用变三相接线方式为 Y/d_{11}，试验时将其高压侧三相抽头及中性点接头并联加一电压源，在二次侧将三相绕组并联后测量对地电压。

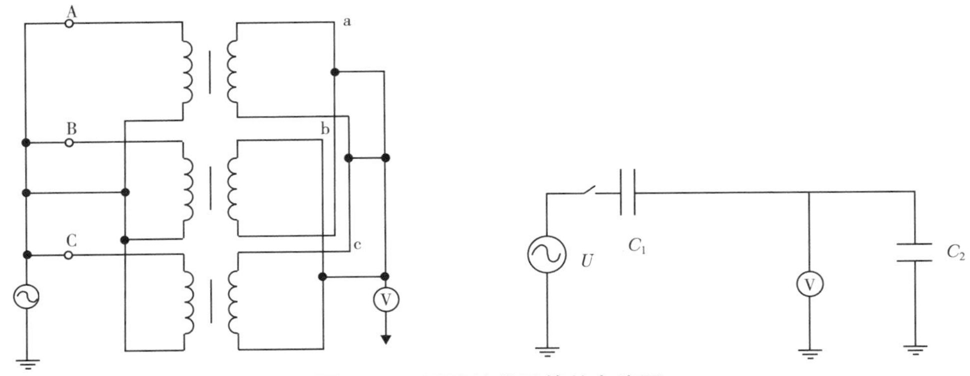

图 13-14　试验接线及等效电路图

根据试验数据可以推得绕组间电容等于 8.96 nF(8 960 pF)。

厂用变绕组漏抗通过测量相间电压、电流、功率参数，计算求得。每两相间测量两次，利用测量数据平均值进行计算，计算结果见表 13-3。

表 13-3　厂用变漏抗测量结果　　（单位：Ω）

参数	A 相结果	B 相结果	C 相结果
电阻 R	0.52	0.457	0.47
感抗 X	4.11	4.34	4.37

（二）发电机系统电容电流测试

1. 配网电容电流测试仪测试

在机端投入 1 组 PT 的情况下，利用配网电容电流测试仪对 3 号机组对地电容电流进行测试，取三次测量的平均值，得出发电机 18 kV 系统对地电容为 5.618 μF，电容电流为

18.35 A。

2. 消弧线圈调谐特性试验测试

在发电机单元带厂用变和主变(均为空载),机端投入2组PT,PT开口三角侧接灯泡的情况下,根据系统参数及试验数据计算得出该系统的电容电流为18.29 A。

在发电机出口PT全部投入,PT开口三角侧不接灯泡的情况下,根据系统参数及试验数据计算得出系统等效电容电流为17.855 A。

3. 发电机系统电容电流测试试验结论

通过配网电容电流测试仪测得发电机系统的电容电流为18.35 A(仅1号PT接入系统),通过消弧线圈调谐特性试验测得发电机系统的电容电流为18.29 A(1号和2号PT接入系统),应该说两种试验方法所测结果基本一致,中间的误差可以认为由2号PT引起。发电机系统正常运行情况下四组PT均投入运行,通过调谐特性试验测得当四组PT全部投入运行时,系统的电容电流为17.855 A。

试验表明:一般情况下PT对系统电容电流及补偿特性的影响可以忽略不计,但对于脱谐度本来就较小的系统,就不能忽略PT的影响。在测试的发电机系统中,不计PT影响的系统脱谐度为-0.046 5,计及PT影响的系统脱谐度为-0.023 2,系统运行在几乎接近脱谐度为“0”的全补偿状态下,合闸或扰动就比较容易引起系统谐振。

四、谐振过电压治理技术措施

在发电机18 kV系统厂用变发生放电现象后,电厂技术人员进行初步分析,认为是发生了谐振现象产生了系统过电压。为了抑制系统过电压,电厂技术人员采取了退出部分发电机出口PT、在发电机出口PT二次侧增加电阻和发电机零起升压的临时措施,取得了较好的效果。为了彻底找到产生系统谐振过电压的原因,电厂技术人员与河南电力试验研究院共同对发电机18 kV系统进行了仿真分析,并对系统运行参数进行了现场试验和测试,得出的结论验证了起初的分析。

对发电机18 kV系统的仿真分析和现场测试表明,系统在正常运行时不会发生谐振,但系统运行在接近脱谐度为“0”的全补偿状态,此时,如果进行投入机端厂用变的运行操作,在极端情况下,会发生系统谐振,从而产生过电压,造成机端厂用变的放电现象。

为了抑制系统运行操作中的谐振过电压现象,采取了将发电机中性点消弧线圈挡位由原8~9挡(对应补偿电流17.44 A)调至7~8挡(对应补偿电流15.9 A)的技术措施。采取此措施后,进行现场试验,未发生谐振过电压现象。

对厂用变绝缘情况及运行环境的分析也表明,厂用变绝缘存在薄弱的地方,受到运行环境潮湿的影响,因此改善厂用变的运行环境,同时提高厂用变绝缘薄弱点的绝缘水平也是必要的技术措施。

第五节　机组黑启动

从实际情况看,小浪底厂用电系统可靠性较高,由于220 kV四段母线正常为合母或分母运行,即使一段220 kV母线或一段厂用电失压,不会影响到厂用电的安全。但一些不确定因素还是存在的，比如系统振荡、开关站失压，都可能导致厂用电全面瘫痪，影响到厂房的安全。

小浪底水力发电厂是河南省网最大的水力发电厂，承担河南省网的调频、调峰任务，《电力系统稳定导则》规定，各省网应具有几个具备“黑启动”功能的电源点。从各方面讲，小浪底水力发电厂是作为黑启动电源点的最佳选择，因此小浪底具备黑启动功能非常必要。

一、西沟电站对小浪底厂用电系统的保障

西沟电站为小浪底水力发电厂附近的一个小型电站，电站设计有柴油发电机，本身具备黑启动功能，其出线与小浪底水力发电厂第一路厂用电 35 kV 电源有紧密的物理连接。迅速启动西沟小机组，通过西沟小机组的运行恢复其送出变电站——蓼坞变正常供电，再通过 35 kV 蓼小线恢复 10 kV 厂用电 1 段正常供电，在 10 kV 厂用电 1 段恢复后可联络 2 段运行，从而恢复小浪底厂用电正常运行，使机组具备启动条件，并根据调度指令迅速开机。

（一）西沟电站的接线形式

西沟电站机组经电站升压站升压至 35 kV，由 35 kV 1 浪 T 线送至蓼坞变，再经原有的 35 kV 东蓼线送至东河清变电站，由东河清变电站主变升压后送至 110 kV 母线，而后送往洛阳电网，如图 13-15 所示。

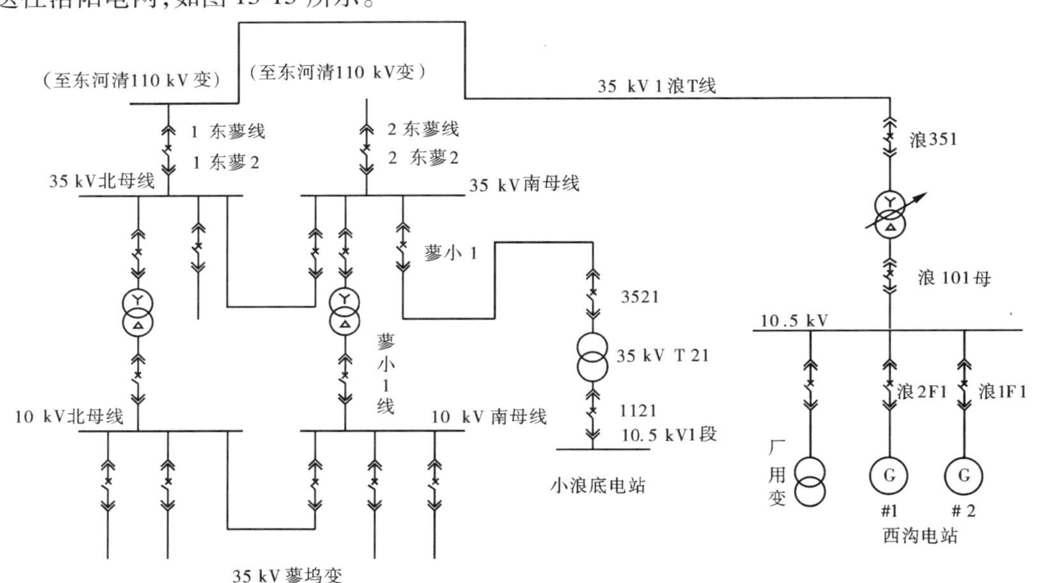

图 13-15　西沟电站接线图

（二）通过西沟电站恢复小浪底厂用电

当电网发生大面积停电事故时，西沟电站单独带小浪底水力发电厂厂用电按下列顺序操作：

（1）利用西沟柴油发电机启动机组，完成西沟机组自启动，加励磁，使机组保持空载运行。

（2）合上浪 1F1（或浪 2F1）开关，对 10.5 kV 母线充电后带厂用变运行，西沟机组孤

网运行。

(3)合上浪101母开关对主变充电,然后合上浪351开关对线路充电,检查充电是否正常。

(4)合上1东蓼2开关对蓼坞变35 kV北母充电,检查充电是否正常,合上蓼350开关对南母充电,检查充电是否正常。

(5)合上蓼小1开关对35 kV蓼小线充电,检查充电是否正常。

(6)蓼小线带电正常后,检查小浪底水力发电厂10 kV厂用电1段进线开关3521开关进线侧带电是否正常,合上3521开关,10 kV厂用电1段恢复运行。

(7)通过10 kV 1段113Z开关给小浪底3号自用变充电,充电正常后利用400V3Z的正常供电选择3号机组启动运行,恢复电网的正常供电。

二、通过西霞院电站恢复小浪底厂用电

西霞院电站为小浪底电站反调节水库电站,与小浪底属于"一厂两站"的管理模式,其距离小浪底16 km,两站由一条220 kV线路连接。如果无法通过西沟电站送电的方案恢复厂用电,可通过西霞院电站柴油发电机启动西霞院机组。对西霞院GIS母线升压,通过联络线黄霞线给小浪底220 kV开关站母线建压,然后通过小浪底高备变带起小浪底厂用电负荷,使机组具备启动条件,并根据中调指令迅速开机。

(一)西霞院电站厂用电情况

西霞院电站厂用电系统分为10 kV和400 V两个电压等级。其中10 kVⅠ段引自7号、8号机组机压母线,10 kVⅡ段引自9号、10号机组机压母线,10 kVⅠ段和Ⅱ段可互相联络备用,也可通过经过改造以及新增的35 kV FT21、FT262台变压器降压分别供给2段机压母线作为备用。正常情况下,西霞院电站作为送端,通过35 kV变压器送至蓼坞变电站,异常情况下西霞院站作为受端,通过蓼坞变电站或者东河清变电站带厂用电。厂用400 VⅠ段和Ⅱ段分别引自10 kVⅠ段、Ⅱ段,可互为联络备用;同样,坝用400 VⅠ段和Ⅱ段也分别引自10 kVⅠ段、Ⅱ段,可互为联络备用。其中坝用400 VⅡ段上接有一台容量为500 kW的柴油发电机作为保安电源紧急备用,如图13-16所示。

(二)西霞院电站带小浪底水力发电厂厂用电步骤

如果省网出现故障,220 kV系统及厂用电系统交流电源全部消失,西霞院反调节电站坝用400 VⅡ段、厂用10 kVⅡ段、厂用400 VⅡ段断开其所带负荷,仅保留厂用400 VⅡ段与西霞院10号机机旁自用电的联络,启动柴油发电机依次带起坝用400 VⅡ段、厂用电10 kVⅡ段、厂用400 VⅡ段。主要操作步骤如下:

(1)断开厂用10 kVⅡ段、厂用400 VⅡ段、坝用400 VⅡ段进线、联络以及所有负荷开关,联络开关备自投控制方式切至退出。

(2)检查确认柴油发电机备用正常,启动柴油发电机,检查确认发电机空载负荷运行正常,电压、频率正常。

(3)现地手动合上柴油发电机出口至坝用400 VⅡ段开关,查坝用400 VⅡ段带电运行正常。

(4)手动合上坝用400 VⅡ段进线开关以及厂用10 kVⅡ段至坝用400 VⅡ段的负荷

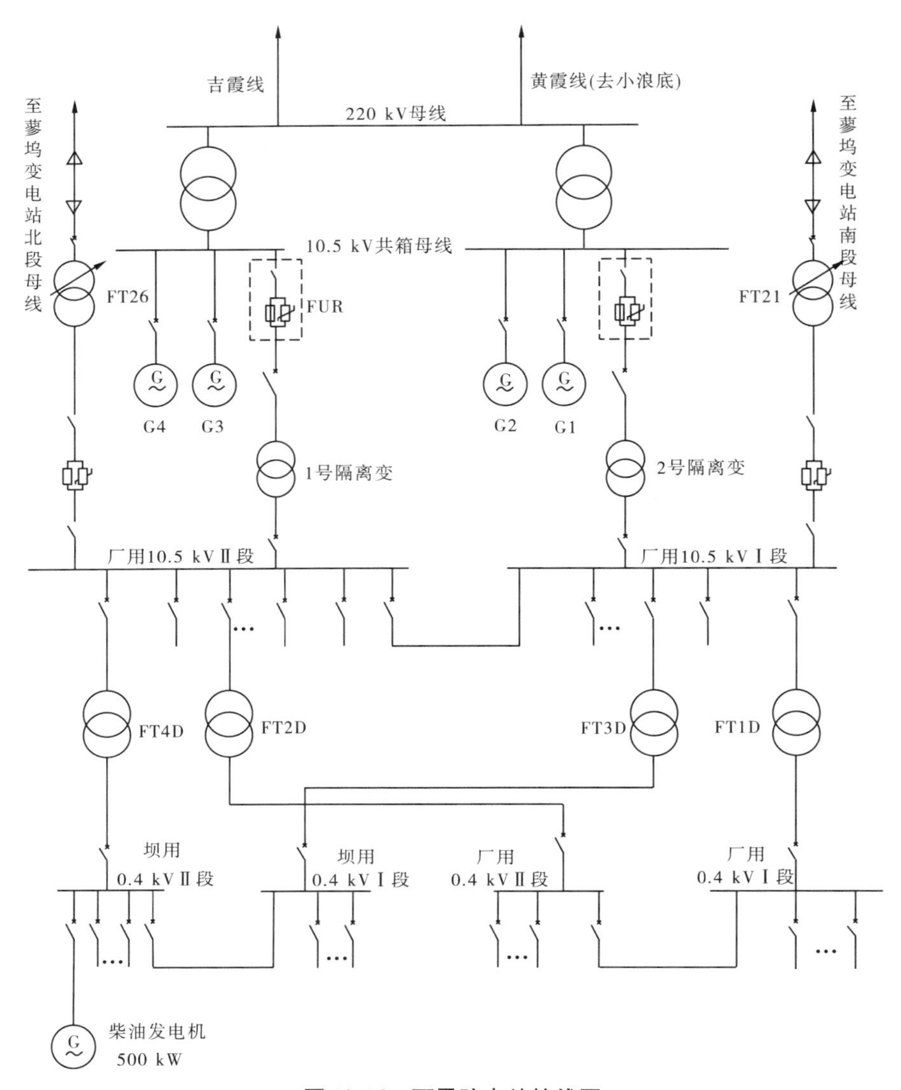

图 13-16　西霞院电站接线图

开关,查厂用 10 kVⅡ段带电运行正常。

(5)利用厂用 10 kVⅡ段带厂用 400 VⅡ段,检查确认厂用 400 VⅡ段带电正常。

(6)手动合上厂用 400 VⅡ段至 10 号机机组旁自用电,查 10 号机机组旁自用电双电源切换动作正常,4 号机机组旁自用电带电运行正常。

(7)启动西霞院 4 号机组带 2 号主变零起升压,查西霞院 220 kV 母线带电运行正常,并恢复厂用电,退出柴油发电机。

(8)对黄霞线充电,查黄霞线充电正常。

(9)利用黄霞线对小浪底开关站 220 kV 母线授电,然后小浪底高备变 T23 运行。

(10)恢复小浪底电站 10 kV 13 段及 10 kV 3 段运行,利用外来电源启动小浪底机组运行,恢复自身厂用电。

第十四章 技术供水系统

小浪底水力发电厂技术供水系统根据黄河水质条件设计，每年10月至次年6月非汛期过机水流基本上为清水，7～9月为汛期，过机含沙量会较高，目前已出现的最大过机含沙量实测达到64 kg/m³。为解决汛期多沙水流可能堵塞供水管路及机组冷却器的问题，技术供水系统采用了多水源、分时段、正反向供水的方式。

第一节 概 况

一、技术供水系统简介

根据小浪底电站用水所需的水量、水压、水质等要求，选择了蜗壳取水和清水供水共存且互相补充的取水方式。

（一）蜗壳取水系统

蜗壳取水采用较常用的蜗壳单元取水，每台机组从本机蜗壳取水主要供本机组用水，6台机组的蜗壳取水通过直径478 mm的蜗壳取水联络干管连接，相互备用。每台机组的蜗壳取水单元设备组成情况为：用直径600 mm的管道经过两个电动闸阀、流量计、减压阀自流进入互为备用的两台滤水器，滤水器依靠压差和定时进行反冲洗排污。为了防止系统管路和冷却器被杂物堵塞，蜗壳取水系统在管路设计上通过阀组的切换可以实现正反向供水两种运行方式，对冷却器进行反向冲洗。蜗壳取水方式适用于非汛期。

（二）清水供水系统

1.水源

清水供水系统的水源为地下水，两处水源井分别位于大坝下游黄河北岸的蓼坞和南岸的葱沟，井水运行水位为112～132 m。每处设置两台型号为750SG1300－120的多级深井式离心水泵，每台水泵出口设1套液控逆止阀，每处水源井两台泵共用一路直径630的出水管。

地下水源从水源井泵送至电站地下厂房外清水池，距离长达1 000多m，扬程达50多m，水泵在启停过程中，水锤压力必然过大。为了解决这一问题，液控逆止阀设置为两段关闭，在两台水泵的出口蝶阀后，又设置了一个容积为20 m³的调压气罐（气水比例1:2），并由一台空压机根据水位高低向气罐补气。同时，在输水管道多处装设复合式排气阀。

2.厂外清水池

厂外清水池布置于电站地下厂房外，清水池底部高程180 m，容积10 000 m³，为方形全密封结构。清水池设有阀门一室和阀门二室：阀门一室安装有一路清水池供水管（直径1 020 mm，至地下厂房）和一根溢水管，管路上分别装有电动蝶阀；阀门二室安装两路水源补水管、两路回水管（从地下厂房回水泵房来）、一路清水池检修排水管，每路回水管上安装两台电动蝶阀，检修排水管上安装两台电动闸阀。

3. 厂内回水池

厂内回水池布置在电站厂房水轮机层，有效容积 2 000 m^3，正常运行水位范围为 123.50 ~ 133.50 m。回水池装设 6 台型号为 500RJC1250 – 30 × 4 的深井式多级离心式水泵，每台水泵出口设 1 套液控逆止阀，6 台回水泵分为 A、B 两组，每 3 台泵共用一条 ϕ 630 的回水管通往清水池。为了解决水泵启停时的水锤压力问题，液控逆止阀也设置为两段关闭，并且在液控逆止阀出口处装设复合式排气阀。

二、技术供水系统对象

无论是蜗壳取水还是清水供水，其主要作用都是为了供给厂内技术供水，小浪底水力发电厂技术供水按对象划分为机组技术供水和辅助设备技术供水。技术供水系统如图 14-1 所示。

（一）机组技术供水系统的对象

机组技术供水主要提供水轮发电机组发电机空气冷却器、水轮机导轴承冷却器、上导轴承冷却器、下导轴承冷却器、推力轴承冷却器、水轮机主轴密封、主变压器油冷却器用水。机组段用水量统计见表 14-1。

（二）辅助设备技术供水

水电站内部为保证设备的安全运行，一般配置有检修、渗漏排水系统。在检修、渗漏系统中以各种排水泵为主，并有配套的管路阀门。水泵和管路阀门在运行中需要冷却润滑水，有些离心式水泵在启动初期还需在出水管提前进行补水方能正常运行。

三、技术供水主要设备及特点

（一）减压阀

蜗壳取水减压阀原设计为 XFT46T 型减压阀，将蜗壳取水减压至 0.5 MPa 供给技术供水。

减压阀供水是当自流水源压力过高时，冷却器的耐压不能承受，通过机械节流设备来降低水压的供水方式。小浪底电站的减压阀为膜片式节淹装置，通过膜片的节流造成水流的压力损失，从而达到减压的目的。

由于压力波动大，小浪底减压阀出口压力随工作水流压力而变化，工作可靠性较差；并且由于减压阀的膜片经常损坏，减压阀的操作阀易出现锈蚀、振动、破裂损坏、漏水等现象，使用寿命短，维护困难，使减压阀失去作用。

（二）滤水器

小浪底水轮发电机组运行中，过机水流中含有许多杂质，特别是汛期河水混浊，含沙量剧增，所以需要对河水进行净化和处理。蜗壳取水主要杂质是漂浮物和泥沙，为满足技术供水系统各用水部件的要求，在每个机组段设置了 2 台转动式滤水器（型号 LSD – A – 1400，DN400），一台主用，一台备用。滤水器具有自动和手动滤网反冲洗功能，在自动方式下，滤水器可由压差传感器和定时器同时控制反冲洗。也可以根据需要，现地手动按动反冲洗电机启动按钮，使反冲洗管旋转，同时按动“排污阀门关”的按钮，使排污阀打开，

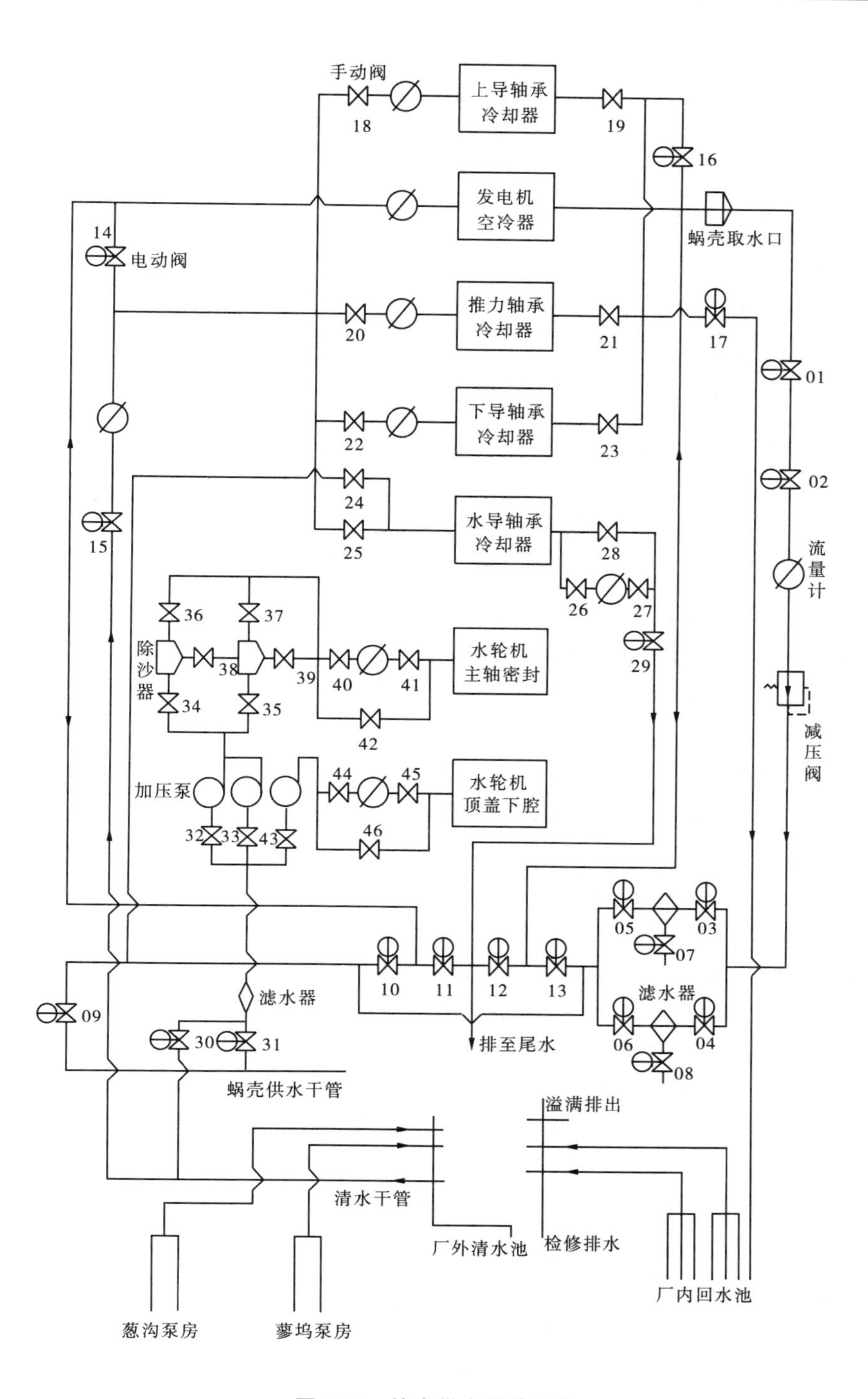

图 14-1 技术供水系统示意

开始反冲洗。当压差恢复正常后,按动“反冲洗电机停”和“排污阀门关”按钮,结束手动反冲洗。另外,每月还要对滤水器下腔进行一次排污,打开滤水器下端的手动排污阀即可。

表 14-1　机组段用水量统计

序号	用水对象	正常用水量(m^3/h)	流量低报警水量(m^3/h)	水压(MPa)
1	发电机空气冷却器	900	810	0.2～0.6
2	发电机上导轴承冷却器	12.0	9	0.2～0.6
3	发电机下导轴承冷却器	13.2	9	0.2～0.6
4	发电机推力轴承冷却器	390	360	0.2～0.6
5	水轮机导轴承	5.68		
6	水轮机主轴密封	24.2	19	0.6～1.0
7	水轮机顶盖下腔冲洗	6.14		0.6
8	主变油冷却器	105		
9	总计	1 456.22		

小浪底滤水器在初期运行时,出现过联轴节扭裂、传动轴扭曲现象。检查发现其滤柱下小过滤格栅内卡有杂物,导致反冲洗管发卡。厂方对滤水器进行改动,将滤水器上滤柱下方的小格栅全部拆除,防止格栅内再进异物而发卡。改造后运行良好,但依然存在检修困难等问题。

(三)主轴密封

主轴密封对技术供水的水质、水压、水量都有很高的要求。针对黄河多泥沙特点,在主轴密封水进水泵之前设置第二道过滤装置——2 台滤水器,一台主用,一台备用。在滤水器后设置了 2 台主轴密封加压泵(ETA－40－250,GPM106,RPM3000,TDH309FT,HP20),1 台主用,1 台备用,主轴密封正常供水压力 0.924 MPa。主轴密封流量低于 350 L/min,发主轴密封流量偏低报警信号,同时启动备用加压泵运行。机组处于停机状态时,不需要投入主轴密封技术供水,靠主轴密封机构的弹簧压紧力,可以保证对尾水的封堵。主轴密封检修时,必须投入检修密封,以防止尾水进入顶盖,危及机组安全。为防止机组启动时转轮上冠淤积的泥沙磨损主轴密封,在主轴密封加压泵旁设置冲洗泵(1.25×1×7L－103,GPM27,RPM3000,TDH108FT,HP2),用于机组启动前冲洗主轴密封处淤积的泥沙。

(四)主变冷却

6 台主变的冷却方式为强迫油循环水冷却,每台主变设有 3 台冷却器、3 台油泵,运行方式一台主用,一台辅助,一台备用。主变冷却水量 160 m^3/h。主变运行时,主用泵投入运行。当负荷大于 200 MW 或主变油温高于 55 ℃时,辅助泵启动;当温度低于 50 ℃时,辅助泵停。当主用泵或辅助泵因故障没有启动运行时,备用泵启动。为保证主变冷却水水质,在每台主变冷却水管路上设置了一台主变冷却水排沙箱。当排沙箱压差大于0.06 MPa 时,需进行清淤。

第二节　运行及维护

一、技术供水系统的运行

(一)运行方式

根据黄河一年来水清浊的不同,将技术供水的运行方式分为非汛期、过渡期、汛期。另外,在非汛期和过渡期,由蜗壳供水的设备可实现正反向供水。

1. 非汛期

蜗壳取水系统供机组全部冷却器及主变冷却器用水,清水供水系统供主轴密封及顶盖下腔冲洗水,14、16 阀开,15、17 阀关(见图 14-1)。

蜗壳正向供水时,四个切换蝶阀中 10、12 阀开,11、13 阀关,蜗壳水由 10 阀进,经 14 阀进上下导轴承、推力轴承、水轮机导轴承(水轮机导轴承冷却水经 29 阀排尾水),再经 16 阀,从 12 阀出,流到尾水管;空冷器的冷却水不经 14、16 阀,直接由 10 阀进空冷器,从 12 阀出。蜗壳反向供水时,11、13 阀开,10、12 阀关,反方向流进、流出。

2. 过渡期

蜗壳取水系统供机组空冷器及主变冷却器用水,清水供水系统供机组各轴承冷却器、主轴密封及顶盖下腔冲洗,14、16 阀关,15、17 阀开。同时,也可实现正反向供水。

机组各轴承冷却水(除水轮机导轴承外)从 15 阀进,从 17 阀出,回到回水池,由回水泵抽到清水池,另外清水池也由地下水补充,重新被利用作为技术供水水源。

3. 汛期

汛期的技术供水全部由清水供水系统供给。14、15、16、17 阀全开,10、11、12、13 阀关闭,即蜗壳供水停用。上下导轴承、推力轴承和空冷器的技术供水经 17 阀流至回水池,被循环利用。

(二)巡回检查

(1)管道、阀门各部分无漏水现象。

(2)各阀门控制电源投入正常。

(3)运行、备用机组各阀门开度正确。

(4)各机组主轴密封加压泵、顶盖排水泵控制方式及主备用方式正常,电源投入正常。

(5)运行机组各供水部位压力、流量正常,主轴密封加压泵及电机运行正常。

(6)机组顶盖水位在正常范围内,顶盖排水泵运行正常。

(7)回水泵房控制电源投入正常。

(8)回水泵控制系统 PLC 工作正常。

二、技术供水系统的维护

技术供水系统的维护主要分为日常维护消缺和随机组 A 级检修、C 级检修进行检修作业。目前,小浪底水力发电厂维护工作已全面实现标准化作业,这为技术供水系统安全稳定的开展维护工作起到了很好的规范作用。

(一)日常维护工作

小浪底水力发电厂在长时间的日常维护中,总结易出现的缺陷问题后提出了定期工作的标准。定期工作可以使缺陷消除在萌芽状态,保证机组长时间投入备用,提高机组的并网时间和运行稳定性。

目前,小浪底水力发电厂技术供水系统的主要定期工作见表 14-2。

表 14-2 技术供水系统主要定期工作

编号	定期工作内容	周期	作用
1	主轴密封滤水器切换	1 次/月	防止主轴密封滤水器切换把手锈死,致使在需要切换时无法动作
2	主轴密封泵切换	1 次/半月	防止主轴密封泵长期运行,致使设备损坏
3	主轴密封泵止水盘根更换	1 次/半年	防止漏水量过大致使主轴密封泵无法运行
4	主轴密封泵电机更换润滑油	1 次/半年	防止润滑油损耗致使电机磨损
5	技术供水系统压力表校验	1 次/年	使压力表校验符合国标要求

(二)检修工作

小浪底水力发电厂技术供水系统检修随机组的检修工作周期进行,每年 1 次,主要工作内容见表 14-3。

表 14-3 检修的主要工作内容

序号	内容	具体步骤
1	滤水器检查	(1)检查 A、B 滤水器滤网是否损坏,更换损坏的滤网; (2)检查 2 组滤水器各阀门、螺栓情况,紧固松动的螺栓,更换损坏的螺栓; (3)滤水器电机加润滑油; (4)检查手动排污阀
2	水车室内管路检查	检查管路各部法兰螺丝是否正常,紧固松动的螺丝,更换损坏的螺丝
3	主轴密封泵检查	(1)检查主轴密封泵盘根磨损情况,磨损的进行更换; (2)检查管路各部法兰螺丝是否正常,紧固松动的螺丝,更换损坏的螺丝; (3)主轴密封泵电机加油
4	各部阀门检查	(1)检查各部法兰螺丝和阀门,紧固松动的螺丝,更换损坏的螺丝; (2)检查机组技术供水减压阀,处理发现的问题
5	主管路检查	(1)检查管路各部法兰螺丝是否正常,紧固松动的螺丝,更换损坏的螺丝; (2)测压管路吹扫,更换损坏的压力表

三、常见缺陷处理

(一)主轴密封泵

主轴密封泵常见缺陷如表14-4所示。

表14-4　主轴密封泵的常见缺陷

缺陷名称	周期	严重程度	处理时间
主轴密封泵盘根磨损	1个月	一般	1~2 h
主轴密封泵、电机异响	3个月	一般	30 min
主轴密封泵电机轴承损坏	1~2年	严重	1天
主轴密封泵泵轴磨损损坏	1年	严重	1~2天

1. 主轴密封泵盘根磨损

主轴密封泵盘根磨损会造成漏水现象,导致厂房地板积水,有可能导致电气元件的受潮损坏。处理该缺陷较为简单,只需要压紧盘根即可,如压不紧则更换盘根。为了保证技术供水系统的稳定运行,防止漏水现象的出现,维护人员制定了定期工作制度,对主轴密封泵盘根进行间隙调整,很好地解决了主轴密封泵盘根磨损缺陷。

2. 主轴密封泵、电机异响

异响的主要原因是轴承缺油,无油状态下的运行会导致泵、电机轴承损坏。为防止缺油现象的出现,维护人员制定了定期工作制度,通过定期加油工作,很好地解决了主轴密封泵、电机异响缺陷。

3. 主轴密封泵泵轴、电机轴承损坏

主轴密封泵在机组运行时处于长时间连续运转状态,造成泵轴和电机轴承磨损较大。泵轴和电机轴承损坏会造成水泵被迫停用,而且更换不易,需将泵整体分解方可更换部件,在一定程度上影响了机组的安全运行。根据电机轴承损坏的时间规律,维护人员每两年更换一次泵轴和电机轴承,加上定期维护保养工作等措施,确保了主轴密封泵的正常工作。

维护人员对常见缺陷及其处理情况总结后认为,通过定期工作和定期更换备件的方式,可以减少缺陷的发生率,保证机组的长期稳定运行。但是,提前更换易损备件应在对设备长期运行情况总结归纳的基础上进行,避免不必要的浪费。

(二)滤水器

滤水器的易发缺陷如表14-5所示。

表14-5　滤水器的易发缺陷

缺陷名称	周期	严重程度	处理时间
滤水器滤网堵塞	1个月	一般	1~2 h
滤水器滤网损坏	1~2年	严重	1天

1. 滤水器滤网堵塞

滤水器滤网堵塞现象是由水质差造成的，正常的处理方法是启动电动排污装置。因黄河泥沙大等特点，在汛期，堵塞现象较为显著，需手动启动排污阀。

2. 滤水器滤网损坏

滤水器滤网损坏主要是由于水中含用较大杂质，滤网损坏后需分解滤水器，处理较为复杂，需时较长。根据滤网损坏规律，维护人员每两年更换一次滤网，有效保障了滤水器的正常运行。

（三）阀门

由于泥沙含量多等特点，在调水调沙期间蜗壳取水系统部分管路阀门会有不同程度的磨蚀及损坏现象，导致阀门内漏，给检修作业带来困难。小浪底水力发电厂通过更换新型的电动蝶阀彻底解决了这一问题。新型电动蝶阀结构合理，启闭时间短，操作灵敏，检修维护比较方便，且内部过流部件是不锈钢部件，可以有效防止过流部件的磨蚀。

四、存在的问题及处理

（一）阀门选型不当

蜗壳取水管进口阀均为电动闸阀，其操作时间太长。如果将其编入开停机流程，开机过程中延长了开机时间，停机过程中由于其下游的电动蝶阀关闭速度较快，易在管路中产生水锤作用，造成管路振动及安全阀的频繁动作，危及系统安全运行。如果将两阀保持常开，由于减压阀的内漏和其他阀门的内漏，导致系统管路承压过高，安全阀和减压阀频繁调节而引起管路振荡。小浪底水力发电厂1 ~5 号机组安装的安全阀都不能正常使用。

目前，已通过更换新式减压阀，采用减压阀控制技术供水办法解决这一问题（详见本章第三节）。

（二）管路中采用伸缩节多、管路固定措施不足

系统中每台阀门配备了一个金属波纹管伸缩节，对于管路的拆装较为方便，但同时增加了管路的不稳定性。同时，蜗壳取水管路呈 L 形不对称结构，加固措施不足，造成管路在水锤作用和弯管处水流离心力作用下产生较大振动和偏移，最大偏移量已达 6 cm，严重危及管路安全运行。现已采取加固措施，并逐步减少伸缩节的数量。

（三）管路过缝问题

6 台机组蜗壳取水口吹扫管相继出现了破裂漏水现象，分析其原因主要是吹扫管位置在蜗壳弹性层附近，随着蜗壳充水前后的变形，吹扫管受拉伸后焊缝开裂，蜗壳内的水流沿裂缝漏出。

由于裂缝无法修复，为了消除漏水现象，只好将吹扫管全部从蜗壳内封堵，失去了吹扫作用。所以，管路安装时，对通过混凝土结构伸缩缝的处理是一个需要认真关注的问题。

（四）系统复杂、自动化控制不够可靠

清水系统回水池为敞开式结构，在汛期清水供水期间，如果回水池内水位上升较高或厂用电短时消失而回水泵不能及时启动排水，将会导致水淹泵房和厂房的危险。在泵房调试阶段已出现过跑水现象。

(五)清水供水管线太长,清水供水能力不足

汛期清水供水期间,如果有5台机组同时运行,会导致水源井水位下降过快,出现水源不足现象。

从6号机组投产以来,汛期水库过机含沙量不大,而且时间较短,往往集中在一两天出现。以2011年为例,小浪底6台机组最大过机含沙量均发生在2011年7月5日,为28.7 kg/m^3。除调沙期的两三天之外,其他时间过机含沙量均在0.2 kg/m^3 以下,几乎可以忽略不计。目前,清水供水使用频率较低。

(六)管路布置未充分考虑检修要求

系统管路离墙体和机墩太近,检修空间太小,为维护检修作业带来较大困难。

第三节　技术改造

小浪底电站技术供水系统是在20世纪90年代末设计安装的,在10多年的运行中先后出现了一些问题。为保证技术供水系统的安全稳定运行,实现"无人值班,少人值守",小浪底水力发电厂从2001年起陆续对技术供水系统进行技术改造。经过这些改造,有效提高了技术供水系统的稳定性和自动化程度。

一、减压阀改造

(一)改造背景

机组技术供水减压阀存在关闭不严及压力不稳定的情况,可能造成空冷器、导轴承冷却器压力过高爆裂的危险,严重威胁到机组的安全稳定运行。

(二)改造方案

将机组技术供水减压阀更换为同时具备电动关闭、减压和逆止作用的以色列BERMAD(DN400/2.5 MPa)减压阀。减压阀原理如图14-2所示。

如图14-2所示减压阀控制回路配有两个常闭的电磁阀,一个是开启电磁阀,一个是关闭电磁阀,均为点触控制,工作及停电时不用上电。电磁阀上有手动按钮,可手动控制(手动操作后需恢复自动状态)。开启电磁阀通电后,阀门控制管路上的水流加速器打开,阀门开启并开始调节,压力调节导阀根据感应到的阀后压力开启或关闭。这样,上腔就会产生不同的压力来控制主阀的开启或关闭,从而使阀后压力保持恒定。当阀后压力低于导阀的设置压力时,导阀打开,上腔压力下降,主阀打开以增加阀后压力来维持导阀的设定值。如果阀后压力高于导阀设定值,则导阀关闭,上腔压力上升,主阀趋向关闭以使阀后压力回到设定值。关闭电磁阀通电后,阀门控制管路上的水流加速器关闭,阀前压力加至上腔,上腔压力上升,主阀关闭。减压导阀上有螺杆可以预设所需的阀后压力,内部的针阀可以调节关闭速度。改造后保证了减压阀阀后压力稳定及停机时减压阀可靠关闭。

(三)改造经验

技术供水减压阀是水轮发电机组技术供水系统的关键设备,减压阀的好坏直接影响系统运行是否稳定,因此在减压阀的选型上一定要慎重,重点关注减压阀的开关性能,阀

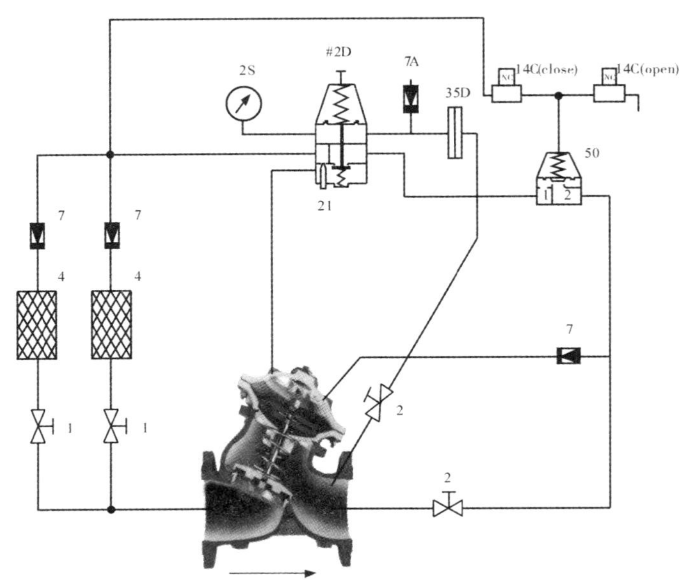

1、2—旋塞阀；4—过滤器；7、7A—止回阀；21—针阀；2S—压力表；
14C—电磁阀；#2D—减压导阀；35D—感应器；50—水流加速器

图 14-2　改造后减压阀原理图

门对系统流量流态影响因素，以及防水锤性能。通过改造，大幅度提高了机组运行稳定性，由于技术供水减压阀具备停运时全关功能，克服了机组停机时技术供水系统压力过高的问题。

二、控制系统改造

(一)改造背景

小浪底水力发电厂 6 台机组各有一套独立的技术供水控制系统。技术供水方式根据季节不同分为汛期供水、非汛期供水和过渡期供水三种方式。

每台机组技术供水系统由 14 个技术供水阀门、4 个正反向阀门、2 台滤水器组成，其控制方式均为常规继电器控制。其中，14 个技术供水阀门由两面控制柜控制，4 个正反向阀门和 2 台滤水器分别由两个控制箱控制。机组投产发电后，经过几年的运行，技术供水控制系统经常出现故障，控制逻辑也暴露出了一些不合理之处，日常维护量较大。

随着 PLC 技术的日益成熟，新产品、新技术的开发和在自动控制系统的运用日益广泛，机组技术供水控制系统的改造有了较好的应用环境和条件。电厂针对原有设备及操作方式中存在的问题，本着安全可靠、控制方便、精度高、可靠性好、信号传递及时等原则，对机组技术供水控制系统进行改造。控制方式由原来常规的继电器逻辑控制改为采用新型的可编程控制器 PLC 集中控制，控制盘柜由原来的 4 面减少为 2 面：PLC 控制柜和接触器柜。

(二)改造方案

改造后的控制系统采用 GE 公司的 90TM－30PLC，CPU 选用 IC693CPU350，共用 7 个开关量输出模块、12 个开关量输入模块、69 个继电器、42 个接触器和 32 个热继电器。其中使用输入点数 177 点，输出点数 97 点，预留 5% 的余量。

新控制系统对 14 个技术供水阀门、4 个正反向供水阀门和滤水器分别实现手动和自动两种控制方式。各技术供水阀门、正反向供水阀门和滤水器 16 组控制信号传输电缆和动力电缆分别接入 PLC 柜和接触器柜内。

可由中央控制室直接控制 14 个供水阀门及 4 个正反向供水阀门的开启和关闭动作、滤水器的投入及切除动作。

可通过 PLC 控制柜盘面上的旋钮开关，现地控制 14 个供水阀门及 4 个正反向阀门的投入、停止、切除动作，现地控制 2 个滤水器的投入和切除动作，并可现地控制 2 个排污阀的开启和关闭动作。

可由压差控制器的输出信号，或定时器输出信号实现滤水器的自动排污功能。当滤水器滤水网孔被堵塞时，输入/输出间的压力差增大，由压差控制器的输出信号启动滤水器。

通过 PLC 控制柜盘面上的定时旋钮，可实现 4 h、8 h 和 24 h 三个挡的定时排污功能。

供水阀故障指示信号：当 14 个供水阀门中的任何一个发生开启过力矩或关闭过力矩、热过流时，供水阀故障指示灯闪烁。

正反向供水阀故障指示信号：当 4 个正反向阀门中的任何一个发生开启过力矩、关闭过力矩或热过流时，正反向供水阀故障指示灯闪烁。

电源指示信号：当 PLC 控制柜断电时，PLC 柜盘面上的电源指示灯闪烁；当接触器柜断电时，接触器柜盘面上的电源指示灯闪烁。

（三）施工方案

机组技术供水控制系统改造过程中主要有以下工作：

（1）在机组监控系统增加开出点，实现滤水器的远方控制功能，解决目前滤水器只能在现地操作的技术缺陷。

（2）实行集中控制方式，阀门全开全关信号、过流信号以及过力矩信号均输入 PLC，PLC 根据现地或上位机命令发出相应命令，运行、维护人员只需从外部判断 PLC 输入、输出信号以及接触器、继电器是否动作正常，方便分析、判断故障点。

（3）控制命令采用脉冲信号，实现远方/现地命令方式的无扰动切换。

（4）动力电源和控制电源分别取自不同的电源开关，改变目前的控制电源取自动力电源的运行方式，做到在不送动力电源的条件下，可实现控制回路的试验，从而避免试验时阀门电机误动。

（5）所有报警信号均送至 PLC 柜，并点亮“供水蝶阀故障”指示灯。

（6）电缆编号采用起点和终点的双重编号，解决目前电缆编号没有规律性的缺陷。

（7）简化布局方式，将原来的 4 面盘柜改为 2 面。

（8）拆除旧的电缆及盘柜，安装新盘柜及电缆上线，以及电缆整治。

（四）改造经验

采用 PLC 集中控制系统后，实现了对技术供水阀门和滤水器的集中控制，减少了易出故障的环节，操作也更加简单、快捷，提高了系统的可靠性和稳定性，减小了维护的工作量。从实际运行情况来看,6 台机组技术供水控制系统改造后运行稳定可靠,设计合理,元件故障率较改造前大为降低,改造效果良好。

三、滤水器改造

(一)改造背景

每台机组的蜗壳供水进口管路上设置 2 台 LSQA－400 型滤水器,初期运行时,6 号机组的两台滤水器先后出现了联轴节扭裂、传动轴扭曲现象。检查发现其滤柱下小格栅内卡有杂物,导致反冲洗管发卡。厂方对滤水器进行改动,将 6 号机组及其他机组的滤水器上滤柱下方的小格栅全部拆除,防止格栅内再进异物而发卡。改造后运行良好,但依然存在检修困难等现象。

(二)新式滤水器特点

改造后的新式滤水器采用 ZLSG－G 系列全自动滤水器,它特别适用于水质环境较恶劣的电站使用,能有效地过滤水中的泡沫塑料、木屑、塑料袋、编织袋等漂浮杂物以及泥沙等沉积物。

1. 复合排污技术

利用重力分离原理,把滤水器本体设计为上、下腔。上腔为浊水腔,下腔为清水腔。在上腔设置进水孔、上排污孔、检修孔,下腔设置排污架、过滤筒、下排污孔。当含有大量泥沙和漂浮物的水由进水口进入浊水腔后,泥沙和漂浮物首先被分离,沉积物进入过滤筒,沉积于过滤筒底部,排污时经下排污孔排出,进入上腔的漂浮物在上腔等压力的作用下漂浮在上腔,当上排污阀开启时,在水流压力的作用下,经上排污孔排出,有效避免了漂浮物及沉积物因从单一排放孔排放造成污物卡阻缠绕设备的事故发生。

2. 进出口方式的革新

ZLSG－G 系列滤水器采用上进水下出水的进出水形式,这可以说是 ZLSG－G 系列滤水器结构上的一大亮点,这种结构最主要的作用是便于漂浮物和沉积物的分流过滤排污,复合排污的功能也是基于这种结构上的特点而实现的。

3. 过滤面积大

ZLSG－G 系列滤水器的下罐体处悬挂着数个制作精密的过滤筒,通过激光冲孔加工,使每个过滤筒的过滤孔都尽可能的紧凑排列,使其过滤面积为最大值,即使是在排污时,也能充分保证过滤筒的过滤面积总和为出水管截面面积的多倍以上,保证了出水管供水。

4. “双剪刀”设计

滤水器在过滤筒上方和下方分别设计了两个形似剪刀的装置,一旦出现长形杂物卡死在过滤筒内,那么在清污排污过程中,电动减速机就会带动该装置做旋转运动,将过滤筒内的物体剪断成小段,逐步排出滤水器。

5. 过滤筒快速检修装置

ZLSG－G 系列滤水器均设置了过滤筒专用检修孔,能非常方便地把过滤筒取出检修或更换,省时省力。

（三）改造效果

2 号机组蜗壳取水滤水器 2010 年改造后经过了一年多的考验，设备运行稳定，计划逐步推广。

四、管路防结露处理

（一）改造背景

小浪底电站为地下厂房，空气湿度相对较大，管子结露现象严重，管子外表面的结露对管子的腐蚀性很大，而且电动阀门的控制回路容易潮湿进水，形成短路。小浪底水力发电厂在达标创一流的过程中对管路进行了防结露处理，目前效果良好。但对有些不能或不易做防结露处理的设备（如空冷器），采用排水道引水的方式，并且在冷却效果允许的情况下，减小冷却水的流量。

（二）改造方案

针对小浪底水力发电厂机组技术供水系统管路存在的结露问题，拟定的解决方法是在管路上加装隔热层（选用一种导热性能差，导热系数小的保温材料），将水管与热空气隔开，以减小或消除管路内外的温差，从而消除和解决管路结露的问题。保温材料选用 PEF 高压聚乙烯材料，该材料是一种全闭孔泡沫塑料，由高压聚乙烯与阻燃剂等原料经化学交联二次发泡而成，具有以下特点：

（1）导热系数小。

（2）抗蒸汽渗透性能好，不用另设防潮气层。

（3）吸水率低且耐水性好，即使材料在水浸泡的环境下也能维持其保温作用。

（4）PEF 材料温度使用范围：－55 ~ 90 ℃。

（三）施工方案

机组技术供水系统主要由管路、阀门及部分水压处理设备组成。处理时，考虑到今后检修和维护方便，将管路和阀门及设备分开进行处理。

1. 管路部分

处理过程：清理表面—包扎隔热层—捆扎 + 做保护层—清场。对部分表面已经锈蚀的管路，在清理表面后涂刷防锈漆，再进行隔热层包扎及后面的工作。另外，在包扎保温材料和保护层时，将管路和法兰分开进行处理，这样就能保证今后对管路进行拆卸以及对法兰渗水进行检修更加方便，而且也不用破坏已有的保温材料。

2. 阀门及法兰部分

对阀门及法兰部分采取单独可拆性处理，防结露材料与外部铝板保护层不相连接。处理工艺与管路处理步骤大致相同；不同之处是阀门的凸凹处采用小块形填平，而后包扎外表形成保护层。

保护层采用 1 mm 厚的铝皮。

（四）改造经验

管路防结露措施实施后，温差造成的管路积水现象在机组上已十分明显，达到了预期的效果。

第十五章　渗漏检修排水系统

小浪底电站渗漏排水系统由120廊道渗漏排水系统和17C交通洞渗漏排水系统组成。检修排水系统由104廊道检修排水干管、泵组和检修排水集水井组成。渗漏排水用于排除厂房内的渗漏水,检修排水用于排空机组检修时尾水管内积水。

第一节　概　况

120渗漏排水泵房布置在3号、4号机组之间118.20 m高程,以泵房所处高程命名;17C渗漏泵房布置在17C交通洞137.8 m高程,以泵房所在地命名;104检修排水泵房布置在厂房最低位置104.65 m高程,以泵房所处高程命名。

一、渗漏排水系统

(一)120渗漏排水

渗漏排水系统包括渗漏集水井、渗漏排水泵及PLC控制系统,120渗漏集水井底部高程为103.76 m,容积为350 m^3,有效容积为308 m^3。120渗漏排水泵房面积为5.5 m×7.4 m,与主厂房上、下游盘阀操作廊道连通,内设两台500RJC1250－30×2型深井泵,单台排水量为1 000 m^3/h,扬程为46 m,配套电机型号为YLB280－4,由两套模拟量水位计控制水泵的启停。120渗漏排水泵房设有泵启动运行自动投入润滑水控制系统。排水管管径为350 mm。120渗漏排水系统用于排除机组上、下游侧渗漏水,渗漏排水排至2号、4号机组尾水闸门后尾水洞内。120渗漏排水系统见图15-1。

(二)17C渗漏排水

17C渗漏排水系统将进入主厂房之前的30号排水洞渗漏来水(主厂房渗漏水主要来源)的一部分进行分流,使进入主厂房的水量尽量减少,解除了渗漏水量偏大给厂房构成的潜在威胁。在30号排水洞内、靠近6号机组端另外开挖了一个渗漏集水井,井底高程为106.3 m,有效容积为445 m^3。在位于该集水井上部17C号洞内设17C渗漏排水泵房,内装两台500RJC1000－29型深井泵,单台排水量为1 000 m^3/h,扬程为45 m,配套电机型号为YLST450－4,由两套模拟量水位计控制水泵的启停。17C渗漏排水泵房设有泵启动运行自动投入润滑水控制系统。水泵出水管管径为400 mm,沿17C号洞敷设,渗漏排水管穿过17C号洞后进入厂交通洞,然后进入尾水闸门室,排水入尾水洞。17C交通洞渗漏排水系统可汇集30号排水洞渗漏水量的50%,能够很大程度上减轻厂房排水系统的压力。17C交通洞渗漏排水系统见图15-2。

二、检修排水系统

小浪底电站机组检修排水充分考虑多泥沙水流的特点和运行条件,采用了在高程

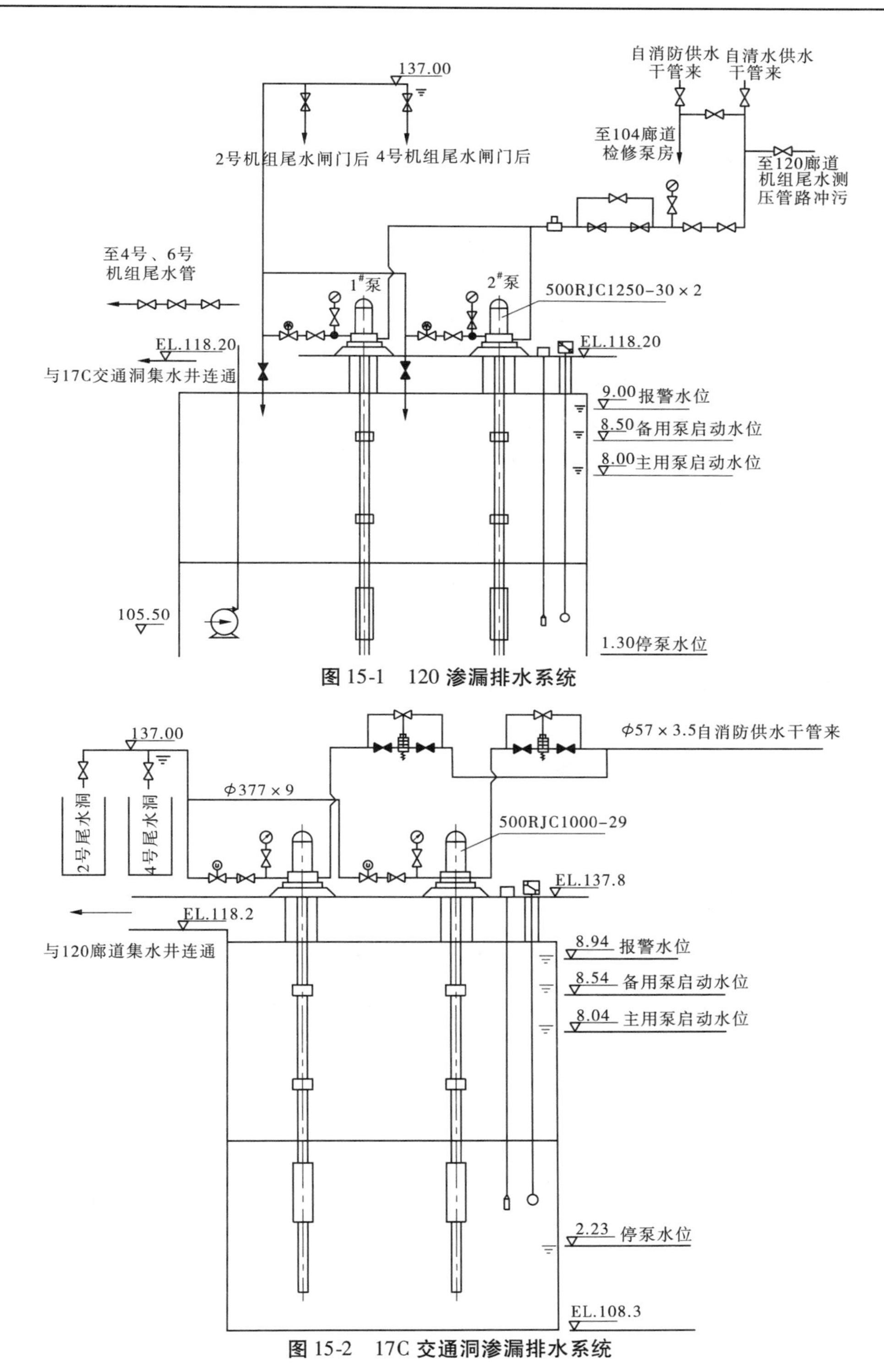

图 15-1　120 渗漏排水系统

图 15-2　17C 交通洞渗漏排水系统

104 m 廊道内设置全封闭管路及离心泵组集中排水的直接排水方式，并在排水干管设置高压清水冲淤管道及放空措施加以完善。设置高压清水冲淤管道可以在排水干管放空后对沉积的泥沙进行冲刷。

检修排水泵房位于安装间下方 104.65 m 高程,泵房尺寸为宽 9.0 m,长 26 m。在检修排水泵房中单独设置了检修渗漏集水井及排水设备,排除检修排水泵房四周围岩及管件渗漏水、放空检修排水干管中的积水及排水泵出水管的剩余水量。集水井底部高程为 99.95 m,泵房地面高程为 104.65 m,集水井有效容积为 40 m^3,设两台型号为 80ZJ－I－35G 的渣浆泵,单台排水量为 76 m^3/h,扬程 47.4 m,由两套模拟量水位计控制启停。为实现泵的自动充水启停,设有充水电磁阀组及管道系统。水泵出水管管径为 125 mm,排水至 4 号或 6 号机组尾水管水尾闸门前,所以 4 号和 6 号机组不能同时排水检修。排水至 4 号机组还是 6 号机组尾水由设置在尾水盘阀操作廊道内的阀门手动进行切换。出水管末端设有逆止阀,防止尾水倒灌。具体设备布置情况见图 15-3。

机组检修排水安装了 3 台排水泵,3 台检修排水泵通过检修排水干管分别与 6 台机尾水管相连。其中 2 台为 14SH－19 型双吸离心泵,排水量为 972～1 440 m^3/h,扬程为 22～32 m,配套电机型号为 Y315L1－4;1 台为渣浆泵,型号为 300ZJ－II－A87,排水量为 760 m^3/h,扬程为 32.5 m。排水干管廊道位于主厂房下游侧的尾水管底板下 104.85 m 高程,贯穿全厂,断面尺寸为宽 2.5 m,高 3.0 m。

三、应急排水

104 泵房接一临时潜水泵至 120 渗漏集水井,当 104 泵房渗漏水量较大时手动启泵抽水至 120 渗漏集水井,见图 15-3。

在 120 廊道内放置一台 200 m^3/h 潜水泵,并配备完善的管路及电源系统。如果处于厂房最低处 104 泵房被淹,可通过 120 廊道内电动葫芦将潜水泵吊至 104 泵房,启动抽水。

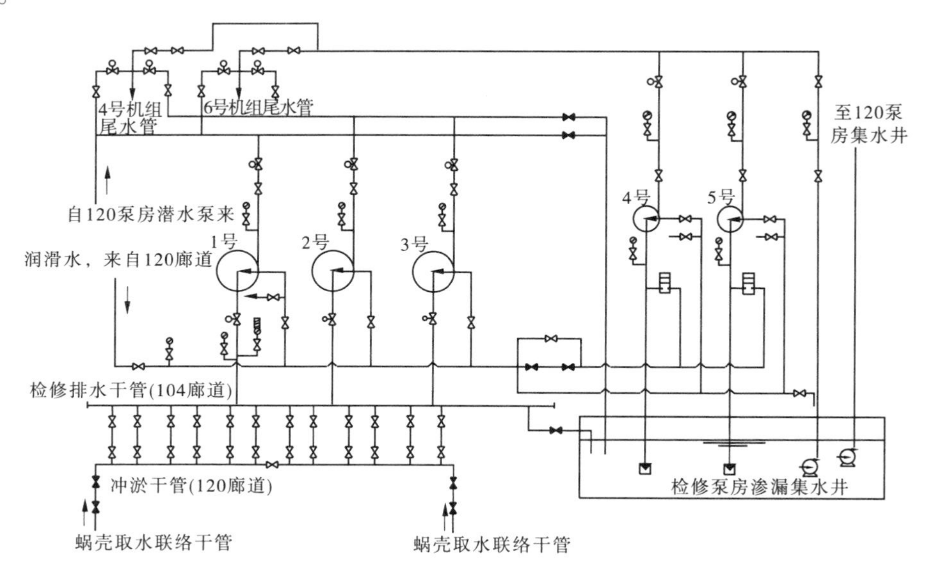

图 15-3 104 廊道检修排水系统图

第二节　运行及维护

一、运行方式

（一）渗漏排水

（1）120、17C 渗漏排水泵启停由水位计自动控制，上位机能监视到水位及排水泵启停情况。

（2）120 两台深井泵控制系统经过改造后由 PLC 控制轮流启停；17C 两台深井泵采用的还是常规控制系统，一台主用，一台备用，每周需要切换一次。

（3）120 渗漏集水井及 17C 渗漏集水井在 118 m 高程设有一个涵管连通互为备用，使得两个泵房只要有一台泵能够正常工作就能够实现对两个集水井的正常抽水。

（二）检修排水

（1）机组检修需要排除压力钢管、蜗壳、尾水管内的积水时，首先全关发电洞进口闸门，然后投入发电机风闸，手动打开导叶 3% ~5% 开度，通过导叶将压力钢管内的水排至尾水管，压力钢管内的水排空即蜗壳与尾水平压后，下落尾水闸门。蜗壳内的水以及尾水积水通过蜗壳和尾水排水盘阀排至直径为 800 mm 的排水干管，经过 3 台检修排水泵排至 4 号或 6 号机组尾水管内，排水时间约为 5 h。

（2）水轮机流道排水的初始阶段，由两台双吸离心泵同时工作，经过一根直径 600 mm 的排水管排至 4 号或 6 号机组尾水管，待水位降至 116.0 m 高程后，改由一台渣浆泵继续抽排剩余积水。水轮机流道内的水排空后，手动停运渣浆泵。

（3）运行机组的盘阀和检修机组进口闸门会有渗漏水，为保证机组检修时水轮机流道内积水不上升到工作面，由安装在排水干管上的水位计控制渣浆泵的启停，将尾水管内积水排至 111.40 m 高程以下。运行值班人员在中控室可以监视到检修排水干管的压力。当需要将尾水管底部的剩余积水完全放空时，可打开排水干管末端的放水阀，排放至检修泵房内的集水井。

（4）检修泵房渗漏排水泵由 PLC 自动控制，轮流启停。应急潜水泵正常情况下做冷备用，每月定期试运行一次，检查其是否正常。

（5）机组正常运行期间，检修排水泵均放在停运位。机组检修启泵前，须用兆欧表测量电机绝缘电阻，并退出电机加热器，由值班人员通过工业电视监视排水干管水位，并根据水位启动检修排水泵。

二、运行控制

（一）渗漏泵的运行控制

1. 远方监视

远方不能对渗漏泵直接控制，可以通过上位机观察各台泵的启停情况、集水井水位信号和水位变化曲线，通过工业电视摄像头观察渗漏泵房环境及阀门渗漏情况。

2. 现地控制

渗漏泵的现地控制见图 15-4。

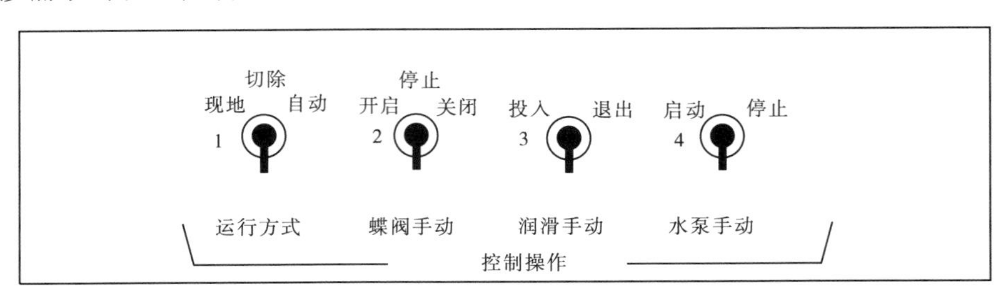

图 15-4　渗漏泵的控制

(1)操作把手 1 可以实现渗漏泵的“现地”、“切除”和“自动”三种控制方式。

(2)操作把手 2 可以实现渗漏泵蝶阀的“开启”、“停止”和“关闭”。

(3)操作把手 3 可以实现渗漏泵润滑水的“投入”和“退出”。

(4)操作把手 4 可以实现渗漏泵手动方式的“启动”和“停止”。

(二)检修泵的运行控制

1. 远方监视

远方不能对检修泵直接控制,可以通过上位机观察各台泵的启停情况、集水井水位信号和水位变化曲线,通过工业电视摄像头观察检修泵房环境及阀门渗漏情况。

2. 检修排水 1 号、2 号、3 号泵现地控制

单台检修排水泵的控制面板见图 15-5。

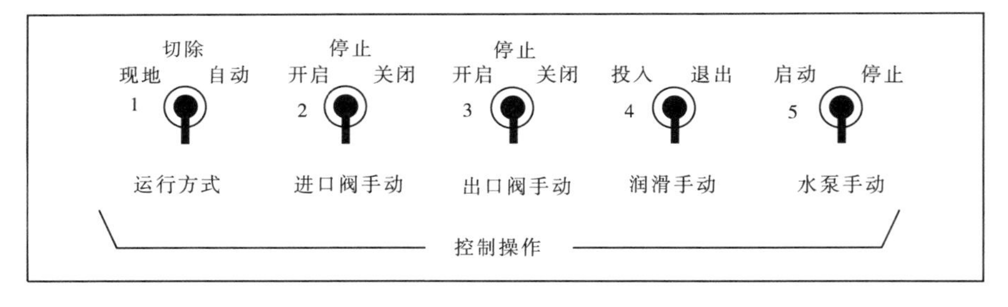

图 15-5　单台检修排水泵的控制面板

(1)操作把手 1 可以实现泵的“现地”、“切除”和“自动”三种控制方式。

(2)操作把手 2 可以实现进口阀手动“开启”、“停止”和“关闭”。

(3)操作把手 3 可以实现出口阀手动“开启”、“停止”和“关闭”。

(4)操作把手 4 可以实现润滑水的手动“投入”和“退出”。

(5)操作把手 5 可以实现水泵手动“启动”和“停止”。

3. 检修排水 4 号、5 号泵现地控制

4 号、5 号泵控制面板见图 15-6。

(1)操作把手 1 可以实现 4 号泵的“现地”、“切除”和“自动”三种控制方式。

(2)操作把手 2 可以实现 4 号泵的手动“启动”和“停止”。

(3)操作把手 3 可以实现 5 号泵的“现地”、“切除”和“自动”三种控制方式。

(4)操作把手 4 可以实现 5 号泵的手动“启动”和“停止”。

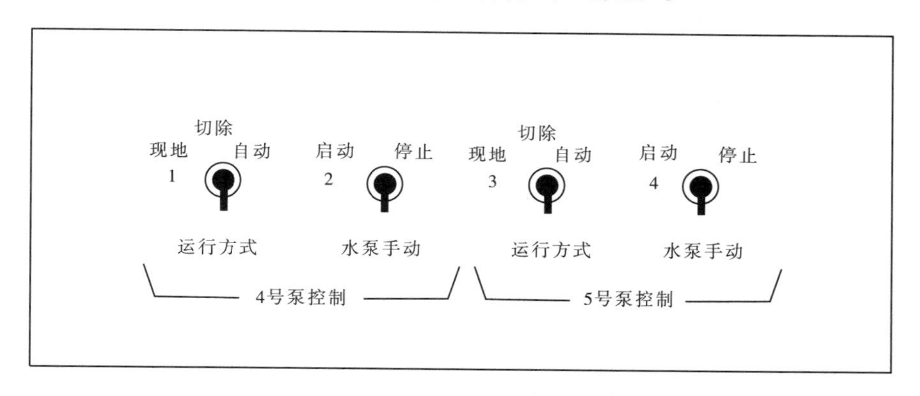

图 15-6　4 号、5 号泵控制面板

三、巡回检查

(一)巡回检查内容

控制盘内设备正常,无过热、冒烟现象;各个操作把手位置正确;电流表指示在额定范围内,无大摆动现象;泵及电机运行声音正常;电机温度、轴承温度正常;渣浆泵托架油箱油位正常,油质良好,无溢油;止水盘根无过大甩水和冒烟现象;冷却、润滑水供水正常;出水压力指示正常,管路阀门无漏水;出口逆止阀平衡砣动作正常,无卡涩、漏水过大现象。

设备存在问题或厂房漏水量较大时,应增加对主厂房渗漏水泵和 17C 渗漏水泵的机动性巡回检查次数,防止水淹厂房。

(二)定期检查

每季度应对电机进行如下检查:用额定电压为 1 000 V 的兆欧表测量定子、转子绕组的绝缘电阻,用额定电压为 500 V 的兆欧表测量绝缘的轴承或轴承座与钢的基础之间的绝缘电阻,检查电机内部灰尘沉积的程度,检查电源、仪表及控制线上灰尘沉积程度,检查外壳接地是否良好。

四、日常维护

渗漏、检修排水系统的日常维护主要包括日常消缺和设备检修。

(一)日常消缺

(1)轴封漏水量过大是渗漏检修排水泵经常发生的缺陷,对泵房环境影响较大。原因是轴封正常磨损及老化,轴封压盖螺栓在运行过程中振动导致松动。采取的防范措施为:加强巡检力度,发现轴封漏水量过大,及时紧固压盖螺栓;若紧固后,漏水量仍然过大,则需要停泵,更换轴封盘根。

(2)泵配套电机润滑油脏或油位过低。这类缺陷发生的原因主要有:杂质、灰尘进入油箱,油箱渗漏,正常消耗等。采取的防范措施为:定期巡检,油脏时及时化验及更换,油量不足时及时添加新油。油箱渗漏,及时处理渗漏点。

(3)渗漏检修排水泵运行时不平稳。这类缺陷的主要原因有:渗漏泵泵轴与铜套卡死,检修泵地脚螺栓松动、泵体蜗轮内塞有杂物等。处理措施为:对泵轴进行检修,更换铜套,紧固地脚螺栓,重做地基,对泵座进行水平调整,清除泵体内杂物。

(4)传动装置中轴承部位温度过高。分析原因为:轴承负荷过大或损坏,润滑油量不合适。采取的措施为:更换轴承,调整润滑油量,更换合适的润滑油。

(5)电机电流在泵运行中升高。分析原因为:电压降低,电机轴承损坏,叶轮摩擦壳体,泵内吸入大量泥沙。采取的措施为:停泵、升压后再启动,更换电机轴承,调节轴向间隙,清理集水井。

(6)水泵出水量显著降低。分析原因为:集水井中动水位下降过低,转速不正确,滤水网被异物堵塞,扬水管或壳体连接处漏水,叶轮脱落或转动不灵活,泵密封环磨损严重,叶轮与中壳斜面过大。采取的措施为:在条件允许的情况下,增加扬水管和传动轴;调整转速到额定转速;清理滤水网;更换损坏零件;更换密封环;减小叶轮与中壳的轴向间隙。

(7)水泵剧烈振动。分析原因为:启泵时未润滑轴承,运行中叶轮与壳体摩擦,传动轴与电机轴弯曲,橡胶轴承磨损严重,电机轴与传动轴不同心。采取的措施为:停泵给水润滑;调整轴向间隙;检修校直轴;更换橡胶轴承;分解电机与泵,重新安装。

(二)典型缺陷

1. 120 渗漏排水泵房逆止阀破裂

1)故障现象

2004 年 9 月,值班人员监屏时发现工业电视屏幕中有个管路大量漏水的画面,经检查发现地下厂房 120 渗漏排水泵房 2 号渗漏排水泵出口逆止阀破裂,有大量水喷出,同时计算机监控系统上位机显示“1 号渗漏排水泵停止、渗漏集水井水位过高报警”等信号。

2)故障处理

值班人员赶到 120 泵房控制室,立即切停 1 号渗漏排水泵,将 2 号渗漏排水泵控制方式切至“停止”位,手动关闭 1 号渗漏排水泵出口阀,2 号渗漏排水泵出口阀因锈蚀无法关闭,2 号渗漏排水泵出口逆止阀破裂处有少量水流出,漏水情况得到抑制。同时,检查发现集水井水位不高,2 号渗漏排水泵电机进水,1 号渗漏排水泵电机正常,于是断开 2 号渗漏排水泵电机电源。检查发现 120 泵房控制室集水井水位长时间无变化,安排工作人员在泵房值班,随时准备启动 120 渗漏集水井潜水泵抽水。将 2 号渗漏排水泵出口逆止阀拆除,在出口处加装挡板,使 1 号渗漏排水泵恢复运行。更换集水井水位传感器,水位显示正常。2 号渗漏排水泵电机受潮,吊出干燥处理。

3)原因分析

地下厂房渗漏泵房湿度大,电机、管道等设备运行环境差,泵出口逆止阀加工有瑕疵以及锈蚀等问题,造成逆止阀破裂,阀门破裂后水直接喷在传感器及电机上,致使电机受潮,水位计无法正常显示。

4)防范措施

加强工业电视的监视;将渗漏排水泵房控制盘柜上移,缩短事故处理时间,避免故障影响扩大;完善重要设备的备件。

2. 检修排水泵房电机绝缘降低故障处理

1) 故障现象

2001 年 3 月，检修排水泵电机绝缘降低；2002 年 9 月，检修排水泵房渗漏排水泵电机声音异常；2011 年 4 月，120 渗漏泵房深井泵大修，回装电机时，电机绝缘降低。

2) 故障原因

小浪底厂房渗漏检修排水泵房空气湿度相对较大，排水泵配套电机出厂时都没有干燥设施，水泵间断运行，电机极易受潮，使绝缘降低；水分浸入电机轴承内部，使电机轴承等传动机构生锈，造成检修排水泵房渗漏排水泵电机声音异常；120 渗漏泵房环境潮湿，大修时，电机被拆下，放置在泵房，长期不运行，使电机受潮。

3) 故障处理

对检修排水泵房电机增加干燥系统，对电机进行干燥。

4) 防范措施

定期加强检修排水泵房电机的巡检，检测电机绝缘并处理；对于地下厂房特别潮湿部分的电气设备增设干燥系统，在电气设备停运间隙投入干燥系统进行干燥；加强电机转动部位的维护，定期加润滑油；加强地下厂房潮湿部位电气设备的通风系统管理，保持电机环境干燥；在泵房大修期间，将电机拆下后，不放置在泵房，运至环境较干燥的地方放置。

3. 检修排水系统水位传感器故障处理

1) 故障现象

2007 年 9 月，检修排水 4 号、5 号泵连续 8 h 未启动，导致水位上升至检修排水泵电机的基座上。检修排水 4 号、5 号泵处于自动运行位置，由水位计控制。

2) 故障处理

现地检查检修排水 4 号、5 号泵的水位传感器，发现 2 号水位传感器显示水位正常，1 号水位传感器显示在停泵水位以下。实际水位已经超过启泵位置，判定为 1 号水位传感器故障，更换 1 号水位传感器后，检修排水 4 号、5 号泵启停恢复正常。

3) 原因分析

检修排水 4 号、5 号泵靠两套水位传感器实现自动启停，两套水位计互为备用。当其中一套水位传感器损坏没有显示值或显示值在停泵水位以上，则另一套水位计可正常实现水泵启停。如显示值在停泵水位以下，则发出停泵信号，闭锁水泵启动，但不影响 PLC 控制柜触摸屏上水位高报警信号显示，由于报警信号水位设置过高，当报警信号出现时，水面已到井口。由于检修排水 1 号传感器探头损坏显示在停泵水位以下，闭锁了启泵回路，造成 4 号、5 号泵不能正常启动。

4) 防范措施

水位传感器探头工作环境恶劣，水里的泥沙容易堵住探头测量孔，导致测量不准确，现进行定期清洗水位传感器探头，并降低报警水位。

(三) 排水泵检修项目及质量标准

1. 渗漏排水泵房深井泵

渗漏排水泵房深井泵检修项目及质量标准见表 15-1。

表 15-1　渗漏泵房深井泵检修项目及质量标准

序号	项目		检修项目	质量标准
1	水泵部分的检修	泵的分解	(1)电机轴与传动轴分解； (2)分解电机与泵座连接螺栓； (3)逐节分解泵管和传动轴； (4)吊出泵轮段； (5)逐级分解泵体	(1)禁止用重物敲击泵轴、叶轮、密封环等部位； (2)零件表面涂防锈油； (3)所有拆下的零件应有序地摆放在橡胶板或者木方上； (4)设备拆卸过程中，做好防止工器具、杂物落入泵管内的措施
2		泵的回装	回装顺序与分解相反	(1)凡有螺纹、止口和结合面部位，在安装时，必须均匀地涂一层黄油； (2)每装完一根扬水管，应检查轴与管是否同心； (3)传动轴用联轴器连接时，应确保两传动轴端面紧密接触，其接触面应低于联轴器中部； (4)管路及法兰处不得漏气； (5)在回装过程中，为了防止杂物落入泵内，所有孔眼均应盖好； (6)电机电源接线盒回装正确，密封性能良好； (7)保证泵和电机铭牌完好无损
3		传动轴	(1)检查检修； (2)更换轴封密封圈	(1)无破损、裂纹、弯曲变形，总长度弯曲度≤0.75 mm； (2)丝扣完好，无锈蚀，端面平整，无毛刺、伤痕，镀层完好； (3)安装后，应与泵管同心，镀段上下应外露轴承支架； (4)轴封压盖螺栓装好后应能使轴封处有少量水漏出
4		泵管	检查检修	(1)支架轴承与泵管段结合紧密； (2)法兰端面平整，无高点、毛刺，止口内无杂质，法兰螺栓均匀紧固； (3)泵管无裂纹； (4)去锈彻底，涂漆均匀
5		轴承支架	检查检修	(1)轴承支架无裂纹； (2)安装位置正确，与泵管配合面无损伤、变形
6		轴套	检查检修	(1)与轴承装配无松动； (2)与轴承配合间隙 0.25 mm
7		泵体	分解检修	(1)泵轮、泵轴应无缺陷，组合无误； (2)组合后泵轮的窜动量应保证在 6 ~ 10 mm； (3)叶轮轴无损伤，最大挠度在 0.2 mm，装配后伸出长度应在(145 ± 3) mm
8		滤水网	检查检修	网眼干净，无锈蚀、腐烂，无杂物堵塞

续表 15-1

序号	项目		检修项目	质量标准
9	电机部分的检修	电机机械部分	(1)轴承检查; (2)冷却风扇叶片检查; (3)润滑油、润滑脂检查; (4)外观检查; (5)电机盘车; (6)电机轴与泵轴同心度调整	(1)轴承无损伤; (2)叶片无裂纹,与轴连接无脱落; (3)润滑油、润滑脂质量合格; (4)电机壳无裂纹; (5)盘车时,电机内部无异响; (6)四周间隙均匀
10		电机电气部分	按常规要求做电气试验	符合相关规程规范要求
11	其他部位的检修	润滑水管	检查检修	(1)进、排水管畅通; (2)阀门操作灵活可靠; (3)各管接头无漏水
12		表计	检查	指示准确
13		出口阀、逆止阀、给水阀	检查检修	(1)阀门操作灵活,阀口严密平整,不渗漏; (2)盘根填料充足,有一定压紧余量; (3)无损伤、裂纹、锈蚀,涂漆均匀; (4)各部螺栓紧固无松动
14		试运行	检查	(1)间隙合格,轴向密封良好; (2)轴套润滑水充足; (3)手动盘车转动灵活,止逆可靠
15		启动试验	试验检查	启动前检查: (1)检查电机旋转方向,从电机向下看,逆时针方向旋转; (2)检查水泵底座基础螺栓是否紧固,填料压盖上的螺母是否松紧适当; (3)检查电机轴承润滑油是否已注,注油量是否满足要求; (4)检查止逆装置是否灵活有效; (5)各项检查无问题后进行给水预润,然后启动水泵。 启动后检查: (1)泵无异常声响和振动; (2)密封处无大量漏水,不发热; (3)压力表计指示正常

2. 检修排水泵房离心泵

检修排水泵房离心泵的检修项目及质量标准见表15-2。

表15-2　检修排水泵房离心泵的检修项目及质量标准

序号	项目		检修项目	质量标准
1	水泵部分的检修	泵的分解	(1)联轴器分解; (2)泵盖分解; (3)轴承压盖分解; (4)轴、叶轮的吊出分解	(1)禁止用重物敲击泵轴、叶轮、密封环等部位; (2)零件表面涂防锈油; (3)所有拆下的零件应有序地摆放在橡胶板或者木方上
2		泵的回装	回装顺序与分解相反	(1)校对电机和泵轴的同心度为0.08 mm/m; (2)泵与电机联轴器间隙为4 mm,偏差不能超过1 mm; (3)泵接管后再按上述要求校对一次; (4)管路及法兰处不得漏气; (5)在回装过程中,为了防止杂物落入泵内,所有孔眼均应盖好; (6)确认水泵旋向,从传动端看,泵为顺时针方向旋转; (7)电机电源接线盒回装正确,密封性能良好; (8)保证泵和电机铭牌完好无损
3		泵轴	(1)泵轴的检查; (2)泵轴与电机轴水平度调整	(1)无破损、裂纹、弯曲变形; (2)丝扣完好,无锈蚀; (3)泵轴与电机轴水平度为0.25 mm/m
4		叶轮及密封环	检查检修	(1)叶轮无裂纹,无严重磨损,安装位置正确; (2)与键配合紧密无松动; (3)密封环无锈蚀、损伤,与泵体配合严密
5		轴套及锁紧螺母	检查检修	(1)轴套无严重磨损,端面平整光滑无磨损; (2)锁紧螺母螺纹完好无损伤
6		轴密封及轴承	(1)检查检修; (2)轴密封更换; (3)轴承内加润滑脂	(1)轴密封应有一定调节余量,与轴径向间隙均匀; (2)轴承转动灵活,珠架无损伤,润滑脂充足; (3)挡水圈、轴承压盖完好; (4)润滑脂占轴承腔的1/3～1/2
7		泵体	检查检修	(1)泵体各配合面平整,无高点,定位销无锈蚀; (2)泵盖无裂纹,垫片完好
8		联轴器	(1)检查检修; (2)泵与电机联轴器间隙调整	(1)精确对中; (2)固定螺栓无松动,缓冲器无磨损、脱离; (3)泵与电机联轴器间隙为4 mm

续表 15-2

序号	项目		检修项目	质量标准
9	电机部分的检修	电机机械部分	(1)轴承检查； (2)基础螺栓检查； (3)冷却风扇叶片检查； (4)润滑油、润滑脂检查； (5)外观检查； (6)电动机盘车	(1)轴承无损伤； (2)无松动,完好； (3)叶片无裂纹,与轴连接无脱落； (4)润滑油、润滑脂质量合格； (5)电机壳无裂纹； (6)盘车时,电机内部无异响
10		电机电气部分	按常规要求做电气试验	符合相关规程规范要求
11	其他部位的检修	润滑水管	检查检修	(1)水管畅通、压力正常； (2)阀门操作灵活、可靠； (3)各管接头无漏水
12		表计	检查	指示准确
13		进出口阀、逆止阀、润滑水阀门	检查检修	(1)阀门操作灵活、关闭严密、不渗漏； (2)盘根填料充足,并有一定压紧余量； (3)无损伤,除锈彻底,刷漆均匀； (4)各部螺栓无松动
14		试运行	检查	(1)间隙合格,轴向密封良好； (2)手动盘车转动灵活,润滑水充足
15		启动试验	试验检查	启动前检查： (1)检查电机旋转方向,转向应与铭牌箭头方向相同； (2)检查水泵底座基础螺栓是否紧固,填料压盖上的螺母松紧适当； (3)检查电机轴承润滑油是否已注,注油量是否满足要求； (4)检查润滑水压力及排水是否正常。 启动后检查： (1)泵无异常声响和振动； (2)密封处无大量漏水,不发热； (3)压力表计指示正常

第三节　技术改造

一、检修排水阀门改造

地下厂房检修排水系统1号、2号、3号检修排水泵进口阀门均为普通金属硬度密封电动蝶阀，不同程度地存在关闭不严、内漏严重、生锈发卡、无法操作等问题，严重影响到系统和机组的正常检修维护工作及事故处理工作，存在水淹厂房的重大安全隐患，直接危及机组和整个地下厂房的安全。

为了保证检修排水系统和机组检修维护工作的安全可靠，保证机组和地下厂房的安全，对1号、2号、3号检修排水泵进口电动蝶阀进行改造。将检修排水泵房进水口管路上现用的电动蝶阀更换为相同规格的性能更为可靠的新型密封性能较好的三偏心金属硬密封电动蝶阀，型号为Vaness30000。该蝶阀以其独特的密封结构型式和优良的密封性能，非常适合多泥沙水流条件下运行。

用三偏心金属硬密封电动蝶阀更换现有的普通金属硬密封电动蝶阀后，有效地解决了检修排水系统存在的问题。

二、检修排水泵房电机防潮改造

(一)改造原因

由于小浪底水力发电厂厂房检修排水泵房空气湿度相对较大，渗漏排水泵配套电机出厂时都没有干燥设施，水泵间断运行，电机极易受潮，使绝缘降低，影响检修排水系统的正常运行，需要对检修排水泵房电机增加防潮装置。

(二)改造方案

增设电机干燥系统。在确保电机安全和措施可行的前提下，利用现地电源降压法将低电压加到电机任意两相，电流维持在6%～8%I_e，电机温升在5～8℃。

电机干燥控制电源采用220 V交流电源，电机干燥主回路电源与控制电源一致。如图15-7所示：SA1为手动、自动切换把手，SB1为现地启动按钮，SB2为现地停止按钮，KM1、KM2、KM3为接触器励磁线圈，HL1、HL2为信号指示灯。

如图15-7所示，KT1、KT2、KT3为时间继电器的辅助接点，时间继电器并接于电机控制回路的启动继电器回路中。当电机停运时，其接点闭合，电机运行时，其接点打开。电机控制回路为延时启动，瞬时停止。

时间继电器设计的主要作用为瞬时打开，延时闭合。在电机启动时，在电机主回路未断开之前，时间继电器瞬时动作，将电机干燥系统的低压回路切除；电机停运时，主回路瞬时断开，时间继电器延时闭合，将电机干燥系统的低压回路投入。目的是防止电机主回路与电机干燥系统电气主回路接通，通过降压变压器反送电，出现过电压，烧损与电机干燥回路连接的电气设备。

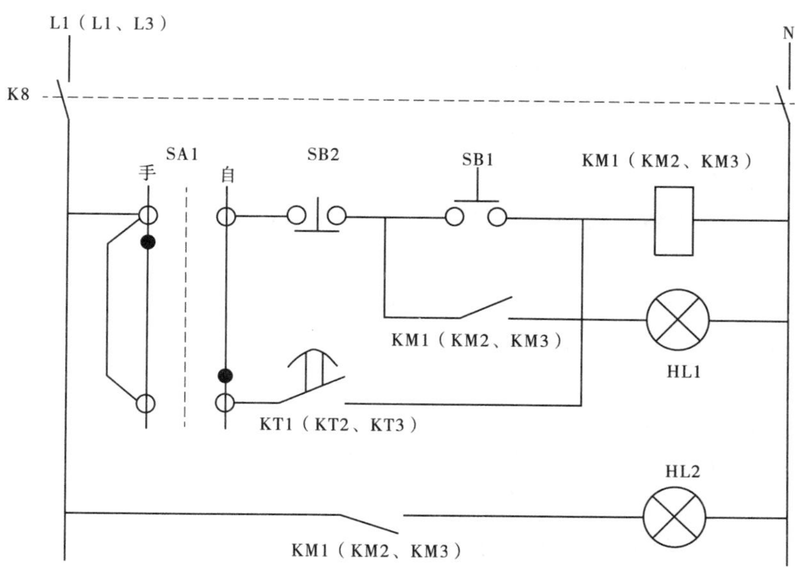

图 15-7　**电机干燥电路控制原理图**

手动操作回路：

在确定电机在停用时，将干燥系统操作回路手动、自动切换把手 SA1 切换为手动，按下合闸按钮 SB1，合闸指示灯 HL1 亮，控制回路接通，接触器 KM1（KM2、KM3）励磁，KM1（KM2、KM3）主触头闭合，电机干燥系统投入。电机干燥系统停运时，按下跳闸按钮 SB2，跳闸指示灯 HL2 亮，控制回路断开，接触器 KM1（KM2、KM3）失磁，KM1（KM2、KM3）主触头断开，电机干燥系统退出。

自动操作回路：

将干燥系统操作回路手动、自动切换把手 SA1 切换为自动，电机停运时，时间继电器 KT1（KT2、KT3）失磁，接点闭合，合闸指示灯 HL1 亮，控制回路接通，接触器 KM1（KM2、KM3）励磁，接点 KM1（KM2、KM3）闭合，电机干燥系统投入。电机启动时，时间继电器 KT1（KT2、KT3）励磁，接点打开，跳闸指示灯 HL2 亮，控制回路断开，接触器 KM1（KM2、KM3）失磁，接点 KM1（KM2、KM3）打开，电机干燥系统退出。

（三）改造效果

通过实际测量，电机干燥电流与理论计算值差值在 5% 左右，电机温度较环境温度升高 5 ~ 9 ℃。设备改造后，电机干燥系统运行可靠，电机定子线圈受潮问题基本解决。

三、检修及渗漏排水控制系统改造

（一）改造原因

（1）地下厂房排水泵房环境恶劣，湿度大，直接威胁电气设备的安全运行。

（2）需要手动启泵时，值班人员要到廊道内启动排水泵，影响工作效率。

（二）改造方案

（1）将 104 检修排水泵及 120 渗漏排水泵控制柜上移，统一规划安装于水轮机层回水泵房控制室，对控制柜进行改造更新。

(2)将排水控制系统由传统的继电器和接触器等组成的控制回路改为由可编程控制器(PLC)发挥重要作用的控制系统,以提高设备的安全运行。

(3)改造后盘柜控制对象:104 层 1 号、2 号、3 号检修排水泵及其进出口蝶阀,4 号、5 号检修排水泵;120 层 1 号、2 号渗漏排水泵及其出口蝶阀,以及应急的临时潜水泵。

(三)改造效果

(1)改造后电气设备上移到厂房水轮机层,空气相对干燥,环境相对优良,运行环境得到改善,元器件的更换周期由原来的 1 年提高到 5 年,节约了维护费用。

(2)原渗漏、检修排水泵和阀门的控制回路采用接触器进行控制和操作。改造后,采用 PLC 集中控制,收集了排水泵及其进口和出口阀门的工作状态、运行状态,有效地提高了对设备的监视程度。

(3)在 PLC 控制柜上增加了触摸屏,可以方便地看到排水泵及其出口、进口阀门的状态,同时也能够监测到渗漏集水井和检修集水井中的水位,对故障的查找和顺利解决提供了方便。

(4)检修排水泵控制柜和渗漏排水泵控制柜采用 PLC 集中控制后,设备的可靠性得以提高,降低了水淹厂房的危险。

第十六章　压缩空气系统

第一节　概　况

小浪底电站压缩空气系统按照压力等级分为高压气系统、中压气系统和低压气系统。高压气系统为机组调速器和筒形阀压油装置供气，中压气系统经减压阀减压后进入管网，主要供给技术供水系统中蜗壳取水口吹污用；低压气系统主要供给机组制动、机组检修密封空气围带及轴承气密封用气和风动工具及清扫用气。

一、高压气系统

高压气系统由 3 台空压机（1 号空压机型号为 HP/8000 – NA，2 号、3 号空压机型号为 15T2A/XH20T5N – LN）、2 个 1.450 m^3 的储气罐、控制柜及管网组成，空压机、控制柜和储气罐都布置在地下厂房 139 m 高程。

（一）空压机规范

高压空压机采用四级排气，1 号空压机额定功率为 11.19 kW，排气量为 0.42 m^3/min；2 号、3 号空压机额定功率为 14.91 kW，排气量为 1.35 m^3/min。

（二）整定值

整定值见表 16-1。

表 16-1　整定值　　（单位：MPa）

额定压力	7.0
高压报警压力	7.5
空压机停止压力	7.0
主用空压机启动压力	6.5
备用空压机启动压力或压力过低报警	6.0

二、中压气系统

中压气系统由 2 台中压空压机、1 个 4 m^3 的储气罐及管网组成。中压空压机的出口压力为 3.4 MPa，布置在厂房 135 m 高程。

（一）空压机规范

中压空压机采用三级排气，空压机额定功率为 14.91 kW，排气量为 1.07 m^3/min。

（二）整定值

整定值见表 16-2。

表 16-2　整定值　（单位:MPa）

压力信号计整定值	启动 1 号空压机	3.0
	启动 2 号空压机	3.0
	停止空压机	3.4
	气压低报警	2.9
	气压高报警	3.5
减压阀整定值	进口压力	3.0～3.4
	出口压力	0.7～1.8

三、低压气系统

低压气系统由制动用气系统和检修用气系统组成，空压机、储气罐都布置在地下厂房 139 m 高程。其中，制动用气系统由 2 台空压机（1 号、2 号空压机）、2 台冷冻干燥机、2 个 12 m^3储气罐及管网组成。检修用气系统由 2 台空压机（3 号、4 号空压机）、1 个 12 m^3 储气罐及管网组成。

（一）空压机规范

低压空压机采用三级排气，空压机额定功率为 138 kW，排气量为 20 m^3/min。

（二）保护配置

整定值见表 16-3。

表 16-3　整定值　（单位:MPa）

压力信号器整定值	1 号空压机启动	0.65
	2 号空压机启动	0.60
	3 号空压机启动	0.65
	4 号空压机启动	0.60
	空压机停止	0.80
	压力低报警	0.55
	压力高报警	0.83

第二节　运行及维护

一、运行方式

（1）在正常情况下，空压机控制方式均切为自动，空压机启停根据储气罐压力自动控制。

（2）在高压空压机控制柜上 3 台空压机优先权把手分别设为主用（LEAD）、备用

(LAG)、后备(STANDBY)方式;中压空压机和低压空压机控制把手设为主用(LEAD)、备用(LAG),每月定期切换一次。

(3)当有紧急情况时,可按下控制柜上紧急停机按钮将空压机停下来。

(4)空压机运行状况、各储气罐压力及各报警信号都接入电厂计算机控制系统,运行人员在中控室可全面了解系统的运行情况。

二、运行操作及维护

(一)空压机检修安全措施

在控制柜上,将要检修的空压机优先权切至后备(STANDBY)方式,在控制柜及空压机盘面上,将空压机控制把手切至 OFF,切断并隔离空压机电源,关闭并锁上空压机出口阀,在电源柜和出口阀上挂标示牌。

(二)空压机检修后启动前的检查

所有空压机上的检修工作已结束;各部分螺丝连接紧固,电机外壳接地线完好;风扇叶片完整,皮带松紧合适;空压机出气阀开启;储气罐常开阀都应打开;各压力继电器、温度继电器整定值正常;空压机电源投入。

(三)定期工作

每月切换一次主、备用空压机,每半个月对储气罐进行一次排污。

(四)维修保养

高、低压空压机每年进行一次小修,按空压机所需油量换油。压力表、安全阀每年进行一次校验,高压气罐、管路每两年进行一次部分检验,每六年进行一次全面检验。

中压空压机因机组技术供水系统运行实际工况比设计工况好,蜗壳取水口没有发生过堵塞现象,基本处于闲置状态。为防止蜗壳取水口吹扫管路漏水,已对吹扫管路进行封堵。空压机已于 2010 年退出正常运行,每年仅进行一次小修维护。

(五)常用备件

(1)高压空压机需常备的易损备件有:1、2、3 级排气阀,翅片管,安全阀,自动排污阀等。

(2)低压空压机需常备的易损备件有:内部管路接头,温度、压力传感器,控制开关,传动皮带,风扇电机,主电机等。

三、运行巡回检查

各系统控制柜上无报警灯亮,空压机盘面气压表检查各级气压正常,储气罐上压力表指示正常;空压机运行中无异常声音、焦味、剧烈振动,盘面上油压、油温正常;管路、阀门、储气罐不漏气;储气罐、空压机各级安全阀未动作;空压机停止运行一定时间后拧开油箱盖,拔出标尺检查油位是否正常。

四、缺陷处理

空气系统比较简单,控制设备单一,高、中、低压气系统之间存在的是压力等级差。设备所出现的缺陷有共同的特点:压力容器、管道、空压机本体出现漏气,空压机本体出现机械故障,空压机控制回路出现故障,压力测量元件故障等。缺陷处理如下。

(一)管路漏气

(1)空压机运行时,本体部分发生漏气现象。经检查高压空压机三级缸冷却管喇叭口断裂漏气,重新制作三级缸冷却管喇叭口安装,经启机试验,空压机运行正常。

(2)低压冷干机排污管路漏气。检查发现低压机出口逆止阀无阀芯,冷干机气水分离器浮球动作失常不能自行关闭排污管口,导致气压反窜漏气。在对冷干机气水分离器内浮球进行清洗并更换逆止阀后,漏气现象消失。

(二)空压机故障

(1)高压空压机启动后不能向高压储气罐内打压。检查发现排水阀活塞卡塞不复位,造成漏气,经过清洗修复后,空压机试运行打压正常。

(2)低压空压机启动频繁,启动后不加载。经检查,空压机频繁启动原因是气水分离器漏气所致。

(三)空压机控制回路故障

(1)空压机在压力达到停机卸载压力后,在延时停机过程中,压力出现波动。而后空压机重新加载,如此反复,致使空压机不能停下来。同时,机体内有继电器反复动作的声音。检查发现是由于空压机内控制空压机启/停的压力传感器故障,致使控制回路不能正确检测系统压力,而导致空压机反复启停。更换压力传感器后空压机启停正常。

(2)高压空压机启动后"低油位"报警,并且空压机随即停止。空压机停止后,"低油位"报警消失,检查高压空压机油位正常。检查发现,由于低油位开关在曲轴箱内发卡,造成空压机启动后有"低油位"报警,经过排油后,对低油位开关进行处理,"低油位"报警消失,空压机可正常启动。

第三节 技术改造

水电厂的压缩空气系统是三大辅助系统中比较简单的系统,并且设计、设备和运行都比较成熟,运行期间设备技术改造项目比较少。下面简单介绍小浪底水力发电厂压缩空气系统几项改造项目。

一、高压气系统

(一)高压空压机更新改造

在电站施工期间,空压机运行条件恶劣,空气中粉尘较多,空压机长时间运行造成部件磨损相当严重,主要磨损部件有:曲轴、活塞、缸体、曲柄等。另外,高压空压机输出功率偏小,高压储气罐至机组高压油罐管路直径细,这些都造成高压储气罐建压慢、高压油罐补气时间过长、空压机运行时间长,影响机组安全运行。

2003 年 6 月和 2004 年 5 月分别将 3 号高压空压机和 2 号高压空压机进行了更新改造,将原来型号为 HP/8000 - NA、输出功率为 15 马力(1 马力 = 735.499 W)的空压机更换为 15T2A/XH20T5N - LN 型、输出功率为 20 马力的空压机。2 号、3 号高压空压机更换后,将 2 号、3 号高压空压机运行方式分别置为主/备用,每月进行方式切换,将 1 号高压空压机运行方式置为“后备”，基本以2号、3号高压空压机运行为主。改造后，高压储气罐建压时间明显缩短，解决了空压机运行时间延长，机组高压油罐补气时间过长等影响机组安全运行的问题。

(二)高压气系统增设油、气、水分离装置

机组调速系统压油装置在检修排油时发现，透平油中水分含量较高，油质较差，乳化现象严重。分析认为，由于地下厂房空气潮湿，空压机直接对空气进行压缩，未经过干燥处理，导致高压气中水分含量偏高，高压气进入压油罐后，造成机组调速系统透平油乳化。为彻底解决此问题，小浪底水力发电厂在3台高压空压机出口总管与2台高压储气罐之间加装了1套油水处理设备，其中包括1台高压冷干机、1台高压除油过滤器。油水处理设备投运后。透平油乳化程度明显改善。

为了与现场使用的高压空压机相配套，改造项目中需增设的高压冷干机、高压除尘过滤器、高压除油过滤器均选用高压空压机生产厂家——英格索兰压缩机有限公司生产的相关产品。改造示意图见图16-1。

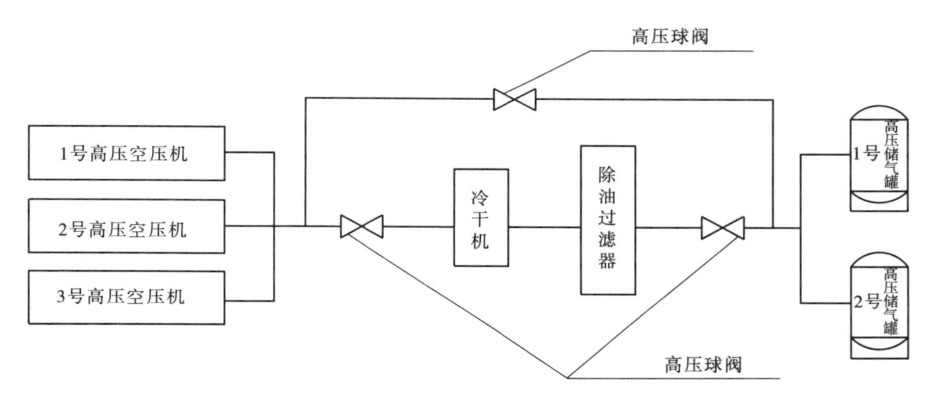

图16-1　高压气系统增设油、气、水分离装置改造示意

高压气系统增设油、气、水分离装置后，效果明显，高压储气罐排污时的水气明显减少，机组调速系统透平油乳化程度也有所降低，改善了调速系统的运行工况。

二、中压气系统

中压空压机因机组技术供水系统运行实际工况比设计工况好，基本处于闲置状态，为防止蜗壳取水口吹扫管路漏水，吹扫管路已封堵。中压空压机已于2010年退出正常运行，每年仅进行一次小修保养，因此中压气系统没有进行过重要技术改造。

三、低压气系统

(一)低压气系统增加机组尾水补气管路

为防止水轮机转轮产生裂纹，在低压气系统管路上增加了机组尾水补气管路，开机前自动给机组尾水管补气90 s，有效地防止了转轮裂纹的产生。

(二)水轮发电机组检修气密封排气管改造

发电机组检修气密封原设计管路为预埋管路，为避开设备，管路弯路较多，致使检修气密封排气不畅。经过改造，将原排气管路直径由 DN10 增大至 DN15，并减少了弯道，缩短了管长，在退出检修气密封时排气变得通畅，使得检修气密封能够顺利退出。

(三)低压气系统管路的改造

原低压气系统的制动用气和检修用气是两个独立的子系统，制动储气罐和检修储气罐之间通过储气罐出口管道的逆止阀单向联络，当制动储气罐压力小于检修储气罐时，检修储气罐内压缩气体可流向制动储气罐，反之，压缩气体则不能通过逆止阀。为实现检修气与制动气的连通和 3 个储气罐能够单独检修，在检修气空压机与制动气空压机出口处增加 1 个联络阀门，实现了检修储气罐与制动储气罐互连；在制动用气干管上增加 1 个阀门，在制动用气干管至检修用气干管的增加一联络阀门，从而保证了 3 个压力相同的低压储气罐实现气源互通，使得低压气系统的运行方式更加灵活，气罐的检修更加方便。

第十七章 厂房通风空调自动控制系统

小浪底水力发电厂地下厂房是一个地下洞群的组合,与外界主要通过3个通风竖井进行空气对流,厂房内的空气流动和温度、湿度控制完全依赖于通风空调系统。尤其是在夏季,外部湿热空气遭遇地下厂房大面积低温洞群壁面和管道等就会结露,厂房内湿度饱和,从而造成厂房内雾气腾腾的现象,严重影响电气设备的安全稳定运行。通风系统的优化控制,能保证厂房各层新鲜空气的流动,达到电气设备正常工作所需的温度、湿度条件,从而保证设备的安全运行和运行维护人员有良好的工作环境。

第一节 概 况

一、通风空调自动控制系统的分布

小浪底水力发电厂地下厂房通风空调自动控制系统设计的范围为电站地下部分的通风空调系统和与地下通风有关的地面通风空调设备,分别安装在地下主厂房、副厂房、安装间、主变洞、母线洞、220 kV 高压电缆隧洞、尾水闸门洞、8#交通洞、17#交通洞、17#C 交通洞、1#通风竖井、2#通风竖井、3#通风竖井。

主厂房全长220 m,宽23 m,最大高度61.44 m;安装间和副厂房位于主厂房左端;主厂房与主变洞由6条母线洞相连;2条220 kV高压电缆隧洞连接主变洞与地面开关站,长度分别为270 m和310 m;17#进厂交通洞长460 m,断面为9.2 m×8 m,与主厂房、主变洞和尾水闸门室的左端相连;8#交通洞长450 m,断面为8 m×8 m,与副厂房安全出口相连;17#C 交通洞长500 m,断面为6.5 m×4.5 m,在主厂房入口处与17#进厂交通洞相交,末端连接主厂房操作廊道;3条无压尾水洞与尾水闸门室相连;1#、2#、3#通风竖井分别把地下主厂房、主变洞、尾水闸门室与外界相连。

二、自动控制系统介绍

(一)自动控制系统组成

小浪底水力发电厂地下厂房通风空调自动控制系统设1个上位机操作站和8个现地控制单元(LCU),采用MODBUSPLUS(MB+)网络形式,以实现所有控制设备的监测与控制,实际网络图如图17-1所示。考虑系统通信距离较远,采用中继器来扩充距离,共设2台MODICONRR85中继器。

(二)控制功能

1. 现地控制单元

现地控制单元可独立运行,进行被控设备组有关运行参数(温度、湿度等)的检测,实现被控设备组各设备的启停控制、台数控制及相互之间的联锁控制。其对被控设备组各

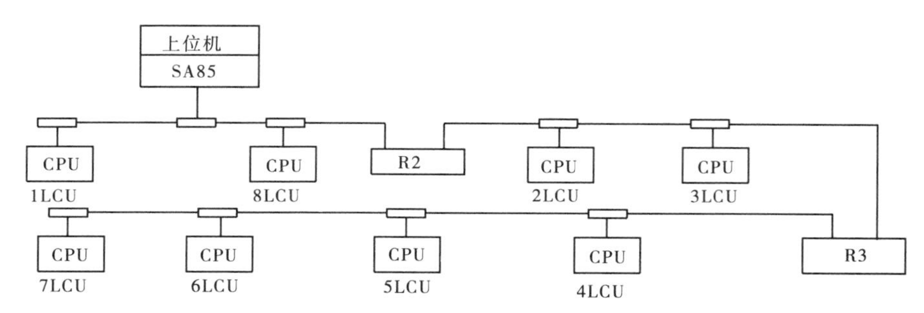

图 17-1 地下厂房通风空调自动控制系统网络

设备运行状态进行监测,并对其故障进行报警及处理;实现与上位机操作站之间的联网通信,负责将有关数据上送给上位机操作站,同时接受上位机操作站的指令完成相应控制。现地控制单元设有自动和手动两种控制方式,两种工作方式互相闭锁,互不干涉。自动方式时,由 PLC 依据控制流程自动控制被控设备的启动/停止、开启/关闭;手动方式时,由操作显示面板上的操作开关直接控制被控设备。手动方式只做设备检修用,正常情况下采用自动方式。现地控制单元上设有指示灯,用于显示控制单元的工作状态、被控设备的运行状态等。

2. 上位机操作站

(1)监控功能:与现地控制单元之间进行联网通信,实现现地控制单元的所有检测控制功能。在上位机操作站上可实现对现地被控设备的远方控制。

(2)画面显示功能:设有系统所必需的各种图文画面。操作人员能根据系统提供的菜单及提示,调出所关心的画面。设备故障时,自动推出故障设备所在画面,画面中对故障设备有明显的标志及故障处理提示。

(3)打印功能:正常情况下,由操作人员召唤打印所需图文资料。设备故障时,能自动打印故障设备的名称、所在部位、故障发生时间和故障处理情况等信息。

(三)控制原理

可编程控制器 PLC 为现地控制单元的核心,它通过输入模块接收信号来监视被控设备的状态,由 CPU 处理器求解用户逻辑程序,把控制信号送到输出模块,通过外部设备控制回路控制被控设备,完成控制功能。用户逻辑程序是用梯形图语言编制的,编制时主要依据被控设备的工艺流程要求。

第二节 运行及维护

一、通风空调自动控制系统运行

(一)现地控制单元 1LCU

现地控制单元 1LCU 位于 17#交通洞进风楼内,用于 17#交通洞进风楼设备组的监测与控制,由电动风阀 4 组、温湿度传感器 4 组、风压差传感器 4 套等组成,作为风源切换控制使用,用于检测该系统空气过滤器是否需要进入检修状态。2 组电动切换阀作为风源切换控制使用。当该处温度 >23 ℃时关闭该电动切换阀，开启尾水闸门室风源切换系统（2LCU）处的电动风阀；当该处温度 <18 ℃时开启该电动切换阀，关闭尾水闸门室风源切换系统（2LCU）处的电动风阀，并由$17^{\#}$C洞首温度传感器验证是否转换切换关系。

（二）现地控制单元 2LCU

现地控制单元 2LCU 位于尾水闸门室靠近交通洞处，用于尾水闸门室风源切换设备组的监测与控制，由电动风阀 6 组、温湿度传感器 9 组等组成。电动风阀布置在尾水闸门室尾水洞口，作为夏季风源切换使用，由 $17^{\#}$C 洞首温度决定受控设备的启停。当温度 >23 ℃时即开启该处的电动风阀，关闭 $17^{\#}$交通洞进风楼处（1LCU）的电动切换阀。当温度 <18 ℃时关闭该电动风阀，开启 $17^{\#}$交通洞进风楼处（1LCU）的电动切换阀，并由 $17^{\#}$C 洞首温度传感器验证是否转换切换关系。

（三）现地控制单元 3LCU

现地控制单元 3LCU 位于地下副厂房 10 kV 高压配电室，用于地下副厂房通风及检测设备组（包括主厂房吊顶风口处的温度、湿度检测）的监测与控制，由双速通风机 1 台、轴流风机 5 台、自然风阀 1 组、泄压风阀 1 组、通风机 2 台、排烟通风机 1 台、温湿度传感器 12 组等组成。

（1）双速通风机：位于 160.2 m 层（地下副厂房与 $8^{\#}$洞相交处），由地下副厂房与 $8^{\#}$洞口处温度传感器控制切换风机转速，当温度 >20 ℃时采用高速，当温度 <18 ℃时采用低速。其余情况则由地下副厂房的温度传感器控制情况而定，当温度 >32 ℃时采用高速。

（2）轴流风机：变压器室 1 组、高压配电室 1 组、电缆夹层 1 台、继电保护室 1 台，夏季工况（地下副厂房与 $8^{\#}$洞口检测温度 >20 ℃）常开，冬季工况（地下副厂房与 $8^{\#}$洞口检测温度 <16 ℃）关闭，若室温 >32 ℃，则启动。149 m 层蓄电池室 1 组根据情况现地手动控制。

（3）通风机、自然风阀：通风机位于 160.2 m 层，通风机与自然风阀联动，风机开则阀关，风机关则阀开。

（4）排烟通风机：位于 156 m 层，平时常闭，事故时受控打开。

（5）泄压风阀：平时常开，事故时由排烟通风机联动。

（四）现地控制单元 4LCU

现地控制单元 4LCU 位于安装间回水泵房，用于安装间下层空调机组、风机和检测设备组的监测与控制，由轴流风机 4 台、自然风阀 2 组、泄压风阀 1 组、通风机 2 台、温湿度传感器 8 组等组成。轴流风机、自然风阀、泄压风阀同现地控制单元 3LCU，2 台通风机分别布置在 139 m 层空压机室、134.5 m 层回水泵室。冬季工况风机关闭，其余季节空压机室风机开启。回水泵房视室温高低而定，当温度≥28 ℃时必须打开。

（五）现地控制单元 5LCU

现地控制单元 5LCU 位于母线层 5 号机段，用于主厂房 4 号、5 号、6 号机段（包括发电机层、母线层、水轮机层、104.65 m 检修排水泵房和 118.20 m 渗漏排水泵房）通风及检测设备组的监测与控制，由移动除湿机 3 台、排风机 1 台、电暖器 1 台、热风电控阀 6 组、温湿度传感器 10 组等组成。

（1）移动除湿机：布置在发电机层每 2 台机组之间，在过渡季节或停机阶段，相对湿度>75%时开机,<65%时则停机;布置在水轮机层的移动除湿机,在过渡季节或停机阶段,相对湿度≥80%时开机,≤70%时则停机。

(2)热风电控阀:布置在母线层,有机组运行时,当水轮机层温度≤12 ℃时启动热风电控阀向水轮机层送热风,当温度≤7 ℃时启动电热采暖系统。

(3)电暖器:布置在发电机层,平时常闭,在冬季发电机层温度<18 ℃时开启该系统采暖。

(4)排风机:布置在主厂房检修排水泵房,运行方式为断续运行,间隔时间为1 h。

(六)现地控制单元6LCU

现地控制单元6LCU位于母线层2号机段,用于主厂房1号、2号、3号机段(包括发电机层、母线层、水轮机层)通风及检测设备组和$17^{\#}$C交通洞末端除湿机房设备组的监测与控制,由移动除湿机3台、排风机1台、通风机1台、电暖器1台、热风电控阀6组、温湿度传感器14组等组成。

(1)移动除湿机:前2台同现地控制单位5LCU,第3台布置在$17^{\#}$C交通洞末端,由湿度传感器控制,相对湿度≥85%时开机除湿,≤75%时则停机。

(2)热风电控阀、电暖器:同其他处运行方式相同。

(3)排风机:布置在水轮机层(134.5 m层)上游侧墙壁上,夏季工况(5~9月)常开,其余季节间断性运行,时间间隔为1 h。

(4)通风机:布置在$17^{\#}$C交通洞末端除湿机房,作为夏季及过渡季节送风用,温度≤10 ℃时则风机停(冬季工况),并联动打开此处风阀进行自然通风。

(5)自然风阀:布置在$17^{\#}$C交通洞末端除湿机房,与通风机联动使用,当通风机开机时联动关闭此风阀,当通风机停机时联动打开此风阀。

(七)现地控制单元7LCU

现地控制单元7LCU位于主变洞4号、5号主变室之间楼梯间,并用远程站来控制点数,用于主变洞及母线洞风量调节设备组的监测与控制,由通风机6台、热风回风机1台、电动风量调节阀7组、温湿度传感器21组等组成。

(1)通风机:6台通风机分布置在6条母线洞内靠主变侧,以温度作为控制依据,温度>30 ℃时启动风机,温度<25 ℃时停机。

(2)电动风量调节阀:布置在主变6个、厂变室吊顶(156 m层)1个,用以调节通风量的大小,以解决$3^{\#}$竖井通风系统7个分支环路流量平衡、温度均衡问题。

(3)热风回风机:布置在主变洞电缆夹层(156 m层),作为冬季工况下向$17^{\#}$C交通洞、安装间送暖风的保暖系统。当$17^{\#}$C交通洞首温度≤10 ℃时开启该系统运行,否则关闭。

(八)现地控制单元8LCU

现地控制单元8LCU位于地面副厂房继电保护室,用于$1^{\#}$、$2^{\#}$、$3^{\#}$通风竖井通风机室设备组和$19^{\#}$、$20^{\#}$高压电缆斜井排风设备组的监测与控制,由排风机5台、电动阀5组、切换风阀、温湿度传感器4组等组成。

(1)排风机:布置在$1^{\#}$通风竖井的排风机有2台,以161 m层每台机组正上方吊顶下的温度传感器所设定的温度为控制$1^{\#}$通风竖井排风机流量的依据。夏季温度设定为35 ℃,用于控制竖井排风机开启数量。冬季温度设定为25 ℃,用于控制竖井风阀开启数量。

布置在3#通风竖井风机室的排风机有3台，其中1台变频，以主变室温度传感器的温度来控制风机投运台数及调节风量大小。排风机为逐台启动，当温度>34 ℃即开始增大风量，同时调节相对应主变室调节阀开度，直到合适(即温度<34 ℃)。

(2)电动阀(自然风门)：布置在1#通风竖井的电动阀有1组，冬季温度设定为25 ℃时开启。布置在2#通风竖井地面风阀室的有2组，用以满足过渡季节或冬季尾闸室自然通风要求。尾闸室内阀开启时，该阀必须是关闭状态。布置在3#通风竖井室的有2组，安装在3#通风竖井室侧墙上，排风机运行时处于关闭状态。当在冬季工况下，排风机关闭时，逐台开启该风阀，控制点为主变、厂用变室温度传感器，设定温度为28 ℃。当温度≥28 ℃时增加风阀开启数量，各室之间温度调节靠调节风量调节阀开度来实现。

(九)上位机操作站

上位机操作站位于小浪底水力发电厂地面继电保护室，由1套工控机、1台打印机、1台显示器、1台UPS、系统软件和用户软件组成。用户软件由系统全貌、报警、控制系统结构图、文档及报表组成。

(1)上位机画面由菜单条、动态画面组成。菜单位于整个画面的顶端，主要用于动态画面的切换。当需要观察某个动态画面时，只需将鼠标的光标移至将要观察的画面的名字处，点击鼠标左键，屏幕将自动切换到所需观察的画面。动态画面主要用于显示通风空调控制系统结构图、各现地控制单元被控设备布置图、报警画面、检测量的趋势图以及各种文档和报表。

(2)主画面显示所有受控单元，通过用鼠标点击图中某一具体地点，可进入该区域监视画面，监视相应设备运行状态以及各个检测量。对有可操作设备的单元，有权限的操作员可在画面上操作设备。操作画面中各设定为：设备指示，红色为开，绿色为关，黄色闪烁为故障报警；开/关操作手柄，向上为开，向下为关；风机起停状态，风机旋转为开，风机静止为关，风阀的开关以百叶的开合为依据。

(3)报警画面对实时出现的故障进行报告，包括总结报警和历史报警。总结报警显示当前所有的活动报警，历史报警显示报警事件的历史，可以通过选择不同的现地单元显示相应单元的故障情况，也可通过输入单元限定显示不同单元的故障。

(4)历史趋势图采用8条曲线显示一定时间段内指定温(湿)度的变化情况。趋势图的起始时间及跨越时间长度可设定，从图中可获得一定时间段内测点的最大值、最小值和平均值。

(5)监控系统设有集中控制和现地控制两种方式，两种方式的切换在操作站画面上进行。现地控制方式由各现地控制单元完成监测与控制任务。集中控制方式是在上位机操作站实现对现地单元的控制任务，由操作员用鼠标选择设备，对其进行起停控制。对具有联锁要求的现地单元，画面上将显示有关操作信息指导操作员按正确的顺序操作设备。

二、运行方式

涉及运行方式切换的设备主要包括坝顶3个风机房风机与风阀、17#交通洞卷帘门、4#电梯口处1台除湿机、尾水闸门室2台除湿机、17#C交通洞中部2台除湿机、17#C交通洞末端风机、120 m层渗漏泵房1台除湿机、104 m层廊道风机、水轮机层回水泵房旁1台除湿机、水轮机层各机组间和6号机组与安装间段的吊物孔、水轮机层加热器、44#施工洞至主厂房与主变洞的安全门、高压电缆夹层回风机、主变洞卷帘门、8#交通洞风机。

(一)地下厂房非夏季运行方式

(1)停运坝顶1#风机房2台风机、3#风机房3台风机，开启1#、2#、3#风机房自然通风阀，通过气压的作用自然向外界排风。

(2)开启17#交通洞卷帘门与自然风阀作为进厂新风的主要通道。

(3)停运4#电梯口处1台除湿机、尾水闸门室2台除湿机、17#C交通洞中部2台除湿机、120层渗漏泵房处1台除湿机、水轮机层回水泵房旁1台除湿机。

(4)停运17#C交通洞末端风机、104 m层廊道风机、高压电缆夹层回风机。

(5)取走水轮机层各吊物孔的封堵物。

(6)关闭水轮机层加热器。

(7)关闭44#施工洞至地下主厂房与主变洞的安全门。

(8)在机组大修期间，根据厂房的情况可适当开启8#交通洞送风机与1#风机房排风机，强迫地下厂房空气与外界进行交换。

(二)地下厂房通风系统夏季运行方式

(1)关闭1#、2#、3#风机房自然通风阀，阻止外界高温高湿气体通过气压的作用直接进入地下厂房。

(2)根据机组运行的台数决定3#风机房风机开启的数量，1~4台机组运行时，开启1台风机，5~6台机组运行时，开启2台风机，同时关闭1#风机房所有风机。

(3)开启4#电梯口处1台除湿机、尾水闸门室2台除湿机、17#C交通洞中部2台除湿机、120 m层渗漏泵房1台除湿机、水轮机层回水泵房旁1台除湿机，对新风进行加热除湿和对局部重要设备进行除湿干燥。

(4)开启17#C交通洞末端风机、104 m层廊道风机、高压电缆夹层回风机。

(5)封堵水轮机层1~5号机组之间吊物孔，封堵水轮机层6号机组与安装间之间吊物孔。

(6)开启水轮层加热器。

(7)打开44#施工洞至地下主厂房与主变洞的安全门。

(8)封堵主变洞至高压电缆夹层的吊物孔，以防止气流短路。

(9)封堵水轮机层回水泵房旁走廊防火风阀，以防止高温高湿气体直接进入温度较低的区域。

三、通风系统与火警系统联动控制逻辑关系

通风火警联动控制逻辑关系见表17-1。

四、自动控制系统的检修维护

(一)每季度应检测和试验通风空调控制系统的功能

(1)检查双速风机的风速及温度传感器的控制情况。

(2)检查轴流风机的风速及温度传感器的控制情况和断续运行情况。

表 17-1　通风火警联动控制逻辑关系

序号	设备名称	数量	安装地点	工况
一	地下主厂房			
1	排烟排风口	48	吊顶层	平时常开,火灾到 280 ℃时关闭,并反馈信号(6 个风口联动),联动 1#通风竖井 2 台通风机停(此时排烟用)
2	排风机控制箱	1	水轮机层	主副防火分区内任一个报警设备动作时自动受控断电,并反馈信号
3	1#竖井通风机	2	1#通风竖井地面风机房	地下主厂房、安装间段、母线洞任一个报警设备动作时,手动或自动启动(此时排烟用),并反馈信号;地下主厂房吊顶层任一个排烟排风口 280 ℃关闭时,手动或自动受控停
4	自然通风阀	2	1#通风竖井地面风机房	1#竖井通风机启动时关闭,地下主厂房吊顶层任一个排烟排风口 280 ℃关闭时,自动受控停,并反馈信号
5	通风机	1	17#C 交通洞尾	主副防火分区内任一个报警设备动作时,自动受控停,并反馈信号
二	主厂房安装间段			
1	风机控制箱	5	139 m 层配电室 4 台,134.5 m 层 1 台	主副防火分区内任一个报警设备动作时,自动受控断电,并反馈信号
2	通风机控制箱	2	139 m 层和 134.5 m 层各 1 台	平时常开,主副防火分区内任一个报警设备动作时,自动受控断电,并反馈信号(134.5 m 层 2 台通风机分别控制)
3	防火风口	5	139 m 层 1 个,134.5 m 层 4 个	平时常开,火灾到 70 ℃时关闭,并反馈信号(其中 134.5 m 层 2 个联动)
三	母线洞			
1	防火防烟风口	6	母线洞防火墙	平时常开,火灾到 70 ℃时关闭,并反馈信号
2	风机控制箱	6	配电室外	主副防火分区任一个报警设备动作时,自动受控断电,并反馈信号
四	地下副厂房			

续表 17-1

序号	设备名称	数量	安装地点	工况
1	风机控制箱	3	144.5 m、49 m、52.5 m 层各 1 台	主副防火分区内任一个报警设备动作时，自动受控断电，并反馈信号
2	排烟阀	9	144.5 m 层 3 个，49 m 层 2 个，52.50 m 层 2 个，56 m 层 2 个	平时常闭，相应层火灾时受控打开，280 ℃时关闭，并反馈信号
3	防火调节阀	6	144.5 m 层 3 个，49 m 层 1 个，52.5 m 层 2 个	平时常开，火灾到 70 ℃时关闭，并反馈信号
4	排烟风机	1	160.2 m 层	平时关闭，副厂房任一个报警设备动作时自动或手动受控启动，并反馈信号，且联动排风阀关闭；280 ℃时自动或手动停，并反馈信号
5	排烟防火阀	1	排烟风机前	平时常开，火灾到 280 ℃时关闭，并反馈信号
6	双速通风机	1	160.2 m 层	主副防火分区内任一个报警设备动作时，自动受控停，并反馈信号
7	通风机	2	160.2 m 层	主副防火分区内任一个报警设备动作时，自动受控停，并反馈信号
8	风量调节阀（泄压）	1	160.2 m 层	平时常开，火灾时受排烟风机联控关闭，并反馈信号
9	自然风阀	1	160.2 m 层	平时受通风系统控制启停，主副防火分区内任一个报警设备动作时，自动受控关闭，并反馈信号
五	主变洞防火分区			
1	排烟排风口	7	主变室及 35 kV 厂变室 156 m 层	平时常开，火灾到 280 ℃时关闭，并反馈信号
2	排烟阀	6	电缆夹层的吊顶层	平时常闭，电缆夹层火灾事故后受控打开，并反馈信号
3	防火风口	4	主变、厂用变、机端变及 35 kV 配电室泵房	平时常开，火灾到 70 ℃时关闭，并反馈信号
4	防火风口	2	19#、20#高压电缆洞始端	平时常开，火灾到 70 ℃时关闭，并反馈信号

续表 17-1

序号	设备名称	数量	安装地点	工况
5	回风机	1	主变洞电缆夹层	防火分区内任一个报警设备动作时,自动受控停,并反馈信号
6	3#竖井通风机	3	3#通风竖井地面风机房	主变防火分区内任一个报警设备动作时或母线洞任一个报警设备动作时,自动受控停,并反馈信号
7	自然通风阀	2	3#通风竖井地面风机房	主变防火分区内任一个报警设备动作时或母线洞任一个报警设备动作时,自动受控关闭,并反馈信号

(3)检查泄压风阀的位置情况。

(4)检查自然风阀与风机联动情况。

(5)检查除湿机动作与湿度传感器的控制情况。

(6)检查竖井风机运行、停止与电动风阀开启、关闭的控制情况。

(7)检查变频风机的启动情况及风量情况。

(8)检查热风调节阀的自动调节与温度传感器的控制情况。

(9)检查电热板控制箱与温度传感器的控制情况。

(10)检查电动风量调节阀控制情况。

(11)检查热风回风机的控制情况。

(二)通风空调自动控制系统主要部件的检验

1. 现地控制单元部分

(1)检查独立运行情况。

(2)检查被控设备组有关运行参数(温度、湿度、流量等)的检测。

(3)检查被控设备组各设备的启停控制、台数控制及相互之间的联锁控制。

(4)对被控设备组各设备运行状态进行监测,并对其故障进行报警及处理。

(5)检查与上位机操作站之间的联网通信,负责将有关数据上送给上位机操作站,同时接受上位机操作站的指令完成相应控制。

(6)检查现地控制单元上设有 LED 灯显示控制单元的工作状况、被控设备的运行状态等。

2. 上位机系统部分

(1)检查脱网独立运行情况,作为一般管理机使用。

(2)检查数据采集与处理。

(3)检查综合参数统计、计算与分析。

(4)检查主要设备运行统计计算。

(5)检查定值管理。

(6)检查自动制表。

(7)检查主要设备运行实时监视。

(8)检查故障报警记录。

(9)检查主要设备的指令操作控制。

(10)检查画面显示、人机对话、多种操作权限的安全级别、打印制表功能。

(三)通风系统运行维护注意事项

(1)对 120 m 层、121 m 层廊道与楼梯渗漏水和部分结露水进行进一步凿槽疏导,减少路面的积水,减少对空气的加湿,为电厂工作人员创造更好的工作环境。

(2)对 104 m 层、120 m 层、121 m 层廊道排水沟与排水槽进行定期清理,以免渗漏高钙水沉淀堵住排水沟与排水槽。

(3)对主变洞和 17# 交通洞冷却水管进行防结露处理,减少上述部位的结露现象,同时也能保证交通洞此段路面的完全干燥。

(4)由于 104 m 层廊道风机排出的部分流动气体折射回 104 m 层检修泵房,因此应在 104 层廊道风机旁加装门或在 1 ~ 2 号机组段加装除湿机,增加 104 m 层的通风量或进一步加热除湿,能够进一步改善 104 m 层的环境状况。

(5)由于采用塑料布封堵吊物孔影响水轮机层的整体效果,建议采用活动式吊物孔盖板。

(6)每年在夏季到来前,检查风机的启停情况、动力电缆的绝缘情况、加热器的工作情况,并对风机进行润滑处理,必要时进行防腐处理。

(7)每年在夏季到来前,检查除湿机启停情况、氟利昂气体压力情况,必要时补充气体。

第三节　技术改造

一、改造背景

在 2003 年之前,每年夏季高温高湿天气时,小浪底水力发电厂地下厂房各交通洞、主变洞、检修廊道连续多天出现雾气腾腾的现象,地面大量积水,墙面粉刷层大面积脱落发霉,部分设备结露严重,锈蚀严重,有的设备只能被迫更换。主厂房发电机层空气湿度达到 90%,安装间段已出现结露,导致正在检修的机组锈蚀,水轮机层也出现结露积水和雾气,120 m 层、121 m 层、104 m 层廊道阴冷潮湿,能见度不足 10 m,温度只有 18 ℃,不平地面积水严重,严重影响发电设备的安全运行,不利于电厂运行维护人员的日常工作。

地下厂房大面积低温洞群壁面和管道等像一个大型的辐射供冷墙壁,洞群壁面和管道通过辐射换热和自然对流换热的形式将洞群内空气的热量吸附。由于室外温度和含湿量较高的空气,其露点也较高,而洞群壁面和管道温度低于露点温度,因此其表面就会结露,同时空气的自然冷却使其相对湿度趋近于饱和,将在洞室内形成雾气。

针对此种情况,小浪底水力发电厂联合黄河勘测规划设计有限责任公司,于 2003 年 8 月进行了连续 10 天的测试,并对测试数据进行认真分析,发现通过尾水洞进风带入厂内的水分要比通过 17# 进厂交通洞进风少 1 800 ~ 3 600 kg/h。2004 年 7 ~ 9 月采用尾水洞进风的运行情况也说明了这一点,厂内结露有雾的情况已经得到明显的改善。但在全通风的情况下,进入厂内的室外新风虽然经尾水洞降温除湿,仍不能满足厂内的湿度要求,而湿度也不是单靠通风能够解决的问题,这也是当初设计大型除湿机对新风进行处理的原因,而且120 m层、121 m层、104 m层和17#C交通洞的雾气与结露根本没有得到解决。

从2003年和2004年的机组运行情况看,6台机组只是部分投入运行,同时原设计考虑发热量较大的回水泵房并未使用,考虑技术供水泵房的热风进入水轮机层的技术条件已不复存在,因此有必要对通风系统进行局部的调整。现阶段的新风除湿还必须结合电站运行实际工况进行综合考虑,以制订出一套切实可行的技术方案,从根本上解决地下厂房的结露、积水和大量雾气的问题。

二、优化改造方案

(一)关闭高温高湿气体进入厂房的气流通道

(1)关闭17#交通洞卷帘门及自然风阀,并封堵电缆桥架出口,以防止大量高温、高湿气体进入17#交通洞。

(2)关闭1#、2#、3#风机房自然风阀,以防止大量高温高湿气体进入主厂房、主变洞和尾闸室。

(3)关闭4#电梯口处防火门,封堵4#电梯口处排风机风口,防止高温高湿气体进入电梯口廊道,改善电梯口处严重结露与积水问题。

(4)停运8#交通洞的3台送风机,并关闭地下副厂房各层的通风竖井风门,封堵水轮机层回水泵房旁走廊风阀,以防止高温高湿气体直接进入地下副厂房和水轮机层,解决温度较低的地下副厂房走廊和水轮机层回水泵房旁走廊结露和积水问题。

(二)改变进厂新风的气流通道

(1)由于经尾水闸门室吸入厂内的空气绝对湿度低于经进厂交通洞口吸入厂内的空气绝对湿度,即自尾水洞进风带入厂内的水分要少得多。因此,尾水洞是地下厂房在夏季运行时进厂新风的主要气流通道。

(2)测试发现,44#施工洞新风温度只有17.5 ℃,而尾水闸门室温度高达23.6 ℃,对于湿度为100%的新风,温度越低,其绝对湿度越小。测试时同时发现主厂房与主变洞安全门的风速分别为3.0 m/s、1.8 m/s,每小时进风量之和为48 384 m^3,而3#风机房1台风机排风总量是一定的,风量为85 000 m^3/h,所以在3#风机房1台风机开启时,通过主厂房与主变洞安全门进入厂房的风量占全厂进风总量的一半。因此,开启44#施工洞至主变室、主厂房安全门,使其成为厂房进风的另一个主要气流通道,其进风质量远远好于尾水闸门室进入厂房的新风。

(三)加强厂内空气循环

(1)改变17#C交通洞末端风机的安装方向。

以前在17#C交通洞末端风机开启时,大量的低温饱和空气经过楼梯和吊物孔直接进入主厂房水轮机层,由于冷热交换,楼梯和水轮机层产生大量的雾气和结露积水,只能被迫停止风机。

2007 年 7 月,维护人员将 17#C 交通洞末端风机倒位安装,气流由母线层进入水轮机层,经操作廊道、17#C 交通洞回至进厂交通洞,该部分气流因组织流向的改变成为厂内循环风。母线层热风进入水轮机层、楼梯、120 m 层廊道、121 m 层廊道和 17#C 交通洞,提高了上述区域空气的温度,降低了相对湿度,通过强迫流动将原来墙壁与地面的结露水带走,使 120 m 层、121 m 层廊道既没有雾气,也没有结露现象出现。

(2)开启 104 m 层排风机,以加强 104 m 层检修廊道与楼梯空气的流动,提高该层空气的温度,减少该层前半段廊道和楼梯的结露积水与雾气。由于风机风量的限制和部分风量通过风机旁的走廊出现短路,进一步减少了风机的实际风量,导致该层后半段廊道与楼梯仍然结露与积水,但不再有雾气产生。

(四)改变热风进入操作廊道的路径

1. 封堵水轮机层至 121 m 层操作廊道部分吊物孔

由于水轮机层大部分热风经过靠近 17#C 交通洞末端的前几个吊物孔直接进入 121 m 层操作廊道,导致 120 m 层、121 m 层后半段廊道和楼梯的热风量减少,地面和墙壁结露现象不能彻底解决。

2007 年 7 月,维护人员对水轮机层 1 ~ 5 号机组之间共 4 个吊物孔进行封堵,迫使热风从楼梯和 5 号与 6 号机组之间的吊物孔分别进入 120 m 层、121 m 层廊道。这样大量热风从 5 号与 6 号机组之间的吊物孔进入 121 m 层廊道,经过整个 121 m 层廊道再到 17#C 交通洞,有利于 121 m 层整个廊道的干燥,而且增加了 120 m 层廊道和楼梯的热风量,也有利于 120 m 层廊道和楼梯的干燥。

2. 封堵水轮机层安装间段与 6 号机组之间的吊物孔

由于水轮机层安装间段空气温度较低、湿度较大,气体经水轮机层安装间段与 6 号机之间的吊物孔直接进入 120 m 层廊道再经该层北侧廊道进入 104 m 层廊道,不利于 104 m 层廊道的干燥。通过封堵该吊物孔,让气体通过 5 号与 6 号机组之间的吊物孔和 6 号机与 5 号机组之间的楼梯进入 120 m 层廊道再经该层北侧廊道进入 104 m 层廊道,从而提高 104 m 层廊道空气的温度,降低空气的湿度,有利于提高该层廊道与楼梯的干燥程度。

(五)防止气流短路

(1)防止由 19#、20#高压电缆洞出来的空气进入高压电缆夹层,造成进厂新风风量的减少。由于高压电缆夹层通过 19#、20#高压电缆洞与地面开关站相通,因此关闭 19#、20#高压电缆洞防火门和防火风阀,以防止由上述部位出来的空气进入高压电缆夹层后直接排出厂外,从而减少主厂房新风的进风量。

(2)防止高压电缆夹层南段吊物孔出来的空气直接进入高压电缆夹层,造成气流短路。封堵高压电缆夹层南段吊物孔,以防止从主变洞安全门进入主变洞的新风直接进入高压电缆夹层后排出厂外,从而不利于其他变压器的散热。

(六)进厂新风的除湿加热

1. 尾水洞新风除湿加热

2007 年 7 月 6 日将水轮机层 2 台除湿机移至尾水洞洞口,对进厂新风进行除湿加热,提高了进厂新风的温度,降低了进厂新风的相对湿度,同时也解决了 17#C 交通洞尾闸室段大量结露与积水现象和主厂房安装间段结露现象。

2. 尾水洞新风和17#C交通洞厂内循环风进一步加热

开启高压电缆夹层回风机，对进厂新风和厂内循环风进行加热，进一步降低了进厂空气的相对湿度，以保证17#C交通洞末段和主厂房安装间不出现结露现象。

（七）进厂风量的控制

由于通风量愈大，带入厂内的绝对湿量（水分）也愈多，需要根据厂房的环境状况，对进厂风量进行有效控制，而通过调整开启1#、3#风机房排风机的数量则可以直接控制进入主厂房的通风量。由于17#C交通洞通风机运行方式的改变，厂内循环风的增加，主厂房发电机层与母线层仍有17万 m^3/h 的风量（2台风机的风量）在流动。因此，为了保证主厂房各层的温湿度，又保证各层的风量，采取关闭1#风机房所有风机，只开启3#风机房1～2台风机的办法。经过测试，完全能够满足主厂房各层设备的安全运行。

3#风机房风机开启的数量根据机组开启的多少来决定。在4台机组同时运行时，母线层温度最高达到29.2℃，而母线层设备电子元件较少，同时水轮机层需要较高温度的气体来干燥楼梯、120 m层廊道、121 m层廊道、104 m层廊道，因此只需要开启3#风机房1台风机；在5～6台机组同时运行时，母线层最高温度达到29.5℃以上，对设备的安全运行和工作人员的工作环境水利，需开启3#风机房2台风机。

（八）湿度较大的设备区域单独进行除湿加热

1. 17#C交通洞中部渗漏排水泵房处加装2台除湿机

由于17#C交通洞中部空气相对湿度仍然为100%，温度只有19℃，结露与积水依然严重。2007年8月，维护人员将主厂房水轮机层另2台除湿机移至渗漏排水泵房旁，以保证17#C交通洞中部渗漏排水泵房内电气设备的安全运行。

2. 4#电梯出口廊道处加装1台小型除湿机

由于120 m层操作廊道已经变干，基本不再需要进行除湿，将该层渗漏排水泵房中1台除湿机移至4#电梯出口廊道，彻底改变4#电梯出口廊道墙壁和地面的结露与积水现象，保证工作人员与参观人员的行走安全及廊道墙面的美观。

（九）进一步提高主厂房水轮机层空气温度

开启水轮机层4台远红外加热器（共6台），提高水轮机层空气温度，降低空气湿度，有利于进一步提高120 m层、121 m层、104 m层廊道的干燥程度。

（十）疏导渗漏水

由于104 m层廊道上游侧排水沟太浅，而且被渗漏水所结水垢填满，同时由于地面不平整，大量积水不能排除，严重影响104 m层廊道和楼梯的干燥效果。2007年7月，维护人员对104 m层廊道地面进行凿槽，疏导积水，改善104 m层廊道的环境状况。

三、优化改造后实际效果

（1）2007年7月，17#C交通洞末端风机倒位安装后投入运行，120 m层、121 m层雾气很快消失，至7月16日120 m层、121 m层廊道前半段与楼梯墙壁、路面全部变干，17#C交通洞末端墙壁、路面全部变干，121 m层、120 m层后半段大部分墙壁、路面效果不明显。

(2)2007年7月17日,开启104 m层检修泵房排风机,封堵水轮机层1~5号机组之间至121 m层廊道的吊物孔。至7月20日120 m层、121 m层整个廊道墙壁、路面全部变干,104 m层5~6号机组段廊道、楼梯墙壁和路面变干,但由于大量渗漏水堆积在路面,1~4号机组段效果不明显。

(3)2007年7月14日,开启44#施工洞至主厂房与主变洞安全门,主厂房发电机层3号机组间隔湿度降低了9%,由76%降低到67%。

(4)2007年7月18~25日,对104 m层廊道积水进行凿槽疏导,至8月6日104 m层3~6号机组段廊道与楼梯墙壁、路面变干,1~2号机组段由于通风量的减小,墙壁、路面效果不明显。

(5)2007年8月3日,将水轮机层另2台除湿机移至17#C交通洞中部渗漏排水泵房旁,至8月6日17#C交通洞渗漏排水泵房墙壁和地面变干,17#C交通洞厂内循环出风温度提高了1 ℃,由18 ℃升高到19 ℃。

(6)2007年8月9日,在4#电梯出口廊道处加装小型除湿机,至8月11日电梯口处墙面与地面全部变干。

(7)2008年7月8日,封堵水轮机层回水泵房旁廊道防火风阀,开启此处除湿机,封堵水轮机层安装间与6号机组之间吊物孔,104 m层检修泵房温度升高了2 ℃,湿度降低了4%,104 m层廊道干燥路面延长。

(8)2008年7月,开启主厂房水轮机层4台加热器,17#C交通洞循环风出口温度提高了1 ℃,由原来的19 ℃升高到20 ℃。

(9)由于2008年地下厂房通风系统一直采用固定的运行方式,主厂房各层温度随着天气的变化只有1.2 ℃的变化,湿度随着天气的变化只有3%的变化。发电机层3号机组间隔温度始终保持在26.8 ℃左右,湿度保持在67%左右;母线层3号机组间隔温度始终保持在28.0 ℃左右,湿度保持在63%左右;水轮层3号机组间隔温度始终保持在27.0 ℃左右,湿度保持在67%左右;120 m层廊道温度始终保持在22℃左右,湿度始终保持在86%;17#C交通洞中部渗漏泵房到首端大约150 m地面与墙面全部干燥,17#C交通洞末端到中部大约200 m地面与墙面全部干燥;在天气异常闷热时,17#交通洞仍然产生大量雾气,但由于尾水闸门室2台除湿机、4#电梯口1台除湿机、高压电缆夹层回风机和17#C交通洞循环风机的作用,雾气只能停留在4#电梯口廊道至17#交通洞出口之间,只有少量通过17#交通洞上部进入厂房。

(10)由于3#风机房1台风机和17#C交通洞末端循环风机在运转,整个地下厂房的通风量为17万m^3/h,换风量为85 000 m^3/h,厂房各层都有新鲜空气流动。

第十八章 直流系统

小浪底电站公用220 V直流系统为全厂控制、信号、继电保护、自动装置及事故照明等提供可靠的直流电源,为断路器操作机构提供可靠的操作电源。下面对其运行状态、维护要点、发展状况等各方面情况予以介绍。

小浪底电站设有4套组成基本相同的、独立的220 V直流系统,并于2008年对直流系统实施了扩容改进,地面副厂房、地下副厂房分别增设1套直流系统,使地面副厂房和地下副厂房直流系统均成为双套配置。

第一节 概 况

小浪底水力发电厂共设有4套独立的220 V直流系统,分别布置在地面副厂房、地下副厂房、坝顶副楼和2#发电塔。各套直流系统组成基本相同,其中地面副厂房直流系统由3台WCF-10微机充电浮充电机、2组免维护GFM型阀控式铅酸蓄电池、放电装置、绝缘监察装置、直流联络屏和直流配电屏等组成。

蓄电池组根据负荷性质、大小的不同分成1 000 AH、800 AH、500 AH、200 AH四类容量的电池型号。在交流电源正常供电的情况下,直流系统为浮充电运行方式,为直流负荷供电,浮充电压应严格控制在所采用的蓄电池型号要求的浮充电压值范围内;在交流电丢失时,直流系统为蓄电池放电运行方式,继续向直流负荷供电;交流电源恢复后,应采用恒压限流充电方式对蓄电池组进行均衡充电。

一、充电装置

(一)WCF-10微机充电浮充电机

充电机采用三相全控桥式整流电路,具有按照GFM型阀控式铅酸蓄电池的充电特性自动充电功能,完成自动稳流充电、自动稳压充电、均衡充电等功能。装置具有良好的人机界面、限流保护特性及可靠的过流保护及短路保护,并具有过流、过压、欠压、缺相、三相不平衡、CPU自检错等报警信号,并可驱动出口继电器,把这些故障信息送到监控系统。

1.装置介绍

WCF-10机箱由脉冲、触发、主控、键盘及显示控制四块插件板组成。触发面板上有6个触发脉冲指示灯,如果触发脉冲正常,则6个指示灯闪亮。键盘及显示控制插件板由液晶显示器、键盘、运行指示灯、通信指示灯、故障指示灯5部分组成。主控面板上有自动和手动2个指示灯,在主控印制线路板上有一个开关K1,把开关K1拨向AUTO,则主控面板上的自动指示灯亮,把开关K1拨向MANUAL,则手动指示灯亮。手动主要用于系统调试,进行系统最小、最大量程的校表工作,而自动主要进行PI调节。当系统长期运行时,设备应处于自动状态。

2. 运行模式

浮充电设备是由单片机进行控制的智能化装置，在接到用户的命令后，即进行闭环控制，达到用户命令所要求的操作。WCF－10 微机充电浮充电机有三种运行模式，一种停机模式，一种保护模式。

（1）三种运行模式。模式 1 是稳压模式，可在用户整定的电压值上对蓄电池组进行稳压充电，满足直流系统和蓄电池组长期可靠的运行要求；模式 2 是稳流定时模式，在用户整定的电流值上对蓄电池组进行自动定时稳流充电；模式 3 是均衡充电模式，它包括三个阶段：第一阶段为稳流，第二阶段为均充稳压定时，第三阶段为长期稳压浮充。蓄电池均衡充电特性曲线见图 18-1。

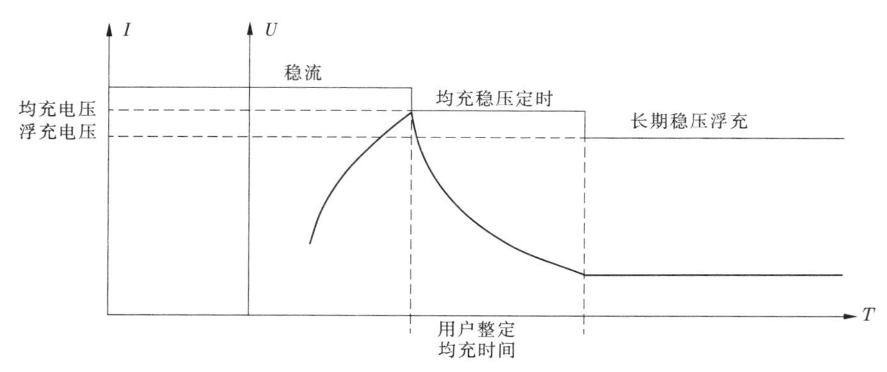

图 18-1　蓄电池均衡充电特性曲线

浮充电装置可带负荷对蓄电池组进行均衡充电，当充电电流达到预先整定的限流值时，设备进入稳流状态。随着充电时间的增加，蓄电池组充电电压逐渐上升，达到预先整定的均充电压值，这时进入第二阶段，启动均充定时器，设备稳定在预定的均充电压值上稳定运行。同时充电电流逐渐减小，在蓄电池充足电后，充电电流基本不变，达到预定的定时时间，转入第三阶段，为长期稳压浮充电。

（2）停机模式，使充电装置输出为零。

（3）保护模式，在此模式下，可设定充电装置过压保护等保护定值。

（二）艾默生微机浮充电装置

1. 运行模式

艾默生微机浮充电装置有三种运行模式、一种停机模式和一种保护模式。三种运行模式包括稳压模式、稳流定时模式和均衡充电模式。其中均衡充电模式包括 3 个阶段：第一阶段为稳流，第二阶段为均充稳压定时，第三阶段为长期稳压浮充。

2. 操作说明

浮充电装置在远方或本地控制时的并网操作步骤如下：

（1）浮充电装置通电前应确保与直流充电母线、直流母线隔离，确认蓄电池进线熔断器断开或蓄电池未投入。

（2）合交流输入开关，检查三相电压正常。

（3）检查浮充电装置正常，无故障信号。

（4）方式选择开关在“远方”或“本地”。

(5)确定浮充电装置运行方式,检查浮充电装置输出直流电压正常。

(6)1#(2#)浮充电装置出口开关1QF1(2QF1)接通。

(7)各表计指示正常,浮充电装置运行正常。

二、蓄电池组

小浪底水力发电厂采用的阀控式密封铅酸蓄电池,具有寿命长,自放电小,无污染,安装维护简单、方便等优点。地面副厂房共有两组蓄电池,分别挂在两组直流母线上。蓄电池组在正常状态下带负荷浮充运行,当厂用电(即交流供电)中断时,发挥其独立电源的作用,为继电保护、自动装置、微机监察系统、断路器跳合闸和事故照明提供直流电源。每组有103节蓄电池,正常运行时,在蓄电池室室温为25 ℃时,每节蓄电池电压是2.23 V,母线电压为229.6 V。蓄电池组根据负荷性质、大小的不同分成1 000 AH、800 AH、500 AH、200 AH四类容量的电池。

在蓄电池使用和维护过程中,为了活化蓄电池和测量蓄电池的容量,必须两年进行一次放、充电。放电时用ZYNB11有源逆变蓄电池放电装置,将每节蓄电池的电压降低到1.85 V,充电时用浮充电装置的模式3进行充电,在12 h内将每节蓄电池的电压升到2.35 V,母线电压升到240 V,然后进入长期稳压浮充阶段,母线电压保持在229.6 V。

直流系统母线电压,正常运行工况下要求维持在105%额定电压,故要求蓄电池的浮充电压保持稳定。但从蓄电池特性来说,要求温度变化时改变浮充电压,超过基准温度(25 ℃)1 ℃,每个蓄电池浮充电压下降5 mV左右,否则会影响蓄电池寿命。反之,温度比基准温度降低1 ℃,每个蓄电池浮充电压应提高5 mV左右。这一调节功能由浮充电装置来完成。对阀控电池来说,在持续过高的环境温度中运行是不利的,蓄电池室温应尽可能保持在25 ℃左右。

三、绝缘监察装置

小浪底水力发电厂采用WDCX－620型微机直流系统绝缘在线监察装置。绝缘监察装置正常时监测母线电压,具有接地报警,母线过、欠电压报警,装置失电报警,自动寻找接地回路等功能。采用软件锁相方法,消除系统电容电流的影响,从而准确地选出接地支路。当系统发生接地时,装置自动产生低压低频交流信号,经电容平衡注入母线,由CT采集信号,经A/D转换送给CPU进行判断,找出故障回路。

四、放电装置

ZYNB有源逆变蓄电池放电装置用来对蓄电池进行放电。该装置将蓄电池组储存的直流能量逆变为交流,再送至交流电网中。该装置既能精确控制蓄电池组的放电容量,又能减少能量消耗。蓄电池放电为恒流放电,能精确计算蓄电池的放电容量。当交流电网发生欠压、过压、失电等故障时,装置关机保护,电网电压恢复正常后,装置能自动恢复工作。当发生输入、输出短路故障时,装置自动关机保护,故障消失后,需人工复位,装置才能恢复工作。在放电过程中,只要人工设定放电电流、放电时间及放电终止电压,再按启动按钮,放电便自动进行。为防止过放电,只要满足放电前设定的任何一项条件,放电装置立即停止放电。

第二节　运行及维护

一、直流系统的运行巡视检查与操作

(一)巡视检查内容

(1)检查母线电压及浮充电流是否正常。

(2)检查充电、浮充电装置及其他设备有无过热、焦味及异常现象。

(3)检查充电、浮充电装置的输入、输出值是否正确。

(4)检查各开关位置是否正确。

(5)保持设备的清洁、干净。

(6)检查连接导线、螺栓有无松动及腐蚀污染现象。

(7)观察蓄电池外观及温度有无异常。

(8)蓄电池室内温度正常,通风良好,消防器材齐全。

(9)检查浮充电装置工作是否正常,工作模式是否正常。

(10)检查蓄电池巡检装置工作是否正常,单体电压是否正常。

(11)检查各负荷屏负荷分配是否正常。

(12)检查各绝缘检查装置有无故障信息。

(13)检查各室照明是否正常,门锁是否良好。

(14)监视直流系统充电机输出电压、电流及装置的工作模式。

(15)监视直流系统绝缘检测装置的信息显示。

(16)每月检测蓄电池电压一次。

(二)WCF－10型充电浮充电机设定

1.模式1即MODE1(稳压模式)

(1)按SET/RUN键,当看到光标出现在液晶显示器上时,按FUN键直到液晶显示器出现如下内容:

MODE1　　U_g = XXX　　U = XXX　V　　I = XXX　A

其中:U_g为输出电压设定值,U和I分别为设备运行时输出电压和电流显示值。

(2)按光标键移动到U_g的个、十、百位,用“+、-”键设定电压整定值。

(3)电压设定完后按SET/RUN,可看到光标消失,运行灯亮。此后,充电机即按设定的MODE1稳压模式运行。

2.模式2即MODE2(定时稳流模式)

(1)按SET/RUN键,当看到光标出现在液晶显示器上时,按FUN键直到液晶显示器出现如下:

MODE2　　I_g = XXX　A　　T = XX:XX　　U = XXX　V　　I = XXX　A

其中:I_g和T为稳流设定值和定时时间的整定值,U和I分别为设备运行时输出电压和电流显示值。

(2)按光标键移动到I_g的个、十、百位,用“+、-”键设定电流整定值。

(3)按光标键移动到T的小时和分钟位,用“+、-”键设定定时时间。完成后按SET/

RUN 键，可看到光标消失，运行灯亮。此后，充电机即按设定的 MODE2 稳流定时模式运行。

3. 模式 3 即 MODE3（均衡充电模式）

（1）按 SET/RUN 键，当看到光标出现在液晶显示器上时，按 FUN 键直到液晶显示器出现如下内容：

MODE3	I_g = XXX A	U_{g1} = XXX V
	T = XX:XX	U_{g2} = XXX V
	U = XXX V	I = XXX A

其中：I_g 为输出电流稳流设定值；T 为均充时间整定值；U_{g1} 为均充电压整定值；U_{g2} 为浮充电压整定值；U 和 I 分别为设备运行时输出电压和电流显示值。

（2）按光标键移动到 I_g 的个、十、百位，用“+、-”键设定电压整定值。按光标键移动到 T 的小时和分钟位设定定时时间。按光标键移动到 U_{g1} 的个、十、百位，设定电压整定值。按光标键移动到 U_{g2} 的个、十、百位设定电压整定值。

（3）按 SET/RUN，可看到光标消失，运行灯亮。此后，充电机即按设定的 MODE3 均衡模式运行。

4. 本地控制、远方控制切换

（1）本地控制切换为远方控制：按下 COMM 键，若面板上通信指示灯亮，同时液晶示器上显示“IBM－PC CONTROL. MODE”，则说明对充电机的控制由本地控制转到远方控制。

（2）远方控制切换为本地控制：按下 COMM 键，若面板上通信指示灯灭，同时液晶示器上 IBM－PC CONTROL 提示信息消失，则说明对充电机的控制由远方控制转到本地控制。

二、直流系统的检修与维护

（一）检修项目及周期

（1）直流装置本体（包括绝缘监察装置）的检查，1 年进行 1 次。

（2）控制回路检查，1 年进行 1 次。

（3）绝缘电阻检查，1 年进行 1 次。

（4）整定值的检查，1 年进行 1 次。

（5）指示仪表的校准，1 年进行 1 次。

（6）绝缘监察装置时钟校准，每月进行 1 次。

（7）直流母线电压的测试，每周进行 1 次。

（8）交流输入电压的测试，每周进行 1 次。

（9）WDCX 装置检测打印作为备份，每周进行 1 次。

（二）作业工具与材料准备

作业工具与材料准备见表 18-1。

表 18-1　作业工具与材料准备

序号	设备名称	数量	序号	设备名称	数量
1	转接线	2 根	5	个人常用工具	1 套
2	数字万用表	1 块	6	公斤扳手	1 套
3	套装内六角扳手	1 个	7	帆布手套	2 双
4	摇表	1 块	8	抹布	1 块

(三)充电浮充电装置检修

(1)现地控制回路检查,远方控制回路检查,检查各个断路器动作的可靠性。二次回路绝缘电阻,用1 000 V摇表测量,应大于10 MΩ。直流母线主回路绝缘电阻,用1 000 V摇表测量,应大于10 MΩ。

(2)检查三相输入电压CJ1~CJ2至ZLBX、Y、Z回路的绝缘电阻。注意应断开RDA、RDB、RDC熔断器后进行。二次侧X、Y、Z短路后接地,用2 000 V摇表测试绝缘电阻。

(3)检查三相ZLB输出回路,将一次侧短路接地,用2 000 V摇表,测试一次侧绝缘电阻。测试时,取下KRDA、KRDB、KRDC熔丝。

(4)分别检查测量T1~T6可控硅导通状态,用0.5级万用表及3 V两节电池测试。

(5)电抗器LD绝缘电阻检测,两端断开,用2 000 V摇表测试。

(6)过流继电器LJ定值检查,在150 A时应动作。

(7)浮充电装置限流定值:地下为150 A,地面为110 A;浮充电压为230 V(温度25 ℃),欠压告警值为200 V,过压告警值为242 V。

(四)蓄电池维护

(1)蓄电池日常巡视中应测量蓄电池单体电压值,并做好记录;检查连接片有无松动和腐蚀现象,壳体有无渗漏和变形,极柱与安全阀周围是否有酸雾溢出,绝缘电阻是否下降,蓄电池温度是否过高等。

(2)根据现场实际情况,应定期对阀控蓄电池组作外壳清洁,并定期做好以下检查工作:

①每月检查项目见表18-2。

表18-2　蓄电池每月检查项目

项目	内容	基准	维护
蓄电池组浮充总电压	测量蓄电池组正负极端电压	单体电池浮充电压×电池个数	将偏离值调整到基准值
蓄电池外观	检查电池壳、盖有无漏液、膨胀及损伤	外观正常	外观异常时,先确认其原因,若影响正常使用则加以更换
	检查有无灰尘污渍	外观清洁	用湿布清扫灰尘污垢
	检查机柜、架子、连接线、端子等处有无生锈	无锈迹	出现锈迹则进行除锈、换连接线,进行防锈处理
连接部位	检查螺栓螺母有无松动	连接牢固	拧紧松动的螺栓螺母
直流供电切换	切断交流,切换为直流供电	交流供电顺利切换为直流供电	纠正可能偏差

②每季度检查项目见表18-3。

表18-3　蓄电池每季度检查项目

项目	内容	基准	维护
每个蓄电池的浮充电压	测量蓄电池组每个电池的端电压	温度补偿后的浮充电压值±50 mV	超过基准值时,对蓄电池组放电后先均衡充电,再转浮充观察1~2个月。若仍偏离基准值,设法处理

③每年度检查项目见表18-4。

表18-4　蓄电池每年度检查项目

项目	内容	基准	维护
核对性放电试验	断开交流电带负载放电,放出蓄电池额定容量的30%~40%	放电结束时,蓄电池电压应大于1.95 V/单格	低于基准值时,对蓄电池组放电后先均衡充电,再转浮充观察1~2个月。若仍偏离基准值,与地区用户服务人员联系

(3)新安装或者大修后的阀控蓄电池组,应进行全核对性充放电试验,以后每隔2~3年进行一次核对性试验,运行了6年以后的阀控蓄电池,应每年做一次核对性充放电试验。

(五)蓄电池充放电试验

小浪底水力发电厂每套直流系统都有两组阀控蓄电池组,可先对其中一组阀控蓄电池进行全核对性充放电。用10 h放电电流恒流放电,当蓄电池组端电压下降到186 V时,停止放电,隔1~2 h后,再用10 h放电电流恒流限压充电→恒压充电→浮充电。反复2~3次,蓄电池存在的问题也能查出,容量也能得到恢复。若经过3次全核对性充放电,蓄电池组容量均达不到额定容量的80%以上,可认为此组阀控蓄电池使用年限已到,应安排更换。

1. 试验目的

(1)长期浮充电方式运行的阀控蓄电池,极板表面将逐渐生产硫酸铅结晶体(一般称为“硫化”),堵塞极板的微孔,从而增大了蓄电池的内阻,降低了极板中活性物质的作用,使蓄电池容量大为降低。核对性放电,可使蓄电池得到活化,容量得到恢复,使用寿命延长,确保发电厂和变电站的安全运行。

(2)长期使用限压限流的浮充电运行方式或只限压不限流的运行方式,无法判断阀控蓄电池的现有容量,内部是否失水或干裂,只有通过核对性充放电试验,才能找出蓄电池存在的问题。

2. 放电机设置方法

(1)具体操作:按“确定”键,进入参数设定页。按“↑、↓”或“←、→”键,光标将上下左右循环移动。将“光标”停于放电电流前,按“加号”或者“减号”键,调整参数的大小,设置完毕后按下“确定”键,表示该参数设定完成。再按下“启动与复归”键,有源逆变放电装置就开始工作。按“返回”键保持修改前设定参数。放电结束或者放电期间,按“停机”键，则可停止放电机工作。

(2)具体参数设置：按规程要求，放电容量在整组蓄电池容量的80%以上为符合要求，按照往年放电惯例，一般放电电流设置为80 A，放电时间设置为9 h方可达到蓄电池放电容量80%左右的要求，因此根据实际情况，放电时间设置为9 h。放电期间，要加强对蓄电池的检测，每隔1 h测试1次蓄电池单体电压、整组电池电压并记录。放电数小时后，当测试到蓄电池任何一节单体电压为1.8 V时，即终止放电，即使放电装置所设放电时间没到，也应按“停机”键停止放电(表示放电结束)。断开放电机交流开关，再断开放电机直流开关，恢复蓄电池正常运行导线连接方式。

3. 放电安全注意事项

(1)放电开始时，应注意先合直流开关，再合交流开关。

(2)放电结束后，应先断交流开关，再断直流开关。

(3)解线时应注意先断蓄电池至母线断路器连接导线，测量确认停电后方可解除放电装置连接导线，并接入充电装置连接线。

4. 蓄电池充电前注意事项

(1)首先恢复充电机至Ⅰ组蓄电池导线连接方式。

(2)无误后，方可启动充电机(QK至启动状态)。

5. 充电机设置方法以及具体参数设置

(1)按“SET/RUN”键，进入参数设定页，按“↑、↓”“←、→”键，光标可上、下、左、右循环移动，将光标停放于电压或电流前，按“+、-”键，将调整参数大小。按照上述操作，所有参数设定后再按下“SET/RUN”键，表示参数设定结束，同时启动充电机。

(2)具体参数设置：

①根据蓄电池容量设置充电时间(规程要求，充电容量应为100%)；

②当充电机输出电流为100 A时，其充电时间应为9 h才能满足蓄电池充电容量100%的要求，由于充电机装置常年运行老化、蓄电池容量下降，充电机输出电流不易设置过大，否则会导致充电装置过流故障；

③根据往年充电经验，首先设置为稳流稳压充电模式，充电机充电电流设置为60 A，电压设置为230 V，充电时间可自定义；

④充电期间应设专人监视，定期检查蓄电池电压指示表PV3的显示参数和蓄电池电流指示表PA5的显示变化；

⑤当蓄电池电流指示表PA5变至2～3 A时，将充电机直流输出电压设置为242 V，电流保持不变，改至为均衡充电模式；

⑥均充期间，要更加频繁检查充电电流表PA5的显示变化，当蓄电池电流指示表PA5电流变化为0～1 A时，即均衡充电结束；

⑦将充电机电压调至230 V，电流不变，使蓄电池进入浮充电模式状态，持续5～6 h后，方可将蓄电池投入直流系统正常运行。

(六)充电浮充电装置日常维护

(1)专职人员应每天对充电装置进行如下检查：三相交流输入电压是否平衡或缺相，运行噪声有无异常，各保护信号是否正常，交流电压输入值、直流电压输出值、直流电流输出值等各表计显示是否正确,正极对地和负极对地的绝缘状态是否良好。

(2)专职人员应定期对充电装置做清洁除尘工作,对继电器做定期校验。若控制板工作不正常,应停机取下,换上备用板,启动充电装置,调整好运行参数,投入正常运行。

(3)微机直流系统监控装置一旦投入运行,只有通过显示按钮来检查各项参数,若均正常,就不能随意改动整定参数。

(七)阀控蓄电池的故障及处理

(1)在巡视中应检查蓄电池的单体电压值,连接片有无松动和腐蚀现象,壳体有无渗漏和变形,极柱与安全阀周围是否有酸雾溢出,绝缘电阻是否下降,蓄电池温度是否过高等。

(2)阀控蓄电池壳体异常。造成的原因有:充电电流过大,充电电压超过了 2.4 V × N,内部有短路或局部放电,温升超标,阀控失效。处理方法:减小充电电流,降低充电电压,检查安全阀体是否堵死。

(3)运行中浮充电压正常,但一放电,电压很快下降到终止电压值,原因是蓄电池内部失水干涸、电解物质变质。处理方法是更换蓄电池。

(4)电池浮充电压忽高忽低。原因一般是螺丝松动。处理方法是拧紧螺丝。

(5)电池组接地。原因是电池盖上灰尘或电池漏液残留物导电。处理方法是清洗电池,电池组与地面加绝缘胶垫。

(6)电池极柱或外壳温度过高。原因是螺丝松动,浮充电压过高等。处理方法是检查螺丝,检查充电机和充电方法。

(7)浮充电压不均匀。原因是电池内阻不均匀。处理方法是均衡充电 12 ~ 24 h,一般单体电池在 25 ℃环境温度下的均衡充电电压为 2.35 V,如温度发生变化,需及时调整均衡充电电压,均衡充电电压温度补偿系数为 -3 mV/℃。

(8)单体浮充电压偏低。原因是电池内部微短路等。处理方法是均衡充电 12 ~ 24 h,均充后仍不能排除故障时需要更换电池。

(9)蓄电池的更换:

①更换判据。如果蓄电池电压在放出其额定容量 80%(对照相应放电率的容量如 C10、C3 等参数)之前已低于 1.8 V/单格(1 h 率放电为 1.75 V/单格),则应考虑更换。

②更换时间。蓄电池属于易耗品,有一定的寿命周期。综合考虑使用条件、温度等因素的影响,在达到蓄电池设计使用寿命之前,用新电池进行更换。充分保障电源系统安全、正常运行。

第三节 技术改造

一、概况

地面副厂房 220 V 直流系统肩负着向监控系统、保护系统供电的双重任务,地下副厂房 220 V 直流系统肩负着向 1 ~ 6 号机组直流负荷供电的重要任务,根据小浪底电站 220 V 直流系统 10 年来的运行情况,小浪底水力发电厂于 2008 年对直流系统进行了扩容改造,在地面副厂房和地下副厂房各增设了一套 220 V 直流系统。地面副厂房增加一套 220 V 直流系统,将监控系统及保护系统这两类处于不同运行工况的直流负荷分开,以免相互干扰;地下副厂房增加一套 220 V 直流系统,将 1 号、3 号、5 号机组与 2 号、4 号、6 号机组的直流负荷分开,以避免单台机组故障或异常而波及其他所有运行中的机组。这样,就使地面副厂房 220 V 直流系统及地下副厂房 220 V 直流系统构成双套系统,从而大大提高了直流系统的可靠性,有利于全厂二次设备的安全稳定运行。

二、新增设备简介

(一)系统配置

新增地面副厂房 220 V 直流系统包括 Telion 系列阀控式密封铅酸蓄电池两组,蓄电池容量 200 AH,每组 18 节电池,每节额定电压 12 V;EMERSON(艾默生)充电机一套,用于对直流母线浮充电。

新增地下副厂房 220 V 直流系统包括 Telion 系列阀控式密封铅酸蓄电池两组,蓄电池容量 500 AH,每组 103 节电池,每节额定电压 2.23 V;EMERSON(艾默生)充电机三套,其中一套用于第一段直流母线浮充电,一套用于第二段直流母线浮充电。

(二)Telion 系列铅酸蓄电池

Telion 系列阀控式密封铅酸蓄电池设计寿命为 15 年,蓄电池使用时环境温度的高低对蓄电池的使用寿命有重大影响,蓄电池室的最佳温度在 20 ~ 25 ℃。当不能满足此条件时,必须在蓄电池室安装空调。浮充电压最好为 2.23 V/单格,充电器电压精度最好在 ±2% 以内。该电池安装有安全阀,可以自动调节蓄电池内压,滤酸片具有阻止溢液和防酸雾排出功能。该电池内阻低,自放电少,大电流放电特性优良,容量充足,10 h 放电率容量第一次放电即可达到。

(三)EMERSON(艾默生)充电机

EMERSON(艾默生)充电机的 Power Master 智能高频开关电力操作电源系统由高频开关电源模块组成。当系统交流输入正常的时候,两路交流输入经过交流切换控制板选择其中一路输入,并通过交流配电单元给各个充电模块供电。充电模块将输入的三相交流电转换为 220 V 的直流电,经隔离二极管隔离后输出,一方面给电池充电,另一方面给负载供电。

系统中的监控部分对系统进行管理和控制,信号通过配电监控分散采集处理后,再由监控模块统一管理,在显示屏上提供人机操作界面,还可以接入到远程监控系统。系统还可以配置绝缘监测仪或绝缘监测继电器,监测母线绝缘情况。当系统交流输入停电或异常时,充电模块停止工作,由电池供电。监控模块监测电池电压、放电时间,当电池放电到一定程度时,监控模块告警。交流电输入恢复正常以后,充电模块对电池进行充电。

艾默生充电机具有高可靠性和高智能化的特点。高可靠性是指:采用开关电源的模块化设计,N +1 热备份;充电模块可以带电热插拔,平均维护时间大大减少;关键器件全部采用高质量的进口名牌产品;硬件采用低差自主均流技术,模块间输出电流最大不平衡度优于 5%;有可靠的防雷和电气绝缘措施,选配的绝缘检察装置能够实时监测系统绝缘情况,确保系统和人身安全;系统设计采用 IEC(国际电工协会)、UL 等国际标准,可靠性与安全性有充分保证。高智能化是指:监控模块采用大屏幕液晶汉字显示,声光告警;可通过监控模块进行系统各个部分的参数设置;模块具有平滑调节输出电压和电流的功能,具备电池充电温度补偿功能;备有多个扩展通信口,可以接入多种外部智能设备(如电池监测仪、绝缘监察装置等);现代电力电子与计算机网络技术相结合,提供对电源系统的"遥测、遥控、遥信、遥调"支持,实现无人值守;可实现蓄电池自动管理及保护,实时自动监测蓄电池的端电压、充电放电电流,并对蓄电池的均、浮充电进行智能控制,设有电池过欠压和充电过流声光告警。

除地面副厂房、地下副厂房新增的两套直流系统外,小浪底水力发电厂220 V直流系统运行已经超过10年时间,设备某些元器件出现老化现象。2009年分别对原有地面两组、地下两组蓄电池组进行了更新,将原有的蓄电池组更换为江苏旭照电源有限公司生产的阀控式密封铅酸蓄电池组。

第四节　重要设备缺陷处理

一、地下厂房直流互联

(一)地下厂房直流互联缺陷概况

小浪底水力发电厂发变电设备采用了4套独立的220 V直流系统,系统组成基本相同,一套直流系统分为2段220 V母线。地面副厂房的一套为220 kV开关站和地面继电保护室二次设备等提供直流电源,地下副厂房的一套为现地LCU、保护装置、控制回路及事故照明等提供直流电源。一套直流系统由3台WCF-10微机充电浮充电机、2组免维护GFM型阀控式铅酸蓄电池、放电装置、绝缘监察装置、直流联络屏和直流配电屏组成。自小浪底水力发电厂投产以来,当地下直流系统任意一段发生一点接地时,绝缘监察装置均显示Ⅰ、Ⅱ段母线绝缘同时降低,发出信号,说明Ⅰ段和Ⅱ段之间存在互联点。

(二)直流系统接线情况

直流系统通过QF1、QF2进线断路器接到两段直流母线上,两段之间通过QF3(母线联络断路器)连接,在Ⅰ、Ⅱ段母线都带电的情况下,QF3被闭锁,两段独立运行。当某一段直流退出(QF1或QF2)的时候,闭锁被解除,QF3可以投入,带电母线向失电母线供电。改造前直流系统双电源供电二次接线如图18-2所示。

为监视直流母线的绝缘状况,采用WDCX-620型微机直流系统绝缘在线监察装置。系统正常时,装置监测Ⅰ、Ⅱ段母线电压;当系统发生接地时,装置自动产生低频交流信号(10~15 V,8 Hz),经电容平衡进入母线,由电流互感器采集信号,经过A/D转换,送到CPU判断,找出绝缘降低的直流母线。当只有直流系统某一段绝缘降低时,应准确报出绝缘降低母线段,而另一段母线应无任何信号显示。

(三)互联点查找

(1)根据图纸,在直流系统可靠情况下,把采用二极管的屏内信号、报警、模拟变送器及控制回路的直流电源Ⅱ段断开,采用Ⅰ段单独供电。

(2)把1~6号机组机旁直流配电屏QF3投入(因为机旁直流配电屏的Ⅰ、Ⅱ段母线

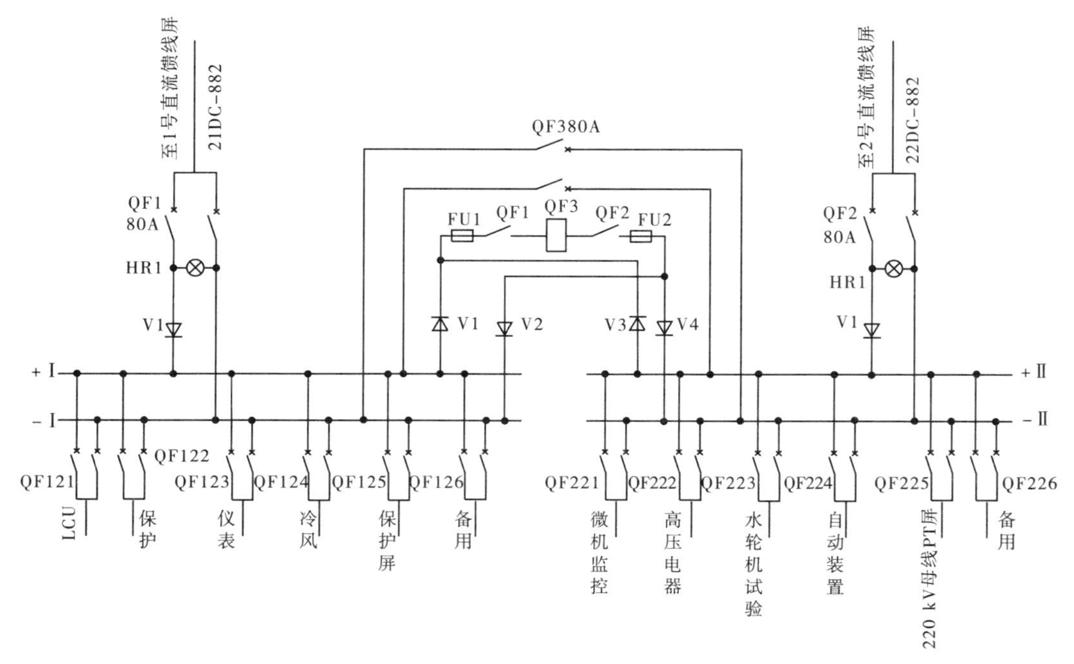

图 18-2　改造前直流系统双电源供电二次接线

QF1、QF2 与正母线之间采用二极管连接，根据二极管的单向导电特性，特意将Ⅱ段母线电压调整到比Ⅰ段母线电压高 3 V，当 QF3 投入时 V2 应截止，Ⅰ母线带Ⅱ母线运行，即使机组在运行的情况下也不会有影响）。

（3）断开 QF2，1 ~6 号机组的所有直流负荷完全由Ⅰ段母线带。在这种情况下，采用 5 kΩ/5W 的电阻对地做假接地，这时绝缘监察装置显示Ⅰ段母线接地，可以说明Ⅱ段母线其他负荷与Ⅰ段母线没有互联点。

（4）将 6 号机组机旁直流配电屏的 QF2 投入，把 QF3 断开，分段运行。

（5）进行假接地试验。绝缘监察装置显示，Ⅰ段、Ⅱ段母线绝缘降低，说明 6 号机组的直流负荷存在互联点。在 6 号机组安全措施完备的情况下（6 号机组处于停机状态），先断开Ⅱ段母线的支路断路器，当断开 QF25（至机旁 LCU 电源）时，用电压表监测的Ⅱ段母线对地电压才平衡，同时Ⅰ段母线电压也达到平衡状态，再对Ⅱ段母线做假接地，绝缘监察装置显示，单一的Ⅱ段母线绝缘降低。再把Ⅱ段母线所有支路断路器全部投入，分别断开Ⅰ段母线断路器，当断到 QF17 至水机保护屏电源时，Ⅰ段、Ⅱ段母线电压分别对地平衡，再次做假接地，绝缘监察装置显示单一段绝缘降低。经过对 QF17 和 QF25 互联点的查找，测试已经断开的 QF17 断路器下端的“+、-”两端对地同为 114 V 正电，用 5 kΩ 电阻将 +114 V 接地，此电压没有任何改变，可以说明Ⅱ段母线的正电源没有通过负荷与Ⅰ段母线连接。经过查找发现，跳机回路与原设计图纸不符，如图 18-3、图 18-4 所示，原设计 6 号机组 1 号推力轴承温度显示装置的温度过高的接点一对线接到水机保护屏跳机继电器，另一对接点接到 LCU 屏跳机继电器。

（四）缺陷原因分析

从图 18-3、图 18-4 中可以看出，在现场实际接线中，为保证两个推力轴承温度显示装

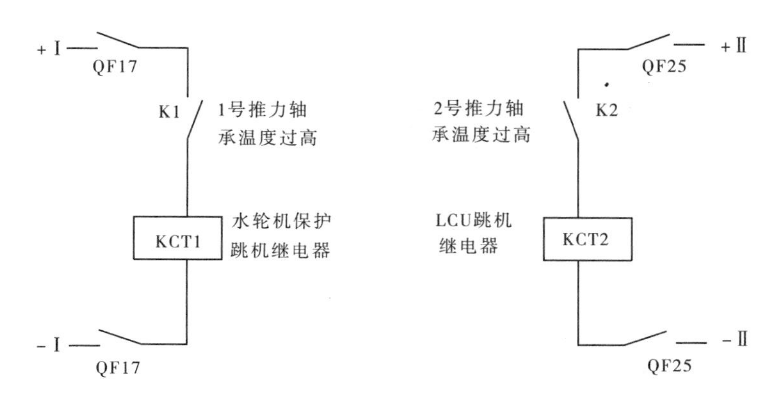

图 18-3　6 号水轮机保护原设计接线

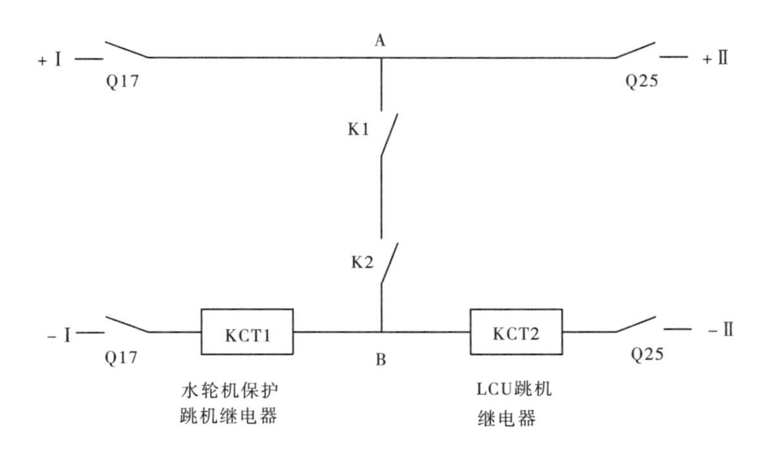

图 18-4　6 号水轮机保护现场实际接线

置在温度过高的情况下跳机可靠，而将原设计图纸改动，就造成Ⅰ段、Ⅱ段母线间产生互联点 A、B。2～5 号机组经检查没有互联点，而 1 号机组同样存在互联，实际接线如图 18-5所示。可以看出，1 号机组 LCU 屏中的同一端子排上的正公共端跳线跳错（A 接线），而造成互联，这个互联现象与 6 号机组不同。当断开 QF14（至励磁屏）断路器时，在 QF14 下端测不到Ⅱ段母线返来的正负电压，是由于 PLC 失电造成的，PLC1 接点是 PLC 停机稳态时闭合的常开接点。在 QF14 和 QF25 都合闸的状态下，PLC1 闭合，Ⅱ段母线的负电通过 KCT 线圈、PLC1 接点、A 接线与Ⅰ段母线正电源相连，造成了Ⅰ段、Ⅱ段母线的互联和失衡，绝缘监察装置显示两段绝缘同时降低。

1～6 号机组机旁直流配电屏的 QF3 闭锁回路采用二极管混合双电源供电方式，理论上好像还可以，但实际中依然存在互联现象。通过模拟实验，在Ⅰ、Ⅱ段母线同时提供电源的情况下，若电压相等，V1、V3 同时导通（如图 18-2 所示），即使在两段电压相差 3 V 的情况下依然导通，这样必然造成两段的互联。

（五）缺陷处理

（1）为消除 6 号机组的互联现象，可以采用图 18-6 的接线方式，在保证相邻两个推力

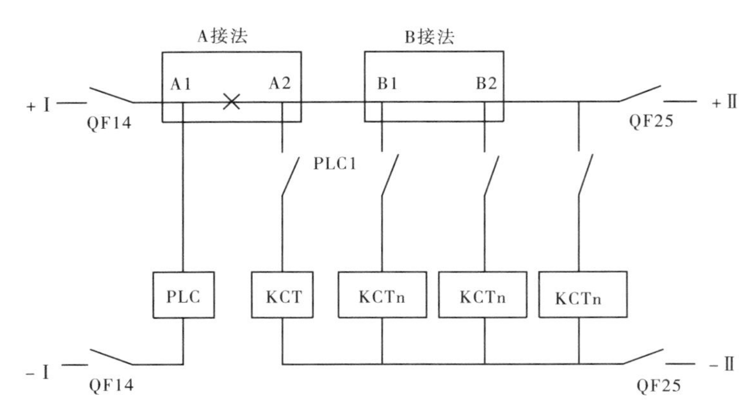

图 18-5 1号机直流系统接线

轴承温度都过高的情况下跳机可靠,增加带两对常开接点的直流 220 V 继电器 KCT3,使两段直流分别在两个回路中,不存在互联点。

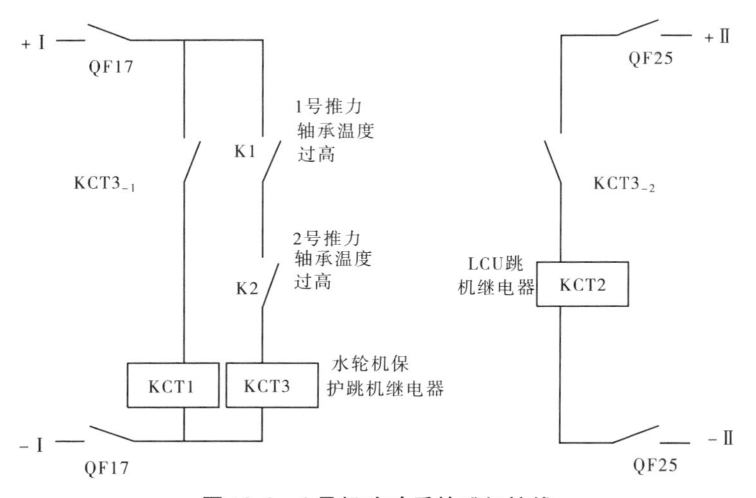

图 18-6 6号机改动后的跳机接线

(2)对于1号机组的互联问题,将A接线改回到B接线(A1、A2断开,B1、B2连接),如图18-5所示,使得直流Ⅰ、Ⅱ段母线两个直流回路彻底分开,消除互联点。

(3)QF3闭锁回路双电源供电设计缺陷,经彻底改造,取消了二极管接线,采用直流接触器带2对常开接点和2对常闭接点,消除了原设计两段直流同时供电造成互联的问题。改造后的直流系统双电源供电二次接线如图18-7所示。

(六)经验总结

直流系统在发电厂中起着至关重要的作用,它的状态直接影响着机组的安全运行,很多设计上的缺陷严重地影响着直流系统的安全运行。对于在水电厂直流系统运行维护中发现的问题,要认真加以归纳总结;对于发现和处理难度较低的一般问题,应该立即予以解决;对于发现和处理难度较大的问题,要认真研究,制订整改方案予以解决,并且做好整改过程中的安全保障,尤其对回路改造一定要慎之又慎,以免出现新的问题。

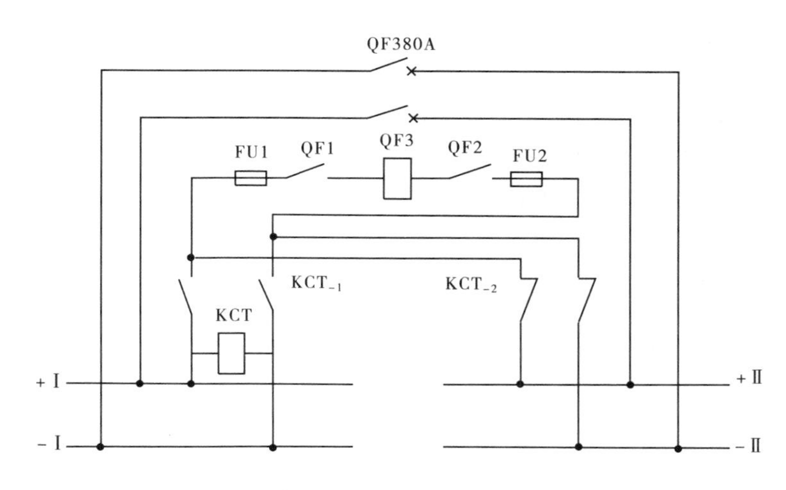

图 18-7　改造后的直流系统双电源供电二次接线

二、直流系统故障引起开关误跳闸

(一)直流分布概况

小浪底水力发电厂计算机监控系统设备输入开关量的隔离中间继电器和输出控制继电器均采用 220 V 直流电源作为控制电源,这样公用直流电源分布在电站的各个主、辅机设备上的辅助接点和报警输出上。如水轮机顶盖泵、渗漏泵、检修泵和阀门的位置等辅机设备运行在环境较差的地方,其辅助接点绝缘下降,容易造成直流接地;另有一些进口的运行设备的控制箱和盘柜在设计、制造时,没有按照我国的规程将直流和交流端子隔开或标记清晰,易造成检修期间人为错接线、误短接或因接线端子绝缘下降发生公用直流接地或交流电源串入公用直流系统的现象。

(二)故障现象

1. 现象一

2004 年 3 月 13 日,1 号机组在运行过程中,发变组高压侧 220 kV 断路器跳闸,甩负荷 180 MW,事故发生后查找监控系统的事故记录,无任何保护动作信号,仅有黄 221 断路器(调度设备编号)断开的动作信息,事前有直流接地的信号产生。且在查找过程中,通过查看机组故障录波器开关量动作信息,发现 4 号机组也有高压侧断路器出口继电器动作记录,所幸当时 4 号机组在停机备用状态。

2. 现象二

2006 年 2 月 19 日,在 3 号机组 C 级检修过程中,工作人员清扫完励磁功率柜冷却风机后,为验证风机控制回路接线是否正确,风机控制回路电源为交流 380 V,通过发电机灭磁开关的辅助接点控制风机启停,该辅助接点的端子号为 7 号、8 号。而相邻的灭磁开关辅助接点的 6 号端子是灭磁开关跳闸控制回路的直流正极,由于工作人员的不慎,将 6 号、7 号端子短接在一起,致使交流电源串入公用直流系统,将正在运行的 1 号、2 号、5 号机组的灭磁开关跳开,造成 1 号、2 号、5 号机组事故停机。

(三)事故原因查找与分析

1. 交流窜入直流系统引起继电器误动原因查找与分析

小浪底水力发电厂发电机灭磁开关出口跳闸控制回路接线原理如图 18-8 所示,3 台机组发生事故停机后,技术人员对监控系统的事故记录进行了查找,仅有灭磁开关偷跳闸信号和大量的厂用电、辅机系统的设备故障、复归的反复动作信号。经运行值班人员现场检查,厂用电系统和辅机设备本身并无报警信号和误动作现象。通过进一步分析,只有公用直流系统发生异常,造成 3 台机组同时跳闸。

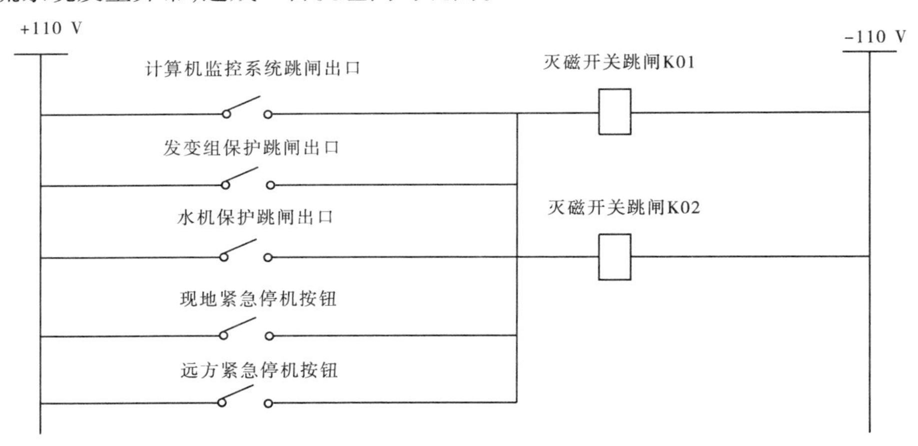

图 18-8　励磁系统灭磁开关出口跳闸控制回路

当时在现场也只有 3 号机组励磁风机检查和清扫的作业,经对现场工作人员作业过程进行详细的了解,查看灭磁开关柜的接线端子后,怀疑工作人员清扫励磁功率柜冷却风机回装后,在验证风机能否正常工作时,错误短接了回路接点,将交流串入公用直流系统。为真实验证事故现象,值班人员将运行机组的控制、保护电源倒至直流 Ⅰ 段,试验机组(不并网)的控制、保护电源倒至直流 Ⅱ 段运行,并用示波器监视跳灭磁开关继电器 K01 电压波形,短接机组灭磁开关的 6#、7#辅助接点,模拟交流串入公用直流系统,发现跳灭磁开关出口继电器 K01 接点抖动,继电器动作交流电压幅值高达 151 V,灭磁开关跳闸。在对试验机组的发变组保护、水机保护屏、远方/现地紧急停机按钮等跳灭磁开关回路进行检查,回路接线均正确。技术人员在试验机组不合灭磁开关的情况下,对灭磁开关的跳闸回路逐个进行模拟操作,在拆除远方紧急停机按钮回路接线时,灭磁开关出口继电器 K01 不再抖动。此回路是安装在地面中控室信号模拟屏上的远方紧急停机按钮,通过硬接线跳开发电机高低压侧开关、灭磁开关、停机和落水轮机进口事故快速闸门,电缆长度较长,大约 1 500 m。至此查明引起运行的三台机组非计划停运主要原因是长控制电缆的分布电容。

2. 直流系统接地引起继电器误动原因查找与分析

2004 年 3 月 31 日,地下厂房 220 V 直流系统报直流接地信号,查看直流绝缘监察装置的记录为正极 0 V,负极 −230 V,表明正极为金属性接地。拉开监察装置上显示的接地支路开关,接地并无消失。分析认为小浪底水力发电厂机组台数较多,且直流分布较广，较大的分布电容对注入各直流支路的低频交流影响较大，故无法准确显示接地支路。

后采用拉路法进行接地支路和接地点的查找，在拉开3号机组计算机监控系统的直流时，直流接地信号消失。在继续对接地点的查找过程中，又出现了直流接地信号，正在并网的1号机组高压侧黄221开关断开，且无任何事故信息。查看和测量直流系统，正极对地为230 V，负极对地为0 V，直流负极存在接地现象，后查明直流正极和负极的接地点分别为3号机组的技术供水滤水器排污阀的全开接点和渗漏泵房（10 kV高压电机深井泵）控制回路受轴封喷水造成的低绝缘。

后经过分析、咨询和查阅造成开关偷跳的资料，发现长控制电缆存在一定的对地分布电容和芯间分布电容，当电缆足够长时，分布电容过大，产生的容性效应会造成保护出口继电器CKJ的动作，小浪底断路器出口继电器二次回路如图18-9所示。结合现场实际发现220 kV母差保护布置在地面控制中心的继电保护室，机组的出口开关跳闸继电器在地下厂房，两者之间的电缆的确较长，在发生直流的正、负极接地时，可以引起开关的偷跳。具体分析如下：

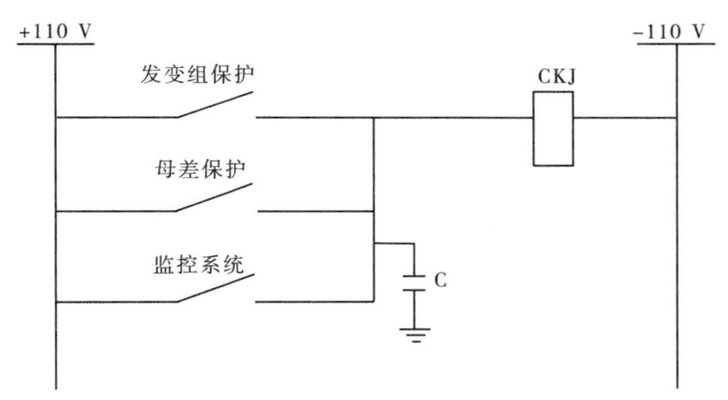

图18-9　断路器出口继电器二次回路示意图

把直流正极接地引起的干扰源看做是一个阶跃激励，将直流正极接地和负极接地时刻等效为刀闸K合上，考虑到二次电缆的分布电容（如图18-10中的C）效应，$\frac{U}{S}$是阶跃函数，其中，$R=22.5\ \mathrm{k\Omega}$为CKJ继电器的线圈阻值。我们将直流接地看成激励源为阶跃函数时CKJ继电器上的响应，可得阶跃激励：

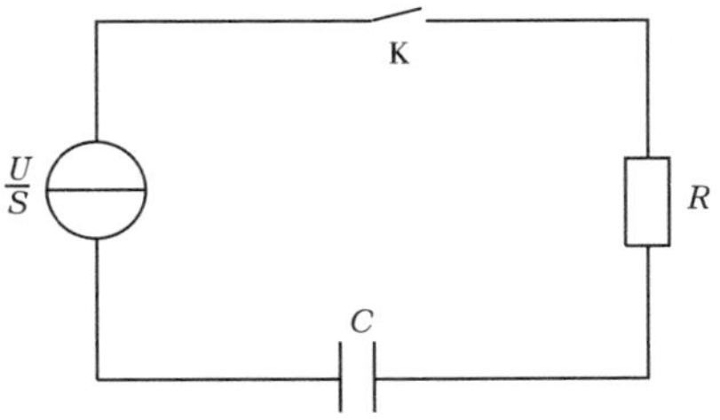

图18-10　等效运算分析电路图

$$U_{\mathrm{CKJ}} = \frac{U}{\left(\frac{1}{SC} + 22.5 \times 10^3\right)S} \times 43 \times 10^3 \tag{17-1}$$

对式中进行拉普拉斯反变换，可得出CKJ继电器上干扰电压的时域表达式。

阶跃激励：
$$U_{\mathrm{CKJ}} = L^{-1}[U_{\mathrm{CKJ}}(S)] = U\frac{-t}{e^{22.5\times10^3C}}(V) \tag{17-2}$$

实测保护出口继电器（OMRON）动作值见表18-5。

表 18-5　实测保护出口继电器动作值

电压值(V)	230	160	135
动作时间(ms)	25	30	43

若正极接地时负极对地电压为 230 V,则 U 等于 230 V。按照继电器的动作电压为 160 V 和动作时间为 30 ms 计算,相应的 C 值为 0.36 μF,只要电容 C 大于 0.36 μF,在出现直流负极接地时就可能出现出口继电器 CKJ 误动造成开关偷跳。按我们实测的经验值,一般控制电缆芯线对地的电容大约为 300 pF/m(该电容值会随天气的温度和湿度变化),因此上述电容值折算的电缆长度约为 1 200 m。

如果将继电器动作功率提高到 5 W,此时图 18-10 中的 $R=9.68$ kΩ,仍用上述数据计算得 $C=0.86$ μF,从而大大提高了在直流接地情况下继电器动作的分布电容门槛值。

(四)经验总结

对小浪底发电机组出口断路器无保护跳闸和灭磁开关无保护跳闸引起失磁保护动作停机事故的现场调查试验发现,当直流电源瞬时接地或窜入交流干扰信号时会导致这种事故的发生。理论分析也表明,控制电缆的电容效应,可能造成交流干扰信号窜入而引起出口继电器 CKJ 动作。这都表明由于用于传输保护跳闸命令的电气二次电缆很长,使得电缆分布电容大大增加,而继电保护装置的微机化,使其内部的封装继电器的动作功率较小,易导致无保护出口、断路器动作跳闸的事故发生。因此,采取提高继电器的动作功率和对国外进口设备不满足《防止电力生产重大事故的二十五项重点要求》的交直流端子的布置、电流电压回路采用屏蔽电缆等措施,可以有效防止此类事故的发生。

第十九章　通信系统

第一节　概　况

小浪底水力发电厂通信系统主要为电站的生产调度、行政业务管理等服务，并为远动、保护信号的传输提供通道。传输网采用光纤通信方式，并具有主、备用通道；厂内交换网采用数字程控交换机，其功能齐全，设备可靠，可以为电站实现“无人值班，少人值守”的运行方式以及电站的安全、稳定、经济运行提供可靠的通信保障。小浪底水力发电厂通信系统主要包含直流 -48 V 通信专用电源、调度程控交换机和光通信三部分。

一、直流 -48 V 通信专用电源

小浪底通信机房内设 1 套 -48 V、100 A 高频开关电源，配置 2 组 300 AH 阀控式全密封铅酸蓄电池组，为设于光端机房的光端机、交换机房的程控调度交换机及设于主控室的调度台供电。通信高频开关电源由 0.4 kV 厂用低压配电室引双回 220/380 V 交流电源供电。在 UPS 室内设 1 台 2 kVA UPS 为交换机的维护终端和录音系统供电。小浪底水力发电厂直流通信系统共分为直流一段和直流二段两段负荷。直流一段与直流二段分别正常独立运行，两段之间设置有联络开关。

二、调度程控交换机

小浪底水力发电厂调度程控交换机采用的是广州广哈通信有限公司生产的 HARRIS20 -20IXP 型交换机。该机通过光纤电路构成的中继线分别与洛阳地区调度通信中心和河南省电力调度通信中心调度总机相接，并以中继方式接入电话公网，实现对外通信。为实现调度通信系统自动化，更好地指挥生产、协调管理，该调度程控交换机系统包括调度主机、调度台、维护终端和数字录音系统等。系统主机通过环路或 E1 接入运营商网络，实现内网与外网的互联互通；通过光纤与调度程控电话交换网络连接，并通过 E1、E/M 等中继接入电力专网。录音系统通过录音接口接入交换主机，实现对调度分机全程录音。采用 PC 录音卡的形式实现，可支持 8 路录音。录音卡插在 PC 主机插槽内，录音形成的文件保存在 PC 硬盘内，可随时收听、调用和保存。管理维护系统通过主机背板上的 COM1 口接入主机，负责对主机的参数配置及系统维护，包括分机参数配置、功能设置、告警处理等。

三、光通信

小浪底水力发电厂光通信系统采用可靠、先进、经济的 SDH 光纤通信技术来满足电力生产、运行、管理的各种信息传输的需求，同时配备一主一备两条通信通道，以提高通道

的可靠性。共设置有2台SDH光端机,分别为桂林马克尼公司和杭州ECI公司产品,均安装在光端机房。通信光缆主要有全介质自承光缆(ADSS)和光纤复合地线(OPGW)两种。同时配置有至洛阳地区调通中心和河南省调通中心的2套诺基亚PCM设备。

第二节 运行及维护

一、通信直流电源系统运行及维护

(一)日常巡视检查项目

(1)电池室通风、照明及消防设备完好,温度符合要求,无易燃、易爆物品。

(2)蓄电池组外观清洁,无短路、接地。

(3)各连接片连接牢靠无松动。

(4)蓄电池外壳无裂纹、漏液,呼吸器无堵塞,密封良好。

(5)典型蓄电池电压在合格范围内。

(6)充电装置交流输入电压,直流输出电压、电流正常,表计指示正确,保护的声、光信号正常,运行声音无异常。

(7)直流控制母线、动力母线电压值在规定范围内,浮充电流值符合规定。

(8)直流系统的绝缘状况良好。

(9)支路的运行监视信号完好、指示正常,熔断器无熔断,自动空气开关位置正确。

(二)充电装置的运行及维护

工作人员应对设备进行如下巡视检查:三相交流电压是否平衡或缺相,运行噪声有无异常,各保护信号是否正常,直流输出电压值和电流值是否正确,各充电模块的输出电流是否均流,正负母线对地的绝缘是否良好,装置通信是否正常。

(三)蓄电池的运行及维护

1. 阀控蓄电池组的运行方式及监视

(1)阀控蓄电池组正常应以浮充电方式运行,浮充电压值应控制为(2.23~2.28)V×N,一般宜控制在2.25 V×N(25 ℃时);均衡充电电压宜控制为(2.30~2.35)V×N。

(2)运行中的阀控蓄电池组,主要监视蓄电池组的端电压值、浮充电流值、每只单体蓄电池的电压值、运行环境温度、蓄电池组及直流母线的对地电阻值和绝缘状态等。

(3)在巡视中应检查蓄电池的单体电压值,连接片有无松动和腐蚀现象,壳体有无渗漏和变形,极柱与安全阀周围是否有酸雾溢出,绝缘电阻是否下降,蓄电池通风散热是否良好,温度是否过高等。

2. 阀控蓄电池组的充放电

(1)阀控蓄电池的核对性放电。长期处于限压限流的浮充电运行方式或只限压不限流的运行方式,无法判断蓄电池的现有容量、内部是否失水或干裂。通过核对性放电试验,可以发现蓄电池容量缺陷。

小浪底电站共有两组蓄电池,可以一组运行另一组退出运行进行全核对性放电试验。放电用30 A恒流,当蓄电池组电压下降到1.8 V×N时,停止放电。隔1~2 h后,再用30

A 电流进行恒流限压充电—恒压充电—浮充电。反复放充 2 ~3 次,蓄电池容量可以得到恢复。若经过三次全核对性放充电,蓄电池组容量均达不到其额定容量的 80% 以上,则应安排更换。

(2)阀控蓄电池组的核对性放电周期。新安装的阀控蓄电池在验收时应进行核对性充放电试验,以后每 2 ~3 年应进行一次核对性充放电。运行了 6 年以后的阀控蓄电池,宜每年进行一次核对性充放电。

二、程控交换机运行及维护

(一)日常检查维护内容

(1)系统运行日志、数据修改记录(记入数据库编制说明中)、配线资料。

(2)及时整理数据库,删除过时和无用的数据。

(3)检查各种监控设备(如维护终端、打印机、录音设备、声光告警设备、防雷装置等),并将告警输出到监控设备,及时查询、分析并排除系统送出的告警。

(4)电源(包括一次电源、二次电源、蓄电池)测量及检查各种散热风扇。

(5)定期备份数据库(每两个月或在做较大修改后将数据库备份两份,注明日期,数据备份后要求保留时间不低于一年)。

(6)检查 CPU 串口(将维护终端通过专用的连接电缆直接接在 CPU 的 S1 口,检验 S1 口能否正常收发数据。需要注意的是:必须在 CPU 加电后,才能将串口连线接到 CPU 的 S1 口,且必须将维护终端关闭后,才能插拔 S1 口的串口连线)。

(7)定期对中继线进行检查,重点放在中继线长时间不拆线、不可用两种情况。

(8)在电话高峰期注意公用信号板的使用情况(如 DTMF、MFC、中继板等),可以通过电路板的占用指示灯的亮灭来确定系统的配置是否需要进行更改。

(9)应每年一次对交换机的接地系统进行检查。

(二)通信业务检查

主要查询以下信息:现存告警、历史告警、RESET 记录、MHC、CDR、SPM、STS、相关数据库内容、故障现象。

(三)交换机检查手段

(1)眼看:检查系统是否有红灯亮,检查接插件(如用户电缆、时隙电缆、各种电源插头及信号线)有无弹出或松动。

(2)测量:用万用表测量一些关键点的电压,对照标称值,看是否有偏差。

(3)查询:用命令检查系统的告警记录(ALM)。在输出告警前应先在 ALM 菜单下输入“DXEON”命令,以激活软件诊断信息输出。

①DISPLAY:查询曾发生的告警(可输入时间参数);

②DISPLAY/RESET:查询曾发生的系统重启动告警(可输入时间参数);

③STATUS:查询当前的告警记录。

(4)测试(TDD):对电话端口进行可用性测试。

①STATUS:可查询任意电话端口的详细情况;

②TES:可对电话端口进行测试。

(四)调度席位及业务检查

1. 开机测试

调度台开机后,系统初始化正常,调度服务器数据正常,各项显示数据正常,并自动进入正常通信状态。

2. 键盘及显示测试

调度台与交换机连接正常后,测试以下项目:

(1)键盘灯测试:所有键盘灯正常显示。

(2)按键测试:对相关按键进行操作,调度台同时响应相关指令。

(3)话筒测试:音质清晰,无杂音。

(4)显示测试:正常显示调度台状态。

(5)颜色、亮度、对比度测试。

3. 冗余系统测试

双手机调度台应具有冗余功能:当其中一台手机所对应交换机电路出现故障时,调度台显示其故障状态,该手机不能正常使用,但另一台手机仍可正常通信,不影响调度系统的正常使用。

4. 通话测试

调度台作为主叫可呼叫任意允许呼叫的热线电话和普通电话,也可应答所有的来话,并且通话清晰、正常、不会中断。

5. 功能测试

对调度台进行如下各项功能的测试:

(1)并机测试。

(2)会议测试。

(3)强拆测试。

(4)强插测试。

(5)转移测试。

(6)选接测试。

(7)自动应答测试。

三、光通信部分运行及维护

(一)设备日常巡视项目

1. 外观检查

(1)总告警的检查:紧急告警,非紧急告警,警告。

(2)电源、光缆尾纤接线检查。

(3)板卡面板运行灯、告警灯检查。

2. 风扇告警

(1)过滤网堵塞告警。当出现此告警时必须立刻更换或清洁过滤网,以保证子架有最大的空气流通。此告警出现时风扇盒面板上黄灯闪烁。

(2)风扇盒空气、通风温度过高告警。当风扇盒中空气、通风温度过高或其中一个风扇发生故障时,将会出现此告警。虽然这是次要告警,设备仍能正常工作,但还应在短期内解决此问题。此告警出现时风扇盒面板上黄灯将闪烁。

(3)风扇盒故障告警。当风扇盒温度过高或所有的风扇都发生故障时,会引起此告警。这是一个主要告警,必须立刻更换此风扇。此告警出现时风扇盒面板上的红灯将闪烁。

3.板卡告警

单元卡前面板LED灯反映了该单元的状态以及独立的控制和通信功能状态。

(二)设备运行维护注意事项

1.未被保护的交换卡/业务卡的置换

本节所描述的步骤用于未被配置为卡保护的交换卡/业务卡,以及断口未被配置为MSP保护或是断口保护的业务卡。

(1)拔出坏卡。

(2)插入替换卡。

(3)替换卡上的工作灯(琥珀色)开始闪烁,指示正在进行数据下载。数据下载完后,从子架细节屏幕中查看卡的状态,确保替换卡已经被重新配置完毕(确认所有的软件和配置数据已从CC卡上下载给替换卡),卡的状态应该显示为“卡已插上”。

(4)确认替换卡的红色指示灯已经灭掉,如果没有,判断故障并解决。

(5)交换卡上的工作指示灯现在应为常亮,指示交换卡已处于正常状态。

2.处于卡保护状态的工作卡的置换

(1)确保业务已转移至保护卡,操作员可以通过“强制切换到保护”命令把业务切换至保护卡。

(2)所要替换的工作卡的工作指示灯将灭,以指示该卡现在已不处于工作状态且可以被拔出。

(3)拔出工作卡。

(4)插入替换卡。

(5)替换卡上的工作指示灯(琥珀色)开始闪烁,指示正在进行数据下载。数据下载完毕后,从子架细节屏幕中查看卡的状态,确保替换卡已被重新配置完毕(确认所有的软件和配置数据已从CC卡上下载给替换卡),卡的状态应该显示为“卡已插上”。

3.处于卡保护状态的有故障的保护卡的置换

(1)设置保护切换命令“强制切换到工作卡”,以防止保护自动切换到机制使用保护卡。

(2)所要替换的保护卡的工作指示灯将灭。

(3)拔出保护卡。

(4)插上替换卡。

(5)替换卡上的工作指示灯(琥珀色)开始闪烁,指示正在进行数据下载。数据下载完毕后,在子架细节屏幕中查看卡的状态,确保替换卡已经被重新配置完毕(确认所有的软件和配置数据已从CC卡上下载给替换卡)。卡的状态应为“卡已插上”。

(6)确认替换卡的红色指示灯已经灭掉,如果没有,判断故障并解决。

(7)当卡的配置完成且卡上没有告警后,把操作命令方式设置为自动,恢复自动保护切换状态。

(8)卡上的工作指示灯现在应保持常亮,指示该卡恢复正常的工作状态和保护状态。

4. 风扇盘的维护

(1)在试图拔出故障单元之前,确认所有的设备(包括用于替换的风扇盘)都有效。尽量缩短空气流动中断的时间(不应超过 15 min)。

(2)先移去故障风扇盘上的告警线,然后移去故障风扇盘上的电源线。

(3)确认电源连接器上所有的 -48 V 供应都有效,如果不是,重新获得丢失的 -48 V 供应,同时重新提供给风扇盘。如果风扇盘的状态指示灯显示为绿色,不需要再做任何操作。如果指示灯仍保持红色,移去电源输入并执行下面的操作。

(4)把风扇盘的固定螺丝拧松并向外滑动,把该风扇盘拔出,通过相反的步骤把新的风扇盘装上。

(5)重新连接上电源线,然后连上告警线。

5. 风扇过滤网的维护

每个风扇盘都包括一个风扇过滤网,当该过滤网阻塞时可以被清洁或置换。置换步骤:通过过滤网槽位前面突出的黑色金属物可以把过滤网拔出,然后把清洁过的或是用于置换的过滤网推入该槽位。

(三)故障定位及排除的常用方法

1. 告警性能分析法

通过网管获取告警和性能信息,进行故障定位,可以全面、详实地了解全网设备的当前或历史告警信息;也可通过机柜顶部指示灯和单板告警指示灯来获取告警信息,进行故障定位。一般告警灯常有红、黄、绿三种颜色,红色表示紧急告警及重要告警,黄色表示次要告警及一般告警,绿色表示系统正常运行。

2. 环回法

环回法是 SDH 传输设备定位故障最常用、最行之有效的一种方法。环回有多种方式,如内环回与外环回,远端环回与本地环回,线路环回与支路环回等。进行环回操作时,首先应进行环回业务通道采样,即从多个有故障的站点中选择其中的一个站点,从所选站点的多个有问题的业务通道中选择其中的一个业务通道;最后逐段环回,定位故障站点及单板。

3. 替换法

替换法就是使用一个工作正常的物体去替换一个工作不正常的物体,从而达到定位故障、排除故障的目的。这里的物件可以是一段线缆、一个设备、一块单板、一块模块或一个芯片。

4. 配置数据分析法

查询、分析设备当前的配置数据,例如:时隙配置、复用段的节点参数、线路板和支路板通道的环回设置、支路通道保护属性等,通过分析以上的配置数据是否正常来定位故障。若配置的数据有错误,需进行重新配置。

5. 仪表测试法

仪表测试法指采用各种仪表，如误码仪、光功率计、光时域反射仪、SDH 分析仪等来检查传输故障。例如：用 2M 误码仪测试业务通断、误码；用万用表测试供电电压，检查电压过高或过低问题。

6. 经验处理法

在一些特殊的情况下通过复位单板、单站的掉电重启、重新下发配置等手段可有效及时地排除故障、恢复业务。

（四）故障定位的原则

故障定位一般应遵循“先外部，后传输；先单站，后单板；先线路，后支路；先高级，后低级”的原则。

（1）先外部，后传输。在定位故障时，应首先排除外部的可能因素，如断纤、交换侧故障。

（2）先单站，后单板。在定位故障时，首先要尽可能准确地定位出是哪一个站，然后再定位出是该站的哪一块板。

（3）先线路，后支路。线路板的故障常常会引起支路板的异常告警，因此在进行故障定位时，应遵循“先线路，后支路”的原则。

（4）先高级，后低级。即进行告警级别分析，首先处理高级别的告警，如紧急告警、主要告警，这些告警已经严重影响通信，所以必须马上处理；然后处理低级别的告警，如次要告警和一般告警。

第三节　技术改造

一、小浪底至省调 PCM 通信装置升级改造

（一）改造前小浪底至省调 PCM 通信装置的基本情况

在光纤通信系统中，光纤中传输的是二进制光脉冲“0”码和“1”码，它由二进制数字信号对光源进行通断调制而产生。而数字信号是对连续变化的模拟信号进行抽样、量化和编码产生的，称为 PCM（Pulse Code Modulation），即脉冲编码调制。这种电的数字信号称为数字基带信号，由 PCM 电端机（以下我们都简称为 PCM）产生。

小浪底水力发电厂至河南省电力公司调度系统 PCM 共有 2 套，即小浪底水力发电厂至省调 1#PCM 和小浪底电厂至省调 2#PCM。2 套 PCM 分别承载不同的通信和保护业务，重点包括远动系统、电量计费系统、电量市场系统、牡黄线保护等重要数据通信业务。该套设备已经运行 10 年之久，设备老化，厂家已无备品备件提供。随着通信技术的发展，数字通信技术已经比模拟通信技术有更大的优势，对于数据传输来说，数字通信更加稳定，可以极大提高抗干扰能力。河南电力通信已有多项 PCM 业务使用数字通道，而小浪底由于不具备条件并未采用，具体原因是不具备数字接口功能，扩容板卡槽位也已经用完，无法实现扩容。为了适应通信技术的发展需要，更换最新一代 PCM 设备已经是势在必行。

（二）改造基本过程

1.改造整体方案

（1）根据电网的要求，小浪底水力发电厂至省调 PCM 共有 2 套，分别承载不同的通信和保护业务。为了保障电网运行的稳定，将分别对 2 套 PCM 进行升级改造。在改造过程中需要短时停运 PCM，安装调试新的 PCM 并需要将 PCM 重新配线。

（2）在停运 PCM 的过程中涉及的保护、通信信息部分业务都具有双通道，停运一路并不会使业务中断。其中还涉及保护通道的停运，因具有双重化配置，PCM 停运只影响其中一套线路保护。短时停运，快速恢复，尽量减少线路缺少一套保护的运行时间。

（3）在改造前应做好准备工作，此次改造将影响牡丹变方向两路光纤通道，应提前上报省调，将业务倒换。此次改造还将影响地调通信 PCM，为此应将地调通信 PCM 先行调整位置，完成地调通信 PCM 的业务调试。

（4）设备安装完毕后，需要与省调核对业务位置，调试通信通道。

2.改造具体步骤

（1）因小浪底至省调 PCM 和小浪底至地调 PCM 安装在同一盘柜内，而本次改造新安装的 PCM 需要更多的安装空间，为此需要先将小浪底至地调 PCM 移至其他位置，为新的 PCM 提供安装位置。首先需要向省调及地调申请将小浪底至地调 PCM 短时停运，申请通过后方可工作。这将短时影响小浪底水力发电厂远动信号无法送至洛阳地调，小浪底水力发电厂与洛阳地调调度电话短时无法通信（一旦有紧急情况，可使用外线电话或手机）。

（2）待小浪底至地调 PCM 移完位置后，向省调申请进行小浪底至省调的改造，待申请通过后，方可开始工作。因小浪底水力发电厂至省调 PCM 有多项重要业务，为了保障各项业务的中断时间短，在改造开始前，要提前做好以下准备：将小浪底远动系统至省调通道方式调整为走河南电力数据专网通道（小浪底远动系统至省调有 2 个通道，即河南电力数据专网通道和 PCM 通道，两者互为备用关系），改造工作将不影响远动系统信号上传省调。将小浪底电量计费系统至省调通道方式调整为走河南电力数据专网通道（小浪底电量计费系统至省调有 2 个通道，即河南电力数据专网通道和 PCM 通道，两者互为备用关系），改造工作将不影响电量计费系统信号上传省调。改造将影响小浪底电厂至省调 3 路调度电话的使用，改造期间只能使用外线电话和手机用。改造还将影响Ⅰ～Ⅳ牡黄线的一套保护，但短时改造，线路还有一套保护在运行，不用停运线路。改造过程应尽量快速，以缩短以上业务失去备用通道和保护的不完全运行时间。

（3）改造配线工作是此次工作的难点，因此在改造开始前，应将 PCM 配线架上的配线模块提前做好，调整好模块顺序。改造工作一旦开始，迅速更换原有配线模块，保证通道快速恢复。

（4）改造过程中，设备需要停电，并需要安装新电源，在此过程中将无法避免业务的短时中断。改造时应尽量先完成 2 套 PCM 系统其中一套的改造工作，以减少业务的停运时间。因小浪底电厂至省调 1#PCM 上业务更多，因此优先改造 1#PCM，并尽快恢复正常使用。

（三）改造后效果

升级改造后小浪底水力发电厂至省调 PCM 系统将满足电网要求，能够适应数字通信技术发展的要求，能够使设备维护、故障判断、事故处理更加快速准确，有效提高通信系统运行的安全性和稳定性。

（四）改造过程中的经验及教训

在 PCM 改造过程中，盲目相信厂家的技术能力，没有对一些改造细节作出最准确的分析，参与不够，改造中遇到一些小的疑难问题，改造时间比原计划延长了 1 倍。其实这些细小的地方是完全可以在改造前期经过仔细分析而避免的，如改造过程中盘柜的摆放位置、PCM 线缆的预留长度等。就是诸如此类的小问题没有考虑清楚，从而给改造带来了诸多不便，工期严重滞后。

二、小浪底调度程控交换机升级改造

（一）改造前小浪底调度程控交换机的基本情况

小浪底调度程控交换机承担着为电厂与河南省电力调度通信中心通信及厂内生产调度的重要任务。小浪底调度程控交换机为 1999 年底电厂投产时广州广哈通信有限公司（简称 HARRIS）生产的 MAP 型交换机，设备运行近 10 年，已出现陈旧、老化的现象，并且市场上已无备品备件可供。交换机不具备来电显示功能，而且在话务容量上已不能满足生产现场需求，一直是超负荷工作状态，也已经无法增容改造。另外，此交换机维护终端已经淘汰，界面老化，维护手段仍使用老式的软盘进行，设备存在拨号等待时间长、误码率高等问题，如果继续运行将存在系统停运而无法恢复的风险。

目前华中网调、河南省调及洛阳地调交换机均采用广州 HARRIS 调度程控交换机，组网信令为广州 HARRIS 公司专有的 Q 信令。根据《河南电力调度规程》中的相关规定，调度交换网应使用统一编码、统一信令，小浪底水力发电厂调度程控交换机软硬件不满足该要求，调度程控交换机缺少通信规约和相关的硬件设备，因此不能接入河南省调 Q 信令电力调度网。

（二）改造后新设备技术参数

（1）为与河南省调保持一致，同时考虑到中控室调度台也为 HARRIS 产品，为便于对接，拟考虑仍采用 HARRIS 公司交换机产品 HARRISIXP2 型交换机。

（2）HARRISIXP2 型交换机是在原有 MAP 型、LH 型和 LX 型机型的基础上，采取进一步集成化、加强系统稳定性、增强系统处理能力以及融合软交换技术等措施，推出的新一代 IXP2 机型。主控部分完全采用美国原装进口配件，各机型使用的操作系统、应用软件、系统功能，以及用户板、中继板、信号收码板等接口电路板都是相同的，不同的是系统容量、机械结构和端口布局。本次交换机拟采用 H20－20IXP2 冗余交换机，这样可以满足系统容量高可靠性的需要，并兼顾了设备的经济性。

（3）与 IXP2 型 512 端口交换机相比，MAP 型交换机设计容量只有 896 端口，升级余地不大，且其模块化连接存在着线缆繁杂等问题，IXP2 型最大端口数为 2 048。

集成度：IXP2 调度机在公共控制单元上进行了优化设计，集成度更高，一块交换矩阵 TSA 板相当于 LH 机型 RMU、TTU、CTU、4 对 TSU/SSU 共计 11 块板的功能。

电源:IXP2 调度机的每个鼠笼均具有支持接入 2 路直流的能力。

(三)改造过程

(1)新机柜软硬件独立安装调试。

①根据电网的要求,增加 HARRIS 专有的 Q 信令,将小浪底调度程控交换机通过 HARRIS 专有的 Q 信令接入河南省调。

②为满足生产现场扩容要求,增加 12 块带来电显示功能的模拟用户板。

③通过增加 ICFU - 3 板在系统中接入 16 路 DTMF、8 路 ASG 和 8 路 DLU,具备 DCA 功能。

④通过增加 DLU 板将系统管理终端接入升级后的调度交换机。

(2)对新机柜进行厂内生产调度电话调试。

(3)河南省调调度交换网连接调试。

(4)调度交换机拆除。

(四)改造效果

交换机升级改造后在系统组网方式、话务容量等方面能满足电网和生产现产要求,同时系统运行的可靠性和稳定性大大提高。

(五)改造过程中的经验及教训

交换机的改造过程中由于总体规划的不完善,导致改造工作没有一次到位,严重影响了改造施工进度。虽然并不影响交换机的使用,但是却不是最佳方案。例如,小浪底水力发电厂交换机至河南省调调度主机路由方式最合理应为小浪底水力发电厂通过 2 M 方式直接连接至河南省调调度主机。但是初期方案中没有考虑到这一最佳方案而是沿用老交换机的路由方式:河南省调调度主机—西霞院反调节站调度交换机—小浪底水力发电厂主站调度交换机。此种路由方式虽然一样可以使用,但是一旦西霞院方向通信中断,就将引起小浪底水力发电厂主站和西霞院反调节站两台调度程控交换机同时无法使用,设备可靠运行率大大降低。在后期才考虑到这个问题,从而又重新配置新的 2 M 板卡,改变路由方式,才杜绝了这一设备隐患。但重新购置 2 M 板卡及设备调试也导致了工期的加长,使工作变得被动。